Ernst Haeckel

Anthropogenie oder Entwicklungsgeschichte des Menschen

Zweiter Teil: Stammesgeschichte oder Phylogenie

bremen
university
press

Ernst Haeckel

Anthropogenie oder Entwicklungsgeschichte des Menschen

Zweiter Teil: Stammesgeschichte oder Phylogenie

ISBN/EAN: 9783955623319

Auflage: 1

Erscheinungsjahr: 2013

Erscheinungsort: Bremen, Deutschland

bremen
university
press

ANTHROPOGENIE

ODER

ENTWICKELUNGSGESCHICHTE

DES

MENSCHEN

KEIMES- UND STAMMES-GESCHICHTE

VON

ERNST HAECKEL

ZWEITER TEIL

STAMMESGESCHICHTE ODER PHYLOGENIE

SECHSTE VERBESSERTE AUFLAGE

MIT 30 TAFELN, 512 TEXTFIGUREN UND 60 GENETISCHEN TABELLEN

LEIPZIG VERLAG VON WILHELM ENGELMANN 1910

STAMMESGESCHICHTE

DES

MENSCHEN

✠

GEMEINVERSTÄNDLICHE

WISSENSCHAFTLICHE VORTRÄGE

VON

ERNST HAECKEL

PROFESSOR AN DER UNIVERSITÄT JENA

———— ▬ ————

ZWEITER TEIL DER ANTHROPOGENIE

SECHSTE VERBESSERTE AUFLAGE

LEIPZIG   VERLAG VON WILHELM ENGELMANN   1910

Den wahren Ursprung des Menschen erkannt zu haben, ist für alle menschlichen Anschauungen eine so folgenreiche Entdeckung, daß eine künftige Zeit dieses Ergebnis der Forschung vielleicht für das größte halten wird, welches dem menschlichen Geiste zu finden beschieden war.

H. Schaaffhausen (Bonn 1867)
Archiv für Anthropologie, 2. Bd., S. 331.

Mittelländer   Australneger

1.

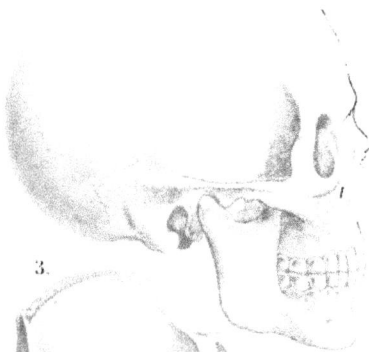

2.

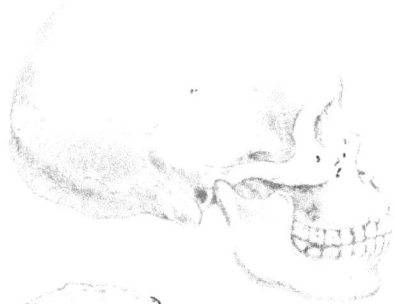

3.

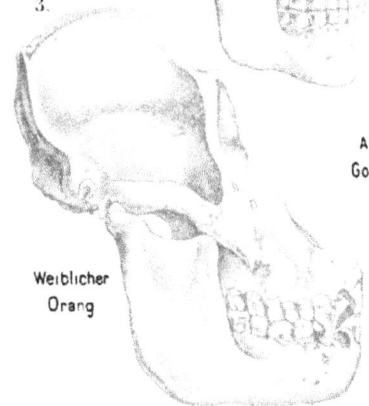

Alter
Gorilla

4.

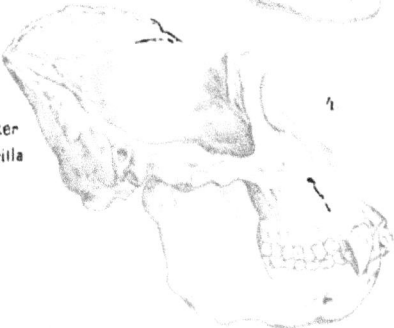

Weiblicher
Orang

5.

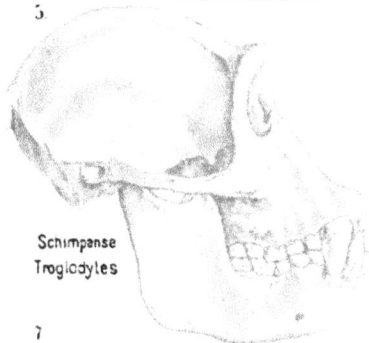

6.

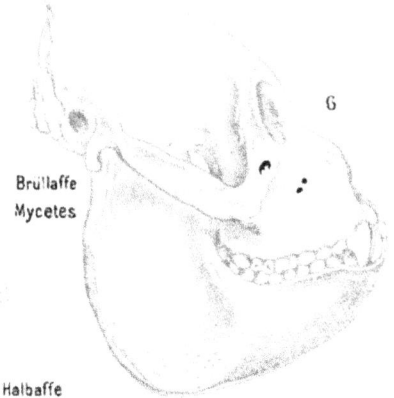

Brüllaffe
Mycetes

Schimpanse
Troglodytes

7.

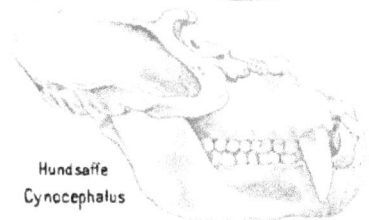

Halbaffe
Lemur

8.

Hundsaffe
Cynocephalus

STAMMESGESCHICHTE

DES

MENSCHEN

Prometheus.

Bedecke deinen Himmel, Zeus, mit Wolkendunst,
Und übe, dem Knaben gleich, der Disteln köpft,
An Eichen dich und Bergeshöhn;
Mußt mir meine Erde doch lassen stehn,
Und meine Hütte, die du nicht gebaut,
Und meinen Herd, um dessen Glut
Du mich beneidest.

Ich kenne nichts Aermeres
Unter der Sonn', als euch Götter!
Ihr nähret kümmerlich
Von Opfersteuern und Gebetshauch eure Majestät,
Und darbtet, wären nicht Kinder und Bettler
Hoffnungsvolle Toren.

Da ich ein Kind war, nicht wußte wo aus noch ein,
Kehrt' ich mein verirrtes Auge zur Sonne,
Als wenn drüber wär'
Ein Ohr, zu hören meine Klage,
Ein Herz, wie mein's, sich des Bedrängten zu erbarmen.

Wer half mir wider der Titanen Uebermut?
Wer rettete vom Tode mich, von Sklaverei?
Hast du nicht alles selbst vollendet, heilig glühend Herz?
Und glühtest, jung und gut, betrogen, Rettungsdank
Dem Schlafenden da droben?

Ich dich ehren? Wofür?
Hast du die Schmerzen gelindert je des Beladenen?
Hast du die Tränen gestillet je des Geängstigten?
Hat mich nicht zum Manne geschmiedet
Die allmächtige Zeit und das ewige Schicksal,
Meine Herren und deine?

Wähntest du etwa, ich sollte das Leben hassen,
In Wüsten fliehen, weil nicht alle
Blutenträume reiften?

Hier sitz' ich, forme Menschen nach meinem Bilde,
Ein Geschlecht, das mir gleich sei,
Zu leiden, zu weinen,
Zu genießen und zu freuen sich,
Und dein nicht zu achten,
Wie ich!

Goethe.

Faust.

Der Erdenkreis ist mir genug bekannt;
Nach drüben ist die Aussicht uns verrannt.
Tor, wer dorthin die Augen blinzend richtet,
Sich über Wolken seines Gleichen dichtet!

Er stehe fest und sehe hier sich um;
Dem Tüchtigen ist diese Welt nicht stumm.
Was braucht er in die Ewigkeit zu schweifen?
Was er erkennt, läßt sich ergreifen!

Er wandle so den Erdentag entlang;
Wenn Geister spuken, geh' er seinen Gang;
Im Weiterschreiten find' er Qual und Glück,
Ob unbefriedigt jeden Augenblick!

Ja, diesem Sinne bin ich ganz ergeben,
Das ist der Weisheit letzter Schluß:
Nur der verdient sich Freiheit wie das Leben,
Der täglich sie erobern muß!

Goethe.

Sechzehnter, Vortrag.

Körperbau des Amphioxus und der Ascidie.

— - — —

„Der Amphioxus bleibt in der Bildung der wichtigsten Organe zeitlebens auf derselben niedrigen Stufe der Ausbildung stehen, welche alle übrigen Wirbeltiere während der frühesten Zeit ihres Embryolebens rasch durchlaufen. Wir müssen daher den Amphioxus mit besonderer Ehrfurcht als dasjenige ehrwürdige Tier betrachten, welches unter allen noch lebenden Tieren allein im stande ist, uns eine annähernde Vorstellung von unseren ältesten silurischen Wirbeltierahnen zu geben. Letztere aber stammen von Würmern ab, welche in den heute noch lebenden Ascidien ihre nächsten Blutsverwandten besitzen."

Der Stammbaum des Menschengeschlechts (1868).

Phylogenetische Methoden. Gegenseitige Ergänzung der vergleichenden Anatomie und Ontogenie. Morphologische Vergleichung des Amphioxus einerseits mit der Cyclostomenlarve, anderseits mit der Ascidienlarve.

— ————————— —

.

Inhalt des sechzehnten Vortrages.

Die kausale Bedeutung des Biogenetischen Grundgesetzes. Einfluß der abgekürzten und der gestörten Vererbung. Abänderung der Palingenesis durch die Cenogenesis. Methode der Phylogenie nach dem Muster der Geologie. Ideale Ergänzung der zusammenhängenden Entwickelungsreihe durch Zusammenstellung realer Bruchstücke. Sicherheit und Berechtigung der phylogenetischen Hypothesen. Bedeutung des Amphioxus und der Ascidie. Naturgeschichte und Anatomie des Amphioxus. Aeußere Körperform. Hautbedeckung. Oberhaut und Lederhaut. Achsenstab oder Chorda. Markrohr. Sinnesorgane. Darm mit vorderem Atmungsteil (Kiemendarm) und hinterem Verdauungsteil (Leberdarm). Leber. Pulsierende Blutgefäße. Rückengefäß über dem Darme (Kiemenvene und Aorta). Bauchgefäß unter dem Darme (Darmvene und Kiemenarterie). Blutbewegung. Leibeshöhle und Kiemenhöhle. Coelomtaschen. Episomiten (Myotome) und Hyposomiten (Gonotome). Mantelhöhle. Mantellappen oder Kiemendeckel. Segmentale Vornieren (Pronephridien) und Gonaden (Geschlechts-Organe). Hoden und Eierstöcke. Wirbeltiernatur des Amphioxus. Vergleichung des Amphioxus mit den jugendlichen Lampreten oder Petromyzonten. Vergleichung des Amphioxus mit der Ascidie. Organisation der Manteltiere oder Tunicaten. Cellulosemantel. Kiemensack. Darm. Nervenknoten. Geschlechtsorgane.

Literatur:

Johannes Müller, 1842. *Ueber den Bau und die Lebenserscheinungen des Branchiostoma lubricum (Amphioxus lanceolatus). Abhdl. d. Berlin. Akad., Berlin.*

Wilhelm Müller, 1875. *Ueber die Stammesentwickelung des Sehorgans der Wirbeltiere.*

Derselbe, 1873. *Die Hypobranchialrinne der Tunicaten, und deren Vorhandensein bei Amphioxus und den Cyclostomen. Jena.*

W. Rolph, 1876. *Untersuchungen über den Bau des Amphioxus lanceolatus. Morphol. Jahrb., Bd. II. Leipzig.*

Paul Langerhans, 1876. *Zur Anatomie des Amphioxus lanceolatus. Arch. f. mikrosk. Anat., Bd. XII. Bonn.*

Berthold Hatschek, 1884. *Mitteilungen über Amphioxus. Zool. Anz., Bd. VII, No. 177*

Derselbe, 1888. *Ueber den Schichtenbau von Amphioxus. Anatom. Anz., Bd. III, S. 662. Leipzig.*

Edouard Van Beneden et Charles Julin, 1885. *Recherches sur la morphologie des Tuniciers. Arch. de Biologie, Tome VI. Bruxelles.*

E. Ray - Lankester, 1889. *Spolia maris. Contributions to the knowledge of Rhabdopleura and Amphioxus. London.*

Theodor Boveri, 1890. *Ueber die Niere des Amphioxus. (München. Mediz. Wochenschrift, No. 26.) 1892. Zoolog. Jahrbücher (Morphol.), Bd. V. Jena.*

Ernst Haeckel, 1893. *Die connectente Position der Acranier. (In: „Phylogenie der australischen Fauna", Einleitung zu Richard Semon, Austral. Forschungsreisen.)*

Derselbe, 1895. *Systematische Phylogenie der Wirbeltiere. III. Kapitel: Monorhinen. Berlin.*

Einar Lönneburg, 1902. *Leptocardii. (Bronns Klassen und Ordnungen des Tierreichs. Bd. VI. Pisces.) Leipzig.*

Goldschmidt, 1905. *Amphioxides. (W. E. d. Deutschen Tiefsee-Expedition.) Jena. Zoolog. Anzeiger, Bd. XXX, 1906.*

XVI.

Meine Herren!

Indem wir uns von der Keimesgeschichte des Menschen jetzt zu seiner Stammesgeschichte wenden, müssen wir beständig den unmittelbaren ursächlichen Zusammenhang im Auge behalten, welcher zwischen diesen beiden Hauptzweigen der menschlichen Entwickelungsgeschichte besteht. Dieser bedeutungsvolle Kausalnexus fand seinen einfachsten Ausdruck in dem „Grundgesetze der organischen Entwickelung", dessen Inhalt und Bedeutung wir schon im ersten Vortrage ausführlich erörtert haben. Nach jenem Biogenetischen Grundgesetze ist die Ontogenie eine kurze und gedrängte Rekapitulation der Phylogenie. Wenn diese Wiederholung oder der Auszug der Stammesgeschichte durch die Keimesgeschichte überall vollständig wäre, so würde es eine sehr einfache Aufgabe sein, die ganze Phylogenie auf Grundlage der Ontogenie herzustellen. Wenn man wissen wollte, von welchen Vorfahren jeder höhere Organismus, also auch der Mensch, abstamme, und aus welchen Formen sich sein Geschlecht als Ganzes entwickelt habe, so brauchte man bloß einfach die Formenkette der individuellen Entwickelung vom Ei an genau zu verfolgen; man würde dann jeden hier vorkommenden Formzustand ohne weiteres als Repräsentanten einer ausgestorbenen alten Ahnenform betrachten können. Nun ist aber diese unmittelbare Uebertragung der ontogenetischen Tatsachen auf phylogenetische Vorstellungen nur bei einem sehr kleinen Teile der Tiere ohne Einschränkung gestattet. Es gibt allerdings auch jetzt noch eine Anzahl von niederen wirbellosen Tieren (z. B. einige Pflanzentiere und Wurmtiere), bei denen wir jede Keimform ohne weiteres als die historische Wiederholung oder das porträtähnliche Schattenbild einer ausgestorbenen Stammform zu deuten berechtigt sind. Aber bei der großen Mehrzahl der Tiere und auch beim Menschen ist das deshalb nicht möglich, weil durch die unendlich verschiedenen Existenzbedingungen die Keimformen selbst wieder abgeändert worden sind und ihre ursprüngliche Beschaffenheit teilweise eingebüßt haben.

Während der unermeßlichen Dauer der organischen Erd-geschichte, während der vielen Millionen Jahre, in denen sich das organische Leben auf unserem Planeten entwickelte, haben bei den meisten Tieren sekundäre Veränderungen der Keimungsweise statt-gefunden, welche zuerst *Fritz Müller-Desterro* klar erkannt und in seiner geistvollen Schrift „Für Darwin" in folgendem Satze aus-gesprochen hat: „Die in der Entwickelungsgeschichte (des Indivi-duums) erhaltene geschichtliche Urkunde wird allmählich v e r -w i s c h t, indem die Entwickelung einen immer geraderen Weg vom Ei zum fertigen Tiere einschlägt, und sie wird häufig g e f ä l s c h t durch den Kampf ums Dasein, den die frei lebenden Larven zu bestehen haben." Die erste Erscheinung, die V e r w i s c h u n g des ontogenetischen Auszuges, ist durch das Gesetz der vereinfachten oder a b g e k ü r z t e n V e r e r b u n g bewirkt. Die zweite Er-scheinung, die F ä l s c h u n g (oder besser die S t ö r u n g) des onto-genetischen Auszuges, ist durch das Gesetz der abgeänderten, g e -f ä l s c h t e n oder g e s t ö r t e n V e r e r b u n g bedingt. Nach diesem letzteren Gesetze können die Jugendformen der Tiere (nicht bloß die freilebenden Larven, sondern auch die im Mutterleibe ein-geschlossenen Embryonen) durch die Einflüsse der nächsten Um-gebung ebenso umgebildet werden, wie die ausgebildeten Tiere durch die Anpassung an die äußeren Existenzbedingungen; die Arten werden selbst während der Keimung abgeändert. Nach dem Gesetze der abgekürzten Vererbung aber ist es für alle höheren Organismen (und zwar um so mehr, je höher sie entwickelt sind) von Vorteil, den ursprünglichen Entwickelungsgang abzukürzen, zu vereinfachen und dadurch die Erinnerung an die Vorfahren zu verwischen. Je höher der einzelne Organismus im Tierreiche steht, desto weniger vollständig wiederholt er während seiner Ontogenese die ganze Reihe der Vorfahren, aus Gründen, die zum Teil bekannt, zum Teil noch verborgen sind. Die Tatsache er-gibt sich einfach aus der Vergleichung der verschiedenen indivi-duellen Entwickelungsgeschichten höherer und niederer Tiere in jedem einzelnen Stamme.

In richtiger Würdigung dieses bedeutungsvollen Verhältnisses haben wir die ontogenetischen Phänomene oder die Erscheinungen der individuellen Entwickelung allgemein in zwei verschiedene Gruppen verteilt, in *palingenetische* und *cenogenetische* Phänomene. Zur P a l i n g e n e s i s oder „Auszugsentwickelung" rechnen wir

jene Tatsachen der Keimesgeschichte, welche wir unmittelbar als
einen getreuen Auszug der entsprechenden Stammesgeschichte
betrachten können. Hingegen bezeichnen wir als Cenogenesis
oder „Störungsentwickelung" jene ontogenetischen Prozesse, welche
wir nicht direkt auf entsprechende phylogenetische Vorgänge beziehen können, sondern im Gegenteil als Abänderungen oder
Fälschungen der letzteren beurteilen müssen. Durch diese kritische
Sonderung der palingenetischen und der cenogenetischen Keimungs-
Erscheinungen erhält unser Biogenetisches Grundgesetz die folgende
schärfere Fassung: die schnelle und kurze Keimesgeschichte
(Ontogenie) ist ein gedrängter Auszug der langsamen und langen
Stammesgeschichte (Phylogenie); dieser Auszug ist um so getreuer
und vollständiger, je mehr durch Vererbung die Auszugs-
entwickelung (*Palingenesis*) erhalten ist, und je weniger durch
Anpassung die Störungsentwickelung (*Cenogenesis*)
eingeführt ist [10]).

Um nun in der Keimesgeschichte die palingenetischen und
cenogenetischen Erscheinungen naturgemäß zu unterscheiden und
daraus richtige Schlüsse auf die Stammesgeschichte zu ziehen,
müssen wir die erstere vor allem vergleichend betreiben. Nur
durch vergleichende Ontogenie der verwandten Formen können wir
die Spuren ihrer Phylogenie entdecken. Dabei werden wir mit
größtem Vorteil diejenige Methode anwenden, welche schon seit
langer Zeit die Geologen benutzen, um die Reihenfolge der sedimentären Gesteine unserer Erdrinde festzustellen. Sie wissen, daß
die feste Rinde unseres Erdballs, welche als dünne Schale die glut-
flüssige innere Hauptmasse desselben umschließt, aus zweierlei
verschiedenen Hauptklassen von Gesteinen zusammengesetzt ist:
erstens aus den sogenannten plutonischen und vulkanischen
Felsmassen, welche unmittelbar durch Erstarrung der geschmolzenen
inneren Erdmasse an der Oberfläche entstanden sind; und zweitens
aus den sogenannten neptunischen (oder sedimentären) Gesteinen, welche durch die umbildende Tätigkeit des Wassers aus
den ersteren entstanden und schichtenweise übereinander auf dem
Boden der Gewässer abgesetzt sind. Zuerst bildete jede dieser
neptunischen Schichten ein weiches Schlammlager; im Laufe der
Jahrtausende aber verdichtete sich dasselbe zu fester, harter Fels-
masse (Sandstein, Mergel, Kalkstein u. s. w.), und schloß zugleich
bleibend die festen und unverweslichen Körper ein, welche zufällig
in den weichen Schlamm hineingeraten waren. Zu diesen Körpern,
die auf solche Weise entweder selbst „versteinert" wurden oder

charakteristische Abdrücke ihrer Körperform im weichen Schlamm hinterließen, gehören vor allen die festeren Teile der Tiere und Pflanzen, die während der Ablagerung jener Schlammschicht daselbst lebten und starben.

Jede neptunische Gesteinsschicht enthält demnach ihre charakteristischen Versteinerungen, die Reste von Tieren und Pflanzen, welche während jener bestimmten Periode der Erdgeschichte gelebt haben. Indem man nun diese Schichten v e r g l e i c h e n d zusammenstellt, ist man im stande, die ganze Reihe der Erdperioden im Zusammenhange zu übersehen. Alle Geologen sind jetzt darüber einig, daß eine solche bestimmte historische Reihenfolge von Gebirgsformationen nachzuweisen ist, und daß die untersten dieser Schichten in uralten, die obersten derselben in den jüngsten Zeiten abgelagert worden sind. Aber an keiner Stelle der Erde findet sich die ganze Reihenfolge der Schichtensysteme vollständig übereinander; an keiner Stelle ist dieselbe auch nur annähernd vollständig beisammen. Vielmehr ist die Reihenfolge der verschiedenen Erdschichten und der ihnen entsprechenden Zeiträume der Erdgeschichte, wie sie allgemein von den Geologen angenommen wird, nur eine ideale, in der Wirklichkeit nicht vorhandene Konstruktion, entstanden durch Zusammenstellung der einzelnen Erfahrungen, welche an verschiedenen Stellen der Erdoberfläche über die Aufeinanderfolge der Schichten gemacht worden sind (vergleiche den XVIII. Vortrag).

Genau ebenso werden wir jetzt bei der Phylogenie des Menschen verfahren. Wir werden versuchen, aus verschiedenen phylogenetischen Bruchstücken, die sich bei sehr verschiedenen Gruppen des Tierreiches vorfinden, ein ungefähres Gesamtbild von der Ahnenreihe des Menschen zusammenzusetzen. Sie werden sehen, daß wir wirklich im stande sind, durch die richtige Zusammenstellung und Vergleichung der Keimesgeschichte von sehr verschiedenen Tieren uns ein annähernd vollständiges Bild von der paläontologischen Entwickelungsgeschiche der Vorfahren des Menschen und der Säugetiere zu verschaffen; ein Bild, welches wir aus der Ontogenie der Säugetiere allein niemals hätten erschließen können. Infolge der erwähnten cenogenetischen Prozesse, der gestörten und der abgekürzten Vererbung, sind in der individuellen Entwickelungsgeschichte des Menschen und der übrigen Säugetiere ganze Entwickelungsreihen niederer Stufen, besonders aus den frühesten Perioden, ausgefallen oder durch Abänderungen gefälscht. Aber bei niederen Wirbeltieren und bei den wirbellosen Vorfahren

treffen wir gerade jene niederen Formstufen in ihrer ursprünglichen Reinheit vollständig an. Insbesondere haben sich bei dem
allerniedrigsten Wirbeltiere, beim Amphioxus, gerade die ältesten
Stammformen noch vollständig in der Keimesentwickelung konserviert. Weiterhin finden sich wichtige Anhaltspunkte bei den
Fischen vor, welche zwischen den niederen und höheren Wirbeltieren in der Mitte stehen und uns über den Verlauf der Phylogenesis einige Perioden weiter aufklären. An die Fische schließen
sich die Amphibien an, deren Keimesgeschichte wir ebenfalls höchst
wichtige Aufschlüsse verdanken. Sie bilden den Uebergang zu den
Amnioten oder höheren Wirbeltieren, bei denen die mittleren und
älteren Entwickelungsstadien der Vorfahren entweder gefälscht
oder abgekürzt sind, wo wir aber die neueren Stadien des phylogenetischen Prozesses in der Ontogenesis noch heute wohl konserviert finden. Wir sind also im stande, indem wir die individuellen
Entwickelungsgeschichten der verschiedenen Wirbeltiergruppen zusammenstellen und vergleichen, uns ein annähernd vollständiges
Bild von der paläontologischen Entwickelungsgeschichte der Vorfahren des Menschen innerhalb des Wirbeltierstammes zu verschaffen. Wenn wir aber von den niedersten Wirbeltieren noch
tiefer hinabsteigen und deren Keimesgeschichte mit derjenigen der
stammverwandten wirbellosen Tiere vergleichen, können wir den
Stammbaum unserer tierischen Ahnen noch viel weiter, bis zu den
niedersten Wurmtieren und Urtieren hinab, verfolgen.

Indem wir nun jetzt den dunkeln Pfad dieses phylogenetischen
Labyrinthes betreten, festhaltend an dem Ariadnefaden des Bio -
genetischen Grundgesetzes und geleitet von der Leuchte
der vergleichenden Anatomie, werden wir zunächst nach
der eben erörterten Methode aus den mannigfaltigen Keimes-
geschichten sehr verschiedener Tiere diejenigen Fragmente heraus-
finden und ordnen müssen, aus denen sich die Stammesgeschichte
des Menschen zusammensetzen läßt. Dabei möchte ich Sie noch
besonders darauf aufmerksam machen, daß wir uns dieser Methode
hier ganz mit derselben Sicherheit und mit demselben Rechte bedienen, wie in der Geologie. Kein Geologe hat mit Augen gesehen, daß die ungeheuren Gebirgsmassen, welche unsere Stein-
kohlenformation, unser Salzgebirge, den Jura, die Kreide u. s. w.
zusammensetzen, wirklich aus dem Wasser abgesetzt worden sind.
Dennoch zweifelt kein Einziger an dieser Tatsache. Auch hat
kein Geologe wirklich beobachtet, daß diese verschiedenen neptunischen Gebirgsformationen in einer bestimmten Reihenfolge

nacheinander entstanden sind, und dennoch sind alle einstimmig von dieser Reihenfolge überzeugt. Das rührt daher, daß eben nur durch die hypothetische Annahme jener neptunischen Schichtenbildung und dieser Reihenfolge sich überhaupt die Natur und die Entstehung aller jener Gebirgsmassen vernunftgemäß begreifen läßt. Weil dieselbe allein durch die angeführten geologischen Hypothesen sich begreifen und erklären läßt, deshalb gelten diese historischen Darstellungen ganz allgemein als sichere und unentbehrliche „geologische Theorien".

Ganz denselben Wert können aber aus denselben Gründen unsere phylogenetischen Hypothesen beanspruchen. Indem wir diese aufstellen, verfahren wir nach denselben induktiven und deduktiven Methoden und mit derselben annähernden Sicherheit, wie die Geologen. Weil wir allein mit Hilfe dieser phylogenetischen Hypothesen die Natur und Entstehung des Menschen und der übrigen Organismen begreifen, weil wir durch sie allein das Kausalitätsbedürfnis unserer Vernunft befriedigen können, deshalb halten wir sie für richtig, deshalb beanspruchen wir für sie den Wert von „biologischen Theorien". Und wie jetzt die geologischen Hypothesen allgemein angenommen sind, die noch im Anfange des neunzehnten Jahrhunderts als spekulative Luftschlösser verlacht wurden, so werden früher oder später auch unsere phylogenetischen Hypothesen zur Geltung kommen, welche jetzt noch viele Naturforscher als „naturphilosophische Träumereien" verspotten. Freilich werden Sie bald sehen, daß unsere Aufgabe nicht so einfach ist, wie jene der Geologen. Sie ist in demselben Maße schwieriger und verwickelter, in welchem sich die Organisation des Menschen über die Struktur der Gebirgsmassen erhebt [78].

Treten wir nun an diese Aufgabe näher heran, so gewinnen wir ein außerordentlich wichtiges Hilfsmittel zunächst durch die vergleichende Anatomie und Keimesgeschichte von zwei niederen Tierformen. Das eine dieser Tiere ist das Lanzettierchen (*Amphioxus*), das andere ist die Seescheide (*Ascidia*), Taf. XVIII und XIX. Beide Tiere sind höchst bedeutsam. Beide stehen an der Grenze zwischen den beiden Hauptabteilungen des Tierreiches, die man seit *Lamarck* (1801) als Wirbeltiere und wirbellose Tiere unterscheidet. Die Wirbeltiere umfassen die früher schon aufgeführten Klassen vom Amphioxus bis zum Menschen hinauf (Schädellose, Lampreten, Fische, Dipneusten, Amphibien, Reptilien, Vögel und Säugetiere). Alle übrigen Tiere faßte man diesen gegenüber nach dem Vorgange von *Lamarck* allgemein als

„Wirbellose" zusammen. Wie wir aber gelegentlich bereits erwähnten, sind die wirbellosen Tiere wieder aus einer Anzahl ganz verschiedener Stämme zusammengesetzt. Von diesen interessieren uns die Sterntiere, die Weichtiere, die Gliedertiere hier gar nicht, weil sie selbständige Hauptzweige des tierischen Stammbaumes sind, die mit den Wirbeltieren gar nichts zu schaffen haben. Hingegen ist für uns von hohem Werte eine erst neuerdings genauer untersuchte und sehr interessante Tiergruppe, welche für den Stammbaum der Wirbeltiere die größte Bedeutung besitzt. Das ist der Stamm der Manteltiere oder Tunicaten. Ein Mitglied dieses Stammes, die Seescheide oder Ascidie, schließt sich in ihrem wesentlichen innern Bau und in ihrer Keimungsweise aufs engste an das niederste Wirbeltier, den Amphioxus oder das Lanzettierchen, an. Man hatte bis zum Jahre 1866 keine Vorstellung von dem engen Zusammenhang dieser beiden, scheinbar sehr verschiedenen Tierformen, und es war ein sehr glücklicher Zufall, daß gerade damals, wo die Frage der Abstammung der Wirbeltiere von den wirbellosen Tieren in den Vordergrund trat, die Keimesgeschichte dieser beiden nächstverwandten Tiere entdeckt wurde. Um dieselbe richtig zu verstehen, müssen wir uns zunächst die beiden merkwürdigen Tiere im ausgebildeten Zustande ansehen und ihre Anatomie vergleichen.

Wir beginnen mit dem Lanzelot oder Lanzettierchen, *Amphioxus*; es ist nächst dem Menschen das wichtigste und interessanteste aller Wirbeltiere. Wie der Mensch auf dem höchsten Gipfel, so steht der Amphioxus an der tiefsten Wurzel des Vertebratenstammes. (Vergl. Fig. 245 und Taf. XIX, Fig. 15.) Der Amphioxus wurde zuerst im Jahre 1774 von dem deutschen Naturforscher *Pallas* beschrieben. Er erhielt dieses kleine Tierchen aus der Nordsee von England zugeschickt, glaubte darin eine nahe Verwandte unserer gewöhnlichen Wegschnecke (*Limax*) zu erkennen und nannte es daher *Limax lanceolatus*. Ueber ein halbes Jahrhundert hindurch kümmerte sich niemand weiter um diese angebliche Nacktschnecke. Erst im Jahre 1834 wurde das unscheinbare Tierchen im Sande des Posilippo bei Neapel lebend beobachtet, und zwar von dem dortigen Zoologen *Costa*. Dieser behauptete, daß dasselbe keine Schnecke, sondern ein Fischchen sei, und nannte es *Branchiostoma lubricum*. Fast gleichzeitig wies ein englischer Naturforscher, *Yarrell*, ein inneres Achsenskelett in demselben nach und gab ihm den Namen *Amphioxus lanceolatus*. Am genauesten untersuchte es dann 1839 der berühmte Berliner Zoologe *Johannes*

Müller, dem wir eine sehr gründliche und ausführliche Abhandlung über seine Anatomie verdanken. In neuester Zeit ist durch die gründlichen Untersuchungen mehrerer ausgezeichneter Beobachter, vor allen von *Hatschek* und *Boveri*, unsere anatomische Kenntnis des Lanzelot wesentlich ergänzt und namentlich auch der feinere Bau näher bekannt geworden [74]).

Der Amphioxus lebt an flachen, sandigen Stellen der Meeresküste, teilweise im Sande vergraben, und ist, wie es scheint, sehr verbreitet in verschiedenen Meeren. Er ist gefunden in der Nordsee (an den großbritannischen und skandinavischen Küsten, sowie bei Helgoland); im Mittelmeer an verschiedenen Stellen (z. B. bei Nizza, Neapel und Messina). Er kommt ferner an der brasilianischen Küste vor und ebenso an entfernten Gestaden des Pacifischen Ozeans (Küsten von Peru, Borneo, China, Australien u. s. w.). Neuerdings sind 8—10 verschiedene Species von Amphioxus aufgestellt und auf 2—3 verschiedene Gattungen verteilt worden. Zum Genus *Amphioxus* im engeren Sinne (mit zwei Gonadenreihen) gehören die beiden europäischen Arten (*A. lanceolatus*, weit verbreitet, und *A. prototypus*, von Messina). Von der Gattung *Paramphioxus* (— auch geteilt in *Epigonichthys* und *Asymmetron* —, mit einer unpaaren Gonadenreihe) leben mehrere Arten in der südlichen Hemisphäre. Die Species beider Gattungen sind äußerlich sehr ähnlich; sie unterscheiden sich hauptsächlich durch die Zahl der Metameren oder Segmente, welche zwischen 50 und 80 schwankt [75]).

Johannes Müller stellte das Lanzettierchen im System zu den Fischen, obwohl er hervorhob, daß die Unterschiede dieses einfachen Wirbeltieres von den niedersten Fischen viel bedeutender sind, als die Unterschiede aller Fische von den Amphibien. Damit wird aber die richtige Wertschätzung des bedeutungsvollen Tierchens noch lange nicht ausgedrückt. Vielmehr können wir mit voller Sicherheit den wichtigen Satz aufstellen: Der Amphioxus ist von den Fischen viel verschiedener als die Fische vom Menschen und von allen übrigen Wirbeltieren. Er ist in der Tat seiner ganzen Organisation nach so sehr von allen anderen Vertebraten verschieden, daß wir nach den Gesetzen der systematischen Logik zunächst zwei Hauptabteilungen in diesem Stamme unterscheiden müssen: I. Schädellose oder *Acrania* (Amphioxus und seine ausgestorbenen Verwandten) und II. Schädeltiere oder *Craniota* (der Mensch und alle übrigen Wirbeltiere) [76]).

Die erste, niedere Abteilung bilden die Wirbeltiere ohne Wirbel und Schädel, welche wir eben deshalb Schädellose oder

Acranier nennen. Hiervon lebt heutzutage nur noch der *Amphioxus* und der *Paramphioxus*, während in früheren Zeiten der Erdgeschichte zahlreiche und verschiedenartige Formen dieser Abteilung existiert haben müssen. Wir dürfen hier ein allgemeines Gesetz aussprechen, welches jeder Anhänger der Entwickelungstheorie zugeben wird: Solche ganz eigentümliche und isolierte Tierformen, wie der Amphioxus, welche scheinbar im System der Tiere vereinzelt dastehen, sind immer „die letzten Mohikaner", die letzten überlebenden Reste einer ausgestorbenen Tiergruppe, von welcher in früheren Zeiten der Erdgeschichte zahlreiche und mannigfaltige Formen existierten. Da der Amphioxus ganz weich ist, da er keine festen Körperteile, keine versteinerungsfähigen Organe besitzt, so dürfen wir annehmen, daß auch alle seine zahlreichen ausgestorbenen Verwandten ebenso weich waren und daher keine fossilen Abdrücke oder Versteinerungen hinterlassen konnten.

Diesen Schädellosen oder Acraniern gegenüber steht die zweite Hauptabteilung der Vertebraten, welche alle übrigen Wirbeltiere, von den Cyclostomen und Fischen bis zum Menschen hinauf umfaßt. Alle diese Wirbeltiere haben einen Kopf, der deutlich vom Rumpfe geschieden ist und einen Schädel mit Gehirn enthält; alle haben ein zentralisiertes Herz, ausgebildete Nieren u. s. w. Wir nennen sie Schädeltiere oder Cranioten. Aber auch diese Schädeltiere sind in der ersten Jugend schädellos. Wie Sie bereits aus der Ontogenie wissen, durchläuft auch der Mensch, wie jedes Säugetier, in frühen Zeiten der individuellen Entwickelung jenen wichtigen Zustand, welchen wir als Chordula bezeichnet haben; auf dieser niederen Bildungsstufe besitzt dasselbe weder Wirbel, noch Schädel, noch Gliedmaßen (Fig. 86—89, S. 246). Aber auch nachdem die Bildung der „Urwirbel" oder Segmente begonnen hat, besitzt der gegliederte Keim der Amnioten noch eine Zeitlang die ganz einfache Gestalt einer leierförmigen Scheibe oder Sandale, an welcher Extremitäten oder Gliedmaßen noch gar nicht vorhanden sind. Wenn wir diesen frühen embryonalen Formzustand, den Sandalionkeim (Taf. IV, V, S. 320), mit dem entwickelten Lanzettierchen vergleichen, so können wir sagen: der Amphioxus ist in gewissem Sinne ein persistenter Sandalion-Embryo, eine bleibende Keimform der Schädeltiere; er erhebt sich nie über einen gewissen niederen, von uns längst überwundenen, frühen Jugendzustand.

Das vollkommen ausgebildete Lanzettierchen (Fig. 245) wird 5—6 Centimeter (über zwei Zoll) lang, ist farblos oder schwach

rötlich gefärbt, und hat die Gestalt eines schmalen, lanzettförmigen
Blattes. Der Körper ist vorn und hinten zugespitzt, von beiden
Seiten her aber stark zusammengedrückt. Von paarigen Gliedmaßen ist keine Spur vorhanden. Die äußere Hautdecke ist sehr
zart und dünn, nackt, durchscheinend und besteht aus zwei verschiedenen Schichten: aus einer einfachen äußersten Zellenschicht,
der Oberhaut (Taf. XVIII, Fig. 13 h), und einer dünnen, darunter
gelegenen Lederhaut (Fig. 13 l). Ueber die Mittellinie des Rückens
zieht ein schmaler Flossensaum, welcher sich hinten in eine ovale
Schwanzflosse verbreitert und unten in eine kurze Afterflosse fortsetzt. Der Flossensaum wird durch zahlreiche viereckige, elastische
Flossenplättchen gestützt (Taf. XIX, Fig. 15 f). Die feinen parallelen Linien unter der Haut, welche in der Mittellinie jeder Seite
einen nach vorn gerichteten, spitzen Winkel bilden (Fig. 15 r
und b), sind die Grenzlinien der Muskelplatten oder Myotome; ihre
Zahl beträgt beim europäischen *Amphioxus lanceolatus* 60—62,
bei *A. prototypus* (von Messina) 63—65; sie bezeichnet die Zahl
der Metameren oder „Ursegmente", welche den Körper zusammensetzen und dessen innere Gliederung bedingen.

Mitten im Körper finden wir einen dünnen, knorpelartigen
Strang, der durch die Längsachse des ganzen Körpers von vorn
nach hinten durchgeht und nach beiden Enden hin sich gleichmäßig zuspitzt (Fig. 245 i). Dieser gerade, cylindrische, seitlich
etwas zusammengedrückte Knorpelstab ist der Achsenstab oder die
Chorda dorsalis, er vertritt hier ganz allein das Rückgrat oder
die Wirbelsäule. Beim Amphioxus entwickelt sich die Chorda nicht
weiter, sondern bleibt zeitlebens in diesem einfachsten ursprünglichen
Zustande bestehen. Sie ist umschlossen von einer häutigen festen
Hülle, der Chordascheide oder *Perichorda*. Das Verhalten
dieser letzteren und der von ihr ausgehenden Bildungen läßt sich
am besten auf dem Querschnitte des Amphioxus übersehen (Fig. 246);
Taf. XVIII, Fig. 13 cs). Die Chordascheide bildet unmittelbar über
der Chorda ein cylindrisches Rohr, und in diesem Rohre eingeschlossen liegt das Zentralnervensystem, das Markrohr oder
Medullarrohr (Taf. XIX, Fig. 15 m). Dieses wichtige Seelenorgan
bleibt hier ebenfalls zeitlebens in der allereinfachsten Gestalt bestehen, als ein cylindrisches Rohr, das vorn und hinten fast gleichmäßig einfach endet und dessen dicke Wand einen engen Kanal
umschließt. Jedoch ist das vordere Ende mehr abgerundet und
enthält eine kleine, kaum merkliche blasenförmige Anschwellung
des Kanals (Fig. 15 m_1). Dieses Bläschen ist als Andeutung einer

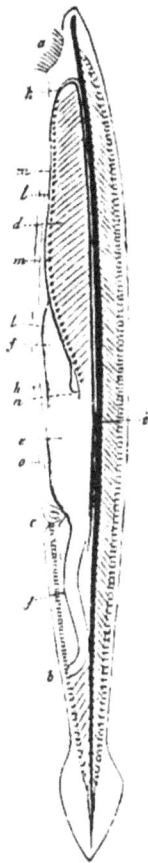

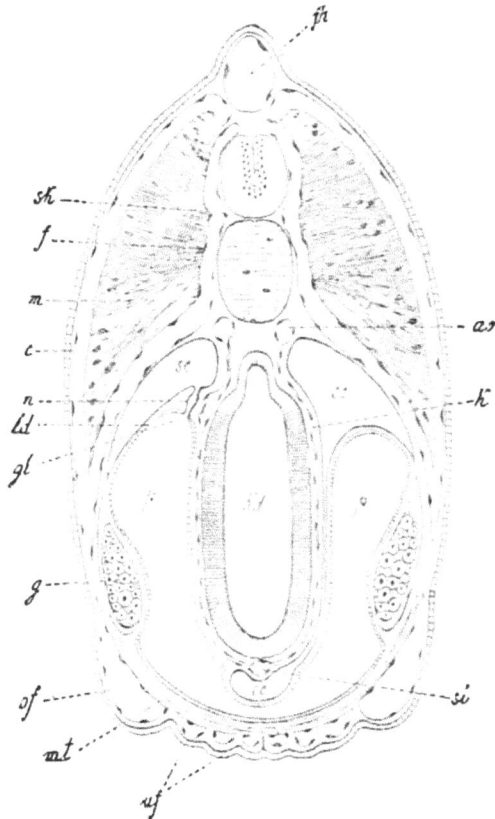

Fig. 245.   Fig. 246.

Fig. 245. Das Lanzettierchen (*Amphioxus lanceolatus*), zweimal vergrößert, von der linken Seite gesehen. Die Längsachse steht senkrecht; das Mundende ist nach oben, das Schwanzende nach unten gerichtet ebenso wie auf Taf. XIX, Fig. 15. *a* Mundöffnung, von Bartfäden umgeben, *b* Afteröffnung, *c* Kiemenloch (*Porus branchialis*), *d* Kiemenkorb, *e* Magen, *f* Leber, *g* Dünndarm, *h* Kiemenhöhle, *i* Chorda (Achsenstab), unter derselben die Aorta, *k* Aortenbogen, *l* Stamm der Kiemenarterie, *m* Anschwellungen an den Aesten derselben. *n* Hohlvene, *o* Darmvene.

Fig. 246. Querschnitt durch den Kopf des Amphioxus nach *Boveri*. Ueber dem Kiemendarm (*kd*) liegt die Chorda, über dieser das Nervenrohr (an dem innere graue und äußere weiße Substanz zu unterscheiden ist); oben darüber die Rückenflosse (*fh*). Rechts und links oben (im Episom) die dicken Muskelplatten (*m*); unten (im Hyposom) die Gonaden (*g*), *ao* Aorta (hier doppelt), *c* Corium, *e* Endostyl. *f* Fascie. *gl* Glomerulus der Niere, *k* Kiemengefäß, *ld* Scheidewand zwischen Coelom (*sc*) und Atrium (*p*), *mt* querer Bauchmuskel (Transversus), *n* Nierenkanälchen. *of* obere und *uf* untere Kanäle in den Mantelklappen, *p* Peribranchialhöhle (Atrium). *sc* Coelom (subchordale Leibeshöhle), *si* Prinzipalvene (Subintestinalvene), *sk* Perichorda (Skelettblatt).

eigentlichen Hirnblase aufzufassen, als ein Rudiment des Gehirns.
Am vordersten Ende desselben findet sich ein kleiner schwarzer
Pigmentfleck, das Rudiment eines Auges; und ein enger Kanal führt
zu einem Sinnesorgan der Oberfläche. In der Nähe dieses Augen-
fleckes befindet sich auf der linken Seite eine kleine flimmernde
Grube, das unpaare Geruchsorgan. Ein Gehörorgan fehlt vollständig.
Diese mangelhafte Entwickelung der höheren Sinnesorgane ist
wahrscheinlich zum großen Teile nicht als ursprünglicher Zustand,
sondern als Rückbildung zu deuten.

Unterhalb des Achsenstabes oder der Chorda dorsalis verläuft
ein sehr einfacher Darmkanal, ein Rohr, welches an der Bauchseite des Tierchens vorn durch eine Mundöffnung und hinten durch
eine Afteröffnung ausmündet. Die ovale Mundöffnung ist von
einem Knorpelringe umgeben, an welchem 20—30 Knorpelfäden
(Tastorgane) ansitzen (Fig. 245 a). Durch eine mittlere Einschnürung
zerfällt der Darmkanal in zwei ganz verschiedene Abschnitte von
fast gleicher Länge. Der vordere Abschnitt oder Kopfdarm dient
zur Atmung, der hintere Abschnitt oder Rumpfdarm zur Verdauung. Die Grenze zwischen beiden Darmregionen bezeichnet
zugleich die Grenze zwischen beiden Körperregionen, zwischen
Kopf und Rumpf. Der Kopfdarm oder „Kiemendarm" bildet
einen weiten Kiemenkorb, dessen gitterförmige Wand von zahlreichen Kiemenspalten durchbrochen ist (Fig. 245 d; Taf. XIX,
Fig. 15 k). Die feinen Balken des Kiemenkorbes zwischen den
Spalten werden durch feste parallele Stäbchen gestützt, die paarweise durch Querstäbchen verbunden sind. Das Wasser, welches
der Amphioxus durch die Mundöffnung aufnimmt, gelangt durch
diese Spalten des Kiemenkorbes in die ihn umgebende große
Kiemenhöhle oder Mantelhöhle (Atrium) und tritt dann weiter
hinten durch ein Loch derselben nach außen, durch das Atemloch
(Porus branchialis, Fig. 245 c). Unten an der Bauchseite des
Kiemenkorbes findet sich in der Mittellinie eine flimmernde Rinne
mit drüsiger Wand (die Schlundrinne oder Hypobranchialrinne),
die ebenso bei den Ascidien und bei den Larven der Cyclostomen
wiederkehrt; sie ist deshalb von Interesse, weil sich aus ihr bei
den höheren Wirbeltieren die Schilddrüse am Kehlkopfe (unterhalb
des sogenannten „Adamsapfels") entwickelt hat (Fig. 15 y).

Hinter dem atmenden oder respiratorischen Teile des
Darmkanals kommt zweitens der verdauende Abschnitt oder
digestive Teil desselben, der Rumpfdarm oder Leberdarm.
Die kleinen Körperchen, welche der Amphioxus mit dem Atmungs-

wasser aufnimmt, Infusorien, Diatomeen, Bestandteile von zersetzten Pflanzen- und Tierkörpern u. s. w., gelangen aus dem Kiemenkorbe hinten in den verdauenden Abschnitt des Darmkanals hinein und werden hier als Nahrung aufgenommen und verarbeitet. Von einem etwas erweiterten Abschnitte, der dem M a g e n entspricht (Fig. 245 e), geht ein länglicher, taschenförmiger Blindsack gerade nach vorn ab (f), er liegt unten auf der rechten Seite des Kiemenkorbes und endigt blind geschlossen ungefähr in seiner Mitte. Das ist die L e b e r des Amphioxus, die einfachste Form der Leber, die wir bei den Wirbeltieren überhaupt kennen. Auch beim Menschen entwickelt sich, wie wir sehen werden, die Leber als ein taschenförmiger Blindsack, der sich hinter dem Magen aus dem Darmkanal ausstülpt.

Nicht minder merkwürdig als die Bildung des Darmes ist die Bildung des B l u t g e f ä ß s y s t e m s bei unserem Tierchen. Während nämlich alle anderen Wirbeltiere ein gedrungenes, dickes, beutelförmiges Herz haben, welches sich an der Kehle aus der unteren Wand des Vorderdarmes entwickelt, und von welchem die Blutgefäße ausgehen, findet sich beim Amphioxus überhaupt kein besonderes zentralisiertes Herz vor, welches durch seine Pulsationen das Blut fortbewegt. Vielmehr wird diese Bewegung, wie bei den Ringelwürmern, durch die dünnen, röhrenförmigen Blutgefäße selbst bewirkt, welche die Funktion des Herzens übernehmen, sich in ihrer ganzen Länge pulsierend zusammenziehen und so das farblose Blut durch den ganzen Körper treiben. Dieser Blutkreislauf ist so einfach und dabei so merkwürdig, daß wir ihn kurz betrachten wollen. Wir können vorn an der unteren Seite des Kiemenkorbes anfangen. Da liegt in der Mittellinie ein großer Gefäßstamm, welcher dem Herzen der übrigen Wirbeltiere und dem daraus entspringenden Stamm der K i e m e n a r t e r i e entspricht, und welcher das Blut in die Kiemen hineintreibt (Fig. 245 l). Zahlreiche kleine Gefäßbogen gehen jederseits aus dieser Kiemenarterie in die Höhe und bilden an der Abgangsstelle kleine herzähnliche Anschwellungen oder Bulbillen (m); sie steigen längs der Kiemenbogen zwischen den Kiemenspalten um den Vorderdarm empor, und vereinigen sich als Kiemenvenen oberhalb des Kiemenkorbes in einem großen Gefäßstamm, der unterhalb der Chorda dorsalis verläuft. Dieser Stamm ist die H a u p t a r t e r i e oder die primitive A o r t a (Taf. XVIII, Fig. 13 t; Taf. XIX, Fig. 15 t). Zwischen Darm und Chorda verläuft die Aorta gerade so wie bei allen höheren Wirbeltieren (Fig. 249 D). Die Gefäßästchen, welche diese Aorta an alle Teile

des ganzen Körpers abgibt, sammeln sich wieder in einem großen
venösen Gefäße, welches sich an die untere Seite des Darmes be-
gibt und hier als D a r m v e n e bezeichnet werden kann (*Vena
subintestinalis,* Fig. 245 *o,* 247 *E*; Taf. XVIII, Fig. 13 *v*; Taf. XIX,
Fig. 15 *v*). Sie geht weiter über auf den Leberschlauch, bildet
hier eine Art Pfortader, indem sie den Leberblindsack mit einem
feinen Gefäßnetz umspinnt, und geht dann als Lebervene in einen
nach vorn gerichteten Stamm über, den wir Hohlvene nennen
können (Fig. 245 *n*). Dieser letztere tritt direkt wieder an die
Bauchseite des Kiemenkorbes und geht hier unmittelbar in die als
Ausgangspunkt angenommene Kiemenarterie über. Wie eine ringförmig geschlossene Wasserleitung geht dieses unpaare Hauptgefäß-
rohr des Amphioxus längs des Darmrohres durch seinen ganzen
Körper hindurch und pulsiert in seiner ganzen Länge oben und
unten. Ungefähr innerhalb einer Minute wird so das farblose Blut
durch den ganzen Körper des Tierchens hindurch getrieben. Wenn
das obere Rohr sich pulsierend zusammenzieht, füllt sich das untere
mit Blut, und umgekehrt. Oben strömt das Blut von vorn nach
hinten, unten hingegen von hinten nach vorn. Das ganze lange
Gefäßrohr, welches unten längs der Bauchseite des Darmrohres
verläuft, und welches venöses Blut enthält, kann als H a u p t v e n e
(*Vena principalis*) bezeichnet und mit dem sogenannten B a u c h -
g e f ä ß der Würmer verglichen werden. Hingegen ist das lange
gerade Gefäßrohr, welches oben längs der Rückenlinie des Darmrohres zwischen diesem und der Chorda verläuft, und welches
arterielles Blut enthält, einerseits offenbar identisch mit der
Aorta der übrigen Wirbeltiere oder der H a u p t a r t e r i e (*Arteria
principalis*); andererseits kann man dasselbe mit dem sogenannten
R ü c k e n g e f ä ß der Würmer vergleichen.

Schon *Johannes Müller* erkannte diese wichtige Uebereinstimmung in der Bildung des Blutgefäßsystems beim Lanzettierchen
und bei den Würmern. Er hob namentlich die A n a l o g i e beider,
ihre p h y s i o l o g i s c h e Aehnlichkeit, hervor, indem das Blut in
beiden durch die pulsierenden Zusammenziehungen der großen
Gefäßröhren in ihrer ganzen Länge fortgetrieben wird, nicht durch
ein zentralisiertes Herz, wie bei allen übrigen Wirbeltieren. Indessen ist dieser wichtige Vergleich wohl mehr als eine bloße
Analogie. Er besitzt wahrscheinlich die tiefere Bedeutung einer
wahren H o m o l o g i e und beruht auf einer morphologischen
Uebereinstimmung der verglichenen Organe. Wir erfahren demnach durch den Amphioxus, daß die Aorta, die unpaare, zwischen

Darm und Chorda verlaufende Hauptarterie der Wirbeltiere (*Arteria principalis*), ursprünglich aus dem Rückengefäß älterer Wurmtiere entstanden ist. Hingegen ist das Bauchgefäß der letzteren nur noch in der unpaaren, unten am Darm verlaufenden Darmvene des Amphioxus (und ihrer vorderen Fortsetzung: Pfortader. Lebervene, Hohlvene, Kiemenarterie) erhalten. Bei allen übrigen Wirbeltieren tritt diese Darmvene (ursprünglich das venöse Hauptgefäß oder die *Vena principalis*) im entwickelten Tierkörper ganz hinter anderen Venen zurück.

Sehr wichtige und eigentümliche morphologische Verhältnisse zeigt beim Amphioxus das *Coelom* oder die Leibeshöhle. Ihre

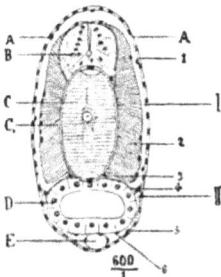
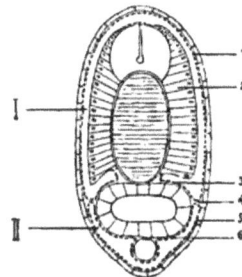

Fig. 247.   Fig. 248.

Fig. 247. **Querschnitt durch eine Amphioxuslarve** mit fünf Kiemenspalten, durch die Mitte des Körpers. — Fig. 248. **Schema desselben Querschnittes.** Nach *Hatschek*. *A* Oberhaut, *B* Markrohr, *C* Chorda, C_1 innere Chordascheide, *D* Darmepithel, *E* Darmvene, *1* Lederplatte (Cutis), *2* Muskelplatte (Myotom), *3* Skelettplatte (Sklerotom), *4* Coeloseptum (Scheidewand zwischen dorsalem und ventralem Coelom), *5* Hautfaserplatte, *6* Darmfaserplatte, *I* Myocoel (dorsale Leibeshöhle), *II* Splanchnocoel (ventrale Leibeshöhle).

Keimesgeschichte ist von grundlegender Bedeutung für die Stammesgeschichte der Leibeshöhle beim Menschen und bei allen anderen Wirbeltieren. Wie wir schon früher (im X. Vortrage) gesehen haben, zerfallen die paarigen Coelomtaschen hier frühzeitig durch transversale Einschnürungen in eine Doppelreihe von Somiten oder Ursegmenten (Fig. 162. S. 356), und jedes von diesen teilt sich wieder durch eine frontale oder laterale Einschnürung in ein oberes (dorsales) und ein unteres (ventrales) Täschchen. Aus der inneren oder medialen Wand der Episomiten oder Dorsaltaschen entsteht die Muskelplatte (Fig. 247 2); aus der äußeren oder lateralen Wand die Lederplatte (*1*); beide sind getrennt durch die Muskelhöhle oder das Myocoel (*I*). Die Hyposomiten hingegen, oder die

Ventraltaschen, fließen zur Bildung einer einfachen engen Leibeshöhle zusammen, dem Splanchnocoel (*II*).

Während diese wichtigen Bauverhältnisse im Rumpfe des
Amphioxus (im hinteren Drittel, Fig. 247—250) sehr klar zu Tage
treten, ist das nicht der Fall im Kopfe, im vorderen Drittel (Fig. 251).
Hier finden sich viel verwickeltere Einrichtungen, welche erst
durch die im folgenden Vortrage zu untersuchende Keimesgeschichte
verständlich werden (vergl. Fig. 265). Der Kiemendarm liegt hier
frei in einer geräumigen, mit Wasser gefüllten Höhle, die man
früher irrtümlich für die Leibeshöhle hielt (Fig. 251 *A*). In der

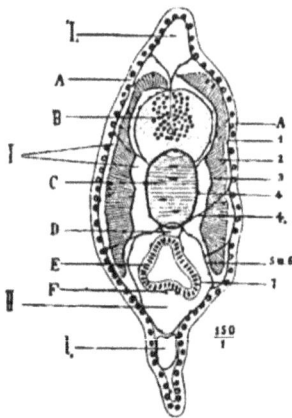
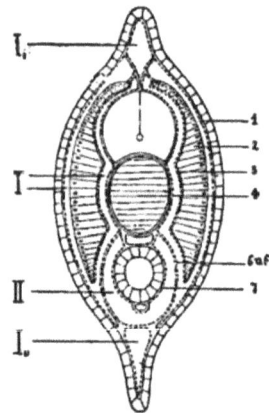

Fig. 249.   Fig. 250.

Fig. 249. **Querschnitt durch einen jungen Amphioxus,** gleich nach der
Verwandlung, durch das hintere Drittel (zwischen Mantelloch und After). — Fig. 250
Schema desselben Querschnitts. Nach *Hatschek.* *A* Oberhaut, *B* Markrohr,
C Chorda, *D* Aorta, *E* Darmepithel, *F* Darmvene, *1* Lederplatte, *2* Muskelplatte.
3 Fascienplatte, *4* äußere Chordascheide, *5* Myoseptum, *6* Hautfaserplatte, *7* Darmfaserplatte, *I* Myocoel, *II* Splanchnocoel, *I,* Rückenflosse, *I,,* Afterflosse.

Tat ist aber diese Mantelhöhle (*Atrium*, gewöhnlich „Kiemenhöhle" oder „Peribranchialhöhle" genannt) eine sekundäre Bildung,
entstanden durch die Entwickelung von ein paar seitlichen Mantellappen oder Kiemendeckeln (*M₁*, *U*). Die wahre Leibeshöhle (*Lh*)
ist sehr eng und ganz geschlossen, ausgekleidet vom Coelomepithel.
Hingegen ist die Kiemenhöhle (*A*) mit Wasser erfüllt und ihre gesamte Wandung vom Hautsinnesblatte ausgekleidet; sie öffnet sich
hinten durch das Mantelloch oder den Porus branchialis nach außen
(Fig. 245 *c*; Taf. XIX, Fig. 15 *p*). Das Ektoderm überzieht die
Oberfläche der beiden großen seitlichen Kiemendeckel, der

klappenartigen seitlichen Fortsätze der Leibeswand, welche unten um
die ursprüngliche Bauchseite herumwachsen und sich in deren Mittellinie vereinigen (in der Bauchnaht oder Raphe, Fig. 251 R).

An der inneren Fläche dieser seitlichen Mantellappen (M_1),
in der ventralen Hälfte der weiten Mantelhöhle, finden sich die

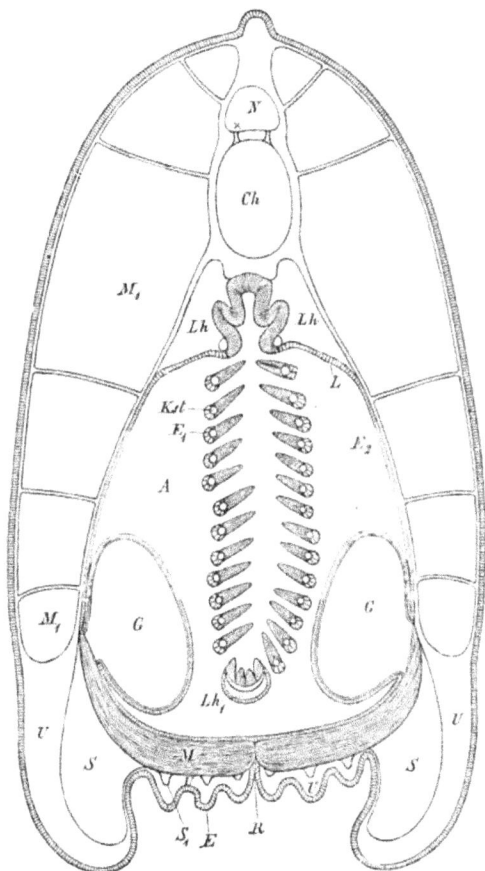

Fig. 251. **Querschnitt durch das Lanzettierchen,** in der vorderen Hälfte
(nach *Rolph*). Die äußere Umhüllung bildet die einfache Zellenschicht der Oberhaut
(Epidermis E). Darunter liegt die dünne Lederhaut (Corium), deren Unterhautgewebe
(U) verdickt ist; sie sendet bindegewebige Scheidewände nach innen zwischen die
Muskeln (M_1) und zu der Chordascheide. N Markrohr, Ch Chorda, Lh Leibeshöhle,
A Mantelhöhle, L obere Wand derselben, E_1 innere Wand derselben, E_2 äußere Wand
derselben, Lh_1 ihr Ventralrest. Kst Kiemenstäbchen, M Bauchmuskeln, R Raphe oder
Verwachsungsnaht der Bauchfalten (Kiemendeckel), G Geschlechtsdrüsen.

Geschlechtsorgane des Amphioxus. Beiderseits des Kiemendarmes
liegt eine Anzahl von 20—30 elliptischen oder rundlich-viereckigen
Säckchen, welche mit bloßem Auge von außen leicht zu sehen
sind, da sie durch die dünne, durchsichtige Leibeswand hindurch-
schimmern. Diese Säckchen sind die G e s c h l e c h t s d r ü s e n
(*Gonades*); sie sind in beiden Geschlechtern von gleicher Größe
und Gestalt, nur ihrem Inhalte nach verschieden. Beim Weibchen

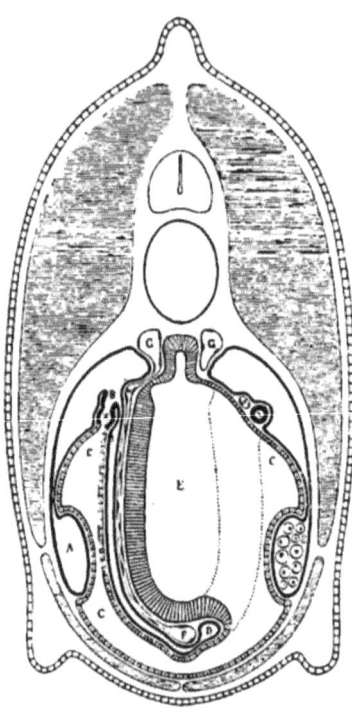 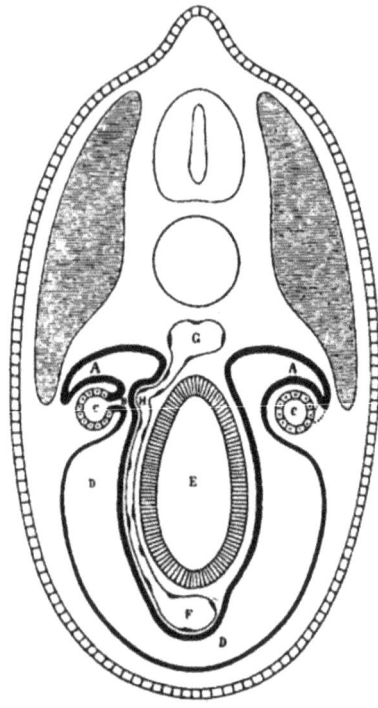

Fig. 252.   Fig. 253.

Fig. 252. **Querschnitt durch die Mitte des Amphioxus,** nach *Boveri*.
Links ist ein Kiemenstäbchen der Länge nach getroffen, rechts eine Kiemenspalte;
entsprechend ist links ein ganzes Vornierenkanälchen sichtbar (*x*), rechts nur der Querschnitt seines vorderen Schenkels. *A* Genitalkammer (Ventralteil des Gonocoels), *x* Pronephridium, *B* seine Coelomöffnung, *C* Mantelhöhle, *D* Leibeshöhle, *E* Darmhöhle,
F Darmvene, *G* Aorta (der linke Ast durch ein Kiemengefäß mit der Darmvene verbunden), *H* Nierengefäß.

Fig. 253. **Querschnitt durch einen Urfischkeim** (Selachierembryo, nach
Boveri), links Vorniere (*B*), rechts Urniere (*A*). Rechts deuten punktierte Linien die
spätere Oeffnung der Urnierenkanälchen (*A*) in den Vornierengang (*C*) an. *D* Leibeshöhle, *E* Darmhöhle, *F* Darmvene, *G* Aorta, *H* Nierengefäß.

enthalten sie Haufen von einfachen Eizellen (Fig. 254 *g*); beim Männchen Haufen von viel kleineren Zellen, welche sich in bewegliche Geißelzellen (Spermazellen) verwandeln. Beiderlei Säckchen liegen innen an der inneren Wand der Mantelhöhle und haben keine besonderen Ausführgänge. Wenn die Eier des Weibchens und die Samenmassen des Männchens reif sind, fallen sie in die Mantelhöhle, geraten durch die Kiemenspalten in den Kopfdarm und werden durch die Mundöffnung entleert. Genauere Untersuchung lehrt, daß diese Geschlechtstaschen segmentale Blindsäcke der Leibeshöhle sind, ventrale Coelomtaschen; sie entstehen aus dem unteren Teile der Hyposomiten, während der obere Teil derselben zur Bildung des engen Metacoeloms zusammenfließt (Fig. 251 *Lh*). Letzteres bleibt mit ersteren durch eine mesodermale Epithellamelle in Verbindung, welche zwischen dem inneren Ektoderm der Mantellappen (*E₂*) und deren Muskelplatte liegt.

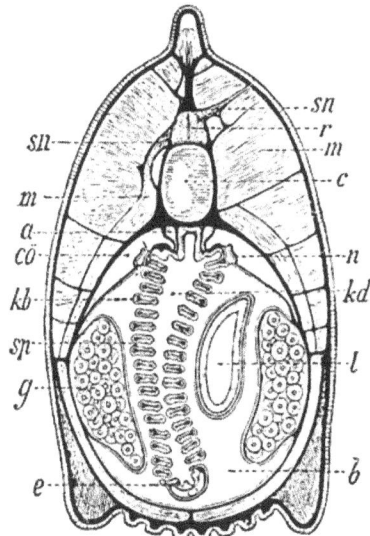

Fig. 254. **Querschnitt durch den Kopf des Amphioxus** (an der Grenze vom ersten und zweiten Drittel der Körperlänge). Nach *Boveri*. *a* Aorta (hier paarig), *b* Atrium (Mantelhöhle), *c* Chorda, *cö* Coelom (Leibeshöhle), *e* Endostyl (Hypobranchialrinne), *g* Gonaden (Eierstöcke), *kb* Kiemenbogen, *kd* Kiemendarm, *l* Leberschlauch (rechts, einseitig), *m* Muskeln, *n* Nierenkanälchen, *r* Rückenmark, *sn* Spinalnerven, *sp* Kiemenspalten.

Die symmetrische Entwickelung der Geschlechtsdrüsen zeigt in den verschiedenen Arten von *Amphioxus* auffallende Unterschiede, und diese haben neuerdings zur Aufstellung von mehreren Gattungen geführt. Bei zwei Arten von Amphioxus, welche Professor *Semon* von Australien mitgebracht hatte, bei *A. bassanus* und *A. cultellus*, fand ich 1893, daß die Gonaden nur auf einer Seite, und zwar rechts, entwickelt waren (wie die Leber). Einzelne Individuen von *A. bassanus* besaßen auch noch kleine Rudimente auf der linken Seite, während sie meistens hier ganz verschwunden waren. Auch in der besonderen Bildung einzelner anderer

Körperteile zeigten diese beiden australischen Acranier eine stärkere Asymmetrie als unsere beiden europäischen Species, der gewöhnliche *A. lanceolatus* und der größere *A. prototypus* (von Messina). Offenbar ist die Ursache derselben in der fortgesetzten Anpassung an das Liegen auf einer Körperseite zu suchen, wie bei den bekannten asymmetrischen Plattfischen, wo beide Augen auf einer Seite des Kopfes liegen (*Pleuronectiden*, Seezungen, Flunder, Steinbutt u. s. w.). Wenn sich bei den Acraniern die Geschlechtsdrüsen und ebenso die Leber nur auf der rechten Seite entwickeln, die flach auf dem Meeresboden liegt, so sind dagegen die Atembewegungen um so freier auf der entgegengesetzten linken Seite.

Da die mehr asymmetrischen Arten der Acranier, mit nur einer unpaaren Gonadenreihe, sich auch in anderen Beziehungen (z. B. in der Bildung der Flossen und des Fühlerkranzes) von den mehr symmetrischen Arten, mit zwei paarigen Gonadenreihen, entfernen, schlug ich vor, für die ersteren eine neue Gattung, *Paramphioxus* zu gründen. Gleichzeitig wurde jene Asymmetrie der Geschlechtsdrüsen auch an dem amerikanischen *A. lucayanus* (von den Bahama-Inseln) durch *Andrews* beobachtet und dafür das Genus *Asymmetron* aufgestellt. Jedenfalls ist diese ungleiche Entwickelung beider Körperhälften bei den Acraniern (— ebenso wie bei den Pleuronectiden —) als eine s e k u n d ä r e Erscheinung, bedingt durch die benthonische Lebensweise, zu erklären; sie war sicher nicht vorhanden bei dem ausgestorbenen *Prospondylus*, dem hypothetischen gemeinsamen Stammvater aller Wirbeltiere. Ausführlicher habe ich die wichtigen phylogenetischen Beziehungen dieser uralten Acranier und der modernen Leptocardier zu den Cranioten im dritten Bande meiner „Systematischen Phylogenie" erläutert (S. 206—215), sowie in meiner Abhandlung „Zur Phylogenie der Australischen Fauna" (Einleitung zu den Australischen Forschungsreisen von *Richard Semon*, 1893).

Oberhalb der Geschlechtsdrüsen der Acranier, im dorsalen Winkel der Mantelhöhle, liegen die N i e r e n. Diese wichtigen Exkretionsorgane sind wegen ihrer versteckten Lage und geringen Größe beim Amphioxus lange vergeblich gesucht und erst 1890 von *Theodor Boveri* entdeckt worden (Fig. 252 *x*). Es sind kurze segmentale Kanälchen, welche den *Pronephridien* oder „Vornierenkanälchen" der übrigen Wirbeltiere entsprechen (Fig. 253 *B*). Ihre innere Mündung (Fig. 252 *B*) geht in die mesodermale Leibeshöhle, ihre äußere Mündung in die ektodermale Mantelhöhle (*C*). Die Vornierenkanälchen liegen in der Mitte der Höhe (oder der dorso-ventralen Achse) des Kopfes, nach außen vom obersten Abschnitte der Kiemenbogen, und stehen in wichtigen Beziehungen zu den Kiemengefäßen (*H*). Dadurch, sowie durch die gesamte Lage und Anordnung, zeigen die segmentalen Pronephridien des Amphioxus deutlich, daß sie den Vornierenkanälchen der Schädeltiere gleichbedeutend oder homolog sind (Fig. 253 *B*). Der Vornierengang der letzteren (Fig. 253 *C*) entspricht wahrscheinlich der Mantelhöhle oder „Kiemenhöhle" des ersteren (Fig. 252 *C*).

Wenn Sie nun jetzt die Resultate unserer anatomischen Untersuchung des Amphioxus in ein Gesamtbild zusammenfassen, und wenn Sie dieses Bild mit der bekannten Organisation des Menschen vergleichen, so wird ihnen der Abstand zwischen beiden ungeheuer erscheinen. In der Tat erhebt sich die höchste Blüte des Wirbeltier-Organismus, welche der Mensch darstellt, in jeder Beziehung so hoch über jene niederste Stufe, auf welcher das Lanzettierchen stehen bleibt, daß Sie es zunächst kaum für möglich halten werden, beide Tierformen in einer und derselben Hauptabteilung des Tierreiches zusammenzustellen. Und dennoch ist diese Zusammenstellung unerschütterlich begründet. Dennoch ist der Mensch nur eine weitere Ausbildungsstufe desselben Wirbeltier-Typus, der bereits im Amphioxus in seiner ganz charakteristischen Anlage unverkennbar vorliegt. Sie brauchen sich bloß an die früher gegebene Darstellung vom idealen Urbilde des Wirbeltieres zu erinnern und damit die verschiedenen niederen Ausbildungsstufen des menschlichen Embryo zu vergleichen, um sich von unserer nahen Verwandtschaft mit dem Lanzettierchen zu überzeugen. (Vergl. den XI. Vortrag, S. 270.)

Freilich bleibt der Amphioxus tief unter allen übrigen noch jetzt lebenden Wirbeltieren stehen. Freilich fehlt ihm mit dem gesonderten Kopfe das entwickelte Gehirn und der Schädel, der alle anderen Wirbeltiere auszeichnet. Es fehlt ihm (wahrscheinlich infolge von Rückbildung) das Gehörorgan und das zentralisierte Herz, das alle anderen besitzen; ebenso fehlen ihm ausgebildete Nieren. Jedes einzelne Organ erscheint in einfacherer und unvollkommener Form als bei allen anderen. Und dennoch ist die charakteristische Anlage, Verbindung und Lagerung sämtlicher Organe ganz dieselbe, wie bei allen übrigen Wirbeltieren. Dennoch durchlaufen diese alle während ihrer embryonalen Entwickelung frühzeitig ein Bildungsstadium, in welchem ihre gesamte Organisation sich nicht über diejenige des Amphioxus erhebt, vielmehr wesentlich mit ihr übereinstimmt. (Vergl. die XVI.—XVIII. Tabelle, S. 462—464.)

Um sich recht klar von diesem bedeutungsvollen Verhältnis
zu überzeugen, ist besonders lehrreich die Vergleichung des Amphioxus mit den jugendlichen Entwickelungsformen derjenigen
Wirbeltiere, welche ihm im natürlichen Systeme dieses Stammes
am nächsten stehen. Das ist die Klasse der Rundmäuler oder
Cyclostomen. Heutzutage leben von dieser merkwürdigen,
früher umfangreichen Tierklasse nur noch sehr wenige Arten, die
sich auf zwei verschiedene Gruppen verteilen. Die eine Gruppe
bilden die Inger oder Myxinoiden, welche uns durch *Johannes
Müllers* klassisches Werk, „Die vergleichende Anatomie der Myxinoiden", genau bekannt geworden sind. Die andere Gruppe bilden
die Petromyzonten, die allbekannten Lampreten, Pricken oder
Neunaugen, die wir in mariniertem Zustande als Leckerbissen verzehren. Alle diese Rundmäuler werden gewöhnlich zur Klasse der
Fische gerechnet. Sie stehen aber tief unter den wahren Fischen
und bilden eine höchst interessante Verbindungsgruppe zwischen
diesen und dem Lanzettierchen. Wie nahe sie dem letzteren stehen,
werden Sie klar erkennen, wenn Sie eine jugendliche Pricke (*Petromyzon*, Taf. XIX, Fig. 16) mit dem Amphioxus (Fig. 15) vergleichen. Die Chorda (*ch*) ist in beiden von derselben einfachen
Gestalt, ebenso das Markrohr (*m*), welches über der Chorda, und
das Darmrohr (*d*), welches unter der Chorda liegt. Jedoch schwillt
das Markrohr bei der Pricke vorn bald zu einer einfachen, birnförmigen Gehirnblase an (m_1), und beiderseits derselben erscheint
ein einfachstes Auge (*au*) und ein einfaches Gehörbläschen (*g*).
Die Nase (*n*) ist eine unpaare Grube, wie beim Amphioxus. Auch
die beiden Darmabschnitte, der vordere Kiemendarm (*k*) und der
hintere Leberdarm (*d*), verhalten sich bei Petromyzon noch ganz
ähnlich und sehr einfach. Hingegen zeigt sich ein wesentlicher
Fortschritt in der Organisation des Herzens, welches hier unterhalb der Kiemen als ein zentralisierter Muskelschlauch auftritt
und in eine Vorkammer (*hv*) und Hauptkammer (*hk*) zerfällt. Späterhin entwickelt sich die Pricke bedeutend höher, bekommt einen
Schädel, fünf Hirnblasen, eine Reihe selbständiger Kiemenbeutel
u. s. w. Um so interessanter ist aber die auffallende Uebereins-
stimmung ihrer jugendlichen unreifen „Larve" mit dem entwickelten
und geschlechtsreifen Amphioxus [77]).
Während so der Amphioxus durch die Cyclostomen unmittelbar
an die Fische und dadurch an die Reihe der höheren Wirbeltiere
sich anschließt, besitzt er auf der anderen Seite die nächste Verwandtschaft mit einem niederen wirbellosen Seetiere, von dem er

auf den ersten Blick himmelweit verschieden zu sein scheint. Dieses merkwürdige Tier ist die Seescheide oder A s c i d i e , welche man früher als nächste Verwandte der Muscheln betrachtete und deshalb in den Stamm der Weichtiere stellte. Nachdem wir aber im Jahre 1866 die merkwürdige Keimesgeschichte dieser Tiere kennen gelernt haben, unterliegt es keinem Zweifel mehr, daß sie gar nichts mit den Weichtieren zu tun haben. Hingegen haben sie sich durch ihre gesamte individuelle Entwickelungsweise zur größten Ueberraschung der Zoologen als die nächsten Verwandten der Wirbeltiere enthüllt. Die Ascidien sind im ausgebildeten Zustande unförmliche Klumpen, die man auf den ersten Anblick sicher überhaupt nicht für Tiere halten wird. Der länglich-runde, oft höckerige, oder unregelmäßig knollige Körper, an dem gar keine besonderen äußeren Teile zu unterscheiden sind, ist am einen Ende auf Seepflanzen, auf Steinen oder auf dem Meeresboden festgewachsen. Manche Arten sehen wie eine Kartoffelknolle aus, andere wie ein Melonencactus, andere wie eine eingetrocknete Pflaume. Viele Ascidien bilden krustenartige, höchst unscheinbare Ueberzüge auf Steinen und Seepflanzen. Einige größere Arten werden wie Austern gegessen. Die Fischer, welche sie genau kennen, halten sie nicht für Tiere, sondern für Seegewächse. So werden sie denn auch auf den Fischmärkten vieler italienischer Seestädte zusammen mit anderen niederen Seetieren unter dem Namen „Meeresobst" (*Frutti di mare*) feil geboten. Es ist eben gar nichts vorhanden, was äußerlich auf ein Tier hindeutet. Wenn man sie mit dem Schleppnetz aus dem Meere heraufholt, bemerkt man höchstens eine schwache Zusammenziehung des Körpers, welche ein Ausspritzen von Wasser an ein paar Stellen zur Folge hat. Die meisten Ascidien sind sehr klein, nur ein paar Linien oder höchstens einige Zoll lang. Wenige Arten erreichen einen Fuß Länge oder etwas darüber. Es gibt zahlreiche Arten von Ascidien, und in allen Meeren sind dergleichen anzutreffen. Auch von dieser ganzen Tierklasse kennen wir, wie von den Acraniern, keine versteinerten Ueberreste, weil sie keine harten, versteinerungsfähigen Teile besitzen. Auch diese Tiere sind jedenfalls sehr hohen Alters und existierten sicher bereits während des primordialen Zeitalters [78]).

Den Namen M a n t e l t i e r e trägt die ganze Klasse, zu der die Ascidien gehören, deshalb, weil der Körper von einer dichten und festen Hülle, wie von einem Mantel, umschlossen ist. Dieser Mantel, der bald gallertartig weich, bald lederartig zäh, bald knorpelartig fest erscheint, ist durch viele Eigentümlichkeiten ausgezeichnet.

Wohl das Merkwürdigste ist, daß er aus einer holzartigen Masse, aus C e l l u l o s e, besteht, aus demselben „Pflanzenzellstoff", welcher die festen Hüllen der Pflanzenzellen, die Substanz des Holzes bildet. Die Tunicaten sind die einzige Tierklasse, welche in Wahrheit ein Cellulosekleid, eine holzartige Umhüllung, besitzen. Bisweilen ist der Cellulosemantel bunt gefärbt, anderemal farblos. Nicht selten ist er mit Stacheln oder Haaren, ähnlich einem Cactus, besetzt. Oft sind eine Masse fremder Körper: Steine, Sand, Bruchstücke von Muschelschalen u. s. w. in den Mantel eingewebt. Eine Ascidie führt davon den Namen „Mikrokosmos". (Vergleiche Tafel 85 meiner „Kunstformen der Natur", Leipzig, 1903.)

Um die innere Organisation der Ascidie richtig zu würdigen und die Vergleichung mit dem Amphioxus durchführen zu können, müssen wir sie uns in derselben Lage wie diesen letzteren vorstellen (Taf. XIX, Fig. 15, von der linken Seite; das Mundende ist nach oben, der Rücken nach rechts, der Bauch nach links gerichtet).

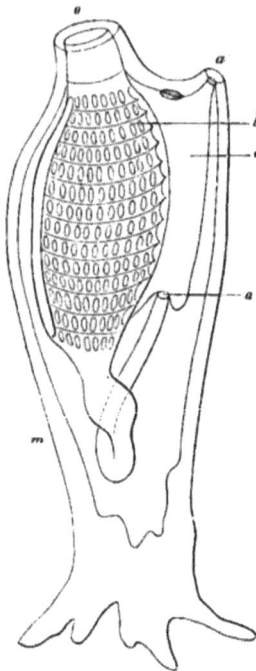

Fig. 255. **Organisation einer Ascidie** (Ansicht von der linken Seite wie auf Taf. XIX, Fig. 14); die Rückenseite ist nach rechts, die Bauchseite nach links gekehrt, die Mundöffnung (o) nach oben, am entgegengesetzten Schwanzende ist die Ascidie unten festgewachsen. Der Kiemendarm (br), der von vielen Spalten durchbrochen ist, setzt sich unten in den Magendarm fort. Der Enddarm öffnet sich durch den After (a) in die Mantelhöhle (cl), aus der die Exkremente mit dem Atemwasser durch das Mantelloch oder die Kloakenmündung (a') entfernt werden. m Mantel. Nach *Gegenbaur*.

Das hintere Ende, das dem Schwanze des Amphioxus entspricht, ist gewöhnlich festgewachsen, oft mittels förmlicher Wurzeln. Bauchseite und Rückenseite sind innerlich sehr verschieden, äußerlich aber oft nicht zu unterscheiden. Wenn wir nun den dicken Mantel öffnen, um uns die innere Organisation zu betrachten, so finden wir zunächst eine sehr geräumige, mit Wasser erfüllte Höhle: die M a n t e l h ö h l e oder Atemhöhle (Fig. 255 cl; Taf. XIX, Fig. 14 cl). Sie wird auch Kiemenhöhle oder Kloakenhöhle genannt, weil sie außer dem Atemwasser noch die Exkremente und die Geschlechtsprodukte aufnimmt. Den größten Teil der Atemhöhle füllt der ansehnliche, gegitterte K i e m e n s a c k aus (*br*). Derselbe ist nach seiner ganzen Lage und Zusammensetzung dem Kiemenkorbe des Amphioxus so ähnlich, daß schon vor vielen Jahren, ehe man etwas von der wahren Verwandtschaft beider Tiere wußte, diese auffallende Aehnlichkeit vom englischen Naturforscher *Goodsir* hervorgehoben wurde. In der Tat führt auch bei der Ascidie die Mundöffnung (*o*) zunächst in diesen weiten Kiemensack hinein. Das Atemwasser tritt durch die Spalten des gegitterten Kiemensackes in die Kiemenhöhle und wird aus dieser durch das Atemloch oder die Auswurfsöffnung entfernt (a_1). Längs der Bauchseite des Kiemensackes verläuft eine flimmernde Rinne, dieselbe „Hypobranchialrinne“, die wir vorher auch beim Amphioxus an der gleichen Stelle gefunden haben (Taf. XIX, Fig. 14 *y*, 15 *y*). Die Nahrung der Ascidie besteht ebenfalls aus kleinen Organismen: Infusorien, Diatomeen, Bestandteilen von zersetzten Seepflanzen und Seetieren u. s. w. Diese gelangen mit dem Atmungswasser in den Kiemenkorb, und am Ende desselben in den verdauenden Teil des Darmkanals, zunächst in eine den M a g e n darstellende Erweiterung (Fig. 14 *mg*). Der sich daran schließende Dünndarm macht gewöhnlich eine Schlinge, biegt sich nach vorn und öffnet sich durch eine Afteröffnung (Fig. 255 *a*) nicht direkt nach außen, sondern erst in die Mantelhöhle; aus dieser werden die Exkremente mit dem geatmeten Wasser und mit den Geschlechtsprodukten durch die gemeinsame Auswurfsöffnung entfernt (a_1). Die letztere wird bald als Kiemenloch oder Atemloch (*Porus branchialis*), bald als Egestionsöffnung oder Kloakenmündung bezeichnet (Taf. XIX, Fig. 14 *q*). Bei vielen Ascidien mündet in den Darm eine drüsige Masse, welche die Leber darstellt (Fig. 14 *lb*). Bei einigen findet sich neben der Leber noch eine andere Drüse, welche man für die Niere hält (Fig. 14 *n*). Die eigentliche Leibeshöhle, oder das Coelom, welche mit Blut erfüllt ist und den Leberdarm umschließt, ist bei der Ascidie sehr eng, wie beim Amphioxus, und ist auch hier gewöhnlich mit dem weiten Atrium, der wassererfüllten Mantelhöhle oder „Peribranchialhöhle“ verwechselt worden.

Von einer Chorda dorsalis, einem inneren Achsenskelett, ist bei der ausgebildeten Ascidie keine Spur vorhanden. Um so interessanter ist es, daß das junge Tier, welches aus dem Ei ausschlüpft, eine C h o r d a besitzt (Taf. XVIII, Fig. 5 *ch*), und daß über dieser ein rudimentäres Markrohr liegt (Fig. 5 *m*). Das letztere ist bei der ausgebildeten Ascidie ganz zusammengeschrumpft und stellt einen kleinen Nervenknoten dar, welcher vorn oben über dem Kiemenkorbe liegt (Fig. 14 *m*). Er entspricht dem sogenannten „oberen Schlundknoten" oder dem „Urhirn" anderer Würmer. Besondere Sinnesorgane fehlen entweder ganz oder sind nur in höchst einfacher Form vorhanden, als einfache Augenflecke und Tastwarzen oder Tentakeln, welche die Mundöffnung umgeben (Fig. 14 *au* Augen). Das Muskelsystem ist sehr schwach und unregelmäßig entwickelt. Unmittelbar unter der dünnen Lederhaut und mit ihr innig verbunden findet sich ein dünner Hautmuskelschlauch, wie bei niederen Würmern. Hingegen besitzt die Ascidie ein zentralisiertes Herz, und sie erscheint in diesem Punkte höher organisiert als der Amphioxus. Auf der Bauchseite des Darmes, ziemlich weit hinter dem Kiemenkorbe, liegt ein spindelförmiges Herz (Fig. 14 *hz*). Dasselbe besitzt bleibend dieselbe einfache Schlauchform, welche die erste Anlage des Herzens bei den Wirbeltieren vorübergehend darstellt (vergl. das Herz des menschlichen Embryo, Fig. 229 *c*, S. 414). Dieses einfache Herz der Ascidie zeigt uns aber eine wunderbare Eigentümlichkeit. Es zieht sich nämlich in wechselnder Richtung zusammen. Während sonst bei allen Tieren die Pulsation des Herzens beständig in einer bestimmten Richtung geschieht (und zwar meistens in der Richtung von hinten nach vorn), wechselt dieselbe bei der Ascidie in entgegengesetzter Richtung ab. Erst zieht sich das Herz in der Richtung von hinten nach vorn zusammen, steht dann nach einer Minute still, und beginnt die entgegengesetzte Pulsation, indem es jetzt das Blut von vorn nach hinten austreibt; die beiden großen Gefäße, welche von den beiden Enden des Herzens ausgehen, sind also abwechselnd als Arterie und als Vene tätig. Das ist eine Eigentümlichkeit, welche bloß den Tunicaten zukommt.

Von den übrigen wichtigen Organen sind noch die Geschlechtsdrüsen zu erwähnen, welche ganz hinten in der Leibeshöhle liegen. Die Ascidien sind sämtlich Z w i t t e r oder Hermaphroditen. Jedes Individuum besitzt eine männliche und eine weibliche Drüse, und ist also im stande, sich selbst zu befruchten. Die reifen Eier (Fig. 256 *o'*) fallen direkt aus dem Eierstock (*o*) in die Mantelhöhle. Das männliche Sperma hingegen wird aus dem Hoden (*t*) durch einen besonderen Samenleiter (*vd*) in dieselbe Höhle übergeführt. Hier geschieht die Befruchtung, und hier findet man bei vielen Ascidien schon entwickelte Embryonen (Taf. XIX, Fig. 14 *z*). Letztere werden dann mit dem Atemwasser durch die Kloakenmündung (*q*) entleert, also „lebendig" geboren.

Viele Ascidien, namentlich von den kleineren Arten, vermehren sich nicht nur durch geschlechtliche Fortpflanzung, sondern auch auf ungeschlechtlichem Wege durch Knospenbildung. Indem zahlreiche solche durch Knospung entstandene Einzeltiere oder Personen zeitlebens in enger Verbindung vereinigt bleiben, bilden sie umfangreiche Stöcke oder Kormen, ähnlich den bekannten Korallenstöcken. Unter diesen stockbildenden oder zusammengesetzten Ascidien sind besonders diejenigen Gattungen interessant, bei denen der Stock aus vielen sternförmigen Personengruppen zierlich zusammengesetzt erscheint. Jede sternförmige Gruppe besteht aus einer geringeren oder größeren Anzahl von Personen, von denen zwar jede einzelne ihre selbständige Organisation und eine besondere Mundöffnung besitzt; alle Personen zusammen haben aber nur eine einzige gemeinsame Kloakenöffnung, welche sich im Mittelpunkte der sternförmigen Gruppe befindet.

Wenn Sie jetzt nochmals auf die gesamte Organisation der einfachen Ascidien (namentlich *Phallusia, Cynthia* etc.) einen Rückblick werfen und sie mit derjenigen des Amphioxus vergleichen, so werden Sie finden, daß beide nur wenige Berührungspunkte darbieten. Allerdings ist die

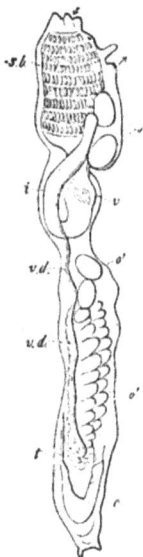

Fig. 256. **Organisation einer Ascidie** (wie Fig. 255 und wie Fig. 14, Taf. XIX, von der linken Seite betrachtet). *sb* Kiemensack, *v* Magen, *i* Dünndarm, *c* Herz, *t* Hoden, *vd* Samenleiter, *o* Eierstock, *o'* reife Eier in der Kiemenhöhle. Die beiden kleinen Pfeile deuten den Eintritt und Austritt des Wassers durch die beiden Oeffnungen des Mantels an. Nach *Milne-Edwards*.

entwickelte Ascidie in einigen sehr wichtigen Beziehungen ihres inneren Baues, und vor allem in der eigentümlichen Beschaffenheit des Kiemenkorbes und Darmes, dem Amphioxus ähnlich. Aber in den meisten übrigen Organisationsverhältnissen erscheint sie doch so weit entfernt und in der äußeren Erscheinung ihm so unähnlich, daß erst durch die Erkenntnis ihrer Keimesgeschichte die ganz nahe Verwandtschaft beider Tierformen offenbar werden konnte. Wir werden nun zunächst die individuelle Entwickelung der beiden Tiere vergleichend betrachten und dabei zu unserer großen Ueberraschung finden, daß aus dem Ei des Amphioxus dieselbe embryonale Tierform sich entwickelt, wie aus dem Ei der Ascidie: eine typische *Chordula*.

Sechzehnte Tabelle.

Uebersicht über die wichtigsten Homologien zwischen dem Embryo des Menschen, dem Embryo der Ascidie und dem entwickelten Amphioxus einerseits, gegenüber dem entwickelten Menschen anderseits.

Embryo der Ascidie.	Entwickelter Amphioxus.	Embryo des Menschen.	Entwickelter Mensch.
Nackte Oberhaut. (Einfache Zellenschicht).	Nackte Oberhaut. (Einfache Zellenschicht.)	Nackte Oberhaut. (Einfache Zellenschicht.)	Behaarte Oberhaut. (Vielfache Zellenschicht.)
Einfaches Markrohr.	Einfaches Markrohr.	Einfaches Markrohr.	Gehirn und Rückenmark gesondert
Hirn einkammerig.	Hirn einkammerig.	Hirn einkammerig.	Gehirn fünfkammerig.
Vorniere (?).	Vornierenkanäle.	Vornierenkanäle.	Vorniere rückgebildet.
Mantelhöhle.	Mantelhöhle.	Vornierengang.	Geschlechtskanäle.
Einfache dünne Lederhaut.	Einfache dünne Lederhaut.	Einfache dünne Lederhaut.	Differenzierte dicke Lederhaut.
Einfacher Hautmuskelschlauch.	Segmentale Muskelplatten.	Segmentale Muskelplatten.	Differenzierte Rumpfmuskulatur.
Chorda.	Chorda.	Chorda.	Wirbelsäule.
Kein Schädel.	Kein Schädel.	Kein Schädel.	Knochenschädel.
Keine Gliedmaßen.	Keine Gliedmaßen.	Keine Gliedmaßen.	Zwei Paar Gliedmaßen.
Einfache Leibeshöhle (Coelom).	Segmentale Leibeshöhle (Coelom).	Segmentale Leibeshöhle (Coelom).	Getrennte Brusthöhle und Bauchhöhle.
Einkammeriges Ventralherz.	Einfaches ventrales Herzrohr.	Einkammeriges Ventralherz.	Vierkammeriges Ventralherz.
Rückengefäß.	Aorta.	Aorta.	Aorta.
Einfacher Leberschlauch.	Einfacher Leberschlauch.	Einfache Leberschläuche.	Differenzierte kompakte Leber.
Einfacher Kopfdarm mit Kiemenspalten.	Einfacher Kopfdarm mit Kiemenspalten.	Einfacher Kopfdarm mit Kiemenspalten.	Differenzierter Kopfdarm ohne Kiemenspalten.

Siebzehnte Tabelle.

Uebersicht über die Formverwandtschaft der Ascidie und des Amphioxus einerseits, des Fisches und des Menschen anderseits, im vollkommen entwickelten Zustande.

Entwickelte Ascidie.	Entwickelter Amphioxus.	Entwickelter Fisch.	Entwickelter Mensch.
Kopf und Rumpf ungegliedert.	Kopf und Rumpf gleichartig gegliedert.	Kopf und Rumpf verschieden gegliedert.	Kopf und Rumpf verschieden gegliedert.
Keine Gliedmaßen.	Keine Gliedmaßen.	Zwei Paar Gliedmaßen.	Zwei Paar Gliedmaßen.
Kein Schädel.	Kein Schädel.	Entwickelter Schädel.	Entwickelter Schädel.
Kein Zungenbein.	Keim Zungenbein.	Zungenbein.	Zungenbein.
Kein Kieferapparat.	Kein Kieferapparat.	Kieferapparat (Ober- und Unterkiefer).	Kieferapparat (Ober- und Unterkiefer).
Keine Wirbelsäule.	Keine Wirbelsäule.	Gegliederte Wirbelsäule.	Gegliederte Wirbelsäule.
Kein Rippenkorb.	Kein Rippenkorb.	Rippenkorb.	Rippenkorb.
Kein differenziertes Gehirn.	Kein differenziertes Gehirn.	Differenziertes Gehirn mit vier Kammern.	Differenziertes Gehirn mit vier Kammern.
Augenrudimente.	Augenrudimente.	Entwickelte Augen.	Entwickelte Augen.
Kein Gehörorgan.	Kein Gehörorgan.	Gehörorgan mit drei Ringkanälen.	Gehörorgan mit drei Ringkanälen.
Kein sympathischer Nerv.	Kein sympathischer Nerv.	Sympathischer Nerv.	Sympathischer Nerv.
Darmepithel flimmernd.	Darmepithel flimmernd.	Darmepithel nicht flimmernd.	Darmepithel nicht flimmernd.
Einfache Leber (oder gar keine).	Einfache Leber (Blinddarm).	Zusammengesetzte Leberdrüse.	Zusammengesetzte Leberdrüse.
Keine Bauchspeicheldrüse.	Keine Bauchspeicheldrüse.	Bauchspeicheldrüse entwickelt.	Bauchspeicheldrüse entwickelt.
Keine Schwimmblase.	Keine Schwimmblase.	Schwimmblase (Lungenanlage).	Lunge (Schwimmblase).
Einfache Vornieren (Protonephra?).	Vornierenkanälchen (Pronephridia).	Urnieren entwickelt (Mesonephra).	Nachnieren entwickelt (Metanephra).
Einfacher Herzschlauch.	Einfaches Herzrohr (Bauchgefäß).	Herz mit Klappen und Kammern.	Herz mit Klappen und Kammern.
Blut farblos.	Blut farblos.	Blut rot.	Blut rot.
Keine Milz.	Keine Milz.	Milz vorhanden.	Milz vorhanden.
Flimmerrinne am Kiemenkorbe.	Flimmerrinne am Kiemenkorbe.	Schilddrüse (Thyreoidea).	Schilddrüse (Thyreoidea).

Achtzehnte Tabelle.

Uebersicht über die Abstammung der Keimblätter des Amphioxus von der Stammzelle, und der Hauptorgane von den Keimblättern.

[Ontogenetischer Zellenstammbaum des Amphioxus [79]).]

Nervensystem   Skelettplatte Geschlechts-   Kiemen-   Magen-
Tubus medullaris *Perichorda*   drüsen   decke   decke
(Markplatte)   (Skleroblast) *Gonades*   *Epithe-* *Epithe-*
                                       lium   *lium*
                                  branchiale *gastricum*

Sinnes-   Fleisch   Dünn-
organe   *Musculi*   Leber-   darm-
Sensilla (Muskelplatte)   Blut-   Darm- drüse decke
                         system faserplatte *Epithe-* *Epithe-*
Oberhaut Lederhaut Vorniere *Vaso-*   *Peri-*   *lium*   *lium*
Epidermis *Corium* *Nephridia* *rium*   *enteron* *hepaticum* *iliacum*
(Hornplatte) (Cutisplatte)   Gekröse
                                  Mesen-
                                terium

Hautsinnesblatt   Darmdrüsenblatt
Neuroblast   **Enteroblast**

Dorsales   Ventrales   Achsenstab
Coelomepithel Coelomepithel (*Chorda*)
(Mittelblatt des (Mittelblatt des Chordoblast
Rückenleibes, Bauchleibes,
Episoma)   *Hyposoma*)

Ektoblast   **Mesoblast**   **Entoblast**
Hautblatt   Mittelblatt   Darmblatt
Aeußeres Keimblatt Mittleres Keimblatt Inneres Keimblatt
             (Produkt des Pro-
             peristoma oder des
             Urmundrandes)

Ektoderm   **Entoderm**
Hautblatt   Darmblatt

Blastoderm
Keimhaut
(Urkeimblatt der Blastula)

Cytula
Stammzelle

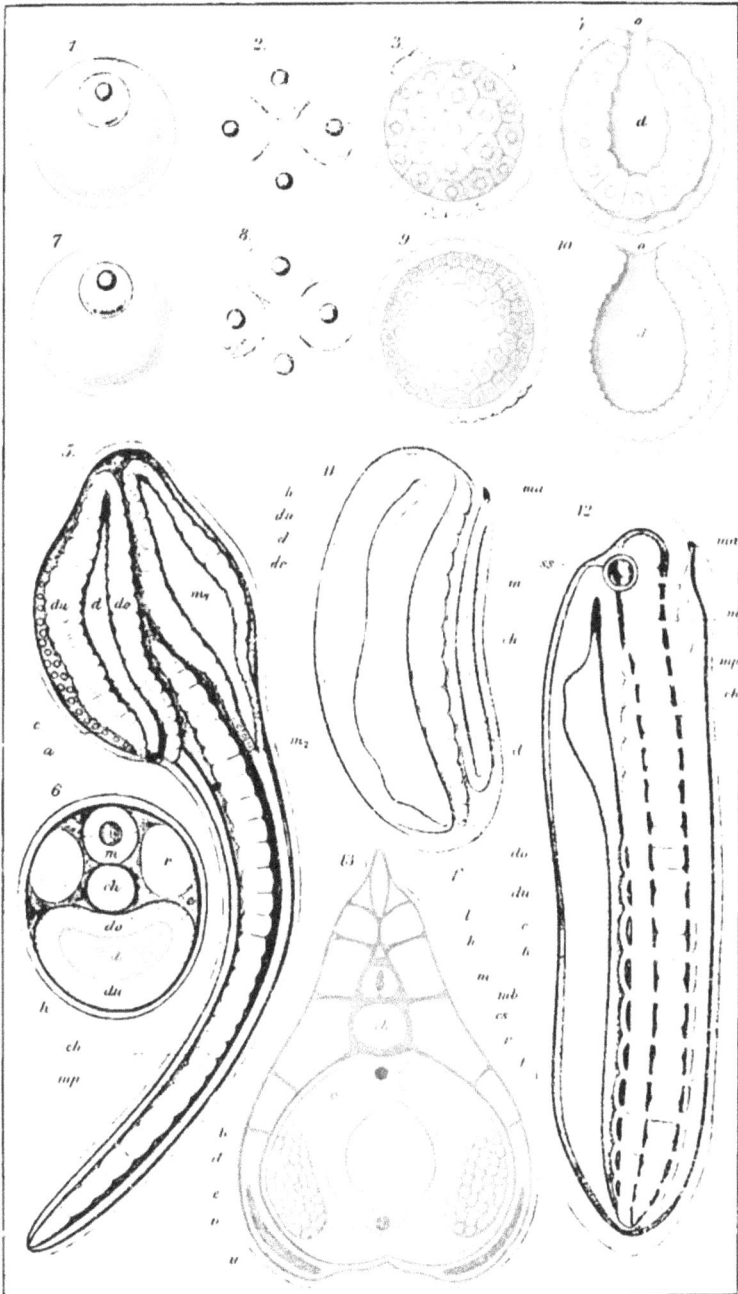

1.—6. Ascidia.   7.—13. Amphioxus.

E. Haeckel del.

Erklärung von Tafel XVIII und XIX.

Tafel XVIII. Keimesgeschichte der Ascidie und des Amphioxus.

(Größtenteils nach *Kowalevsky*.)

Fig. 1—6. **Keimesgeschichte der Ascidie.**

Fig. 1. **Stammzelle (Cytula) einer Ascidie.** In dem hellen Protoplasma der Stammzelle liegt exzentrisch ein heller kugeliger Kern und darin ein dunkleres Kernkörperchen.

Fig. 2. **Ein Ascidien-Ei in der Furchung.** Die Stammzelle ist durch wiederholte Zweiteilung in vier gleiche Zellen zerfallen.

Fig. 3. **Keimblase der Ascidie** (*Blastula*). Die aus der Eifurchung entstandenen Zellen bilden eine kugelige, mit Flüssigkeit gefüllte Blase, deren Wand aus einer einzigen Zellenschicht besteht, dem Blastoderm. (Vergl. Fig. 31 *F*, *G*, S. 166.)

Fig. 4. **Gastrula der Ascidie,** aus der Keimblase (Fig. 3) durch Einstülpung entstanden. Die Wand des Urdarmes (*d*), der sich bei *o* durch den Urmund öffnet, besteht aus zwei Zellenschichten: dem inneren Darmblatte (aus größeren Zellen) und dem äußeren Hautblatte (aus kleineren Zellen gebildet).

Fig. 5. **Freischwimmende Larve der Ascidie.** Zwischen Markrohr (*m*) und Darmrohr (*d*) schiebt sich die Chorda (*ch*) ein, welche durch den ganzen langen Ruderschwanz bis zur Spitze geht.

Fig. 6. **Querschnitt durch die Larve der Ascidie** (Fig. 5), durch den hinteren Teil des Rumpfes, vor dem Abgang des Schwanzes. Der Querschnitt ist ganz derselbe wie bei der Amphioxuslarve (Fig. 11, 12). Zwischen Markrohr (*m*) und Darmrohr (*d*) liegt die Chorda (*ch*), beiderseits die lateralen Rumpfmuskeln (*r*), Produkte der paarigen Coelomtaschen. Vergl. Fig. 81—87, S. 243—246.

Fig. 7—13. **Keimesgeschichte des Amphioxus.**

Fig. 7. **Stammzelle (Cytula) des Amphioxus** (vergl. Fig. 1).

Fig. 8. **Ein Amphioxus-Ei in der Furchung** (vergl. Fig. 2).

Fig. 9. **Keimblase des Amphioxus** (*Blastula* vergl. Fig. 3).

Fig. 10. **Gastrula des Amphioxus** (vergl. Fig. 4).

Fig. 11. **Junge Larve des Amphioxus.** Zwischen Markrohr (*m*) und Darmrohr (*d*) liegt die Chorda (*ch*). Das Markrohr besitzt am vorderen Körperende eine Oeffnung (Neuroporus, *ma*).

Fig. 12. **Aeltere Larve des Amphioxus.** Beiderseits des Markrohres (*m*) und der Chorda (*ch*) ist eine Längsreihe von Muskelplatten (*mp*) sichtbar, durch Gliederung der paarigen Coelomtaschen entstanden; dadurch werden die Ursegmente oder Metameren bezeichnet. Vorn ist ein Sinnesorgan entstanden (*ss*). Die Wand des Darmrohres (*d*) ist unten auf der Bauchseite (*du*) viel dicker als oben auf der Rückenseite (*do*). Die vordere Abteilung des Darmkanals erweitert sich zum Kiemenkorb.

Fig. 13. **Querschnitt durch den entwickelten Amphioxus** (Fig. 15), etwas hinter der Körpermitte. Ueber dem Darmrohr (*d*) ist das Rückengefäß oder die Körperarterie (Aorta, *t*), unter demselben das Bauchgefäß oder die Darmvene sichtbar (Vena principalis oder subintestinalis, *v*). An der Innenwand der Mantelhöhle oder Peribranchialrinne (*v*) liegen die Eierstöcke (*e*), nach außen davon die Seitenkanäle der Mantelklappen oder Kiemendeckel (*u*). Die Rückenmuskeln (*r*) sind durch Zwischenmuskelbänder (*mb*) in mehrere Stücke zerlegt. *f* Rückenflosse.

Tafel XIX.   Körperbau der Ascidie, des Amphioxus und der
Larve von Petromyzon.

Zur Vergleichung sind alle drei Tiere in derselben Lage und in derselben Größe
nebeneinander gestellt; Ansicht von der linken Seite. Das Kopfende ist nach oben,
das Schwanzende nach unten gekehrt; die Rückenseite nach rechts, die Bauchseite
nach links. Die Hautbedeckung ist auf der linken Seite des Körpers weggenommen,
um die innere Organisation in der natürlichen Lage der Organe zu zeigen.

Fig. 14. **Eine einfache Ascidie** (*Monascidia*), 6mal vergrößert.

Fig. 15. **Ein entwickelter Amphioxus,** 4mal vergrößert.

Der deutlicheren Anschauung halber ist der Amphioxus in Fig. 15 um das
Doppelte zu breit gezeichnet. In Wirklichkeit beträgt seine Breite bei der hier ge-
nommenen Länge nur die Hälfte. (Vergl. Fig. 245, S. 445.)

Fig. 16. **Eine junge Prickenlarve** (*Petromyzon Planeri*), elf Tage nach
dem Auskriechen aus dem Ei, 45mal vergrößert. (Nach *Max Schultze*.) Die Larve
des Petromyzon, welche später eine besondere Verwandlung besteht, ist früher als
besondere Gattung unter dem Namen *Ammocoetes* unterschieden.

Die Bedeutung der Buchstaben ist in allen Figuren dieselbe.

Alphabetisches Verzeichnis

über die Bedeutung der Buchstaben auf Tafel XVIII und XIX.

a	Afteröffnung.	m_1	Hirnblase.
au	Auge.	m_2	Rückenmark.
b	Bauchmuskeln.	*ma*	Vordere Oeffnung des Markrohres.
c	Mantelhöhle.	*mb*	Muskelbänder.
ch	Chorda (Achsenstab).	*mg*	Magen.
cl	Kloakenhöhle.	*mh*	Mundhöhle.
cs	Chordascheide.	*mp*	Muskelplatte.
d	Darmrohr.	*mt*	Mantel.
do	Rückenwand des Darmes.	*n*	Nase (Geruchsgrube).
du	Bauchwand des Darmes.	*o*	Mundöffnung.
e	Eierstock.	*p*	Bauchporus (Mantelloch).
en	Endostyl (Wand der Schlundrinne).	*q*	Auswurfsöffnung (Kloakenöffnung).
f	Flossensaum.	*r*	Rückenmuskeln.
g	Gehörbläschen.	*s*	Schwanzflosse.
h	Hornplatte.	*sl*	Samenleiter.
hd	Hoden.	*sm*	Mündung des Samenleiters.
hk	Herzkammer.	*ss*	Sinnesorgan.
hv	Herzvorkammer.	*t*	Aorta (Rückengefäß).
hz	Herz.	*th*	Thyreoidea (Schilddrüse).
i	Eier.	*u*	Seitenkanal der Mantelklappen.
k	Kiemen.	*v*	Darmvene (Bauchgefäß).
ka	Kiemenarterie.	*w*	Wurzelfasern der Ascidie.
l	Lederplatte (Cutis).	*x*	Grenze zwischen Kiemendarm und Leberdarm (zugleich Grenze zwischen Kopf und Rumpf).
lb	Leber.		
lb'	Vorderes Ende derselben.		
lv	Lebervene.	*y*	Schlundrinne (Flimmerrinne).
m	Markrohr.	*z*	Embryonen der Ascidie.

Körperbau.

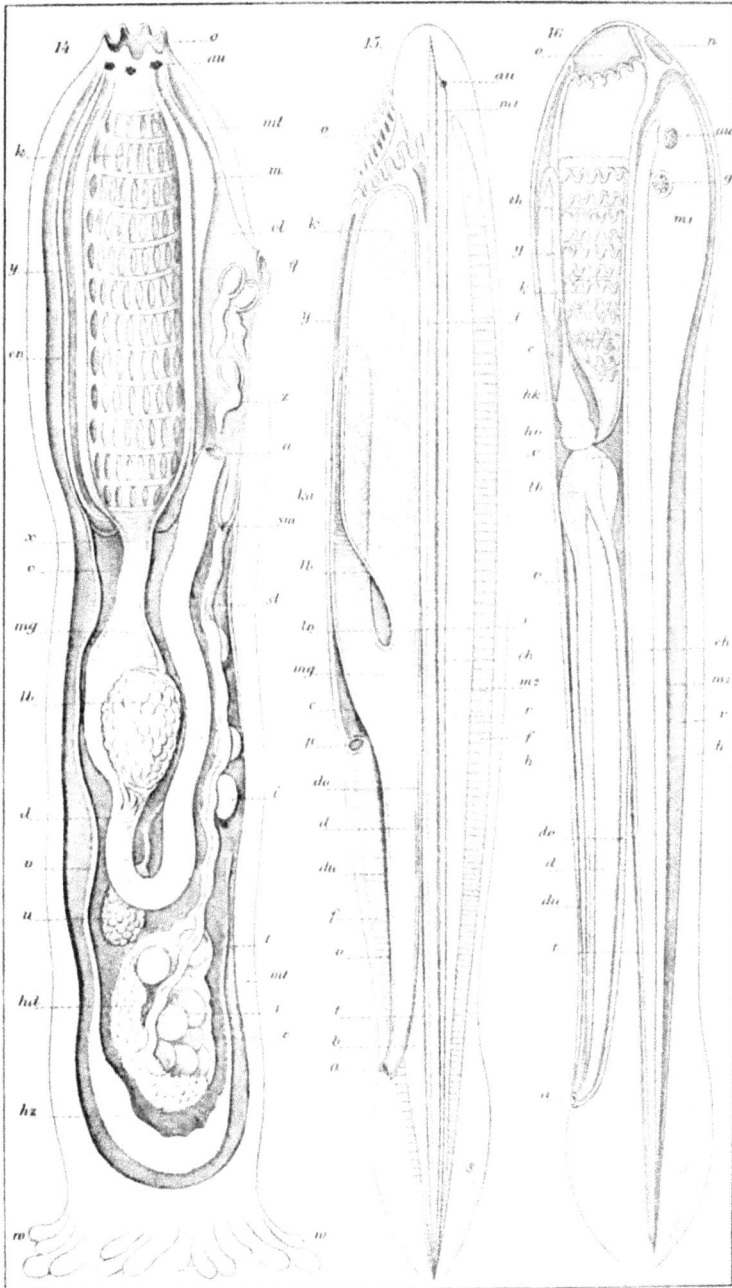

14. Ascidia.   15. Amphioxus.   16. Petromyzon.

Siebenzehnter Vortrag.

Keimesgeschichte des Amphioxus und der Ascidie.

„Die Urgeschichte der Art wird in ihrer Entwickelungsgeschichte um so vollständiger erhalten sein, je länger die Reihe der Jugendzustände ist, die sie gleichmäßigen
Schrittes durchläuft, und um so treuer, je weniger sich die Lebensweise der Jungen
von der der Alten entfernt, und je weniger die Eigentümlichkeiten der einzelnen Jugendzustände als aus späteren in frühere Lebensabschnitte zurückverlegt, oder als selbständig
erworben sich auffassen lassen.“

Fritz Müller (1864).

**Palingenetische Keimesgeschichte des Amphioxus, als typisches
Urbild der Wirbeltierentwickelung. Wesentliche Uebereinstimmung derselben mit der Keimesgeschichte der Ascidie. Stammverwandtschaft der Tunicaten und Vertebraten.**

Inhalt des siebenzehnten Vortrages.

Stammverwandtschaft der Wirbeltiere und der Wirbellosen. Befruchtung des Amphioxus. Durch totale Eifurchung entsteht eine kugelige Keimblase (Blastula). Aus dieser entsteht durch Einstülpung die Becherlarve (Gastrula). Diese entwickelt sich rasch zur Chordula. In der Mitte des Rückens entsteht das ektodermale Nervenrohr, darunter die entodermale Chorda, und zu beiden Seiten derselben die paarigen Coelomtaschen, ausgehend von den beiden Mesoderm-Urzellen. Die Coelomtaschen zerfallen durch eine seitliche Längsfalte in Rückentaschen (Episomiten) und Bauchtaschen (Hyposomiten). Durch transversale Gliederung entstehen aus ersteren die Muskeltaschen (Myotome), aus letzteren die Geschlechtstaschen (Gonotome). Der Darmkanal zerfällt in einen vorderen Kiemendarm und einen hinteren Leberdarm. Aus der Seitenwand des Körpers wachsen ein paar Hautfalten (Mantellappen oder Kiemendeckel) hervor und bilden durch Verwachsung auf der Bauchseite die weite Kiemenhöhle (oder Mantelhöhle). Die Ontogenese der Ascidie ist anfangs mit der des Amphioxus identisch. Es entsteht dieselbe Gastrula und Chordula. Der Schwanz mit der Chorda wird abgestoßen. Die Ascidie setzt sich fest und umhüllt sich mit dem Cellulosemantel. Copelaten oder Appendicularien, Manteltiere, welche zeitlebens auf der Stufe der Ascidienlarve stehen bleiben und Ruderschwanz nebst Chorda beibehalten. Allgemeine Vergleichung und Bedeutung des Amphioxus und der Ascidie.

Literatur:

A. Kowalevsky, *1867. Entwickelungsgeschichte des Amphioxus lanceolatus. Mém. Acad. Pétersbourg, Tome XI.*

Derselbe, *1876. Weitere Studien über die Entwickelungsgeschichte des Amphioxus lanceolatus. Arch. f. mikr. Anat., Bd. XIII. Bonn.*

Berthold Hatschek, *1881. Studien über Entwickelung des Amphioxus. Arb. Zool. Inst. Wien, Bd. IV.*

Derselbe, *1888. Ueber den Schichtenbau des Amphioxus. Anat. Anz., Bd. III.*

A. Kowalevsky, *1866. Entwickelungsgeschichte der einfachen Ascidien. Mém. Acad. Pétersbourg, Tome X.*

Derselbe, *1871. Weitere Studien über die Entwickelung der einfachen Ascidien. Arch. f. mikr. Anat., Bd. VII. Bonn.*

C. Kupffer, *1872. Zur Entwickelung der einfachen Ascidien. Arch. f. mikr. Anat., Bd. VIII.*

O. Seeliger, *1882. Zur Entwickelungsgeschichte der Ascidien. Sitzungsber. Wien. Akad., und 1884, Jen. Zeitschr. f. Naturw., Bd XVIII.*

Edouard Van Beneden et Charles Julin, *1884. La segmentation chez les Ascidiens. Développement d'une Phallusie etc. Arch. de Biologie, Tome V.*

Arthur Willey, *1893. Studies on the Protochordata.*

Derselbe, *1894. Amphioxus and the ancestry of the Vertebrates. London.*

Korschelt und Heider, *1893. Vergleichende Entwickelungsgeschichte der wirbellosen Tiere. 35. Kap.: Tunicaten. 36 Kap.: Cephalochorden.*

Otto Van der Stricht, *1895. La maturation et la fécondation de l'œuf de l'Amphioxus. (Arch. de Biol.) Bruxelles.*

Johannes Sobotta, *1895—1897. Die Befruchtung des Eies und die Gastrulation vom Amphioxus. Würzburg.*

Heinrich Ernst Ziegler, *1902. Vergleichende Entwickelungsgeschichte der niederen Wirbeltiere. II. Kapitel: Leptocardier (Amphioxus).*

XVII.

Meine Herren!

Die Eigentümlichkeiten des Körperbaues, durch welche sich die Wirbeltiere von den Wirbellosen unterscheiden, sind so hervortretend, daß die Verwandtschaft dieser beiden Hauptgruppen des Tierreiches in früheren Zeiten der Systematik die größten Schwierigkeiten bereitete. Als man der Abstammungslehre entsprechend die Verwandtschaft der verschiedenen Tiergruppen in mehr als bildlichem Sinne, in wirklich genealogischem Sinne zu betrachten begann, trat auch diese Frage alsbald in den Vordergrund, und schien eines der größten Hindernisse für die Durchführung der Descendenztheorie zu bereiten. Schon früher, als man ohne den Grundgedanken des wahren genealogischen Zusammenhanges die Verwandtschafts-Verhältnisse der großen Hauptgruppen des Tierreiches, der sogenannten „Typen" von *Baer* und *Cuvier*, untersuchte, hatte man hier und da bei verschiedenen Wirbellosen Anknüpfungspunkte für die Wirbeltiere zu finden geglaubt; einzelne Würmer namentlich schienen im Körperbau den Wirbeltieren sich zu nähern, so z. B. der im Meere lebende Pfeilwurm (Sagitta). Allein bei tieferem Eingehen zeigten sich die versuchten Vergleiche unhaltbar. Nachdem *Darwin* durch seine Reform der Descendenztheorie den Anstoß zu einer wahren Stammesgeschichte des Tierreiches gegeben hatte, schien gerade die Lösung dieser Frage besonders schwierig. Als ich selbst in meiner Generellen Morphologie (1866) den ersten Versuch unternahm, die Descendenztheorie speziell durchzuführen und auf das natürliche System anzuwenden, hat kein phylogenetisches Problem mir solche Bedenken verursacht, als die Anknüpfung der Wirbeltiere an die Wirbellosen.

Gerade zu dieser Zeit aber wurde ganz unverhoffterweise die wahre Anknüpfung entdeckt, und zwar an einem Punkte, wo man sie am wenigsten erwartete. Gegen das Ende des Jahres 1866 erschienen in den Abhandlungen der Petersburger Akademie zwei

Arbeiten des russischen Zoologen *Kowalevsky*, der längere Zeit in Neapel verweilt und sich mit der Entwickelungsgeschichte niederer Tiere beschäftigt hatte. Ein glücklicher Zufall hatte diesen ausgezeichneten Beobachter fast gleichzeitig auf die Entwickelungsgeschichte des niedersten Wirbeltieres, des Amphioxus, und auf diejenige eines wirbellosen Tieres geführt, dessen unmittelbare Verwandtschaft mit dem Amphioxus man am wenigsten vermutet hätte, nämlich der Ascidie. Zur größten Ueberraschung aller Zoologen, die sich für jene wichtige Frage interessierten, ergab sich von Anbeginn der individuellen Entwickelung an die größte Uebereinstimmung in der Bildungsweise zwischen diesen beiden ganz verschiedenen Tieren, zwischen jenem niedersten Wirbeltiere einerseits, und diesem mißgestalteten, am Meeresgrunde festgewachsenen Wirbellosen andererseits. Mit dieser unleugbaren Uebereinstimmung der Ontogenese, welche bis zu einem überraschenden Grade nachzuweisen ist, war natürlich nach dem Biogenetischen Grundgesetze unmittelbar auch die längst gesuchte genealogische Anknüpfung gefunden, und die wirbellose Tiergruppe bestimmt erkannt, welche zu den Wirbeltieren die nächste Blutsverwandtschaft besitzt. Durch *C. Kupffer, Eduard Van Beneden* und *Julin,* sowie später durch viele andere Zoologen, wurde jene wichtige Entdeckung bestätigt, und es kann heute kein Zweifel mehr sein, daß unter allen Klassen der wirbellosen Tiere diejenige der Manteltiere, und unter diesen die Ascidien die nächsten Blutsverwandten der Wirbeltiere sind. Man kann nicht sagen: die Wirbeltiere stammen von den Ascidien ab — und ebensowenig umgekehrt! — wohl aber darf man sicher behaupten: unter allen wirbellosen Tieren sind die Tunicaten, und unter diesen wieder die Ascidien, diejenigen, welche der uralten Stammform der Wirbeltiere am nächsten blutsverwandt sind. Als gemeinsame Stammgruppe beider Stämme muß eine ausgestorbene Familie aus dem gestaltenreichen Würmerstamme angenommen werden: die Prochordonien oder *Prochordaten* („Urchordatiere").

Um nun dieses außerordentlich wichtige Verhältnis genügend zu würdigen und besonders für den von uns gesuchten Stammbaum der Wirbeltiere die sichere Basis zu gewinnen, ist es unerläßlich, die Keimesgeschichte jener beiden merkwürdigen Tierformen eingehend zu betrachten und die individuelle Entwickelung des Amphioxus mit derjenigen der Ascidie Schritt für Schritt zu vergleichen. (Vergl. Taf. XVIII und S. 466.) Wir beginnen mit der Ontogenie des Amphioxus (vergl. Fig. 247—265 und Taf. XVIII,

Fig. 7—12). Ueber diese sind wir jetzt ganz genau unterrichtet durch die höchst sorgfältigen Untersuchungen, welche der Wiener Zoologe *Hatschek* im Frühjahr 1879 anstellte, und welche die Angaben von *Kowalevsky* in erwünschter Weise bestätigen, ergänzen und weiter ausführen. *Amphioxus prototypus* bewohnt in zahlloser Menge den Ufersand eines kleinen Salzsees, welcher in der Nähe des Fischerdorfes Faro, am nördlichen Eingang der Meerenge von Messina liegt, und welcher mit dem Meere nur durch einen engen Graben zusammenhängt. Ich habe dort im Frühjahr 1893 in einer Stunde mehrere tausend Exemplare gefangen. An diesem Orte hielt sich Professor *Hatschek* zehn Wochen auf (von April bis Juni 1879), um die ganze Keimesgeschichte des Lanzettierchens in ununterbrochenem Zusammenhange vollständig zu erforschen. Es gelang ihm dies so vollkommen, daß wir seine 1881 veröffentlichten „Studien über Entwickelung des *Amphioxus*" als einen der wichtigsten Grundsteine für die Erkenntnis unserer älteren Stammesgeschichte betrachten dürfen.

Aus den übereinstimmenden Beobachtungen, welche *Kowalevsky* in Neapel und *Hatschek* bei Messina anstellten, geht zunächst hervor, daß die totale Eifurchung und die reguläre Gastrulation des Amphioxus in der einfachsten Weise verlaufen; dieser Modus ist derselbe, den wir bei vielen niederen Tieren aus verschiedenen wirbellosen Stämmen finden, und den wir früher als den ursprünglichen oder primordialen bezeichnet haben; auch die Ascidie entwickelt sich ganz nach demselben Typus. Die geschlechtsreifen Personen von Amphioxus, welche vom April oder Mai an massenhaft bei Messina auftreten, beginnen gewöhnlich erst am Abende ihre Geschlechtsprodukte zu entleeren; wenn man sie jedoch an einem warmen Nachmittage fängt und in ein Glasgefäß mit Seewasser setzt, stoßen sie sofort, infolge dieser Störung, die aufgespeicherten reifen Geschlechtszellen durch die Mundöffnung aus. Die Männchen entleeren ganze Wolken von Sperma durch den Mund, und auch die Weibchen werfen die Eier in solcher Menge aus, daß noch viele an ihren Mundfäden hängen bleiben. Beiderlei Geschlechtszellen gelangen zunächst durch Berstung der Gonaden in die Mantelhöle, durch die Kiemenspalten in den Kiemendarm, und aus diesem durch die Mundöffnung nach außen; sie können aber auch hinten durch den Porus branchialis ausgestoßen werden.

Die Eier sind einfache rundliche Zellen. Sie haben nur $^1/_{10}$ Millimeter Durchmesser, sind also halb so groß als die Säuge-

tiereier und bieten durchaus nichts Besonderes dar (Taf. XVIII,
Fig. 7). Das klare Protoplasma der reifen Eizelle ist durch zahllose darin verteilte dunkle Körnchen von Nahrungsdotter oder
Deutoplasma so sehr getrübt, daß der Vorgang der Befruchtung
und das Verhalten der beiderlei Kerne bei derselben (S. 151)
schwer zu verfolgen ist. Die beweglichen Elemente des männlichen Samens, die stecknadelförmigen „Samentierchen" oder
Spermazellen gleichen denen der meisten anderen Tiere (vergl.
Fig. 20, S. 142). Die Befruchtung erfolgt dadurch, daß diese beweglichen Geißelzellen des Sperma sich dem Eie nähern und mit
ihrem Kopfteil, das heißt mit dem verdickten Zellenteile, welcher
den Zellkern umschließt, in die Dottermasse oder in die Zellsubstanz des Eies einzudringen versuchen. Nur einem Spermatozoon
gelingt es, sich an einem Pole der Eiachse in den Dotter einzu-
bohren, und sein Kopf oder Kern verschmilzt mit dem weiblichen
Eikern, der nach Ausstoßung der Richtungskörper vom Keim-
bläschen übrig geblieben war. So entsteht der „Stammkern", oder
der Kern der „Stammzelle" (Cytula; Fig. 29, S. 152). Diese
unterliegt nun einer totalen Furchung, indem sie durch wiederholte Zweiteilung in 2, 4, 8, 16, 32 Zellen u. s. w. ·zerfällt. So
entsteht der kugelige, brombeerförmige Körper, den wir früher
als „Maulbeerkeim" (Morula) bezeichnet haben.

Die Eifurchung des Amphioxus verläuft nicht vollkommen
gleichmäßig, wie man früher nach den ersten Beobachtungen von
Kowalevsky (1866) annahm. Sie ist nicht völlig äqual, sondern
ein wenig ungleichmäßig oder adäqual. Wie später (1879)
Hatschek fand, bleiben die Blastomeren oder Furchungszellen nur
gleich bis zu dem Morulastadium, dessen kugeliger Körper aus
32 Zellen zusammengesetzt ist. Dann bleiben, wie es bei der in-
äqualen Furchung stets der Fall ist, die trägeren und sich langsamer teilenden vegetalen Furchungskugeln — die Mutterzellen
des Entoderms — in der Teilung zurück. Am unteren oder vegetalen Eipole bleibt längere Zeit hindurch ein Kranz von acht großen
Entodermzellen unverändert bestehen, während die übrigen Zellen
durch Bildung zahlreicher horizontaler Kreise in eine zunehmende
Anzahl von sechzehnzelligen Kränzen zerfallen. Später verschieben
sich die Furchungszellen mehr oder weniger unregelmäßig, während
die Furchungshöhle im Inneren des Maulbeerkeims sich ausdehnt;
zuletzt treten die ersteren alle an die Oberfläche des letzteren,
so daß der Keim die bekannte Blasenform erreicht und eine
Hohlkugel bildet, deren Wand aus einer einzigen Zellenschicht

besteht (Fig. 257 *A—C*). Diese Schicht ist die K e i m h a u t (*Blasto-derma*), das einfache Epithel, aus dessen Zellen sämtliche Gewebe des Körpers hervorgehen. An der K e i m b l a s e oder *Blastula* ist die Achse des kugeligen Körpers deutlich durch die größeren Zellen des vegetalen Poles und die kleineren Zellen des animalen Poles ausgesprochen (Fig. 257 *A—C*); erstere nehmen das untere Drittel, letztere die beiden oberen Drittel der kugeligen Blasenwand ein.

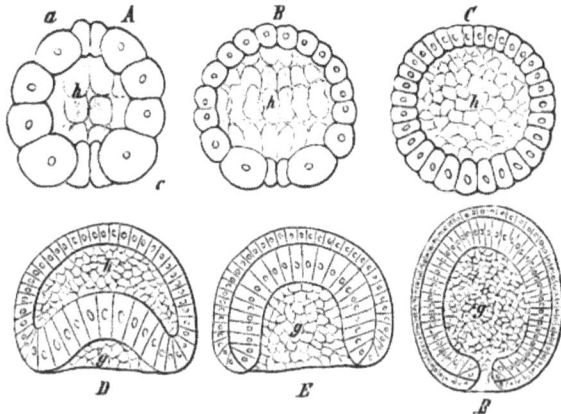

Fig. 257.

Fig. 257. **Gastrulation des Am-phioxus,** nach *Hatschek* (vertikale Durch-schnitte durch die Ei-Achse). *A, B, C* drei Stadien der Blastulabildung; *D, E* Einstülpung der Blastula; *F* fertige Gastrula. *h* Furchungs-höhle, *g* Urdarmhöhle.

Fig. 258. **Gastrula des Amphioxus,** in frontalem Längsschnitt (zwischen Episom und Hyposom). *d* Urdarm, *o* Urmund, *i* Darm-blatt oder Entoderm, *e* Hautblatt oder Ekto-derm.

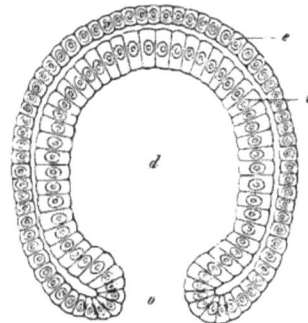

Fig. 258.

Diese bedeutungsvollen ersten Keimungsvorgänge erfolgen beim Amphioxus mit solcher Schnellig-keit, daß bereits vier bis fünf Stunden nach erfolgter Befruchtung, also um Mitternacht, die kugelige Keimblase fertig ist. Nun entsteht am Vegetalpole der-selben eine grubenartige Vertiefung, durch welche die Hohlkugel in sich selbst eingestülpt wird (Fig. 257 *D*). Diese Grube wird immer tiefer (Fig. 257 *E, F*); schließlich wird die Einstülpung vollständig, so daß der innere eingestülpte Teil der Blasenwand sich an den äußeren, nicht eingestülpten Teil inwendig anlegt. Auf diese Weise entsteht ein halbkugeliger hohler Körper, dessen dünne Wand aus zwei Zellenschichten zusammengesetzt ist (Fig. 257 E). Die halbkugelige Gestalt desselben geht bald wieder in eine fast kugelige und dann in die eiförmige über, indem die innere Höhle sich bedeutend erweitert, ihre Mündung dagegen verengt (Fig. 248 und Taf. XVIII, Fig. 10). Die Form, welche der Embryo des Amphioxus jetzt auf diese Weise erlangt hat, ist eine echte „Becherlarve oder *Gastrula*", und zwar jene ursprüngliche einfache Form derselben, welche wir früher als „Glockengastrula oder Archigastrula" unterschieden haben (Fig. 31—37, S. 169).

Wie bei allen jenen niederen Tieren, die eine solche Archigastrula bilden, ist auch beim Amphioxus der ganze Körper derselben weiter nichts als ein einfacher Magensack; die innere Höhle desselben ist der Urdarm (*Progaster* oder *Archenteron*, Fig. 257 g, 258 d); seine einfache Oeffnung der Urmund (*Prostoma* oder *Blastoporus*, o). Die Wand ist Darmwand und Leibeswand zugleich. Sie wird aus zwei einfachen Zellenschichten zusammengesetzt, und das sind die beiden wohlbekannten primären Keimblätter. Die innere Zellenschicht oder der eingestülpte Teil der Keimhautblase, welcher die Darmhöhle unmittelbar umgibt, ist das Entoderm oder der *Endoblast*, das innere oder vegetale Keimblatt, aus welchem sich die Wandung des Darmkanals und aller seiner Anhänge, der Coelomtaschen u. s. w. entwickelt (Fig. 258, 259 i). Die äußere Zellenschicht oder der nicht eingestülpte Teil der Keimhautblase ist das Ektoderm oder der *Ektoblast*, das äußere oder animale Keimblatt, welches die äußere Hautdecke (Epidermis) und das Nervensystem liefert (e). Die Zellen der inneren Schicht oder des Entoderms sind bedeutend größer, trüber, dunkler und fettreicher als diejenigen der äußeren Schicht oder des Ektoderms, welche klarer, heller und weniger reich an Fetttropfen sind. Es tritt also bereits vor und während der Einstülpung eine zunehmende Sonderung oder Differenzierung der inneren, eingestülpten und der äußeren, nicht eingestülpten Zellenschicht auf. Die animalen Zellen der äußeren Schicht entwickeln nun bald schwingende Flimmerhaare; viel später auch die vegetalen Zellen der inneren Schicht. Aus dem Protoplasma jeder einzelnen Zelle wächst ein fadenförmiger Anhang hervor, welcher ununterbrochen schwingende Bewegungen ausführt. Durch die Schwingungen dieser zarten Flimmerhaare wird die Gastrula

des Amphioxus, nachdem sie die dünne Eihülle durchbrochen hat,
schwimmend im Meere umhergetrieben, gleich der Gastrula so
vieler anderer Tiere (Fig. 259). Wie bei vielen anderen niederen
Tieren, so sind auch bei unserem niedersten Wirbeltiere alle
Flimmerzellen nur mit je einem peitschenförmigen Flimmerhaar,
einer „Geißel", ausgestattet und demnach als Geißelzellen zu
bezeichnen (im Gegensatze zu den „Wimperzellen", welche viele
kurze Härchen oder Cilien tragen).

Die auffallende Geschwindigkeit, mit welcher sich die Gastrulation des *Amphioxus* vollzieht, unterliegt nach den Beobachtungen
von *Hatschek* geringen Schwankungen und ist um so bedeutender,

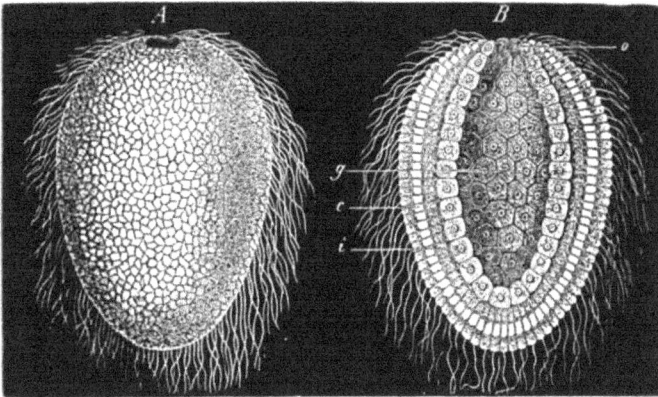

Fig. 259. **Gastrula eines Schwammes** (Olynthus). *A* von außen, *B* im
Längsschnitt durch die Achse. *g* Urdarm, *o* Urmund, *i* Darmblatt oder Entoderm,
e Hautblatt oder Ektoderm.

je wärmer die Temperatur ist. An warmen Frühlingsabenden ist
die Gastrula gewöhnlich schon nach 6 Stunden fertig. Nach einer
genauen Mitteilung, welche jener ausgezeichnete Beobachter gibt,
erfolgt die erste Teilung des um 8 Uhr abends abgelagerten und
befruchteten Eies bereits eine Stunde später; um 10 Uhr ist
dasselbe in 4 Furchungszellen zerfallen, um $10^1/_4$ Uhr in 8, um
$10^1/_2$ Uhr in 16, um 11 Uhr in 32 Zellen. Bald nach Mitternacht
oder gegen 1 Uhr ist die Blastula fertig; schon nach $^3/_4$ Stunden
beginnt diese sich einzustülpen; und gegen 3 Uhr morgens ist die
Furchungshöhle bereits vollkommen verdrängt. Die zunehmende
Verkleinerung des Gastrulamundes schreitet dann bis zu den
Morgenstunden langsam fort. Aber am Morgen des ersten Tages,

also nach Verlauf von 10 Stunden, ist er immer noch weit offen;
sein vollständiger Verschluß erfolgt langsamer und nimmt meist
noch den größten Teil des Vormittags in Anspruch.

Im Verlaufe der weiteren Entwickelung streckt sich nun die
rundliche Glockengastrula des Amphioxus mehr in die Länge und
beginnt zugleich auf einer Seite sich etwas abzuflachen, parallel
der Längsachse. Die abgeflachte Seite ist die spätere Rückenseite;
die entgegengesetzte Bauchseite bleibt rund gewölbt. Die letztere
wächst stärker als die erstere, so daß der Urmund auf die Rückenseite hinaufrückt (Fig. 260). In der Mitte der Rückenfläche entsteht eine seichte Längsfurche oder Rinne (Fig. 263), und beiderseits dieser Rinne erheben sich die Ränder des Körpers in Form
zweier paralleler Leisten oder Längswülste. Sie werden jetzt schon
erraten, daß jene Rinne die Rückenfurche ist, und daß diese
Wülste nichts anderes sind als die
Rückenwülste oder Markwülste; diese
bilden die erste Anlage des Zentralnervensystems, des Markrohres. Die beiden
Markwülste werden nun bald höher;
die Furche zwischen ihnen wird immer
tiefer. Die Ränder der beiden parallelen

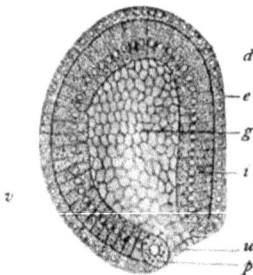

Fig. 260. **Gastrula des Amphioxus in
der Seitenansicht von links** (optischer Medianschnitt). Nach *Hatschek*. *g* Urdarm, *u* Urmund,
p peristomale Polzellen, *i* Entoderm, *e* Ektoderm,
d Rückenseite, *v* Bauchseite.

Wülste wölben sich gegeneinander und verwachsen schließlich
in der Mittellinie des Rückens vollständig (Fig. 261 *m*, 262 *m*;
Taf. XVIII, Fig. 11 *m*). Es erfolgt also an der nackten Rückenfläche der frei schwimmenden Amphioxuslarve in ganz derselben
Weise die Bildung eines Markrohres aus der äußeren Oberhaut,
wie wir sie beim Embryo des Menschen und der höheren
Wirbeltiere überhaupt innerhalb der Eihüllen wahrgenommen
haben. Auch dort wie hier schnürt sich das Nervenrohr schließlich vollständig von der Hornplatte ab. Eigentümlich ist der
Umstand, daß das Markrohr an demjenigen Körperende, welches
später das vordere oder Mundende des Amphioxus ist, offen
bleibt und eine enge äußere Mündung besitzt, den *Neuroporus*
(Fig. 261 *np*). An dem hinteren Ende hingegen geht die Höhle
des Nervenrohres unmittelbar in den Urmund über. Indem hier
die beiden Ränder der Markfurche den Urmund überwachsen,

bleibt dessen Rest noch eine Zeitlang als eine enge Oeffnung bestehen, welche eine direkte Verbindung zwischen den Höhlen des
Urdarms und des Nervenrohrs vermittelt: der typische M a r k -
d a r m g a n g oder *Canalis neurentericus* (Fig. 261 *ne*; vergl. S. 316).

Gleichzeitig mit der Bildung des Medullarrohrs erfolgt nun
an dem Amphioxuskeime die Entstehung der Chorda, der C o e l o m -
t a s c h e n und des von ihrer Wand gebildeten M e s o d e r m s.
Auch diese bedeutungsvollen Vorgänge erfolgen hier mit einer
typischen Einfachheit und Klarheit, so daß sie für die Vergleichung einerseits mit den niederen Bilaterien (*Vermalien*),
andererseits mit den höheren Vertebraten
(*Cranioten*) von größter Bedeutung sind.

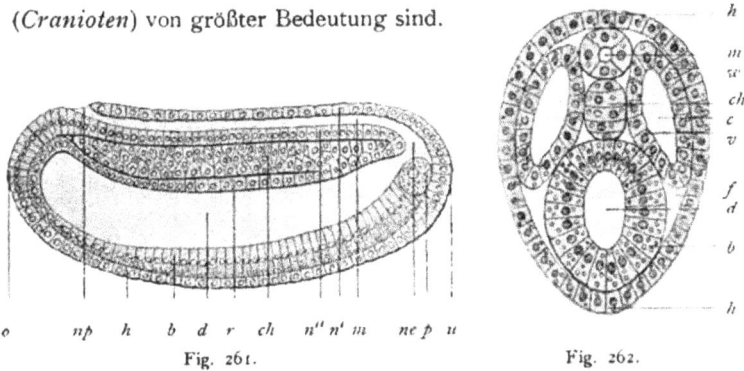

Fig. 261.　　　　　　　　　　Fig. 262.

Fig. 261 und 262. **Chordula des Amphioxus.** Fig. 261. Medianer Längsschnitt (Ansicht von der linken Seite). Fig. 262. Querschnitt. Nach *Hatschek*. In
Fig. 261 sind die Coelomtaschen weggelassen, um die Chorda deutlich zu zeigen.
Fig. 262 ist etwas schematisch. *h* Hornplatte, *m* Markrohr, *n* dessen Wand (*n'* dorsale, *n"* ventrale), *ch* Chorda, *np* Neuroporus, *ne* Canalis neurentericus, *d* Darmhöhle,
r Rückenwand des Darmes, *b* Bauchwand des Darmes, *u* Urmund, *o* Stelle der späteren
Mundgrube, *p* Promesoblasten (Urzellen oder Polzellen des Mesoderms), *w* Parietalblatt,
v Visceralblatt des Mesoderms, *c* Coelom, *f* Rest der Furchungshöhle.

Während in der Mittellinie der abgeflachten Rückenseite des läng-
lich-eiförmigen Keimes sich die Markfurche vertieft und ihre parallelen Ränder sich zum ektodermalen Nervenrohr schließen, entsteht
unmittelbar unter demselben die unpaare Chorda, und beiderseits
derselben eine parallele Längsfalte, aus der entodermalen Rückenwand des Urdarms. Diese paarigen Längsfalten des Entoderms
gehen aus vom Urmunde, und zwar vom unteren hinteren Rande
desselben. Hier erscheinen schon frühzeitig ein paar große Entodermzellen, die sich vor allen übrigen durch bedeutende Größe,
rundliche Form und feinkörniges Protoplasma auszeichnen; die
beiden *Promesoblasten* oder P o l z e l l e n d e s M e s o d e r m s

(Fig. 261 *p*). Dieselben sind, wie *Rabl*, *Hatschek* und später andere Forscher übereinstimmend gezeigt haben, von größter Bedeutung, da von ihnen bei der großen Mehrzahl aller Bilaterien oder Coelomarien die Bildung des mittleren Keimblattes ausgeht. Beim Amphioxuskeim liegen sie genau am Aboralpol der Längsachse, am hinteren und unteren Rande des Gastrulamundes, der auf die Rückenseite des Hinterendes hinaufgerückt ist. Die beiden „Polzellen des Mesoderms" bezeichnen den ursprünglichen Ausgangspunkt der paarigen Coelomtaschen, welche von hier aus zwischen innerem und äußerem Keimblatte nach vorn hineinwachsen, sich vom Urdarm abschnüren und das Zellenmaterial für das mittlere Keimblatt liefern (Fig. 263—272).

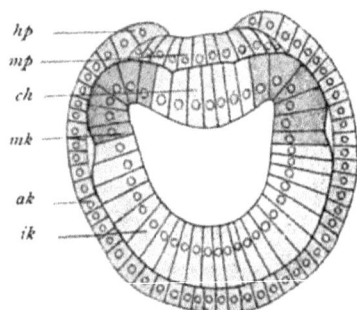 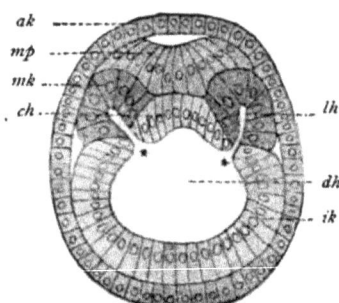

Fig. 263.   Fig. 264.

Fig. 263 und 264. **Querschnitte von Amphioxuslarven.** Nach *Hatschek*. Fig. 263 im Beginne der Coelombildung (noch ohne Ursegmente), Fig. 264 im Stadium mit vier Ursegmenten. *ak*, *ik*, *mk* äußeres, inneres, mittleres Keimblatt, *hp* Hornplatte, *mp* Markplatte, *ch* Chorda, * und * Anlage der Coelomtaschen, *lh* Leibeshöhle.

Die Gebrüder *Hertwig* haben in ihrer vielseitig anregenden „Coelomtheorie" klar gezeigt, welche hohe Bedeutung diesen Coelomtaschen zukommt. Bei der großen Mehrzahl aller Bilaterien oder zweiseitigen Metazoen bilden sie die Grundlage der Leibeshöhle (*Coeloma*); ihre beiden Hohlräume (rechter und linker Coelomsack) fließen gewöhnlich zu einem einfachen Hohlraum zusammen, indem ihre verwachsenden Wände entweder bloß auf der Bauchseite durchbrochen werden (Wirbeltiere und Sterntiere) oder zugleich auf der Rückenseite (Gliedertiere und die meisten Wurmtiere). Die äußere Wand der aufgeblähten Coelomtaschen, das Parietalblatt, legt sich an das Ektoderm an und wird zum „Hautfaserblatt"; die innere Wand hingegen, das Visceralblatt, vereinigt sich mit dem Entoderm und wird zum „Darmfaserblatt" (Fig. 263 bis 272; vergl. den X. Vortrag).

Das Mittelblatt wird also beim Amphioxus, wie bei allen anderen Bilaterien, paarig angelegt und nimmt seinen Ursprung vom Entoderm, und zwar von jenem hintersten Teile desselben, welcher am Urmunde in das Ektoderm unmittelbar übergeht. Hier treten schon sehr frühzeitig, rechts und links vom Urmunde, jene beiden „Mesoderm-Urzellen" auf. Von hier aus beginnt auch die Bildung der beiden seitlichen Längsfalten des Urdarms, welche sich als Coelomtaschen von demselben abschnüren. Die wichtige Frage, welche Beziehungen die ersteren zu den letzteren besitzen, gehört zu den schwierigsten Problemen der vergleichenden Keimesgeschichte. Die Naturforscher, welche dasselbe am genauesten und

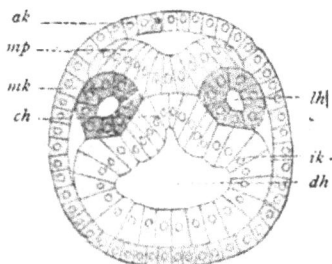 

Fig. 265. Fig. 266.

Fig. 265 und 266. **Querschnitte von Amphioxuskeimen.** Fig. 265 im Stadium mit fünf Somiten, Fig. 266 im Stadium mit elf Somiten. Nach *Hatschek*. *ak* äußeres Keimblatt, *mp* Medullarplatte, *n* Nervenrohr, *ik* inneres Keimblatt, *dh* Darmhöhle, *lh* Leibeshöhle, *mk* mittleres Keimblatt (*mk₁* parietales, *mk₂* viscerales), *us* Ursegment, *ch* Chorda.

umfassendsten bearbeitet haben, *Hertwig* und *Rabl*, sind hier verschiedener Ansicht. Die Gebrüder *Hertwig* haben in ihrer Coelomtheorie zu zeigen versucht, daß bei allen Bilaterien (— mit Ausnahme weniger Gruppen, der Pseudocoelier —) die Leibeshöhle durch Ausstülpung von ein paar Coelomsäcken aus dem Urdarm entsteht, und daß deren Wände das Mesoderm liefern. *Rabl* hingegen ist der Ansicht, daß ursprünglich die Bildung von ein paar Polzellen die Anlage der soliden paarigen Mesodermleisten einleitet. Vielleicht lassen sich beide Ansichten in der Weise vereinigen, daß die Coelomtaschen weitere Ausbildungen jener paarigen Zellenstränge sind, welche ursprünglich (bei den ältesten, kleinen und zellenarmen Bilaterien) nur durch ein paar Polzellen (primäre Sexualzellen) vertreten waren. Phylogenetisch betrachtet, sind in

jedem Falle, mag diese oder jene Ansicht richtiger sein, die paarigen
Mesodermanlagen als ein Paar Gonaden aufzufassen, als
Geschlechtsdrüsen der niederen Bilaterien, von denen auch die
Wirbeltiere abstammen.

Schon bald nach ihrem ersten Auftreten zerfallen die paarigen
Mesodermtaschen des Amphioxus durch Längs- und Querfalten in
verschiedene Teile. Durch eine paarige seitliche Längsfalte wird
jede der beiden primären Coelomtaschen in einen oberen dorsalen
und einen unteren ventralen Abschnitt zerlegt (Fig. 266). Durch
zahlreiche parallele Querfalten aber zerfallen diese wiederum in
eine Anzahl hintereinander gelegener Säcke, die Ursegmente oder
Somiten (früher unpassend „Urwirbel" genannt; Fig. 267—272).

Ihr Schicksal ist oben und unten
verschieden. Die oberen oder dorsalen Ursegmente, die Episomiten
oder „Rückensegmente", rundliche,
dickwandige Säckchen, verlieren
später ihre Höhlung und bauen
durch ihre Zellen die segmentalen
Muskelplatten des Rumpfes auf.

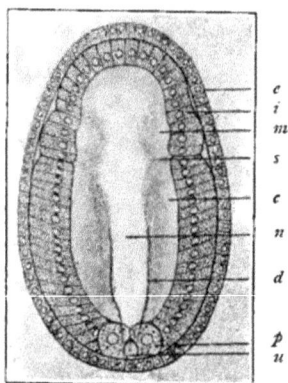

Fig. 267. **Keim des Amphioxus,
16 Stunden alt,** vom Rücken gesehen. Nach
Hatschek. d Urdarm, u Urmund, p Polzellen
des Mesoderms, c Coelomtaschen, m deren
erstes Ursegment, n Medullarrohr, i Entoderm,
e Ektoderm, s erste Segmentfalte.

Die unteren oder ventralen Ursegmente hingegen, die Hypo-
somiten oder „Bauchsegmente", welche den „Seitenplatten" des
Cranioten-Embryo entsprechen, fließen im oberen Teile durch
Schwund ihrer Seitenwände zusammen und bilden so die peri-
gastrale Leibeshöhle (Metacoel); im unteren Teile bleiben ihre
Anlagen getrennt und bilden später die segmentalen Gonaden.

Die Abschnürung der bläschenförmigen Ursegmente vom Urdarm erfolgt stets reihenweise in der Richtung von vorn nach
hinten, so daß also das vorderste Paar der Coelomsäckchen (bei
Amphioxus an der Grenze des vorderen und mittleren Keimdrittels
gelegen) das erste, älteste und größte ist (Fig. 267 m). Jedes
folgende ist kleiner und jünger. Ihre Zahl nimmt beständig zu,
indem das hintere Drittel der Coelomfalten, von den aboralen Polzellen ausgehend, immer weiter wächst und immer neue Querfalten

nach hinten entstehen (Fig. 268—272). Je mehr sich der Körper durch Wachstum des aboralen hinteren Teils in die Länge streckt, desto größer wird die Zahl der Ursegmente.

In der Mitte zwischen den beiden paarigen lateralen Coelom-falten des Urdarms schnürt sich von diesem frühzeitig, in der Mittellinie seiner Rückenwand, ein unpaares Zentralorgan ab, der Rückenstrang (*Chorda dorsalis*, Fig. 261, 262 *ch*). Dieser zentrale Achsenstab, der bei allen Wirbeltieren die primitive Grundlage der späteren Wirbelsäule bildet, und sie beim Amphioxus allein vertritt, entsteht also aus dem Ento-derm. Genauere Betrachtung lehrt, daß dieser solide cylindrische Achsenstab nicht als solcher entsteht, sondern in Gestalt einer sagittalen, nach

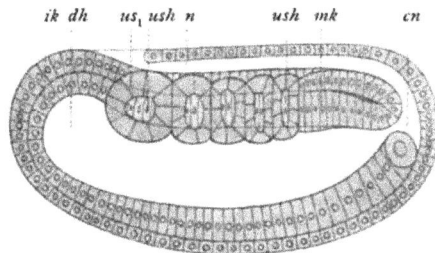

Fig. 268.

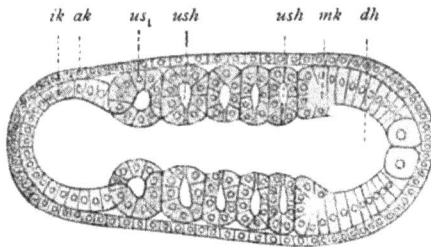

Fig. 269.

Fig. 268 und 269. **Keim des Amphioxus, 20 Stunden alt, mit fünf Somiten** (oder „Urwirbel-paaren"). Fig. 268 von der linken Seite, Fig. 269 von der Rückenseite. Nach *Hatschek*. *V* Vorderende, *H* Hinter-ende, *ak*, *mk*, *ik* äußeres, mittleres, inneres Keimblatt; *dh* Darmrohr, *n* Nervenrohr, *cn* Canalis neurentericus, *ush* Coelomtaschen (oder Ur-segmenthöhlen), *us₁* erstes (vorderstes) Ursegment.

oben vorspringenden Entodermfalte. Allein die beiden parallelen Blätter dieser geradlinigen Medianfalte legen sich sofort so eng aneinander, daß der Hohlraum zwischen ihnen verschwindet. Daher erscheint der solide Stab, vom Rücken gesehen, aus zwei parallelen Längsreihen von Entodermzellen zusammengesetzt.

Durch diese wichtigen Faltungsvorgänge am Urdarm zerfällt der einfache Entodermschlauch in vier ganz verschiedene Abschnitte: I. unten auf der Bauchseite das bleibende Darmrohr oder der Dauerdarm (*Metagaster*), II. oben darüber, auf der Rücken-seite, der Achsenstab oder die *Chorda*, und III. die paarigen Coelomsäcke, welche alsbald wieder in zwei verschiedene

Gebilde sich teilen: III A oben, auf der Rückenseite, die Episomiten, die paarige Längsreihe der Ursegmente oder Muskel-
stücke (*Myotome*); III B. unten, beiderseits des Urdarms, die
Hyposomiten, die paarigen „Seitenplatten", welche die Reihe
der Gonaden liefern, und deren Höhlungen oben teilweise zur

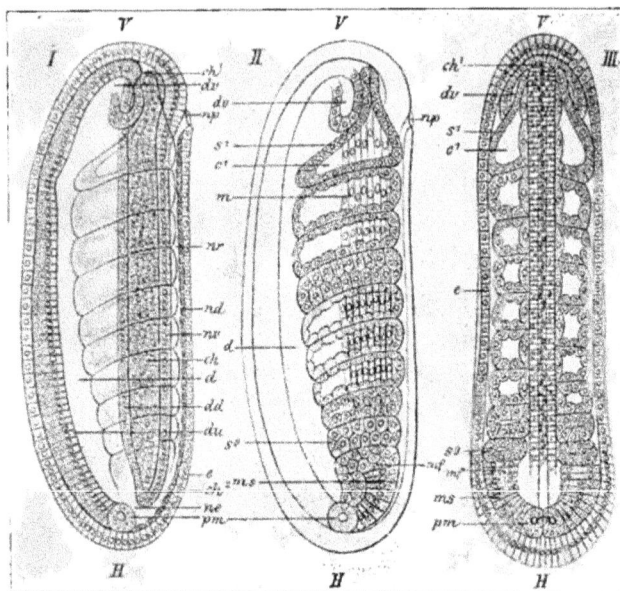

Fig. 270.   Fig. 271.   Fig. 272.

Fig. 270—271. **Keim des Amphioxus, 24 Stunden alt, mit 8 Somiten.**
Nach *Hatschek.* Fig. 270 und 271. Seitenansicht (von links). Fig. 272. Rückenansicht.
In Fig. 270 sind nur die Umrisse der 8 Ursegmente gezeichnet, in Fig. 271 ihre
Höhlen und Muskelwände. *V* Vorderende, *H* Hinterende, *d* Darm, *du* untere,
dd obere Darmwand, *ne* Canalis neurentericus, *nv* ventrale, *nd* dorsale Wand des
Nervenrohrs, *np* Neuroporus, *dv* vordere Darmtasche, *ch* Chorda, *mf* Mesodermfalte,
mp Polzellen des Mesoderms (*ms*), *e* Ektoderm.

Bildung der perigastralen Leibeshöhle zusammenfließen. Gleichzeitig bildet sich oberhalb der Chorda, auf der Rückenfläche, durch
Schluß der parallelen Medullarwülste das Nervenrohr oder Markrohr weiter aus. Alle diese Vorgänge, durch welche der typische
Bau des Wirbeltieres angelegt wird, erfolgen beim Embryo des
Amphioxus mit erstaunlicher Schnelligkeit; am Nachmittage des
ersten Tages, 42 Stunden nach erfolgter Befruchtung, ist das junge

Wirbeltier, der typische Embryo, bereits fertig; er besitzt jetzt gewöhnlich schon 6—8 Somiten (Fig. 270—272).

Die wichtigste Erscheinung am zweiten Lebenstage des Amphioxus ist die Bildung der beiden bleibenden Darmöffnungen, Mund und After. In den Stadien Fig. 261—272 erscheint das Darmrohr, nach Verschluß des Urmundes, ganz geschlossen; nur hinten kommuniziert es noch durch den neurenterischen Kanal mit dem Markrohr. Die bleibende Mundöffnung bildet sich erst sekundär, von außen her, am entgegengesetzten Ende (in der Nähe von *ss* Fig. 12, Taf. XVIII). Hier entsteht am Ende des zweiten Tages in der äußeren Oberhaut eine grubenförmige Vertiefung, welche nach innen in den geschlossenen Darm durchbricht. Ebenso bildet sich hinten, einige Stunden später (an der Stelle des zugewachsenen Gastrulamundes) die Afteröffnung. Auch beim Menschen und den höheren Wirbeltieren überhaupt entstehen Mund und After, wie Sie sich erinnern, als flache Gruben in der äußeren Haut; und diese brechen ebenfalls nach innen durch, indem sie sich mit den beiden blinden Enden des geschlossenen Darmrohres nachträglich in Verbindung setzen (vergl. S. 337). Während des zweiten Tages erleidet der Amphioxus-Embryo sonst wenig Veränderungen. Die Zahl der Ursegmente vermehrt sich und beträgt 48—50 Stunden nach der Befruchtung gewöhnlich 14. Die langsame Vermehrung derselben geschieht durch dieselbe, von vorn nach hinten fortschreitende Abgliederung (d. h. Querfaltung der Coelomtaschen), durch welche auch die Kette der Urwirbelsegmente beim menschlichen Embryo wächst. Auch hier sind die vordersten Metameren die ältesten und die hintersten sind die jüngsten. Jedem Metamer entspricht zugleich ein bestimmter Abschnitt des Markrohres und ein paar Rückenmarksnerven, die von diesem aus an die Muskeln und an die Haut treten. Das Muskelsystem ist dasjenige Organsystem des Körpers, an welchem sich die Gliederung oder Metamerenbildung zuerst bemerkbar macht [80]).

Fast gleichzeitig mit der Mundöffnung bricht am Vorderteile des Amphioxus-Embryo die erste Kiemenspalte durch (meistens 40 Stunden nach Beginn der Keimung). Nun beginnt er sich selbständig zu ernähren, da das in der Eizelle aufgespeicherte Nahrungsmaterial vollständig aufgebraucht ist. Die weitere Entwickelung der frei lebenden Larve erfolgt nur sehr langsam und nimmt mehrere Monate in Anspruch. Der Körper streckt sich nun bedeutend in die Länge und wird seitlich zusammengedrückt, der vordere Kopfteil dreieckig verbreitert. In diesem entstehen zwei einfache

Sinnesorgane. Im Inneren zeigen sich die ersten Blutgefäße, ein oberes oder Rückengefäß, der Aorta entsprechend, zwischen dem Darm und der Chorda dorsalis (Taf. XVIII, Fig. 13 t, 15 t), und ein unteres oder Bauchgefäß, der Darmvene entsprechend, am unteren Rande des Darmes (Fig. 13 v, 15 v). Ferner bilden sich jetzt im vorderen Teile des Darmkanals die Kiemen oder die Atmungs-organe aus. Der ganze vordere oder respiratorische Abschnitt des Darmes verwandelt sich in einen Kiemenkorb, der gitterartig von zahlreichen Kiemenlöchern durchbrochen wird, wie bei den Ascidien. Dies geschieht dadurch, daß der vorderste Teil der Darmwand mit der äußeren Haut stellenweise verwächst, und daß in diesen Verwachsungsstellen Spalten entstehen, Durchbrüche der Wand, welche von außen in das Innere des Darmes hineinführen. An-fangs sind nur sehr wenige solche Kiemenspalten vorhanden; bald aber liegen zahlreiche, erst in einer, dann in zwei Reihen, hinter-einander. Die vorderste Kiemenspalte ist die älteste. Zuletzt findet man jederseits ein Gitterwerk von feinen Kiemenspalten, gestützt durch zahlreiche feste Kiemenstäbchen; diese werden paarweise durch Querstäbchen verbunden (Fig. 15 k).

Hier müssen wir nun besonders hervorheben, daß anfangs beim Keime des Amphioxus, wie beim Embryo aller übrigen Wirbeltiere, die Seitenwand des Halses derart von wenigen Spalten durch-brochen wird, daß man unmittelbar durch dieselben von der äußeren Haut aus in den Vorderdarm eingehen kann (Fig. 273 K). Das Atemwasser, durch den Mund in den Kiemendarm aufgenommen, tritt unmittelbar durch die Kiemenspalten nach außen. Während sich nun die Zahl dieser Kiemenspalten rasch und beträchtlich ver-mehrt, erhebt sich über der obersten Reihe derselben jederseits eine Längsfalte an der Seitenwand des Körpers (Fig. 274 U). Die enge Leibeshöhle setzt sich in diese Mantelfalten oder Meta-pleural-Falten fort (Lh). Beide Seitenfalten wachsen nach unten und hängen wie freie Kiemendeckel herab. Dann krümmen sie sich unten mit ihren freien Rändern gegeneinander und verwachsen in der Mittellinie der Bauchseite, in der Bauchnaht oder Raphe (Fig. 275 R). Nur das Kiemenloch bleibt offen (Fig. 245 c). So entsteht rings um den Kiemendarm eine weite Mantelhöhle oder Peribranchialhöhle (*Atrium*), welche das aus den Kiemen-spalten austretende Atemwasser aufnimmt und durch das hinten unten gelegene Kiemenloch (*Porus branchialis*) entleert. Sie kann einerseits der analogen, vom Kiemendeckel verhüllten Kiemen-höhle der Fische, anderseits der Mantelhöhle der Ascidien verglichen werden. Diese weite Mantelhöhle, mit Wasser erfüllt und frei mit dem umgebenden Wasser kommunizierend, ist wohl zu unterscheiden von der engen, mit Lymphe erfüllten Leibeshöhle, die nach außen ganz abgeschlossen ist. Diese letztere, das Coeloma

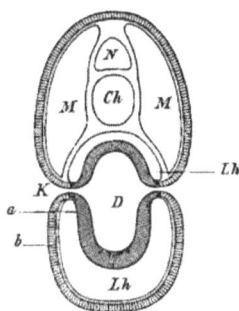

Fig. 273.

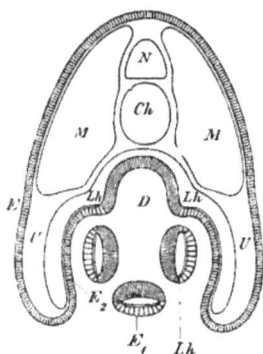

Fig. 274.

Fig. 273—275. **Querschnitte durch junge Larven von Amphioxus** (schematisch, nach *Rolph*). (Vergl. auch Fig. 251, S. 451.) In Fig. 273 kann man frei von außen durch die Kiemenspalten (*K*) in die Darmhöhle (*D*) hineingelangen. In Fig. 274 bilden sich die seitlichen Längsfalten der Leibeswand oder die Kiemendeckel, welche nach unten wachsen. In Fig. 275 sind diese Seitenfalten unten gegeneinander gewachsen und mit ihren Rändern in der Mittellinie der Bauchseite verschmolzen (*R* Naht oder Raphe). Nun tritt das Atemwasser aus der Darmhöhle (*D*) in die Mantelhöhle (*A*). Die Buchstaben bedeuten überall dasselbe: *N* Markrohr, *Ch* Chorda, *M* Seitenmuskeln, *Lh* Leibeshöhle, *G* Teil der Leibeshöhle, in welchem sich später die Geschlechtsorgane bilden. *D* Darmhöhle, ausgekleidet vom Darmdrüsenblatt (*a*), *A* Mantelhöhle, *K* Kiemenspalte, *b* = *E* Oberhaut oder Epidermis, *E₁* dieselbe als viscerales Epithel der Mantelhöhle, *E₂* dieselbe als parietales Epithel der Mantelhöhle.

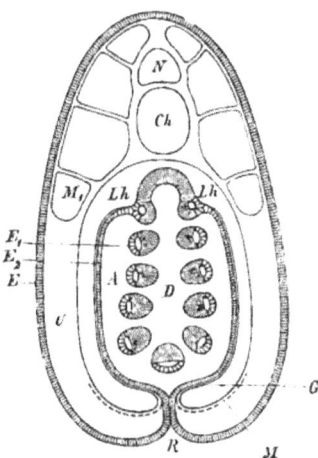

Fig. 275.

(Fig. 273—275 *Lh*), ist beim erwachsenen Amphioxus sehr eng, auf einen sehr schmalen Raum reduziert. Nachdem die Peribranchialhöhle des Amphioxus gebildet ist, tritt das Atemwasser, welches durch den Mund aufgenommen wurde, nicht mehr direkt durch die Kiemenspalten nach außen, sondern durch das Kiemenloch oder den Mantelporus (Taf. XIX, Fig. 15 *p*). Der hinter dem

Kiemenkorb gelegene Teil des Darmkanals verwandelt sich in den Magen (*mg*) und bildet auf der rechten Seite eine unpaare taschenförmige Ausstülpung, die sich zum Leberblindsack entwickelt (*lb*). Dieser verdauende Teil des Darmkanals ist von der engen Leibeshöhle umschlossen.

In einem frühen Stadium der individuellen Entwickelung stimmt der Körperbau der Amphioxuslarve wesentlich noch mit dem idealen Bilde überein, welches wir uns früher vom „Urwirbeltier" entworfen haben (Fig. 101—105, S. 270). Späterhin erleidet der Körper aber verschiedene Veränderungen, besonders im vorderen Teile. Diese Umbildungen sind für uns hier von keinem Interesse, da sie auf speziellen Anpassungs-Verhältnissen beruhen und den erblichen Wirbeltiertypus nicht berühren. Wenn die freischwimmende Larve des Amphioxus drei Monate alt ist, gibt sie ihre pelagische Lebensweise auf und verwandelt sich in das junge, im Sande lebende Tier. Trotz seiner geringen Größe (von nur 3 Millimeter) besitzt dasselbe im wesentlichen schon den Bau des Erwachsenen. Von den übrigen Körperteilen des Amphioxus hätten wir nur noch zu erwähnen, daß sich die G o n a d e n oder Geschlechtsdrüsen erst sehr spät entwickeln, und zwar unmittelbar aus dem inneren Zellenbelag der Leibeshöhle, aus dem Coelomepithel. Obgleich in den Seitenwänden der Mantelhöhle, in den Kiemendecken oder Mantellappen (Fig. 275 *U*), späterhin keine Fortsetzung der Leibeshöhle mehr zu bemerken (Fig. 251 *U*), so ist eine solche dennoch anfänglich vorhanden (Fig. 275 *Lh*). Unten im Grunde dieser Fortsetzung bilden sich aus einem Teile des Coelomepithels die Geschlechtszellen (Fig. 275 *G*). Die segmentale Anordnung der Gonaden zeigt, daß sie aus den Hyposomiten entstehen. In neuester Zeit (1905) sind in der Tiefsee mehrfach kleine Amphioxus-Larven gefunden worden, welche geschlechtsreif waren; sie besaßen noch keine Mantelhöhle, keine Leber, keine Mundfäden. Da die Mantelfalten noch nicht voll entwickelt waren, mündeten die Kiemenspalten frei auf der Körperoberfläche. *Richard Goldschmidt* (München), der eine sehr sorgfältige Beschreibung dieser primitiven, von der deutschen Tiefsee-Expedition (Valdivia) erbeuteten Acranier gab, glaubte in ihnen eine uralte Wirbeltier-Form zu erblicken, deren Körperbau den einfachsten Prototypus unter allen bisher bekannten Chordoniern darstelle; er nannte sie *Amphioxides pelagicus* und betrachtete sie als Vertreter einer besonderen, tiefstehenden Acranier-Familie: *Amphioxididae*. Er überzeugte sich jedoch später, daß es sich hier um einen besonderen

Fall von Neotenie handle, einem von jenen abnormen, auch
sonst vorkommenden Fällen, in denen jugendliche Larven vor
vollendeter Verwandlung geschlechtsreif werden. Die auffälligen
Abweichungen von der ursprünglichen Symmetrie, welche bei
diesen *neotenischen Larven* von Amphioxus (— ebenso auch teilweise bei seiner normalen Metamorphose —) auftreten, sind cenogenetisch, wahrscheinlich durch Anpassung an die besondere
Lebensweise zu erklären.

Wir wenden uns nun zur Entwickelungsgeschichte der
Ascidie, dieses scheinbar so viel tiefer stehenden und so viel
einfacher organisierten Tieres, das den größten Teil seines Lebens
auf dem Meeresgrunde als unförmlicher Klumpen festgewachsen
bleibt. Es war ein sehr glücklicher Zufall, daß *Kowalevsky*
gerade diejenigen größeren Ascidienformen bei seinen Untersuchungen zuerst in die Hände bekam, welche die Verwandtschaft
der Wirbeltiere mit den Wirbellosen am deutlichsten beweisen,
und deren Larven sich in den ersten Abschnitten der Entwickelung
vollkommen gleich denjenigen des Amphioxus verhalten. Diese
Uebereinstimmung geht in allem Wesentlichen so weit, daß wir
eigentlich bloß das von der Ontogenesis des Amphioxus Gesagte
zu wiederholen brauchen.

Das Ei der größeren Ascidien (*Phallusia, Cynthia* u. s. w.)
ist eine einfache kugelige Zelle von $^1/_{10}$ — $^1/_5$ Millimeter Durchmesser. In dem trüben feinkörnigen Dotter findet sich ein helles
kugeliges Keimbläschen von ungefähr $^1/_{30}$ Millimeter Durchmesser,
welches einen kleinen Keimfleck oder Nucleolus einschließt (Fig. 1,
Taf. XVIII). Innerhalb der Hülle, welche das Ei umgibt, durchläuft nun nach erfolgter Befruchtung die Stammzelle der Ascidie
genau dieselben Verwandlungen, wie die Cytula des Amphioxus.
Auch hier erleidet die Stammzelle oder die „erste Furchungszelle"
eine totale Furchung; sie zerfällt durch wiederholte Teilung in 2,
4, 8, 16, 32 Zellen u. s. w. Durch fortgesetzte totale Furchung
bildet sich die Morula, der maulbeerförmige Haufen von gleichartigen Zellen. Im Inneren desselben sammelt sich Flüssigkeit an,
und so entsteht wiederum eine kugelige Keimblase (*Blastula*);
deren Wand bildet eine einzige Zellenschicht, das Blastoderm
(Taf. XVIII, Fig. 3). Ganz ebenso wie beim Amphioxus entwickelt
sich aus dieser Blastula durch Einstülpung eine echte Gastrula,
und zwar eine einfache Glockengastrula (Taf. XVIII, Fig. 4).

Insoweit läge nun in der Entwickelungsgeschichte der Ascidie
noch gar kein bestimmender Grund, dieselbe irgendwie in nähere

Verwandtschaft mit den Wirbeltieren zu bringen; denn dieselbe
Gastrula entsteht ja auf dieselbe Weise auch bei den verschiedensten
Tieren aus anderen Stämmen. Jetzt aber tritt ein Entwickelungsprozeß auf, der nur den Wirbeltieren eigentümlich ist und der
gerade die Stammesverwandtschaft der Ascidie mit den Wirbeltieren unwiderleglich beweist. Es entsteht nämlich aus der äußeren
Oberhaut der Gastrula auf der Rückenseite ein Markrohr, und
zwischen diesem und dem Urdarm eine Chorda: Organe, die sich
sonst nur bei den Wirbeltieren finden und diesen ausschließlich
eigentümlich sind. Die Bildung dieser höchst wichtigen Organe
geschieht bei der Gastrula der Ascidien ganz ebenso wie bei derjenigen des Amphioxus. Auch bei der Ascidie flacht sich der
länglich-runde oder eiförmige, einachsige Gastrulakörper zunächst
auf einer Seite ab, und zwar auf der späteren Rückenseite. In der
Mittellinie der Abflachung vertieft sich eine Furche oder Rinne,
die „Markfurche", und beiderseits erheben sich aus dem Hautblatt
ein paar parallele, längs verlaufende Leisten oder Wülste. Diese
beiden „Markwülste oder Medullarwülste" wachsen oben über der
Furche zusammen und bilden so ein Rohr; auch hier ist dieses
Nervenrohr oder Markrohr anfangs vorn offen, hinten aber durch
den Canalis neurentericus mit dem Urdarm verbunden. Ferner
entstehen auch bei der Ascidienlarve die beiden bleibenden Oeffnungen des Darmrohrs erst später, als selbständige Neubildungen.
Die bleibende Mundöffnung entsteht nicht aus dem Urmunde der
Gastrula; dieser Urmund wächst vielmehr zu, und an seiner Stelle
bildet sich durch Einstülpung von außen die spätere Afteröffnung,
an dem hinteren, der Markrohrmündung entgegengesetzten Körperende (Taf. XVIII, Fig. 5 a).

Während dieser wichtigen Vorgänge, die ganz so wie beim
Amphioxus sich gestalten, wächst aus dem hinteren Ende des
Larvenkörpers ein schwanzförmiger Anhang hervor, und die Larve
krümmt sich innerhalb der kugeligen Eihülle so zusammen, daß
die Rückenseite sich hervorwölbt, während der Schwanz auf die
Bauchseite zurückgeschlagen wird. In diesem Schwanze entwickelt
sich, vom Urdarm ausgehend, ein cylindrischer, aus Zellen zusammengesetzter Strang, dessen vorderes Ende in den Körper
der Larve zwischen Darmrohr und Nervenrohr hineinragt, und
der nichts anderes ist als die Chorda dorsalis. Dieses wichtige
Organ kannte man bisher einzig und allein bei den Wirbeltieren,
während sich bei den wirbellosen Tieren sonst keine Spur davon
vorfindet. Anfänglich besteht die Chorda auch hier nur aus einer

einzigen Reihe von großen hellen Entodermzellen (Taf. XVIII, Fig. 5 *ch*). Später ist sie aus mehreren Zellenreihen zusammengesetzt. Auch bei der Ascidienlarve entsteht die Chorda aus dem dorsalen Medianteile des Urdarms, während sich beiderseits aus diesem die beiden Coelomtaschen abschnüren. Indem letztere zusammenfließen, entsteht die einfache Leibeshöhle.

Wenn wir in diesem Stadium einen Querschnitt durch die Mitte des Körpers legen (da, wo der Schwanz in den Rumpf übergeht), so zeigt sich uns bei der Ascidienlarve dasselbe charakteristische Lagerungsverhältnis der wichtigsten Organe, wie bei der Amphioxuslarve (Taf. XVIII, Fig. 6). Wir finden in der Mitte zwischen Markrohr und Darmrohr die Chorda dorsalis; und beiderseits derselben die Muskelplatten des Rückens (*r*). Der Querschnitt der Ascidienlarve ist jetzt im wesentlichen nicht von demjenigen des Wirbeltierkeimes verschieden (Fig. 262, S. 477).

Wenn die Ascidienlarve diesen Grad der Ausbildung erreicht hat, fängt sie an, in der Eihülle sich zu bewegen. Infolge davon berstet die Eihülle; die Larve tritt aus derselben heraus und schwimmt im Meere mittelst ihres Ruderschwanzes frei umher (Taf. XVIII, Fig. 5). Man kennt diese freischwimmenden Ascidienlarven schon lange. Sie sind zuerst von *Darwin* auf seiner Reise um die Welt im Jahre 1833 beobachtet worden. Sie gleichen in der äußeren Form den Froschlarven oder den sogenannten Kaulquappen und bewegen sich gleich diesen im Wasser umher, indem sie ihren Schwanz als Ruder gebrauchen. Indessen dauert dieser freibewegliche und hochentwickelte Jugendzustand nur kurze Zeit. Zunächst allerdings findet noch eine fortschreitende Entwickelung statt: der vorderste Teil des Markrohres erweitert sich zu einem bläschenförmigen Gehirn, und innerhalb desselben entstehen zwei unpaare Sinnesorgane, dorsal ein Hörbläschen, ventral ein Auge. Ferner entwickelt sich auf der Bauchseite des Tieres, an der unteren Wand des Darmes, ein Herz, und zwar in derselben einfachen Form und an demselben Orte, an welchem auch das Herz des Menschen und aller anderen Wirbeltiere entsteht. In der unteren Muskelwand des Darmes nämlich erscheint eine schwielenartige Verdickung, ein solider, spindelförmiger Zellenstrang, der bald im Innern hohl wird; er fängt an sich zu bewegen, indem er sich in abwechselnder Richtung, bald von vorn nach hinten, bald von hinten nach vorn zusammenzieht, wie es auch bei der erwachsenen Ascidie der Fall ist. Dadurch wird die in dem hohlen Muskelschlauche angesammelte Blutflüssigkeit in wechselnder Rich-

tung in die Blutgefäße hineingetrieben, die sich an beiden Enden
des Herzschlauches entwickeln. Ein Hauptgefäß verläuft auf der
Rückenseite des Darmes, ein anderes auf der Bauchseite desselben.
Jenes erstere entspricht der Aorta und dem Rückengefäße der
Würmer. Das andere entspricht der Darmvene und dem Bauch-
gefäße der Würmer.

Mit der Ausbildung dieser Organe ist die fortschreitende Ontogenesis der Ascidie vollendet, und jetzt beginnt der Rückschritt.
Die frei schwimmende Ascidienlarve fällt nämlich auf den Boden des

Meeres, gibt ihre freie Ortsbewegung
auf und setzt sich fest. Auf Steinen, Seepflanzen, Muschelschalen, Korallen und
anderen Gegenständen des Meeresbodens
wächst sie fest an, und zwar mit demjenigen Körperteile, der bei der Bewegung
der vordere war. Zur Anheftung dienen
mehrere hier befindliche Auswüchse,
gewöhnlich drei Warzen, welche schon
bei der schwimmenden Larve zu bemerken sind. Der Schwanz geht jetzt
verloren, da er keine Bedeutung mehr
besitzt. Er unterliegt einer fettigen Degeneration und wird samt der ganzen
Chorda dorsalis abgestoßen. Der schwanzlose Körper verwandelt sich in einen un-
förmlichen Schlauch, der durch rückschreitende Metamorphose einzelner
Teile, Neubildung und Umgestaltung
anderer Teile allmählich in die früher be-
schriebene sonderbare Bildung übergeht.

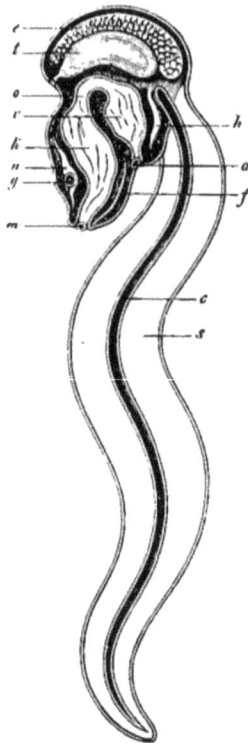

Fig. 276. **Eine Appendicaria (Copelata),**
von der linken Seite gesehen. *m* Mund, *k* Kiemendarm, *o* Speiseröhre, *v* Magen, *a* After, *n* Gehirn
(Oberschlundknoten), *g* Gehörbläschen, *f* Flimmerrinne unter der Kieme, *h* Herz, *t* Hoden, *e* Eierstock,
c Chorda, *s* Schwanz.

Jedoch gibt es unter den heute noch lebenden Tunicaten eine
sehr interessante Gruppe von kleinen Manteltieren, welche auf der
Entwickelungsstufe der geschwänzten, frei lebenden Ascidienlarven
zeitlebens stehen bleiben und sich mittels ihres fortbestehenden
breiten Ruderschwanzes lebhaft schwimmend im Meere umher

bewegen. Das sind die merkürdigen C o p e l a t e n (*Appendicarien* und *Vexillarien*, Fig. 276). Unter allen wirbellosen Tieren der Gegenwart sind sie die einzigen, welche zeitlebens eine Chorda dorsalis und oberhalb derselben einen Nervenstrang besitzen; dieser ist als die dorsale Verlängerung des Gehirnknotens und Aequivalent des Medullarrohrs zu betrachten. Auch mündet ihr Kiemendarm durch ein paar Kiemenspalten direkt nach außen. Diese bedeutungsvollen C o p e l a t e n, vergleichbar permanenten Ascidienlarven, stehen demnach den ausgestorbenen P r o c h o r d o n i e r n am nächsten, jenen uralten Würmern, die wir als gemeinsame Stammformen der Manteltiere und der Wirbeltiere hypothetisch betrachten dürfen. Die Chorda der Appendicarien ist ein langer, cylindrischer Strang (Fig. 276 c) und dient zum Ansatze der Muskeln, welche den platten Ruderschwanz bewegen.

Unter den verschiedenen R ü c k b i l d u n g e n, welche die Ascidienlarve nach ihrer Anheftung auf dem Meeresboden erleidet, ist nächst dem Verluste des Achsenstabes von besonderem Interesse die Verkümmerung eines der wichtigsten Körperteile, des Medullarrohres. Während beim Amphioxus sich das Rückenmark fortschreitend entwickelt, schrumpft das Markrohr der Ascidienlarve bald zu einem ganz kleinen, unansehnlichen Nervenknoten zusammen, welcher oberhalb der Mundöffnung über dem Kiemenkorbe liegt und der außerordentlich geringen geistigen Begabung dieses Tieres entspricht (Taf. XIX, Fig. 14 *m*). Dieser unbedeutende Rest des Markrohres scheint gar keinen Vergleich mit dem Nervenzentrum der Wirbeltiere auszuhalten, und dennoch ist er aus derselben Anlage hervorgegangen wie das Rückenmark des Amphioxus. Die Sinnesorgane, welche vorn im Nervenrohr sich entwickelt hatten, gehen ebenfalls verloren, und bei der ausgebildeten Ascidie ist keine Spur mehr davon zu finden. Hingegen entwickelt sich nun zu einem sehr umfangreichen Organe der Darmkanal. Dieser sondert sich bald in zwei getrennte Abschnitte, in einen weiteren vorderen Kiemendarm, der zur Atmung, und in einen engeren hinteren Leberdarm, der zur Verdauung dient. Der Kiemendarm oder Kopfdarm der Ascidie ist anfangs klein und mündet nur durch ein paar seitliche Gänge oder Kiemenspalten direkt nach außen; ein Verhältnis, das bei den Copelaten zeitlebens besteht. Die Entstehung der Kiemenspalten erfolgt ganz in derselben Weise, wie beim Amphioxus. Indem ihre Zahl bald beträchtlich vermehrt wird, entsteht der große, gitterförmig durchbrochene Kiemenkorb. In der Mittellinie seiner Bauchseite bildet sich die Flimmerrinne

oder „Hypobranchialrinne". Auch die weite Mantelhöhle oder
Kloakenhöhle, welche den Kiemenkorb umgibt, das Atrium, entwickelt sich bei der Ascidie auf ähnliche Weise wie beim Amphioxus.
Die Egestionsöffnung dieser „Peribranchialhöhle" entspricht dem
„Mantelporus" des Amphioxus. An der ausgebildeten Ascidie sind
der Kiemendarm und das an seiner Bauchseite gelegene Herz fast
allein noch die Organe, die an die ursprüngliche Stammverwandtschaft mit den Wirbeltieren erinnern.

Schließlich wollen wir noch einen Blick auf die Entwickelungsgeschichte des merkwürdigen äußeren M a n t e l s oder des Cellulose-
sackes werfen, in dem die Ascidie später ganz eingeschlossen ist
und der die ganze Klasse der Manteltiere charakterisiert. Ueber
die Bildung dieses Mantels sind sehr verschiedene und sehr sonderbare Ansichten aufgestellt worden. Erst die Untersuchungen von
Hertwig, die ich aus eigener Anschauung bestätigen kann, haben
gezeigt, daß sich der Mantel in Form einer sogenannten Cuticula
entwickelt. Er ist eine Ausschwitzung der Epidermiszellen, welche
alsbald erhärtet, sich von dem eigentlichen Ascidienkörper sondert
und um denselben zu einer festen Hülle verdichtet. Die Substanz
derselben ist in chemischer Beziehung nicht von Pflanzencellulose
zu unterscheiden. Während die Oberhautzellen der äußeren Hornplatte diese Cellulosemasse absondern, schlüpfen einzelne von ihnen
in die letztere hinein, leben in der ausgeschwitzten Masse selbständig fort und helfen den Mantel weiterbilden [81].

Die spätere Entwickelung der Ascidie im einzelnen ist für
uns von keiner besonderen Bedeutung, und wir wollen sie daher
nicht weiter verfolgen. Das wichtigste Resultat, welches wir aus
der Ontogenese derselben erhalten, ist die völlige Uebereinstimmung
mit derjenigen des Amphioxus in den frühesten und wichtigsten
Stadien der Keimesgeschichte. Erst nachdem Markrohr und Darmrohr, und zwischen beiden der Achsenstab nebst den Muskeln
gebildet ist, scheiden sich die Wege der Entwickelung. Der
Amphioxus verfolgt einen fortschreitenden Entwickelungsgang und
wird den Keimformen der höheren Wirbeltiere ähnlich, während
die Ascidie umgekehrt eine rückschreitende Metamorphose einschlägt, und schließlich im ausgebildeten Zustande als ein sehr
unvollkommenes wirbelloses Tier erscheint.

Wenn Sie nun nochmals einen Rückblick auf alle die merkwürdigen Verhältnisse werfen, welche wir sowohl im Körperbau
als in der Keimesgeschichte des Amphioxus und der Ascidie angetroffen haben, und wenn Sie dann dieselben mit den früher

verfolgten Verhältnissen der menschlichen Keimesgeschichte vergleichen, so werden Sie die außerordentliche Bedeutung, welche
ich jenen beiden höchst interessanten Tierformen zugeschrieben
habe, gewiß nicht mehr übertrieben finden. Denn es liegt nun
klar vor Augen, daß der *Amphioxus* von seiten der W i r b e l t i e r e.
die *Ascidie* von seiten der W i r b e l l o s e n die verbindende Brücke
schlägt, durch welche wir allein im stande sind, die tiefe Kluft
zwischen jenen beiden Hauptabteilungen des Tierreichs auszufüllen.
Die fundamentale Uebereinstimmung, welche das Lanzettierchen
und die Seescheide in den ersten und wichtigsten Verhältnissen
ihrer Keimesentwickelung darbieten, bezeugt nicht allein ihre nahe
anatomische Formverwandtschaft und ihre Zusammengehörigkeit
im System; sie bezeugt vielmehr zugleich auch ihre wahre Blutsverwandtschaft und ihren gemeinsamen Ursprung von einer und
derselben Stammform; sie wirft dadurch zugleich das klarste Licht
auf die ältesten Wurzeln des menschlichen Stammbaumes.

In einigen früheren Vorträgen „über die Entstehung und den
Stammbaum des Menschengeschlechts" (1868) hatte ich auf die
außerordentliche Bedeutung jenes Verhältnisses hingewiesen und
dabei geäußert, daß wir demgemäß „den Amphioxus mit besonderer
Ehrfurcht als dasjenige ehrwürdige Tier betrachten müssen, welches
unter allen noch lebenden Tieren allein im stande ist, uns eine
annähernde Vorstellung von unseren ältesten silurischen Wirbeltierahnen zu geben". Dieser Satz hat nicht allein bei unwissenden
Theologen, sondern auch bei vielen anderen Menschen den größten
Anstoß erregt, namentlich bei solchen Philosophen, welche noch
in dem anthropozentrischen Irrtume leben und den Menschen als
vorbedachtes Ziel der „Schöpfung" und wahren Endzweck alles
Erdenlebens betrachten. Die „Würde der Menschheit" sollte durch
jenen Satz „mit Füßen getreten und das göttliche Vernunftbewußt-
sein des Menschen aufs schwerste beleidigt sein". (Kirchenzeitung!)

Diese Entrüstung über meine aufrichtige und hohe Verehrung
des Amphioxus ist mir, offen gestanden, vollkommen unbegreiflich.
Wenn wir einen uralten Eichenhain betreten und dann unserer
Ehrfurcht vor den ehrwürdigen tausendjährigen Bäumen in be-
geisterten Worten Ausdruck geben, so findet dies jedermann ganz
natürlich. Wie erhaben steht aber der Amphioxus über der Eiche
da, und wie hoch steht selbst noch die Ascidienorganisation über
derselben! Und was sind die tausend Jahre eines ehrwürdigen
Eichenlebens gegen die vielen Millionen Jahre, deren Geschichte
uns der Amphioxus erzählt! Ganz abgesehen davon verdient der

altersgraue Lanzelot (trotz des Mangels von Schädel und Gliedmaßen!) schon deshalb die höchste Ehrfurcht, weil er „Fleisch
von unserem Fleische und Blut von unserem Blute" ist! Jedenfalls
verdiente. der A m p h i o x u s mehr Gegenstand der höchsten Be-
wunderung und andächtigsten Verehrung zu sein, als jene myste-
riöse Gesellschaft von sogenannten „H e i l i g e n", denen unsere
„hochcivilisierten" Kulturnationen Tempel bauen und Prozessionen
widmen! Denn er belehrt uns über den langen historischen Stufen-
gang, auf welchem unsere Ahnen von der niederen Gastraea-
Stufe bis zur Vertebraten-Höhe emporgeklommen sind.

Wie unendlich bedeutungsvoll der Amphioxus und die Ascidie
für das Verständnis der menschlichen Entwickelung und somit
des wahren Menschenswesens sind, davon werden Sie sich am
klarsten durch die vergleichende Uebersicht überzeugen, in welcher
ich die wichtigsten Homologien des höchsten und des niedersten
Wirbeltieres zusammengestellt habe (XVI.—XVII. Tabelle, S. 462).
Sie ersehen daraus die unleugbare Tatsache, daß der menschliche
Embryo in früher Zeit seiner Entwickelung in den wichtigsten
Organisations-Verhältnissen mit dem Amphioxus und mit dem Embryo der Ascidie übereinstimmt, hingegen von dem entwickelten
Menschen grundverschieden ist. Auf der anderen Seite ist es aber
nicht minder wichtig, die tiefe Kluft im Gedächtnis zu behalten,
welche den Amphioxus von allen übrigen Wirbeltieren scheidet.
Noch heute wird das Lanzettierchen in den meisten zoologischen
Lehrbüchern als ein Mitglied der Fischklasse aufgeführt. Als ich
dagegen (1866) den Lanzelot ganz von den Fischen trennte und
den ganzen Wirbeltierstamm in die beiden Hauptgruppen der
Schädellosen (Amphioxus) und der Schädeltiere (alle übrigen
Vertebraten) teilte, galt das als eine unnütze und unbegründete
Neuerung [76]. Wie es sich hiermit verhält, sehen Sie am besten aus
der morphologisch-vergleichenden Uebersicht der XVII. Tabelle
(S. 463). In allen wesentlichen Beziehungen der Organisation und
Entwickelung stehen die echten Fische dem Menschen viel näher
als dem Amphioxus.

Achtzehnter Vortrag.

Zeitrechnung unserer Stammesgeschichte.

„Vergeblich hat man bis jetzt nach einer scharfen Zeitgrenze zwischen Menschengeschichte und vormenschlicher Geschichte gesucht: der Ursprung des Menschen und die Zeit seines ersten Auftretens verlaufen in das Unbestimmbare; es läßt sich nicht scharf eine sogenannte Vorwelt von der Jetztwelt sondern. Dieses Schicksal teilen aber alle geologischen, wie alle historischen Perioden. Die Perioden, die wir unterscheiden, sind daher mehr oder weniger willkürlich abgetrennt und können, wie die Abteilungen des naturhistorischen Systematikers, nur zur bequemeren Uebersicht und Handhabung dienen, nicht aber zu einer wirklichen Trennung des Ungleichen."

Bernhard Cotta (1866).

Ontogenetische und phylogenetische Zeiträume. Perioden der organischen Erdgeschichte. Paläontologische Zeitrechnung. Phylogenetische Methoden der vergleichenden Sprachforschung und der vergleichenden Morphologie. Urzeugung der Moneren.

Inhalt des achtzehnten Vortrages.

Literatur:

Immanuel Kant, 1755. *Allgemeine Naturgeschichte und Theorie des Himmels; oder Versuch von der Verfassung und dem mechanischen Ursprung des ganzen Weltgebäudes, nach Newtonschen Grundsätzen abgehandelt. Leipzig. s. a. Ostwold's Klassiker d. exakten Wissensch. XII.*

Charles Lyell, 1830. *Principles of Geology. (X. Edit. 1868.) Deutsch von B. Cotta.*

Alexander von Humboldt, 1846—1858. *Kosmos, Entwurf einer physischen Weltbeschreibung. 4 Bde. Stuttgart.*

Carus Sterne (Ernst Krause), 1879. *Werden und Vergehen. Eine Entwickelungsgeschichte des Naturganzen in gemeinverständlicher Fassung (mit 500 Abbildungen). 4. Aufl. 1900. Berlin.*

Wilhelm Bölsche, 1894. *Entwickelungsgeschichte der Natur. 2 Bde. Neudamm.*

C. Radenhausen, 1874. *Osiris. Weltgesetze in der Erdgeschichte. 3 Bde.*

Hermann Credner, 1872. *Elemente der Geologie. 10. Aufl. 1906. Leipzig.*

Carl Naegeli, 1884. *Mechanisch-physiologische Theorie der Abstammungslehre. (II. Urzeugung. IX. Morphologie und Systematik als phylogenetische Wissenschaften.) München.*

Melchior Neumayr, 1885. *Erdgeschichte. 2 Bde. 2. Aufl. 1895. Leipzig.*

Eduard Suess, 1888. *Das Antlitz der Erde. Leipzig.*

Johannes Walther, 1894. *Einleitung in die Geologie als historische Wissenschaft. 2 Bde. Jena. Geschichte des Lebens und der Erde. 1908. Leipzig.*

Ludwig Zehnder, 1901. *Die Entstehung des Lebens aus mechanischen Grundlagen entwickelt. 2 Bde. Tübingen.*

Svante Arrhenius, 1908. *Das Werden der Welten. 1909. Die Vorstellung vom Weltgebäude im Wechsel der Zeiten. Leipzig.*

Ludwig Reinhardt, 1908. *Vom Nebelfleck zum Menschen. 4 Bde. München.*

XVIII.

Durch unsere vergleichenden Untersuchungen über die Anatomie und Ontogenie des Amphioxus und der Ascidie haben wir unschätzbare Hülfsmittel für die Erkenntnis der Anthropogenie gewonnen. Denn erstens haben wir dadurch in anatomischer Beziehung die weite Kluft ausgefüllt, welche in der bisherigen Systematik des Tierreiches zwischen Wirbeltieren und wirbellosen Tieren bestand; zweitens aber haben wir in der Keimesgeschichte des Amphioxus viele uralte Entwickelungszustände kennen gelernt, welche in der Ontogenie des Menschen schon seit langer Zeit verschwunden und nach dem Gesetze der abgekürzten Vererbung verloren gegangen sind. Unter diesen Entwickelungszuständen sind namentlich von der größten Bedeutung die kugelige *Blastula* (in ihrer einfachsten primären Form) und ,die daraus hervorgehende Archigastrula, jene ursprüngliche, reine Form der *Gastrula,* welche der Amphioxus bis heute bewahrt hat, und welche bei niederen wirbellosen Tieren der verschiedensten Klassen in derselben Gestalt wiederkehrt. Nicht minder wichtig sind die späteren Keimformen der *Coelomula,* der *Chordula* u. s. w.

So hat denn die Keimesgeschichte des Amphioxus und der Ascidie unsere Quellenkenntnis von der Stammesgeschichte des Menschen so weit vervollständigt, daß trotz des gegenwärtig noch sehr unvollkommenen Zustandes unserer empirischen Kenntnisse dennoch keine wesentliche Lücke von großer Bedeutung in derselben mehr offen ist. Wir können daher jetzt an unsere eigentliche Aufgabe herantreten und mit Hülfe der uns zu Gebote stehenden vergleichend-anatomischen und ontogenetischen Urkunden die Phylogenie des Menschen in ihren Grundzügen rekonstruieren. Hierbei werden Sie sich von der unermeßlichen Bedeutung überzeugen, welche die unmittelbare Anwendung des Biogenetischen Grundgesetzes hat. Ehe wir nun aber diese Aufgabe in Angriff nehmen, wird es von Nutzen sein, zuvor noch einige allgemeine

Verhältnisse ins Auge zu fassen, welche für das Verständnis der
betreffenden Vorgänge nicht bedeutungslos sind.

Zunächst dürften hier einige Bemerkungen über die Zeiträume am Orte sein, in denen die Entwickelung des Menschengeschlechts aus dem Tierreiche erfolgt ist. Der erste Gedanke,
welcher sich uns bei Betrachtung der einschlägigen Verhältnisse
aufdrängt, ist der des ungeheuren Unterschiedes zwischen den Zeit-
räumen der menschlichen Keimesgeschichte und Stammesgeschichte.
Die kurze Zeitspanne, in welcher die *Ontogenesis* des menschlichen
Individuums erfolgt, steht in gar keinem Verhältnis zu dem unendlich
langen Zeitraume, der zur *Phylogenesis* des menschlichen Stammes
erforderlich war. Das menschliche Individuum bedarf zu seiner vollständigen Entwickelung von der Befruchtung der Eizelle an bis zu
dem Momente, wo es geboren wird und den Mutterleib verläßt, nur
neun Monate. Der menschliche Embryo durchläuft also seinen
ganzen Entwickelungsgang in dem kurzen Zeitraume von vierzig
Wochen (meistens genau 280 Tagen). Und um so viel ist eigentlich
jeder Mensch älter, als man gewöhnlich annimmt. Wenn man das
Alter eines Kindes z. B. auf neun und ein viertel Jahre angibt, so ist
dieses Kind in Wahrheit zehn Jahre alt. Denn der Beginn der individuellen Existenz fällt tatsächlich nicht in das Moment der Geburt,
sondern in das Moment der Befruchtung (vergl. S. 157).

Bei vielen anderen Säugetieren ist die Zeitdauer der embryonalen Entwickelung ziemlich dieselbe wie beim Menschen, so z. B.
beim Rinde. Beim Pferd und Esel beträgt sie etwas mehr, nämlich 43—45 Wochen; beim Kameel schon 13 Monate. Bei den
größten Säugetieren braucht der Embryo zu seiner vollständigen
Ausbildung im Mutterleibe bedeutend längere Zeit, so z. B. beim
Rhinoceros 1 1/2 Jahr, beim Elefanten 90 Wochen. Die Schwangerschaft dauert hier also mehr als doppelt so lange wie beim Menschen,
fast 1 3/4 Jahr. Bei den kleineren Säugetieren ist umgekehrt die
Zeitdauer der embryonalen Entwickelung viel kürzer. Die kleinsten
Säugetiere, die Zwergmäuse, entwickeln sich in 3 Wochen voll-
ständig; die Kaninchen und Hasen in einem Zeitraume von 4
Wochen, Ratte und Murmeltier in 5 Wochen, der Hund in 9, das
Schwein in 17 Wochen, das Schaf in 21 und der Hirsch in 36
Wochen. Noch rascher entwickeln sich die Vögel. Das Hühnchen im bebrüteten Ei braucht zu seiner vollen Reife unter nor-
malen Verhältnissen einen Zeitraum von 3 Wochen oder genau
21 Tagen. Hingegen braucht die Ente 25, der Truthahn 27, der
Pfau 31, der Schwan 42 und der neuholländische Casuar 65 Tage.

Der kleinste Vogel, der Colibri, verläßt das Ei schon nach 12 Tagen. Es steht also offenbar die Entwickelungsdauer des Individuums innerhalb der Eihüllen bei den Säugetieren und Vögeln in einem gewissen Verhältnis zu der absoluten Körpergröße, welche die betreffende Wirbeltierart erreicht. Doch ist diese letztere nicht allein die maßgebende Ursache der ersteren. Vielmehr kommen noch viele andere Umstände hinzu, welche die Dauer der individuellen Entwickelung innerhalb der Eihüllen beeinflussen. Beim Amphioxus verlaufen die ersten und wichtigsten Keimungsvorgänge so erstaunlich rasch, daß schon nach 4 Stunden die Blastula, nach 6 Stunden die Gastrula und nach 24 Stunden das typische Wirbeltier fertig ist.

Auf alle Fälle erscheint die Zeitdauer der Ontogenese verschwindend kurz, wenn wir sie mit dem ungeheuren, unendlich langen Zeitraume vergleichen, innerhalb dessen die Phylogenese oder die allmähliche Entwickelung der Vorfahrenreihe stattgefunden hat. Dieser Zeitraum mißt nicht nach Jahren und Jahrhunderten, sondern nach Jahrtausenden und Jahrmillionen. In der Tat sind viele Jahrmillionen verstrichen, ehe sich aus dem uralten einzelligen Stammorganismus allmählich Stufe für Stufe der vollkommenste Wirbeltier-Organismus, der Mensch, historisch entwickelt hat. Die Gegner der Abstammungslehre, welche diese stufenweise Entwickelung der Menschenform aus niederen Tierformen und ihre ursprüngliche Abstammung von einem einzelligen Urtiere für ein unglaubliches Wunder erklären, denken nicht daran, daß sich ganz dasselbe Wunder bei der embryonalen Entwickelung jedes menschlichen Individuums tatsächlich in der kurzen Zeitspanne von neun Monaten vor unseren Augen vollzieht. Dieselbe Reihenfolge von mannigfach verschiedenen Gestalten, welche unsere tierischen Vorfahren im Laufe vieler Jahrmillionen durchlaufen haben, dieselbe Gestaltenfolge hat jeder von uns in den ersten 40 Wochen (— eigentlich schon in den ersten 4 Wochen —) seiner individuellen Existenz im Mutterleibe durchlaufen.

Nun erscheinen uns aber alle organischen Formverwandlungen, alle Metamorphosen der Tier- und Pflanzengestalten um so merkwürdiger und wunderbarer, je schneller sie vor sich gehen. Wenn daher unsere Gegner die historische Entwickelung des Menschengeschlechts aus niederen Tierformen für einen unglaublichen Vorgang erklären, so müssen sie die embryonale Entwickelung des menschlichen Individuums aus der einfachen Eizelle im Vergleiche damit für ein noch viel unglaublicheres Wunder halten. Diese

32*

letztere, die ontogenetische Verwandlung, die sich vor unseren
Augen vollzieht, muß in demselben Maße wunderbarer als die
phylogenetische erscheinen, in welchem die Zeitdauer der Stammesgeschichte diejenige der Keimesgeschichte übertrifft. Denn der
menschliche Embryo muß den ganzen individuellen Entwickelungsprozeß von der einfachen Zelle bis zum vielzelligen ausgebildeten
Menschen mit allen seinen Organen in der kurzen Zeitspanne von
40 Wochen durchlaufen. Hingegen stehen uns für den gleichen
phylogenetischen Entwickelungsprozeß, für die Entwickelung der
Vorfahren des Menschengeschlechts von der einfachsten einzelligen
Stammform an, Millionen von Jahren zur Verfügung.

Was nun diese phylogenetischen Zeiträume selbst betrifft, so
ist es unmöglich, die wirkliche Länge derselben nach Jahrhunderten
oder auch nur nach Jahrtausenden annähernd zu bestimmen und
absolute Zahlenmaße dafür festzustellen. Wohl aber sind wir schon
seit langer Zeit durch die Untersuchungen der Geologen in stand
gesetzt, die relative Länge der verschiedenen einzelnen Zeitabschnitte der organischen Erdgeschichte abzuschätzen und zu vergleichen. Den unmittelbaren Maßstab für diese relative Maß-
bestimmung der geologischen Zeiträume liefert uns die Dicke der
sogenannten neptunischen Erdschichten oder der „sedimentären
Gebirgsformationen", d. h. aller derjenigen Erdschichten, welche
sich auf dem Boden des Meeres und der süßen Gewässer aus den
dort abgesetzten Schlammniederschlägen gebildet haben. Diese in
Form von Kalkstein, Tonlagen, Mergel, Sandstein, Schiefer u. s. w.
übereinander geschichteten Sedimentgesteine, welche die Hauptmasse der Gebirge zusammensetzen und oft viele Tausend Fuß
Dicke erreichen, geben uns den Maßstab für die Abschätzung der
relativen Länge der verschiedenen Erdbildungsperioden.

Der Vollständigkeit halber muß ich hier ein paar Worte über
den Entwickelungsgang der Erde im allgemeinen einschalten und
die wichtigsten dabei zu berücksichtigenden Verhältnisse kurz
hervorheben. Zuerst stoßen wir hier auf den Hauptsatz, daß auf
unserem Erdkörper das organische Leben zu einer bestimmten Zeit seinen Anfang hatte. Das ist ein Satz,
welcher von keinem urteilsfähigen Geologen und Biologen mehr bestritten wird. Wir wissen jetzt sicher, daß das organische Leben
auf unserem Planeten wirklich einmal neu entstanden ist und nicht,
wie einige behauptet haben, von Ewigkeit her existierte. Die unwiderleglichen Beweise dafür liefert einerseits die physikalisch-astro-
nomische Kosmogenie, anderseits die Ontogenie der Organismen.

Ebensowenig wie die Individuen, ebensowenig erfreuen sich die Arten und Stämme der Organismen eines ewigen Lebens. Auch sie hatten einen endlichen Anfang[82]). Alles Individuelle oder „Persönliche" in der Welt ist eine vorübergehende Erscheinungsform. Den Zeitraum, welcher seit der Entstehung des ersten Lebens auf der Erde bis zur Gegenwart verflossen ist, und der uns hier allein interessiert, nennen wir kurz „die organische Erdgeschichte", im Gegensatz zu jener „anorganischen Erdgeschichte", die vor der Entstehung des ersten organischen Lebens abgelaufen ist. Ueber die letztere sind wir zuerst durch die naturphilosophischen Untersuchungen und Berechnungen unseres großen kritischen Philosophen *Immanuel Kant* aufgeklärt worden, welche später *Laplace* mathematisch begründet hat. Eine ausführliche Darstellung derselben findet sich in *Kants* „Allgemeiner Naturgeschichte und Theorie des Himmels", sowie in dem ausgezeichneten Werke von *Carus Sterne*: „Werden und Vergehen".

Die organische Erdgeschichte konnte erst dann beginnen, als tropfbar-flüssiges Wasser auf der Erde existierte. Denn jeder Organismus ohne Ausnahme bedarf zu seiner Existenz des tropfbarflüssigen Wassers und enthält in seinem Körper eine beträchtliche Quantität desselben. Unser eigener Körper enthält im ausgebildeten Zustande 60—70 Prozent Wasser in den Geweben und nur 30—40 Prozent feste Substanz. Noch größer ist der Wassergehalt des Körpers beim Kinde, und am größten beim Embryo. Auf frühen Stufen der Entwickelung enthält der menschliche Embryo über 90 Prozent Wasser und nicht einmal 10 Prozent feste Bestandteile. Bei niederen Seetieren, namentlich bei gewissen Medusen, besteht der Körper sogar aus mehr als 99 Prozent Seewasser und enthält noch nicht ein einziges Prozent feste Substanz. Kein Organismus kann ohne Wasser existieren und seine Lebensfunktionen vollziehen. Ohne Wasser kein Leben!

Das tropfbar-flüssige Wasser, von dem somit die Existenz des Lebens in erster Linie abhängt, konnte aber auf unserer Erde erst entstehen, nachdem die Temperatur des glühenden Erdballs an der Oberfläche bis zu einem gewissen Grade gesunken war. Vorher existierte dasselbe nur in Dampfform. Sobald aber aus der Dampfhülle sich das erste tropfbare Wasser durch Abkühlung niedergeschlagen hatte, begann dasselbe seine geologische Wirksamkeit und hat seitdem bis zur Gegenwart in fortwährendem Wechsel an der Umgestaltung der festen Erdrinde gearbeitet. Das Resultat dieser unaufhörlichen Arbeit des Wassers, das in Form von Regen und Hagel, Schnee und Eis, als reißender Strom und als brandende Meereswelle die Gesteine zertrümmert und auflöst, ist schließlich die Bildung von Schlamm. Wie *Huxley* in seinen vortrefflichen Vorlesungen über „die Ursachen der Erscheinungen in der organischen Natur"[32]) sagt, ist die wichtigste Urkunde über die Geschichte der Vergangenheit unseres Erdballs der Schlamm; und die Frage von der Geschichte der vergangenen Weltalter löst sich auf in die Frage von der Bildung des Schlammes. Fast alle die geschichteten Gesteine, welche unsere Gebirgsmassen zusammensetzen, sind ursprünglich als Schlamm auf dem Boden der Gewässer abgelagert und erst später zu festem Gestein verdichtet worden.

Wie schon bemerkt wurde, kann man sich durch Zusammenstellung und Vergleichung der verschiedenen Gesteinsschichten von zahlreichen Stellen der Erdoberfläche eine annähernde Vorstellung von dem relativen Alter dieser verschiedenen Schichten machen. Schon seit längerer Zeit sind die Geologen demgemäß übereinstimmend zu der Annahme gelangt, daß eine ganz bestimmte historische Aufeinanderfolge der verschiedenen Formationen existiert. Die einzelnen übereinander liegenden Schichtengruppen entsprechen verschiedenen aufeinander folgenden Perioden der organischen Erdgeschichte, innerhalb welcher sie auf dem Meeresboden als Schlamm abgelagert wurden. Allmählich wurde dieser Schlamm zu festem Gestein verdichtet. Dieses wurde durch wechselnde Hebung und Senkung der Erdoberfläche über das Wasser erhoben und trat als Gebirge empor. Man unterscheidet in der Regel, entsprechend den größeren und kleineren Gruppen dieser sedimentären Gebirgsschichten, vier oder fünf größere Zeitabschnitte in der organischen Erdgeschichte. Diese Hauptperioden zerfallen dann wieder in zahlreiche untergeordnete Abschnitte oder kleinere Perioden. Gewöhnlich werden deren zwölf bis fünfzehn angenommen. Die relative Dicke der verschiedenen Schichtengruppen gestattet nun eine ungefähre Abschätzung der relativen Länge dieser verschiedenen Zeitabschnitte. Allerdings dürfen wir nicht etwa sagen: „Innerhalb eines Jahrhunderts wird durchschnittlich eine Schicht von bestimmter Dicke (etwa zwei Zoll) abgelagert, und deshalb ist eine Gebirgsschicht von tausend Fuß Dicke sechshundert Jahrtausende alt." Denn verschiedene Gebirgsformationen von gleicher Dicke können sehr verschiedene Zeiträume zu ihrer Ablagerung und Verdichtung gebraucht haben. Wohl aber können wir aus der Dicke oder „Mächtigkeit" der Formation einen ungefähren Schluß auf die relative Länge jeder Periode ziehen.

Von den vier oder fünf Hauptabschnitten der organischen Erdgeschichte, deren Kenntnis für unsere Phylogenie des Menschengeschlechts unerläßlich ist, wird der erste und älteste als prim-
ordiales, archäisches oder archozoisches Zeitalter
bezeichnet. Wenn man die gesamte Dicke oder Mächtigkeit aller
aus dem Wasser abgelagerten Erdschichten zusammen im Durchschnitt jetzt auf ungefähr 130000 Fuß schätzt, so kommen allein
auf diesen ersten Hauptabschnitt 70000 Fuß, mithin die größere
Hälfte der Dicke. Wir können daraus und aus anderen Gründen
unmittelbar schließen, daß der entsprechende primordiale oder
archolithische Zeitraum, für sich allein genommen, bedeutend länger
sein mußte als der ganze übrige lange Zeitraum vom Ende desselben an bis zur Gegenwart. Wahrscheinlich war das primordiale
Zeitalter sogar noch bedeutend länger, als es nach dem angeführten
Verhältnis von 7 : 6 scheinen könnte, vielleicht 9 : 6. In neuester
Zeit wird die ungeheure Mächtigkeit der archäischen Gebirgsmassen sogar auf 30 Kilometer, also mehr als 90000 Fuß geschätzt.

Das primordiale Zeitalter zerfällt in drei untergeordnete Zeit-
perioden, welche als laurentische, algonkische und cam-
brische Perioden bezeichnet werden; entsprechend den drei
Hauptgruppen von sedimentären Gesteinsschichten, welche das
gesamte archolithische Gebirge oder das sogenannte „Urgebirge"
aufbauen. Der ungeheure Zeitraum, während dessen diese kolossalen
Urgebirgsschichten aus dem Urmeer abgelagert wurden, umfaßt
wahrscheinlich mehr als fünfzig Millionen Jahre. Im Beginn desselben entstanden durch Urzeugung die ältesten und einfachsten
Organismen, mit denen überhaupt das Leben auf unserem Planeten
begann: die Moneren. Aus ihnen entwickelten sich zunächst
einzellige Organismen einfachster Art, Urpflanzen und Urtiere: Paulotomeen, Amoeben, Rhizopoden, Infusorien und andere
Protisten. Während dieses archolithischen Zeitraumes
entwickelten sich aber aus jenen auch die sämtlichen
wirbellosen Vorfahren des Menschengeschlechtes.
Dieses letztere können wir aus der Tatsache schließen, daß bereits
gegen Ende der folgenden silurischen Periode sich einzelne Reste
von versteinerten Fischen vorfinden: Selachier und Ganoiden. Diese
sind aber viel höher organisiert und viel jünger als das niederste
Wirbeltier, der Amphioxus, und als die zahlreichen, dem Amphioxus
verwandten schädellosen Wirbeltiere, welche während jener Zeit gelebt haben müssen. Den letzteren selbst müssen notwendig sämtliche
wirbellose Vorfahren des Menschengeschlechts vorausgegangen sein.

Neunzehnte Tabelle.

Uebersicht der paläontologischen Perioden oder der größeren Zeitabschnitte der organischen Erdgeschichte (Schema).

I. Erster Zeitraum: **Archozoisches Zeitalter**. Primordialzeit.
(Zeitalter der Schädellosen und der Tangwälder.)

1. Aeltere Archolithzeit	oder	⎰ Laurentische Periode.
2. Mittlere Archolithzeit		⎱ Algonkische Periode.
3. Neuere Archolithzeit		Cambrische Periode.

II. Zweiter Zeitraum: **Paläozoisches Zeitalter**. Primärzeit.
(Zeitalter der Fische und der Farnwälder.)

4. Aeltere Paläolithzeit	oder	Silurische Periode.
5. Mittlere Paläolithzeit		Devonische Periode.
6. Neuere Paläolithzeit		⎰ Steinkohlenperiode.
		⎱ Permische Periode.

III. Dritter Zeitraum: **Mesozoisches Zeitalter**. Sekundärzeit.
(Zeitalter der Reptilien und der Nadelwälder.)

7. Aeltere Mesolithzeit	oder	Triasperiode.
8. Mittlere Mesolithzeit		Juraperiode.
9. Neuere Mesolithzeit		Kreideperiode.

IV. Vierter Zeitraum: **Cänozoisches Zeitalter**. Tertiärzeit.
(Zeitalter der Säugetiere und der Laubwälder.)

10. Aeltere Cänolithzeit	oder	⎰ Eocäne Periode.
		⎱ Oligocäne Periode.
11. Mittlere Cänolithzeit		⎰ Miocäne Periode.
12. Neuere Cänolithzeit		⎱ Pliocäne Periode.

V. Fünfter Zeitraum: **Anthropozoisches Zeitalter**. Quartärzeit.
(Zeitalter des Menschen und der Kulturwälder.)

13. Aeltere Anthropolithzeit	oder	Eiszeit. Glaciale Periode.
14. Mittlere Anthropolithzeit		Postglaciale Periode.
15. Neuere Anthropolithzeit		Kulturperiode.

(Die Kulturperiode ist die historische Zeit oder die Periode der Ueberlieferungen.)

Zwanzigste Tabelle.

Uebersicht der paläontologischen Formationen oder der versteinerungsführenden Schichten der Erdrinde (Schema).

Terrains.	Systeme.	Formationen.	Synonyme der Formationen.
V. Anthropolithische Terrains oder anthropozoische (quartäre) Schichtengruppen	XIV. Recent (Alluvium)	38. Präsent	Oberalluviale
		37. Recent	Unteralluviale
	XIII. Pleistocän (Diluvium)	36. Postglacial	Oberdiluviale
		35. Glacial	Unterdiluviale
IV. Cänolithische Terrains oder cänozoische (tertiäre) Schichtengruppen	XII. Pliocän (Neutertiär)	34. Arvern	Oberpliocäne
		33. Subappennin	Unterpliocäne
	XI. Miocän (Mitteltertiär)	32. Falun	Obermiocäne
		31. Limburg	Untermiocäne
	X b. Oligocän (Alttertiär)	30. Aquitanium	Oberoligocäne
		29. Ligurium	Unteroligocäne
	X a. Eocän (Urtertiär)	28. Bartonthon	Obereocäne
		27. Grobkalk	Mitteleocäne
		26. Nummulit	Untereocäne
III. Mesolithische Terrains oder mesozoische (sekundäre) Schichtengruppen	IX. Kreide (Cretassisch)	25. Weisskreide	Oberkreide
		24. Grünsand	Mittelkreide
		23. Neocom	Unterkreide
		22. Wealden	Wälderformation
	VIII. Jura (Jurassisch)	21. Portland	Oberoolith
		20. Oxford (Malm)	Mitteloolith
		19. Bath (Dogger)	Unteroolith
		18. Lias	Liasformation
	VII. Trias (Triassisch)	17. Keuper	Obertrias
		16. Muschelkalk	Mitteltrias
		15. Buntsand	Untertrias
II. Paläolithische Terrains oder paläozoische (primäre) Schichtengruppen	VIb. Permisches (Neurotsand)	14. Zechstein	Oberpermische
		13. Neurotsand	Unterpermische
	VIa. Karbonisches (Steinkohle)	12. Kohlenkalk	Oberkarbon
		11. Kohlenkulm	Unterkarbon
	V. Devonisches (Altrotsand)	10. Clymeniakalk	Oberdevon
		9. Eifelkalk	Mitteldevon
		8. Spirifersand	Unterdevon
	IV. Silurisches	7. Ludlow	Obersilurische
		6. Wenlock	Mittelsilurische
		5. Balasand	Untersilurische
I. Archolithische Terrains oder archozoische (primordiale) Schichtengruppen	III. Kambrisches	4. Potsdam	Oberkambrische
		3. Longmynd	Unterkambrische
	II. Algonkisches	2. Labrador	Oberlaurentische
	I. Laurentisches	1. Ottawa	Unterlaurentische

Wir können diesen ganzen Zeitabschnitt demnach als die Hauptperiode der „wirbellosen Vorfahren des Menschengeschlechtes"
charakterisieren oder, wenn wir die ältesten Vertreter des Wirbeltierstammes selbst hervorheben wollen, als das Zeitalter der
Schädellosen (*Acrania*). Während des ganzen archolithischen
Zeitalters bis zur Silurzeit bestand die Bevölkerung unseres Planeten
vielleicht nur aus Wasserbewohnern: wenigstens ist bis jetzt
noch kein einziger Rest von landbewohnenden Tieren und Pflanzen
aus diesem Zeitraume bekannt geworden. Die ältesten Spuren von
landbewohnenden Organismen treten erst in der Silurperiode auf.

Auf das primordiale Zeitalter folgt ein zweiter, beträchtlich
langer Zeitabschnitt, das paläozoische oder primäre Zeitalter; es zerfällt in vier lange Perioden, in die silurische,
devonische, karbonische und permische Periode. Die
Silurgebirge sind für uns besonders dadurch interessant, daß in
ihnen die ersten fossilen Spuren von Wirbeltieren auftreten: Zähne
und Schuppen von Selachiern (*Palaeodus*) im unteren, Ganoiden
(*Pteraspis*) im oberen Silur. Während der devonischen Periode
wurde der „alte rote Sandstein" oder das devonische System gebildet; wärend der karbonischen oder Steinkohlenzeit wurden die
mächtigen Steinkohlenflötze abgelagert, die uns unser wichtigstes
Brennmaterial liefern; in der permischen Periode endlich (oder der
Dyasperiode) wurde der neue rote Sandstein und der Zechstein
nebst dem Kupferschiefer gebildet. Die ungefähre Mächtigkeit
dieser Schichtengruppen zusammengenommen wird auf 40000 bis
45000 Fuß geschätzt; einige nehmen etwas mehr, andere beträchtlich weniger an. Jedenfalls ist dieser paläolithische Zeitraum, als
Ganzes genommen, bedeutend kürzer als der archolithische, hingegen bedeutend länger als alle noch darauf folgenden Zeiträume
zusammengenommen. Die Gebirgsschichten, welche während dieses
primären Zeitalters abgelagert wurden, liefern uns versteinerte Tier-
reste in großer Menge: außer zahlreichen Arten von Wirbellosen
auch sehr viele Wirbeltiere, und zwar ganz überwiegend Fische.
Schon während der devonischen, ebenso aber auch während der
Steinkohlen- und der permischen Periode existierte eine so große
Anzahl von Fischen, besonders von Urfischen (Haifischen) und
Schmelzfischen, daß wir die ganze paläolithische Hauptperiode als
das Zeitalter der Fische bezeichnen können. Insbesondere
sind unter den paläozoischen Schmelzfischen oder Ganoiden die
Crossopterygier, sowie die Ctenodipterinen (Dipneusten) von hoher
Bedeutung.

Während dieses Zeitalters begannen aber auch schon einzelne Fische sich an das Landleben zu gewöhnen und gaben so der Amphibien-Klasse den Ursprung. Schon im Steinkohlensystem finden wir versteinerte Reste von fünfzehigen Amphibien, den ältesten landbewohnenden und luftatmenden Wirbeltieren. Die Mannigfaltigkeit dieser Amphibien wächst im permischen Zeitraum. Gegen Ende desselben erscheinen auch bereits die ersten Amniontiere, die Stammeltern der drei höheren Wirbeltierklassen. Das sind eidechsenartige Tocosaurier; *Proterosaurus* aus dem Kupferschiefer von Eisenach wurde zuerst bekannt. Die Entstehung der ältesten Amnioten, unter denen sich jedenfalls die gemeinsame Stammform der Reptilien, Vögel und Säugetiere befunden haben muß, wird in der Tat durch diese ältesten Reptilienreste gegen das Ende des paläozoischen Zeitalters verlegt. Die Vorfahren des Menschengeschlechtes werden mithin während dieses Zeitalters anfänglich durch echte Fische, später durch Lurchfische und Amphibien, und zuletzt durch die ältesten Amniontiere, durch die Protamnioten vertreten gewesen sein.

An das paläozoische Zeitalter schließt sich als dritter Hauptabschnitt der organischen Erdgeschichte das mesozoische oder sekundäre Zeitalter an. Auch dieses wird wiederum in drei kleinere Abschnitte eingeteilt: in die Trias-, Jura- und Kreide-Periode. Die Mächtigkeit der Schichtengruppen, welche während dieser drei Perioden, vom Beginne der Triaszeit bis zum Ende der Kreidezeit, abgelagert wurden, beträgt zusammengenommen ungefähr gegen 15 000 Fuß, also noch nicht die Hälfte von der Dicke der paläozoischen Ablagerungen. Während dieses Zeitalters fand innerhalb aller Abteilungen des Tierreiches eine sehr üppige und mannigfaltige Entwickelung statt. Insbesondere im Wirbeltierstamme entwickelte sich eine Masse von neuen und interessanten Formen. Unter den Fischen treten zum ersten Male die Knochenfische auf. In ganz überwiegender Mannigfaltigkeit und Artenmenge aber erscheinen die Reptilien, unter denen die ausgestorbenen riesigen Drachen (Dinosaurier), die Seedrachen (Halisaurier) und die fliegenden Eidechsen (Pterosaurier) die merkwürdigsten und bekanntesten sind. Entsprechend dieser Herrschaft der Reptilienklasse bezeichnet man diesen Abschnitt wohl als das Zeitalter der Reptilien. Außerdem aber entwickelte sich während dieses Zeitabschnittes auch die Klasse der Vögel, und zwar hat diese unzweifelhaft aus einer Abteilung der eidechsenartigen Reptilien ihren Ursprung genommen. Das beweist die übereinstimmende

Embryologie der Vögel und Reptilien, ihre vergleichende Anatomie, und unter anderem auch der Umstand, daß in dieser Periode noch versteinerte Vögel mit Zähnen in den Kiefern und mit Eidechsenschwanz lebten *(Archaeopteryx, Odontornis)*.

Endlich trat während des mesozoischen Zeitraumes auch die vollkommenste und für uns wichtigste Wirbeltierklasse auf, die Klasse der S ä u g e t i e r e. Die ältesten versteinerten Reste derselben sind in den jüngsten Triasschichten gefunden worden: Unterkiefer von kleinen Gabeltieren und Beuteltieren. Zahlreichere Reste finden sich etwas später im Jura, einzelne auch in der Kreide. Alle Reste von Säugetieren, welche wir aus diesem mesolithischen Zeitraume kennen, gehören zu den niederen Promammalien und Marsupialien; darunter haben sich ganz sicher auch zahlreiche Vorfahren des Menschen befunden. Hingegen ist noch kein einziger Ueberrest von einem höheren Säugetiere (einem Placentaltiere) aus diesem ganzen Zeitraume mit Sicherheit bekannt. Diese letzte Hauptabteilung der Säugetiere, zu welcher auch der Mensch gehört, entwickelte sich erst später, gegen Ende desselben oder in der darauf folgenden Tertiärzeit.

Der vierte Hauptabschnitt der organischen Erdgeschichte, das tertiäre oder cänozoische Zeitalter, war von viel kürzerer Dauer als die vorhergehenden. Denn die Schichten, welche innerhalb dieses Zeitraumes abgelagert wurden, sind im ganzen genommen nur ungefähr 3000 Fuß dick. Derselbe wird in vier untergeordnete Abschnitte eingeteilt, welche man als e o c ä n e, o l i g o c ä n e, m i o c ä n e und p l i o c ä n e Periode bezeichnet. Innerhalb dieser Perioden fand die mannigfaltigste Entwickelung der höheren Tier- und Pflanzenklassen statt; die Fauna und Flora unseres Erdballs näherte sich jetzt immer mehr dem Charakter, den sie noch gegenwärtig besitzt. Insbesondere gewann nun die höchst entwickelte Tierklasse, diejenige der Säugetiere, das Uebergewicht. Man kann daher diese tertiäre Hauptperiode geradezu als das Z e i t a l t e r d e r S ä u g e t i e r e bezeichnen. Jetzt erst tritt die vollkommenste Abteilung derselben auf, diejenige der Placentaltiere, zu welcher auch das Menschengeschlecht gehört. Das erste Auftreten des M e n s c h e n, oder besser ausgedrückt: die Entwickelung des Menschen aus der nächstverwandten Affenform, fällt wahrscheinlich entweder in die miocäne oder pliocäne Periode, in den mittleren oder in den letzten Abschnitt des tertiären Zeitalters. Andere nehmen an, daß der eigentliche, d. h. der mit Sprache begabte Mensch, erst in dem darauffolgenden anthropozoischen Zeitalter aus dem sprachlosen Affenmenschen (*Pithecanthropus*) hervorgegangen sei.

In diesen fünften und letzten Hauptabschnitt der organischen Erdgeschichte fällt jedenfalls erst die vollständige Entwickelung und Ausbreitung der verschiedenen Menschenarten, und eben deshalb hat man denselben das a n t h r o p o z o i s c h e oder auch wohl das q u a r t ä r e Z e i t a l t e r genannt. Allerdings können wir bei dem unvollkommenen Zustande unserer paläontologischen und urgeschichtlichen Kenntnisse jetzt noch nicht sicher die Frage lösen, ob die Entwickelung des Menschengeschlechtes aus den nächst verwandten Affenformen erst im Anfange dieses anthropozoischen Zeitalters oder bereits um die Mitte oder gegen Ende des vorhergehenden tertiären Zeitraumes stattfand. Allein so viel ist wohl sicher, daß die eigentliche Entwickelung der menschlichen Kultur erst in das anthropozoische Zeitalter fällt, und daß dieses nur einen verschwindend kleinen Abschnitt von dem ganzen ungeheuren Zeitraume der organischen Erdgeschichte umfaßt. Wenn man dies bedenkt, erscheint es als eine lächerliche Anmaßung des Menschen, daß er die kurze Spanne seiner Kulturzeit als die „W e l t g e - s c h i c h t e" bezeichnet. Diese sogenannte „Weltgeschichte" ist nach ungefährer Schätzung noch nicht ein halbes Prozent von der Länge der ungeheuren Zeiträume, welche seit dem Beginne der organischen Erdgeschichte bis zur Gegenwart verflossen sind. Denn diese Weltgeschichte, oder richtiger die Völkergeschichte, ist selbst nur wieder die letzte Hälfte des anthropozoischen Zeitraumes, während die erste Hälfte desselben noch als vorhistorische Periode bezeichnet werden muß. Man kann daher diese letzte Hauptperiode, welche vom Ende der cänozoischen Periode bis zur Gegenwart reicht, auch nur insofern als das Z e i t a l t e r d e s M e n s c h e n g e s c h l e c h t s bezeichnen, als während desselben die Ausbreitung und Differenzierung der verschiedenen Menschenarten und Menschenrassen stattfand, welche so mächtig umgestaltend auf die gesamte übrige organische Bevölkerung der Erde einwirkte.

Die menschliche Eitelkeit und der menschliche Hochmut haben seit dem Erwachen des Menschenbewußtseins sich besonders in dem Gedanken gefallen, den Menschen als den eigentlichen Hauptzweck und das Ziel alles Erdenlebens, als den Mittelpunkt der irdischen Natur anzusehen, zu dessen Dienste und Nutzen das ganze übrige Getriebe der letzteren von einer „weisen Vorsehung" von Anfang an vorher bestimmt oder prädestiniert sei. Wie völlig unberechtigt aber diese anmaßenden a n t h r o p o z e n t r i s c h e n

Einbildungen sind, beweist nichts schlagender, als die Vergleichung der Länge des anthropozoischen oder quartären Zeitalters mit derjenigen der vorhergehenden Zeiträume. Denn wenn auch das anthropozoische Zeitalter mehrere Hunderttausend Jahre umfassen mag, was bedeutet diese Zeitspanne, verglichen mit den Millionen von Jahren, welche seit Beginn der organischen Erdgeschichte bis zum ersten Auftreten des Menschengeschlechts verflossen sind?

Wenn wir den gesamten Zeitraum der organischen Erdgeschichte, von der Urzeugung der ersten Moneren an bis auf den heutigen Tag, in hundert gleiche Teile teilen, und wenn wir dann, entsprechend dem relativen durchschnittlichen Dickenverhältnis der inzwischen abgelagerten Schichtensysteme, die relative Zeitdauer jener fünf Hauptabschnitte oder Zeitalter nach Prozenten annähernd berechnen, so erhalten wir für die letzteren ungefähr. folgendes Längenverhältnis:

I. Archolithische oder archozoische (primordiale) Zeit	53,6
II. Paläolithische oder paläozoische (primäre) Zeit	32,1
III. Mesolithische oder mesozoische (sekundäre) Zeit	11,5
IV. Cänolithische oder cänozoische (tertiäre) Zeit	2,3
V. Anthropolithische oder anthropozoische (quartäre) Zeit	0,5

Summa: 100,0

Jedenfalls ist der Zeitraum der sogenannten „Weltgeschichte" nur eine verschwindend kurze Zeitspanne gegenüber der unermeßlichen Länge der früheren Zeitalter, in welchen von menschlichen Existenzen auf unserem Planeten noch gar keine Rede war. Selbst das wichtige cänozoische Zeitalter oder die Tertiärzeit, innerhalb deren erst die Placentaltiere oder die höheren Säugetiere sich entwickelten, beträgt vermutlich wenig über zwei Prozent von der gesamten Länge der organischen Erdgeschichte.

Bevor wir nun jetzt an unsere eigentliche phylogenetische Aufgabe herantreten und, gestützt auf unsere ontogenetischen Erfahrungen und auf das Biogenetische Grundgesetz, die paläontologische Entwickelungsgeschichte unserer tierischen Vorfahren innerhalb jener Zeiträume Schritt für Schritt verfolgen, lassen Sie uns noch einen kurzen Ausflug in ein anderes, scheinbar sehr verschiedenes und entferntes wissenschaftliches Gebiet unternehmen, dessen allgemeine Betrachtung die Lösung der jetzt an uns herantretenden schwierigen Fragen sehr erleichtern wird. Das ist das Gebiet der vergleichenden Sprachforschung. Seitdem *Darwin* durch seine Selektionstheorie neues Leben in die Biologie

Einundzwanzigste Tabelle.

Uebersicht der neptunischen versteinerungsführenden Schichten-Systeme der Erdrinde mit Bezug auf ihre verhältnismäßige durchschnittliche Dicke. (Circa 120 000—150 000 Fuß.) Schema.

IV. Cänozoische Schichtensysteme. Circa 3000—5000 Fuß.	XIV. Pliocän. XIII. Miocän. XII. Oligocän. XI. Eocän.	**Mammalien!** Placentalien.
III. Mesozoische Schichtensysteme. Ablagerungen der Sekundärzeit. Circa 12 000—15 000 Fuß.	X. Kreidesystem.	Proplacentalien. (Mallotherien).
	IX. Jurasystem.	Marsupialien.
	VIII. Triassystem.	Promammalien.
II. Paläozoische oder paläolithische Schichtensysteme. Ablagerungen der Primärzeit. Circa 40 000—45 000 Fuß.	VII. Permisches System.	**Reptilien!** (Tocosaurier.)
	VI. Steinkohlen-System.	**Amphibien!** (Stegocephalen.)
	V. Devonisches System.	**Dipneusten!** (Ctenodipterinen.)
	IV. Silurisches System.	**Fische!** (Selachier, Ganoiden.) — (Cyclostomen?)
I. Archozoische oder archäische Schichtensysteme. Ablagerungen der Primordialzeit. Circa 70 000—90 000 Fuß.	III. Kambrisches System.	**Schädellose** (Prospondylien?)
	II. Algonkisches System.	**Wirbellose** (Prochordonier?)
	I. Laurentisches System.	**Vermalien? Gastraeaden? Protozoen?**

gebracht und überall die fundamentale Entwickelungsfrage angeregt hat, seitdem ist schon vielfach und von sehr verschiedenen
Seiten her auf die merkwürdige Uebereinstimmung hingewiesen
worden, welche zwischen der Entwickelung der verschiedenen
menschlichen S p r a c h e n und derjenigen der organischen A r t e n
besteht. Dieser Vergleich ist vollkommen berechtigt und sehr
lehrreich. In der Tat gibt es wohl kaum eine treffendere Analogie,
wenn man sich über viele schwierige und dunkle Verhältnisse in
der Entwickelungsgeschichte der Species volle Klarheit verschaffen
will. Denn die letztere wird durch dieselben Naturgesetze beherrscht und geleitet, wie der Entwickelungsgang der Sprachen.

Alle Sprachforscher, welche nur einigermaßen mit der Wissenschaft fortgeschritten sind, nehmen jetzt übereinstimmend an, daß
a l l e   m e n s c h l i c h e n   S p r a c h e n sich langsam und allmählich
aus einfachsten Anfängen e n t w i c k e l t haben. Hingegen ist der
wunderliche, noch vor fünfzig Jahren von angesehenen Autoritäten
verteidigte Satz, daß die Sprache ein „göttliches Geschenk" sei,
jetzt wohl ganz allgemein verlassen und wird höchstens noch von
Theologen und von solchen Leuten verteidigt, die überhaupt von
natürlicher Entwickelung keine Vorstellung haben. Angesichts
der glänzenden Resultate der vergleichenden Sprachforschung muß
man in der Tat sich die Augen mit beiden Händen zuhalten,
wenn man die natürliche Entwickelung der Sprache nicht sehen
will. Für den Naturforscher ist diese eigentlich selbstverständlich.
Denn d i e   S p r a c h e   i s t   e i n e   p h y s i o l o g i s c h e   F u n k t i o n
des menschlichen Organismus, welche sich gleichzeitig mit ihren
Organen, dem Kehlkopfe und der Zunge, und gleichzeitig mit den
Gehirnfunktionen e n t w i c k e l t hat. Wir werden es daher auch
ganz natürlich finden, wenn wir in der Entwickelungsgeschichte
und in der Systematik der Sprachen ganz dieselben Verhältnisse
wieder antreffen, wie in der Entwickelungsgeschichte und Systematik der organischen Arten oder Species. Die verschiedenen
kleineren und größeren Gruppen von Sprachformen, welche die
vergleichende Sprachforschung als Ursprachen, Grundsprachen,
Muttersprachen, Tochtersprachen, Dialekte, Mundarten u. s. w.
unterscheidet, entsprechen in ihrer Entwickelungsweise vollständig
den verschiedenen kleineren und größeren Formenkategorien, welche
wir im zoologischen und botanischen Systeme als Stämme, Klassen,
Ordnungen, Familien, Gattungen, Arten, Spielarten des Tierreiches
und Pflanzenreiches klassifizieren. Das Verhältnis dieser verschiedenen, teils neben-, teils übereinander geordneten Gruppenstufen

oder Kategorien des Systems ist in beiden Fällen ganz dasselbe; aber auch die Entwickelung derselben erfolgt hier wie dort in derselben Weise. Dieser lehrreiche Vergleich ist zuerst von einem unserer bedeutendsten vergleichenden Sprachforscher näher ausgeführt worden, von dem leider zu früh verstorbenen *August Schleicher*, der gleichzeitig ein kenntnisreicher Botaniker war. In seinen größeren Werken finden Sie die „vergleichende Anatomie und Entwickelungsgeschichte der Sprachen" ganz nach derselben phylogenetischen Methode behandelt, nach welcher wir in der vergleichenden Anatomie und Entwickelungsgeschichte der Tierformen verfahren. Speziell durchgeführt hat er dieselbe an dem Stamme der indogermanischen Sprachen, und in der kleinen Schrift über „Die *Darwin*sche Theorie und die Sprachwissenschaft" durch einen interessanten Stammbaum des indogermanischen Sprachstammes erläutert (Weimar 1863, II. Aufl. 1873).

Wenn Sie mit Hülfe dieses Stammbaumes die Ausbildung der verschiedenen Sprachzweige, welche aus der gemeinsamen Wurzel der indogermanischen Ursprache sich entwickelt haben, verfolgen, so werden Sie ein außerordentlich klares Bild von der Phylogenie derselben erhalten. Sie werden sich zugleich überzeugen, wie diese vielfach der Entwickelung der größeren und kleineren Gruppen von Wirbeltieren analog ist, welche sich aus der gemeinsamen Stammform des Urwirbeltieres entwickelt haben. Jene uralte indogermanische Wurzelsprache hat sich zunächst in zwei Hauptstämme gesondert: einen slavogermanischen und einen arioromanischen Hauptstamm oder Urstamm. Der slavogermanische Urstamm gabelte sich dann wieder in eine germanische Ursprache und eine slavo-lettische Ursprache. Ebenso spaltete sich der arioromanische Urstamm in eine arische Ursprache und eine gräkoromanische Ursprache (S. 515). Verfolgen wir den Stammbaum dieser vier indogermanischen Ursprachen noch weiter, so finden wir, daß sich unsere uralte germanische Ursprache in drei Hauptzweige teilte, in eine skandinavische, eine gotische und eine deutsche Grundsprache. Aus der deutschen Grundsprache ging einerseits das Hochdeutsche, andererseits das Niederdeutsche hervor, zu welch letzterem die verschiedenen friesischen, sächsischen und plattdeutschen Mundarten gehören. In ähnlicher Weise entwickelte sich die slavo-lettische Ursprache, die sich zunächst in eine baltische und in eine slavische Grundsprache teilte. Aus der baltischen Grundsprache gingen die lettischen, litauischen und altpreußischen Mundarten hervor. Aus der slavischen Grundsprache hingegen

entwickelten sich einerseits im Südosten die russischen und süd-
slavischen Mundarten, anderseits im Westen die polnischen und
czechischen Mundarten.

Werfen wir anderseits noch einen Blick auf die Verzweigung
des anderen Hauptstammes der indogermanischen Sprachen, auf
den arioromanischen Urstamm, so treffen wir eine nicht minder
reiche Verzweigung seiner beiden Hauptäste an. Die gräkoromanische Ursprache spaltete sich einerseits in die thrakische Grundsprache (albanesisch-griechisch), anderseits in die italokeltische
Grundsprache. Aus der letzteren haben sich abermals zwei divergierende Zweige hervorgebildet, im Süden der italische Sprachzweig
(romanisch und lateinisch), im Norden der keltische Sprachzweig,
aus welchem alle die verschiedenen britannischen (altbritischen,
altschottischen, irischen) und gallischen Mundarten hervorgingen.
Ebenso entstanden aus wiederholter Verzweigung der arischen
Ursprache alle die zahlreichen iranischen und indischen Mundarten.

Die nähere Verfolgung dieses Stammbaumes der indogermanischen Sprachen ist in vieler Beziehung vom höchsten Interesse.
Die vergleichende Sprachforschung, der wir die Erkenntnis desselben verdanken, bewährt sich dabei als eine echte
Wissenschaft, als eine Naturwissenschaft! Ja, sie hat die
phylogenetische Methode, mit der wir jetzt im Gebiete der
Zoologie und Botanik die größten Erfolge erzielen, auf ihrem
Gebiete schon längst antezipiert. Ich kann hierbei die Bemerkung
nicht unterdrücken, wie viel besser es um unsere allgemeine Bildung
stehen würde, wenn in unseren Schulen die Sprachforschung (sicher
eines der wichtigsten Bildungsmittel!) vergleichend betrieben
würde, wenn an die Stelle unserer toten und trockenen Philologie
die lebendige und vielseitig anregende „vergleichende Sprachlehre"
treten würde. Diese letztere verhält sich zur ersteren ganz ebenso,
wie die lebendige Entwickelungsgeschichte der Organismen zur
toten Systematik der Arten. Wie viel mehr Interesse am Sprach-
studium würden die Schüler in unseren Gymnasien gewinnen und
wie viele lebendige Anschauungen nebenbei ernten, wenn sie nur
die ersten Elemente der vergleichenden Sprachforschung lernten,
statt mit der abschreckenden Komposition lateinischer Aufsätze in
ciceronianischem Stile geplagt zu werden!

Ich bin hier deshalb etwas näher auf die „vergleichende Anatomie" und Entwickelungsgeschichte der Sprachen eingegangen,
weil sie in ganz vorzüglicher Weise die Phylogenie der organischen Species erläutert. Wie Sie sehen, entsprechen nach

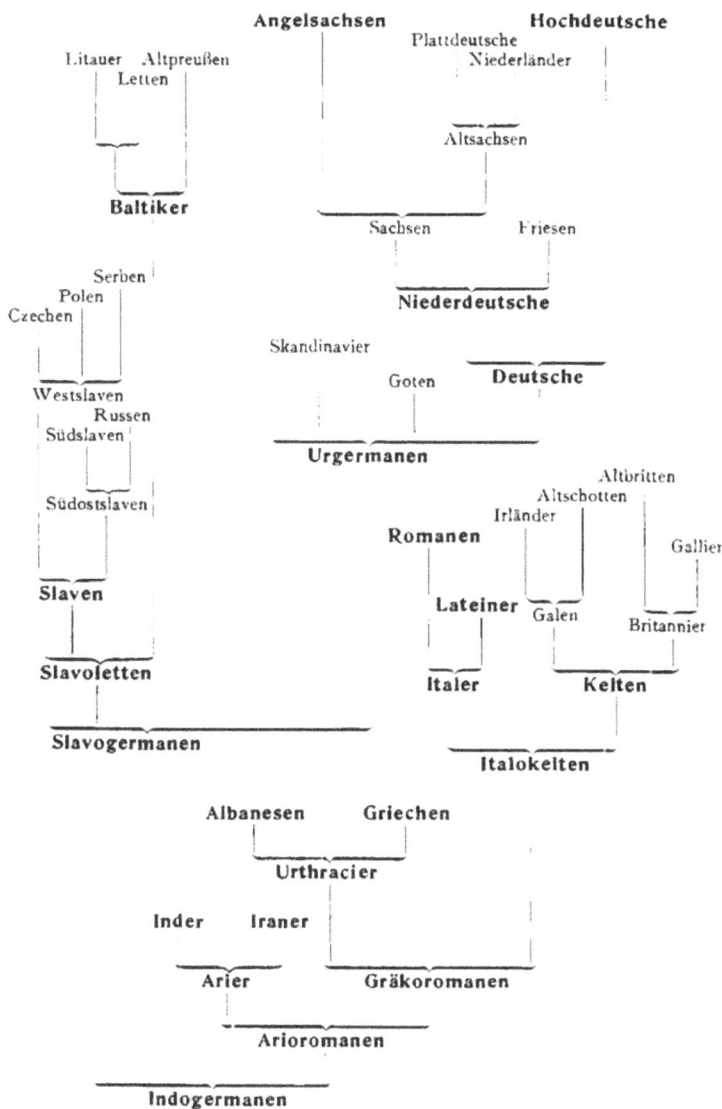

Zweiundzwanzigste Tabelle.

Stammbaum der indogermanischen Sprachen.

Angelsachsen   Hochdeutsche

Plattdeutsche
Niederländer

Litauer   Altpreußen
Letten

Altsachsen

Baltiker

Sachsen   Friesen

Serben
Polen
Czechen   **Niederdeutsche**

Skandinavier

Goten   **Deutsche**

Westslaven
Russen
Südslaven

Urgermanen

Altbritten
Altschotten
Irländer

Südostslaven   **Romanen**   Gallier

Slaven   **Lateiner**   Galen   Britannier

Slavoletten   **Italer**   **Kelten**

Slavogermanen

Italokelten

Albanesen   Griechen

Urthracier

Inder   Iraner

Arier   **Gräkoromanen**

Arioromanen

Indogermanen

33*

Bau und Entwickelung die Ursprachen, Muttersprachen, Tochtersprachen und Mundarten in der Tat vollständig den Klassen,
Ordnungen, Gattungen und Arten des Tierreiches. Das „natürliche System" ist hier wie dort phylogenetisch. Wie wir durch die
vergleichende Anatomie und Ontogenie und durch die Paläontologie zu der festen Ueberzeugung geführt werden, daß alle ausgestorbenen und lebenden Wirbeltiere von einer gemeinsamen
S t a m m f o r m abstammen, so gelangen wir durch das vergleichende
Studium der ausgestorbenen und lebenden indogermanischen
Sprachen zu der unerschütterlichen Ueberzeugung einer gemeinsamen Abstammung aller dieser Sprachen von einer gemeinsamen
U r s p r a c h e. Diese m o n o p h y l e t i s c h e Ansicht ist jetzt von
allen bedeutenden Linguisten angenommen, welche dieses Gebiet
bearbeitet haben und welche eines kritischen Urteiles fähig sind.

Derjenige Punkt aber, auf den ich Sie bei diesem Vergleiche
der verschiedenen indogermanischen Sprachzweige mit den verschiedenen Zweigen des Wirbeltierstammes ganz besonders aufmerksam machen möchte, ist der, daß Sie niemals die direkten
Descendenten mit den Seitenlinien, und ebenso niemals ausgestorbene Formen mit lebenden verwechseln dürfen. Diese Verwechselung geschieht sehr häufig, und unsere Gegner benutzen
sehr oft die aus solchen Verwechselungen entspringenden irrtüm-
lichen Vorstellungen, um die Descendenztheorie überhaupt zu
bekämpfen. Wenn wir z. B. die Behauptung aufstellen, daß der
Mensch vom Affen und dieser letztere vom Halbaffen, sowie der
Halbaffe vom Beuteltier abstamme, so denken sehr viele Leute
dabei nur an die bekannten noch lebenden Arten dieser verschiedenen Säugetierordnungen, welche ausgestopft in unseren
Museen sich befinden. Unsere Gegner aber schieben uns selbst
diese irrtümliche Auffassung unter und behaupten mit mehr
Hinterlist als Verstand, daß das ganz unmöglich sei; oder sie
verlangen wohl gar, daß wir auf dem Wege des physiologischen
Experimentes ein Känguruh in einen Halbaffen, diesen letzteren
in einen Gorilla und den Gorilla in einen Menschen verwandeln
sollen! Dieses Verlangen ist ebenso kindisch, als jene Auffassung
irrig ist. Denn alle diese noch lebenden Formen haben sich mehr
oder weniger von der gemeinsamen Stammform entfernt, und keine
von ihnen kann dieselbe divergierende Nachkommenschaft erzeugen,
welche jene Stammform vor Jahrtausenden wirklich erzeugt hat.

Unzweifelhaft stammt der Mensch von einer ausgestorbenen
S ä u g e t i e r -Form ab; und wir würden diese sicher in die Ordnung

der Affen stellen, wenn wir sie vor uns sehen könnten. Ebenso unzweifelhaft stammt dieser Uraffe wiederum von einem unbekannten Halbaffen und der letztere von einem ausgestorbenen Beuteltiere ab. Aber ebenso unzweifelhaft ist es, daß alle diese ausgestorbenen Ahnenformen nur ihrem wesentlichen inneren Bau nach und wegen der Uebereinstimmung in den entscheidenden anatomischen Ordnungscharakteren als Angehörige jener noch lebenden Säugetierordnungen angesprochen werden dürfen. In der äußeren Form, in den Genus- und Speciescharakteren werden sie mehr oder weniger, vielleicht sogar sehr bedeutend, von allen lebenden Vertretern jener Ordnungen verschieden gewesen sein. Denn es muß als ein ganz allgemeiner und natürlicher Vorgang in der phylogenetischen Entwickelung gelten, daß die Stammformen selbst mit ihren spezifischen Eigentümlichkeiten seit längerer oder kürzerer Zeit ausgestorben sind. Diejenigen Formen, welche ihnen unter den lebenden Arten am nächsten stehen, sind doch mehr oder weniger, vielleicht sehr wesentlich von ihnen verschieden. Es kann sich also bei unseren phylogenetischen Untersuchungen und bei der vergleichenden Betrachtung der noch lebenden divergierenden Nachkommen nur darum handeln, den näheren oder weiteren Abstand der letzteren von der Stammform zu bestimmen. Keine einzige ältere Stammform hat sich bis heute unverändert fortgepflanzt.

Ganz dasselbe Verhältnis treffen wir bei Vergleichung der verschiedenen ausgestorbenen und lebenden Sprachen wieder, welche sich aus einer und derselben gemeinsamen Ursprache entwickelten. Wenn wir in diesem Sinne unseren Stammbaum der indogermanischen Sprachen betrachten, so werden wir von vornherein schließen dürfen, daß alle die älteren Ursprachen, Grundsprachen und Muttersprachen, als deren divergierende Töchter- und Enkelsprachen wir die heute lebenden Mundarten dieses Stammes betrachten müssen, seit längerer oder kürzerer Zeit ausgestorben sind. Und das ist auch in der Tat der Fall. Die arioromanische und die slavogermanische Hauptsprache sind längst völlig verschwunden, ebenso die arische und die gräkoromanische, die slavolettische und die germanische Ursprache. Aber auch deren Töchter und Enkelinnen sind längst ausgestorben, und alle heute lebenden indogermanischen Sprachen sind nur insofern verwandt, als sie divergierende Nachkommen von gemeinsamen Stammformen sind. Die einen Formen haben sich mehr, die anderen weniger von diesen ursprünglichen Stammformen entfernt.

Diese klar nachweisbare Tatsache erläutert vortrefflich das analoge Verhältnis in der Descendenz der Wirbeltierarten. Die phylogenetische „vergleichende Sprachforschung" unterstützt hier als mächtiger Bundesgenosse die phylogenetische „vergleichende Zoologie". Die erstere kann aber den Beweis viel direkter führen, als die letztere, weil das paläontologische Material der Sprach-forschung, nämlich die alten Schriftdenkmale der ausgestorbenen Sprachen, ungleich vollständiger erhalten sind, als das paläonto-logische Material der Zoologie, als die versteinerten Knochen und Abdrücke der Wirbeltiere.

Nun können wir aber den Stammbaum des Menschen nicht allein auf die niederen Säugetiere, sondern auch weiter hinab auf die Amphibien, noch weiter hinunter auf haifischartige Urfische zurückführen, und endlich noch viel tiefer abwärts auf schädellose Wirbeltiere, welche dem Amphioxus nahe standen. Das ist aber niemals so zu verstehen, als ob der heute noch lebende Amphioxus, die heutigen Haifische, die heutigen Amphibien uns irgend eine genaue Vorstellung von dem äußeren Aussehen der betreffenden Stammformen geben könnten. Noch viel weniger ist daran zu denken, daß der Amphioxus, oder irgend ein Haifisch der Gegen-wart, oder irgend eine noch lebende Amphibienart eine wirkliche Stammform der höheren Wirbeltiere und des Menschen sei. Viel-mehr ist jene wichtige Behauptung vernünftigerweise stets nur so zu verstehen, daß die angeführten lebenden Formen Seiten-linien sind, welche den ausgestorbenen gemeinsamen Stamm-formen viel näher verwandt und viel ähnlicher geblieben sind, als alle anderen uns bekannten Tierformen. Sie sind ihnen in Bezug auf den charakteristischen inneren Körperbau so ähnlich geblieben, daß wir sie mit den unbekannten Stammformen zusammen in eine Klasse stellen würden, wenn wir letztere lebend vor uns hätten. Aber niemals haben sich direkte Descendenten der Urform un-verändert erhalten. Daher bleibt die Annahme ganz ausgeschlossen, daß unter den heute noch lebenden Tierarten direkte Vorfahren des Menschengeschlechts in ihren charakteristischen äußeren Speciesformen zu finden wären. Das Wesentliche und Charak-teristische, welches die lebenden Formen noch mit den gemein-samen ausgestorbenen Stammformen mehr oder weniger eng verbindet, liegt im inneren Bau des Körpers, nicht in der äußeren Speciesform. Die letztere ist durch Anpassung vielfach abgeändert. Der erstere hat sich durch Vererbung mehr oder weniger erhalten.

Die vergleichende Anatomie und Ontogenie führt den unwiderleglichen Beweis, daß der Mensch ein echtes Wirbeltier ist, und demnach muß auch der spezielle Stammbaum des Menschen naturgemäß mit dem Stammbaum aller derjenigen Wirbeltiere zusammenhängen, welche mit ihm von derselben gemeinsamen Wurzel abstammen. Nun können wir aber aus vielen gewichtigen Gründen der vergleichenden Anatomie und Ontogenie für alle Wirbeltiere nur einen gemeinsamen Ursprung annehmen, nur eine monophyletische Descendenz behaupten. Wenn überhaupt die Descendenztheorie richtig ist, so stammen alle Wirbeltiere mit Inbegriff des Menschen von einer einzigen gemeinsamen Stammform, von einem längst ausgestorbenen „Urwirbeltier" ab. Daher ist der Stammbaum der Wirbeltiere zugleich der Stammbaum des Menschengeschlechts.

Unsere Aufgabe, den Stammbaum des Menschen zu erkennen, erweitert sich demnach zu der umfassenderen Aufgabe, den Stammbaum des ganzen Wirbeltierstammes zu konstruieren. Dieser hängt nun, wie Sie bereits aus der vergleichenden Anatomie und Ontogenie des Amphioxus und der Ascidie wissen, mit dem Stammbaum der wirbellosen Tiere zusammen, und zwar unmittelbar mit demjenigen der Wurmtiere (*Vermalia*), während kein Zusammenhang desselben mit den selbständigen Tierstämmen der Gliedertiere, Weichtiere und Sterntiere nachzuweisen ist. Wenn wir nun weiterhin unseren Stammbaum mit Hülfe der vergleichenden Anatomie und Ontogenie durch verschiedene Stufen hinab bis zu den niedersten Würmern verfolgen, so gelangen wir unfehlbar zur Gastraea, jener höchst wichtigen Tierform, die uns das denkbar einfachste Urbild eines Tieres mit zwei Keimblättern vorführt. Die Gastraea selbst ist aus der einfachen vielzelligen Hohlkugel, Blastaea, entstanden, und diese letztere kann nur wieder aus jenem niedersten Kreise der einzelligen Tierformen ihren Ursprung genommen haben, welche unter dem Namen der Urtiere oder Protozoen zusammengefaßt werden. Unter diesen haben wir bereits die für uns wichtigste Urform in Betracht gezogen: die einzellige Amoebe, deren außerordentliche Bedeutung auf der Vergleichung mit der menschlichen Eizelle beruht. Damit haben wir den tiefsten von den unerschütterlichen Punkten erreicht, an welchem unser Biogenetisches Grundgesetz unmittelbar zu verwerten ist, und an welchem wir aus dem embryonalen Entwickelungszustande direkt auf die ausgestorbene Stammform schließen können. Die amoeboide Beschaffenheit der jugendlichen Eizelle, sowie der einzellige Zustand, in welchem jeder Mensch als einfache Stammzelle oder Cytula sein individuelles Dasein beginnt, berechtigen uns zu der Behauptung, daß die ältesten Vorfahren des Menschengeschlechts einfache amoeboide Zellen waren.

Hier tritt uns aber die weitere Frage entgegen: „Wo sind im ersten Beginn der organischen Erdgeschichte, im Anfange der laurentischen Periode, die ältesten Amoeben hergekommen?" Darauf gibt es nur eine Antwort: Die ältesten einzelligen Organismen können sich ursprünglich nur aus den einfachsten Organismen entwickelt haben, die wir kennen, aus den Moneren. Diese Ihnen bereits bekannten Moneren sind zugleich die einfachsten Organismen, die wir uns überhaupt denken können. Denn ihr ganzer Körper ist weiter nichts als ein Stückchen Plasma oder „Urschleim", ein Körnchen jener lebendigen, alle wesentlichen Lebensfunktionen bereits vollziehenden Eiweißmasse, die ursprünglich die materielle Basis des Lebens bildete. Wir kommen damit an die letzte, oder, wenn wir lieber wollen, an die erste Frage der Entwickelungsgeschichte, an die Frage von der ersten Entstehung der Moneren. Das ist aber zugleich die Frage nach dem ersten Ursprung des Lebens, die Frage von der Urzeugung (*Generatio spontanea* oder *aequivoca*, — im engeren Sinne *Archigonie*).

Wir haben in diesen Vorträgen keine Zeit und auch keine Veranlassung, auf die schwierige Frage von der Urzeugung näher einzugehen. Ich muß Sie in dieser Beziehung auf meine „Natürliche Schöpfungsgeschichte" (XV. Vortrag) und besonders auf das zweite Buch der „Generellen Morphologie" verweisen, sowie auf die speziellen Erörterungen über „die Moneren und die Urzeugung" in meinen „Studien über Moneren und andere Protisten"[83]). Dort habe ich meine persönliche Auffassung dieser wichtigen Frage sehr ausführlich begründet. Später (1884) hat dieselbe namentlich der berühmte Botaniker *Naegeli* weiter ausgeführt. Hier will ich nur mit ein paar Worten das dunkle Problem von der ersten Entstehung des Lebens berühren und insoweit beantworten, als unsere prinzipielle Auffassung der organischen Entwickelungsgeschichte davon betroffen wird. In demjenigen bestimmten, scharf begrenzten Sinne, in welchem ich die Urzeugung oder *Generatio spontanea* verteidige, und sie als eine unentbehrliche Hypothese für den ersten Anfang des Lebens auf der Erde in Anspruch nehmen muß, begreift sie lediglich die Entstehung von Moneren aus anorganischen Kohlenstoffverbindungen. Als

zum ersten Male lebendige Naturkörper auf unserem bis dahin
unbelebten Planeten auftraten, muß sich zunächst auf rein
chemischem Wege aus rein anorganischen Kohlenstoffverbindungen
jene höchst zusammengesetzte stickstoffhaltige Kohlenstoffver-
bindung gebildet haben, welche wir Plasson oder „Urschleim"
nennen, und welche der älteste materielle Träger aller Lebenstätigkeiten ist.   Die ältesten Moneren entstanden im Meere durch
Urzeugung, analog Kristallen, welche sich in der Mutterlauge
bilden.   Diese Annahme wird von dem nüchternen Kausalitätsbedürfnis der menschlichen Vernunft gefordert.   Denn wenn wir
einerseits bedenken, daß die ganze organische Erdgeschichte nach
mechanischen Gesetzen ohne irgend welche schöpferischen Ein-
griffe abläuft, und wenn wir anderseits erwägen, daß auch die
gesamte organische Erdgeschichte durch gleiche mechanische Gesetze bedingt wird, wenn wir ferner sehen, daß es für die Entstehung der verschiedenen Organismen keines übernatürlichen
Eingriffes irgend einer Schöpferkraft bedarf, dann ist es gewiß
vollkommen ungereimt, einen solchen übernatürlichen schöpferischen
Eingriff für die erste Entstehung des organischen Lebens auf
unserer Erde anzunehmen.

Die vielbesprochene Urzeugungsfrage erscheint uns heute nur
deshalb so sehr verwickelt, weil man eine Masse verschiedener und
zum Teil ganz absurder Vorstellungen unter diesem Begriff der
„Urzeugung" zusammengefaßt, und weil man durch die rohesten
Versuche dieselbe experimentell lösen zu können geglaubt hat.
Widerlegt kann die Lehre von der Urzeugung auf dem Wege
des Experimentes überhaupt nicht werden.   Denn jedes Experiment
mit negativem Erfolge beweist nur, daß unter den von uns ange-
wendeten (— immer höchst künstlichen! —) Bedingungen kein
Organismus aus anorganischen Verbindungen entstand. Bewiesen
kann aber die Theorie von der Urzeugung durch das Experiment
auch nur sehr schwierig werden; und wenn noch heute tagtäglich
Moneren durch Urzeugung entstünden (was sehr möglich ist!), so
würde der sichere empirische Nachweis dieses Vorganges äußerst
schwierig, meistens wohl unmöglich sein.   Wer aber für den ersten
Ursprung des Lebens auf unserer Erde keine Urzeugung von
Moneren in unserem Sinne annimmt, dem bleibt nichts anderes
übrig, als an ein übernatürliches Wunder zu glauben; und das ist
in der Tat der verzweifelte Standpunkt, den noch heute manche
sogenannte „exakte Naturforscher", ihre Vernunft völlig preis-
gebend, einnehmen!

Allerdings hat ein berühmter englischer Physiker, *William Thomson*, die notwendige Hypothese der Urzeugung durch die Annahme zu umgehen gesucht, daß die organischen Bewohner unserer Erde ursprünglich von Keimen abstammen, welche von lebendigen Bewohnern anderer Planeten herrühren, und welche zufällig mit abgeschleuderten Bruchstücken der letzteren, mit Meteorsteinen, auf die Erde gefallen seien. Diese Hypothese hat vielen Beifall gefunden und ist sogar von einem unserer berühmtesten Naturforscher, von *Helmholtz*, unterstützt worden. Indessen ist dieselbe schon 1872 durch den scharfsinnigen Physiker *Friedrich Zoellner* in Leipzig widerlegt worden, in seinem ausgezeichneten naturphilosophischen Werke „Ueber die Natur der Kometen", einem kritischen Buche, welches überhaupt die wertvollsten „Beiträge zur Geschichte und Theorie der Erkenntnis" enthält. *Zoellner* hat daselbst einleuchtend gezeigt, wie u n w i s s e n s c h a f t l i c h diese Hypothese in d o p p e l t e r Beziehung ist, erstens in logischer oder formaler Beziehung, und zweitens ihrem wissenschaftlichen Inhalte nach (l. c. p. XXVI). Zugleich weist derselbe ganz richtig darauf hin, wie unsere Hypothese der Urzeugung die notwendige „Bedingung für die Begreiflichkeit der Natur nach dem Kausalitätsgesetze" ist.

Ich wiederhole aber schließlich ausdrücklich — n u r f ü r M o n e r e n — nur für die strukturlosen „O r g a n i s m e n o h n e O r g a n e" — dürfen wir die Hypothese der Urzeugung zu Hülfe nehmen. Jeder differenzierte, jeder aus Organen zusammengesetzte Organismus kann erst d u r c h D i f f e r e n z i e r u n g s e i n e r T e i l e, mithin durch Phylogenesis, aus einem indifferenteren und niederen Organismus entstanden sein! Wir können also nicht einmal für die Entstehung der einfachsten Zelle jemals einen Urzeugungsprozeß annehmen. Denn selbst die einfachste Zelle besteht aus mindestens zwei verschiedenen Bestandteilen: aus der inneren festeren Kernsubstanz oder dem *Karyoplasma* des Zellenkernes (*Nucleus*), und aus der äußeren, weicheren Zellsubstanz oder dem *Cytoplasma* des Zellenleibes (*Cytosoma*). Diese beiden differenten Teile können erst durch Sonderung aus dem indifferenten P l a s s o n eines Moneres, also einer Cytode, entstanden sein. Gerade deshalb ist die Naturgeschichte der M o n e r e n von höchstem Interesse: denn sie allein ist im stande, die prinzipiellen Schwierigkeiten der Urzeugungsfrage zu beseitigen. Die noch heute lebenden Moneren führen uns tatsächlich solche organlose und strukturlose Organismen vor Augen, wie sie ähnlich im ersten Beginne des organischen Lebens auf der Erde durch Urzeugung entstanden sein müssen [84].

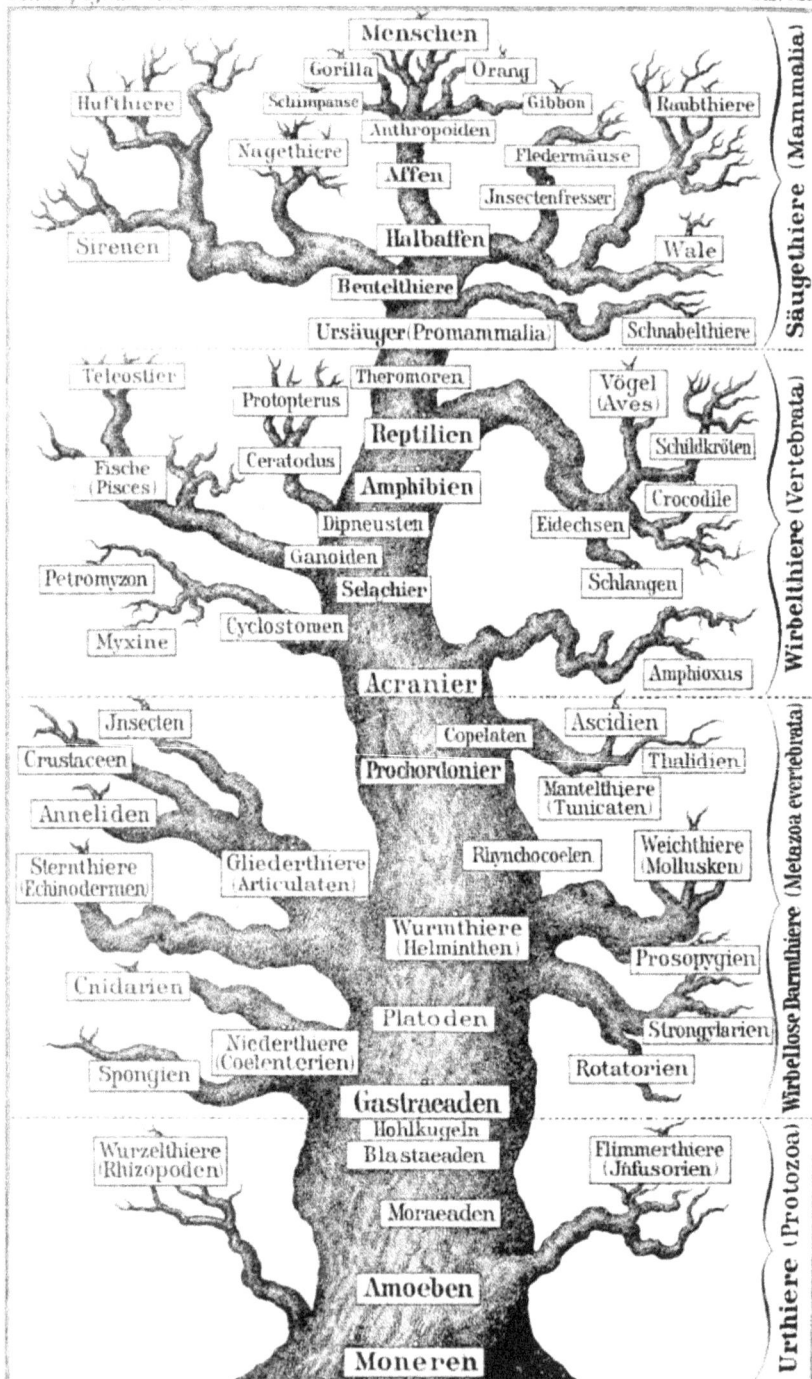

Systematischer Stammbaum des Menschen.

Menschen

Gorilla — Orang

Schimpanse — Gibbon

Hufthiere — Raubthiere

Anthropoiden

Nagethiere — Fledermäuse

Affen

Jnsectenfresser

Sirenen — Wale

Halbaffen

Beutelthiere

Ursäuger (Promammalia) — Schnabelthiere

Säugethiere (Mammalia)

Teleostier — Theromoren — Vögel (Aves)

Protopterus

Reptilien — Schildkröten

Fische (Pisces) — Ceratodus

Amphibien — Crocodile

Dipneusten — Eidechsen

Ganoiden

Petromyzon — Selachier — Schlangen

Cyclostomen

Myxine

Acranier — Amphioxus

Wirbelthiere (Vertebrata)

Jnsecten — Ascidien

Copelaten

Crustaceen — Thalidien

Prochordonier

Anneliden — Mantelthiere (Tunicaten)

Sternthiere (Echinodermen) — Gliederthiere (Articulaten) — Rhynchocoelen — Weichthiere (Mollusken)

Wurmthiere (Helminthen)

Cnidarien — Prosopygien

Platoden — Strongylarien

Niederthiere (Coelenterien)

Spongien — Rotatorien

Gastraeaden

Wirbellose Darmthiere (Metazoa evertebrata)

Hohlkugeln

Wurzelthiere (Rhizopoden) — Blastaeaden — Flimmerthiere (Jnfusorien)

Moraeaden

Amoeben

Moneren

Urthiere (Protozoa)

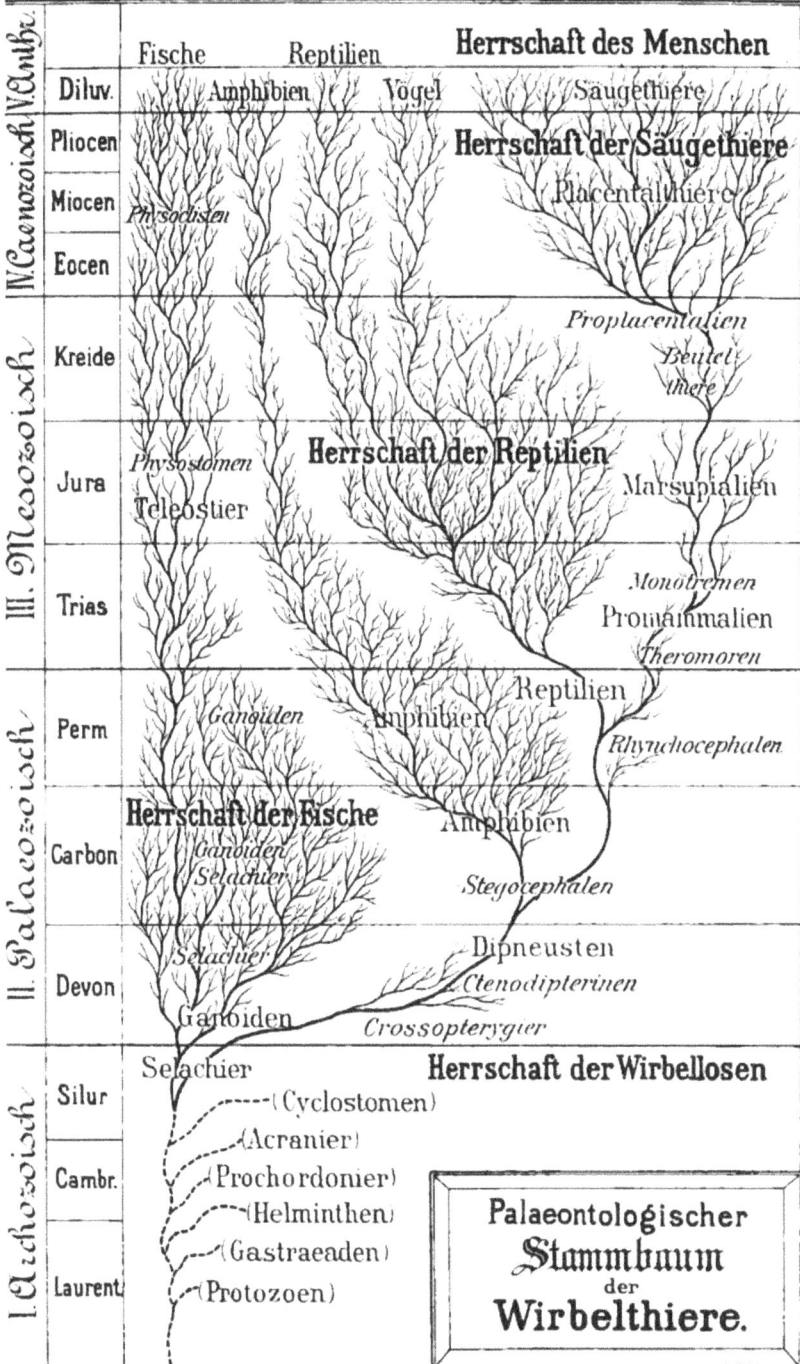

Herrschaft des Menschen

Fische   Reptilien

Diluv.   Amphibien   Vögel   Säugethiere

Pliocen   Herrschaft der Säugethiere

Miocen   Placentalthiere

Physoclisten

Eocen

Kreide   *Proplacentalien*

Beutelthiere

Jura   *Physostomen*   **Herrschaft der Reptilien**

Teleostier   Marsupialien

Trias   *Monotremen*

Promammalien

Theromoren

Perm   *Ganoiden*   Amphibien   Reptilien

Rhynchocephalen

Herrschaft der Fische   Amphibien

Carbon   *Ganoiden*   *Selachier*   *Stegocephalen*

Selachier   Dipneusten

Devon   *Ctenodipterinen*

Ganoiden   *Crossopterygier*

Selachier   **Herrschaft der Wirbellosen**

Silur   -----(Cyclostomen)

-(Acranier)

Cambr.   -(Prochordonier)

-(Helminthen)

-(Gastraeaden)

Laurent.   -(Protozoen)

IV. Caenozoisch (Känozoisch)

III. Mesozoisch

II. Palaeozoisch

I. Archozoisch

Diluv.   Pliocen   Miocen   Eocen   Kreide   Jura   Trias   Perm   Carbon   Devon   Silur   Cambr.   Laurent.

Palaeontologischer Stammbaum der Wirbelthiere.

Neunzehnter Vortrag.

Unsere Protisten-Ahnen.

„Jetzt wird man freilich, wenn der Entwickelungsgang sich so unendlich einfach zeigt, finden, daß sich das alles von selbst so verstehe und kaum der Bestätigung durch die Untersuchung bedurft hätte. Aber die Geschichte vom Ei des Kolumbus wiederholt sich täglich, und es kommt mir darauf an, es einmal auf den Ring gestellt zu haben. Wie langsam man übrigens in der Erkenntnis dessen, was sich von selbst versteht, fortschreitet, besonders wenn beachtenswerte Autoritäten entgegenstehen, davon habe ich an mir selbst Erfahrungen genug gemacht."

Karl Ernst von Baer (1828).

Induktion und Deduktion in der Phylogenie. Unvollständigkeit der phylogenetischen Urkunden: Paläontologie, vergleichende Anatomie und Ontogenie. Die fünf ersten Ahnenstufen des menschlichen Stammbaumes: Moneren, Amoeben, Moraeaden, Blastaeaden, Gastraeaden.

Inhalt des neunzehnten Vortrages.

Verhältnis des generellen Induktionsgesetzes der Descendenztheorie zu den speziellen Deduktionsgesetzen der Descendenzhypothesen. Unvollständigkeit der drei großen Schöpfungsurkunden, der Paläontologie, Ontogenie und vergleichenden Anatomie. Ungleiche Sicherheit der verschiedenen speziellen Descendenzhypothesen. Die Ahnenreihe des Menschen in 30 Stufen: 11 wirbellose Ahnen und 19 Wirbeltier-Ahnen. Verteilung dieser 30 Stammformen auf die fünf Hauptabschnitte der organischen Erdgeschichte. Erste Ahnenstufe: Moneren. Das strukturlose und homogene Plasson der Moneren. Differenzierung des Plasson in Nucleus und Cytosoma bei den Zellen. Cytoden und Zellen als zwei verschiedene Plastidenformen. Lebenserscheinungen der Moneren. Organismen ohne Organe. Chromaceen. Metasitismus. Amoeben. Einzellige Urtiere. Die amoeboiden Eizellen. Das Ei ist älter als das Huhn. Paulotomeen. Synamoebium oder Moraea, ontogenetisch wiederholt durch die Morula. Blastaea, ontogenetisch wiederholt durch die Blastula (Hohlkugel). Gastraea, ontogenetisch wiederholt durch die Gastrula. Gastraeaden der Gegenwart. Gastremarien (Pemmatodiscus, Kunstleria). Cyemarien (Dicyema, Rhopalura). Olynthus und Hydra.

Literatur:

Ernst Haeckel, *1866. Organismen und Anorgane. Schöpfung und Selbstzeugung. (V. und VI. Kap. der „Generellen Morphologie".) Berlin.*

Derselbe, *1868. Studien über Moneren und andere Protisten. (Jenaische Zeitschr. f. Naturw., Bd. IV, Monographie der Moneren.) Jena.*

Derselbe, *1871. Die Catallakten, eine neue Protistengruppe. (Jenaische Zeitschr. f. Naturw., Bd. VI.) Systematische Phylogenie der Protisten. 1894. Jena.*

Edouard Van Beneden, *1871. Recherches sur l'évolution des Grégarines. (Bull. de l'Acad. royale Belge, XXXI u. XXXIII Tom. Bruxelles.)*

Franz Eilhard Schulze, *1874. Rhizopodenstudien. (Arch. f. mikr. Anat., Bd. X.)*

Richard Hertwig, *1874. Studien über Rhizopoden. (Arch. f. mikr. Anat., Bd. X.)*

Otto Bütschli, *1880—1889. Die Protozoen. (In Bronns Klassen und Ordnungen des Tierreichs.) Leipzig.*

Arnold Lang, *1901. Lehrbuch der vergleichenden Anatomie. Bd. II. Protozoa. Jena.*

Fritz Schaudinn, *Archiv für Protistenkunde. Jena 1902—1910.*

Ernst Haeckel, *1873—1884. Studien zur Gastraeatheorie. (Jenaische Zeitschr. f. Naturw., Bd. VIII, IX, XI, XVIII.) Jena.*

Derselbe, *1872. Monographie der Kalkschwämme (Calcispongien oder Grantien).*

Derselbe, *1898. Ueber unsere gegenwärtige Kenntnis vom Ursprung des Menschen. (Vortrag, gehalten auf dem 4. internationalen Zoologenkongreß in Cambridge.)*

Derselbe, *1908. Unsere Ahnenreihe (Progonotaxis hominis). Kritische Studien über Phyletische Anthropologie. Festschrift. Jena.*

Ludwig Reinhardt, *1909. Vom Nebelfleck zum Menschen. 4 Bände. München.*

Konrad Günther, *1909. Vom Urtier zum Menschen. Ein Bilder-Atlas zur Abstammungs- und Entwickelungsgeschichte der Menschen. 90 Tafeln. Stuttgart.*

XIX.

An der Hand des leitenden Biogenetischen Grundgesetzes und auf Grund der gewonnenen Schöpfungsurkunden wenden wir uns jetzt der interessanten Aufgabe zu, die tierischen Stammformen des Menschengeschlechts der Reihe nach zu ergründen. Um nun hier möglichst sicher zu gehen, müssen wir uns vor allem der verschiedenen Verstandesoperationen bewußt werden, welche wir bei dieser naturphilosophischen Untersuchung zur Anwendung bringen. Diese Erkenntnisoperationen sind teils induktiver, teils deduktiver Natur; teils Schlüsse aus zahlreichen Einzelerfahrungen auf ein gemeinsames Gesetz; teils Rückschlüsse aus diesem allgemeinen Gesetz auf einzelne besondere Fälle.

Eine i n d u k t i v e Wissenschaft ist die gesamte Stammesgeschichte als Ganzes. Denn die ganze Abstammungstheorie, als ein unentbehrlicher und höchst wesentlicher Bestandteil der universalen Entwickelungslehre, ist auf lauter Induktionen gegründet. Aus der Gesamtheit der biologischen Vorgänge im Pflanzenleben, im Tierleben und im Menschenleben haben wir uns die sichere i n d u k t i v e Vorstellung gebildet, daß die Gesamtheit der organischen Bevölkerung unseres Erdballs sich nach einem einheitlichen Entwickelungsgesetze gebildet hat. Dieses Entwickelungsgesetz hat unter der Hand von *Lamarck*, *Darwin* und deren Nachfolgern die bestimmte Form der D e s c e n d e n z t h e o r i e angenommen. Alle die interessanten Erscheinungen, welche uns die Ontogenie und Paläontologie, die vergleichende Anatomie und Dysteleologie, die Chorologie und Oekologie der Organismen darbieten, — alle die wichtigen allgemeinen Gesetze, welche wir aus den Erscheinungen dieser verschiedenen Wissenschaften abstrahieren, und welche unter sich in einem innigen, harmonischen Zusammenhange stehen — sie alle sind die breiten induktiven Grundlagen jenes größten biologischen Induktionsgesetzes. W e i l alle die unendlich mannigfaltigen Erscheinungsmassen dieser

verschiedenen Gebiete in ihrem inneren Zusammenhange sich einzig
und allein durch die Descendenztheorie erklären und begreifen
lassen, deshalb müssen wir diese letztere für ein umfassendes
Induktionsgesetz halten.

Wenn wir nun aber dieses Induktionsgesetz wirklich zur Anwendung bringen und mit seiner Hülfe die Abstammung der
einzelnen Organismenarten zu ergründen suchen, so müssen wir
notgedrungen uns phylogenetische Hypothesen bilden,
welche einen wesentlich deduktiven Charakter tragen, welche
Rückschlüsse aus der allgemeinen Descendenztheorie auf den
einzelnen besonderen Fall sind. Diese speziellen Deduktionschlüsse
sind aber nach den unerbittlichen Gesetzen der Logik auf unserem
Erkenntnisgebiete gerade so berechtigt und unentbehrlich, wie die
generellen Induktionsschlüsse, aus denen sich die gesamte Entwickelungstheorie aufbaut. Auch die Lehre von den tierischen Stammformen des Menschengeschlechts ist ein
solches spezielles Deduktionsgesetz, welches mit
logischer Notwendigkeit aus dem generellen Induk-
tionsgesetze der Descendenztheorie folgt[85]).

Wie gegenwärtig allgemein, sowohl von den Anhängern wie
von den Gegnern der Abstammungslehre zugegeben wird, haben
wir bezüglich der Entstehung des Menschengeschlechts jetzt nur
noch die Wahl zwischen zwei grundverschiedenen Annahmen: wir
müssen uns entweder zu dem Glauben bequemen, daß alle verschiedenen Arten von Tieren und Pflanzen, und ebenso auch der
Mensch, unabhängig voneinander durch den übernatürlichen Prozeß
einer göttlichen „Schöpfung" entstanden sind, welcher als solcher
sich der wissenschaftlichen Betrachtung überhaupt entzieht —
oder wir sind gezwungen, die Descendenztheorie in ihrem ganzen
Umfange anzunehmen, und in gleicher Weise wie die verschiedenen
Tier- und Pflanzenarten, so auch das Menschengeschlecht von einer
uralten einfachsten Stammform abzuleiten. Ein Drittes zwischen
diesen beiden Annahmen gibt es nicht. Entweder blinden
Schöpfungsglauben, oder vernünftige Entwickelungstheorie. Ersteren
vertritt heute der „Keplerbund", letztere der „Monistenbund". Bei
Annahme der letzteren, welche bei naturwissenschaftlicher Auffassung des Weltalls allein möglich ist, sind wir durch die vergleichende Anatomie und Ontogenie in den Stand gesetzt, die
menschliche Ahnenreihe in der gleichen Weise annähernd bis zu
einem gewissen Grade zu erkennen, wie das auch bei allen übrigen
Organismen mehr oder weniger der Fall ist.

Nun wird Ihnen bereits durch unsere bisherigen Untersuchungen über die vergleichende Anatomie und Ontogenie des Menschen und der anderen Wirbeltiere vollkommen klar geworden sein, daß wir den Stammbaum des Menschengeschlechts zunächst nur im W i r b e l - t i e r s t a m m e suchen können. Es kann gar kein Zweifel darüber existieren, daß (wenn überhaupt die Descendenztheorie richtig ist!) sich der Mensch als echtes W i r b e l t i e r entwickelt hat, daß er aus einer und derselben gemeinsamen Stammform mit allen übrigen Wirbeltieren entstanden ist. Diese spezielle Deduktion ist als v o l l - k o m m e n g e s i c h e r t zu betrachten; vorausgesetzt natürlich die Richtigkeit des Induktionsgesetzes der Descendenztheorie. Kein einziger Anhänger der letzteren kann gegen diesen wichtigen De- duktionsschluß einen Zweifel erheben. Wir können ferner inner- halb des Wirbeltierstammes eine Reihe von verschiedenen Formen namhaft machen, welche als Vertreter verschiedener aufeinander folgender phylogenetischer Entwickelungsstufen, oder als verschie- dene Glieder unserer Ahnenreihe, mit Sicherheit betrachtet werden können. Anderseits können wir mit der gleichen Bestimmtheit nachweisen, daß sich der Wirbeltierstamm als Ganzes aus einer Gruppe von niederen und wirbellosen Tierformen gebildet hat; und auch unter diesen können wir wieder mit mehr oder weniger Klar- heit eine Reihe von Gliedern der Vorfahrenkette erkennen.

Wir wollen jedoch gleich hier ausdrücklich darauf aufmerksam machen, daß die Sicherheit dieser verschiedenen Descendenzhypo- thesen, die auf lauter speziellen Deduktionsschlüssen beruhen, höchst ungleich ist. Einzelne dieser Schlüsse stehen schon jetzt uner- schütterlich fest; andere sind umgekehrt sehr zweifelhaft; bei noch anderen wird es von dem subjektiven Maße der Kenntnisse und der Schlußfähigkeit des Naturforschers abhängen, welchen Grad von Wahrscheinlichkeit er denselben beimessen will. Jeden- falls haben Sie immer wohl zu unterscheiden zwischen der a b - s o l u t e n Sicherheit der generellen (induktiven) Descendenz-T h e o r i e und der r e l a t i v e n Sicherheit der speziellen (deduktiven) De- scendenz - H y p o t h e s e n. Wir können allerdings niemals mit der- selben Sicherheit, mit welcher wir die Descendenztheorie als die einzige wissenschaftliche Erklärung der organischen Gestaltungen betrachten, die ganze Ahnenreihe oder Vorfahrenkette eines Or- ganismus feststellen. Vielmehr wird der spezielle Nachweis aller Stammformen im einzelnen stets mehr oder weniger unvollständig und hypothetisch bleiben. Das ist ganz natürlich. Denn alle die maßgebenden Schöpfungsurkunden, auf welche wir uns stützen, sind in hohem Maße unvollständig und werden immer unvollständig bleiben; gerade so wie in der vergleichenden Sprachforschung.

Im höchsten Maße unvollständig ist vor allem die ursprünglichste aller Schöpfungsurkunden, die Paläontologie. Wir wissen, daß alle Versteinerungen, welche wir kennen, nur einen verschwindend geringen Bruchteil von der Masse der Tierformen und Pflanzenformen ausmachen, welche überhaupt gelebt haben. Auf je eine uns in versteinertem Zustande erhaltene ausgestorbene Art kommen wahrscheinlich Hunderte, vielleicht aber Tausende von ausgestorbenen Arten, die uns keine Spur ihrer Existenz hinterlassen haben. Diese außerordentliche und höchst bedauerliche Unvollständigkeit der paläontologischen Schöpfungsurkunden, welche nicht genug hervorgehoben werden kann, ist ganz leicht erklärbar. Durch die Verhältnisse, unter welchen die Versteinerung organischer Reste vor sich geht, ist sie mit Notwendigkeit bedingt. Zum Teil erklärt sie sich auch aus unserer unvollkommenen Kenntnis dieses Gebietes. Sie müssen bedenken, daß die große Mehrzahl aller geschichteten Gesteine, welche die Gebirgsmassen unserer Erdrinde zusammensetzen, uns noch gar nicht erschlossen ist. Von den zahllosen Versteinerungen, welche in den ungeheuren Gebirgsketten von Asien und Afrika verborgen sind, kennen wir erst kleine Proben. Nur ein Teil von Europa und Nordamerika ist genauer erforscht. Die Gesamtsumme der in unseren Sammlungen vorhandenen und uns genau bekannten Versteinerungen entspricht gewiß noch nicht dem hundertsten Teile der Versteinerungen, die wirklich in unserer Erdrinde verborgen sind. Wir können hier also in Zukunft noch eine reiche Ernte von wichtigen Aufschlüssen erwarten. Aber trotzdem wird unsere paläontologische Schöpfungsurkunde (aus Gründen, welche ich im XVI. Vortrage meiner „Natürlichen Schöpfungsgeschichte" ausführlich erörtert habe) immer höchst lückenhaft bleiben.

Nicht weniger unvollständig ist die zweite, höchst wichtige Schöpfungsurkunde, diejenige der Ontogenie. Für die spezielle Phylogenie ist sie die wichtigste von allen. Dennoch aber hat auch sie ihre großen Mängel und läßt uns oft ganz im Stich. Hier müssen wir vor allem scharf zwischen den palingenetischen und cenogenetischen Erscheinungen unterscheiden, zwischen dem ursprünglichen „Entwickelungs-Auszug" und der späteren „Entwickelungs-Störung". Wir dürfen nie vergessen, daß die Gesetze der abgekürzten und der gestörten Vererbung den ursprünglichen Entwickelungsgang vielfach bis zur Unkenntlichkeit

verdecken. Nur in seltenen Fällen ist die Rekapitulation der Phylogenie durch die Ontogenie ziemlich vollständig, niemals aber
ganz komplett. Meistens sind gerade die frühesten und wichtigsten
Stadien der Keimesgeschichte stark abgekürzt und zusammen-
gezogen. Die jugendlichen Entwickelungsformen haben sich selbst
vielfach neuen Verhältnissen angepaßt und sind dadurch verändert
worden. Der Kampf ums Dasein hat auf die verschiedenen, frei
lebenden und noch unentwickelten Jugendformen ebenso mächtig
umbildend eingewirkt, wie auf die entwickelten und reifen Formen.
Daher wird namentlich bei der Keimung der höheren Tierformen
die Palingenese durch die Cenogenese sehr bedeutend eingeschränkt; hier liegt gewöhnlich heutzutage nur noch ein ganz
verwischtes und vielfach gestörtes Bild der ursprünglichen Entwickelungsweise ihrer Vorfahren vor uns. Nur mit großer Vorsicht und Kritik dürfen wir aus ihrer Keimesgeschichte direkt
auf ihre Stammesgeschichte schließen. Außerdem ist uns auch
die Keimesgeschichte selbst erst bei sehr wenigen Arten bis jetzt
vollständig bekannt.

Endlich ist auch leider die höchst wichtige Schöpfungsurkunde
der vergleichenden Anatomie sehr unvollständig, und zwar
aus dem einfachen Grunde, weil überhaupt die sämtlichen gegenwärtig lebenden Tierarten nur einen sehr kleinen Bruchteil von
der ganzen Masse verschiedener Tierformen bilden, welche von
Anbeginn der organischen Erdgeschichte bis zur Gegenwart gelebt haben. Die Gesamtzahl dieser letzteren können wir sicher auf
mehr als eine Million Species schätzen. Die Zahl derjenigen Tiere,
deren Organisation die vergleichende Anatomie heute bereits genauer erforscht hat, ist im Verhältnis dazu sehr gering. Auch
hier wird uns die ausgedehntere Forschung der Zukunft noch un-
geahnte Schätze offenbaren.

Angesichts dieser offenkundigen Unvollständigkeit unserer
wichtigsten Schöpfungsurkunden müssen wir uns natürlich wohl
hüten, in der Stammesgeschichte des Menschen zu großes Gewicht
auf einzelne bekannte Tierformen zu legen und alle in Betracht
zu ziehenden Entwickelungsstufen mit gleicher Sicherheit als
Stammformen zu betrachten. Vielmehr werden wir bei hypothe-
tischer Aufstellung unserer Ahnenreihe stets wohl zu berück-
sichtigen haben, daß die einzelnen hypothetischen Stammformen unter sich einen sehr verschiedenen Wert bezüglich der
Sicherheit unserer Erkenntnis besitzen. Sie werden schon aus
dem Wenigen, was wir gelegentlich der Ontogenesis über die

entsprechenden phylogenetischen Formen bemerkten, entnommen
haben, daß einige Keimformen ganz sicher als Wiederholung ent-
sprechender Stammformen angesehen werden können. Als den
ersten und wichtigsten Formzustand dieser Art haben wir die
menschliche E i z e l l e und die daraus durch Befruchtung ent-
stehende S t a m m z e l l e erkannt. Aus der schwerwiegenden Tatsache, daß der ursprüngliche Keim des Menschen gleich dem Keim
aller anderen Tiere im Beginn eine einfache Zelle ist, läßt sich
mit größter Sicherheit der bedeutungsvolle Schluß ziehen, daß eine
e i n z e l l i g e Stammform existiert hat, aus welcher sich alle vielzelligen Tiere mit Inbegriff des Menschen entwickelt haben. Eine
zweite bedeutungsvolle Keimform, welche offenbar eine uralte
Stammform wiederholt, ist die Keimblase oder B l a s t u l a, jene
einfache Hohlkugel, deren Wand aus einer einzigen Zellschicht,
der Keimhaut, besteht. Ein dritter, außerordentlich wichtiger Formzustand der Keimesgeschichte, welcher ganz sicher und direkt auf
die Stammesgeschichte bezogen werden kann, ist die G a s t r u l a.
Diese höchst interessante Larvenform zeigt uns bereits den Tier-
leib aus zwei Keimblättern zusammengesetzt und schon mit dem
fundamentalen Primitivorgan, dem Darmkanal, ausgestattet. Da
nun der gleiche zweiblättrige Keimzustand mit der primitiven Anlage des Darmkanals bei allen verschiedenen Tierstämmen (mit
einziger Ausnahme der einzelligen Urtiere) allgemein verbreitet
ist, so können wir daraus wohl sicher auf eine gemeinsame Stammform der ersteren schließen, welche der Gastrula gleich gebildet war,
G a s t r a e a. Nicht minder bedeutungsvoll für unsere Phylogenie
des Menschen sind die höchst wichtigen ontogenetischen Form-
zustände desselben, welche wir als C o e l o m u l a, C h o r d u l a u. s. w.
kennen gelernt haben, und welche gewissen Würmern, Schädellosen, Fischen u. s. w. entsprechen. Auf der anderen Seite existieren
freilich zwischen diesen ganz sicheren und höchst wertvollen phylogenetischen Anhaltspunkten, auf die wir immer zurückkommen
werden, große und bedauerliche Lücken der Erkenntnis; diese erklären sich aber hinreichend aus den schon genannten Gründen,
aus der Unvollständigkeit der Urkunden in der Paläontologie,
der vergleichenden Anatomie und der Ontogenie.

Bei den ersten Versuchen, welche ich in meiner „Generellen
Morphologie" und „Natürlichen Schöpfungsgeschichte" zur Konstruktion der menschlichen Ahnenreihe unternahm, habe ich anfänglich 10, später 25—30 verschiedene Tierformen aneinander
gereiht, welche mit mehr oder weniger Sicherheit als tierische

Vorfahren des Menschengeschlechtes betrachtet werden können;
oder auch als feste Etappen, welche in der langen Entwickelungsreihe vom einzelligen Organismus bis zum Menschen hinauf gewissermaßen die bedeutendsten Hauptabschnitte der Entwickelung
markieren [86]). Von diesen 20—30 Tierstufen kommen etwa 10—12
auf die ältere Abteilung der wirbellosen Tiere, 18—20 auf die
jüngere Abteilung der Wirbeltiere. Wie sich diese wichtigsten
Stammformen unserer Vorfahrenkette ungefähr auf die 5 Hauptabschnitte der organischen Erdgeschichte hypothetisch verteilen
lassen, habe ich in der XXVI. Tabelle (*Progonotaxis des Menschen*)
zu zeigen versucht. Danach kommt ungefähr die Hälfte von jenen
30 Entwickelungsstufen auf das archozoische Zeitalter, auf jenen
ersten Hauptabschnitt der organischen Erdgeschichte, welcher
wahrscheinlich die g r ö ß e r e Hälfte derselben einnimmt.

Wenn wir nun jetzt den schwierigen Versuch unternehmen,
den phylogenetischen Entwickelungsgang dieser 30 menschlichen
Ahnenstufen von Anbeginn des Lebens an zu ergründen, und
wenn wir es wagen, den dunklen Schleier zu lüften, der die ältesten
Geheimnisse der organischen Erdgeschichte bedeckt, so müssen
wir zweifellos den ersten Anfang des Lebens unter denjenigen
wunderbaren Lebewesen suchen, die wir „M o n e r e n" nennen; sie
sind die einfachsten uns bekannten Organismen und zugleich die
einfachsten, die wir uns denken können. Denn ihr ganzer Körper
besteht in vollkommen ausgebildetem Zustande lediglich aus einem
kleinen Körnchen oder Bläschen von strukturlosem P l a s m a, „Urschleim" oder P l a s s o n, aus der Gruppe jener ungemein wichtigen
stickstoffhaltigen Kohlenstoffverbindungen, welche jetzt allgemein
als das unentbehrliche materielle Substrat aller aktiven Lebenserscheinungen gelten. Die Erfahrungen der letzten vier Decennien
haben uns mit wachsender Sicherheit zu der Ueberzeugung geführt,
daß überall, wo ein Naturkörper die aktiven Lebenserscheinungen
der Ernährung, der Fortpflanzung, der willkürlichen Bewegung
und der sinnlichen Empfindung zeigt, eine s t i c k s t o f f h a l t i g e
K o h l e n s t o f f v e r b i n d u n g aus der chemischen Gruppe der
E i w e i ß k ö r p e r tätig ist; dieses P l a s m a (oder *Protoplasma*) ist
das materielle Substrat, durch welches alle Lebenstätigkeiten vermittelt werden. Mag man sich nun in m o n i s t i s c h e m Sinne die
Funktion unmittelbar als die Wirkung des materiellen Substrates
vorstellen, oder mag man „Stoff und Kraft" in d u a l i s t i s c h e m
Sinne als getrennte Dinge betrachten, so viel steht fest, daß wir keinen
lebendigen Organismus bis jetzt beobachtet haben, in welchem

34*

nicht die Ausübung der Lebenstätigkeiten an die Anwesenheit eines
Plasmakörpers unabänderlich geknüpft wäre. Bei den Moneren
aber, den einfachsten Organismen, die wir uns denken können,
besteht eben der ganze Körper einzig und allein aus Plasson,
entsprechend dem „Urschleim" der älteren Naturphilosophie.

Man pflegt gewöhnlich die weiche, schleimartige Plasson-
substanz des Monerenkörpers als „*Protoplasma*" zu bezeichnen
und demnach mit der Zellsubstanz der gewöhnlichen Tier- und
Pflanzenzellen zu identifizieren. Wie jedoch namentlich *Eduard
Van Beneden* in seinen trefflichen Arbeiten über die Gregarinen
klar hervorgehoben hat, müssen wir, streng genommen, zwischen
dem Plasson der Cytoden und dem Protoplasma der Zellen wohl
unterscheiden. Diese Unterscheidung ist für die Entwickelungsgeschichte von prinzipieller Bedeutung. Wir müssen zwei verschiedene Entwickelungsstufen unter jenen „Elementarorganismen"
annehmen, welche als Bildnerinnen oder *Plastiden* die organische Individualität der ersten Ordnung darstellen. Die ältere und
niedere Stufe sind die kernlosen Urzellen oder *Cytoden*, deren
ganzer Körper bloß aus einerlei eiweißartiger Substanz besteht,
aus gleichartigem Plasson oder „Bildungsstoff". Die jüngere und
höhere Stufe sind die Kernzellen, die echten kernhaltigen Zellen,
bei denen bereits eine Sonderung oder Differenzierung des ursprünglichen Plasson in zweierlei verschiedene bildende Substanzen eingetreten ist, in das *Karyoplasma* des inneren Zellen-
kerns (*Nucleus*) und das *Cytoplasma* des äußeren Zellenleibes
(*Cytosoma*). (Vergl. S. 112, 119.)

Die Moneren sind einfachste permanente Cytoden. Ihr
ganzer Körper besteht bloß aus weichem, strukturlosem Plasson.
Wenn wir denselben noch so genau mit Hülfe unserer feinsten
chemischen Reagentien und unserer schärfsten optischen Hülfsmittel
untersuchen, so können wir doch keine bestimmten Formbestandteile,
keine morphologische Struktur darin unterscheiden. Daher sind
diese Moneren im eigentlichen Sinne des Wortes „Organismen
ohne Organe"; ja, im strengeren philosophischen Sinne dürfte
man sie eigentlich nicht mehr „Organismen" nennen, weil sie eben
keine Organe besitzen. Sie können nur insofern noch Organismen
genannt werden, als sie die organischen Lebenserscheinungen der
Ernährung und Fortpflanzung, der Empfindung und Bewegung
zu bewirken im stande sind. Wollten wir versuchen, *a priori*
einen denkbar einfachsten Organismus zu konstruieren, so würden
wir immer auf ein solches Moner zurückkommen müssen.

Die Moneren der Gegenwart, die heute noch in mehreren
sehr verschiedenen Formen existieren, zerfallen nach ihrem Stoffwechsel in zwei verschiedene Gruppen: die Phytomoneren
mit plasmodomer, und die Zoomoneren mit plasmophager Art
der Ernährung; jene sind, physiologisch betrachtet, die einfachsten
Anfänge des Pflanzenreiches, diese des Tierreiches. Die Phytomoneren können als die primitivsten und ältesten unter allen jetzt
lebenden Organismen betrachtet werden, insbesondere deren einfachste Formen, die Chromaceen (*Phycochromaceen* oder *Cyanophyceen*). Die typische Gattung *Chroococcus* (Fig. 277) ist durch
mehrere Arten im Süßwasser vertreten und bildet häufig einen
sehr zarten, blaugrünen Ueberzug auf Steinen und Holz in unseren
Teichen und Wassergräben. Derselbe besteht aus kugeligen, blaß-
spangrünen Plasmakörnern von 0,003—0,01 mm Durchmesser.

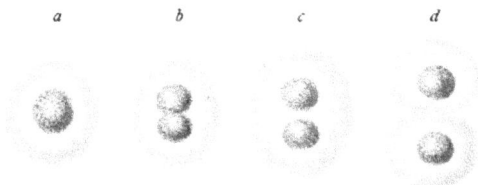

Fig. 277. **Chroococcus minor** (*Naegeli*). 1500mal vergrößert. Eine Phytomonere, deren kugelige Plastiden eine gallertige strukturlose Hülle ausscheiden. Die
kernlose Plasmakugel (von blaugrüner Farbe) vermehrt sich durch einfache Teilung (*a—d*).

Das ganze Leben dieser homogenen Plasmakügelchen besteht in
einfachem Wachstum und Vermehrung durch Teilung. Nachdem das
kleine Plasmakorn durch fortgesetzte Plasmodomie (oder Carbon-
Assimilation) bis zu einer gewissen Größe gewachsen ist, zerfällt
es in zwei gleiche Hälften, indem es sich in der Mitte einschnürt.
Die beiden Tochtermoneren, die so durch Halbierung des Plasma-
kügelchens entstanden sind, beginnen sofort denselben einfachsten
Lebensprozeß von neuem. Ebenso verhält sich die braune *Procytella
primordialis* (— früher als *Protococcus marinus* beschrieben —);
sie bildet große Mengen von monotonem Plankton in den arktischen
Meeren. Die kleinen Plasmakugeln dieser Art sind grünlichbraun
gefärbt und erreichen nur 0,002—0,004 mm Durchmesser. Während
bei den einfachsten *Chroococcaceen* noch keine besondere Membran
am strukturlosen Plasmakorn zu unterscheiden ist, läßt sich bei
anderen Phytomoneren derselben Familie eine solche deutlich erkennen; bei *Aphanocapsa* (Fig. 278) fließen die Hüllenmembranen
der sozialen Plastiden zusammen; bei *Gloeocapsa* bleiben sie durch

mehrere Generationen erhalten, so daß die kleinen Plasmakugeln in mehrfachen Membranen eingeschachtelt sind.

Vergleicht man unbefangen diese einfachsten „Urpflänzchen" der Gegenwart mit anderen Organismen, so können sie nicht den echten, kernhaltigen Z e l l e n an die Seite gestellt werden, sondern nur den merkwürdigen C h r o m a t e l l e n (oder *Chromatophoren*), welche als „Chlorophyllkörner, Chromoplasten" u. s. w. sich im Zellkörper der echten kernhaltigen Pflanzenzellen eingeschlossen finden.

Auch diese homogenen gefärbten Plasmakörper wachsen und vermehren sich selbständig durch Teilung, in derselben Weise. Gestützt auf diesen Vergleich, wies der geistreiche *Fritz Müller* schon 1893 darauf hin, daß man in jeder grünen Pflanzenzelle eine S y m b i o s e sehen könne zwischen *plasmodomen* grünen und *plasmophagen* nicht grünen Genossen [87].

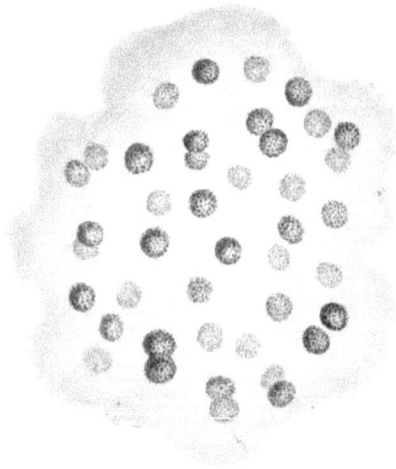

Fig. 278. **Aphanocapsa primordialis** (*Naegeli*). 1000mal vergrößert. Eine Phytomonere, deren kugelige Plastiden (von blaugrüner Farbe) eine Gallertmasse von unbestimmter Form ausscheiden; innerhalb derselben vermehren sich die kernlosen Cytoden fortdauernd durch einfache Teilung.

An die plasmodomen Chromaceen schließen sich eng die plasmophagen B a k t e r i e n an; sie sind aus ihnen durch M e t a s i t i s m u s entstanden, d. h. durch jene merkwürdige „Umkehrung des Stoffwechsels", die überhaupt im Protistenreiche uns die „Entstehung des Tieres aus der Pflanze" in der einfachsten Weise erklärt. Wir müssen daher, wenn wir streng logisch das Protistenreich in plasmabildende Urpflanzen (*Protophyta*) und plasmaverzehrende Urtiere (*Protozoa*) einteilen wollen, die Bakterien zu den letzteren, nicht zu den ersteren rechnen; ganz unlogisch ist es, wenn sie noch heute vielfach als „Spaltpilze" (*Schizomycetes*) bezeichnet und mit den echten Pilzen (— d. h. vielzelligen, gewebebildenden Metaphyten) vereinigt werden. Die Bakterien entbehren ebenso des Zellkerns, wie die Chromaceen. Bekanntlich spielen

diese primitiven „Urtierchen" in der modernen Biologie eine sehr
große Rolle, als Erzeuger der Gärung und Fäulnis (*Zymogene*),
der Tuberkulose, Typhus, Cholera und !anderer Infektionskrankheiten (*Pathogene*), als Parasiten, Symbionten u. s. w. Zum Stammbaum der Gewebetiere (und also auch des Menschen) haben die
Bakterien indessen keine direkten Beziehungen.

Dagegen müssen wir noch einen Blick auf die merkwürdigen
Protamoeben werfen, auf jene „kernlosen Amoeben", die als
Lobomoneren von den ähnlichen *Lobosen,* den echten „kernhaltigen
Amoeben" abgetrennt worden sind (Fig. 279). Die große Bedeutung,

Fig. 279. **Eine Monere
(Protamoeba)** in der Fortpflanzung begriffen. *A* Das ganze Moner,
welches nach Art einer gewöhnlichen Amoebe sich mittelst veränderlicher Fortsätze bewegt. *B*
Dasselbe zerfällt durch eine mittlere
Einschnürung in zwei Hälften. *C*
Jede der beiden Hälften hat sich
von der anderen getrennt und stellt
nun ein selbständiges Individuum
dar. (Stark vergrößert.)

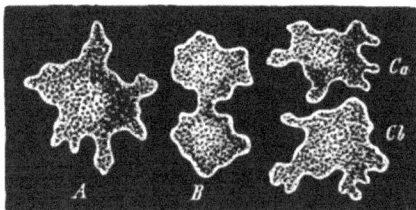

welche die gewöhnlichen Amoeben für viele wichtige Fragen
der allgemeinen Biologie besitzen, habe ich schon früher hervorgehoben (S. 132, Fig. 16—19). Die kleinen Protamoeben, die
sowohl im süßen Wasser als im Meere vorkommen, zeigen
dieselben unbestimmten Formen und unregelmäßigen Bewegungen
ihres einfachen nackten Körpers, wie die echten Amoeben; sie
unterscheiden sich aber von ihnen sehr wesentlich dadurch, daß
ihrem homogenen Zellkörper der Zellkern fehlt. Die kurzen und
stumpfen, fingerförmigen Fortsätze, die an der Oberfläche der
kriechenden Protamoebe hervortreten, werden ebensowohl zur Ernährung, als auch zur Ortsbewegung verwendet. Die Vermehrung
erfolgt durch einfache Teilung (Fig. 279). In einer größeren
Protamoebe, die *Gruber* als *Pelomyxa pallida* beschrieben hat,
sind viele feinste Körnchen staubartig im Plasson verteilt und als
Ansätze zur Kernbildung gedeutet worden.

Die Entstehung und Bedeutung dieser lebendigen, strukturlosen
Plassonkörper regt zu vielerlei Fragen und Gedanken an, insbesondere betreffs der Urzeugung. Daß für die Entstehung
der ersten Plastiden auf unserem Erdkörper die Annahme der
Urzeugung eine notwendige Hypothese ist, haben wir bereits
früher erörtert (S. 520). Wir müssen dieselbe hier um so mehr

verteidigen, als wir in den Moneren diejenigen einfachsten Organismen kennen gelernt haben, deren Entstehung durch Urzeugung beim heutigen Zustande unserer Wissenschaft keine prinzipiellen Schwierigkeiten mehr darbietet. Denn d i e M o n e r e n s t e h e n i n d e r T a t v o l l k o m m e n a u f d e r G r e n z e z w i s c h e n o r g a n i s c h e n u n d a n o r g a n i s c h e n N a t u r k ö r p e r n *).

An die kernlose Urzellen-Form der Moneren schließt sich als zweite Ahnenstufe im Stammbaum des Menschen (und ebenso aller übrigen Tiere) zunächst die einfache K e r n z e l l e an, und zwar jene indifferenteste Zellenform, welche als A m o e b e noch heutzutage ihr selbständiges Einzelleben führt. Denn der erste und älteste organische Differenzierungs-Prozeß, welcher den homogenen und strukturlosen Plassonleib der Moneren betraf, führte die Sonderung desselben in zwei verschiedene Substanzen herbei: in *Karyoplasma* und *Cytoplasma*. Das K a r y o p l a s m a oder die primäre „Kernsubstanz" ist der innere festere Bestandteil und bildet den Z e l l e n - k e r n oder *Nucleus*. Das C y t o p l a s m a hingegen, oder die primäre „Zellsubstanz", ist der äußere weichere Bestandteil und bildet den Z e l l e n l e i b oder *Cytosoma*. Durch diesen außerordentlich wichtigen Scheidungsprozeß, durch die Differenzierung des Plasson in *Nucleus* und *Cytosoma*, entstand aus der strukturlosen U r z e l l e (*Cytode*) die organisierte K e r n z e l l e (*Cellula*), aus der k e r n l o s e n Plastide die k e r n h a l t i g e Plastide. Daß die ersten Zellen, welche auf unserem Erdballe erschienen, in dieser Weise durch Differenzierung aus den Moneren entstanden, ist eine Vorstellung, welche für uns bei dem heutigen Zustand unserer histologischen Kenntnisse vollkommen zulässig erscheint. Denn wir können diesen ältesten histologischen Differenzierungs-Prozeß noch heutzutage in der Ontogenese mancher niederen Protisten (z. B. Gregarinen) unmittelbar beobachten.

Die e i n z e l l i g e K e i m f o r m, welche die ursprüngliche Eizelle und später die daraus durch Befruchtung entstandene Stammzelle uns vor Augen führt, haben wir schon früher als die Wiederholung einer entsprechenden e i n z e l l i g e n S t a m m f o r m gedeutet und dieser letzteren die Organisation einer A m o e b e zugeschrieben (vergl. den VI. Vortrag). Denn die formlose Amoebe, wie sie noch heute weit verbreitet in den süßen und salzigen Gewässern unseres Erdballes selbständig lebt, ist als das in-

---

*) Vergl. *Heinrich Schmidt*, 1903. Die Urzeugung und Professor Reinke. Odenkirchen. (Darwinistische Vorträge, Heft 8.)

differenteste und ursprünglichste unter den mancherlei einzelligen
Urtieren zu betrachten (Fig. 280). Da nun die unreifen ursprünglichen Eizellen (wie sie sich als „Ureier" oder *Protova* im Eierstock
der Tiere finden) von gewöhnlichen Amoeben gar nicht zu unterscheiden sind, so durften wir gerade die A m o e b e als diejenige
einzellige phylogenetische Urform bezeichnen, welche durch den
ontogenetischen Urzustand der „amoeboiden Eizelle" noch heute
nach dem Biogenetischen Grundgesetze wiederholt wird. Als
Beweis der auffallenden Uebereinstimmung beider Zellen wurde
damals gelegentlich angeführt, daß bei manchen Schwämmen oder
Spongien früher die wirklichen Eier dieser Tiere als parasitische
Amoeben beschrieben worden sind (Fig. 281). Man fand im Inneren

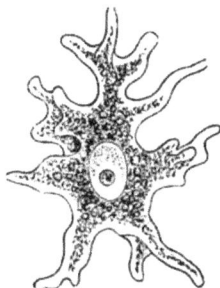 

Fig. 280.   Fig. 281.

Fig. 280. **Eine kriechende Amoebe** (stark vergrößert). Der ganze Organismus hat den Formwert einer einfachen nackten Zelle und bewegt sich mittelst der
veränderlichen Fortsätze umher, welche von ihrem Protoplasmakörper ausgestreckt und
wieder eingezogen werden. Im Innern liegt der helle rundliche Zellkern.

Fig. 281. **Eizelle eines Kalkschwammes** (*Calcolynthus*). Die Eizelle bewegt sich kriechend im Körper des Schwammes umher, indem sie formwechselnde
Fortsätze ausstreckt, wie eine gewöhnliche Amoebe.

des Schwammkörpers große einzellige Organismen nach Art der
Amoeben umherkriechend und hielt sie für Schmarotzer desselben.
Erst nachher entdeckte man, daß diese „parasitischen Amoeben"
die wahren Eier der Schwämme sind, und daß sich aus ihnen die
jungen Schwamm-Individuen entwickeln. In der Tat sind aber diese
Eizellen der Spongien manchen gewöhnlichen Amoeben in Größe
und Habitus, Beschaffenheit des Kernes und charakteristischer Be-
wegungsform der beständig wechselnden Scheinfüße so ähnlich, daß
man beide ohne Kenntnis ihrer Herkunft nicht unterscheiden kann.
     Unsere phylogenetische Deutung der Eizelle und ihre Zurück-
führung auf die uralte Ahnenform der Amoebe führt uns nun zugleich zur definitiven Lösung des alten scherzhaften Rätselwortes:

„War das Ei früher da oder das Huhn"? Wir können jetzt dieses
Sphinxrätsel, mit welchem unsere Gegner oft die Entwickelungstheorie in die Enge treiben wollen, ganz einfach dahin beantworten:
Das Ei war viel früher da als das Huhn. Freilich war
aber das Ei ursprünglich nicht als Vogel-Ei da, sondern als indifferente amoeboide Zelle von einfachster Form. Das Ei lebte
Jahrtausende lang selbständig als einfachster einzelliger Organismus,
als Amoebe. Erst nachdem die Nachkommenschaft dieser einzelligen
Urtiere sich zu vielzelligen Tierformen entwickelt, und nachdem
diese sich geschlechtlich differenziert hatten, erst dann entstand
aus der amoeboiden Zelle das Ei in dem heutigen physiologischen
Sinne des Wortes. Auch dann war das Ei zuerst Gastraea-Ei,
dann Platoden-Ei, darauf Vermalien-Ei und Chordonier-Ei; später
Acranier-Ei, dann Fisch-Ei, Amphibien-Ei, Reptilien-Ei und zuletzt
erst Vogel-Ei. Das heutige Vogel-Ei also, wie es unsere
Hühner uns täglich legen, ist ein höchst kompli-
ziertes, historisches Produkt, das Resultat zahlloser
Vererbungsprozesse, welche sich im Laufe vieler
Millionen Jahre abgespielt haben[88]).

Als eine besonders wichtige Erscheinung ist schon früher der
Umstand hervorgehoben worden, daß die ursprüngliche Eiform,
wie sie sich zuerst im Eierstock der verschiedenen Tiere zeigt,
überall dieselbe ist, eine indifferente Zelle von einfachster amoeboider
Beschaffenheit, von unbestimmter und veränderlicher Gestalt. Man
ist nicht im stande, in diesem ersten, frühesten Jugendzustande,
unmittelbar nachdem die individuelle Eizelle durch Teilung mütter-
licher Eierstockszellen entstanden ist, irgend welche wesentlichen
Formunterschiede derselben bei den verschiedensten Tieren wahr-
zunehmen (vergl. Fig. 13, S. 124). Erst später, nachdem die
ursprünglichen Eizellen oder die Ureier (*Protova*) verschiedenartigen Nahrungsdotter aufgenommen, sich mit mannigfach gebildeten Hüllen umgeben und anderweitig differenziert haben,
erst wenn sie dergestalt sich in Nacheier (*Metova*) verwandelt
haben, kann man sie häufig bei den verschiedenen Tierklassen
unterscheiden. Diese Eigentümlichkeiten der ausgebildeten Nacheier oder der reifen und befruchtungsfähigen Eier sind aber
natürlich erst sekundäre Erwerbungen, durch Anpassung an die
verschiedenen Existenzbedingungen des Eies selbst und des
eibildenden Tieres entstanden.

Wenn wir die Amoeben als die einfachsten und ältesten von
allen einzelligen Protozoen (oder von allen *plasmophagen*

Protisten) betrachten, so können wir die wichtige Frage nach ihrem Ursprunge in doppelter Weise beantworten. Entweder wir nehmen an, daß die primitivsten Amoeben aus kernlosen *Protamoeben* durch Sonderung von innerem Zellkern und äußerem Zellenleib entstanden sind, oder wir leiten dieselben durch Metasitismus (S. 540) von einfachsten einzelligen Protophyten ab, d. h. von kernhaltigen *plasmodomen Protisten*. Solche alte Urpflänzchen primitivster Art sind z. B. die Paulotomeen, die grünen Palmellaceen und die gelben Xanthellaceen; bald leben dieselben einzeln (*Eremosphaera, Chlorococcus*), bald gesellig, indem die durch Teilung entstandenen Tochterzellen in gemeinsam ausgeschiedenen Gallertmassen vereinigt bleiben (*Palmella, Pleurococcus*).

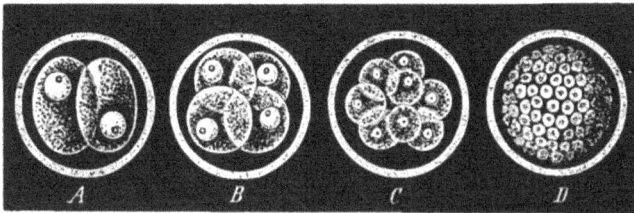

Fig. 282.

Fig. 282. **Ursprüngliche oder primordiale Eifurchung.** Die Stammzelle oder Cytula, welche durch Befruchtung aus der Eizelle entstanden ist, zerfällt durch wiederholte regelmäßige Teilung zuerst in zwei Zellen (*A*), dann in vier Zellen (*B*), hierauf in acht Zellen (*C*) und endlich in sehr zahlreiche Furchungszellen (*D*).

Fig. 283. **Maulbeerkeim oder Morula.** Keimform des kugeligen Coenobium (S. 542).

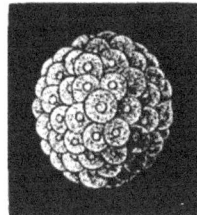

Fig. 283.

Auch die ältesten Formen dieser kernhaltigen, also wirklich einzelligen Urpflanzen sind sicher ursprünglich aus kernlosen Phytomoneren (*Chromaceen*) durch Sonderung von innerem Nucleus und äußerem Cytosoma entstanden — oder chemisch ausgedrückt: durch Scheidung von zentralem *Karyoplasma* und peripherem *Cytoplasma*.

Eine nähere Bestimmung der einzelligen Lebensformen, die wir demnach einerseits als die ältesten (*plasmodomen*) Protophyten, andererseits als die ältesten (*plasmophagen*) Protozoen hypothetisch betrachten können, ist zur Zeit nicht möglich; sie ist auch nicht von Bedeutung, da es sich für uns nur um eine allgemeine Vorstellung von der primitiven Beschaffenheit der ältesten Träger des organischen Lebens auf unserem Erdball handeln kann.

Wie die gegenüberstehende Tabelle (S. 541) zeigt, vollzieht sich die stufenweise Entwickelung der niedrigsten Lebensformen in beiden Abteilungen des Protistenreiches in ganz analoger Weise. Zuerst erscheinen kernlose Plastiden einfachster Art: Moneren (*Phytomoneren* und *Zoomoneren*). Dann verwandeln sich diese kernlosen Cytoden in echte kernhaltige Zellen: *Algarien* und *Algetten* im Pflanzenreiche. *Rhizopoden* und *Infusorien* im Tierreiche. Endlich entstehen in beiden Gruppen die sozialen Verbände der Coenobien oder Zellvereine: dort die *Volvocinen* und *Halosphaeren*, hier die *Catallacten* und *Blastaeaden*. Erstere führen unmittelbar hinüber zu den gewebebildenden *Metaphyten*, letztere zu den gewebebildenden *Metazoen*.

Von größter Bedeutung für viele phylogenetische Fragen in diesem ältesten Abschnitte der organischen Erdgeschichte ist der chemisch-physiologische Vorgang des *Metasitismus*, des Ernährungswechsels oder der *Metatrophie*. Wann und wo ist zuerst die historische Verwandlung des synthetischen *Phytoplasma* in analytisches *Zooplasma* erfolgt? Oder mit anderen Worten: Wann und wo sind zum ersten Male *Protozoen* aus *Protophyten* entstanden? Die Beantwortung dieser sehr wichtigen, aber auch sehr schwierigen Frage ist bisher von den Botanikern und Zoologen in schwer begreiflicher Weise vernachlässigt worden. Da ich dieselbe im zweiten Kapitel meiner „Systematischen Phylogenie der Protisten" (1894, §§ 35—38) eingehend erörtert habe, muß ich hier darauf verweisen. Ich will nur besonders hervorheben, daß jedenfalls der Metasitismus polyphyletisch ist und sich vielmals im Laufe der Phylogenese wiederholt hat. Wiederholt können durch „Umkehrung des ursprünglichen Stoffwechsels" Zoomoneren aus Phytomoneren entstanden sein, Amoebinen aus Paulotomeen, Catallacten aus Volvocinen u. s. w.

Die ersten und ältesten Ahnenformen unseres Geschlechts sind demnach jedenfalls einfachste Urpflanzen (*Protophyta*) gewesen, und aus diesen haben sich erst später durch Metasitismus unsere Urtier-Ahnen (*Protozoa*) entwickelt. Sowohl jene vegetalen, als diese animalen Protisten waren jedenfalls, vom morphologischen Gesichtspunkte aus betrachtet, einfache Organismen oder Individuen erster Ordnung, Plastiden. Alle folgenden Stufen unserer Vorfahrenkette hingegen sind zusammengesetzte Organismen oder Individuen höherer Ordnung: soziale Verbände einer Mehrzahl von Zellen. Die ältesten von diesen, die wir unter dem Namen Moraeaden als dritte Stufe unseres

Dreiundzwanzigste Tabelle.

Uebersicht über die parallele Phylogenese in beiden Abteilungen
des Protisten-Reiches.

Protophyta. Urpflanzen.	Protozoa. Urtiere.
Plasmodomen oder **Plasmabauer.**	*Plasmophagen* oder **Plasmalöser.**
Reduktions-Organismen	**Oxydations-Organismen**
mit chemisch-synthetischer Funktion, mit vegetalem Stoffwechsel.	mit chemisch-analytischer Funktion, mit animalem Stoffwechsel.
Sie verwandeln die lebendige Kraft des Sonnenlichts in die chemische Spannkraft organischer Verbindungen (insbesondere Kohlenhydrate und Eiweißkörper).	Sie verwandeln die Spannkräfte organischer Verbindungen in die lebendige Kraft der Wärme und der Bewegung (Muskel- und Nerventätigkeit).
Plasmodomie.	Keine Plasmodomie.
Gaswechsel:	Gaswechsel:
Ausscheidung von Sauerstoff, Aufnahme von Kohlensäure und Ammoniak.	Aufnahme von Sauerstoff, Ausscheidung von Kohlensäure und Ammoniak.
I. Erste Gruppe:	I. Erste Gruppe.
Kernlose Protophyten.	Kernlose Protozoen.
Phytomoneren.	**Zoomoneren.**
Probionten, Chromaceen.	*Bakterien, Protamoeben.*
II. Zweite Gruppe:	II. Zweite Gruppe:
Kernhaltige (einzellige) Protophyten.	Kernhaltige (einzellige) Protozoen.
IIa. **Algarien.**	IIa. **Rhizopoden.**
Ohne Flimmerbewegung (ohne Geißeln oder Cilien).	Ohne Flimmerbewegung in der Reife (ohne Geißeln und Cilien).
Paulotomeen, Diatomeen.	*Amoebinen, Radiolarien.*
IIb. **Algetten.**	IIb. **Infusorien.**
Mit Flimmerbewegung (mit Geißeln oder Cilien).	Mit Flimmerbewegung (Geißeln oder Cilien).
Mastigoten, Siphoneen.	*Flagellaten, Ciliaten.*
III. Dritte Gruppe:	III. Dritte Gruppe.
Vegetale Coenobien.	Animale Coenobien.
Plasmodome Zellvereine.	Plasmophage Zellvereine.
Volvocinen, Halosphaeren.	*Catallacten, Blastaeaden.*

Stammbaumes aufführen, sind ganz einfache Gesellschaften von lauter gleichartigen indifferenten Zellen gewesen: Coenobien von Algarien (Volvocinen) oder Zellvereine von geselligen Amoeben oder Infusorien. Um über die Natur und die Entstehung dieser Protistenkolonien eine Anschauung zu gewinnen, brauchen wir bloß die ersten ontogenetischen Produkte der Stammzelle Schritt für Schritt zu verfolgen. Bei allen Metazoen wird der Beginn der Keimung durch wiederholte Teilung der Stammzelle oder „ersten Furchungszelle" eingeleitet (Fig. 282). Als wir diesen wichtigen Vorgang der sogenannten „Eifurchung" früher ausführlich untersuchten, haben wir uns überzeugt, daß alle verschiedenen Arten derselben sich von einer einzigen Art ableiten lassen, von der ursprünglichen äqualen oder primordialen Furchung. (Vergl. den VIII. Vortrag, S. 165.) Im Stammbaum der Wirbeltiere hat diese palingenetische Form der Eifurchung einzig und allein der Amphioxus bis auf den heutigen Tag bewahrt, während alle übrigen Wirbeltiere abgeänderte, cenogenetische Formen der Furchung angenommen haben (vergl. die III. Tabelle, S. 187). Jedenfalls sind die letzteren erst später aus der ersteren entstanden, und daher hat die Eifurchung des Amphioxus für uns das höchste Interesse (vergl. oben Fig. 257, S. 473). Das Ergebnis der wiederholten Zellteilung ist ursprünglich die Bildung eines kugeligen Zellenhaufens, der aus lauter gleichartigen, indifferenten Zellen von einfachster Beschaffenheit zusammengesetzt ist (Fig. 283). Wegen der Aehnlichkeit, welche diese kugelig zusammengeballte Zellenmasse mit einer Maulbeere oder Brombeere darbietet, nannten wir dieselbe „Maulbeerkeim" oder *Morula*.

Offenbar führt uns diese Morula noch heute denselben einfachsten Urzustand des vielzelligen Tierkörpers vor Augen, der sich in sehr früher laurentischer Urzeit zuerst aus der einzelligen amoeboiden Urtierform hervorbildete. Die Morula wiederholt nach dem Biogenetischen Grundgesetze die Ahnenform der Moraea oder des einfachen Protozoen-Coenobium. Denn die ersten Zellengemeinden, welche sich damals bildeten, und welche die erste Grundlage zum höheren vielzelligen Tierkörper legten, werden aus lauter gleichartigen und ganz einfachen amoeboiden Zellen bestanden haben. Die ältesten Amoeben lebten als Einsiedler isoliert für sich, und auch die amoeboiden Zellen, welche durch Teilung aus diesen einzelligen Organismen entstanden, werden noch lange Zeit hindurch isoliert auf eigene Hand gelebt haben und Einsiedler geblieben sein. Allmählich aber entstanden neben diesen eremiten Urtieren kleine Amoeben-Gemeinden, indem die durch Teilung entstandenen Geschwister-zellen vereinigt blieben. Die Vorteile, welche diese ersten Zellen-gesellschaften im Kampfe ums Dasein vor den einsam lebenden Einsiedlerzellen voraus hatten, werden ihre Entstehung begünstigt und sie zu weiterer Fortbildung angeregt haben. Solche selb-ständige Zellenkolonien oder Z e l l e n v e r e i n e , die wir allgemein C o e n o b i e n nennen, leben auch heute noch im Meere und im süßen Wasser weit verbreitet. Sie finden sich sowohl in ver-schiedenen Gruppen der U r p f l a n z e n (*Protophyta*), als der U r t i e r e (*Protozoa*).

Um nun weiterhin diejenigen Ahnen unseres Geschlechtes kennen zu lernen, welche sich phylogenetisch zunächst aus den M o r a e a d e n hervorbildeten, brauchen wir bloß die ontogenetische Verwandlung der *Morula* noch einige Schritte weiter zu verfolgen. Da sehen wir zunächst, daß die sozialen Zellen des kugeligen Coenobiums Gallerte oder wässerige Flüssigkeit im Inneren der Kugel abscheiden; sie selbst treten an die Oberfläche derselben (Fig. 284 *F, G*). So verwandelt sich der solide Maulbeerkeim in eine einfache Hohlkugel, deren Wand aus einer einzigen Zellen-schicht gebildet wird. Diese Zellenschicht nannten wir K e i m -h a u t (*Blastoderma*), und die Hohlkugel selbst Keimblase oder K e i m h a u t b l a s e (*Blastula* oder *Blastosphaera*).

Auch die interessante Keimform der B l a s t u l a ist von funda-mentaler Bedeutung. Denn die Verwandlung des' Maulbeerkeims in eine Hohlkugel erfolgt ursprünglich in ganz gleicher Weise bei zahlreichen Tieren der verschiedensten Stämme, so z. B. bei vielen Pflanzentieren und Würmern, bei den Ascidien, bei vielen Stern-tieren und Weichtieren, und auch beim Amphioxus. Bei den-jenigen Tieren aber, bei denen eine eigentliche, palingenetische Blastula in der Ontogenese fehlt, ist dieser Mangel offenbar nur durch cenogenetische Ursachen, durch die Ausbildung eines Nahrungsdotters und andere embryonale Anpassungsverhältnisse bedingt. Wir dürfen daher annehmen, daß die ontogenetische Blastula die Wiederholung einer uralten phylogenetischen Ahnen-form ist, und daß sämtliche Metazoen von einer gemeinsamen Stammform ihren Ursprung genommen haben, welche im wesent-lichen einer solchen Keimblase gleich gebildet war. Bei vielen niederen Tieren erfolgt die Entwickelung der Keimblase nicht innerhalb der Eihüllen, sondern außerhalb derselben, frei im Wasser. Dann beginnt schon frühzeitig jede Zelle der Keimhaut einen oder

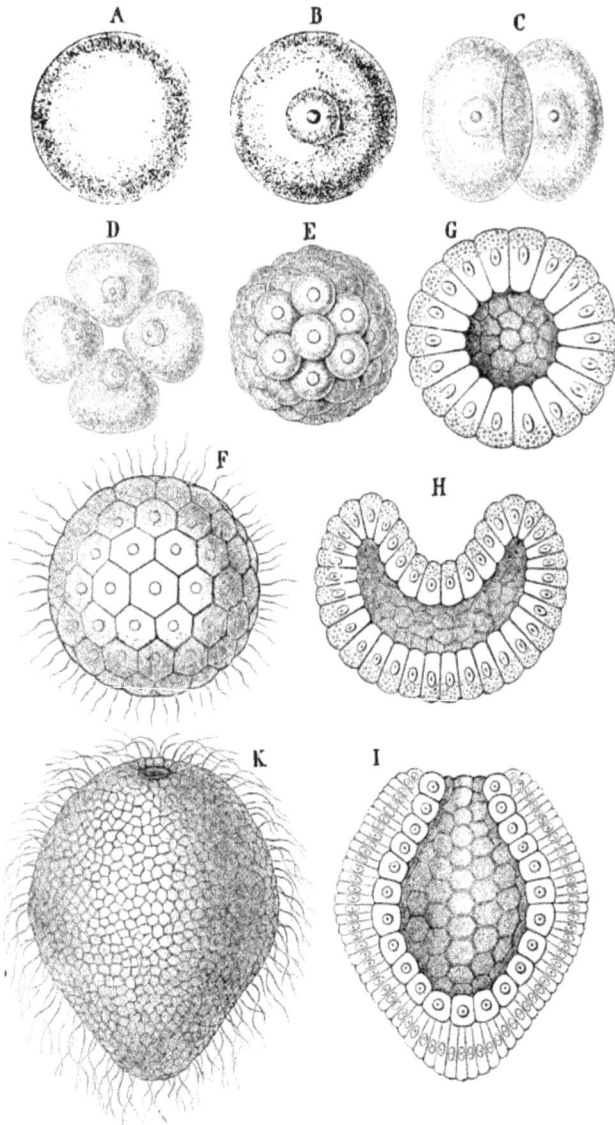

Fig. 284. **Gastrulation einer Koralle** (*Monoxenia Darwinii*). *A, B* Stammzelle (Cytula) oder befruchtete Eizelle. Der neugebildete Stammkern ist in *A* noch
nicht sichtbar, in *B* deutlich. *C* Zwei Furchungszellen. *D* Vier Furchungszellen.
E Maulbeerkeim (Morula). *F* Blasenkeim (Blastula). *G* Blasenkeim im Durchschnitt.
H Eingestülpter Blasenkeim im Durchschnitt (Depula). *I* Gastrula im Längsdurch-
schnitt. *K* Gastrula oder Becherkeim, von außen betrachtet.

mehrere bewegliche haarförmige Protoplasmafortsätze auszustrecken; indem sich diese Flimmerhaare, Geißeln oder Wimpern, schwingend im Wasser hin- und herbewegen, wird der ganze Körper schwimmend umhergetrieben (Fig. 284 *F*).

Noch gegenwärtig leben im Meere sowohl wie im süßen Wasser verschiedene Gattungen von primitiven vielzelligen Organismen, welche im wesentlichen der Blastula gleichgebildet sind und gewissermaßen als bleibende oder persistierende Blastula-Formen betrachtet werden können: hohle Blasen oder Gallertkugeln, deren Wand aus einer einzigen Schicht von flimmernden gleichartigen Zellen gebildet wird. Solche „Blastaeaden" finden sich bereits unter den plasmodomen Urpflanzen, die bekannten Volvocinen, früher als „Kugeltiere" zu den Infusorien gestellt. Der gemeine *Volvox globator* erscheint im Frühjahr in unseren Teichen als eine schwimmende, kleine, grüne Gallertkugel, fortbewegt durch die Schläge der Geißeln, die paarweise aus den zahlreichen Zellen der Oberfläche entspringen. Auch bei der ähnlichen *Halosphaera viridis*, die im Plankton des Meeres sich treibend findet, bilden zahlreiche grüne Zellen eine einfache Schicht an der Oberfläche der Gallertkugel; hier fehlen aber die Geißeln.

Diesen vegetalen Kugelcoenobien ganz gleich gebaut, aber durch den animalen Stoffwechsel verschieden, sind einige Infusorien aus der Klasse der Flagellaten, *Synura, Magosphaera* u. a.; sie bilden die besondere Gruppe der plasmophagen Catallacten oder „Flimmerkugeln". Den Entwickelungsgang einer solchen zierlichen Flimmerkugel habe ich im September 1869 auf der Insel Gis-Oe an der norwegischen Küste beobachtet (*Magosphaera planula*, Fig. 285, 286). Der vollkommen ausgebildete Körper derselben stellt eine Gallertkugel dar, deren Wand aus 32—64 wimpernden gleichartigen Zellen zusammengesetzt ist; sie schwimmt frei im Meere umher. Nach erlangter Reife löst sich die Gesellschaft auf. Jede einzelne Zelle lebt noch eine Zeit lang auf eigene Hand, wächst und verwandelt sich in eine kriechende Amoebe. Diese zieht sich später kugelig zusammen und kapselt sich ein, indem sie eine strukturlose Hülle ausschwitzt. Die Zelle hat jetzt ganz das Aussehen eines gewöhnlichen Tier-Eies. Nachdem sie eine Zeit lang in diesem Ruhezustande verharrt hat, zerfällt die Zelle durch fortgesetzte Teilung erst in 2, dann in 4, 8, 16, 32, 64 Zellen. Diese ordnen sich wiederum zu einer kugeligen Blase, strecken Flimmerhaare aus, sprengen die Kapselhülle und schwimmen in derselben Magosphaera-Form umher, von der wir ausgegangen sind. Damit ist der ganze Lebenslauf dieses merkwürdigen, für die Phylogenie bedeutungsvollen Urtieres vollendet[89]).

Wenn wir nun diese permanenten Blastosphaeren mit den freischwimmenden gleichgebildeten Flimmerlarven oder Blastula-Zuständen vieler niederen Tiere vergleichen, so werden wir daraus mit Sicherheit auf die frühere Existenz einer uralten und längst ausgestorbenen gemeinsamen Stammform schließen dürfen, welche im wesentlichen der Blastula gleich gebildet war. Wir wollen dieselbe *Blastaea* nennen. Ihr ganzer Körper bestand in vollkommen ausgebildetem Zustande aus einer einfachen, mit Flüssigkeit oder strukturloser Gallerte gefüllten Hohlkugel, deren Wand

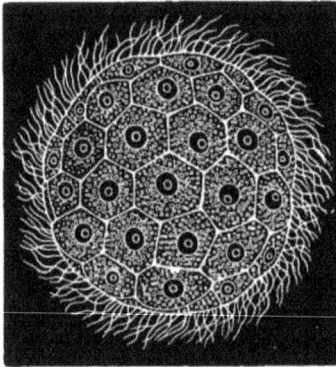
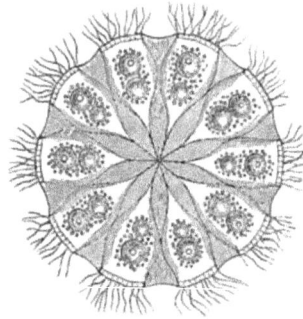

Fig. 285.   Fig. 286.

Fig. 285. **Die norwegische Flimmerkugel** (*Magosphaera planula*), mittelst ihres Flimmerkleides umherschwimmend, von der Oberfläche gesehen.

Fig. 286. **Dieselbe im Durchschnitt.** Man sieht, wie die birnförmigen Zellen im Zentrum der Gallertkugel durch einen fadenförmigen Fortsatz verbunden sind. Jede Zelle enthält außer dem Kern eine kontraktile Blase.

eine einzige Schicht von gleichartigen, mit Flimmerhaaren bedeckten Zellen bildete. Es werden wahrscheinlich in laurentischer Zeit viele verschiedene Arten und Gattungen von solchen Blastaeaden oder F l i m m e r k u g e l n existiert und eine besondere Klasse von pelagischen Protisten gebildet haben.

Als einen merkwürdigen Beweis des naturphilosophischen Genius, mit welchem *Carl Ernst von Baer* in die tiefsten Geheimnisse der tierischen Entwickelungsgeschichte eingedrungen war, will ich die Bemerkung einschalten, daß derselbe schon im Jahre 1828 (also zehn Jahre vor Begründung der Zellentheorie!) die hohe Bedeutung der Blastosphaera geahnt und in wahrhaft prophetischer Weise in seiner klassischen „Entwickelungsgeschichte der Tiere" hervorgehoben hat (Band I, S. 223). Die betreffende Stelle lautet: „Je weiter wir in der Entwickelung zurückgehen, um desto mehr finden wir auch in sehr verschiedenen Tieren eine Uebereinstimmung. Wir werden hierdurch zu der Frage geführt: ob nicht im Beginne der Entwickelung alle Tiere im wesentlichen sich gleich sind, und ob nicht für alle eine gemeinschaftliche Urform besteht? — Da der Keim das unausgebildete Tier selbst ist, so kann man nicht ohne Grund behaupten, daß die einfache Blasenform die gemeinschaftliche Grundform ist, aus der sich alle Tiere nicht nur der Idee nach, sondern historisch entwickeln." Dieser letztere Satz hat nicht nur ontogenetische, sondern auch phylogenetische Bedeutung, und ist um so bemerkenswerter, als damals die Blastula bei den verschiedensten Tieren, sowie die Zusammensetzung ihrer Wand aus einer einzigen Zellenschicht noch gar nicht bekannt war. Und doch wagte *Baer*, gestützt auf vergleichende Synthese, trotz der höchst mangelhaften empirischen Begründung, den kühnen Satz aufzustellen: „Beim ersten Auftreten sind vielleicht alle Tiere gleich und nur hohle Kugeln."

Sehr interessant ist die Tatsache, daß auch im Pflanzenreiche die einfache Hohlkugel gleicherweise als eine elementare Urform des vielzelligen Organismus auftritt. An der Oberfläche des Meeres sowohl, als unterhalb derselben (bis zu 2000 Meter Tiefe) finden sich schwimmend grüne Kugeln, deren Wand aus einer einfachen Schicht von chlorophyllhaltigen Zellen zusammengesetzt ist. Der Botaniker *Schmitz* hat dieselben 1879 unter dem Namen *Halosphaera viridis* beschrieben und gezeigt, daß sie sich durch Schwärmsporen fortpflanzen, welche aus der Vierteilung jener Zellen entstehen. Eine zweite Art (*Halosphaera blastula*), welche 1 Millimeter Durchmesser erreicht, habe ich in meinen „Plankton-Studien" beschrieben (Jena, 1890, S. 34).

An die uralte Ahnenform der *Blastaea* schließt sich nun als sechste Stufe unseres Stammbaumes zunächst die daraus entstandene Gastraea an. Wie Sie bereits wissen, ist gerade diese Ahnenform von ganz eminenter philosophischer Bedeutung. Ihre frühere Existenz wird sicher bewiesen durch die höchst wichtige Gastrula, die wir als vorübergehenden Keimzustand in der Ontogenese sämtlicher Metazoen antreffen (Fig. 284 *J*, *K*). Wie Sie sich erinnern, bildet die ursprüngliche, palingenetische Form der Gastrula einen kugeligen, eiförmigen

35*

oder länglich-runden, einachsigen Körper, dessen einfache Höhle
(Urdarm) mit einer Oeffnung an einem Pole der Achse versehen
ist (Urmund). Die Darmwand besteht aus zwei Zellenschichten,
welche nichts anderes sind als die beiden primären Keimblätter:
das animale Hautblatt (*Ektoderma*) und das vegetale Darmblatt (*Entoderma*).

Ueber die phylogenetische Entstehung der *Gastraea* aus der
Blastaea gibt uns noch heutzutage die ontogenetische Entstehung
der Gastrula aus der Blastula sichere Auskunft. An einer Seite
der kugeligen Keimhautblase bildet sich eine grubenartige Vertiefung (Fig. 284 *H*). Zuletzt geht diese Einstülpung so weit, daß
der äußere eingestülpte Teil der Keimhaut oder des Blastoderms
sich eng an den inneren, nicht eingestülpten Teil derselben anlegt
(Fig. 284 *J*). Wenn wir nun an der Hand dieses ontogenetischen
Prozesses uns die phylogenetische Entstehung der *Gastraea* erklären wollen, so können wir annehmen, daß die einschichtige
Zellengesellschaft der kugeligen Blastaea angefangen hat, an einer
Stelle der Oberfläche vorzugsweise Nahrung aufzunehmen. An
dieser nutritiven Stelle der Kugeloberfläche bildete sich durch
natürliche Züchtung allmählich eine grubenartige Vertiefung. Die
anfangs flache Grube wurde im Laufe der Zeit immer tiefer. Bald
wurde die vegetale Funktion der Ernährung, der Nahrungsaufnahme
und Verdauung ausschließlich auf die Zellen beschränkt, welche
diese Grube auskleideten; während die übrigen Zellen die animalen
Funktionen der Ortsbewegung, Empfindung und Bedeckung über-
nahmen. So entstand die erste Arbeitsteilung zwischen den ursprünglich gleichartigen Zellen der Blastaea.

Diese älteste histologische Differenzierung hatte also zunächst
nur die Sonderung von zweierlei verschiedenen Zellenarten zur
Folge: innen in der Grube die ernährenden oder nutritiven Zellen,
außen an der Oberfläche die bewegenden oder lokomotiven Zellen.
Damit war aber bereits die Sonderung der beiden primären Keimblätter gegeben, ein Vorgang von höchster Bedeutung. Wenn wir bedenken, daß auch der Leib des Menschen
mit allen seinen verschiedenen Teilen und ebenso der Leib aller
anderen höheren Tiere sich ursprünglich aus jenen beiden einfachen
primären Keimblättern aufbaut, so werden wir die phylogenetische
Bedeutung jener Gastrulation gar nicht hoch genug anschlagen
können. Denn mit dem einfachen Urdarm oder der primitiven
Magenhöhle der Gastrula, und ihrer einfachen Mundöffnung, dem
„Urmund", ist zugleich das erste wirkliche Organ des Tierkörpers

in morphologischem Sinne gewonnen; sämtliche übrigen Organe sind erst später daraus entstanden. Der ganze Körper der Gastrula ist ja eigentlich nur „Urdarm". Daß die zweiblätterigen Keim-formen sämtlicher Metazoen sich auf eine solche typische *Gastrula* zurückführen lassen, haben wir bereits (im VIII. und IX. Vortrage) nachgewiesen. Diese höchst wichtige Erkenntnis berechtigt uns nach dem Biogenetischen Grundgesetze zu dem Schlusse, daß auch die verschiedenen Ahnenreihen derselben sich aus der gleichen Stammform phylogenetisch entwickelt haben. Diese uralte be-deutungsvolle Stammform ist eben die *Gastraea*.

Die Gastraea hat vermutlich schon während der laurentischen Periode im Meere gelebt und sich in ähnlicher Weise mittelst ihres äußeren Flimmerkleides schwimmend im Wasser umhergetummelt, wie das noch heutzutage die frei beweglichen und flimmernden Gastrulae tun. Wahrscheinlich wird sich die uralte und schon vor Jahrmillionen ausgestorbene Gastraea nur in einem wesentlichen Punkte von der heute noch lebenden Gastrula unterschieden haben. Aus vergleichend-anatomischen und ontogenetischen Gründen dürfen wir annehmen, daß die Gastraea sich bereits geschlechtlich fortpflanzte; und nicht bloß auf ungeschlechtlichem Wege (durch Teilung, Knospenbildung oder Sporenbildung), wie es bei den vor-hergehenden Ahnenstufen wahrscheinlich der Fall war. Vermutlich bildeten sich einzelne Zellen der primären Keimblätter zu Eizellen, andere zu befruchtenden Samenzellen aus. Diese Hypothese stützen wir darauf, daß wir die gleiche einfachste Form der geschlecht-lichen Fortpflanzung noch heutzutage bei einigen lebenden Gastraeaden sowie bei anderen niederen Tieren antreffen, ins-besondere bei den Schwämmen.

Von ganz besonderem Interesse für diese Seite unserer Gastraea-theorie ist die Tatsache, daß noch heute verschiedene Gastrae-aden existieren, — oder niedere Metazoen, deren einfache Or-ganisation sich nur sehr wenig über diejenige der hypothetischen Gastraea erhebt. Die Artenzahl dieser „Gastraeaden der Gegenwart" ist nicht groß; aber ihr morphologisches und phylogenetisches Interesse ist so bedeutend, und ihre Mittelstellung zwischen Protozoen und Metazoen so lehrreich, daß ich bereits 1876 (im dritten und vierten Nachtrage zur Gastraeatheorie) vor-schlug, eine besondere Klasse für sie aufzustellen (S. 221, 245). Als drei besondere Ordnungen dieser „Gastraeadenklasse" unter-schied ich die Gastremarien, Physemarien und Cyemarien (oder Dicyemiden). Man kann jedoch diesen drei Ordnungen auch den

Wert von selbständigen *Klassen* eines primitiven Gastraeaden-*Stammes* verleihen, wie ich im zweiten Bande meiner „Systematischen Phylogenie" (1896, S. 43—48) und in der elften Auflage der „Natürlichen Schöpfungsgeschichte" (1909, S. 515—517) zu zeigen versucht habe.

Die Gastremarien und Cyemarien (Mesozoen oder „Bechertiere") sind die wichtigsten von diesen „Gastraeaden der Gegenwart", kleine Gewebetiere, die im Innern von anderen Metazoen als Schmarotzer leben, meistens kaum $1/_2$ oder 1 mm lang, oft noch kleiner (Fig. 287, *1—15*). Ihr weicher. skelettloser Körper ist meistens eiförmig, becherförmig oder cylindrisch, auf dem Querschnitt kreisrund (also *monaxon* oder einachsig). Er besteht nur aus zwei einfachen Zellenschichten, den beiden primären Keimblättern; das äußere derselben ist dicht mit langen Flimmerhaaren bedeckt, mittels deren sich die Parasiten in verschiedenen Körperhöhlen ihres Wirtstieres schwimmend umherbewegen. Das innere Keimblatt liefert die Geschlechtsprodukte. Den reinen Typus der ursprünglichen einfachen Gastrula (— der *Archigastrula*, Fig. 284 *I*) zeigt der *Pemmatodiscus gastrulaceus*, den *Monticelli* 1895 in dem Schirm einer großen Meduse (*Pilema pulmo*) entdeckte; die konvexe Oberfläche ihres Gallertschirmes war mit zahlreichen hellen Bläschen von 1—3 mm Durchmesser bedeckt, in deren flüssigem Inhalt die kleinen Parasiten umherschwammen. Der becherförmige Körper des *Pemmatodiscus* (Fig. 287, *1*) ist bald flacher, hutförmig oder kegelförmig, bald fast halbkugelig gewölbt. Die einfache Höhlung des Bechers, der Urdarm (*g*), öffnet sich durch einen engen Urmund (*o*). Das Hautblatt (*e*) besteht aus hohen schlanken Cylinderzellen, die lange schwingende Flimmerhaare tragen; es ist durch eine strukturlose dünne Gallertplatte (*f*) von dem Darmblatt (*i*) getrennt, dessen prismatische Zellen viel niedriger sind und nicht flimmern. *Pemmatodiscus* vermehrt sich nur ungeschlechtlich, durch einfache Längsteilung; man hat ihn deshalb neuerdings als Vertreter einer besonderen Gastraeaden-Ordnung (*Mesogastria*) betrachtet.

Dem *Pemmatodiscus* wahrscheinlich nahe verwandt ist die *Kunstleria Gruveli* (Fig. 287, *2*); sie wohnt in der Leibeshöhle von Vermalien (Sipunculiden) und unterscheidet sich von ersterem dadurch, daß die großen Ektodermzellen (*e*) der Flimmerhaare ebenso entbehren, wie die kleinen Entodermzellen (*i*); beide Keimblätter sind getrennt durch eine dicke, becherförmige Gallertmasse, welche als „helles Bläschen" beschrieben wurde (*f*). Der Urmund

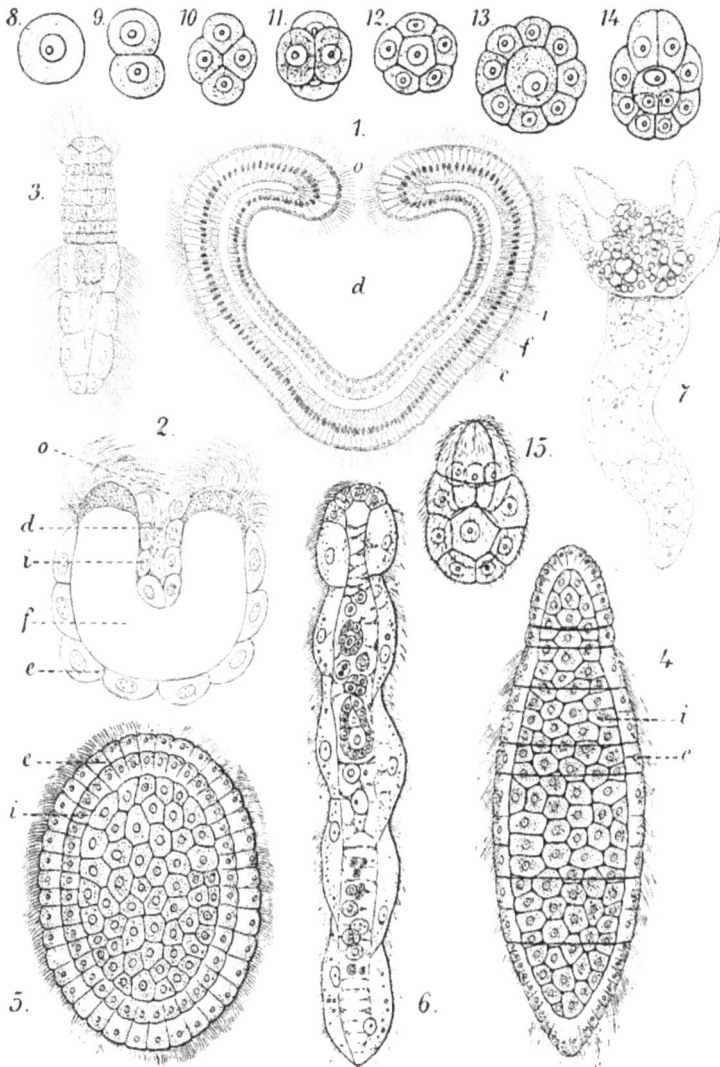

Fig. 287. **Gastraeaden der Gegenwart.** — Fig. *1.* **Pemmatodiscus gastrulaceus** (*Monticelli*), im Längsschnitt. Fig. *2.* **Kunstleria Gruveli** (*Delage*), im Längsschnitt. (Nach *Kunstler* und *Gruvel.*) Fig. *3—5.* **Rhopalura Giardi** (*Julin*). Fig. *3* Männchen, Fig. *4* Weibchen, Fig. *5* Planula. Fig. *6.* **Dicyema macrocephala** (*Van Beneden*). Fig. *7—15.* **Conocyema polymorpha** (*Van Beneden*). Fig. *7* die reife Gastraeade, Fig. *8—15* Gastrulation derselben. *d* Urdarm, *o* Urmund, *e* Ektoderm, *i* Entoderm, *f* Gallerte zwischen *e* und *i* (Stützplatte, Blastocoel).

ist umgeben von einem dunklen Ring, der sehr starke und lange
Flimmerhaare trägt und die Schwimmbewegung (mit dem Aboralpol
voran) vermittelt. Angeblich soll dieser Flimmerring nur aus
einer einzigen großen ringförmigen Zelle (mit einem Kern) bestehen; wahrscheinlich ist er aus vielen, radial gegen die Mitte
des Urmundes gerichteten Flimmerzellen zusammengesetzt. Die
Entodermzellen verwandeln sich in Geschlechtszellen.

Pemmatodiscus und *Kunstleria* können in der Familie der
G a s t r e m a r i e n zusammengefaßt werden. Diesen Gastraeaden
mit offenem Urdarm sehr nahe verwandt sind die O r t h o n e c -
t i d e n (*Rhopalura*, Fig. *287, 3—5*). Sie wohnen als Schmarotzer in
der Leibeshöhle von Sterntieren (Ophiuren) und Wurmtieren; sie
unterscheiden sich dadurch, daß die Urdarmhöhle nicht leer,
sondern mit Entodermzellen ausgefüllt ist, und daß sich aus diesen
die Geschlechtszellen entwickeln. Diese Gastraeaden sind getrennten Geschlechts, die Männchen (Fig. *3*) kleiner und etwas
anders gestaltet als die eiförmigen Weibchen (Fig. *4*). Aus den
befruchteten Eiern entwickelt sich durch inäquale Furchung eine
kleine Gastrula, deren Ektodermzellen später in feine Muskelfäden
auswachsen; diese laufen parallel der Länge nach über den Körper
und bewirken dessen Kontraktionen.

Von den Orthonectiden unterscheiden sich die ähnlichen
D i c y e m i d e n (Fig. *4—10*) dadurch, daß den Raum der Urdarmhöhle nicht eine Gruppe von dicht gedrängten Sexualzellen einnimmt, sondern eine einzige große Entodermzelle. Diese liefert
keine Geschlechtsprodukte, sondern zerfällt später in viele getrennte
Zellen (Sporen), deren jede sich — ohne befruchtet zu sein — zu
einem kleinen Keime entwickelt. Die Dicyemiden bewohnen als
Parasiten die Leibeshöhle von Tintenfischen, namentlich die Nieren-
höhlen. Sie zerfallen in mehrere Gattungen, die sich zum Teil
durch den Besitz besonderer Polzellen auszeichnen; ihr Körper
ist bald mehr rundlich, eiförmig oder keulenförmig, bald mehr
langgestreckt, cylindrisch. Die Gattung *Conocyema* (Fig. *5—17*)
unterscheidet sich von dem gewöhnlichen *Dicyema* durch den
Besitz von vier kreuzständigen Polwarzen, die man als beginnende
Tentakeln deuten könnte.

Die Stellung der Cyemarien im System ist sehr verschieden
beurteilt worden; bald wurden sie für parasitische Infusorien
(*Opalina* ähnlich), bald für Plattentiere (*Platodes*) oder für Wurmtiere (*Vermalia*) gehalten, die den Saugwürmern oder Rädertieren
nahe verwandt, aber durch Parasitismus rückgebildet seien. Diese

Auffassung wird aber durch keine einzige Tatsache gerechtfertigt. Denn die hervorgehobene Aehnlichkeit mit den flimmernden Larven von Trematoden beweist doch bloß, daß diese letzteren auch den Gastrulazustand durchlaufen. Ich halte daher an der phylogenetisch wichtigen, schon 1876 von mir begründeten Auffassung fest, daß wir es hier mit wirklichen Gastraeaden zu tun haben, mit uralten Ueberresten aus der gemeinsamen Stammgruppe aller Metazoen. Diese haben im Kampfe ums Dasein eine sichere Zufluchtstätte in der Leibeshöhle ihrer Wohntiere gefunden. Als die älteren, ganz primitiven Gastraeaden sind die Gastremarien zu betrachten (*Pemmatodiscus* und *Kunstleria*); aus ihnen sind durch Verlust der Darmhöhle die jüngeren Cyemarien entstanden (*Rhopalura* und *Dicyema*); sie verhalten sich zu den ersteren wie die darmlosen Bandwürmer (*Cestodes*) zu den nahe verwandten Saugwürmern (*Trematodes*). Wahrscheinlich sind direkt von den Gastremarien auch die scheibenförmigen Trichoplaciden (*Trichoplax* und *Treptoplax*) abzuleiten, und zwar durch die Gewohnheit, ihren weiten Urmund so auszubreiten, daß die Urdarmhöhle ganz verstreicht; die untere flimmernde Epithelschicht ihrer dünnen rundlichen Scheibe ist das Entoderm, die obere, nicht flimmernde das Ektoderm; diese abgeplatteten Gastraeaden verhalten sich zu *Pemmatodiscus* wie eine flache *Discogastrula* zur becherförmigen *Archigastrula*.

Eine besondere Ordnung (oder Klasse) von „Gastraeaden der Gegenwart" bilden vielleicht die kleinen, auf dem Meeresboden festsitzenden Coelenterien, welche ich (1876) als Physemarien beschrieben habe (*Haliphysema* und *Gastrophysema*; dritter Beitrag zur Gastraeatheorie). Die Gattung *Haliphysema* (Fig. 288, 289) ist äußerlich sehr ähnlich einem großen, unter demselben Namen schon 1862 beschriebenen Rhizopoden aus der Familie der *Rhabdamminiden*, der zunächst für eine Spongie gehalten wurde. Um die Verwechselung mit diesen zu verhüten, habe ich sie später *Prophysema* genannt. Der ganze reife Körper der entwickelten Person stellt bei *Prophysema* einen einfachen, cylindrischen oder eiförmigen Schlauch dar, dessen Wand aus zwei Zellenschichten besteht. Die Höhle des Schlauches ist die Magenhöhle und die obere Oeffnung desselben die Mundöffnung (Fig. 289 *m*). Die beiden Zellenschichten, welche die Wand des Schlauches bilden, sind die beiden primären Keimblätter. Von den schwimmenden Gastraeaden unterscheiden sich diese einfachsten Pflanzentiere hauptsächlich dadurch, daß sie mit dem einen (der

Mundöffnung entgegengesetzten) Körperende am Meeresboden festwachsen. Auch sind die Zellen des Hautblattes miteinander verschmolzen, und letzteres hat eine Menge von fremden Körpern, Schwammnadeln, Sandkörnchen u. dgl., als Stütze für die Körperwand aufgenommen (Fig. 288). Hingegen besteht das Darmblatt nur aus einer Schicht von Flimmerzellen (Fig. 289 *d*). Wenn nun diese Physemarien geschlechtsreif werden, so bilden sich einzelne

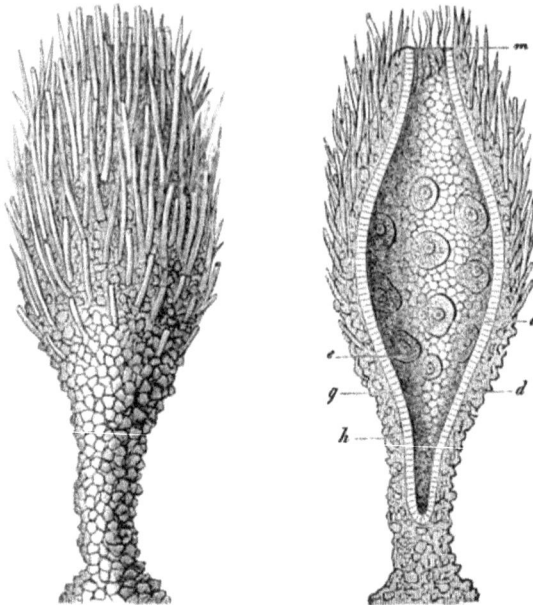

Fig. 288 und 289. **Prophysema primordiale, eine noch lebende Gastraeadenform.** Fig. 288. Das spindelförmige Tier von außen (unten auf Seetang festsitzend). Fig. 289. Dasselbe im Längsschnitt (Schema). Der Urdarm (*d*) öffnet sich oben durch den Urmund (*m*). Zwischen den Geißelzellen (*g*) liegen amoeboide Eier (*e*). Das Hautblatt (*h*) ist unten mit Sandkörnchen, oben mit Schwammnadeln inkrustiert.

ihrer Entodermzellen zu weiblichen Eizellen, andere zu männlichen Samenzellen aus; die Befruchtung der ersteren durch die letzteren findet unmittelbar in der Magenhöhle statt.

Während der Urdarm bei *Prophysema* eine ganz einfache länglich-runde Höhle bildet, teilt er sich bei dem nahe verwandten *Gastrophysema* durch eine quere Einschnürung in zwei Kammern; nur die hintere, kleinere Kammer erzeugt hier die Geschlechtsprodukte, während die vordere nur zur Ernährung dient. Aus dem befruchteten Ei entwickelt sich (ganz ebenso wie bei *Monoxenia*, Fig. 284) eine echte palingenetische Gastrula. Diese schwimmt einige Zeit im Meere umher, setzt sich dann fest und gleicht nunmehr jener einfachen, auch im Entwickelungskreise anderer Pflanzentiere auftretenden Jugendform, welche als A s c u l a bezeichnet wird (Fig. 290. 291). Indem ihr Ektoderm fremde Körper aufnimmt, entsteht *Prophysema*. (Vergl. *Nikolaus Leon* [90].)

Ganz ähnlich organisiert, wie diese Physemarien, sind auch die einfachsten Schwämme oder S p o n g i e n (*Olynthus*, Fig. 292).

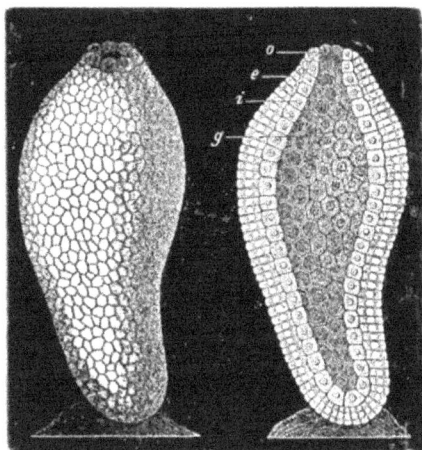
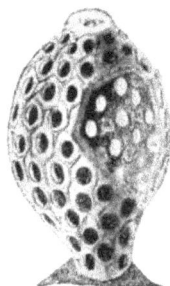

Fig. 292.

Fig. 290—291. **Ascula** von *Gastrophysema*, unten am Meeresboden angeheftet. Fig. 290 von außen, 291 im Längsschnitt. *g* Urdarm, *o* Urmund, *i* Darmblatt, *e* Hautblatt (Schema).

Fig. 292. **Olynthus,** ein einfachster Schwamm. Vorn ist ein Stück ausgeschnitten.

Fig. 290.   Fig. 291.

Der einzige wesentliche Unterschied beider besteht darin, daß die dünne zweischichtige Leibeswand bei letzteren von zahlreichen Poren durchbrochen wird. Wenn diese geschlossen sind, gleichen sie den ersteren. Vielleicht sind sogar die Gastraeaden, welche als Physemarien beschrieben wurden, weiter nichts als Olynthen mit geschlossenen Hautporen. Die A m m o c o n i d e n oder die einfachen schlauchförmigen Sandschwämme der Tiefsee (*Ammolynthus* etc.) sind bei geschlossenen Poren nicht wesentlich von jenen Gastraeaden verschieden. In meiner Monographie der Kalkschwämme (1872, mit 60 Tafeln) habe ich versucht, den analytischen Beweis zu führen, daß alle Arten dieser Klasse von einer ähnlichen gemeinsamen Stammform (*Calcolynthus*) phylogenetisch durch Transformation abgeleitet werden können.

Auch die einfachste und niederste Form der Nesseltiere
(*Cnidaria*) steht jenen Gastraeaden noch ganz nahe. Bei dem
interessanten gewöhnlichen Süßwasserpolypen (*Hydra*) ist
der ganze Leib ebenfalls weiter nichts als ein einfacher eiförmiger
Schlauch mit zweischichtiger Wand; nur ist die Mundöffnung hier
bereits von einem Fühlerkranze umgeben. Ehe sich dieser entwickelt, gleicht Hydra ebenfalls einer Ascula (Fig. 290, 291).
Später finden im Ektoderm derselben geringe histologische Dif-
ferenzierungen statt, während das Entoderm eine einfache Zellenschicht bleibt. In dem verdickten Ektoderm der Hydra beginnt
die erste Sonderung von Epithelzellen und Nesselzellen, Muskelzellen und Nervenzellen.

Endlich ist als besonders wichtig schon hier die Tatsache
hervorzuheben, daß auch der Körperbau der niedersten Plattentiere (*Platodes*) sich nur wenig über die Organisation jener
„Gastraeaden der Gegenwart" erhebt. Die einfachsten und ältesten
Formen der Platoden sind die Platodarien, die sogenannten
acoelen (— oder besser *kryptocoelen* —) Strudelwürmer; sie sind uns
neuerdings durch eine ausgezeichnete Monographie von *Ludwig
von Graff* näher bekannt geworden. Diese Kryptocoelen
(*Convoluta, Aphanostomum* etc.) besitzen zwar schon die bilaterale
Grundform der eigentlichen *Turbellarien,* stehen aber in morphologischer Beziehung noch näher den *Gastraeaden.*

Bei allen diesen einfachsten lebenden Coelenterien werden
beiderlei Geschlechtszellen — Eizellen und Spermazellen — von
einer und derselben Person ausgebildet; vermutlich werden auch
die ältesten Gastraeaden Zwitter gewesen sein. Denn aus der
vergleichenden Anatomie ergibt sich, daß die Zwitterbildung
d. h. die Vereinigung der beiderlei Geschlechtszellen in einem
Individuum (*Hermaphrodismus*) der älteste und ursprünglichste
Zustand der geschlechtlichen Differenzierung ist; erst später entstand die Geschlechtstrennung (*Gonochorismus*). Die
Bildung der Gonidien oder Geschlechtszellen ging ursprünglich
wohl vom Urmundrande der Gastraeaden aus.

Zwanzigster Vortrag.

Unsere Vermalien-Ahnen.

––

„Ein eklatantes Beispiel unkritischer und damit unwissenschaftlicher Vergleichung
ist die bekannte Vergleichung des sogenannten Bauchmarkes wirbelloser Tiere mit
dem Rückenmarke der Vertebraten. Sie ignoriert die wichtigsten Instanzen, indem
sie nur ganz allgemeine und für den besonderen Fall unwesentliche Dinge als ausschlaggebend betrachtet. Eine solche unwissenschaftliche Vergleichung wandelt wie in
einem Labyrinthe, in dem an den ersten Irrweg nur neue sich anreihen. Wie der
Kritikmangel einerseits wichtige Tatsachen übersieht, so führt er anderseits wieder
gleichgültige Dinge ins Feld."

Carl Gegenbaur (1876).

**Stammbaum der wirbellosen Metazoen. Getrennte Abstammung
der Wirbeltiere und Gliedertiere. Chordonier-Hypothese und
Anneliden-Hypothese. Platoden-Ahnen: Kryptocoelen, Turbellarien. Vermalien-Ahnen: Gastrotrichen, Nemertinen, Enteropneusten. Abstammung der Chordonier.**

––

Inhalt des zwanzigsten Vortrages.

Entwickelung der Chordaea aus der Gastraea. Polyphyletische Abstammung der gegliederten Tiere von ungegliederten. Gänzliche Verschiedenheit der Vertebration der Wirbeltiere und der Artikulation der Gliedertiere. Unhaltbarkeit der Anneliden-Hypothese (Abstammung der Wirbeltiere von den Gliedertieren). Begründung der Chordonier-Hypothese (Abstammung der Wirbeltiere und Tunicaten von Prochordoniern, ähnlich der Chordula). Aeltere Ahnen der Chordonier aus den Gruppen der Coelenterien und Vermalien. Einachsige nnd dreiachsige Gastraeaden. Zweiseitige Grundform der letzteren. Platoden-Abnen: Urwürmer (Platodarien), Strudelwürmer (Turbellarien). Ventrale Wanderung ihres Mundes. Urdarm. Gonaden. Urnieren. Vermalien-Ahnen (ungegliederte Wurmtiere). Gastrotrichen (Ichthydinen) mit Afterbildung. Schnurwürmer (Nemertinen) mit Blutgefäßen und Blut. Enteropneusten (Balanoglossus) mit Kiemendarm, Kiemenspalten und Schlundrinne. Ihre entfernte Verwandtschaft mit den Chordoniern. Chordaea-Theorie. Hoher palingenetischer Wert der Chordula. Progonotaxis des Menschen (Dreißig Stufen unserer Ahnenreihe).

Literatur:

Ernst Haeckel, 1868. *Natürliche Schöpfungsgeschichte (S. 409, 439, 504). 11. Aufl., 1909 (S. 601, 700, 712). Berlin.*

Carl Gegenbaur, 1870. *Grundzüge der vergleichenden Anatomie, 2. Aufl. (S. 191).*

C. Kupffer, 1870. *Die Stammverwandtschaft zwischen Ascidien und Wirbeltieren. (Arch. f. mikr. Anat., Bd. VI.)*

Edouard Van Beneden et Charles Julin, 1886. *Recherches sur la morphologie des Tuniciers. Bruxelles.*

Ludwig Graff, 1882. *Monographie der Turbellarien. I. Rhabdocoelida. II. Acoela. Leipzig.*

Arnold Lang, 1884. *Die Polycladen (Seeplanarien) des Golfes von Neapel. Berlin.*

W. Hubrecht, 1887. *The Relation of the Nemertea to the Vertebrata. London.*

William Bateson, 1889. *I. On the Morphology of the Enteropneusta. II. The Ancestry of the Chordata. Studies M. L., Vol. III. London.*

Carl Zelinka, 1890. *Monographie der Gastrotrichen. (Zeitschr. f. wiss. Zool., Bd. XLIX.)*

W. Schimkewitsch, 1890. *Ueber die morphologische Bedeutung der Organsysteme der Enteropneusten. Leipzig.*

J. W. Spengel, 1895. *Monographie der Enteropneusten. Berlin.*

Yves Delage et Edgar Hérouard, 1896—1898. *Traité de Zoologie concrète. Tome V: Vermidia; Tome VIII: Prochordata. Paris.*

Adolphe Kemna, 1904. *L'Origine de la corde dorsale. 1905, Les structures cerebrales dorsales. (Annales de la Soc. Zoolog. Belgique Tome 29.) Bruxelles.*

Ernst Haeckel, 1896. *Systematische Phylogenie der wirbellosen Tiere (Invertebrata). Zweiter Teil des Entwurfs einer systematischen Stammesgeschichte. Kap. IV: Platodes; Kap. V: Vermalia. Berlin.*

XX.

Meine Herren!

Durch unsere Gastraeatheorie haben wir die feste Ueberzeugung gewonnen, daß alle Metazoen oder einzelligen Tiere auf
eine gemeinsame Stammform, die *Gastraea*, zurückgeführt
werden können. Den sicheren Beweis dafür liefert nach dem
Biogenetischen Grundgesetze die Tatsache, daß die zweiblätterigen
Keime sämtlicher Metazoen auf eine gemeinsame ursprüngliche
Keimform, die *Gastrula*, zurückgeführt worden sind. Wie alle
die unzähligen und höchst mannigfaltigen Arten der Metazoen
sich tatsächlich aus der einfachen Keimform der Gastrula ontogenetisch hervorbilden, so sind dieselben aus der gemeinsamen
Stammform der Gastraea phylogenetisch abzuleiten. Mit
dieser klaren Erkenntnis, sowie mit der bereits sichergestellten
Einsicht, wie die *Gastraea* aus der Hohlkugel der einblätterigen
Blastaea, und diese wiederum aus der ursprünglichen einzelligen
Stammform entstanden ist, haben wir die unerschütterliche, feste
Basis für unsere phylogenetischen Forschungen gewonnen. Der
klare Weg von der Stammzelle bis zur Gastrula — die Geschichte
der Gastrulation — bezeichnet somit zugleich den ersten Ab-
schnitt unserer menschlichen Stammesgeschichte (VIII., IX. und
XIX. Vortrag).

Viel schwieriger und dunkler ist der zweite Abschnitt derselben, welcher uns von der *Gastraea* zu den Prochordoniern
führt. Unter dieser Bezeichnung begreifen wir jene uralten, längst
ausgestorbenen Metazoen, deren einstmalige Existenz durch die
bedeutungsvolle Keimform der Chordula klar erwiesen wird
(vergl. Fig. 86—89, S. 246). Diese *Chordula* oder der Urkeim der
Chordonier bildet einen bilateralen oder zweiseitig-symmetrischen
Tierkörper von höchst einfacher, ungegliederter Form: in der
Längsachse des Körpers liegt als Achsenskelett eine ganz einfache
Chorda, zwischen dem dorsalen Nervenrohr und dem ventralen

Darmrohr; zu beiden Seiten dieser unpaaren Zentralorgane liegen ein paar einfache Coelomtaschen, ursprünglich Geschlechtsdrüsen, die vom Urmund aus sich entwickelten. Unter allen lebenden Tieren stehen dieser wichtigen Keimform am nächsten die niedersten Tunicaten, die Copelaten (*Appendicaria*) und die Larven der Ascidien. Da sowohl die ungegliederten Manteltiere als die gegliederten Wirbeltiere aus derselben gemeinsamen Chordulaform sich ontogenetisch entwickeln, ist der Schluß gestattet, daß für beide Stämme auch eine entsprechende gemeinsame Stammform existiert hat; wir wollen dieselbe als *Chordaea* bezeichnen, und die entsprechende Stammgruppe als *Prochordonia* oder *Prochordata*.

Aus dieser höchst wichtigen Stammgruppe der ungegliederten Prochordonier (oder „Urchordatiere") sind divergierend die beiden Stämme der Tunikaten und Vertebraten hervorgegangen. Wie diese Abstammung unseres Geschlechts bei dem gegenwärtigen Zustande unserer morphologischen Kenntnisse sich vorstellen und begründen läßt, werden wir nachher sehen.

Zunächst wenden wir uns jetzt zur Beantwortung der schwierigen und vielumstrittenen Frage, wie sich die *Chordaea* aus der *Gastraea* entwickelt hat; — oder mit anderen Worten: „Auf welchem Wege und durch welche Wandelungen hindurch sind aus den einfachsten zweiblätterigen Metazoen jene charakteristischen, dem Chordulakeim ähnlichen Tiere entstanden, welche wir als die gemeinsamen Stammformen aller Chordonier, sowohl der Tunicaten als der Vertebraten, betrachten?" Bevor wir diese wichtige Frage — eine der dunkelsten in der ganzen Anthropogenie — zu beantworten versuchen, wird es zweckmäßig sein, einige leitende Grundsätze für dieselbe aufzustellen. Als solche betrachte ich folgende vier Thesen:

I. Alle gegliederten Tiere sind ursprünglich aus ungegliederten hervorgegangen, oder mit anderen Worten: Alle Tiere, deren Körper aus einer Somitenreihe oder Metamerenkette besteht (Vertebraten, Articulaten, Cestoden), haben sich ursprünglich aus niederen und einfacheren Metazoen entwickelt, deren ganzer Körper den morphologischen Wert eines einzigen solchen Somiten oder Metameren besitzt. Dieser Satz wird jetzt wohl von keinem Zoologen mehr bestritten; er besitzt ebenso allgemeine Geltung für die Keimesgeschichte wie für die Stammesgeschichte.

II. Die Metamerie der Metazoen ist ein polyphyletischer Prozeß; die segmentale Gliederung, oder die Wiederholung gleichartiger individueller Körperteile (Somiten) in der

Längsachse des Tieres hat sich im Laufe der organischen Erdgeschichte mehrmals, unabhängig voneinander, vollzogen. Als
solche selbständige, innerhalb einzelner Stämme entstandene Gliede-
rungen sind anzusehen: 1. die Vertebration der Wirbeltiere; 2. die
Artikulation der Gliedertiere; 3. die Annulation der Sterntiere;
4. die Strobilation der Bandwürmer; 5. die Strobilation der Scypho-
stomen oder Becherpolypen (Ammen der acraspeden Medusen);
6. die Stengelgliederung der Phanerogamen. Alle diese Gliede-
rungsvorgänge treten in ähnlicher Form auf und haben ähnliche
Ergebnisse, nämlich die Multiplikation individueller Körperteile
(Somiten oder Metameren) und ihre Aufreihung in der Längsachse des Körpers; aber sowohl die morphologischen Vorgänge
als ihre physiologischen Ursachen sind im Grunde sehr verschieden;
und die „allgemeine Homologie" jener Somiten oder Folgestücke,
ihre H o m o d y n a m i e , hat ganz verschiedene Bedeutung.

III. D i e G l i e d e r u n g d e r W i r b e l t i e r e e r s c h e i n t
e r s t a n d e r C h o r d u l a , an jener bedeutungsvollen Keimform,
welche bereits ein dorsales Nervenrohr, ein ventrales Darmrohr,
und zwischen beiden eine axiale Chorda besitzt: d r e i u n g e -
g l i e d e r t e F u n d a m e n t a l o r g a n e von höchster morphologischer Bedeutung (Fig. 86—89, S. 246). Da nun dieselbe ungegliederte Chordula auch in der Keimesgeschichte der Manteltiere
auftritt, und da bei diesen der Körper zeitlebens ungegliedert bleibt,
so müssen wir jener Chordula die größte palingenetische Bedeutung
zuschreiben; wir dürfen daraus den Schluß ziehen, daß eine ähnliche ungegliederte Stammform (*Chordaea*) die gemeinsame Ahnenform beider Chordonierstämme war, der Vertebraten und Tunicaten.
Dafür spricht ganz besonders, daß die endoblastische Chorda und
das darüber gelegene ektoblastische Nervenrohr bei den Embryonen aller Wirbeltiere und Manteltiere in sehr früher Zeit der
Entwickelung auftreten, überall in gleicher Weise aus den beiden
primären Keimblättern entstehen, und überall keine Spur von
Gliederung zeigen. Die letztere geht erst von den Coelomtaschen
aus, deren E p i s o m i t e n (Myotome) sich zu Muskelplatten, die
H y p o s o m i t e n (Gonotome) zu Geschlechtsdrüsen entwickeln.

IV. D i e G l i e d e r u n g d e r G l i e d e r t i e r e (*Artikulation*)
i s t d a h e r g a n z v e r s c h i e d e n v o n d e r j e n i g e n d e r W i r b e l -
t i e r e (*Vertebration*), trotz einer gewissen täuschenden Aehnlichkeit.
Denn die erstere betrifft vor allem die Hautdecke und das ventrale
Nervenrohr einer Tierform, die zu keiner Zeit ihres Lebens eine
Spur von einer Chorda besitzt — ganz abgesehen davon, daß auch

im übrigen die Organisation der Gliedertiere und Wirbeltiere die größten Gegensätze darbietet. Wir haben darauf schon im XIV. Vortrage hingewiesen (S. 350). Es ist daher weder anzunehmen, daß die Wirbeltiere von Gliedertieren abstammen, noch umgekehrt, daß die ersteren Ahnen der letzteren sind. Beide große Stämme haben sich unabhängig voneinander historisch entwickelt und sind ursprünglich ebenso aus verschiedenen Stammformen hervorgegangen, wie sie noch heute ganz verschiedene Keimformen zeigen. Die beständige Anwesenheit der *Chordula* bei allen Wirbeltieren ist ebenso charakteristisch, wie ihre vollständige Abwesenheit bei allen Gliedertieren.

Die Abstammung der Wirbeltiere von den Gliedertieren ist im Laufe der letzten dreißig Jahre von zahlreichen Zoologen mit ebenso vielem Eifer als Kritikmangel verteidigt worden; und da sich über diese Streitfrage eine umfangreiche Literatur entwickelt hat, müssen wir derselben hier eine kurze Erwähnung widmen. Alle drei Hauptklassen der Gliedertiere sind nacheinander zu der Ehre gelangt, als die „wahren Vorfahren" der Wirbeltiere angesehen zu werden; zuerst die Ringelwürmer oder Anneliden (Regenwürmer, Blutegel und Verwandte); dann die Krustentiere oder Crustaceen (Schildtiere und Krebstiere); endlich die Luftrohrtiere oder Tracheaten (Spinnen, Insekten u. a.). Das meiste Ansehen unter den verschiedenen, hier aufgestellten Hypothesen gewann die „Anneliden-Theorie", die Ableitung der Wirbeltiere von Ringelwürmern. Dieselbe wurde fast gleichzeitig (1875) von *Carl Semper* in Würzburg und von *Anton Dohrn* in Neapel aufgestellt. Der letztere begründete diese Hypothese ursprünglich zu Gunsten der damals auftauchenden Degenerations-Theorie, welche ich in meiner Schrift über „Ziele und Wege der heutigen Entwickelungsgeschichte" kritisch beleuchtet habe (Jena 1875, S. 87).

Die interessante „Degenerations-Theorie" — damals viel besprochen und heute schon fast vergessen — entstand 1875 aus dem Bestreben, die Ergebnisse der Descendenztheorie und des unaufhaltsam vordringenden Darwinismus mit den Gemütsbedürfnissen des religiösen Glaubens und mit der anthropozentrischen Weltanschauung in Einklang zu bringen. Der heftige Kampf, den 1859 *Darwin* durch seine Neubegründung der Abstammungslehre hervorgerufen hatte, und der ein Decennium hindurch mit wechselndem Erfolge im Gesamtgebiete der Biologie tobte, neigte schon in den Jahren 1870—72 seinem Ende zu und schloß bald ab mit einem vollständigen Siege des Transformismus. Der großen Mehrzahl der Streiter war dabei im Grunde nicht diese allgemeine Entwickelungsfrage die Hauptsache, sondern die besondere Frage von „der Stellung des Menschen in der Natur" — diese „Frage aller Fragen", wie sie *Huxley* mit Recht nennt. Den meisten unbefangenen und klar denkenden Köpfen mußte alsbald klar werden, daß diese Frage nur im Sinne unserer „Anthropogenie" erledigt werden könne, durch die Annahme, daß der Mensch aus einer langen Reihe von Wirbeltieren durch allmähliche Umbildung und Vervollkommnung hervorgegangen sei.

Somit wurde denn die wahre S t a m m v e r w a n d t s c h a f t des Menschen und der Wirbeltiere bald allseitig zugegeben. Vergleichende Anatomie und Ontogenie sprachen zu deutlich, um sie länger noch leugnen zu können. Um nun aber trotzdem die anthropozentrische Stellung des Menschen zu retten, und vor allem das Dogma der „persönlichen Unsterblichkeit" aufrecht zu erhalten, erfanden mehrere Naturphilosophen und genetisch denkende Theologen den vortrefflichen Ausweg der „Degenerations-Theorie". Jene wahre Stammverwandtschaft zugebend, stellten sie die ganze Descendenzreihe einfach auf den Kopf und verteidigten mit anerkennenswerter Tapferkeit den Grundsatz: „der Mensch ist nicht das höchst entwickelte Tier, sondern die Tiere sind herabgekommene Menschen". Allerdings ist der Mensch „des Affen nächster Verwandter" und vom Stamme der Wirbeltiere nicht zu trennen; aber die Stufenfolge in seiner Ahnenreihe ist keine aufsteigende, sondern eine absteigende. Ursprünglich „schuf Gott den Menschen nach seinem Bilde", als den Urtypus des vollkommenen Wirbeltieres; erst infolge des Sündenfalles kam das Menschengeschlecht so herunter, daß daraus die Affen entstanden und aus diesen weiterhin die niederen Wirbeltiere. Bei konsequenter Ausführung dieser „Entartungslehre" mußte man dann zu der einheitlichen Annahme gelangen, daß das ganze Tierreich aus herabgekommenen und entarteten Menschenkindern hervorgegangen sei.

Am entschiedensten und mutigsten vertrat diese Degenerations-Theorie der katholische Priester und Naturphilosoph *Michelis* in seiner Streitschrift: „*Haeckelogonie*, ein akademischer Protest gegen *Haeckels* Anthropogenie" (Bonn 1875). In mehr „akademischer" und zum Teil mystischer Form führte dieselbe ein Naturphilosoph der älteren Jenaer Schule aus, der Mathematiker und Physiker *Carl Snell*. Die kräftigste Unterstützung von zoologischer Seite aber erhielt sie durch *Anton Dohrn*, der die anthropozentrischen Ideen des letzteren mit besonderem Geschick und Talent vertrat. Der *Amphioxus*, den die neuere Morphologie jetzt fast allgemein als das wahre „Urwirbeltier" betrachtet, als das uralte typische Paradigma der ursprünglichen Vertebratenstruktur, ist nach *Dohrn* vielmehr umgekehrt als ein später, entarteter Nachkomme dieses Stammes zu betrachten, als „der verlorene Sohn der Wirbeltiere". Er ist durch weitgehende Rückbildung ebenso aus den Cyclostomen hervorgegangen, wie diese aus den Fischen; ja sogar die Ascidien, und überhaupt sämtliche Tunicaten sind weiter nichts als solche gänzlich herabgekommene Fische! Infolge richtiger Weiterbildung dieser umgestülpten Abstammungslehre bekämpft *Dohrn* dann auch die allgemein gültige Annahme, daß Coelenteraten und Würmer „niedere Tiere" seien; ja sogar die einzelligen Protozoen erklärt er für degenerierte Coelenteraten. Ueberhaupt ist nach ihm „die Degeneration das Principium movens, das für die Existenz all der niederen Formen verantwortlich ist".

Wenn wirklich diese *Michelis-Dohrn*sche Degenerations-Theorie wahr wäre, und alle Tiere demnach als entartete Nachkommen des ursprünglich vollkommen erschaffenen Menschen anzusehen wären, dann würde damit in der Tat der Mensch — „des persönlichen Gottes Ebenbild" — als der wahre Mittelpunkt und Endzweck alles organischen Erdenlebens erscheinen; seine anthropozentrische Stellung und damit vielleicht auch die „Unsterblichkeit der Person" wäre gerettet. Leider steht diese trostreiche Entartungslehre nur in so unvereinbarem Widerspruch mit allen bekannten Tatsachen der Paläontologie und Ontogenie, daß sie einer ernstlichen Widerlegung in wissenschaftlichen Kreisen heute nicht mehr bedarf.

Nicht besser aber steht es mit der vielbesprochenen Abstammung der Wirbeltiere von den Ringelwürmern, welche *Dohrn* später mit besonderem Eifer verteidigt hat. Außer ihm hat namentlich *Carl Semper* in Würzburg diese „Anneliden-Hypothese" zu stützen versucht und dabei ebenso viel anspruchsvollen Dogmatismus als mangelhafte Logik und seltenen Kritikmangel bewiesen. Im Grunde ist dieselbe weiter nichts als die aufgewärmte und phylogenetisch zugestutzte Lehre der älteren Naturphilosophie, daß die Insekten auf dem Rücken laufende Wirbeltiere seien, und daß das Rückenmark der letzteren dem Bauchmark der ersteren entspreche. Wie unkritisch und unwissenschaftlich diese Vergleichung ist, zeigte alsbald der erste unter den vergleichenden

Anatomen der Gegenwart. In der meisterhaften Abhandlung über „Die Stellung und Bedeutung der Morphologie", mit welcher *Carl Gegenbaur* 1876 den ersten Band seines „Morphologischen Jahrbuches" eröffnete (S. 6), bespricht er jene falsche Hypothese als „ein eklatantes Beispiel unwissenschaftlicher Vergleichung" und sagt von ihr mit vollem Rechte: „Sie ignoriert die wichtigsten Instanzen, indem sie nur ganz allgemeine und für den besonderen Fall unwesentliche Dinge als ausschlaggebend betrachtet. Eine solche unwissenschaftliche Vergleichung wandelt wie in einem Labyrinthe, in dem an den ersten Irrweg nur neue sich anreihen."

In neuester Zeit ist die berühmte „Anneliden-Hypothese", die so viel Staub aufgewirbelt und so zahlreiche Streitschriften im Gebiete der Morphologie hervorgerufen hat. von den meisten urteilsfähigen Zoologen aufgegeben worden, auch von solchen, die sie früher verteidigten. Die unschätzbaren Aufschlüsse, welche uns *Hatschek, Boveri* u. a. über die Morphologie des *Amphioxus* gegeben haben, sowie die Erkenntnis seiner nahen Beziehungen zu den Selachier-Embryonen (*Rückert*), haben ihr den letzten Boden entzogen. Ja selbst ihr eifrigster Förderer, *Dohrn*, gestand bereits 1890 ein. daß sie „für alle Zeit begraben sein wird", und trat am Ende seiner XV. „Studie zur Urgeschichte des Wirbeltierkörpers" einen verschämten Rückzug an.

Nachdem die falsche, 1875 aufgestellte A n n e l i d e n - H y p o - t h e s e „wohl für alle Zeit begraben" ist und auch andere neuere Versuche, die Wirbeltiere von Medusen, Echinodermen oder Mollusken abzuleiten, gänzlich gescheitert sind, bleibt zur Beantwortung jener großen Frage „vom Ursprung der Wirbeltiere" nur jene ältere Hypothese übrig, die ich schon seit vierzig Jahren vertreten und im Gegensatze zu jener kurz die C h o r d o n i e r - H y p o t h e s e genannt habe; wegen ihrer sicheren morphologischen Begründung und ihrer grundlegenden Bedeutung darf sie wohl auf den Rang einer naturgemäßen phylogenetischen T h e o r i e Anspruch machen und darf als die „Chordonier-Theorie" oder auch „Chordaea-Theorie" bezeichnet werden.

Ich habe diese C h o r d a e a - T h e o r i e zuerst im Jahre 1867 in akademischen Vorträgen entwickelt, aus denen die „Natürliche Schöpfungsgeschichte" hervorging. In der ersten Auflage dieses Buches (1868, S. 409, 439, 504) suchte ich, gestützt auf die epochemachenden Entdeckungen von *Kowalevsky*, den Beweis zu führen. daß „unter allen uns bekannten wirbellosen Tieren zweifelsohne die Manteltiere die nächste Blutsverwandtschaft mit den Wirbeltieren besitzen; sie sind als nächste Verwandte derjenigen Würmer zu betrachten, aus denen sich dieser letztere Stamm entwickelt hat. Natürlich wollen wir damit nicht sagen, daß die Wirbeltiere von den Manteltieren abstammen, sondern nur, daß beide Gruppen aus gemeinsamer Wurzel entsprossen sind. Offenbar haben sich während der Primordialzeit die echten Wirbeltiere (und zwar zunächst die Schädellosen) aus einer Würmergruppe fortschreitend entwickelt, aus welcher nach einer anderen rückschreitenden Richtung hin die degenerierten Manteltiere hervorgingen" (a. a. O. S. 439). Jene gemeinsame ausgestorbene Stammgruppe sind eben die Prochordonier; ihr ontogenetisches Schattenbild ist uns noch heute getreu erhalten in dem Chordulakeim der Vertebraten und Tunicaten; in beträchtlich modifizierter Form existiert es noch heute selbständig in der Klasse der Copelaten (Appendicaria, Fig. 276, S. 490).

Die wertvollste Unterstützung und sachkundigste Begründung erhielt die Chordaea-Theorie vor allem durch *Carl Gegenbaur*. Dieser kritisch vergleichende Morphologe vertrat dieselbe schon 1870, in der zweiten Auflage seiner „Grundzüge der vergleichenden Anatomie" (S. 191, 576); zugleich machte derselbe hier zuerst auf die wichtigen morphologischen Beziehungen aufmerksam, welche zwischen den Manteltieren und einem seltsamen Wurme, dem *Balanoglossus,* bestehen; letzteren betrachtet er mit Recht als Vertreter einer besonderen Würmerklasse, die er „Darmatmer" nannte (*Enteropneusta,* a. a. O. S. 158, 224). Auch bei vielen späteren Gelegenheiten hat *Gegenbaur* auf die nahe Blutsverwandtschaft der Tunicaten und Vertebraten hingewiesen und einleuchtend die Gründe entwickelt, welche uns zu der phylogenetischen Hypothese berechtigen, beide Stämme von einer gemeinsamen Stammform abzuleiten, einem ungegliederten wurmartigen Tiere, welches eine axiale Chorda zwischen dem dorsalen Nervenrohr und dem ventralen Darmrohr besaß.

Weitere sehr wertvolle Unterstützungen hat später die Chordaea-Theorie durch die ontogenetischen und morphologischen Untersuchungen vieler hervorragender Zoologen und Anatomen gewonnen, unter denen wir namentlich *C. Kupffer, B. Hatschek, F. Balfour, E. Van Beneden* und *Julin* hervorheben wollen. Seitdem wir namentlich durch *Hatscheks* „Studien über Entwickelung des Amphioxus" alle Einzelheiten in der Keimesgeschichte dieses niedersten Wirbeltieres genau kennen gelernt haben, hat dieselbe für unsere Anthropogenie eine so entscheidende Bedeutung

gewonnen, daß wir sie als phylogenetische Urkunde ersten Ranges
für die Beantwortung der vorliegenden Fragen überall in den
Vordergrund stellen müssen.

Der Wert der ontogenetischen Tatsachen, welche uns jener
einzige noch existierende Acranier an die Hand gibt, ist für unsere
phylogenetischen Untersuchungen um so höher zu schätzen, als
leider die Paläontologie gar keine Urkunden über
den Ursprung der Wirbeltiere liefert. Denn alle die
wirbellosen Vorfahren derselben waren ebenso weiche, skelettlose
Tiere, und daher ihre Reste der Erhaltung in versteinertem Zustande ebensowenig fähig, wie es auch bei den niedersten Wirbeltieren selbst noch der Fall ist, bei den Acraniern und Cyclostomen.
Dasselbe gilt ja überhaupt für den größten Teil der Würmer oder
wurmartigen Tiere, für jenes weite Gebiet von ungegliederten
Vermalien oder Helminthen, deren einzelne Klassen und
Ordnungen so weit in ihrer Organisation auseinandergehen. Die
isolierten kleineren und größeren Gruppen dieses formenreichen
Stammes sind als einzelne noch grünende Aeste eines ungeheuren
vielverzweigten Baumes aufzufassen, dessen größter Teil längst
abgestorben ist, und von dessen früherer Gestaltung keine einzige
Versteinerung berichtet. Trotzdem sind aber einzelne jener überlebenden Gruppen von höchster phylogenetischer Bedeutung und
geben uns deutliche Fingerzeige für den Weg, auf welchem sich
die Chordonier aus Vermalien und diese aus Coelenterien entwickelt haben.

Versuchen wir nun, die wichtigsten unter jenen alten palingenetischen Formen aus den gestaltenreichen Gruppen der Nieder-
tiere und Wurmtiere herauszusuchen, so versteht es sich von
selbst, daß keine einzige derselben als das unveränderte oder
auch nur als ein wenig verändertes Abbild jener längst ausgestorbenen Stammform anzusehen ist. Die eine Form hat dieses,
die andere Form jenes Merkmal der ursprünglichen niederen Organisation bewahrt, während andere Körperteile sich weiter entwickelt und eigentümlich ausgebildet haben. Es wird daher hier
mehr, als in anderen Teilen unseres Stammbaumes, darauf ankommen,
das Gesamtbild der Entwickelung im Auge zu behalten
und die unwesentlichen, sekundären Erscheinungen von den
wesentlichen, primären zu sondern. Zugleich wird es vorteilhaft
sein, vor allem die wichtigsten Fortschritte der Organisation hervorzuheben, durch welche allmählich die einfache *Gastraea* zu der
viel höher stehenden *Chordaea* emporstieg.

Einen ersten wichtigen Anhaltspunkt liefert uns hier die bilaterale Gastrula des Amphioxus (Fig. 260, S. 476). Die zweiseitige und dreiachsige Grundform derselben deutet darauf hin, daß schon sehr frühzeitig die Gastraeaden — die gemeinsame Stammgruppe aller Metazoen — sich in zwei divergente Gruppen spalteten: die einachsige Gastraea (— die ursprüngliche eiförmige Art, mit kreisrundem Querschnitt —) setzte sich fest und ließ aus sich zwei Stämme hervorgehen, die Spongien und die Cnidarien (letztere alle von einfachen hydra-ähnlichen Polypen abzuleiten). Die dreiachsige Gastraea hingegen (— die abgeleitete zweiseitige Art, mit ovalem Querschnitt —) nahm bei der schwimmenden oder kriechenden Ortsbewegung eine bestimmte Richtung und Haltung des Körpers an, für deren Erhaltung die gleichmäßige Verteilung der Last auf beide Körperhälften (rechte und linke) von großem Vorteil war; so entwickelte sich die typische zweiseitige Grundform, die durch drei verschiedene Richtachsen bestimmt wird: I. die Hauptachse oder Längsachse (mit oralem und aboralem Pole); II. die Pfeilachse oder Rückenbauchachse (mit dorsalem und ventralem Pole); III. die Querachse oder Frontalachse (mit rechtem und linkem Pole); die beiden ersten Achsen sind ungleichpolig, die letzte ist gleichpolig. Dieselbe zweiseitige oder bilaterale Grundform finden wir auch bei allen unseren künstlichen Bewegungswerkzeugen, Wagen, Schiffen u. s. w.; denn sie ist die weitaus beste und vorteilhafteste, wenn der Körper sich in einer beständigen festen Haltung und bestimmten Richtung fortbewegen soll. Die natürliche Zuchtwahl wird daher schon sehr frühzeitig diese zweiseitige Grundform bei einem Teile der Gastraeaden entwickelt und so die Stammformen aller zweiseitigen Tiere oder Bilaterien hervorgebracht haben.

Die *Gastraea bilateralis*, als deren palingenetische Wiederholung wir die zweiseitige Gastrula des *Amphioxus* betrachten dürfen, stellte den zweiblätterigen Organismus der ältesten Metazoen in einfachster Form dar: das vegetale Entoderm, welches die einfache Darmhöhle derselben auskleidete, diente zur Ernährung; das flimmernde Ektoderm, welches die äußere Decke bildete, besorgte die Ortsbewegung und Empfindung; die beiden Urmesodermzellen endlich, welche rechts und links an dem Bauchrande des Urmundes lagen, waren Gonidien oder Geschlechtszellen und vermittelten die Fortpflanzung. Für die Erkenntnis der weiteren Entwickelungsstufen, welche aus dieser Gastraea zunächst hervorgingen, sind besonders bedeutungsvoll: I. die genaue Vergleichung der

Keimzustände des Amphioxus, welche zwischen seiner *Gastrula* und *Chordula* liegen; II. die morphologische Vergleichung der einfachsten Plattentiere oder Platoden (*Platodarien* und *Turbellarien*), und mehrerer Gruppen von ungegliederten Wurmtieren oder Vermalien (*Gastrotrichen, Nemertinen, Enteropneusten*).

Die Plattentiere (*Platodes*) sind deshalb hier in erster Linie zu betrachten, weil sie auf der Grenze zwischen den beiden Hauptgruppen der Metazoen stehen, zwischen den Niedertieren (*Coelenteria*) und den Obertieren (*Coelomaria*); vergl. den Stammbaum S. 573. Mit den ersteren teilen sie den Mangel der Leibeshöhle, des Afters und des Blutgefäßsystems; mit den letzteren haben sie gemein die zweiseitige Grundform, den Besitz von ein paar Nephridien oder Nierenkanälen, und die Ausbildung eines Scheitelhirns oder cerebralen Nervenknotens. Man unterscheidet neuerdings im Stamm der Platoden vier verschiedene Klassen: die beiden frei lebenden Klassen der Urwürmer (*Platodaria*) und der Strudelwürmer (*Turbellaria*), und die beiden parasitischen Klassen der Saugwürmer (*Trematoda*) und der Bandwürmer (*Cestoda*). Von diesen vier Klassen kommen hier nur die beiden ersten in Betracht; die beiden letzten sind Schmarotzer und aus jenen durch Anpassung an parasitische Lebensweise und nachfolgende Degeneration hervorgegangen.

Die Urwürmer (*Platodaria*) sind sehr kleine und einfach gebaute Plattentiere, die aber morphologisch und phylogenetisch ein ganz besonderes Interesse besitzen. Dieselben wurden bisher meistens nur als eine besondere Ordnung der Strudelwürmer betrachtet und an die *Rhabdocoelen* angeschlossen; sie unterscheiden sich aber von diesen, wie von allen anderen Platoden, sehr auffallend durch den Mangel der Nierenkanäle (*Nephridia*) und eines gesonderten Zentralnervensystems; auch ist ihr Gewebebau einfacher als bei den übrigen Plattentieren. Die meisten hierher gehörigen Platoden (*Aphanostomum, Amphichoerus, Convoluta, Schizopora* u. s. w.), sind sehr zarte und weiche Tierchen, die mittels eines feinen Wimperkleides frei im Meere umherschwimmen, von sehr geringer Größe, wenige Millimeter lang. Ihr länglich-runder Körper, ohne alle Anhänge, ist bald mehr spindelförmig oder cylindrisch, bald mehr plattgedrückt, blattförmig. Die einfache Körperdecke bildet eine Schicht Ektodermzellen, die Flimmerhaare tragen. Darunter liegt eine weiche, schwammige Marksubstanz, das sogenannte „verdauende Parenchym", das aus vakuolisierten Entodermzellen besteht. Die Nahrung

gelangt durch den vorn oder mitten gelegenen Mund direkt in
diese verdauende Marksubstanz hinein, in der eine permanente
Darmhöhle meistens nicht sichtbar (oder ganz zusammengefallen)
ist; daher wurden diese primitiven Platoden auch als A c o e l a
(ohne Darmhöhle) bezeichnet — oder richtiger als C r y p t o c o e l a
oder *Pseudocoela*. Die Geschlechtsorgane dieser hermaphroditischen
Platodarien sind höchst einfach gebaut, zwei Paar bandförmige
Zellenstränge, von denen die inneren (Ovarien, Fig. 293 *o*) Eier

liefern, die äußeren (Spermarien, *s*) Samenzellen. Die
beiderlei Gonaden sind hier
noch nicht selbständige Geschlechtsdrüsen, sondern noch
sexuell differenzierte Zellgruppen der Marksubstanz
— oder mit anderen Worten:
Bestandteile der parenchyma-
tösen Darmwand. Ihre Pro-
dukte, die Geschlechtszellen,

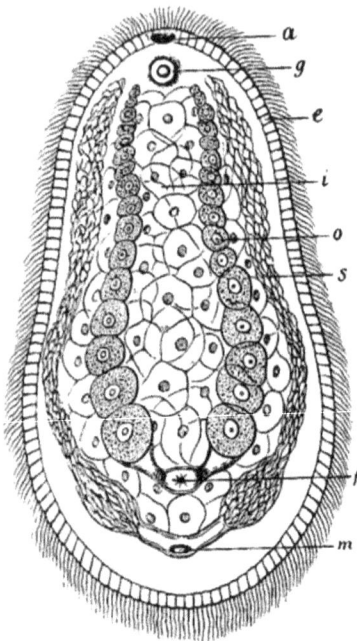

Fig. 293. **Aphanostomum
Langii** (*Haeckel*), ein Urwurm aus der
Klasse der Platodarien, Ordnung
der *Cryptocoelen* oder *Acoelen*. Diese
neue Art der Gattung *Aphanostomum*,
zu Ehren von Professor *Arnold Lang*
in Zürich benannt, wurde im September
1899 in Ajaccio auf Corsica (zwischen
Fucoideen kriechend) gefunden; sie ist
2 mm lang, 1 mm breit, von violetter
Farbe. *a* Mundöffnung, *g* Gehörbläschen
(Statocyst), *e* Ektoderm, *i* Entoderm
(„verdauendes Parenchym"), *o* Eierstöcke, *s* Samenstöcke, *f* weibliche Oeffnung, *m* männliche Oeffnung.

werden hinten durch zwei Paar kurze Kanäle ausgeführt; die männliche Oeffnung (*m*) liegt gleich hinter der weiblichen (*f*). Den
meisten *Platodarien* fehlt der muskulöse Schlundkopf, der bei
den *Turbellarien* und *Trematoden* sehr entwickelt ist. Dagegen
besitzen sie meistens vor oder hinter der Mundöffnung ein bläschen-
förmiges Sinnesorgan („Gehörbläschen oder Gleichgewichtsorgan" *g*),
viele auch ein Paar einfache Augenflecke. Die Zellengruppe des
Ektoderms, die darunter liegt, ist etwas verdickt und zeigt (als epidermale „Scheitelplatte") die erste Anlage zu einem Nervenknoten
(Scheitelhirn oder Acroganglion).

Die Strudelwürmer (*Turbellaria*), zu denen früher auch die ähnlichen *Platodarien* gerechnet wurden, unterscheiden sich von ihnen wesentlich durch höhere Differenzierung der Organe und insbesondere durch die Erwerbung eines zentralen Nervensystems (Scheitelhirn) und ausscheidender Nierenkanäle (Nephridia); beide entstehen aus dem Ektoderm. Zwischen beiden Keimblättern aber entwickelt sich ein parenchymatöses Mesoderm, eine weiche Bindegewebsmasse, in welche die Organe eingebettet sind. Die *Turbellarien* sind heute noch durch zahlreiche, sehr verschiedene Formen vertreten, die teils im Meere, teils im Süßwasser leben. Von diesen sind wohl die ältesten und ursprünglichsten jene niedersten und winzig kleinen Formen, die man wegen ihrer einfachen Darmbildung als Stabdarmtiere (*Rhabdocoela*) bezeichnet. Ihr Körper ist meist nur wenige Millimeter lang, von ganz einfacher, länglich-runder, ovaler oder lanzettförmiger Gestalt (Fig. 294). Die Oberfläche ist mit einfachem Wimperepithel bedeckt, einer Schicht von flimmernden Ektodermzellen. Der ernährende Darmkanal ist noch der einfache Urdarm der Gastraea (*d*), mit einer einzigen Oeffnung, die Mund und After zugleich ist (*m*). Jedoch hat sich am Munde eine Einstülpung des Ektoderms gebildet, durch welche ein muskulöser Schlundkopf entstanden ist (*sd*). Sehr bemerkenswert ist, daß die Mundöffnung der Turbellarien (— dem Urmunde der Gastraea homolog —) innerhalb dieser Klasse die verschiedenste Lage in der Mittellinie der Bauchfläche haben kann; bald liegt sie hinten (*Opisthostomum*), bald in der Mitte (*Mesostomum*), bald vorn (*Prosostomum*). Diese ventrale Wanderung des Mundes von hinten nach vorn ist deshalb sehr interessant, weil sie einer phylogenetischen Mundwanderung entspricht. Eine solche hat wahrscheinlich bei den Platoden-Ahnen der meisten (oder aller?) Coelomarien stattgefunden; der bleibende Mund oder Dauermund (*Metastoma*) liegt hier am vorderen Ende (Oralpol), während der ursprüngliche Urmund (*Prostoma*) am hinteren Ende des bilateralen Körpers lag.

Zwischen den beiden primären Keimblättern, von denen das äußere, animale die Oberhaut, das innere, vegetale die Darmhaut bildet, findet sich bei den meisten Turbellarien eine enge Höhle, in welcher einige sekundär entstandene Organe liegen. Diese Höhle ist der Rest der Keimhöhle (*Blastocoel*, S. 167), oder der „primären Leibeshöhle"; sie ist nicht zu verwechseln mit der echten oder „sekundären Leibeshöhle" (*Enterocoel*), welche den meisten Coelomarien zukommt, aber den Platoden noch fehlt.

Vierundzwanzigste Tabelle.

Phylogenetisches System des Tierreiches, gegründet auf die
Gastraea-Theorie (1872).

Unterreiche des Tierreiches.	Hauptgruppen des Tierreiches.	Stämme des Tierreiches.	Hauptklassen des Tierreiches.
I. Urtiere **Protozoa.** Ohne Urdarm. Ohne Keimblätter und Gewebe.	I. Zellentiere **Protozoa.** Einzellige Tiere (selten vielzellige Coenobien).	1. Wurzeltiere **Rhizopoda.**	1. Monera. 2. Amoebina. 3. Thalamophora. 4. Radiolaria.
		2. Flimmertiere **Infusoria.**	1. Flagellata. 2. Ciliata.
II. Gewebtiere **Metazoa.** Mit Urdarm. Mit Keimblättern und Geweben. ——— Vielzellige Tiere mit Eifurchung und Gastrulation.	II. A. Niedertiere **Coelenteria.** Zoophyta oder **Coelenterata.** ——— Ohne Leibeshöhle, ohne Blut, ohne Afteröffnung.	3. Stammtiere **Gastraeades.**	1. Gastremaria. 2. Cyemaria.
		4. Schwamm-tiere **Spongiae.**	1. Protospongiae. 2. Metaspongiae.
		5. Nesseltiere **Cnidaria.**	1. Hydrozoa. 2. Scyphozoa.
		6. Plattentiere **Platodes.**	1. Platodaria. 2. Turbellaria. 3. Trematoda. 4. Cestoda.
Primäre Keim-formen: *Blastula* (einblätterig) und *Gastrula* (zweiblätterig). ——— Die *Blastaeaden*, auf der Grenze zwischen Protozoen und Meta-zoen (Hohlkugeln mit Blastodermhülle), besitzen noch keinen Urdarm.	II. B. Obertiere **Coelomaria.** Bilateria oder **Bilaterata.** ——— Mit Leibeshöhle, meistens mit Blut und mit After-öffnung.	7. Wurmtiere **Vermalia.**	1. Rotatoria. 2. Strongylaria. 3. Prosopygia. 4. Frontonia.
		8. Weichtiere **Mollusca.**	1. Cochlides. 2. Conchades. 3. Teuthodes.
		9. Gliedertiere **Articulata.**	1. Annelida. 2. Crustacea. 3. Tracheata.
		10. Sterntiere **Echinoderma.**	1. Monorchonia. 2. Pentorchonia.
		11. Manteltiere **Tunicata.**	1. Copelata. 2. Ascidiae. 3. Thalidiae.
		12. Wirbeltiere **Vertebrata.**	1. Acrania. 2. Craniota.

Fünfundzwanzigste Tabelle.

Monophyletischer Stammbaum des Tierreiches, gegründet auf
die Gastraea-Theorie (1872).

Vertebrata
(Wirbeltiere)
Amniota.

Articulata
(Gliedertiere)
Tracheata

Anamnia

Echinoderma
(Sterntiere)
Pentorchonia
Pygocincta

Crustacea   Cyclostoma

Tunicata
(Manteltiere)
Thalidiae

Orocincta

Mollusca
(Weichtiere)
Cephalopoda

Annelida   Ascidiae

Gasteropoda   Monorchonia

Strongylaria   Acrania
                    Copelata

Acephala

Entero-
pneusta   Amphoridea

Rotatoria   Bryozoa

Amphineura   Prochordonia

(Helminthes) **Vermalia** (Wurmtiere)

Spongiae   **Platodes**   **Cnidaria**
(Schwammtiere)   (Plattentiere)   (Nesseltiere)
Metaspongiae   Turbellaria   Scyphozoa

Protospongiae   Platodaria   Hydrozoa

Olynthus   Archelmis   Hydra

Gastraeades
(Stammtiere)

Protozoa
(Urtiere)

Die ältesten von jenen Organen sind die Geschlechtswerk-
zeuge; sie zeigen innerhalb dieser Platodenklasse sehr mannigfaltige
Bildungsverhältnisse; im einfachsten Falle sind bloß zwei Paar
G o n a d e n oder Geschlechtsdrüsen |vorhanden, ein Paar Hoden
(Fig. 295 *h*) und ein paar
Eierstöcke (*e*); dieselben
öffnen sich nach außen
bald durch eine gemein-
same mediane Oeffnung
(*Monogonopora*), bald getrennt, die weibliche
Oeffnung hinter der
männlichen (*Digonopora*,
Fig. 295). Die paarigen
Geschlechtsdrüsen ent-
wickeln sich ursprünglich
aus den beiden P r o -
m e s o b l a s t e n oder den
„Urmesodermzellen" (Fig.
261 *p*, S. 477). Indem diese
ältesten Mesodermanlagen
sich ausdehnten und bei
den späteren Nachkommen
der Platoden durch Aus-
höhlung zu geräumigen
„Geschlechtstaschen"
wurden, entstanden wahr-
scheinlich daraus die paarigen C o e l o m t a s c h e n,
die Anlagen zu der echten
Leibeshöhle der höheren
Metazoen (*Enterocoelier*).

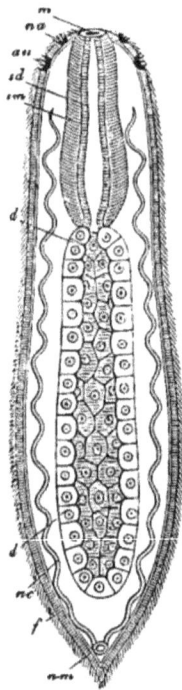

Während die Gonaden
zu den phylogenetisch
ältesten Organen gehören,
sind die wenigen üb-
rigen sekundären Organe,

Fig. 294.   Fig. 295.

Fig. 294. **Ein einfacher Strudelwurm**
(*Rhabdocoelum*). *m* Mund, *sd* Schlundepithel, *sm*
Schlundmuskulatur, *d* Magendarm, *nc* Nierenkanäle,
nm Nierenmündung, *au* Auge, *na* Geruchsgrube.
(Schema.)

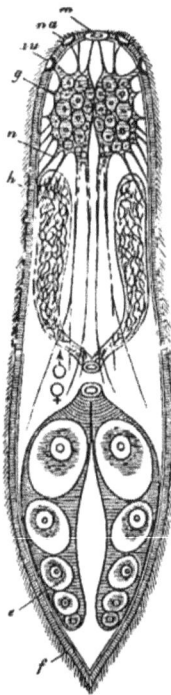

Fig. 295. **Derselbe Strudelwurm,** um die
übrigen Organe zu zeigen. *g* Gehirn, *au* Auge,
na Geruchsgrube, *n* Nerven, *h* Hoden, ♂ männliche Oeffnung, ♀ weibliche Oeffnung, *e* Eierstock,
f flimmernde Oberhaut. (Schema.)

welche wir noch bei den Plattentieren zwischen Darmwand und
Leibeswand antreffen, als jüngere, spätere Entwickelungsprodukte
anzusehen. Eines der wichtigsten und ältesten unter diesen letzteren
sind die N i e r e n oder *Nephridien*, welche die Ausscheidung un-

brauchbarer Säfte aus dem Körper besorgen (Fig. 294 nc). Diese Harnorgane oder „Exkretionsorgane" (oft auch „Wassergefäße" genannt) sind ursprünglich wohl als vergrößerte Hautdrüsen aufzufassen; ein paar Kanäle, welche der Länge nach den Körper durchziehen und getrennt oder vereinigt nach außen münden (nm). Oft sind sie mit vielen Aesten versehen. Den übrigen Coelenterien (Gastraeaden, Spongien, Cnidarien) fehlen solche besondere Ausscheidungsorgane noch ganz, ebenso den Cryptocoelen. Sie treten zuerst bei den *Turbellarien* auf und haben sich von ihnen direkt auf die *Vermalien*, von diesen auf die höheren typischen Tierstämme vererbt. Man kann die ursprünglichsten Nierenformen, wie sie bei den niedersten und ältesten Bilaterien (Platoden, Rotatorien, Nematoden etc.) sich finden und ein paar Lateralkanäle bilden, als Vornieren (*Protonephridia*) bezeichnen, im Gegensatze zu den Dauernieren (*Metanephridia*) der höheren Metazoen; bei diesen treten anfänglich im Keime auch zunächst die ersteren auf, später werden sie aber durch die letzteren ersetzt oder substituiert (*Hatschek*).

Als ein sehr wichtiges neues Organ der *Turbellarien*, welches den *Cryptocoelen* (Fig. 293) und ihren Gastraeaden-Ahnen noch fehlte, ist endlich das einfache Nervensystem besonders zu erwähnen. Dasselbe besteht aus ein paar einfachen Hirnknoten (Fig. 295 g) und aus feinen Nervenfäden, welche von diesen ausstrahlen; dieselben gehen teils als Willensnerven (oder motorische Fasern) zu der dünnen, unter der Haut sich entwickelnden Muskelschicht; teils als Empfindungsnerven (oder sensible Fasern) zu den Sinneszellen der flimmernden Oberhaut (*f*). Viele Turbellarien haben auch schon besondere Sinnesorgane: ein paar flimmernde Geruchsgrübchen (*na*), einfache Augen (*au*), seltener Gehörbläschen. Ein paar stärkere Seitennerven, die sich bei vielen Plattentieren entwickeln, sind deshalb wichtig, weil sie bei vielen ihrer Nachkommen sich zu höheren Nerven-Zentralorganen ausbilden. Ebenso ist auch der paarige Hirnknoten (*g*), welcher vorn unter der Rückenhaut, über dem Vorderdarm liegt, von höchster Bedeutung; denn dieses Scheitelhirn (*Acroganglion*), welches ursprünglich als Scheitelplatte (*Acroplatea*) in der äußeren Oberhaut entsteht, ist die ektodermale Grundlage für den direkt daraus entstandenen „oberen Schlundknoten" und das „Gehirn" der höheren Tiere.

Gemäß der vorstehenden Darstellung nehme ich an, daß die ältesten und einfachsten *Turbellarien* aus *Platodarien* und diese direkt aus bilateralen Gastraeaden entstanden sind. Die

wichtigsten Fortschritte dabei waren die Ausbildung mesodermaler
Gonaden und Nephridien, sowie des ektodermalen Scheitelhirns.
Nach dieser Hypothese, die ich schon 1872 in der ersten Skizze
der Gastraeatheorie (Kalkschwämme, I, S. 465) aufgestellt habe
besteht keine direkte Verwandtschaft zwischen den Plattentieren
und Nesseltieren; diese letzteren, die Cnidarien (Hydrozoen und
Scyphozoen), sind unabhängig von ersteren aus einachsigen
Gastraeaden hervorgegangen; erst sekundär haben sich diese
monaxonen Gastraeaden festgesetzt und infolgedessen die radiale
Grundform erworben. Nach meiner persönlichen Ueberzeugung
befinden sich unter sämtlichen Ahnen der Wirbeltiere keine festsitzenden und keine radialen Formen.

An die bedeutungsvolle uralte Stammgruppe der Turbellarien schließen sich nun zunächst eine Anzahl von jüngeren
Ahnen der Chordonier an, die wir im Tiersystem zum Stamme
der *Vermalia* oder *Helminthes,* der „ungegliederten Wurmtiere" stellen müssen. Diese „eigentlichen Würmer" (oder *Vermes,*
neuerdings auch *Scolecida* genannt) sind bekanntlich das Leidens-
kreuz oder die „Rumpelkammer" der systematischen Zoologie, weil
die dazu gehörigen Klassen sehr verwickelte Verwandtschafts-
beziehungen zeigen, einerseits zu den tiefer stehenden Platoden,
andererseits zu den höher stehenden typischen Tierstämmen. Wenn
wir jedoch einerseits die Plattentiere (*Platodes*), andererseits die
Ringeltiere (*Annelides*) aus diesem Stamme ausschließen, so ergibt
sich eine ziemlich befriedigende Einheit der Organisation für alle
darin vereinigten Tierklassen. Ich habe den so beschränkten
Stamm der Vermalien in meiner „Natürlichen Schöpfungsgeschichte" in vier Hauptklassen und fünfzehn Klassen eingeteilt.
Von diesen sind zwei Hauptklassen oder Kladome für uns hier
ohne Bedeutung, weil sie nach meiner Auffassung keine Chor-
donier-Ahnen enthalten; das sind erstens die Rundwürmer oder
Strongylarien (Nematoden, Acanthocephalen, Chaetognathen); und
zweitens die Armwürmer oder *Prosopygier* (Bryozoen, Brachio-
poden, Phoroneen, Sipunculeen). Dagegen sind für unsere Aufgabe
von Interesse die beiden anderen Kladome, die Radwürmer
(*Rotatoria*) und die Rüsselwürmer (*Frontonia* oder *Rhynchocoela*); zu ersteren gehören die Ichthydinen und Rotiferen, zu
letzteren die Nemertinen und Enteropneusten. Unter diesen Wurmtieren befinden sich einzelne bedeutungsvolle Formen, welche in
der Ausbildung ihrer Organisation wichtige Fortschritte von der
Platodenstufe zur Chordonierstufe erkennen lassen.

Unter diesen phylogenetischen Fortschritten sind drei neue
Erscheinungen von ganz besonderer Bedeutung: 1. die Bildung
einer echten (sekundären) L e i b e s h ö h l e (*Coeloma*); 2. die Entstehung einer zweiten Darmöffnung, des A f t e r s (*Anus*); 3. die
Ausbildung eines B l u t g e f ä ß s y s t e m s (*Vasorium*). Die große
Mehrzahl der Vermalien besitzt schon diese drei Merkmale, die
alle den Platoden noch fehlen; bei den übrigen Wurmtieren sind
doch wenigstens ein oder zwei derselben zur Ausbildung gelangt.

Sehr nahe \an die Platoden schließen sich zunächst die
I c h t h y d i n e n an (*Gastrotricha*); kleine, im Süßwasser und im
Meere lebende Würmchen, welche nur 0.1—0,5 mm Länge erreichen. Ich vereinige diese primitiven Vermalien mit den eigentlichen R ä d e r t i e r c h e n (*Rotifera*) in der Hauptklasse der Rotatorien. Man kann die Gastrotrichen als direkte Uebergangsformen
von den Turbellarien zu den Rotiferen ansehen, wie sie tatsächlich zwischen beiden in der Mitte stehen. Die Zoologen haben
ihre Stellung im System sehr verschieden beurteilt. Nach meiner
Auffassung stehen dieselben ganz nahe den R h a b d o c o e l e n
(Fig. 294, 295) und unterscheiden sich von ihnen wesentlich nur
durch ein Merkmal, durch den Besitz eines Afters am hinteren
Ende (Fig. 296 a). Auch sind die Flimmerhaare, welche bei den
Turbellarien die ganze Oberfläche bedecken, bei den Gastrotrichen
auf zwei flimmernde Wimperbänder (*f*) an der Bauchfläche des
länglich-runden Körpers beschränkt, während die Rückenfläche
Borsten trägt. Im übrigen ist die Organisation beider Klassen
fast dieselbe. Hier wie dort besteht der Darm aus einem musku-
lösen Schlund (*s*) und einem drüsigen Urdarm (*d*). Ueber dem
Schlunde liegt das paarige Gehirn (Acroganglion, *g*). Seitlich vom
Urdarm liegen ein paar geschlängelte Vornierenkanäle (Wassergefäße oder Pronephridien, *nc*), die an der Bauchseite münden (*nm*).
Hinten finden sich ein paar einfache Geschlechtsdrüsen oder
Gonaden (Fig. 297 e). Die enge Leibeshöhle, welche den Darm umschließt, wird gewöhnlich für eine primäre Leibehöhle gehalten
(Blastocoel); es ist aber möglich, daß dieselbe erst durch Aus-
dehnung der paarigen Geschlechtstaschen entsteht, welche vom
After (oder Urmunde) aus nach vorn wachsen; dann würde sie
bereits als sekundäre Leibeshöhle (Enterocoel) zu deuten sein.

Während sich so die Ichthydinen noch eng an die Stamm-
gruppe der Platoden anschließen, führt uns dagegen ein weiterer
Weg zu jenen beiden Vermalien-Klassen, die wir im Kladome der
R ü s s e l w ü r m e r (*Frontonia*) vereinigen; das sind erstens die

Schnurwürmer (*Nemertina*) und zweitens die Eichelwürmer
(*Enteropneusta*). Beide Klassen besitzen noch ein vollständiges
Flimmerkleid der Oberhaut, ein Erbstück von den Turbellarien
und Gastraeaden; beide haben auch bereits zwei Darmöffnungen,
Mund und After, gleich den Gastrotrichen. Aber ein wichtiges
neues Organsystem, das jenen älteren Formen noch ganz fehlt,
tritt hier zum ersten Male auf, das Blutgefäßsystem (Vasorium).

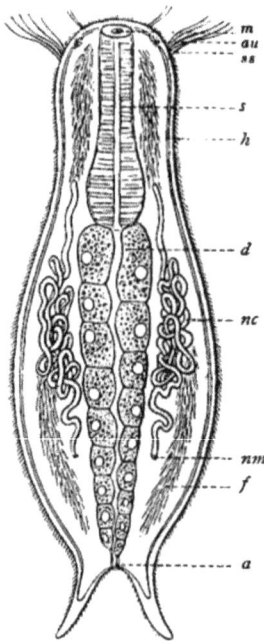 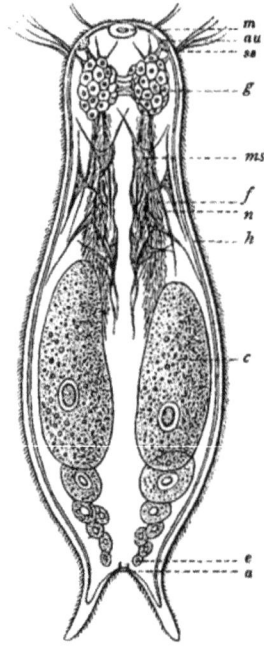

Fig. 296.   Fig. 297.

Fig. 296 und 297. **Chaetonotus, eine einfachste Vermalienform,** aus der
Gruppe der Gastrotrichen. *m* Mund, *s* Schlund, *d* Darm, *a* After, *g* Gehirn, *n* Nerven,
ss Sinneshaare, *au* Augen, *ms* Muskelzellen, *h* Haut, *f* Flimmerbänder der Bauchfläche,
nc Nephridien, *nm* deren Mündung, *e* Eierstöcke.

Aus Lücken im stärker entwickelten Mesoderm oder mittleren
Keimblatte entstehen einige kontraktile Längskanäle, welche durch
ihre Zusammenziehungen das darin enthaltene Blut im Körper
umherbewegen, die ersten Blutgefäße.

Die Schnurwürmer (*Nemertina*) waren früher mit den
viel tiefer stehenden Turbellarien vereinigt. Sie unterscheiden sich
von diesen sehr wesentlich durch den Besitz des Afters und der

Blutgefäße, sowie auch durch andere Merkmale höherer Organisation. Sie haben meistens die Gestalt eines schmalen, langen Bandes oder einer mehr oder weniger platten Schnur; neben vielen sehr kleinen Formen gibt es Riesenarten, die bei 5—10 mm Breite eine Länge von mehreren Metern (selbst über 10—15 Meter) erreichen. Die meisten leben im Meere, einige auch im Süßwasser und auf feuchter Erde. In der inneren Organisation schließen sich die Nemertinen einerseits an die niederen Strudelwürmer an, andererseits an die höheren Vermalien, insbesondere an die Eichelwürmer. Auch als Vorstufen höherer Metazoenstämme sind sie neuerdings mehrfach betrachtet und mit den Ahnen bald der Gliedertiere, bald der Wirbeltiere in direkte Verbindung gesetzt worden. Als eine Ahnenstufe der Wirbeltiere sind die Nemertinen insbesondere von *Hubrecht* angesehen worden; er vergleicht ihren eigentümlichen Rüssel mit der Hypophysis der ersteren, und die Rüsselscheide mit deren Chorda; ferner betrachtet er ein paar flimmernde Kopfspalten als Anfänge der Kiemenspalten und ein paar starke Seitennerven als Anlagen des Medullarrohrs. Ich halte diese Vergleichungen von *Hubrecht* für sehr unsicher. Auch kann ich nur wenig Gewicht auf die beginnende Gliederung des Körpers legen, die sich in der Bildung von paarigen Seitentaschen des Darmes und mit diesen abwechselnden Geschlechtstaschen, sowie in der Anlage querer Scheidewände äußert. Diese unvollständige Metamerie scheint eher die Artikulation der Anneliden, als die Vertebration der Wirbeltiere einzuleiten. Wohl aber sind jene für letztere insofern von einiger Bedeutung, als sie gerade in diesen und anderen Beziehungen mit der nächstfolgenden Klasse, den Eichelwürmern, übereinstimmen. Jedenfalls sind die Schnurwürmer auch insofern für uns von hohem phylogenetischen Interesse, als sie die niedersten und ältesten unter allen heute noch lebenden blutführenden Tieren sind. Wir begegnen hier zum ersten Male wirklichen Blutgefäßen, welche echtes Blut im Körper umherführen, jenen wichtigen, an Nahrungsstoffen reichen Saft, welcher in der Ernährung, der Atmung und dem Stoffwechsel aller höheren Tiere eine so große Rolle spielt. Ja, das Blut ist sogar bei einigen Nemertinen rot gefärbt, und der rote Farbstoff ist echtes Hämoglobin, an elliptische, scheibenförmige Blutzellen gebunden, wie bei den Wirbeltieren. Die meisten Schnurwürmer besitzen zwei oder drei parallele Blutkanäle, die der Länge nach durch den Körper laufen und vorn und hinten durch Schlingen, oft auch durch viele ringförmige Anastomosen

verbunden sind. Das wichtigste von diesen primitiven Blutgefäßen
ist dasjenige, welches in der Mittel-
linie des Rückens über dem Darme
liegt (Fig. 298 *r*); es kann sowohl

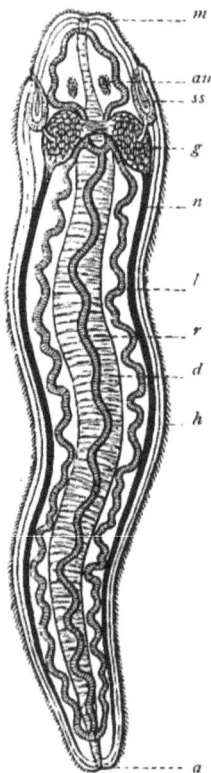

Fig. 298.

Fig. 298. **Ein einfacher Schnurwurm (Nemertine).** *m* Mund, *d* Darm,
a After, *g* Gehirn, *n* Nerven, *h* Flimmerhaut,
ss Sinnesgruben (Kopfspalten), *au* Augen, *r*
Rückengefäß, *l* Seitengefäße. (Schema.)

Fig. 299. **Ein junger Eichelwurm**
(*Balanoglossus*). Nach *Alexander Agassiz*. *r*
eichelförmiger Rüssel, *h* Halskragen, *k* Kiemenspalten und Kiemenbogen des Vorderdarmes,
jederseits in einer langen Reihe hintereinander,
d verdauender Hinterdarm, den größten Teil
der Leibeshöhle ausfüllend, *v* Darmvene oder
Bauchgefäß, zwischen zwei parallelen Hautfalten gelegen, *a* After.

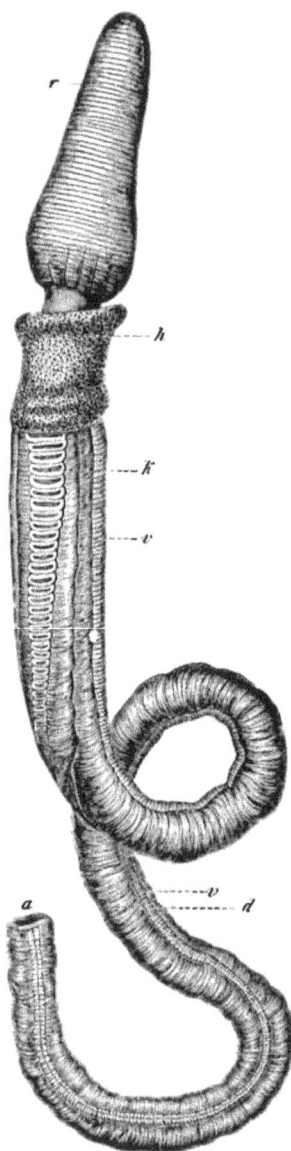

Fig. 299.

mit dem Rückengefäße der Gliedertiere, als mit der Aorta der Wirbeltiere verglichen werden. Rechts und links laufen die beiden geschlängelten Seitengefäße (Fig. 298 *l*).

An die Nemertinen schließe ich als entfernte Verwandte die Eichelwürmer (*Enteropneusta*) an; sie können mit ersteren wohl unter dem Begriffe der Rüsselwürmer, *Frontonia* oder *Rhynchocoela*, vereinigt werden. Heute leben von dieser Klasse nur noch wenige Gattungen und Arten (*Balanoglossus, Ptychodera* etc.); diese sind aber höchst merkwürdig und können als letzte Ueberreste einer uralten, längst ausgestorbenen Vermalien-Klasse betrachtet werden. Einerseits schließen sich dieselben an die Nermertinen und deren direkte Vorfahren, die Platoden, an; andererseits an die niedersten und ältesten Formen der Chordonier.

Die Eichelwürmer (Fig. 299) leben im Sande des Meeres und sind langgestreckte Würmer von ganz einfacher Gestalt, wie die Nemertinen. Von diesen haben sie als Erbstücke übernommen: 1. die zweiseitige Grundform, mit unvollständiger Metamerie; 2. die Flimmerdecke der weichen Oberhaut; 3. die paarigen Reihen der Darmtaschen, die mit ein oder zwei paar Längsreihen von Gonaden abwechseln; 4. den Gonochorismus oder die Geschlechtstrennung der Personen (während die Platoden-Ahnen noch Zwitter waren); 5. die bauchständige, unter einem vortretenden Rüssel gelegene Mundöffnung; 6. die endständige Afteröffnung des einfachen Darmrohres; 7. mehrere parallele, der Länge nach verlaufende Blutkanäle, einen dorsalen und einen ventralen Hauptstamm.

Dagegen unterscheiden sich die Enteropneusten von ihren Nemertinen-Ahnen durch mehrere, zum Teil wichtige Eigentümlichkeiten, die als neue Erwerbungen durch Anpassung zu erklären sind. Die weitaus wichtigste von diesen ist der Kiemendarm (Fig. 299 *k*). Der vordere Abschnitt des Darmrohres ist in ein Atmungsorgan verwandelt und von zwei Reihen Kiemenspalten durchbrochen; zwischen diesen findet sich ein Kiemengerüst, aus Chitinstäbchen und -platten gebildet. Das Wasser, welches durch die Mundöffnung aufgenommen wird, tritt durch diese Spalten nach außen. Dieselben liegen in der Rückenhälfte des Vorderdarmes, welche durch paarige Längsfalten von der Bauchhälfte unvollständig geschieden ist (Fig. 300 *A**). Diese Bauchhälfte, deren drüsige Wände mit Flimmerepithel bedeckt sind und Schleim absondern, entspricht der Schlundrinne oder Hypobranchialrinne der Chordonier (*Bn*), jenem wichtigen Organe, aus welchem später die Schilddrüse der Schädeltiere entstanden ist (vergl. S. 446).

Die morphologische Uebereinstimmung in dem eigentümlichen
Bau des Kiemendarmes bei den Enteropneusten, Tunicaten und
Vertebraten ist zuerst von *Gegenbaur* erkannt worden (1878); sie
ist um so bedeutungsvoller, als in allen drei Gruppen zunächst
am jungen Tiere nur ei n paa r K i e m e n s p a l t e n auftreten; erst
nachträglich wird ihre Zahl vermehrt. Wir dürfen daraus auf eine
gemeinsame Abstammung dieser drei Gruppen um so sicherer
schließen, als auch noch in anderen Beziehungen *Balanoglossus* sich
den *Chordoniern* auffallend nähert. So ist namentlich der wichtigste
Teil des Zentralnervensystems ein langer dorsaler Nervenstrang,
der über dem Darm verläuft und dem Markrohr der Chordonier
entspricht. *Bateson* will sogar zwischen beiden eine rudimentäre
Chorda gefunden haben. Wir können die ganze Vorderhälfte des

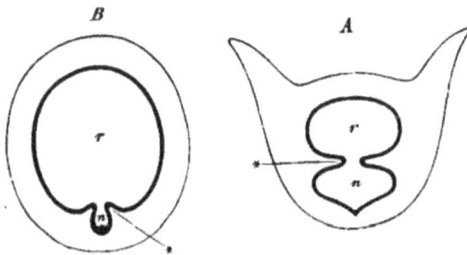

Fig. 300. **Querschnitt des Kiemendarms.** *A* von *Balanoglossus*, *B* von
Ascidia. *r* Kiemendarm, *n* Schlundrinne, * Bauchfalten zwischen beiden. Schematische
Darstellung nach *Gegenbaur* um das Verhalten der dorsalen Kiemendarmhöhle (*r*) zur
Schlundrinne oder Hypobranchialrinne (*n*) zu zeigen.

Eichelwurmes (bis zum Ende des Kiemendarmes) als K o p f auffassen (wie bei *Amphioxus* und den Copelaten) und ihr die Hinter-
hälfte (mit einfachem Leberdarm) als R u m p f gegenüberstellen.
        Unter allen wirbellosen Tieren, die heute noch leben, stehen
die *Enteropneusten* durch diese bedeutungsvollen Eigentümlichkeiten den *Chordoniern* am nächsten; sie dürfen daher als letztes
Ueberbleibsel jener uralten darmatmenden Vermalien-Gruppe betrachtet werden, aus der auch die letzteren entsprungen sind.
Unter allen C h o r d a - T i e r e n wiederum sind es die Copelaten
(Fig. 276, S. 490) und die geschwänzten Larven der Ascidien
(Fig. 5, Taf. XVIII), welche sich an den jungen *Balanoglossus* zu-
nächst anschließen. Beide sind andererseits auf das engste dem
Amphioxus verwandt, jenem uralten „Urwirbeltiere", dessen hohe
Bedeutung für die Stammesgeschichte unseres Geschlechts wir
bereits im XVI. und XVII. Vortrage erörtert haben.

Wie dort gezeigt wurde, sind die ungegliederten Manteltiere und die gegliederten Wirbeltiere als zwei selbständige
Stämme aufzufassen, die sich nach ganz verschiedenen Richtungen
hin divergent entwickelt haben. Allein die gemeinsame Wurzel
beider Stämme, die ausgestorbene Gruppe der Prochordonier, ist
in dem Stamme der Vermalien zu suchen, und unter allen heute
noch lebenden Wurmtieren leiten uns allein die vorgenannten auf
die Spur ihrer Entstehung. Gewiß haben sich die heute noch
lebenden Vertreter jener wichtigen Tiergruppen, Copelaten, Balano-
glossen, Nemertinen, Ichthydinen u. s. w., durch Anpassung an
ihre besonderen Lebensbedingungen mehr oder weniger weit von
dem Bilde der ursprünglichen Stammgruppen entfernt. Aber
dennoch dürfen wir annehmen, daß sie bedeutungsvolle Grundzüge ihrer typischen Organisation durch Vererbung bis heute
konserviert haben.

Trotzdem müssen wir zugestehen, daß in der ganzen Stammesgeschichte der Wirbeltiere die lange Wegstrecke von den Gastraeaden und Platoden aufwärts bis zu den ältesten Chordatieren der
weitaus dunkelste Abschnitt bleibt, und daß die wenigen angeführten Zwischenformen zwischen jenen und diesen nur wie einzelne
zerstreute Laternen den langen dunklen Weg mangelhaft beleuchten.
Man könnte auch noch eine andere Hypothese zur Aufhellung
desselben aufstellen, nämlich die Annahme, daß zwischen der
Gastraea und der *Chordaea* eine lange Reihe von anders geformten, gänzlich ausgestorbenen Zwischenformen existiert hat.
Auch nach dieser modifizierten Chordaea-Theorie würden die sechs
Primitivorgane der *Chordula* ihren hohen palingenetischen Wert
behalten. Das Medullarrohr würde ursprünglich ein chemisches
Sinnesorgan gewesen sein, ein dorsales Geruchsrohr, welches vorn
durch den Neuroporus Atemwasser und Nahrungsbestandteile auf-
nahm und diese hinten durch den Canalis neurentericus dem Urdarm zuführte. Erst später würde sich dieses Riechrohr zum
Nervenzentrum entwickelt haben, während die blasenförmig sich
ausdehnenden Gonaden (rechts und links vom Urmund gelegen)
zum Coelom wurden. Die Chorda könnte ursprünglich eine digestive, in der dorsalen Mittellinie des Urdarmes gelegene Drüsen-
rinne gewesen sein. Die beiden sekundären Darmöffnungen,
Mund und After, könnten durch Funktionswechsel in verschiedener Weise entstanden sein. Jedenfalls dürfen wir bei
Versuchen zur Beantwortung dieser schwierigen phylogenetischen
Fragen der Chordula eine ähnliche hohe Bedeutung zuschreiben,
wie früher der *Gastrula*.

Sechsundzwanzigste Tabelle.

A. Progonotaxis des Menschen, erste Hälfte:

Aeltere Ahnenreihe, ohne fossile Urkunden, vor der Silurzeit.

Haupt-stufen	Stammgruppen der Ahnenreihe	Lebende Ver-wandte der Ahnenstufen	Palä-onto-logie	Onto-genie	Mor-pho-logie
1.—5. Stufe: **Protisten-Ahnen** Einzellige Organismen **1—2:** Plasmodome *Protophyten* **3—5:** Plasmophage *Protozoen*	1. **Monera** (Plasmodoma) Ohne Zellkern	1. **Chromacea** (*Chroococcus*) *Phycochromacea*	0	!?	I
	2. **Algaria** Einzellige Algen	2. **Paulotomea** *Palmellacea Eremosphaera*	0	!?	II
	3. **Lobosa** Einzellige (Amoebine) Rhizopoden	3. **Amoebina** *Amoeba Leucocyta*	0	!!	II
	4. **Infusoria** Einzellige Infusionstiere	4. **Flagellata** Euflagellata Zoomonades	0	?	II
	5. **Blastaeades** Vielzellige Hohlkugeln (Coenobia)	5. **Catallacta** *Magosphaera, Vol-vocina, Blastula*	0	!!!	III
6.—11. Stufe: **Wirbellose Metazoen-Ahnen** **6—8:** *Coelenterien,* ohne After und Leibeshöhle **9—11:** *Vermalien,* mit After und mit Leibes-höhle	6. **Gastraeades** Mit zwei Keimblättern	6. **Gastrula** *Pemmatodiscus, Hydra, Olynthus*	0	!!!	III
	7. **Platodes I** *Platodaria* (Ohne Nephridien)	7. **Cryptocoela** *Convoluta Aphanostomum*	0	?	I
	8. **Platodes II** *Platodinia* (Mit Nephridien)	8. **Rhabdocoela** *Vortex Monotus*	0	?	I
	9. **Provermalia** (Urwurmtiere) *Rotatoria*	9. **Gastrotricha** *Trochophora Chaetonotus*	0	?	I
	10. **Frontonia** (*Rhynchelminthes*) Rüsselwürmer	10. **Enteropneusta** *Balanoglossus Cephalodiscus*	0	!	I
	11. **Prochordonia** Chordawürmer Mit Chorda!	11. **Copelata** *Appendicaria* (Chordula-Larven)	0	!!!	II
12.—15. Stufe: **Monorhinen-Ahnen** Aelteste Wirbeltiere, ohne Kiefer und ohne paarige Gliedmaßen, mit unpaarer Nasenbildung	12. **Acrania I** Aeltere Schädellose (Prospondylia)	12. **Larven von Amphioxus** Amphioxides	0	!!!	III
	13. **Acrania II** Jüngere Schädellose	13. **Leptocardia** Amphioxus (Lanzelot)	0	!	III
	14. **Cyclostoma I** Aeltere Rundmäuler (Archicrania)	14. **Larven von Petromyzon** (Ammocoetes)	0	!!!	II
	15. **Cyclostoma II** Jüngere Rundmäuler	15. **Marsipo-branchia** Petromyzon	0	!	III

Siebenundzwanzigste Tabelle.

B. Progonotaxis des Menschen, zweite Hälfte:

Jüngere Ahnenreihe, mit fossilen Urkunden, im Silur beginnend.

Perioden der Erdgeschichte	Stammgruppen der Ahnenreihe	Lebende Verwandte der Ahnenstufen	Paläontologie	Ontogenie	Morphologie
Silurische Periode	16. Selachii Urfische *Proselachii*	16. Notidanides Chlamydoselachus Heptanchus	—	!!	III
Silurische Periode	17. Ganoides Schmelzfische *Proganoides*	17. Accipenserides (Störfische) Polypterus	=	!	II
Devonische Periode	18. Dipneusta Lurchfische *Paladipneusta*	18. Neodipneusta Ceratodus Protopterus	—	!!	II
Carbonische Periode	19. Amphibia Lurche *Stegocephala*	19. Phanerobranchia Salamandrina (Proteus, Triton)	☰	!!!	III
Permische Periode	20. Reptilia Schleicher *Proreptilia*	20. Rhynchocephalia Ureidechsen *Hatteria*	☰	!!	II
Trias-Periode (Mesoz. I)	21. Monotrema Gabeltiere *Promammalia*	21. Ornithodelphia Echidna Ornithorhynchus	—	!!!	III
Jura-Periode (Mesoz. II)	22. Marsupialia Beuteltiere *Prodidelphia*	22. Didelphia Didelphys Perameles	—	!!	II
Kreide-Periode (Mesoz. III)	23. Mallotheria Urzottentiere *Prochoriata*	23. Insectivora Erinaceida (Ictopsida +)	=	!	I
Alt-Eocän-Periode	24. Lemuravida Aeltere Halbaffen Dent. 3. 1. 4. 3.	24. Pachylemures (*Hyopsodus* +) (*Adapis* +)	☰	!?	II
Neu-Eocän-Periode	25. Lemurogona Jüngere Halbaffen Dent. 2. 1. 4. 3.	25. Autolemures *Eulemur* *Stenops*	=	!?	II
Oligocän-Periode	26. Dysmopitheca Westaffen Dent. 2. 1. 3. 3.	26. Platyrrhinae (*Anthropops* +) (*Homunculus* +)		!	II
Alt-Miocän-Periode	27. Cynopitheca Hundsaffen (geschwänzt)	27. Papiomorpha Papstaffen *Cynocephalus*	—	!	III
Neu-Miocän-Periode	28. Anthropoides Menschenaffen (schwanzlos)	28. Hylobatida Hylobates Satyrus	—	!!	III
Pliocän-Periode	29. Pithecanthropi Affenmenschen (Alali, sprachlos)	29. Anthropitheca Schimpanse Gorilla	=	!!!	III
Pleistocän-Periode	30. Homines (Loquaces, sprechend)	30. Weddales Australneger	—	!!!	III

Zur leichteren Uebersicht der wichtigsten Ahnenstufen unseres Geschlechts gebe ich S. 584 und 585 die hypothetische Progonotaxis des Menschen, welche ich in meiner Abhandlung „Ueber unsere gegenwärtige Kenntnis vom Ursprung des Menschen" 1898 veröffentlicht habe (Vortrag, gehalten auf dem vierten internationalen Zoologenkongresse in Cambridge, am 26. August 1898; Bonn, 11. Auflage, 1908. In der älteren Hälfte der *Progonotaxis* (links) fehlen die Urkunden der *Paläontologie*, die in der jüngeren Hälfte (rechts) eine so wichtige Rolle spielen. Von jeder der drei phylogenetischen Urkunden ist in den drei schmalen Spalten (rechts) durch Zeichen der relative Wert angedeutet, welchen dieselbe (— bei dem gegenwärtigen Zustande unserer empirischen Kenntnisse —) für die Begründung der betreffenden phylogenetischen Hypothese besitzen dürfte. Es bedeutet:

Paläontologische Urkunde (erste Spalte)

     0   gänzlichen Mangel an versteinerten Resten,

     —   daß dieselben selten und unbedeutend,

     ⹀   daß sie in mäßiger Fülle bekannt und wichtig,

     ☰   daß sie reichhaltig und bedeutungsvoll sind.

Ontogenetische Urkunde (zweite Spalte)

     ?   daß ihr phylogenetischer Wert zweifelhaft ist,

     !   daß er gering oder vieldeutig,

     !!   daß er bedeutungsvoll, und endlich

     !!!   daß er höchst wichtig und lehrreich ist.

Morphologische Urkunde (dritte Spalte)

     I   daß die vergleichende Anatomie nur wenig,

     II   daß sie viel historische Auskunft gibt,

     III   daß sie sehr viel über die Phylogenie aussagt.

Die Einteilung dieser provisorischen Hypothesen-Kette in 30 Stufen und sechs größere Strecken habe ich eingehender zu begründen versucht in meiner Abhandlung über „Unsere Ahnenreihe (*Progonotaxis hominis*): Kritische Studien über Phyletische Anthropologie"; Festschrift zur 350-jährigen Jubelfeier der Thüringer Universität Jena und der damit verbundenen Uebergabe des Phyletischen Museums am 30. Juli 1908. (Jena, Gustav Fischer.) Mit 6 Tafeln.

Einundzwanzigster Vortrag.

Unsere fischartigen Ahnen.

„Die Phantasie ist ein unentbehrliches Gut: denn sie ist es, durch welche neue Kombinationen zur Veranlassung wichtiger Entdeckungen gemacht werden. Die Kraft der Unterscheidung des isolierenden Verstandes sowohl, als der erweiternden und zum Allgemeinen strebenden Phantasie sind dem Naturforscher in einem harmonischen Wechselwirken notwendig. Durch Störung dieses Gleichgewichts wird der Naturforscher von der Phantasie zu Träumereien hingerissen, während diese Gabe den talentvollen Naturforscher von hinreichender Verstandesstärke zu den wichtigsten Entdeckungen führt." *Johannes Müller* (1834).

Phylogenetisches System der Wirbeltiere. Schädellose und Schädeltiere. Rundmäuler und Kiefermäuler. Ahnenreihe der Fische: Urfische oder Selachier; Schmelzfische oder Ganoiden; Lurchfische oder Dipneusten.

Inhalt des einundzwanzigsten Vortrages.

Stammesurkunden der Vertebraten. Phylogenetisches System der Wirbeltiere: acht Klassen. Schädellose (Acrania) und Schädeltiere (Craniota). Rundmäuler (Cyclostomen) und Kiefermäuler (Gnathostomen). Verbindende Mittelstellung der Cyclostomen zwischen den Acraniern und Gnathostomen. Wichtige Unterschiede der Cyclostomen von den Fischen. Urschädeltiere, Archicranier. Die charakteristischen Eigenschaften der Kiefermäuler oder Paarnasen: der Kiemenbogenapparat mit den Kieferbogen, die paarige Nase, die Schwimmblase, die beiden Beinpaare. Verwandtschaftsverhältnis der drei Fischgruppen: Urfische oder Selachier, Schmelzfische oder Ganoiden, Knochenfische oder Teleostier. Proselachier, Pleuracanthiden. Quastenflosser, Crossopterygier. Beginn des Landlebens auf der Erde. Verwandlung der Schwimmblase in die Lunge. Mittelstellung der Dipneusten zwischen den Urfischen und Amphibien. Paläozoische Dipneusten: Ctenodipterinen. Mesozoische Dipneusten: Ceratodinen. Die drei noch lebenden Dipneusten (Protopterus, Lepidosiren, Ceratodus).

Literatur:

Johannes Müller, 1835—1845. *Vergleichende Anatomie der Myxinoiden. Berlin.*

Derselbe, 1846. *Ueber den Bau und die Grenzen der Ganoiden. Berlin.*

Carl Gegenbaur, 1864—1872. *Untersuchungen zur vergleichenden Anatomie der Wirbeltiere. I., II. Gliedmaßen, III. Kopfskelett. Leipzig.*

Derselbe, 1901. *Vergleichende Anatomie der Wirbeltiere. Leipzig.*

Max Schultze, 1856. *Die Entwickelungsgeschichte von Petromyzon Planeri.*

Carl Kupffer, 1890—1895. *Die Entwickelung von Petromyzon etc. Bonn.*

Francis Balfour, 1878. *A Monograph on the Development of Elasmobranch Fishes.*

Thomas Huxley, 1861. *Preliminary Essay upon the systematic Arrangement of the Fishes of the Devonian Epoch. Mem. Geol. Survey Un. Kingdom.*

Derselbe, 1873. *Handbuch der Anatomie der Wirbeltiere. Breslau.*

Th. Bischoff, 1840. *Lepidosiren paradoxa, anatomisch untersucht und beschrieben.*

Albert Günther, 1871. *Ceratodus und seine Stelle im System. (Archiv f. Naturg.)*

Carl Zittel, 1887. *Paläozoologie, Bd. III (Paläontologie der Fische). München.*

Gustav Steinmann und Ludwig Döderlein, 1890. *Elemente der Paläontologie.*

Robert Wiedersheim, 1884. *Vergleichende Anatomie der Wirbeltiere. 7. Aufl. 1909. Jena.*

Alexander Goette, 1878—1890. *Beiträge zur Entwickelungsgeschichte der Wirbeltiere. (V. Petromyzon.) 1875, Unke (Bombinator). Leipzig.*

Johannes Rückert, 1885—1896. *Zur Keimblattbildung und Entwickelungsgeschichte der Selachier. München.*

Ernst Heinrich Ziegler, 1892. *Entwickelungsgeschichte von Torpedo. Bonn.*

Ernst Haeckel, 1895. *Systematische Phylogenie der Wirbeltiere. IV. Kapitel: Fische. Berlin.*

Hermann Braus, 1899—1902. *Beiträge zur Entwickelungsgeschichte der Selachier.*

J. Graham Kerr, 1901. *The development of Lepidosiren paradoxa. London.*

Richard Semon, 1893—1901. *Zoologische Forschungsreisen in Australien und dem Malayischen Archipel. Bd. I: Ceratodus.*

XXl.

Meine Herren!

Unsere phylogenetische Aufgabe, unter der ungeheuren Zahl
der uns bekannten Tierformen die ausgestorbenen Vorfahren
unseres Geschlechtes zu ermitteln, stößt in den verschiedenen Abschnitten der menschlichen Stammesgeschichte auf sehr verschiedene
Schwierigkeiten. Sehr groß waren diese in der Reihe unserer
wirbellosen Vermalien-Ahnen; viel geringer sind sie in der nun
folgenden Reihe unserer Wirbeltier-Ahnen. Denn innerhalb
des Vertebratenstammes herrscht, wie wir uns bereits überzeugt
haben, eine so vollständige Uebereinstimmung der typischen Organisation und Keimesentwickelung, daß wir an der phylogenetischen
Einheit desselben nicht zweifeln können. Zugleich fließen hier
die Quellen der Stammesurkunden viel reicher und klarer.

Wie bedeutungsvoll hier vor allem die vergleichende
Keimesgeschichte der Wirbeltiere ist, und wie wir aus
derselben mit Hülfe des Biogenetischen Grundgesetzes die wichtig-
sten Schlüsse auf deren Stammesgeschichte ziehen können, davon
werden Sie sich bereits überzeugt haben. Daneben sind aber auch
die reichen Quellen der Paläontologie und der vergleichenden
Anatomie, welche die ersteren ergänzen, für uns von unschätz-
barem Werte; sie bilden von nun an innerhalb des Wirbeltier-
Stammbaumes unsere sichersten Leitsterne. Dank den klassischen
Untersuchungen von *George Cuvier, Johannes Müller, Friedrich
Meckel, Richard Owen, Thomas Huxley, Carl Gegenbaur, Max
Fürbringer, R. Wiedersheim* u. a. gebieten wir jetzt schon in
diesem wichtigsten Abschnitte unserer Stammesgeschichte über so
ausgedehnte und lehrreiche morphologische Schöpfungs-
Urkunden, daß wir mit der erfreulichsten Sicherheit wenigstens
die bedeutendsten Grundzüge in der Entwickelungsfolge unserer
Wirbeltier-Ahnen feststellen können.

Die charakteristischen Eigentümlichkeiten, durch welche sich
sämtliche Wirbeltiere von sämtlichen Wirbellosen unterscheiden,

haben wir früher bereits gewürdigt, als wir den Körperbau des idealen Urwirbeltieres untersuchten (im XI. Vortrage, Fig. 101 bis 105). Vor allen anderen Merkmalen traten in den Vordergrund: 1) die Entwickelung des Urhirns zu einem dorsalen Medullarrohr; 2) die Ausbildung der Chorda zwischen Markrohr und Darmrohr; 3) die Sonderung des Darmrohres in einen vorderen Kiemendarm und hinteren Leberdarm; 4) die innere Gliederung oder Metameren-bildung. Die drei ersten Eigenschaften teilen die Wirbeltiere noch mit den Ascidienlarven und den Prochordoniern; die vierte Eigenschaft besitzen sie allein. Demnach bestand der wichtigste Fortschritt in der Organisation, durch welchen die ältesten Wirbeltierformen aus den nächst verwandten ungegliederten Chordatieren hervorgingen, in dem Erwerbe der inneren Gliederung oder Metamerie. Diese begann zunächst mit dem Zerfall der paarigen Coelomtaschen in eine Doppelreihe von Somiten oder Ursegmenten. Aus deren Dorsalhälften (Episomiten) entstanden die Reihen der Muskeltaschen, aus ihren Ventralhälften (Hyposomiten) die Reihen der Geschlechtstaschen. Erst später prägte sich die innere Gliederung oder Vertebration auch am Skelett, am Nervensystem und am Blutgefäßsystem deutlich aus.

Das Verständnis der Stammesgeschichte der Wirbeltiere wird sehr erleichtert durch die naturgemäße Klassifikation des Stammes, welche ich zuerst in meiner Generellen Morphologie (1866) vorgeschlagen und später in der Natürlichen Schöpfungsgeschichte mehrfach verbessert habe. (Vergl. die 11. Auflage der letzteren, XXIV. Vortrag.) Danach müssen wir unter den heute noch lebenden Wirbeltieren zunächst folgende 8 Klassen unterscheiden:

Systematische Uebersicht der acht Wirbeltier-Klassen.

A. Schädellose, Acrania:				1. Rohrherzen	1. *Leptocardia*
	a) Rundmäuler, Cyclostoma			2. Unpaarnasen	2. *Monorhina*
B. Schädeltiere, Craniota	b) Kiefermäuler (Gnathostoma) oder Paarnasen (Amphirhina)	I. Amnionlose Anamnia		3. Fische	3. *Pisces*
				4. Lurchfische	4. *Dipneusta*
				5. Lurche	5. *Amphibia*
		II. Amniontiere Amniota		6. Reptilien	6. *Reptilia*
				7. Vögel	7. *Aves*
				8. Säugetiere	8. *Mammalia*

Der ganze Stamm der Wirbeltiere zerfällt zunächst in die beiden Hauptabteilungen der Schädellosen und der Schädeltiere. Von der älteren und niederen Abteilung der Schädellosen (*Acrania*) lebt heutzutage nur noch der Amphioxus. Zu der jüngeren und höheren Abteilung der Schädeltiere (*Craniota*) gehören alle übrigen lebenden Wirbeltiere bis zum Menschen hinauf. Die Schädeltiere stammen direkt von den Schädellosen ab, wie diese von den Urchordatieren. Die ausführliche Untersuchung, welche wir über die vergleichende Anatomie und Ontogenie der Ascidie und des Amphioxus anstellten, hat uns bereits von diesen wichtigen Beziehungen überzeugt. (Vergl. den XVI. und XVII. Vortrag, sowie Taf. XVIII und XIX nebst Erklärung.) Als die wichtigste Tatsache von der größten Tragweite will ich nur nochmals hervorheben, daß der Amphioxus sich ganz in derselben Weise aus dem Ei entwickelt, wie die Ascidie. Bei beiden entsteht auf ganz gleichem Wege aus der einfachen Stammzelle (*Cytula*) eine kugelige *Blastula*, welche sich durch Einstülpung in die becherförmige *Gastrula* verwandelt. Aus dieser geht jene merkwürdige Larvenform hervor, welche wir *Chordula* nannten, und welche auf der Rückenseite des Darmrohrs ein Markrohr und zwischen beiden Röhren eine Chorda entwickelt. Später sondert sich dann das Darmrohr (ebenso bei der Ascidie wie beim Amphioxus) in den vorderen Kiemendarm und den hinteren Leberdarm. Diese fundamentalen Tatsachen konnten wir nach dem Biogenetischen Grundgesetze für unsere Phylogenie direkt zu dem wichtigen Satze verwerten: Der Amphioxus, die niederste Wirbeltierform, und die Ascidie, die nächst verwandte wirbellose Tierform, stammen beide von einer und derselben ausgestorbenen Stammform ab: Chordaea; diese wird im wesentlichen die Organisation der Chordula besessen haben.

Nun ist aber der Amphioxus nicht allein deshalb von außerordentlicher Bedeutung, weil er die tiefe Kluft zwischen den Wirbellosen und den Wirbeltieren ausfüllt, sondern auch deshalb, weil er uns das typische Wirbeltier in seiner einfachsten Gestalt noch heute vor Augen führt. Wir verdanken ihm die wichtigsten, unmittelbaren Anhaltspunkte, um die allmähliche historische Entwickelung des ganzen Stammes zu verstehen. Wenn uns der Körperbau und die Keimesgeschichte dieses unschätzbaren Urwirbeltieres unbekannt wären, so würde das ganze Verständnis der älteren Entwickelung des Wirbeltierstammes und somit auch unseres eigenen Geschlechts von einem dichten Schleier verhüllt sein. Erst die genaue anatomische und ontogenetische Kenntnis des Amphioxus, die wir neuerdings gewonnen haben, hat jenen dichten, früher für undurchdringlich gehaltenen Schleier gelüftet. Wenn Sie diesen uralten Acranier mit dem entwickelten Menschen oder irgend einem höheren Wirbeltiere vergleichen, so ergibt sich eine Menge von

höchst auffallenden Unterschieden. Der Amphioxus hat, wie Sie
wissen, noch keinen gesonderten Kopf, noch kein ausgebildetes
Gehirn, keinen Schädel, keine Kiefer, keine Gliedmaßen; ebenso
fehlt ihm ein zentralisiertes Herz, eine entwickelte Leber und Niere,
eine gegliederte Wirbelsäule; alle einzelnen Organe erscheinen viel
einfacher und ursprünglicher als bei den höheren Wirbeltieren und
dem Menschen gebildet. (Vergl. die XVII. Tabelle, S. 463.) Und
dennoch, trotz aller dieser mannigfachen Abweichungen von dem
Bau der übrigen Wirbeltiere, ist der Amphioxus ein echtes, ein
unzweifelhaftes Wirbeltier; und wenn wir statt des entwickelten
Menschen den menschlichen Embryo aus einer früheren Periode
der Ontogenese mit dem Amphioxus vergleichen, so finden wir
zwischen beiden in allen wesentlichen Stücken eine auffallende
Uebereinstimmung. (Vergl. die XVI. Tabelle, S. 462.) Diese bedeutungsvolle Uebereinstimmung berechtigt uns zu dem Schlusse,
daß sämtliche Schädeltiere von einer gemeinsamen uralten Stammform abstammen, welche im wesentlichen dem Amphioxus gleichgebildet war. Diese Stammform, das älteste „Urwirbeltier"
(*Prospondylus*, Fig. 101—105), besaß bereits die Charaktere des
Wirbeltieres als solchen, und dennoch fehlten ihm alle jene wichtigen
Eigentümlichkeiten, welche die Schädeltiere vor den Schädellosen
auszeichnen. Wenn auch der Amphioxus in mancher Beziehung
eigentümlich organisiert und mehrfach degeneriert erscheint, wenn
er auch nicht als ein unveränderter Abkömmling jenes Urwirbeltieres betrachtet werden kann, so wird er doch die bereits angeführten entscheidenden Charakterzüge von ihm geerbt haben. Wir
dürfen daher nicht sagen: „Amphioxus ist der Stammvater der
Wirbeltiere"; wohl aber dürfen wir sagen: „Amphioxus ist unter
allen uns bekannten Tieren der nächste Verwandte dieses Stamm-
vaters"; er gehört mit ihm in dieselbe engere Familiengruppe, in
jene niederste Wirbeltierklasse, welche wir S c h ä d e l l o s e (*Acrania*)
nennen. In unserem menschlichen Stammbaum bildet diese Stammgruppe die zwölfte Hauptstufe unserer Vorfahrenkette, die erste
Stufe unter den Wirbeltierahnen (S. 584). Aus dieser Acranier-
gruppe ist einerseits der heutige Amphioxus, anderseits die Stammform der Schädeltiere, der Cranioten, hervorgegangen.

Die umfangreiche Hauptabteilung der S c h ä d e l t i e r e (*Craniota*) umfaßt alle uns bekannten Wirbeltiere, mit einziger Ausnahme des Amphioxus. Alle diese Schädeltiere besitzen einen
deutlichen, vom Rumpfe innerlich gesonderten Kopf, und dieser
enthält einen Schädel, in welchem ein Gehirn eingeschlossen liegt.

Dieser Kopf ist zugleich der Träger von drei Paar höheren Sinnesorganen (Nase, Auge und Ohr). Das Gehirn erscheint anfänglich nur in sehr einfacher Form, als eine vordere blasenförmige Auftreibung des Markrohres (Taf. XIX, Fig. 16 m_1). Bald aber zerfällt die letztere durch mehrere quere Einschnürungen in anfänglich drei, später fünf hintereinander liegende Hirnblasen (S. 385). In dieser Ausbildung von Kopf, Schädel und Gehirn, nebst Fortbildung der höheren Sinnesorgane, liegt der wesentlichste Fortschritt, den die Stammformen der Schädeltiere über ihre Vorfahren, die Schädellosen, hinaus taten. Außerdem erreichten aber auch andere Organe schon frühzeitig einen höheren Grad der Entwickelung: es erschien ein kompaktes zentralisiertes Herz mit Klappen, eine höher ausgebildete Leber und Niere; auch in manchen anderen Beziehungen machten sich bedeutungsvolle Fortschritte geltend.

Wir können unter den Schädeltieren zunächst wiederum zwei Hauptabteilungen unterscheiden, die R u n d m ä u l e r (Cyclostoma) und die K i e f e r m ä u l e r (Gnathostoma). Von den ersteren leben heutzutage nur noch sehr wenige Formen; diese sind aber deshalb von hohem Interesse, weil sie ihrer ganzen Organisation nach zwischen den Schädellosen und den Kiefermäulern stehen. Sie sind viel höher organisiert als die Acranier, viel niedriger als die Fische, und stellen auf diese Weise ein sehr willkommenes phylogenetisches Bindeglied zwischen beiden Abteilungen dar. Wir dürfen sie daher als eine besondere Zwischengruppe, als vierzehnte und fünfzehnte Stufe in unserer menschlichen Ahnenreihe aufführen.

Die wenigen heute noch lebenden Arten der Cyclostomenklasse verteilen sich auf z w e i verschiedene Ordnungen, welche als Inger und Lampreten bezeichnet werden. Die I n g e r oder Schleimfische (Myxinoides) haben einen langgestreckten, cylindrischen, wurmähnlichen Körper. Sie wurden von Linné zu den Würmern, von anderen Zoologen später bald zu den Fischen, bald zu den Amphibien, bald zu den Mollusken gerechnet. Die Myxinoiden leben im Meere gewöhnlich schmarotzend auf Fischen, in deren Haut sie sich mittelst ihres runden Saugmundes und ihrer mit Hornzähnen bewaffneten Zunge einbohren. Bisweilen findet man sie lebend in der Leibeshöhle der Fische (z. B. des Dorsches und Störes); sie sind dann auf ihrer Wanderung durch die Haut des Fisches bis in das Innere durchgedrungen. Die zweite Ordnung, die L a m p r e t e n (Petromyzontes), umfaßt die bekannten Neunaugen oder Pricken, die Sie alle in mariniertem Zustande kennen werden: das kleine Flußneunauge (Petromyzon fluviatilis) und

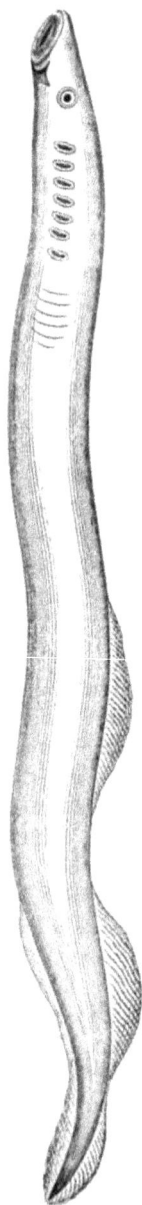

das große Seeneunauge (*Petromyzon marinus*, Fig. 301). Auch die Lampreten besitzen, wie die Inger, ein rundes, zum Saugen taugliches Maul, das innen Hornzähne trägt; sie saugen sich damit an Fische, Steine und andere Gegenstände an (daher der Name *Petromyzon* = Steinsauger). Es scheint, daß diese Gewohnheit des Ansaugens bei älteren Wirbeltieren sehr verbreitet war; auch die Larven mancher Ganoiden und der Frösche besitzen Saugscheiben in der Nähe des Mundes.

Man bezeichnet die Tierklasse, welche durch die beiden Gruppen der Myxinoiden und Petromyzonten gebildet wird, mit dem Namen R u n d - m ä u l e r oder Kreismündige (*Cyclostoma*), weil ihr Mund eine kreisrunde oder halbkreisrunde Oeffnung bildet. Die Kiefer (Oberkiefer und Unterkiefer), welche allen höheren Wirbeltieren zukommen, fehlen den Cyclostomen vollständig, ebenso wie dem Amphioxus. Alle übrigen Wirbeltiere stehen ihnen daher als K i e f e r - m ä u l e r (*Gnathostoma*) gegenüber. Man kann die Cyclostomen auch als U n p a a r n a s e n (*Monorhina*) bezeichnen, weil sie nur ein einziges, unpaares Nasenrohr besitzen, während die Kiefermündigen sämtlich mit einem Paar Nasenhöhlen versehen sind, einer rechten und einer linken Nasenhöhle (P a a r n a s i g e, *Amphirhina*). Aber auch abgesehen von diesen Eigentümlichkeiten zeichnen sich die Cyclostomen durch andere sonderbare Einrichtungen ihres Körperbaues aus und sind von den Fischen weiter entfernt, als die Fische vom Menschen. Wir müssen sie daher offenbar als die letzten Ueberbleibsel einer sehr alten und sehr tief stehenden Wirbeltierklasse betrachten, welche noch lange nicht die Organisationshöhe eines wirklichen echten

Fig. 301. **Das große Neunauge oder die See-Lamprete** (*Petromyzon marinus*), stark verkleinert. Hinter dem Auge ist die Reihe von sieben Kiemenspalten linkerseits sichtbar, vorn das runde Saugmaul.

Fisches erreicht hatte. Um nur das Wichtigste hier kurz anzu-
führen, so fehlt den Cyclostomen noch jede Spur von paarigen
Gliedmaßen. Ihre schleimige Haut ist ganz nackt und glatt, ohne
Schuppen. Ein Knochengerüst fehlt ganz. Das innere Achsenskelett ist noch eine ganz einfache Chorda ohne Gliederung, wie
beim Amphioxus. Nur bei den Petromyzonten zeigt sich insofern
ein erster Anfang der Gliederung, als in der von der Chordascheide
ausgehenden Markrohrhülle obere Bogen auftreten. Am vordersten
Ende der Chorda entwickelt sich ein Schädel von einfachster Gestalt. Aus der Chordascheide entsteht hier eine weichhäutige,
teilweise in Knorpel sich verwandelnde, kleine Schädelkapsel,
welche das Gehirn einschließt. Der wichtige Apparat der Kiemenbogen, des Zungenbeines etc., der sich von den Fischen bis zum
Menschen vererbt, fehlt den Rundmäulern noch ganz. Sie haben
allerdings ein knorpeliges, oberflächlich gelegenes Kiemengerüst,
aber von ganz anderer morphologischer Bedeutung.

Das Gehirn erscheint bei den Cyclostomen nur als eine sehr
kleine und verhältnismäßig unbedeutende Anschwellung des
Rückenmarks, anfangs als einfache Blase (Taf. XIX, Fig. 16 m_1).
Später zerfällt dieselbe in fünf hintereinander liegende Hirnblasen,
gleich dem Gehirn aller Gnathostomen. Diese fünf einfachen
primitiven Hirnblasen, welche bei den Embryonen aller höheren
Wirbeltiere ganz gleichmäßig, von den Fischen bis zum Menschen
hinauf, wiederkehren und sich in sehr komplizierte Gebilde verwandeln, bleiben bei den Cyclostomen auf einer sehr indifferenten
und niederen Bildungsstufe stehen. Auch die histologische Ele-
mentarstruktur des Nervensystems ist unvollkommener als bei den
übrigen Wirbeltieren. Während bei diesen das Gehörorgan immer
drei Ringkanäle enthält, besitzen die Petromyzonten deren nur
zwei und die Myxinoiden gar nur einen. Auch in den meisten
übrigen Punkten ist die Organisation der Cyclostomen noch einfacher und unvollkommener, so z. B. in der Bildung des Herzens,
des Kreislaufes, der Nieren. Der vordere Abschnitt des Darmkanals bildet allerdings auch hier, wie beim Amphioxus, die respiratorischen Kiemen. Allein diese Atmungsorgane entwickeln
sich hier in ganz eigentümlicher Weise: nämlich in Form von
6—8 Paar Beuteln oder Säckchen, welche zu beiden Seiten des
Vorderdarmes liegen und durch innere Oeffnungen in den Schlund,
durch äußere Oeffnungen auf der äußeren Haut münden. Das ist
eine sehr eigentümliche Ausbildung der Atmungsorgane, welche
für diese Tierklasse ganz bezeichnend ist. Man hat sie daher

auch Beutelkiemer (*Marsipobranchia*) genannt. Besonders hervorzuheben ist noch der Mangel eines sehr wichtigen Organs, welchem wir bei den Fischen begegnen, nämlich der Schwimmblase, aus welcher sich bei den höheren Wirbeltieren die Lunge entwickelt hat.

Wie demnach die Cyclostomen in ihrem gesamten anatomischen Körperbau vielerlei Eigentümlichkeiten darbieten, so auch in der Keimesgeschichte. Eigentümlich ist schon ihre ungleichmäßige Eifurchung, welche sich am nächsten an diejenige der Amphibien anschließt (Fig. 51, 52, S. 200). Daraus geht eine Haubengastrula hervor, wie bei den Amphibien (Taf. II, Fig. 11). Aus dieser entsteht eine sehr einfach organisierte Larvenform, welche sich ganz nahe an den Amphioxus anschließt, und welche wir deshalb schon früher betrachtet und mit letzterem verglichen haben (S. 456 und Taf. XIX, Fig. 16). Die stufenweise Keimesentwickelung dieser Cyclostomenlarve erläutert uns sehr klar und einleuchtend die allmähliche Stammesentwickelung der Schädeltiere aus den Schädellosen. Später geht aus dieser einfachen Petromyzonlarve eine blinde und zahnlose Larvenform hervor, welche von der erwachsenen Lamprete so sehr verschieden ist, daß sie bis zum Jahre 1856 allgemein als eine besondere Fischgattung unter dem Namen Querder (*Ammocoetes*) beschrieben wurde. Erst durch eine weitere Metamorphose verwandelt sich später dieser blinde und zahnlose Ammocoetes in die mit Augen und Zähnen versehene Lamprete (*Petromyzon*) [91].

Wenn wir alle diese Eigentümlichkeiten im Körperbau und in der Keimesgeschichte der Cyclostomen zusammenfassen, so dürfen wir folgenden Satz aufstellen: Aus den ältesten Schädeltieren oder Cranioten, welche wir als Urschädeltiere (*Archicrania*) bezeichnen, sind zwei divergente Linien hervorgegangen. Die eine dieser Linien ist uns noch heute in mehrfach verändertem Zustande erhalten: das sind die Cyclostomen oder Monorhinen, eine wenig fortgeschrittene, auf tiefer Stufe stehen gebliebene und teilweise durch Rückbildung entartete Seitenlinie. Die andere Linie, die Hauptlinie des Wirbeltierstammes, setzte sich in gerader Richtung bis zu den Fischen fort und erwarb durch neue Anpassungen eine Menge wichtiger Vervollkommnungen.

Um die phylogenetische Bedeutung solcher interessanten Ueberbleibsel uralter Tiergruppen, wie es die Cyclostomen sind, richtig zu würdigen, ist es notwendig, ihre mannigfachen Eigentümlichkeiten mit dem philosophischen Messer der vergleichenden

Anatomie kritisch zu prüfen. Man muß namentlich einerseits zwischen jenen hereditären Charakteren wohl unterscheiden, welche sich durch Vererbung von gemeinsamen, uralten, ausgestorbenen Vorfahren bis auf den heutigen Tag getreu erhalten haben, und anderseits jenen besonderen adaptiven Merkmalen, welche die heute noch lebenden Ueberbleibsel jener uralten Gruppe im Laufe der Zeit erst sekundär durch Anpassung erworben haben. Zu diesen letzteren gehören z. B. bei den Cyclostomen die eigentümliche Bildung der unpaaren Nase und des runden Saugmaules, sowie besondere Strukturverhältnisse der äußeren Haut und der beutelförmigen Kiemen. Zu jenen ersteren Charakteren hingegen, die in phylogenetischer Beziehung allein Bedeutung besitzen, gehört die primitive Bildung der Chorda und des Gehirns, die eigentümliche Struktur der Muskeln und Nerven, der Mangel der Schwimmblase, der Kiefer und der Extremitäten u. s. w. Das sind typische Eigenschaften der ausgestorbenen Archicranier, jener ältesten Cyclostomen, die wir als die gemeinsamen Stammformen aller Schädeltiere auffassen[92]).

Die Cyclostomen werden im zoologischen Systeme fast allgemein zu den Fischen gestellt; allein wie falsch dies ist, ergibt sich einfach aus der Erwägung, daß in allen wichtigen und auszeichnenden Organisations-Eigentümlichkeiten die Cyclostomen von den Fischen weiter entfernt sind, als die Fische von den Säugetieren und vom Menschen. Mit den Fischen beginnt die große Hauptabteilung der kiefermündigen Wirbeltiere oder der Paarnasen (*Gnathostomen* oder *Amphirhinen*). Wir haben nun zunächst von den Fischen weiterzugehen, als von derjenigen Wirbeltierklasse, welche nach den Zeugnissen der Paläontologie, der vergleichenden Anatomie und Ontogenie mit absoluter Sicherheit als die Stammklasse sämtlicher höheren Wirbeltiere, sämtlicher Kiefermäuler angesehen werden muß. Selbstverständlich kann kein einziger der lebenden Fische als direkte Stammform der höheren Wirbeltiere betrachtet werden. Aber ebenso sicher dürfen wir alle Wirbeltiere, welche wir von den Fischen bis zum Menschen hinauf unter dem Namen der *Gnathostomen* begreifen, von einer gemeinsamen ausgestorbenen fischartigen Stammform ableiten. Wenn wir diese uralte Stammform lebendig vor uns hätten, würden wir sie zweifellos als einen echten Fisch bezeichnen und im System in der Fischklasse unterbringen. Glücklicherweise ist gerade die vergleichende Anatomie und Systematik der Fische jetzt so weit vorgeschritten, daß wir diese fundamentalen

und für unsere Stammesgeschichte höchst interessanten Verhältnisse sehr klar übersehen können.

Um den Stammbaum unseres Geschlechts innerhalb des Wirbeltierstammes richtig zu verstehen, ist es von großer Bedeutung, die
maßgebenden Charaktere fest im Auge zu behalten, welche die
Fische und die sämtlichen anderen Kiefermäuler von den Rundmäulern und den Schädellosen trennen. Gerade in Bezug auf diese
entscheidenden Charaktermerkmale stimmen die Fische mit allen
anderen Gnathostomen bis zum Menschen hinauf überein, und
gerade darauf gründen wir unseren Anspruch der Verwandtschaft
mit den Fischen (vergl. die XVII. Tabelle, S. 463). Als solche
systematisch-anatomische Charaktere von höchster Bedeutung
müssen namentlich folgende Eigenschaften der Gnathostomen hervorgehoben werden: 1) der innere Kiemenbogenapparat nebst den
Kieferbogen; 2) die paarige Nasenbildung; 3) die Schwimmblase
oder Lunge, und 4) die beiden Gliedmaßenpaare.

Bedeutungsvoll ist für die ganze Gruppe der Kiefermäuler
vor allem die eigentümliche Ausbildung des K i e m e n b o g e n -
g e r ü s t e s und des damit zusammenhängenden Kieferapparates.
Die Anlage derselben vererbt sich bei allen Gnathostomen mit
größter Zähigkeit, von den ältesten Fischen bis zum Menschen
hinauf. Allerdings ist die uralte, schon bei den Ascidien vorhandene Umbildung des Vorderdarms zum Kiemendarme ursprünglich bei allen Wirbeltieren auf dieselbe einfache Grundlage zurückzuführen; ganz charakteristisch sind in dieser Beziehung die Kiemenspalten, welche bei sämtlichen Wirbeltieren und ebenso bei den
Ascidien die Wände des Kiemendarmes durchbohren. Allein das
ä u ß e r e, oberflächlich gelegene Kiemengerüst, welches bei den
Cyclostomen den Kiemenkorb stützt, wird bei sämtlichen Gnathostomen durch ein i n n e r e s Kiemengerüst verdrängt, das an des
ersteren Stelle tritt. Dasselbe besteht aus einer Anzahl hintereinander gelegener knorpeliger B o g e n, welche zwischen den
Kiemenspalten innen in der Schlundwand liegen und den Schlund
ringförmig von beiden Seiten her umgreifen. Ursprünglich sind
diese Kiemenbogen segmental angelegt, aus Hyposomiten hervorgegangen (B r a n c h i o m e r i e). Das vorderste Kiemenbogenpaar
gestaltet sich zum K i e f e r b o g e n, aus dem unser Oberkiefer und
Unterkiefer entstanden ist.

Die G e r u c h s o r g a n e werden bei allen Kiefermäulern ursprünglich in derselben Form angelegt, als ein paar Hautgruben
des Vorderkopfes, oberhalb der Mundöffnung; man kann diese

Gruppe daher auch P a a r n a s e n (*Amphirhina*) nennen. Im Gegensatze dazu sind die Rundmäuler „Unpaarnasen" (*Monorhina*); ihre
Nase bildet ein einfaches, in der Mittellinie der Stirnfläche gelegenes Rohr. Da jedoch die Geruchsnerven hier wie dort paarig
sind, ist es möglich, daß die eigentümliche Nasenbildung der
heutigen Cyclostomen erst sekundär erworben ist (in Anpassung
an die saugende Lebensgewohnheit).

Ein dritter wesentlicher Charakter sämtlicher Kiefermäuler,
durch welchen sie sich von den bisher betrachteten niederen Wirbeltieren sehr bedeutend unterscheiden, ist die Ausbildung eines Blind-
sackes, welcher sich aus dem vorderen Teile des Darmkanales
hervorstülpt und zunächst bei den Fischen zu der mit Luft gefüllten Schwimmblase gestaltet (Taf. VII, Fig. 13 *lu*). Indem dieses
Organ durch den mehr oder weniger komprimierten Zustand der
Luft, welche es enthält, oder durch die wechselnde Quantität dieses
Luftgehaltes dem Fische ein mehr oder weniger hohes spezifisches
Gewicht verleiht, dient es als hydrostatischer Apparat. Der Fisch
kann mittelst desselben im Wasser auf- und niedersteigen. Diese
S c h w i m m b l a s e ist das Organ, aus dem sich die L u n g e der
höheren Wirbeltiere entwickelt hat.

Endlich treffen wir als vierten Hauptcharakter der Gnathostomen in der ursprünglichen Anlage des Embryo z w e i p a a r
E x t r e m i t ä t e n oder Gliedmaßen: ein paar Vorderbeine, welche
bei den Fischen Brustflossen genannt werden (Fig. 304 *v*), und ein
paar Hinterbeine, welche bei den Fischen Bauchflossen heißen
(Fig. 304 *h*). Gerade die vergleichende Anatomie dieser Flossen
ist von dem allerhöchsten Interesse, weil dieselben bereits die
Anlage für alle diejenigen Skeletteile enthalten, welche bei den
höheren Wirbeltieren bis zum Menschen hinauf das Gerüste der
Extremitäten, der Vorder- und der Hinterbeine bilden. Hingegen
ist bei den Schädellosen und Rundmäulern von diesen beiden
Gliedmaßen noch keine Spur vorhanden.

Wenden wir uns nun zur näheren Betrachtung der F i s c h -
k l a s s e selbst, so können wir dieselbe zunächst in drei Hauptgruppen oder Unterklassen zerfällen, deren Genealogie uns vollkommen klar vor Augen liegt. Die erste und älteste Gruppe ist
die Unterklasse der S e l a c h i e r oder U r f i s c h e , von denen die
bekanntesten Vertreter in der Gegenwart die formenreichen Ordnungen der Haifische und der Rochen sind (Fig. 302—306). An
diese schließt sich zweitens die weiter entwickelte Unterklasse der
S c h m e l z f i s c h e oder G a n o i d e n an (Fig. 307—309). Sie ist seit

langer Zeit zum größten Teile ausgestorben und wir kennen nur noch sehr wenige lebende Repräsentanten, z. B. Stör und Knochenhecht; hingegen können wir den früheren Formenreichtum dieser interessanten Gruppe aus den massenhaft erhaltenen Versteinerungen beurteilen. Aus diesen Schmelzfischen hat sich drittens die Unterklasse der Knochenfische oder Teleostier entwickelt, wohin die große Mehrzahl aller lebenden Fische gehört (namentlich fast alle unsere Flußfische). Die vergleichende Anatomie und Ontogenie zeigt uns nun ganz deutlich, daß die Ganoiden ebenso aus den Selachiern entstanden sind, wie die Teleostier aus den Ganoiden. Auf der anderen Seite hat sich aber aus den älteren Ganoiden heraus eine andere Seitenlinie oder vielmehr die weiter aufsteigende Hauptlinie des Wirbeltierstammes entwickelt, welche uns durch die Gruppe der Dipneusten zur bedeutungsvollen Abteilung der Amphibien hinüberführt.

Fig. 302. **Fossiler permischer Urfisch** (*Pleuracanthus Dechenii*). Aus dem Rotliegenden von Saarbrücken. Nach *Döderlein*. I. Schädel und Kiemenskelett: *o* Augengegend, *pq* Palatoquadratum, *nd* Unterkiefer, *hm* Hyomandibulare, *hy* Zungenbein, *k* Kiemenstrahlen, *kb* Kiemenbogen, *z* Kieferzähne, *sz* Schlundzähne, *st* Nackenstachel. II. Wirbelsäule: *ob* obere Bogen, *ub* untere Bogen, *hc* Intercentra, *r* Rippen. III. Unpaare Flossen: *d* Rückenflosse, *c* Schwanzflosse (Schwanzende fehlt), *an* Afterflosse, *ft* Träger der Flossenstrahlen. IV. Brustflosse: *sg* Schultergürtel, *ax* Flossenachse, *ss* zweizeilige Flossenstrahlen, *bs* Nebenstrahlen, *sch* Schuppen. V. Bauchflosse: *p* Becken, *ax* Flossenachse, *ss* einzeilige Flossenstrahlen, *bs* Nebenstrahlen, *sch* Schuppen, *cop* Penis (männliches Begattungsorgan).

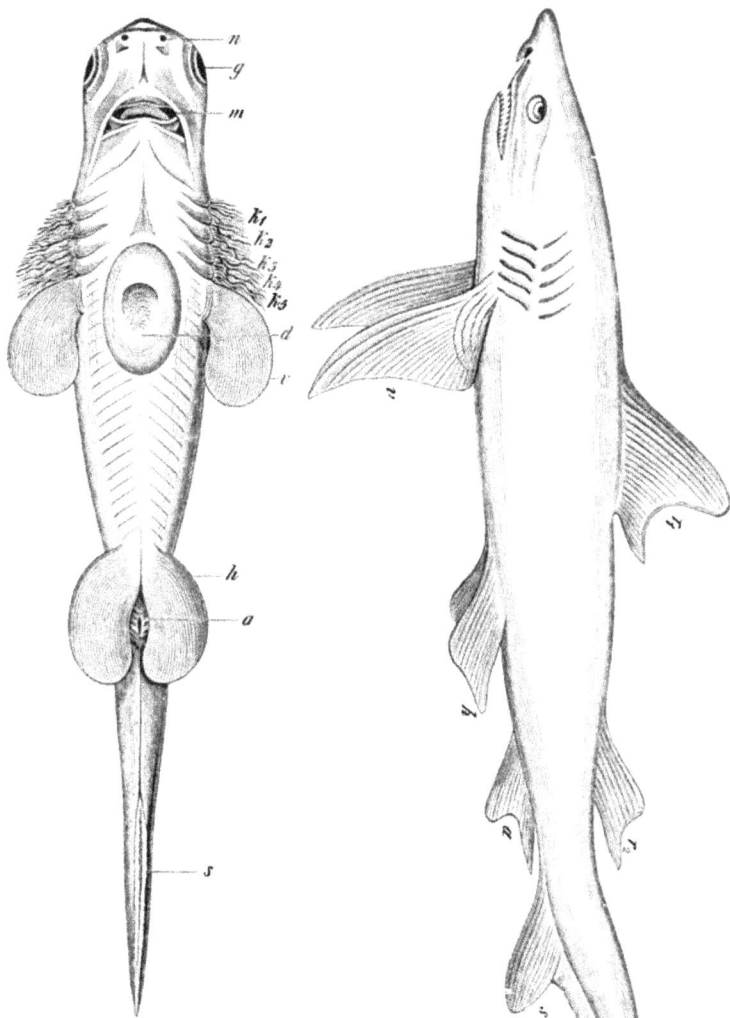

Fig. 303.

Fig. 303. **Embryo eines Haifisches** (*Scymnus lichia*), von der Bauchseite gesehen. *v* Brustflossen (davor 5 Paar Kiemenspalten). *h* Bauchflossen, *a* Afteröffnung, *s* Schwanzflosse, *k* äußere Kiemenbüschel, *d* Dottersack (größtenteils entfernt), *g* Auge, *n* Nase, *m* Mundspalte.

Fig. 304. **Entwickelter Menschenhai** (*Carcharias melanopterus*), von der linken Seite gesehen. r_1 erste, r_2 zweite Rückenflosse, *s* Schwanzflosse, *a* Afterflosse, *v* Brustflossen, *h* Bauchflossen.

Fig. 304.

Dieses wichtige Verwandtschafts-Verhältnis der drei Fischgruppen kann seit den betreffenden Untersuchungen von *Carl
Gegenbaur* nicht mehr zweifelhaft sein. Die lichtvolle Erörterung
über „die systematische Stellung der Selachier", welche derselbe in
die Einleitung zu seinen klassischen Untersuchungen über „das
Kopfskelett der Selachier" (1872) eingeflochten hat, muß als definitive Feststellung jener bedeutungsvollen Verwandtschaft betrachtet werden. Nur bei den Urfischen oder Selachiern sind die
Schuppen (Hautanhänge) und die Zähne (Kieferanhänge) noch von
ganz gleicher Bildung und Struktur, während sie sich bei den
anderen beiden Fischgruppen (Schmelzfischen und Knochenfischen)
bereits gesondert und verschiedenartig ausgebildet haben. Ebenso
ist das knorpelige Skelett (sowohl ·Wirbelsäule und Schädel, als
auch Gliedmaßen) bei den Urfischen in jener einfachsten und ursprünglichsten Beschaffenheit zu finden, aus welcher die vollkommenere Struktur des knöchernen Skeletts bei den Schmelzfischen und Knochenfischen erst abgeleitet werden kann. Auch der
Kiemenapparat der letzteren ist stärker differenziert als derjenige
der ersteren, ebenso das Gehirn. In einigen wichtigen Beziehungen,
namentlich in der Bildung des Herzens und des Darmkanals,
stimmen die Schmelzfische noch mit den Urfischen überein und
unterscheiden sich von den Knochenfischen. Die vergleichende
Berücksichtigung aller anatomischen Verhältnisse ergibt unzweifelhaft, daß die Schmelzfische eine verbindende Zwischengruppe
zwischen den Urfischen und den Knochenfischen einerseits, zwischen
ersteren und den Lurchfischen anderseits herstellen.

Die ältesten versteinerten Ueberreste von Wirbeltieren, welche
wir kennen, sind im Obersilur gefunden worden (S. 511) und gehören zwei verschiedenen Fischgruppen an, Selachiern und Ganoiden. Die primitivsten von allen bekannten Vertretern der
ältesten „Urfische" sind wahrscheinlich die merkwürdigen Pleuracanthiden, die Gattungen *Pleuracanthus, Xenacanthus, Orth-
acanthus* u. a. (Fig. 302). Diese uralten Knorpelfische stimmen in
den meisten Merkmalen des Körperbaues mit den echten Haifischen
überein (Fig. 303, 304); in anderen Beziehungen aber erscheinen
sie noch einfacher gebaut, so daß manche Paläontologen (*Doederlein*) sie ganz von den übrigen trennen und als wirkliche Proselachier betrachten; wahrscheinlich sind sie den ausgestorbenen
Stammformen aller Gnathostomen nächst verwandt. Trefflich erhaltene Reste derselben finden sich namentlich im permischen
System. Vorzüglich konservierte Abdrücke von anderen Haifischen
kommen besonders in dem lithographischen Juraschiefer vor, so

z. B. vom Engelhai (*Squatina*, Fig. 305). Unter den ausgestorbenen
jüngeren Haifischen der Tertiärzeit gab es Riesen, welche die
größten lebenden Fische um mehr als das Doppelte an Größe
übertrafen; *Carcharodon* erreichte über 100 Fuß Länge. Die
einzige lebende Spezies dieser Gattung (*C. Rondeleti*) wird 10 m
lang und hat Zähne von 5—6 cm Höhe; unter den fossilen Arten
derselben aber finden sich Zähne von 15 cm Höhe (Fig. 306).

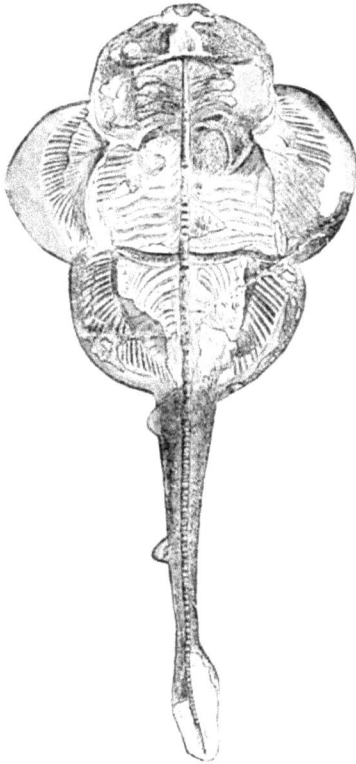

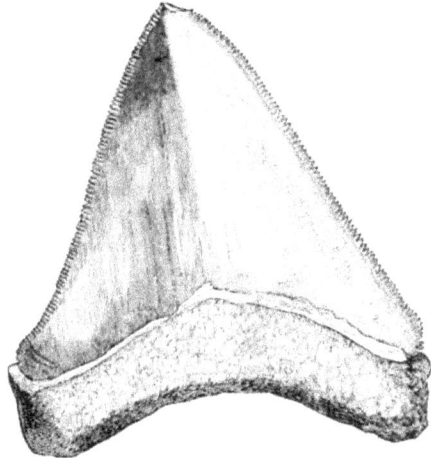

Fig. 306.

Fig. 305. **Fossiler Engelhai** (*Squatina
alifera*) aus dem oberen Jura von Eichstätt.
Nach *Zittel*. Vorn im breiten Kopfe ist der
knorpelige Urschädel deutlich sichtbar, dahinter
die Kiemenbogen. Die breite Brustflosse und
die schmälere Bauchflosse zeigen zahlreiche
Flossenstrahlen; zwischen diesen und der
Wirbelsäule liegen zahlreiche Rippen.

Fig. 306. **Zahn eines Riesenhaies**
(*Carcharodon megalodon*) aus dem Pliocän von
Malta. Halbe naturliche Größe. Nach *Zittel*.

Fig. 305.

Aus den Urfischen oder Selachiern, den ältesten Gnathostomen,
ging zunächst als zweite Hauptgruppe derselben, die Legion der
Schmelzfische (*Ganoides*) hervor. Von dieser interessanten
und formenreichen Abteilung leben heute nur noch sehr wenige
Gattungen, die uralten Störfische (*Accipenser*, Stör, Hausen,
Sterlett u. s. w.), deren Eier wir als Kaviar verzehren; ferner die
Flösselhechte (*Polypterus*, Fig. 309) in afrikanischen Flüssen und
die Knochenhechte (*Lepidosteus*) in den Flüssen Nordamerikas.

Achtundzwanzigste Tabelle.

Uebersicht über das phylogenetische System der Wirbeltiere.

Vier Kladome der Wirbeltiere	Acht Klassen der Wirbeltiere	Unterklassen der Wirbeltiere	Systematischer Name der Unterklassen
I. Schädellose **Acrania**	I. A. **Provertebrata** I. B. **Leptocardia**	1. Urwirbeltiere + 2. Lanzettiere	1. *Prospondylia*+ 2. *Amphioxina*
II. Rundmäuler **Cyclostoma**	II. A. **Archicrania** II. B. **Marsipobranchia**	3. Urschädeltiere + 4. Unpaarnasen	3. *Procraniota* + 4. *Monorhina*
III. Fischlinge **Ichthyoda** oder Amnionlose **Anamnia**	III. **Fische Pisces** IV. **Lurchfische Dipneusta** V. **Lurche Amphibia**	5. Urfische 6. Schmelzfische 7. Knochenfische 8. Einlunger 9. Zweilunger 10. Panzerlurche (Phractamphibia) 11. Nacktlurche (Lissamphibia)	5. *Selachii* 6. *Ganoides* 7. *Teleostei* 8. *Monopneumones* 9. *Dipneumones* 10 a. *Stegocephala* 10 b. *Peromela* 11 a. *Urodela* 11 b. *Batrachia*
IV. Amniontiere **Amniota**	VI. **Schleicher Reptilia** VII. **Vögel Aves** VIII. **Säugetiere Mammalia**	12. Urschleicher und Eidechsen 13. Säugeschleicher 14. Schildkröten 15. Krokodile und Seedrachen 16. Flugschleicher und Drachen 17. Urvögel und Zahnvögel 18. Straußvögel und Kielvögel 19. Gabeltiere (*Ornithodelphia*) 20. Beuteltiere (*Didelphia*) 21. Zottentiere (*Monodelphia*)	12 a. *Proreptilia* 12 b. *Lepidosauria* 13. *Theromora* 14. *Chelonia* 15 a. *Crocodilia* 15 b. *Halisauria* 16 a. *Pterosauria* 16 b. *Dinosauria* 17 a. *Saururae* 17 b. *Odontornithes* 18 a. *Ratitae* 18 b. *Carinatae* 19. *Monotrema* (Prototheria) 20. *Marsupialia* (Metatheria) 21. *Placentalia* (Epitheria)

Neunundzwanzigste Tabelle.
Stammbaum der Wirbeltiere.

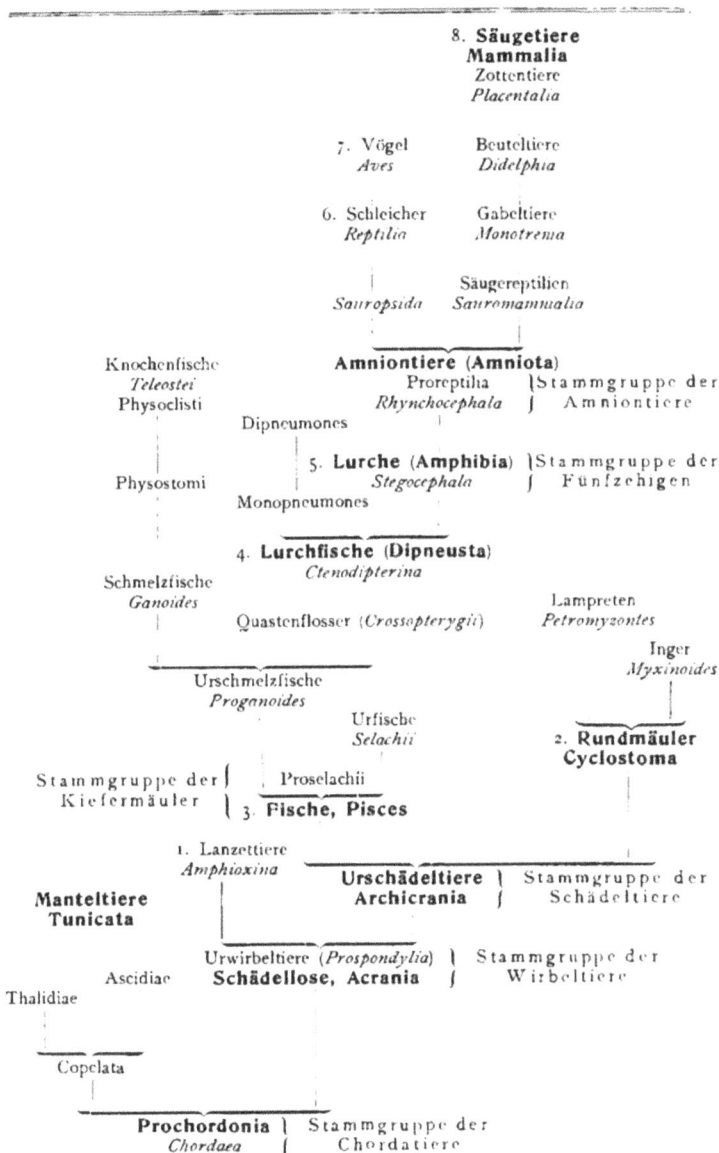

8. **Säugetiere**
Mammalia
Zottentiere
Placentalia

7. Vögel   Beuteltiere
Aves   *Didelphia*

6. Schleicher   Gabeltiere
Reptilia   *Monotrema*

Säugereptilien
Sauropsida   *Sauromammalia*

Knochenfische   **Amniontiere (Amniota)**
Teleostei   Proreptilia   }Stammgruppe der
Physoclisti   *Rhynchocephala*   } Amniontiere
Dipneumones

Physostomi   5. **Lurche (Amphibia)** }Stammgruppe der
Stegocephala } Fünfzehigen
Monopneumones

4. **Lurchfische (Dipneusta)**
Ctenodipterina

Schmelzfische   Lampreten
Ganoides   *Petromyzontes*

Quastenflosser (*Crossopterygii*)   Inger
Myxinoides

Urschmelzfische
Proganoides

Urfische
Selachii   2. **Rundmäuler**
Cyclostoma

Stammgruppe der }   Proselachii
Kiefermäuler { 3. **Fische, Pisces**

1. Lanzettiere
Amphioxina   **Urschädeltiere** } Stammgruppe der
Manteltiere   **Archicrania** } Schädeltiere
Tunicata

Urwirbeltiere (*Prospondylia*) } Stammgruppe der
Ascidiae   **Schädellose, Acrania** } Wirbeltiere
Thalidiae

Copelata

Prochordonia } Stammgruppe der
Chordaea } Chordatiere

Dagegen sind uns sehr zahlreiche und mannigfaltig gebildete Formen dieser Legion in versteinertem Zustande bekannt, schon von der obersilurischen Formation an. Ein Teil dieser wichtigen fossilen Ganoiden schließt sich unmittelbar an die Selachier an; ein anderer Teil nähert sich bereits den Dipneusten; eine dritte Gruppe bildet den unmittelbaren Uebergang zu den Knochenfischen (*Teleostei*). Für unseren Stammbaum sind vor allen diejenigen Schmelzfische interessant, welche die Uebergangsbrücke von den Selachiern zu den Dipneusten herstellen. *Huxley*, dem wir besonders wichtige Arbeiten über die fossilen Schmelzfische verdanken, hat dieselben in der Ordnung der Quastenflosser (*Crossopterygii*) zusammengefaßt. Zahlreiche Gattungen und Arten dieser Ordnung finden sich im devonischen und karbonischen System (Fig. 307); ein einzelner, sehr veränderter Ueberrest lebt heute noch in den großen Flüssen von Afrika (*Polypterus*, Fig. 309, und der nahe verwandte *Calamichthys*). In manchen Abdrücken von Quastenfischen erscheint die Schwimmblase verknöchert und daher vortrefflich erhalten, so z. B. in *Undina* (Fig. 308, gleich hinter dem Kopfe).

Ein Teil dieser Crossopterygier schließt sich in den wichtigsten anatomischen Verhältnissen bereits eng an die Lurchfische (*Dipneusta*) an und bildet somit auch in phylogenetischer Beziehung den Uebergang von den devonischen Ganoiden zu den ältesten luftatmenden Wirbeltieren. Dieser bedeutungsvolle Fortschritt fällt in die devonische Periode (S. 511). Die zahlreichen Versteinerungen, welche wir aus dem kambrischen System kennen (das jünger als das laurentische und algonkische Schichten-System ist), gehören ausschließlich niederen, im Wasser lebenden Pflanzen und Tieren an. Aus dieser paläontologischen Tatsache, im Verein mit wichtigen geologischen und biologischen Erwägungen, dürfen wir mit ziemlicher Sicherheit den Schluß ziehen, daß landbewohnende Tiere überhaupt damals noch nicht existierten. Während des ganzen ungeheuren archozoischen Zeitraumes, viele Millionen Jahre hindurch, bestand die lebende Bevölkerung unseres Erdballs fast bloß aus Wasserbewohnern; eine höchst merkwürdige Tatsache, wenn Sie sich erinnern, daß dieser Zeitraum die größere Hälfte der ganzen organischen Erdgeschichte umfaßt. Die niederen Tierstämme sind ohnehin ausschließlich (oder mit sehr geringen Ausnahmen) Wasserbewohner. Aber auch die höheren Tierstämme blieben während des primordialen Zeitraumes dem Aufenthalte im Wasser angepaßt. Erst gegen Ende desselben ging ein Teil derselben zum Landleben über. Zuerst erscheinen Versteinerungen von landbewohnenden Tieren ganz vereinzelt in den obersilurischen, zahlreicher in den devonischen Schichten, welche während des

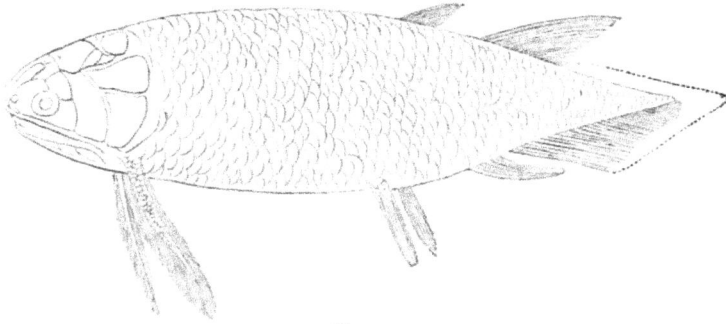

Fig. 307.

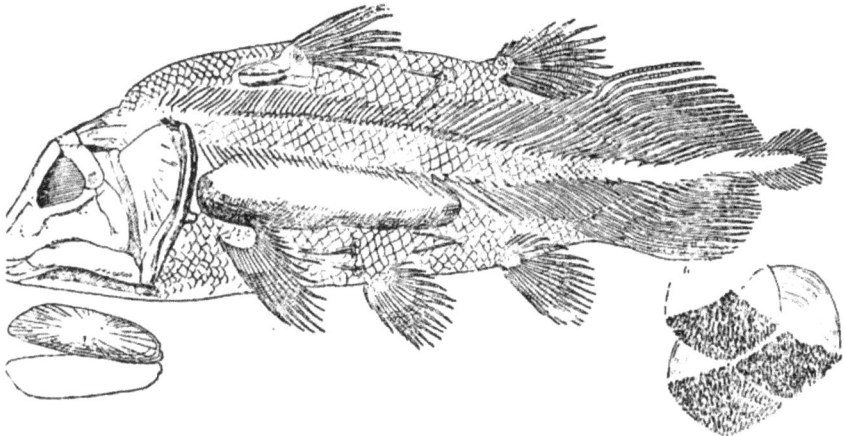

Fig. 308.

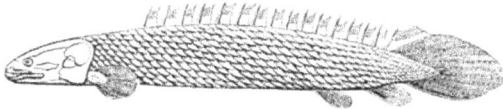

Fig. 309.

Fig. 307. **Ein devonischer Quastenfisch** (*Holoptychius nobilissimus*) aus dem alten roten Sandstein von Schottland. Nach *Huxley*.

Fig. 308. **Ein jurassischer Quastenfisch** (*Undina penicillata*) aus dem oberen Jura von Eichstätt. Nach *Zittel*. *j* Jugularplatten, *b* drei gerippte Schuppen.

Fig. 309. **Ein lebender Quastenfisch** aus dem oberen Nil (*Polypterus bichir*).

zweiten großen Hauptabschnittes der Erdgeschichte (des paläozoischen Zeitalters) abgelagert wurden. Ihre Zahl nimmt beträchtlich
zu in den Ablagerungen der Steinkohlenzeit und der permischen
Periode. Sowohl aus dem Stamme der Gliedertiere, wie aus dem
Stamme der Wirbeltiere finden wir da bereits zahlreiche Arten
vor, die das Festland bewohnten und Luft atmeten; während ihre
wasserbewohnenden Vorfahren der silurischen Periode nur Wasser
atmeten. Diese physiologisch bedeutungsvolle Verwandelung der
Atmungsweise ist die einflußreichste Aenderung, welche den
tierischen Organismus beim Uebergang aus dem Wasser auf das
Festland betraf. Zunächst wurde dadurch die Ausbildung eines
Luftatmungsorganes, der Lunge, hervorgerufen, während bis dahin
ausschließlich die wasseratmenden Kiemen als Respirationsorgane
fungierten. Gleichzeitig wurde aber dadurch eine beträchtliche Ver-
änderung im Blutkreislaufe und seinen Organen hervorgebracht;
denn diese stehen immer in der innigsten Wechselbeziehung oder
Korrelation zu den Atmungsorganen. Weiterhin wurden auch die
Gliedmaßen und andere Organe, entweder infolge entfernterer
Wechselbeziehungen zu jenen, oder durch neue Anpassungen,
ebenfalls mehr oder minder umgebildet.

Im Wirbeltierstamme war es nun unzweifelhaft ein Zweig der
Fische, und zwar der Ganoiden, welcher während der devonischen Periode die ersten glücklichen Versuche machte, sich an
das Leben auf dem Lande zu gewöhnen und atmosphärische Luft
zu atmen. Hierbei kam ihm vor allem seine Schwimmblase zu
statten, die mit Erfolg an die Luftatmung sich anpaßte und so zur
Lunge wurde. Infolgedessen wurde zunächst das Herz und die
Nase umgebildet. Während die echten Fische nur ein Paar blinde
Nasengruben an der Oberfläche des Kopfes besitzen, trat jetzt eine
offene Verbindung derselben mit der Mundhöhle ein. Jederseits
entstand ein Kanal, der aus der Nasengrube direkt in die Mundhöhle führte und so auch bei geschlossener Mundöffnung die nötige
atmosphärische Luft den Lungen zuführen konnte. Während ferner
bei allen echten Fischen das Herz nur aus zwei Abteilungen besteht, einer Vorkammer, welche das venöse Blut aus den Körpervenen aufnimmt, und einer Kammer, welche dasselbe durch einen
Arterienkegel in die Kiemen treibt, zerfiel nunmehr die Vorkammer
durch eine unvollständige Scheidewand in zwei Hälften, eine rechte
und eine linke. Die rechte Vorkammer allein nahm jetzt noch das
Körpervenenblut auf, während die linke Vorkammer das aus den
Lungen und den Kiemen zum Herzen strömende Lungenvenenblut

empfing. So entstand aus dem einfachen Blutkreislauf der echten Fische der sogenannte doppelte Kreislauf der höheren Wirbeltiere, und diese Vervollkommnung bedingte nach den Gesetzen der Wechselbeziehung Fortschritte in der Bildung anderer Organe.

Die Wirbeltierklasse, welche auf diese Weise zum ersten Male der Luftatmung sich anpaßte, nennen wir Lurchfische oder Doppelatmer (*Dipneusta*), weil sie neben der neu erworbenen Lungenatmung auch die ältere Kiemenatmung noch beibehielt, gleich den niedersten Amphibien. Diese Klasse war während des paläozoischen Zeitalters (während der devonischen, Steinkohlen- und permischen Periode) durch zahlreiche und mannigfache Gattungen vertreten. Die Familien der Phaneropleuriden (*Uronemus*, *Phaneropleuron*) und der Ctenodipterinen (*Dipterina*, Fig. 310, und *Ctenodina*) finden sich nur fossil in

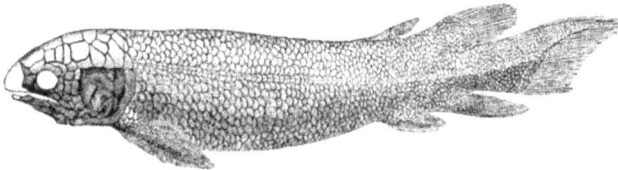

Fig. 310. **Fossiler Lurchfisch** (*Dipterus Valenciennesi*) aus dem alten roten Sandstein (Devon). Nach *Pander*.

paläozoischen Schichten. Auf diese folgen dann in der Trias- und Jura-Formation die Ceratodinen (Fig. 311). Gegenwärtig leben von der ganzen Klasse nur noch drei Gattungen: *Protopterus annectens* in Flüssen des tropischen Afrika (im weißen Nil, im Niger, Quellimane u. s. w.); *Lepidosiren paradoxa* im tropischen Südamerika (in Nebenflüssen des Amazonenstromes), und *Ceratodus Forsteri* in Flüssen des östlichen Australiens. Schon diese weite Zerstreuung der drei isolierten Epigonen beweist, daß sie die letzten Reste einer früher sehr mannigfaltig entwickelten Gruppe sind. Ihrem ganzen Körperbau nach mußte diese Gruppe den Uebergang von den Fischen zu den Amphibien vermitteln. Die unmittelbare Uebergangsbildung zwischen beiden Klassen ist in der ganzen Organisation dieser merkwürdigen Tiere so sehr ausgesprochen, daß unter den Zoologen ein lebhafter Streit über die Frage geführt wurde, ob die Dipneusten eigentlich Fische oder Amphibien seien. Einige namhafte Systematiker stellten sie zu den Amphibien, während die meisten sie jetzt zu den Fischen rechnen. In der Tat sind die Charaktere beider Klassen in den

Dipneusten dergestalt vereinigt, daß die Entscheidung darüber lediglich von der Definition abhängt, welche man von den Begriffen „Fisch" und „Amphibium" gibt. In ihrer Lebensweise sind die Dipneusten wahre Amphibien. Während des tropischen Winters, in der Regenzeit, schwimmen sie gleich den Fischen im Wasser und atmen Wasser durch Kiemen. Während der trockenen Jahreszeit vergraben sie sich in den eintrocknenden Schlamm und atmen während dieser Zeit Luft durch Lungen wie

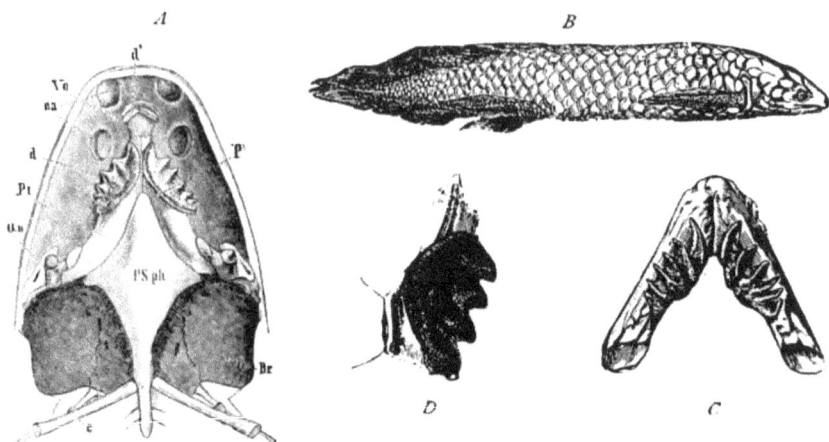

Fig. 311. **Der australische Lurchfisch** (*Ceratodus Forsteri*). *B* Ansicht von der rechten Seite, *A* Unterseite des Schädels, *C* Unterkiefer. Nach *Günther*. *Qu* Quadratbein, *Psph* Parasphenoid, *PtP* Pterygopalatinum, *Vo* Vomer, *d* Zähne, *na* Nasenlöcher, *Br* Kiemenhöhle, *C* erste Rippe. *D* Unterkieferzahn des fossilen *Ceratodus Kaupi* (aus der Trias).

die Amphibien und die höheren Wirbeltiere. In dieser Doppelatmung stimmen sie nun allerdings mit den niederen Amphibien überein und besitzen daher auch deren charakteristische Herzbildung; dadurch erheben sie sich hoch über die Fische. Allein in den meisten übrigen Eigenschaften gleichen sie mehr den letzteren und stehen unter den ersteren. Ihr Aeußeres ist durchaus fischähnlich.

Der Kopf der Dipneusten ist nicht vom Rumpfe abgesetzt. Die Haut ist mit großen Fischschuppen bedeckt. Das Skelett ist weich, knorpelig und auf einer sehr tiefen Stufe der Entwickelung stehen geblieben, ähnlich wie bei den niederen Selachiern und den ältesten Ganoiden. Die Chorda ist vollständig erhalten und von einer ungegliederten Chordascheide umgeben. Die beiden Beinpaare sind ganz einfache Flossen von uralter Bildung, ähnlich derjenigen

der niedersten Urfische. Auch die Bildung des Gehirns, des
Darmrohres und der Geschlechtsorgane ist ähnlich wie bei den
Urfischen. So haben denn die Dipneusten oder Lurchfische viele
Züge niederer Organisation von unseren uralten Fischahnen durch
Vererbung treu bewahrt, während sie in der Anpassung an die
Luftatmung durch Lungen und der damit verknüpften Umbildung
des Herzens einen gewaltigen Fortschritt herbeigeführt haben.

Die hohe phylogenetische Bedeutung der Lurchfische habe
ich in meiner „Systematischen Phylogenie der Wirbeltiere" (1896,
S. 257—265) eingehend erörtert und diese Uebergangsklasse daselbst in zwei Ordnungen geteilt: die Urlurchfische (*Pala-
dipneusta*) und die Neulurchfische (*Neodipneusta*). Zu den
ersteren gehört die ausgestorbene Stammgruppe der Klasse, die

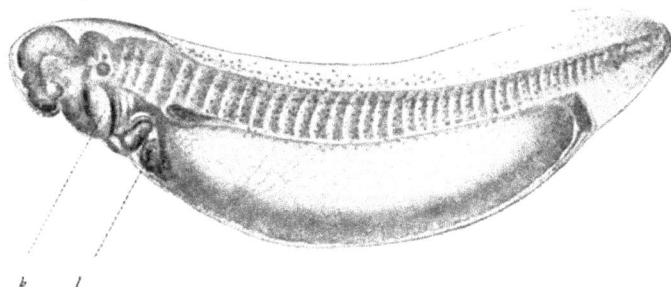

Fig. 312. **Junger Ceratodus,** seit kurzer Zeit aus dem Ei geschlüpft, 10 mal
vergrößert. *k* Kiemendeckel, *l* Leber. Nach *Richard Semon.*

Familie der *Phaneropleuriden* (nebst den *Uronemiden*, fossil im
Devon und Karbon); ferner die jüngere Familie der *Ceratodinen*,
deren charakteristische kammförmige Gaumenzähne in Trias und
Jura versteinert erhalten sind. Hierher gehört der Kammzahnfisch
von Australien (*Ceratodus Forsteri*), der einzige lebende Ueberrest
der Paladipneusten (Fig. 311—313). Er wurde 1870 von *Gerard
Krefft* in Sidney beschrieben, wird über zwei Meter lang und lebt
heute nur noch in wenigen Flüssen an der Ostküste Australiens,
im Burnett- und Mary-River. Ausführliche Mitteilungen über
seine eigentümliche Lebensweise und seinen merkwürdigen inneren
Bau verdanken wir Professor *Richard Semon*, der auch die bis
dahin unbekannte, höchst wichtige Keimesgeschichte des Ceratodus
zuerst aufgedeckt hat; sie schließt sich einerseits (unten) an diejenige der Petromyzonten an, anderseits (oben) an die der Amphibien. Eine ausführliche Darstellung derselben enthält sein in-
haltreiches Werk: Zoologische Forschungsreisen in Australien und

im Malayischen Archipel (Jena 1893—1909). Interessante kürzere Mitteilungen darüber hat *Semon* in seiner ausgezeichneten Reisebeschreibung gegeben: „Im australischen Busch und an den Küsten des Korallenmeeres" (2. Aufl., Leipzig, 1903).

Ceratodus ist besonders wichtig wegen seines uralten Skelettbaues; namentlich hat das knorpelige Skelett seiner beiden Flossenpaare noch die ursprüngliche Bildung eines zweizeiligen (biserialen) oder gefiederten Blattes beibehalten und ist deshalb von *Gegenbaur* als Urflossenskelett (*Archipterygium*) besonders hervorgehoben worden. Hingegen ist beim afrikanischen Lurchfisch (*Protopterus*) und beim amerikanischen (*Lepidosiren*) das Skelett der beiden Flossenpaare stark reduziert. Auch ist bei diesen modernen „Neulurchfischen" (*Neodipneusta*) die Lunge doppelt vorhanden. wie bei allen übrigen luftatmenden Wirbeltieren; man hat sie daher als „Doppellunger" (*Dipneumones*) dem Ceratodus gegenübergestellt;

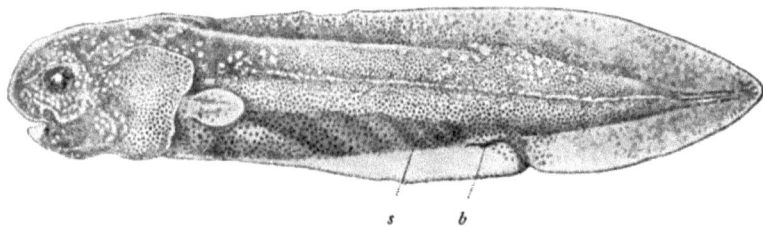

Fig. 313. **Junger Ceratodus,** 6 Wochen nach dem Ausschlüpfen. *s* Spiralklappe des Darmes, *b* Anlage der Bauchflosse. Nach *Richard Semon.*

dieser besitzt nur eine einzige unpaare Lunge (*Monopneumones*). Gleichzeitig sind aber bei allen diesen Lungenfischen auch die Kiemen als Wasseratmungsorgane gut entwickelt. Neben den inneren Kiemen besitzt Protopterus außerdem noch äußere Kiemen.

Diejenigen paläozoischen Dipneusten, welche zu unseren direkten Vorfahren gehörten und die verbindende Brücke von den Schmelzfischen zu den Amphibien bildeten, werden zwar vielfach von den drei Epigonen der Gegenwart verschieden gewesen sein, in jenen wesentlichsten Eigentümlichkeiten aber doch mit ihnen übereingestimmt haben. Diese Annahme wird bestätigt durch viele interessante Tatsachen, die uns erst neuerdings durch die früher unbekannte Keimesgeschichte des Ceratodus und Lepidosiren erschlossen worden sind; sie geben uns wichtige Aufschlüsse über die Stammesgeschichte der niederen Wirbeltiere und somit auch unserer älteren Vorfahren im paläozoischen Zeitalter.

Dreissigste Tabelle.

Uebersicht über die Unterschiede in der Organisation der vier ältesten Wirbeltiergruppen.

[Sowohl in der Klasse der *Acranier* (1, 2), als in der Klasse der *Cyclostomen* (3, 4) sind die ursprünglichen Charaktere der hypothetischen Stammgruppe (1 und 3) gegenübergestellt den abgeänderten Bildungen ihrer modernen Ueberreste (2 und 4).]

I. Acrania = Schädellose.		II. Cyclostoma = Kieferlose.	
Cranium und Kiefer fehlen ganz. Perichorda ohne Knorpelbogen. Epidermis eine einfache Zellenschicht. Schlundrinne permanent offen. Leber ein hohler Blindsack.		Cranium knorpelig, ohne Kiefer. Perichorda bildet metamere Knorpelbogen. Epidermis mit mehreren Zellenschichten. Schlundrinne bildet eine Thyreoidea. Leber eine kompakte Drüse.	
1. Prospondylia.	**2. Leptocardia.**	**3. Archicrania.**	**4. Marsipobranchia.**
Urwirbeltiere.	Lanzettiere.	Urschädeltiere.	Rundmaultiere.
⊙	V	⊙	V
Hypothetische Stammgruppe aller Wirbeltiere (progressiver Stamm).	Moderner lebender Ueberrest der Prospondylien (regressiver Zweig).	Hypothetische Stammgruppe aller Schädeltiere (progressiver Stamm).	Moderner lebender Ueberrest der Archicranier (regressiver Zweig).
Gehirn ein einfaches kolbenförmiges Bläschen (vordere Anschwellung des Markrohrs).	Gehirn rückgebildet (in der embryonalen Anlage bläschenförmig, später verkümmernd).	Gehirn kolbenförmig, anfangs ungeteilt, später in drei Blasen geteilt.	Gehirn mit drei primären Blasen, die später in fünf sekundäre zerfallen.
Nasentrichter hinten in das Markrohr geöffnet (permanenter Neuroporus).	Nasentrichter hinten anfangs in das Markrohr geöffnet, später abgeschnürt.	Nasengang hinten gegen das Markrohr abgeschlossen.	Nasengang hinten geschlossen (Petromyzonten) oder sekundär in den Schlund geöffnet (Myxinoiden).
Augen gut entwickelt.	Augen rückgebildet (Pigmentrudimente).	Augen gut entwickelt.	Augen klein oder rückgebildet.
Hörbläschen einfach, kugelig.	Hörbläschen ganz verloren gegangen.	Hörbläschen einfach kugelig, ohne Ringkanäle.	Hörbläschen mit einem oder zwei Ringkanälen.
Schlundrinne (Endostyl) permanent, weit.	Schlundrinne (Endostyl) permanent, eng.	Schlundrinne in die Thyreoidea sich umbildend.	Schlundrinne in die Thyreoidea verwandelt.
Kiemen zahlreich (mindestens 8 bis 12 Paar Schlundspalten), mit freien äußeren Oeffnungen.	Kiemenspalten sehr zahlreich, in eine Peribranchialhöhle geöffnet.	Kiemen 8 bis 12 Paar Taschen (oder mehr), mit freien äußeren Oeffnungen.	Kiemen 6 bis 14 Paar Beutel, mit freien (getrennten oder vereinigten) Oeffnungen.
Herz spindelförmig, einkammerig.	Herz rückgebildet, rohrförmig.	Herz mit Kammer und Vorkammer.	Herz mit Kammer und Vorkammer.
Leber ein medianer unpaarer Blindsack.	Leber ein rechtsseitiger unpaarer Blindsack.	Leber kompakt, zwei symmetrische Lappen bildend.	Leber kompakt, zwei ungleiche Lappen bildend.
Gonaden zahlreich in metameren Paaren.	Gonaden zahlreich in metameren Paaren.	Gonaden mehrfach oder zu einem Paare verschmolzen?	Gonaden zu einer unpaaren Masse verschmolzen.

Einunddreissigste Tabelle.

Uebersicht über die Herzbildung und Fußbildung der Wirbeltiere.

Herzbildung der Wirbeltiere.	Acht Klassen	Unterklassen der Wirbeltiere.	Fußbildung der Wirbeltiere
I. Hauptgruppe: Rohrherzen, Leptocardia. Kaltblütige Wirbeltiere mit einfachem oder einkammerigem Herzrohr. Herz gefüllt mit karbonischem Blut.	1. Schädellose **Acrania**	1. Urwirbeltiere *Prospondylia* 2. Amphioxinen *Cephalochorda*	**I. Hauptgruppe: Vertebrata adactylia** (*impinnata*). Wirbeltiere ohne paarige Gliedmaßen.
II. Hauptgruppe: Fischherzen, Ichthyocardia. Kaltblütige Wirbeltiere mit zweikammerigem Herzen (einer Vorkammer und einer Hauptkammer). Herzblut karbonisch.	2. Rundmäuler **Cyclostoma**	1. Urschädeltiere *Archicrania* 2. Beutelkiemer *Marsipobranchia*	
	3. Fische **Pisces**	1. Urfische *Selachii* 2. Schmelzfische *Ganoides* 3. Knochenfische *Teleostei*	**II. Hauptgruppe: Vertebrata polydactylia** (*pinnifera*). Ursprünglich zwei Paar Flossen, jede mit vielen Fingern oder Flossenstrahlen.
III. Hauptgruppe: Lurchherzen, Amphicardia. Kaltblütige Wirbeltiere mit dreikammerigem Herzen (zwei Vorkammern und einer Hauptkammer) Herzblut gemischt.	4. Lurchfische **Dipneusta**	1. Einlunger *Monopneumones* 2. Zweilunger *Dipneumones*	
	5. Lurche **Amphibia**	1. Panzerlurche *Phractamphibia* 2. Nacktlurche *Lissamphibia*	
	6. Schleicher **Reptilia**	1. Stammreptilien *Tocosauria* 2. Seereptilien *Hydrosauria* 3. Schildkröten *Chelonia* 4. Flugreptilien *Pterosauria*	**III. Hauptgruppe: Vertebrata pentadactylia** (*pentanomia*). Ursprünglich zwei Paar Beine, jedes mit Dreigliederung (Oberschenkel, Unterschenkel, Fuß) und mit fünf Fingern oder Zehen an jedem Fuß.
IV. Hauptgruppe: Warmherzen, Thermocardia. Warmblütige Wirbeltiere mit vierkammerigem und zweiteiligem Herzen (zwei Vorkammern und zwei Hauptkammern). — Linkes Herz mit oxydischem, rechtes mit karbonischem Blut.	7. Vögel **Aves**	1. Eidechsenschwänzige Vögel *Saururae* 2. Vogelschwänzige *Ornithurae*	
	8. Säuger **Mammalia**	1. Gabeltiere *Monotrema* 2. Beuteltiere *Marsupialia* 3. Zottentiere *Placentalia*	

Zweiundzwanzigster Vortrag.

Unsere fünfzehigen Ahnen.

„Wenn die alten Stammamphibien der Steinkohlenzeit von ihren nächsten Vorfahren, den vielfingerigen Dipneusten, noch einen Finger mehr an jeder Extremität geerbt und statt fünf Fingern sechs durch Vererbung auf ihre Nachkommen bis zum Menschen übertragen hätten, so würden sie damit der Menschheit einen unschätzbaren Dienst geleistet haben. Wir würden dann heute statt unseres Dezimalsystems das ungleich praktischere Duodezimalsystem besitzen, dessen Grundzahl, zwölf, durch zwei, drei, vier, sechs teilbar ist."

Natürliche Schöpfungsgeschichte.

Stammeseinheit der vier höheren Wirbeltierklassen. Ahnenreihe der Pentanomen oder Tetrapoden: Amphibien, Proreptilien (Tocosaurier), Promammalien. Drei Unterklassen der Säugetierklasse: Prototherien, Metatherien, Epitherien.

Zweiundzwanzigster Vortrag.

Fossile Amphibien der Steinkohlenperiode: Panzerlurche (Stegocephala). Uebergang vom Wasserleben zum Landleben. Umbildung der vielzehigen Fischflosse in den
fünfzehigen Fuß. Ursachen und Wirkungen derselben. Dezimalsystem. Abstammung
aller höheren Wirbeltiere von einem fünfzehigen Amphibium. Mittelstellung der Amphibien zwischen den niederen und höheren Wirbeltieren. Verwandlung oder Metamorphose der Frösche. Umbildung der Zirkulations- und Respirationsorgane. Verschiedene Stufen der Amphibien-Verwandlung. Kiemenlurche (Proteus und Axolotl).
Schwanzlurche (Molche und Salamander). Froschlurche (Frösche und Kröten). Hauptgruppe der Amniontiere oder Amnioten (Reptilien, Vögel und Säugetiere). Abstammung aller Amnioten von einer eidechsenartigen gemeinsamen Stammform (Protamnion).
Schnabelköpfe (Rhynchocephala), Brückenechse (Hatteria). Erste Bildung der Allantois
und des Amnion. Spaltung der Amnioten in zwei verschiedene Linien: einerseits
Reptilien (und Vögel), andererseits Säugetiere. Uebergang von den Proreptilien zu den
Säugetieren: Säugereptilien (Sauromammalien). Unterklassen der Säugetiere: Monotremen oder Gabeltiere, Marsupialien oder Beuteltiere, Placentalien oder Zottentiere.

Literatur:

Johannes Müller, *1832*. *Beiträge zur Anatomie und Naturgeschichte der Amphibien.*

Mauro Rusconi, *1854*. *Histoire naturelle, développement et métamorphose de la
Salamandre terrestre. Pavia.*

Franz Leydig, *1867—1873*. *Beiträge zur Kenntnis der Amphibien (Caecilien, Molche,
Batrachier).* — *1879. Die in Deutschland lebenden Arten der Saurier. Bonn.*

Carl Gegenbaur, *1862*. *Untersuchungen zur vergleichenden Anatomie der Wirbelsäule bei Amphibien und Reptilien. Leipzig.*

Max Fürbringer, *1878—1902*. *Zur vergleichenden Anatomie und Entwickelungsgeschichte der Vertebraten. Jena.*

Alexander Goette, *1874*. *Entwickelungsgeschichte der Unke. Leipzig.*

Hermann Credner, *1886*. *Die Stegocephalen aus dem Rotliegenden des Plauenschen
Grundes bei Dresden. Leipzig.*

Paul Sarasin und Fritz Sarasin, *1889*. *Zur Entwickelungsgeschichte und Anatomie der ceylonesischen Blindwühle (Ichthyophis glutinosus). Wiesbaden.*

Heinrich Rathke, *1839*. *Entwickelungsgeschichte der Natter, der Schildkröte u. s. w.*

Albert Günther, *1867*. *Contribution to the anatomy of Hatteria (Sphenodon).*

Edward Cope, *1869*. *Synopsis of the exstinct Batrachia and Reptilia of N.-America.*

Karl Zittel, *1886*. *Palaeozoologie, Bd. III. (Fossile Amphibien und Reptilien.)*

Gustav Steinmann und Ludwig Doederlein, *1890*. *Elemente der Palaeontologie.*

Ernst Haeckel, *1895*. *Systematische Phylogenie der Wirbeltiere (V. Amphibien,
VI. Sauropsiden, VII. Mammalien) S. 266—612. Berlin.*

Th. Morgan, *1897*. *The development of the frog's egg. An Introduction to Experimental Embryology. New York.*

H. Schauinsland, *1903*. *Beiträge zur Entwickelungsgeschichte und Anatomie der
Wirbeltiere (mit 56 Tafeln). Sphenodon, Callorhynchus, Chamaeleo. Stuttgart.*

XXII.

Meine Herren!

Mit der phylogenetischen Untersuchung der vier höheren
Wirbeltierklassen, zu der wir uns jetzt wenden, gewinnt unsere
Ahnengeschichte viel festeren Boden und viel erfreulichere Klar-
heit, als sie bisher vielleicht zu besitzen schien. Zunächst ver-
danken wir eine Reihe von höchst wertvollen Aufschlüssen derjenigen hochinteressanten Wirbeltierklasse, die sich unmittelbar
an die Dipneusten anschließt und aus diesen entwickelt hat: den
Lurchen oder Amphibien. Dahin gehören die Molche und
Salamander, Kröten und Frösche. Früher rechnete man zu den
Amphibien nach dem Vorgange von *Linné* auch noch die sämtlichen Reptilien (Eidechsen, Schlangen, Krokodile und Schildkröten).
Doch sind diese letzteren viel höher organisiert und schließen sich
in den wichtigsten Eigentümlichkeiten ihres anatomischen Baues
enger an die Vögel als an die Amphibien an. Die echten Amphibien hingegen stehen näher den Dipneusten und den Fischen:
sie sind auch viel älter als die Reptilien. Schon während der
Steinkohlenperiode lebten zahlreiche (zum Teil große) und sehr
entwickelte Amphibien; die ältesten Reptilien dagegen treten erst
später während der permischen Periode auf. Wahrscheinlich haben
sich die Amphibien sogar noch früher, bereits im Laufe der
devonischen Periode, aus Dipneusten hervorgebildet. Diejenigen
ausgestorbenen Amphibien, deren versteinerte Reste uns aus jener
altersgrauen Urzeit (sehr zahlreich namentlich aus der Triasperiode)
erhalten sind, zeichneten sich durch ein zierliches Schuppenkleid
oder einen mächtigen Knochenpanzer der Haut aus (ähnlich dem
der Krokodile), während die heute noch lebenden Amphibien
größtenteils eine glatte und schlüpfrige Haut besitzen.

Die ältesten von diesen Panzerlurchen (*Phractamphibia*)
bilden die Ordnung der Dachköpfe oder Stegocephalen, von
denen neuerdings zahlreiche und wohlerhaltene Abdrücke und

Skelette in der Steinkohle und im Perm, sowie auch in der Trias gefunden worden sind. Allein schon von dem merkwürdigen *Branchiosaurus amblystomus* (Fig. 314) entdeckte *Credner* (1886) im

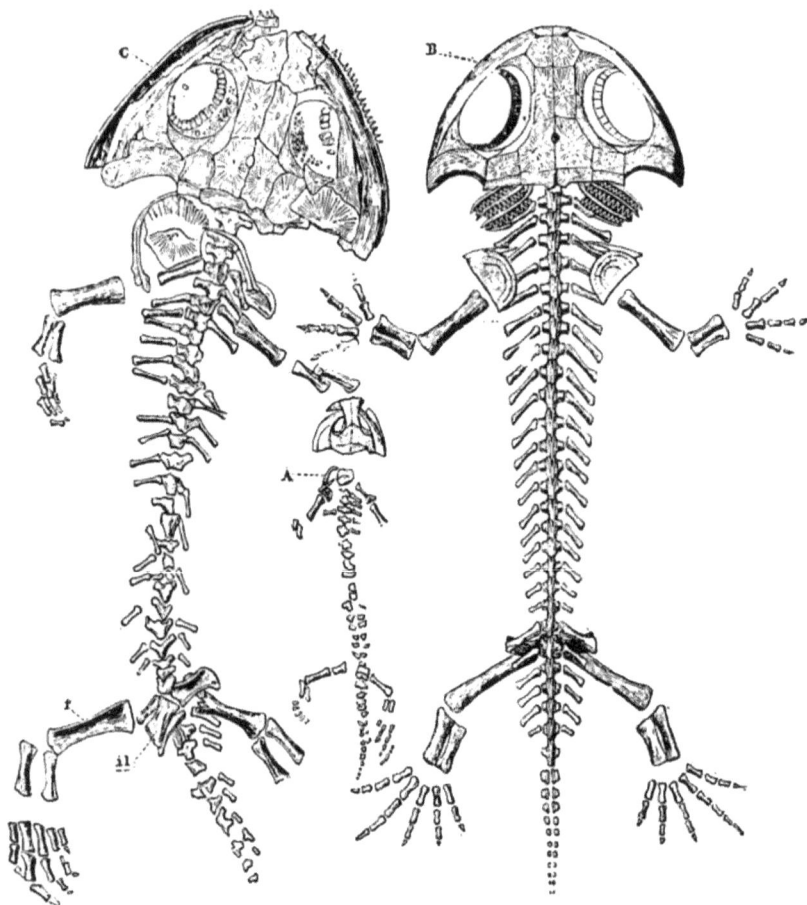

Fig. 314. **Fossiler Panzerlurch aus dem Perm,** im Plauenschen Grunde bei Dresden (*Branchiosaurus amblystomus*). Nach *Credner*. *A* Skelett einer jungen Larve. *B* Eine Larve, restauriert, mit Kiemen. *C* Das erwachsene Tier in natürlicher Größe.

Plauenschen Grunde bei Dresden über tausend, zum Teil vortrefflich konservierte Exemplare, so daß er die Anatomie und Ontogenie dieser wichtigen Ahnenform in sehr vollkommener Weise herstellen konnte. Die jungen Larven dieser salamanderähnlichen

Tiere (Fig. 314 *A*) zeigten noch vier Paar deutliche Kiemenbogen (Fig. 314 *B*). Junge Tiere von 60—70 mm Länge verloren die Kiemenbüschel und gingen zur Lungenatmung über; der Rumpf wurde länger, die Beine stärker; der Bauch bedeckte sich mit einem Schuppenpanzer.

Nur unter diesen paläozoischen Stegocephalen, nicht aber unter den heute noch lebenden Amphibien dürfen wir nach solchen Formen suchen, welche unmittelbar auf den Stammbaum unseres Geschlechts zu beziehen und als Vorfahren der drei höheren Wirbeltierklassen zu deuten sind. Aber auch die Lurche der Gegenwart besitzen in ihrem inneren anatomischen Bau und namentlich in ihrer Keimesentwickelung so wichtige Beziehungen zu uns, daß wir den Satz aufstellen können: Zwischen den Dipneusten einerseits und den Amnioten (den drei höheren Wirbeltierklassen) anderseits hat eine Reihe von ausgestorbenen Zwischenformen existiert, welche wir, wenn wir sie lebend vor uns hätten, ganz gewiß im System als A m p h i b i e n aufführen würden. Ihrer ganzen Organisation nach erscheinen auch noch die heutigen A m p h i b i e n a l s   e i n e   b e d e u t u n g s v o l l e   U e b e r g a n g s g r u p p e. In den wichtigen Verhältnissen der Atmung und des Blutkreislaufes schließen sie sich noch eng an die Dipneusten an, während sie sich in anderen Beziehungen hoch über dieselben erheben.

Besonders gilt dies in erster Linie von der fortgeschrittenen Bildung ihrer G l i e d m a ß e n oder Extremitäten. Diese erscheinen hier zum ersten Male als f ü n f z e h i g e   F ü ß e. Die gründlichen Untersuchungen von *Gegenbaur* haben gezeigt, daß die Flossen der Fische, über welche man früher ganz irrtümliche Vorstellungen hatte, v i e l z e h i g e   F ü ß e sind. Es entsprechen nämlich die einzelnen knorpeligen oder knöchernen Strahlen, welche in großer Anzahl in jeder Fischflosse enthalten sind, den Fingern oder Zehen an den Extremitäten der höheren Wirbeltiere. Die einzelnen Glieder eines jeden Flossenstrahles entsprechen den einzelnen Gliedern einer jeden Zehe. Auch bei den Dipneusten ist die Flosse noch ebenso zusammengesetzt wie bei den Fischen, und erst allmählich hat sich aus dieser vielzehigen Fußform die fünfzehige Form hervorgebildet, welche uns zum ersten Male bei den Amphibien entgegentritt. Diese Reduktion der Zehenzahl auf die Sechszahl und dann auf die Fünfzahl fand bei denjenigen Dipneusten, die als Stammform der Amphibien zu betrachten sind, wahrscheinlich schon in der zweiten Hälfte der devonischen Periode, spätestens in der darauf folgenden Steinkohlenperiode statt. Aus dieser kennen wir schon mehrere Versteinerungen von fünfzehigen Amphibien. Sehr zahlreich finden sich versteinerte Fährten-Abdrücke derselben in der Trias von Thüringen (*Chirotherium*).

Die Fünfzahl der Zehen ist deshalb von der größten Bedeutung, weil sie sich von den Amphibien auf alle höheren Wirbeltiere vererbt hat. Der Mensch gleicht in dieser wichtigen Beziehung, ebenso wie im ganzen Bau des Knochengerüstes seiner fünfzehigen vier Gliedmaßen, noch vollkommen seinen Amphibien-Ahnen. Eine sorgfältige Vergleichung des Froschskelettes mit unserem eigenen Skelett genügt, um uns davon zu überzeugen. Nun hat aber bekanntlich seit uralter Zeit diese erbliche Fünfzahl unserer Zehen die größte praktische Bedeutung gewonnen; denn auf dieser Pentadaktylie beruht ja unsere ganze Zählmethode, unser Dezimalsystem, unsere davon abgeleitete Einteilung des Maßes, Gewichtes, der Münze u. s. w. Es wäre absolut kein Grund einzusehen, weshalb bei den niedersten Amphibien, ebenso wie bei den Reptilien und den höheren Wirbeltieren bis zum Menschen hinauf, ursprünglich fünf Zehen an den Vorder- und Hinterbeinen vorhanden sind, wenn wir nicht die Vererbung von einer gemeinsamen fünfzehigen Stammform als bewirkende Ursache dieser Erscheinung gelten lassen. Die Heredität allein ist im stande, uns diese Pentanomie zu erklären. Allerdings finden wir bei vielen Amphibien sowohl, als bei vielen höheren Wirbeltieren weniger als fünf Zehen vor. Aber in allen diesen Fällen können wir den Nachweis führen, daß einzelne Zehen rückgebildet und zuletzt ganz verloren gegangen sind. Man kann daher auch die vier höheren Wirbeltierklassen, Amphibien und Amnioten, unter dem Begriffe der Pentanomen oder *Pentadactylia* zusammenfassen (vergl. S. 614).

Die bewirkenden Ursachen, durch welche aus der vielzehigen Fischflosse der fünfzehige Fuß der höheren Wirbeltiere bei jener Amphibien-Stammform entstand, sind jedenfalls in der Anpassung an die gänzlich veränderten Funktionen zu suchen, welche die Gliedmaßen beim Uebergang vom ausschließlichen Wasserleben zum teilweisen Landleben erhielten. Während die vielzehige Fischflosse fast ausschließlich zum Rudern im Wasser gebraucht wurde, mußte sie nun daneben auch noch als Stütze beim Fortkriechen auf dem festen Lande dienen. Dadurch wurden ebensowohl die Skeletteile wie die Muskeln der Gliedmaßen umgebildet. Die Zahl der Flossenstrahlen wurde allmählich reduziert und sank zuletzt bis auf fünf. Diese fünf übrig gebliebenen Strahlen aber

entwickelten sich um so kräftiger. Die weichen Knorpelstrahlen
gingen in feste Knochenstäbe über. Auch das übrige Skelett gewann bedeutend an Festigkeit. So entstand aus dem einarmigen
Hebel der vielzehigen Fischflosse das vollkommnere mehrarmige
Hebelsystem der fünfzehigen Lurchgliedmaßen. Die Bewegungen
des Körpers wurden aber nicht allein kräftiger, sondern auch
mannigfaltiger. Die einzelnen Teile des Skelettsystems und damit
im Zusammenhang auch des Muskelsystems begannen sich mehr
und mehr zu differenzieren. Bei der nahen Wechselbeziehung,
in welcher das Muskelsystem zum Nervensystem steht, mußte
natürlich auch dieses bedeutende Fortschritte in Funktion und
Struktur machen. So finden wir denn auch wirklich das Gehirn
bei den höheren Amphibien schon bedeutend weiter entwickelt als
bei den Fischen, den Lurchfischen und den niederen Amphibien.

Diejenigen Organe, welche durch die amphibische Lebensweise
am meisten umgebildet werden, sind, wie wir schon bei den
Dipneusten gesehen haben, die Werkzeuge der Atmung und des
Blutkreislaufes, die Respirations- und Zirkulationsorgane. Der erste
Fortschritt in der Organisation, welchen der Uebergang vom
Wasserleben zum Landleben forderte, war notwendig die Be-
schaffung eines Luftatmungsorganes, einer Lunge. Diese bildete
sich unmittelbar aus der bereits vorhandenen und von den Fischen
geerbten Schwimmblase hervor. Anfangs wird die Funktion derselben noch ganz hinter diejenige des älteren Wasseratmungs-
organes, der Kiemen, zurückgetreten sein. So finden wir denn
auch noch bei den niedersten Amphibien, den Kiemenlurchen, daß
sie, gleich den Dipneusten, den größten Teil ihres Lebens im
Wasser zubringen und demgemäß Wasser durch Kiemen atmen.
Nur in kurzen Zwischenpausen kommen sie an die Wasseroberfläche
oder kriechen aus dem Wasser aufs Land und atmen dann Luft
durch Lungen. Aber schon ein Teil der Schwanzlurche, der
Molche und Salamander bleibt nur in seiner Jugend ganz im
Wasser und hält sich später größtenteils auf dem festen Lande auf.
Sie atmen im erwachsenen Zustande nur noch Luft durch Lungen.
Dasselbe gilt auch von den höchst entwickelten Amphibien, den
Froschlurchen (Fröschen und Kröten); einzelne der letzteren haben
sogar schon die kiementragende Larvenform ganz verloren [96]). Auch
bei einigen kleinen, schlangenähnlichen Amphibien, den Caecilien
(welche gleich Regenwürmern in der Erde leben), ist dies der Fall.

Das hohe Interesse, welches uns die Naturgeschichte der
A m p h i b i e n k l a s s e darbietet, liegt ganz besonders in dieser

vollständigen M i t t e l s t e l l u n g z w i s c h e n d e n n i e d e r e n u n d
h ö h e r e n W i r b e l t i e r e n.   Während die niederen Amphibien
in ihrer ganzen Organisation sich unmittelbar an die Dipneusten
und Fische anschließen, vorzugsweise im Wasser leben und Wasser
durch Kiemen atmen, vermitteln die höheren Amphibien ebenso
unmittelbar den Anschluß an die Amnioten, leben gleich diesen
vorzugsweise auf dem Lande und atmen Luft durch Lungen.
Aber in ihrer Jugend gleichen die letzteren den ersteren und erreichen erst infolge einer vollständigen Verwandlung jenen höheren
Entwickelungsgrad.   Die individuelle Keimesgeschichte der meisten
höheren Amphibien wiederholt noch heute getreu die Stammesgeschichte der ganzen Klasse, und die verschiedenen Stufen der
Umbildung, welche der Uebergang vom Wasserleben zum Landleben bei den niederen Wirbeltieren während der devonischen oder
Steinkohlenperiode bedingte, führt Ihnen noch jetzt in jedem Frühjahr jeder beliebige Frosch vor Augen, der sich in unseren Teichen
und Sümpfen aus dem Ei entwickelt.

Gleich den geschwänzten Salamandern (Fig. 315) verläßt auch
jeder gemeine Frosch das Ei in Gestalt einer L a r v e, welche völlig
von dem ausgebildeten Frosche verschieden ist (Fig. 316).   Der
kurze Rumpf geht in einen langen Schwanz über, der vollkommen
die Gestalt und den Bau eines Fischschwanzes hat (s).   Beine fehlen
anfangs noch vollständig.   Die Atmung geschieht ausschließlich
durch Kiemen, anfangs äußere (k), später innere Kiemen.   Dementsprechend ist auch das Herz ganz wie bei den Fischen gebildet und besteht bloß aus zwei Abteilungen, einer Vorkammer,
welche das venöse Blut aus dem Körper aufnimmt, und einer
Kammer, welche dasselbe durch den Arterienkegel in die Kiemen
treibt (*Ichthyocardia*, S. 614).

In dieser Fischform schwimmen die Larven unserer Frösche,
die sogenannten „K a u l q u a p p e n" (*Gyrini*), in jedem Frühjahr
massenhaft in unseren Teichen und Tümpeln umher, wobei sie
ihren muskulösen Schwanz als Ruderorgan, ebenso wie die Fische
und die Ascidienlarven, gebrauchen.   Erst nachdem dieselben zu
einer gewissen Größe herangewachsen sind, beginnt die merkwürdige Verwandlung der Fischform in die Froschform.   Aus dem
Schlunde wächst ein Blindsack hervor, welcher sich in ein paar
geräumige Säcke ausbuchtet: das sind die Lungen.   Die einfache
Herzvorkammer zerfällt durch Ausbildung einer Scheidewand in
zwei Vorkammern; gleichzeitig gehen beträchtliche Veränderungen
in der Bildung der wichtigsten Arterienstämme vor sich.   Während

vorher alles Blut aus der Herzkammer durch die Aortenbogen in die Kiemen trat, geht jetzt nur ein Teil desselben in die Kiemen, ein anderer Teil durch die neugebildete Lungenarterie in die Lungen. Von hier kehrt arterielles Blut in die linke Vorkammer des Herzens zurück, während sich das venöse Körperblut in der rechten Vorkammer sammelt. Da beide Vorkammern in die einfache Herzkammer münden, enthält diese nunmehr gemischtes Blut.

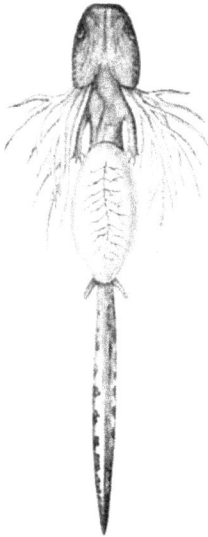 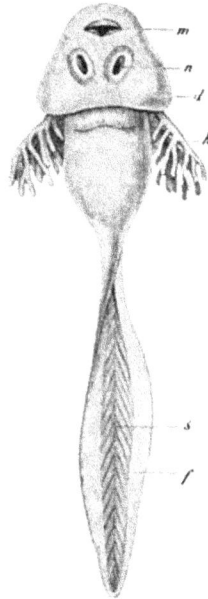

Fig. 315.   Fig. 316.

Fig. 315. **Larve des gefleckten Erdsalamanders** (*Salamandra maculata*), von der Bauchseite. In der Mitte tritt noch ein Dottersack aus dem Darm hervor. Die äußeren Kiemen sind zierlich baumförmig verästelt. Die beiden Beinpaare sind noch sehr klein.

Fig. 316. **Larve des gemeinen Grasfrosches** (*Rana temporaria*), sogenannte „Kaulquappe" (Kaulpadde). *m* Mund, *n* ein paar Saugnäpfe zum Ansaugen an Steinen, *d* Hautfalte, aus der der Kiemendeckel entsteht; dahinter die Kiemenspalte, aus der die Kiemenbäumchen (*k*) vorragen, *s* Schwanzmuskeln, *f* Hautflossensaum des Schwanzes.

Aus der Fischform ist jetzt die Dipneustenform geworden. Im weiteren Verlaufe der Verwandlung gehen die Kiemen mit den Kiemengefäßen vollständig verloren, und es tritt ausschließlich Lungenatmung ein. Später wird auch der lange Ruderschwanz abgeworfen, und der Frosch hüpft nun mit den inzwischen hervorgesproßten Beinen ans Land [93] (*Amphicardia*, S. 614).

Diese merkwürdige Metamorphose der Amphibien ist
für die Stammesgeschichte des Menschen höchst lehrreich und gewinnt dadurch besonderes Interesse, daß die verschiedenen Gruppen
der heute noch lebenden Amphibien auf verschiedenen Stufen der
Stammesgeschichte stehen geblieben sind, entsprechend dem Biogenetischen Grundgesetze. Da treffen wir zuerst eine tief stehende
niederste Amphibienordnung, die Kiemenlurche (*Sozobranchia*),
welche ihre Kiemen während des ganzen Lebens behalten, wie die
Fische. Hierher gehört unter anderen der bekannte blinde Kiemen-
molch der Adelsberger Grotte (*Proteus anguineus*), ferner der
Armmolch von Südcarolina (*Siren lacertina*) und der Axolotl aus
Mexiko (*Siredon pisciformis*). Alle diese Kiemenmolche sind
fischähnliche, langgeschwänzte Tiere und bleiben in Bezug auf
die Atmungs- und Kreislauforgane auf derselben Stufe zeitlebens
stehen, welche die Dipneusten einnehmen. Sie haben gleichzeitig
Kiemen und Lungen, und können je nach Bedürfnis entweder
Wasser durch Kiemen oder Luft durch Lungen atmen. Bei einer
zweiten Ordnung, bei den Salamandern, gehen die Kiemen
während der Verwandlung verloren, und sie atmen als erwachsene
Tiere bloß Luft durch Lungen. Die Ordnung führt den Namen
Schwanzlurche (*Sozura*), weil sie den langen Schwanz zeitlebens
behalten. Dahin gehören die gemeinen Wassermolche (*Triton*),
die unsere Teiche im Sommer massenhaft bevölkern, und die
schwarzen gelbgefleckten Erdmolche oder Erdsalamander (*Salamandra*), die in unseren feuchten Wäldern leben. Diese letzteren
gehören zu den merkwürdigsten einheimischen Tieren, da sie sich
durch viele anatomische Eigentümlichkeiten als uralte und hoch-
konservative Wirbeltiere ausweisen [94]). Einige Schwanzlurche
haben noch die Kiemenspalte an der Seite des Halses behalten,
obwohl sie die Kiemen selbst verloren haben (*Menopoma*). Wenn
man die Larven unserer Salamander (Fig. 315) und Tritonen zwingt,
im Wasser zu bleiben und sie gar nicht ans Land läßt, kann man
sie dadurch unter günstigen Umständen veranlassen, ihre Kiemen
beizubehalten. Dann werden sie in diesem fischähnlichen Zustande
geschlechtsreif und bleiben gezwungen auf der niederen Entwickelungsstufe der Kiemenlurche zeitlebens stehen.

Das umgekehrte Experiment leistet ein mexikanischer Kiemen-
molch, der fischförmige Axolotl (*Siredon pisciformis*). Früher hielt
man denselben für einen permanenten Kiemenlurch, der in diesem
fischähnlichen Zustande zeitlebens verharrt. Unter Hunderten dieser
Tiere aber, welche im Pariser Pflanzengarten gehalten wurden,

gingen einige Individuen aus unbekannten Gründen an das Land, verloren ihre Kiemen und verwandelten sich in eine dem Salamander sehr nahestehende Form (*Amblystoma*). Andere Arten der Gattung werden erst in diesem Zustande geschlechtsreif [95]. Man hat diese Erscheinung als ein ganz besonderes Wunder angestaunt, obwohl jeder gemeine Frosch und Salamander uns in jedem Frühjahr dieselbe Verwandlung vor Augen führt. Die ganze wichtige Metamorphose, die von dem wasserbewohnenden und kiemenatmenden Tiere zu dem landbewohnenden und lungenatmenden Tiere führt, ist hier ebenfalls Schritt für Schritt zu verfolgen. Was aber hier am Individuum während der Keimesgeschichte geschieht, das ist ebenso im Verlaufe der Stammesgeschichte an der ganzen Klasse vor sich gegangen.

Noch weiter als bei den Salamandern geht die Metamorphose bei der dritten Amphibien-Ordnung, bei den Froschlurchen (*Batrachia* oder *Anura*). Dahin gehören alle die verschiedenen Arten der Kröten, Unken, Wasserfrösche, Laubfrösche u. s. w. Diese verlieren während ihrer Umwandlung nicht allein die Kiemen, sondern auch den Ruderschwanz; bald früher, bald später fällt derselbe ab. Uebrigens verhalten sich die verschiedenen Arten in dieser Beziehung ziemlich verschieden. Bei den meisten Froschlurchen werfen die Larven den Schwanz schon früh ab, so daß die ungeschwänzte Froschform nachher noch beträchtlich wächst. Andere hingegen, wie namentlich der brasilianische Trugfrosch (*Pseudes paradoxus*), aber auch unsere einheimische Knoblauchkröte (*Pelobates fuscus*), verharren sehr lange in der Fischform und behalten einen ansehnlichen Schwanz fast bis zur Erreichung ihrer vollständigen Größe; sie erscheinen daher nach vollbrachter Verwandlung viel kleiner als vorher. Das andere Extrem zeigen einige in neuester Zeit bekannt gewordene Frösche, welche ihre ganze historische Metamorphose eingebüßt haben, und bei welchen aus dem Ei nicht die geschwänzte kiementragende Larve, sondern der fertige, schwanzlose und kiemenlose Frosch ausschlüpft. Diese Frösche sind Bewohner isolierter ozeanischer Inseln, welche ein trockenes Klima besitzen und oft lange Zeit hindurch des süßen Wassers entbehren. Da dieses letztere für die kiemenatmenden Kaulquappen unentbehrlich ist, haben sich die Frösche jenem örtlichen Mangel angepaßt und ihre ursprüngliche Metamorphose ganz aufgegeben (so z. B. der Laubfrosch von Martinique, *Hylodes martinicensis*) [96].

Der ontogenetische Verlust der Kiemen und des Schwanzes bei den Fröschen und Kröten kann phylogenetisch natürlich nur

dahin gedeutet werden, daß dieselben von langschwänzigen salamanderartigen Amphibien abstammen. Das geht auch aus der
vergleichenden Anatomie beider Gruppen unzweifelhaft hervor.
Jene merkwürdige Verwandlung ist aber auch außerdem deshalb
von allgemeinem Interesse, weil sie ein bestimmtes Licht auf die
Phylogenie der schwanzlosen Affen und des Menschen wirft. Auch
die Vorfahren der letzteren waren langschwänzige und kiemen-
atmende Tiere gleich den Kiemenlurchen, wie der Schwanz und
die Kiemenbogen des menschlichen Embryo unwiderleglich dartun.

Unzweifelhaft hat die Amphibienklasse während des paläozoischen Zeitalters (und zwar schon während der Steinkohlen-
Periode) eine Reihe von Formen enthalten, welche als direkte Vorfahren der Säugetiere, und also auch des Menschen zu betrachten

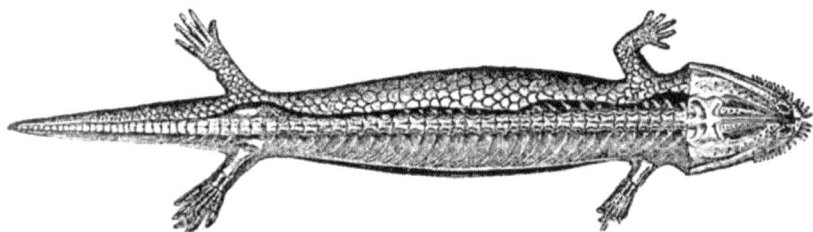

Fig. 317. **Fossiler Panzerlurch** aus der böhmischen Steinkohle (*Seeleya*).
Nach *Fritsch*. Links ist der Schuppenpanzer erhalten.

sind. Diese unsere Amphibien-Ahnen dürfen wir aber aus vergleichend-anatomischen und ontogenetischen Gründen nicht — wie
man vielleicht erwarten könnte — unter den schwanzlosen Froschlurchen, sondern nur unter den geschwänzten niederen Amphibien
suchen. Mit Sicherheit dürfen wir hier mindestens zwei ausgestorbene Lurchgruppen als direkte Vorfahren des Menschen betrachten: erstens die kiemenatmenden Stegocephalen (Fig. 317),
und zweitens lungenatmende Panzerlurche, welche die Kiemen
verloren hatten. Unter den lebenden N a c k t l u r c h e n (*Liss-
amphibia*) sind noch heute die älteren Kiemenlurche (*Perenni-
branchia*) zeitlebens mit äußeren Kiemen versehen, während die
jüngeren Salamander (*Urodela*) sie nur als Larven in der Jugend
besitzen. Diejenigen kiemenlosen Amphibien-Ahnen der Amnioten,
welche wir als die phylogenetisch jüngsten Glieder der Lurch-
klasse anzusehen haben, werden noch mit Schuppen bedeckt,
sonst aber gewöhnlichen Salamandern sehr ähnlich gewesen sein.
Ist doch sogar im Jahre 1725 das versteinerte Skelett eines

ausgestorbenen Salamanders (der dem heutigen Riesensalamander
von Japan nahestand) von dem Schweizer Naturforscher *Scheuchzer*
als Skelett eines versteinerten Menschen aus der Sündflutzeit beschrieben worden! [„*Homo diluvii testis*"[97].]

Als diejenige Wirbeltierform, die in unserer Ahnenreihe nun
zunächst an diese Amphibien-Ahnen sich anschließt, haben wir jetzt
ein eidechsenähnliches Tier zu betrachten, auf dessen frühere
Existenz wir mit ziemlicher Sicherheit aus den bekannten Tatsachen der vergleichenden Anatomie und Ontogenie schließen
können. Die lebende *Hatteria* von Neuseeland (Fig. 318) und die
ausgestorbenen Rhynchocephalen der permischen Periode (Fig. 319)
sind dieser wichtigen Stammform nächstverwandt; wir wollen sie
einstweilen P r o t a m n i o n oder U r a m n i o t e n nennen. Alle
Wirbeltiere nämlich, die über den Amphibien stehen — die drei
Klassen der Reptilien, Vögel und Säugetiere — unterscheiden sich
in ihrer gesamten Organisation so wesentlich von allen bisher
betrachteten niederen Wirbeltieren und stimmen hingegen unter
sich so sehr überein, daß wir sie alle in einer einzigen Gruppe
unter der Bezeichnung der A m n i o n t i e r e (*Amniota*) zusammenfassen. Bei diesen drei Tierklassen allein kommt die Ihnen bereits
bekannte merkwürdige embryonale Umhüllung zu stande, welche
wir als A m n i o n oder Fruchthaut bezeichnen, eine cenogenetische
Anpassung, welche als Folge des Einsinkens des wachsenden
Embryo in den Dottersack anzusehen ist[98]. (Vergl. S. 330, 409.)

Sämtliche uns bekannte Amniontiere, alle Reptilien, Vögel
und Säugetiere (mit Inbegriff des Menschen) stimmen in so vielen
wichtigen Beziehungen ihrer inneren Organisation und Entwickelung überein, daß ihre gemeinsame Abstammung von einer einzigen
Stammform mit ziemlicher Sicherheit behauptet werden kann.
Wenn irgendwo die Zeugnisse der vergleichenden Anatomie und
Ontogenie ganz unverdächtig sind, so ist es gewiß hier der Fall.
Denn alle die einzelnen Merkwürdigkeiten und Eigenheiten, welche
in Begleitung und im Gefolge der Amnionbildung auftreten, und
welche Sie aus der embryonalen Entwickelung des Menschen jetzt
bereits·kennen, ferner zahlreiche Eigentümlichkeiten in der Entwickelungsgeschichte der Organe, die wir später noch im einzelnen
verfolgen werden, endlich die wichtigsten speziellen Einrichtungen
im inneren Körperbau aller entwickelten Amnioten — bezeugen
mit solcher Klarheit den g e m e i n s a m e n U r s p r u n g a l l e r
A m n i o n t i e r e v o n e i n e r e i n z i g e n a u s g e s t o r b e n e n
S t a m m f o r m, daß wir uns schwerlich einen polyphyletischen

Ursprung derselben aus mehreren unabhängigen Stammformen vorstellen können. Jene unbekannte gemeinsame Stammform ist eben unser Uramniote (*Protamnion*). In der äußeren Erscheinung wird dieses Protamnion höchst wahrscheinlich eine Mittelform zwischen Salamander und Eidechse gewesen sein.

Mit großer Wahrscheinlichkeit läßt sich als Zeitpunkt für die Entstehung der Protamnioten die permische Periode bezeichnen, vielleicht schon der Anfang, vielleicht erst das Ende dieser Periode. Dies geht nämlich daraus hervor, daß erst in der Steinkohlenperiode die Amphibien zur vollen Entwickelung gelangen, und daß gegen das Ende der permischen Periode bereits die ersten fossilen Reptilien auftreten (*Palaehatteria, Homoeosaurus, Proterosaurus*). Unter den wichtigen und folgenschweren Veränderungen der Wirbeltier-Organisation, welche während dieser permischen Zeit die Entstehung der ersten Amniontiere aus salamanderartigen Amphibien bedingten, sind vor allen folgende drei hervorzuheben: erstens der gänzliche Verlust der wasseratmenden Kiemen und die Umbildung der Kiemenbogen in andere Organe, zweitens die Ausbildung der Allantois oder des Urharnsackes, und drittens endlich die Entstehung des Amnion.

Als einer der hervorstechendsten Charaktere aller Amnioten muß der gänzliche Verlust der respiratorischen Kiemen angesehen werden. Alle Amniontiere, auch die im Wasser lebenden (z. B. Seeschlangen, Walfische), atmen ausschließlich Luft durch Lungen, niemals mehr Wasser durch Kiemen. Während sämtliche Amphibien (mit ganz vereinzelten Ausnahmen) in der Jugend ihre Kiemen noch längere oder kürzere Zeit behalten und eine Zeit lang (wenn nicht immer) durch Kiemen atmen, ist von jetzt an von gar keiner Kiemenatmung mehr die Rede. Schon das Protamnion muß die Wasseratmung vollständig aufgegeben haben. Trotzdem bleiben aber die Kiemenbogen infolge von Vererbung allgemein noch bestehen und entwickeln sich zu ganz anderen (teilweise rudimentären) Organen: zu den verschiedenen Teilen des Zungenbeins, zu bestimmten Teilen des Kiefergerüstes, des Gehörorgans u. s. w. Jedoch findet sich bei den Embryonen der Amnioten niemals auch nur eine Spur von Kiemenblättchen, von wirklichen Atmungsorganen auf den Kiemenbogen vor.

Mit diesem gänzlichen Kiemenverluste steht wahrscheinlich die Ausbildung eines andern Organs in Zusammenhang, welches Ihnen ,bereits aus der menschlichen Ontogenie wohlbekannt ist, nämlich der Allantois oder des Urharnsackes (vergl. S. 396). Höchst wahrscheinlich ist die Harnblase der Amphibien als der erste Anfang der Allantoisbildung zu bezeichnen. Schon hier treffen wir eine Harnblase an, welche aus der unteren Wand des hinteren Darmendes hervorwächst und als Behälter für das Nierensekret dient; sie ist beim Frosch von ansehnlicher Größe. Aber erst bei den drei höheren Wirbeltierklassen gelangt die Allantois zu besonderer embryonaler Entwickelung, tritt schon frühzeitig weit aus dem Leibe des Embryo hervor und bildet einen großen, mit Flüssigkeit gefüllten Sack, auf welchem sich eine beträchtliche Menge von großen Blutgefäßen ausbreitet. Dieser Sack übernimmt hier zugleich überall einen bedeutenden Teil der Ernährungs-Funktionen; die Allantois ist das wichtigste Atmungsorgan des Amnioten-Embryo. Derselbe Urharnsack bildet bei den höheren Säugetieren und beim Menschen nachher die Placenta oder den Aderkuchen.

Die Ausbildung des Amnion und der Allantois, sowie der gänzliche Verlust der Kiemen und die ausschließliche Lungenatmung sind die entscheidendsten Charaktere, durch welche sämtliche Amniontiere den von uns bisher betrachteten niederen Wirbeltieren sich gegenüberstellen. Dazu kommen noch einige mehr untergeordnete Eigenschaften, welche sich beständig in der ganzen Amniotenabteilung vererben und den Amnionlosen allgemein fehlen. Ein auffallender embryonaler Charakter der Amnioten besteht in der starken Kopfkrümmung und Nackenkrümmung des Embryo. Bei den Amnionlosen ist der Embryo entweder von Anfang an ziemlich geradegestreckt, oder der ganze Körper ist einfach sichelförmig gekrümmt, entsprechend der Wölbung des Dottersackes, dem er mit der Bauchseite anliegt; aber es sind keine scharfen winkeligen Knickungen im Verlaufe der Längsachse vorhanden. Dagegen tritt bei allen Amnioten schon sehr frühzeitig eine auffallende Knickung des Körpers ein (S. 387); und zwar in der Weise, daß der Rücken des Embryo sich stark hervorwölbt, der Kopf fast rechtwinkelig gegen die Brust herabgedrückt und der Schwanz gegen den Bauch eingeschlagen erscheint. Das einwärts gekrümmte Schwanzende nähert sich so sehr der Stirnseite des Kopfes, daß sich beide oft beinahe berühren. (Vergl. Taf. VIII—XIII.) Diese auffallende dreifache Knickung des Embryokörpers, die wir früher in der Ontogenese des Menschen betrachtet und als Scheitelkrümmung, Nackenkrümmung und Schwanzkrümmung unterschieden haben, ist eine charakteristische, gemeinsame Eigentümlichkeit der Embryonen aller Reptilien, Vögel und Säugetiere. (Vergl. Fig. 207, 208, S. 397.)

Aber auch in der Ausbildung vieler innerer Organe zeigt sich bei allen Amniontieren ein Fortschritt, durch den sie sich über die höchsten Amnionlosen erheben. Insbesondere bildet sich im Herzen eine Scheidewand innerhalb der einfachen Kammer aus, durch welche dieselbe in zwei Kammern, eine rechte und linke, zerfällt. Im Zusammenhang mit der völligen Metamorphose der Kiemenbogen findet eine weitere Entwickelung des Gehörorgans statt. Ebenso zeigt sich ein bedeutender Fortschritt in der Ausbildung des Gehirns, des Skeletts, des Muskelsystems und anderer Teile. Als eine der wichtigsten Veränderungen ist schließlich noch die Neubildung der Nieren hervorzuheben. Bei allen niederen bis jetzt betrachteten Wirbeltieren haben wir als ausscheidende oder Harn absondernde Apparate die Urnieren angetroffen, welche auch bei allen höheren Wirbeltieren bis zum Menschen hinauf sehr frühzeitig im Embryo auftreten. Allein bei den Amniontieren verlieren diese uralten Urnieren schon frühzeitig während des Embryolebens ihre Funktion, und diese wird von den bleibenden Nachnieren oder Dauernieren übernommen, welche aus dem Endabschnitte der Urnierengänge hervorwachsen.

Wenn Sie nun alle diese Eigentümlichkeiten der Amniontiere nochmals zusammenfassend überblicken, so werden Sie wohl nicht zweifeln können, daß alle Tiere dieser Gruppe, alle Reptilien, Vögel und Säugetiere, gemeinsamen Ursprungs sind und eine einzige stammverwandte Hauptabteilung bilden. Zu dieser gehört aber auch unser eigenes Geschlecht. Auch der Mensch ist seiner ganzen Organisation und Keimesgeschichte nach ein echtes Amniontier und stammt mit allen übrigen Amnioten zusammen von dem Protamnion ab. Wenn auch schon zu Ende (oder vielleicht selbst in der Mitte) des paläozoischen Zeitalters entstanden, kam dennoch die ganze Gruppe erst während des mesozoischen Zeitalters zu ihrer vollen Entfaltung und Blüte. Die beiden Klassen der Vögel und Säugetiere treten innerhalb dieser Hauptperiode überhaupt zuerst auf. Aber auch die Reptilienklasse entfaltet erst innerhalb derselben ihre ganze Mannigfaltigkeit, und nach ihr wird sie sogar „das Zeitalter der Reptilien" genannt. Auch das ausgestorbene Protamnion, die Stammform der ganzen Gruppe, ist ihrer gesamten Organisation nach zu den Reptilien zu stellen. Die alte permische Uebergangsgruppe, zu welcher diese Protamnioten gehören, habe ich in

meiner „Systematischen Phylogenie der Wirbeltiere" (S. 282—306)
als Stammreptilien (*Tocosauria*) eingehend erläutert und in
drei Ordnungen eingeteilt: 1) Proreptilia (*Protamnion, Palaehatteria* und *Sauromammalia*); 2) Progonosauria (*Proterosaurus* und *Mesosaurus*); 3) Rhynchocephalia (*Rhyncho-
saurus* und *Hatteria*).

Den Stammbaum der ganzen Amniotengruppe legt uns in den
wesentlichsten Grundzügen gegenwärtig ihre Paläontologie, vergleichende Anatomie und Ontogenie klar vor Augen. Die nächste
Descendentengruppe des Protamnion spaltete sich in zwei divergierende Hauptäste. Die eine Hauptlinie, welche demnächst allein unser
ganzes Interesse in Anspruch nehmen wird, bildet die Klasse der
Säugetiere (*Mammalia*). Die andere Hauptlinie, welche nach
einer ganz anderen Richtung hin sich fortschreitend entwickelte,
und welche nur an der Wurzel mit der Säugetierlinie zusammenhängt, ist die umfangreiche vereinigte Gruppe der Reptilien und
Vögel; diese beiden Klassen kann man mit *Huxley* passend als
Sauropsiden zusammenfassen. Als gemeinsame Stammform der
letzteren ist ein ausgestorbenes eidechsenartiges Reptil aus der
Gruppe der Schnabelköpfe (*Rhynchocephalia*) zu betrachten. Aus
diesem haben sich als mannigfach divergierende Zweige die
Schlangen, Krokodile, Schildkröten, Drachen u. s. w., kurz alle
die verschiedenen Formen der Reptilien-Klasse entwickelt. Aber
auch die merkwürdige Klasse der Vögel hat sich direkt aus
einem Zweige der Reptiliengruppe entwickelt, wie jetzt mit absoluter Sicherheit feststeht. Die Embryonen der Reptilien und
Vögel sind noch bis in späte Zeit hinein identisch und teilweise
auch noch später überraschend ähnlich. (Vergl. Taf. VIII, IX, X.)
Ihre ganze Organisation stimmt so auffallend überein, daß kein
Anatom mehr an der Abstammung der Vögel von den Reptilien
zweifelt. Die Säugetierlinie hingegen ist aus der Gruppe der
Säugereptilien (*Sauromammalia*), einem anderen Zweige der
Proreptilien, hervorgegangen. Sie hat zwar an der tiefsten Wurzel
mit der Reptilienlinie zusammengehangen, dann aber sich völlig
von ihr getrennt und ganz eigenartig entwickelt. Als höchstes
Entwickelungsprodukt dieser Säugetier-Linie tritt uns der
Mensch entgegen, die sogenannte „Krone der Schöpfung".

Die phylogenetische Hypothese, daß die drei höheren Wirbeltierklassen einen einheitlichen Amniotenstamm darstellen, und
daß die gemeinsame Wurzel dieses Stammes in der Amphibien-
klasse zu suchen ist, wird jetzt allgemein angenommen. Ich hatte

diese Hypothese schon 1866 in meiner „Generellen Morphologie"
aufgestellt und die hypothetische gemeinsame Stammgruppe als
Protamnioten, später als *Proreptilien* oder *Tocosaurier* bezeichnet.
Aber erst viel später wurden die zahlreichen paläozoischen Versteinerungen bekannt, welche jener wichtigen, auf die Tatsachen
der vergleichenden Anatomie und Ontogenie gegründeten Hypothese die handgreifliche paläontologische Grundlage geben.   Erst

Fig. 318.   **Die Brückenechse** (*Hatteria punctata* = *Sphenodon punctatus*)
von Neuseeland.   (Das einzige lebende Proreptil.)   Aus *Brehms* Tierleben.

im Laufe der beiden letzten Decennien (seit 1881) lernten wir durch
die ausgezeichneten Untersuchungen von *Credner* und *Cope* jene
beiden bedeutungsvollen Vertebraten-Ordnungen näher kennen und
würdigen, welche für diesen Abschnitt unseres Stammbaums von der
höchsten Bedeutung sind: einerseits die karbonischen *Stegocephalen*,
mit denen die Reihe der Pentanomen oder der fünfzehigen Wirbeltiere beginnt; anderseits die permischen *Tocosaurier*, die aus jenen
hervorgegangen sind und die Wurzel des Amniotenstammes bilden.

Die wichtige Legion der permischen Stammreptilien
(*Tocosauria*), aus deren gemeinsamer Wurzel die beiden di-
vergenten Stämme der *Sauropsiden* und der *Mammalien* hervorgegangen sind, zieht als die gemeinsame Stammgruppe aller Amniontiere zunächst unsere besondere Aufmerksamkeit auf sich. Ein
glücklicher Zufall hat uns von dieser ausgestorbenen Ahnengruppe
einen einzigen lebenden Ueberrest bis heute bewahrt; das ist die
merkwürdige, nur auf der Insel Neuseeland lebende Brückenechse,
Hatteria punctata (Fig. 318). Aeußerlich ist dieses Proreptil zwar
von einer gewöhnlichen Eidechse wenig verschieden; allein in
vielen und wichtigen Merkmalen ihres inneres Baues, vor allem in
der primitiven Bildung der Wirbelsäule, des Schädels und der
Gliedmaßen, nimmt sie eine viel tiefere Stellung ein und nähert
sich ihren nächsten Lurchahnen, den Stegocephalen. Demnach

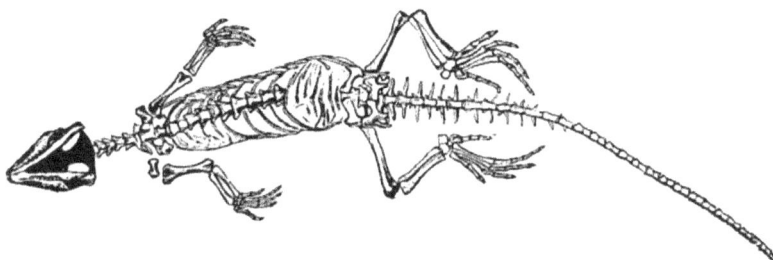

Fig. 319. **Homoeosaurus pulchellus,** ein jurassisches Proreptil aus dem
Jura von Kehlheim. Nach *Zittel.*

ist Hatteria unter allen lebenden Reptilien als die
phylogenetisch älteste Form zu betrachten, als ein isolierter
Ueberrest aus der uralten permischen Schöpfungsperiode, welcher
der gemeinsamen Stammform der Amnioten noch ganz nahe-
steht. Sie dürfte von dieser ausgestorbenen Stammform, unseren
hypothetischen Protamnioten, so wenig verschieden sein, daß wir
sie unmittelbar an die *Proreptilien* anschließen können. Zu derselben Gruppe gehört auch die merkwürdige permische *Palaehatteria*, welche *Credner* 1888 im rotliegenden Gestein des Plauenschen Grundes bei Dresden entdeckt hat (Fig. 320). Noch näher
jenen verwandt ist vielleicht die jurassische Gattung *Homoeosaurus*
(Fig. 319), von welcher trefflich erhaltene Skelette im lithographischen Schiefer von Solenhofen vorkommen. Etwas weiter
entfernen sich von der Stammform die permischen Proterosaurier
oder Progonosaurier; zu diesen gehört die berühmte „Ureidechse"

des Kupferschiefers von Eisenach, eines der ältesten und der zuerst beschriebenen fossilen Reptilien; sie wurde schon 1706 von dem Berliner Arzte *Spener* als „Krokodil" beschrieben und später ihm zu Ehren *Proterosaurus Speneri* benannt.

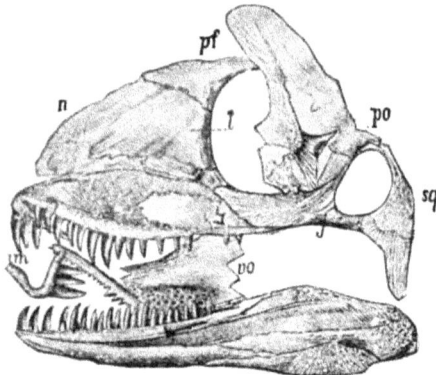

Fig. 320.

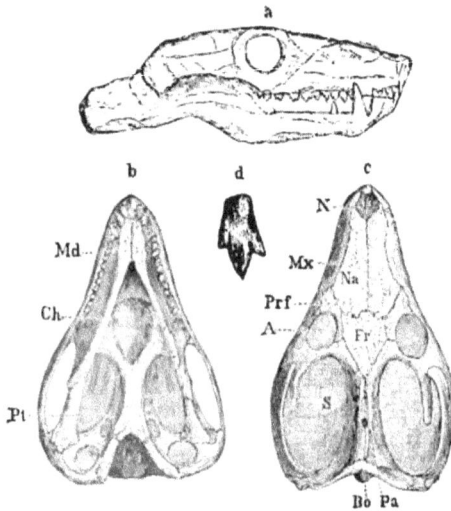

Fig. 321.

Leider sind die zahlreichen versteinerten Ueberreste von permischen und triassischen *Tocosauriern*, welche wir in den letzten beiden Decennien kennen gelernt haben, zum größten Teile sehr unvollständig erhalten. Auch läßt sich aus diesen Skelettfragmenten oft nur ein sehr unsicherer Schluß auf die anatomische Beschaffenheit der charakteristischen Weichteile ziehen, welche zu dem Knochengerüst der ausgestorbenen Stammreptilien

Fig. 320. **Schädel einer permischen Brückenechse** (*Palaehatteria longicaudata*). Nach *Credner*. *n* Nasenbein, *pf* Stirnbein, *l* Tränenbein, *po* Postorbitalbein, *sq* Schuppenbein, *i* Jochbein, *vo* Pflugbein, *im* Zwischenkiefer.

Fig. 321. **Schädel eines Theromorphen der Trias** (*Galesaurus planiceps*) aus der Karroo-Formation von Südafrika. Nach *Owen*. *a* Schädel von der rechten Seite, *b* von unten, *c* von oben, *d* dreispitziger Backenzahn, *N* Nasenlöcher, *NA* Nasenbein, *Mx* Oberkiefer, *Prf* Praefrontale, *Fr* Stirnbein, *A* Augenhöhlen, *S* Schläfengrube, *Pa* Scheitelauge, *Bo* Hinterhauptsgelenk, *Pt* Flügelbein, *Md* Unterkiefer.

gehörten. Daher ist es bis heute nicht möglich gewesen, mit einiger Sicherheit diese wichtigen Petrefakten in die beiden Ahnenreihen einzuordnen, welche von den *Protamnioten* einerseits zu den Sauropsiden, anderseits zu den Mammalien hinaufführen. Insbesondere sind die Ansichten noch sehr geteilt über die systematische Stellung und phylogenetische Bedeutung der merkwürdigen T h e r o m o r p h e n. Mit diesem Namen bezeichnet *Cope* eine höchst interessante und formenreiche Gruppe von ausgestorbenen landbewohnenden Reptilien, von denen wir fossile Reste nur aus dem permischen System und der Trias kennen. Schon vor vierzig Jahren wurden einige dieser Therosaurier (Süßwasserbewohner) von *Owen* als *Anomodontia* beschrieben. Aber erst in den letzten zwanzig Jahren haben die verdienstvollen nordamerikanischen Paläontologen *Cope* und *Osborn* unsere Kenntnis derselben sehr erweitert und die Ansicht begründet, daß in dieser Ordnung die Stammformen der Säugetiere zu suchen seien. In der Tat stehen die Theromorphen den Säugetieren in den wesentlichsten Eigentümlichkeiten des Körperbaues näher als alle anderen Reptilien. Ganz besonders gilt das von den T h e r i o d o n t i e n, zu welchen die *Pareosaurier* und *Pelycosaurier* gehören (Fig. 321). Der ganze Bau ihres Beckens und der Hinterfüße hat schon diejenige eigentümliche Form erreicht, welche wir bei den Monotremen, den niedersten Säugetieren, finden. Die Bildung des Schultergürtels und des Quadratbeines zeigt eine Annäherung an die Säuger, wie sie bei keiner anderen Reptiliengruppe zu finden ist. Auch die Zähne des Gebisses sind bereits in Schneidezähne, Eckzähne und Backzähne differenziert. Aber trotzdem erscheint es heute sehr zweifelhaft, ob die Theromorphen wirklich zur Ahnenreihe der S a u r o m a m m a l i e n gehören, d. h. direkt von den Tocosauriern zu den ältesten Säugetieren hinüberführen. Andere Kenner dieser Gruppe sind vielmehr der Ansicht, daß es sich hier um eine selbständige Legion der Reptilien handelt, welche vielleicht an tiefster Wurzel mit den Sauromammalien zusammenhängt, die sich aber ganz unabhängig von den Säugetieren — wenn auch vielfach parallel zu denselben — entwickelt hat. Ich habe diese schwierigen Fragen eingehend in meiner „Systematischen Phylogenie der Wirbeltiere" erörtert (S. 301—317); daselbst habe ich auch die Hypothese zu begründen versucht, daß eine Ordnung der Theromorphen, nämlich die Anomodontien, eher als die Stammgruppe der Schildkröten anzusehen ist.

Unter den zoologischen Tatsachen, welche uns bei unseren Untersuchungen über den Stammbaum des Menschengeschlechtes als feste Stützpunkte dienen, ist jedenfalls eine der wichtigsten und fundamentalsten die Stellung des Menschen in der Klasse der Säugetiere (*Mammalia*). Wie verschieden auch im einzelnen die Zoologen seit langer Zeit die Stellung des Menschen innerhalb dieser Klasse beurteilen, und wie verschieden namentlich auch die Auffassung seiner Beziehungen zu der nächstverwandten Gruppe der Affen erscheinen mag, so ist doch niemals ein Naturforscher darüber im Zweifel gewesen, daß der Mensch seiner ganzen körperlichen Organisation und Entwickelung nach ein echtes Säugetier sei. Dieser fundamentalen Tatsache hat *Linné* schon 1735 in der ersten Auflage seines berühmten *Systema naturae* Ausdruck gegeben. Wie Sie sich in jedem anatomischen Museum und in jedem Handbuche der vergleichenden Anatomie überzeugen können, besitzt der Körperbau des Menschen alle diejenigen Eigentümlichkeiten, in denen alle Säugetiere übereinstimmen, und durch welche sie sich von allen übrigen Tieren auffallend und bestimmt unterscheiden.

Wenn wir nun diese feststehende anatomische Tatsache im Lichte der Descendenztheorie phylogenetisch deuten, so ergibt sich für uns daraus unmittelbar die Folgerung, daß der Mensch mit allen übrigen Säugetieren eines gemeinsamen Stammes ist und von einer und derselben Wurzel mit ihnen abstammt. Die vielerlei Eigentümlichkeiten, in denen sämtliche Säugetiere übereinstimmen, und durch die sie sich vor allen anderen Tieren auszeichnen, sind aber derart, daß gerade hier eine polyphyletische Hypothese ganz unzulässig erscheint. Unmöglich können wir uns vorstellen, daß die sämtlichen lebenden und ausgestorbenen Säugetiere von mehreren verschiedenen und ursprünglich getrennten Wurzelformen abstammen. Vielmehr müssen wir, wenn wir überhaupt die Entwickelungstheorie anerkennen, die monophyletische Hypothese aufstellen, daß alle Säugetiere mit Inbegriff des Menschen von einer einzigen Säugetier-Stammform abzuleiten sind. Wir wollen diese längst ausgestorbene uralte Wurzelform und ihre nächsten (nur etwa als mehrfache Gattungen einer Familie verschiedenen) Descendenten als Ursäuger oder Stammsäuger (*Promammalia*) bezeichnen. Wie wir bereits gesehen haben, entwickelte sich diese Wurzelform aus dem uralten Proreptilienstamm in einer ganz anderen Richtung, als die Klasse der Vögel, und trennte sich schon frühzeitig vom Hauptstamme der Reptilien. Die Unterschiede, welche die Säugetiere einerseits, die Reptilien und Vögel anderseits auszeichnen, sind so bedeutend und charakteristisch, daß wir mit voller Sicherheit eine solche einfache

Gabelspaltung des Wirbeltier-Stammbaumes im Beginne der Amnioten-Entwickelung annehmen dürfen. Die Reptilien und Vögel, welche wir als *Sauropsiden* zusammenfassen, stimmen namentlich ganz überein in der charakteristischen Bildung des S c h ä d e l s und des G e h i r n s, die von derjenigen der Säugetiere sich auffallend unterscheidet. Der Schädel ist bei den meisten Reptilien und allen Vögeln durch einen einfachen, bei den Säugetieren hingegen (wie bei den Amphibien) durch einen doppelten Gelenkhöcker (*Condylus*) des Hinterhauptes mit dem ersten Halswirbel (dem *Atlas*) verbunden. Bei den ersteren ist der Unterkiefer aus vielen Stücken zusammengesetzt und mit dem Schädel durch einen besonderen Kieferstiel (das Quadratbein) beweglich verbunden; bei den letzteren hingegen besteht der Unterkiefer nur aus einem Paar Knochenstücken, die unmittelbar an dem Schläfenbein eingelenkt sind. Ferner ist bei den Sauropsiden (Reptilien und Vögeln) die Haut mit Schuppen oder Federn, bei den Säugetieren mit Haaren bedeckt. Die roten Blutzellen der ersteren besitzen einen Kern, die der letzteren dagegen nicht. Zwei ganz charakteristische Eigenschaften der Säugetiere endlich, durch welche sie sich sowohl von den Vögeln und Reptilien, wie von allen anderen Tieren unterscheiden, sind erstens der Besitz eines vollständigen Z w e r c h - f e l l e s und zweitens der Besitz der M i l c h d r ü s e n, welche die Ernährung des neugeborenen Jungen durch die Milch der Mutter vermitteln. Nur bei den Säugetieren bildet das Zwerchfell eine quere Scheidewand der Leibeshöhle, welche Brusthöhle und Bauchhöhle v o l l s t ä n d i g voneinander trennt. (Vergl. S. 346, Taf. VII, Fig. 16 z.) Nur bei den Säugetieren säugt die Mutter ihr Junges mit ihrer Milch, und mit vollem Rechte trägt die ganze Klasse davon ihren Namen.

Aus diesen bedeutungsvollen Tatsachen der vergleichenden Anatomie und Ontogenie geht mit voller Sicherheit hervor, daß sämtliche Säugetiere Glieder eines einzigen natürlichen Stammes sind, der sich schon sehr frühzeitig von der Reptilienwurzel abgezweigt hat. Aus diesen Tatsachen ergibt sich ferner mit derselben unzweifelhaften Sicherheit, daß auch das Menschengeschlecht ein Zweig jenes Stammes ist. Denn alle die angeführten Eigentümlichkeiten teilt der Mensch mit allen Säugetieren und unterscheidet sich dadurch von allen übrigen Tieren. Aus diesen Tatsachen ergeben sich uns endlich auch mit derselben Sicherheit diejenigen Fortschritte in der Wirbeltier-Organisation, durch welche sich ein Zweig der Sauromammalien in die Stammform der Säugetiere verwandelt hat. Als solche Fortschritte können wir vor allen hervorheben: 1) die charakteristische Umbildung des Schädels und des Gehirns; 2) die Bildung eines Haarkleides; 3) die vollständige Ausbildung des Zwerchfelles, und 4) die Bildung der Milchdrüsen und Anpassung an das Säugegeschäft. Hand in Hand damit traten andere wichtige Veränderungen der Organisation ein.

Der Zeitpunkt, in dem diese wichtigen Fortschritte stattfanden, und in dem somit der erste Grund zur Säugetierklasse gelegt wurde, läßt sich mit großer Wahrscheinlichkeit in den ersten Abschnitt des mesozoischen oder sekundären Zeitalters setzen: in die Triasperiode. Es sind nämlich die ältesten versteinerten Reste von Säugetieren, welche wir kennen, in sedimentären Gesteinschichten gefunden worden, die zu den jüngsten Ablagerungen der Triasperiode, zum oberen Keuper gehören. In derselben Triasformation kommen auch zahlreiche Reste ältester Saurier vor. Allerdings ist es möglich, daß die Stammformen der Säugetiere schon früher (vielleicht schon zu Ende der paläozoischen Zeit, in der permischen Periode) aus *Tocosauriern* sich entwickelten.

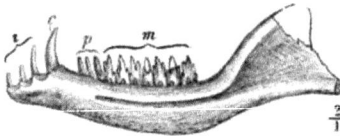

Fig. 322. **Unterkiefer eines Ur-**
säugetieres oder Promammale
(*Dromatherium silvestre*) aus der Trias von Nordamerika. *i* Schneidezähne, *c* Eckzahn, *p* Lückenzähne, *m* Backenzähne. Nach *Döderlein*.

Allein versteinerte Reste derselben sind uns aus jener Zeit noch nicht bekannt. Auch während des ganzen mesozoischen Zeitalters, während der ganzen Trias-, Jura- und Kreideperiode, bleiben die fossilen Säugetierreste noch spärlich und deuten auf eine geringe Entwickelung der ganzen Klasse. Während dieses Zeitalters spielen vielmehr die Reptilien die Hauptrolle, und die Mammalien treten ganz dagegen zurück. Leider beschränkt sich unsere Kenntnis der mesozoischen Säuger fast ausschließlich auf Unterkiefer; von dem übrigen Skelett derselben haben sich nur hier und da unbedeutende Spuren erhalten. Eine der ältesten Formen ist die Gattung *Dromatherium*, aus der Trias von Nordamerika (Fig. 322). Ihr Gebiß erinnert noch auffallend an dasjenige der Pelycosaurier. Wir dürfen daher vermuten, daß dieses kleine, wahrscheinlich insektenfressende Säugetier zur Stammgruppe der Ursäuger (*Promammalia*) gehörte. Zu derselben Gruppe gehört nach *Bardeleben* auch eine merkwürdige mesozoische Uebergangsform, deren Gliedmaßen *Seeley* unter dem Namen *Theriodesmus phylarchus* beschrieben hat. Die Mehrzahl der alten Säugetierreste, die in mesozoischen Formationen (besonders im Jura) vorkommen, wird auf Beuteltiere bezogen. Hingegen finden wir unter denselben noch keine sicheren Spuren von der dritten und höchst entwickelten Abteilung der Säuger, von den Placentaltieren. Die letzteren, zu denen auch der Mensch gehört, sind viel jünger, und wir finden ihre fossilen Reste erst später, sicher erst in dem darauf folgenden cänozoischen Zeitalter, in der Tertiärzeit. Diese paläontologische Tatsache ist deshalb sehr bedeutungsvoll, weil sie ganz zu derjenigen Entwickelungsfolge der Mammalien-Ordnungen stimmt, welche aus ihrer vergleichenden Anatomie und Ontogenie unzweifelhaft hervorgeht.

Die letztere lehrt uns, daß die ganze Säugetierklasse in drei Hauptgruppen oder Unterklassen zerfällt, welche drei aufeinander folgenden phylogenetischen Entwickelungsstufen derselben entsprechen. Diese drei Stufen, welche demgemäß auch drei wichtige Ahnenstufen unseres menschlichen Stammbaumes darstellen, hat zuerst im Jahre 1816 der ausgezeichnete französische Zoologe *Blainville* unterschieden und nach der Bildung der weiblichen Geschlechtsorgane als *Ornithodelphien*, *Didelphien* und *Monodelphien* bezeichnet (*Delphys* ist der griechische Ausdruck für *Uterus*, Gebärmutter oder Fruchtbehälter). *Huxley* hat dieselben später als *Prototheria*, *Metatheria* und *Epitheria* unterschieden. Aber nicht allein in der verschiedenen Bildung der Geschlechtsorgane, sondern auch in vielen anderen Beziehungen weichen jene drei Unterklassen dergestalt voneinander ab, daß wir mit Sicherheit den wichtigen phylogenetischen Satz aufstellen können: Die Monodelphien oder Z o t t e n t i e r e stammen von den Didelphien oder B e u t e l t i e r e n ab; und diese letzteren sind wiederum spätere Abkömmlinge der G a b e l t i e r e oder Ornithodelphien.

Demnach hätten wir zunächst als einundzwanzigste Ahnenstufe unseres menschlichen Stammbaumes die älteste und niederste Hauptgruppe der Säugetiere zu betrachten: die Unterklasse der G a b e l - t i e r e oder Kloakentiere (*Monotrema*, Ornithodelphia oder *Prototheria*, Fig. 323, 324). Ihren Namen hat dieselbe von der „K l o a k e" erhalten, welche sie noch mit sämtlichen niederen Wirbeltieren teilt. Diese sogenannte „Kloake" ist die gemeinsame Ausführungshöhle für die Exkremente, für den Harn und für die Geschlechtsprodukte. Die Harnleiter und die Geschlechtskanäle münden hier noch in den hintersten Teil des Darmes ein, während sie bei allen übrigen Säugetieren vom Mastdarm und After ganz getrennt sind.

Zweiunddreissigste Tabelle.

Uebersicht über das phylogenetische System der Säugetiere.

Unterklassen der Mammalien.	Legionen der Säugetiere.	Ordnungen der Säugetiere.	Systematischer Ordnungsname.
I. Subklasse: Gabeltiere **Monotrema** (Ornithodelphia).	I. Gabeltiere **Prototheria**	1. Ursäuger	*Promammalia*
		2. Pantotherien	*Tricuspidata*
		3. Allotherien	*Multituberculata*
		4. Schnabeltiere	*Ornithostoma*
II. Subklasse: Beuteltiere **Marsupialia** (Didelphia).	II. Beuteltiere **Metatheria**	5. Urbeutler	*Prodidelphia*
		6. Raubbeutler	*Polyprotodontia*
		7. Krautbeutler	*Diprotodontia*
III. Subklasse: Zottentiere Placentaltiere **Placentalia** (Monodelphia) oder **Epitheria.** (III—V: Niedere Placentalien, meist ohne Decidua.) — (VI—IX: Höhere Placentalien, meist mit Decidua.)	III. Urzottentiere **Mallotheria**	8. Ictopsalen	*Bunotheria*
		9. Lemuravalen	*Idotheria*
	IV. Nagetiere **Trogontia**	10. Urnager	*Tillodontia*
		11. Stiftnager	*Typotheria*
		12. Hauptnager	*Rodentia*
	V. Zahnarme **Edentata**	13. Scharrtiere	*Effodientia*
		14. Faultiere	*Bradypoda*
	VI. Huftiere **Ungulata**	15. Urhuftiere	*Condylarthra*
		16. Unpaarhufer	*Perissodactyla*
		17. Paarhufer	*Artiodactyla*
		18. Plumphufer	*Amblypoda*
		19. Rüsselhufer	*Proboscidea*
		20. Platthufer	*Hyracea*
	VII. Waltiere **Cetomorpha**	21. Walfische	*Cetacea*
		22. Seerinder	*Sirenia*
	VIII. Raubtiere **Sarcotheria** Carnassia	23. Insektenfresser	*Insectivora*
		24. Urraubtiere	*Creodontia*
		25. Fleischfresser	*Carnivora*
		26. Robben	*Pinnipedia*
		27. Fledertiere	*Chiroptera*
	IX. Herrentiere **Primates**	28. Halbaffen	*Prosimiae*
		29. Affen	*Simiae*
		30. Menschen	*Anthropi*

Dreiunddreissigste Tabelle.

Stammbaum der Säugetiere (Mammalia).

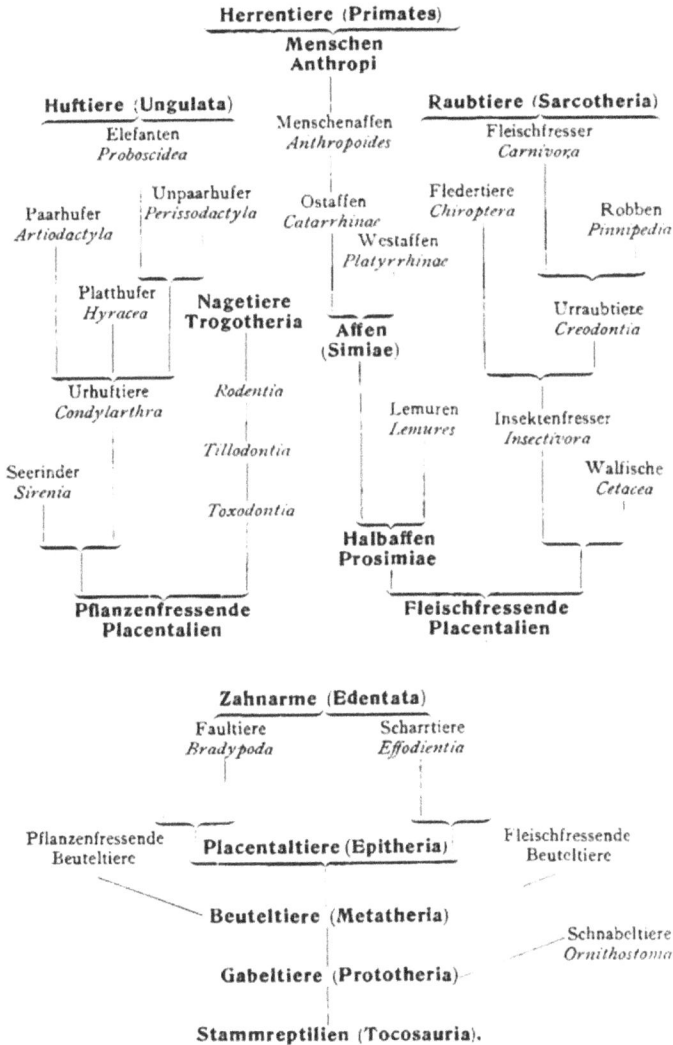

Herrentiere (Primates)

**Menschen
Anthropi**

Huftiere (Ungulata)   Menschenaffen   **Raubtiere (Sarcotheria)**

Elefanten   *Anthropoides*   Fleischfresser
Proboscidea   *Carnivora*

Unpaarhufer   Ostaffen   Fledertiere
Perissodactyla   *Catarrhinae*   *Chiroptera*   Robben
Paarhufer   Westaffen   *Pinnipedia*
Artiodactyla   *Platyrrhinae*

Platthufer   **Nagetiere**   Urraubtiere
Hyraces   **Trogotheria**   **Affen**   *Creodontia*
                    (Simiae)

Urhuftiere   *Rodentia*   Lemuren   Insektenfresser
Condylarthra   *Lemures*   *Insectivora*

          Tillodontia   Walfische
Seerinder   *Cetacea*
Sirenia   *Toxodontia*

                      **Halbaffen
Prosimiae**

**Pflanzenfressende
Placentalien**   **Fleischfressende
Placentalien**

Zahnarme (Edentata)

Faultiere   Scharrtiere
Bradypoda   *Effodientia*

Pflanzenfressende   Fleischfressende
Beuteltiere   **Placentaltiere (Epitheria)**   Beuteltiere

Beuteltiere (Metatheria)

                             Schnabeltiere
                             Ornithostoma

Gabeltiere (Prototheria)

Stammreptilien (Tocosauria).

Letztere besitzen eine besondere „Harn-Geschlechtsöffnung" (*Porus urogenitalis*). Auch die Harnblase mündet bei den Monotremen noch in die Kloake, und zwar getrennt von den beiden Harnleitern; bei allen anderen Mammalien münden letztere direkt in die Harnblase. Durch *Haacke* und *Caldwell* wurde 1884 die wichtige Tatsache festgestellt, daß die Gabeltiere große Eier, gleich den Reptilien, legen, während alle übrigen Säugetiere lebendige Junge gebären. *Richard Semon* brachte sodann 1894 den Nachweis, daß diese großen, an Nahrungsdotter reichen Eier eine partielle Furchung und diskoblastische Gastrulation besitzen, wie ich schon 1876 hypothetisch angenommen hatte; auch darin gleichen sie ihren Reptilien-Ahnen. Eigentümlich ist ferner bei den Monotremen die Bildung der *Mamma* oder der Milchdrüse, mittelst welcher alle Säugetiere ihre neugeborenen Jungen längere Zeit hindurch säugen. Die Milchdrüse hat hier nämlich noch keine Milchzitze oder Brustwarze, an welcher das junge Tier saugen könnte, sondern es ist nur eine besondere, siebförmig durchlöcherte Stelle der Haut vorhanden, aus der die Milch hervortritt und von welcher das junge Kloakentier dieselbe ablecken muß. Man hat sie deshalb auch wohl Zitzenlose (*Amasta*) genannt. Ferner steht das Gehirn der Gabeltiere noch auf einer sehr tiefen Stufe der Ausbildung. Es ist schwächer als dasjenige aller anderen Säugetiere. Namentlich ist das Vorderhirn oder Großhirn hier noch so klein, daß es das Hinterhirn oder Kleinhirn von oben her gar nicht bedeckt. Am Skelett (Fig. 324) ist neben anderen Teilen besonders die Bildung des Schultergürtels merkwürdig, die ganz von derjenigen der übrigen Säugetiere abweicht und vielmehr mit derjenigen der Reptilien und Amphibien übereinstimmt. Gleich den letzteren besitzen nämlich die Monotremen ein sehr gut entwickeltes „Rabenbein" (*Coracoideum*), einen starken Knochen, der das Schulterblatt mit dem Brustbeine verbindet. Bei allen übrigen Säugern ist das Rabenbein (wie beim Menschen) verkümmert, mit dem Schulterblatt verwachsen, und erscheint nur als ein unbedeutender Fortsatz des letzteren. Aus diesen und noch vielen anderen, weniger auffallenden Eigentümlichkeiten geht mit Sicherheit hervor, daß die Gabeltiere unter den Säugetieren die tiefste Stufe einnehmen und eine verbindende Uebergangsgruppe zwischen den Tocosauriern und den übrigen Mammalien darstellen. Alle jene merkwürdigen Reptilien-Charaktere wird auch noch die Stammform der ganzen Säugetierklasse, das Promammale der Triaszeit, besessen und von den Proreptilien geerbt haben.

Fig. 323.

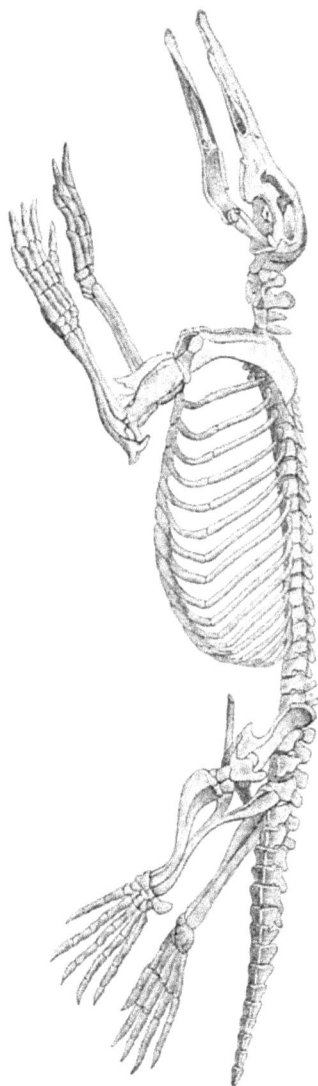

Fig. 325.   Fig. 324.

Fig. 323.   **Das Wasserschnabeltier** (*Ornithorhynchus paradoxus*).
Fig. 324.   **Skelett des Wasserschnabeltieres.**
Fig. 325.   **Unterkiefer eines Promammale** (*Dryolestes priscus*) aus dem Jura der Felsengebirge, nach *Marsh*.

Während der Trias- und Juraperiode ist die Unterklasse der Monotremen durch viele und mannigfaltig gestaltete Stammsäuger vertreten gewesen. Zahlreiche fossile Ueberreste derselben sind neuerdings in den mesozoischen Formationen von Europa, Afrika und Amerika gefunden worden. Heutzutage leben von derselben nur noch zwei letzte, vereinzelte Ueberbleibsel, die wir in der Familie der S c h n a b e l t i e r e (*Ornithostoma*) zusammenfassen. Beide Schnabeltiere sind auf Neuholland und die nahe gelegene Insel Vandiemensland (oder Tasmanien) beschränkt; beide werden alljährlich seltener und werden bald, gleich ihren sämtlichen Blutsverwandten, zu den ausgestorbenen Tieren unseres Erdballs gehören. Die eine Form lebt schwimmend in Flüssen und baut sich unterirdische Wohnungen am Ufer derselben; das ist das bekannte Wasserschnabeltier (*Ornithorhynchus paradoxus*), mit Schwimmhäuten an den Füßen, einem dichten, weichen Pelz und breiten, platten Kiefern, die einem Entenschnabel sehr ähnlich sehen (Fig. 323, 324). Die andere Form, das Landschnabeltier oder der Gabeligel (*Echidna hystrix*), hat in der Lebensweise und in der charakteristischen Bildung des dünnen Rüssels und der sehr langen Zunge viel Aehnlichkeit mit den Ameisenfressern; sie ist mit Stacheln bedeckt und kann sich zusammenkugeln, wie ein Igel. Eine verwandte Form (*Parechidna Bruyni*) ist neuerdings in Neu-Guinea gefunden worden.

Diese modernen *Ornithostomen*, die noch heute lebenden Schnabeltiere, sind als vereinzelte letzte Ueberreste jener formenreichen mesozoischen Monotremen zu betrachten; sie besitzen daher für die Stammesgeschichte der Säugetiere eine ähnliche hohe Bedeutung, wie die einzigen lebenden Stammreptilien (*Hatteria*) für diejenigen der Reptilien, und wie die isoliert stehenden Acranier (*Amphioxus*) für die Phylogenie des ganzen Wirbeltierstammes. Es war daher ein sehr wünschenswertes und sehr dankbares Unternehmen, daß Professor *Richard Semon* zwei Jahre (1891 und 1892) in dem einsamen Busche von Ostaustralien zubrachte, um die Biologie dieser „lebenden Fossile", und namentlich ihre noch unbekannte Keimesgeschichte eingehend zu studieren. Die wertvollen Ergebnisse dieser mühsamen Forschungen sind in seinem großen Werke: „Zoologische Forschungsreisen in Australien und dem Malayischen Archipel" niedergelegt; das Wichtigste darüber ist in seiner ausgezeichneten populären Reisebeschreibung mitgeteilt: „Im australischen Busch und an den Küsten des Korallenmeeres" (Leipzig, 1896, II. Auflage 1903).

Die australischen Schnabeltiere fallen äußerlich durch einen zahnlosen vogelähnlichen Schnabel auf. Dieser Mangel an echten knöchernen Zähnen ist ebenso wie bei den placentalen Zahnlosen (*Edentata*, Schuppentieren und Ameisenfressern) als ein spät erworbener Anpassungs-Charakter zu betrachten. Hingegen waren die älteren ausgestorbenen Monotremen, zu denen sicher auch die *Promammalien*, die Stammformen der ganzen Säugetierklasse, gehörten, mit einem entwickelten, von den Reptilien ererbten Gebiß versehen. Die alten fleischfressenden Pantotherien (*Tricuspidata*) besaßen ein vollständiges Raubtiergebiß, mit einfachen Schneidezähnen, kegelförmigen Eckzähnen und dreispitzigen Backzähnen: die beiden Familien der Dromatherien (Fig. 322) und der Triconodonten (Fig. 325). Dagegen war das Gebiß der pflanzenfressenden Allotherien (*Multituberculata*) unvollständig; die nagerähnlichen Schneidezähne sind hier durch eine weite Lücke von den großen Backzähnen getrennt, die zwei oder drei Längsreihen von Höckern tragen. Neuerdings sind auch bei den Jungen von *Ornithorhynchus*, der statt der echten Zähne hinfällige Hornplatten auf den Kiefern trägt, unter den letzteren versteckt kleine Rudimente von echten Backzähnen entdeckt worden. Dieselben besitzen ähnliche Gestalt, wie diejenigen einiger *Multituberculata*, welche in den obersten Schichten des Keupers in Württemberg und in England gefunden worden sind (*Microlestes antiquus*). Andere, mehr spezialisierte Zähne solcher Allotherien finden sich fossil in Jura und Kreide (*Bolodon, Plagiaulax*).

Als zwei verschiedene und weit divergierende Descendenzlinien der Ursäuger oder Promammalien sind einerseits die heute noch lebenden Schnabeltiere, anderseits die Stammformen der Beuteltiere (*Marsupialia* oder *Didelphia*) zu betrachten. Diese zweite Unterklasse der Säugetiere ist von hohem Interesse, als eine vollkommene Zwischenstufe zwischen den beiden anderen. Während die Beuteltiere einerseits noch einen großen Teil von den Eigentümlichkeiten der Monotremen beibehalten, haben sie anderseits schon wichtige Merkmale der Placentaltiere erworben. Einzelne Charaktere sind auch den Marsupialien allein eigentümlich, so namentlich die Bildung der männlichen und weiblichen Geschlechtsorgane und die Form des Unterkiefers. Die Beuteltiere zeichnen sich nämlich durch einen eigentümlichen hakenförmigen Knochenfortsatz aus, welcher vom Winkel des Unterkiefers eingebogen nach innen vorspringt. Da die meisten Placentalien diesen Fortsatz nicht besitzen, so ist man im stande, an dieser

Bildung allein das Beuteltier als solches mit Wahrscheinlichkeit zu erkennen. Nun sind die meisten Säugetier-Versteinerungen, welche wir aus der Jura- und Kreideformation kennen, bloß Unterkiefer. Von zahlreichen mesozoischen Säugetieren, von deren einstiger Existenz wir sonst gar nichts wissen würden, gibt uns allein ihr fossiler Unterkiefer Kunde, während von ihrem ganzen übrigen Körper kein einziges Stück konserviert ist. Nach der gewöhnlichen Logik, welche die „exakten" Gegner der Descendenztheorie in der Paläontologie anwenden, müßte man hieraus schließen, daß jene Säugetiere weiter gar keinen Knochen als den Unterkiefer besaßen. Indessen erklärt sich dieser auffallende Umstand im Grunde ganz einfach. Da nämlich der Unterkiefer der Säugetiere ein massiver Knochen von besonderer Festigkeit, aber nur sehr locker mit dem Schädel verbunden ist, so löst er sich bei dem auf dem Flusse treibenden Leichnam leicht ab, fällt auf den Boden des Flusses und wird in dessen Schlamm konserviert. Der übrige Kadaver treibt weiter und wird allmählich zerstört. Nun besitzen die meisten Unterkiefer von Säugetieren, welche wir in den Juraschiefern von Stonesfield und Purbeck in England finden, jenen eigentümlichen Hakenfortsatz, durch welchen sich der Unterkiefer der Beuteltiere auszeichnet. Auf Grund dieser paläontologischen Tatsache dürfen wir vermuten, daß sie Marsupialien angehört haben. Placentaltiere scheinen um die Mitte des mesolithischen Zeitraums noch gar nicht, sondern erst gegen Ende desselben (in der Kreidezeit) existiert zu haben. Wenigstens kennen wir mit Sicherheit noch keine fossilen Reste von unzweifelhaften Zottentieren aus jenem Zeitraume.

Die heute noch lebenden Beuteltiere, von denen die pflanzenfressenden Känguruhs und die fleischfressenden Beutelratten (Fig. 326) die bekanntesten sind, zeigen in ihrer Organisation, Körperform und Größe sehr beträchtliche Verschiedenheiten und entsprechen in vielen Beziehungen den einzelnen Ordnungen der Placentaltiere. Die große Mehrzahl derselben lebt in Australien, auf Neuholland und auf einem kleinen Teile der australischen und ostmalayischen Inselwelt; einige wenige Arten finden sich auch in Amerika. Hingegen lebt gegenwärtig kein einziges Beuteltier mehr auf dem Festlande von Asien, in Afrika und in Europa. Ganz anders war dies Verhältnis während der mesozoischen und auch noch während der älteren cänozoischen Zeit. Denn die neptunischen Ablagerungen dieser Perioden enthalten zahlreiche, verschiedenartige und zum Teil kolossale Reste von Beuteltieren

in den verschiedensten Teilen der Erde, auch in Europa.   Daraus
dürfen wir schließen, daß die heute lebenden Marsupialien nur
den letzten Rest von einer früher viel entwickelteren Gruppe darstellen, die über die ganze Erdoberfläche verbreitet war.   Während

Fig. 326. **Die krebsfressende Beutelratte** (*Philander cancrivorus*).   Das
Weibchen trägt zwei Junge im Beutel. Nach *Brehm*.

der Tertiärzeit unterlag dieselbe im Kampfe ums Dasein den
mächtigeren Placentaltieren.   Die überlebenden Reste der Beuteltiere konnten sich in Australien und Südamerika deshalb erhalten, weil ersteres während der ganzen Tertiärzeit, letzteres
während des größten Teiles derselben von den übrigen Erdteilen
vollständig isoliert war.

Aus der vergleichenden Anatomie und Ontogenie der heute noch lebenden Beuteltiere können wir sehr interessante Schlüsse auf ihre phylogenetische Mittelstellung zwischen den älteren Gabeltieren und den jüngeren Zottentieren ziehen. Die mangelhafte Ausbildung des Gehirns (besonders des großen Gehirns), den Besitz von Beutelknochen (*Ossa marsupialia*), sowie die einfache Bildung der Allantois (die noch keine Placenta entwickelt!) haben die Beuteltiere nebst manchen anderen Eigentümlichkeiten von den Monotremen geerbt und konserviert. Hingegen haben sie das selbständige Rabenbein (*Os coracoideum*) am Schultergürtel verloren. Ein wichtiger Fortschritt aber besteht namentlich darin, daß die Kloakenbildung aufhört; die Mastdarmhöhle mit der Afteröffnung wird durch eine Scheidewand von der Harn- und Geschlechtsöffnung (vom *Sinus urogenitalis*) getrennt. Ferner entwickeln alle Beuteltiere besondere Zitzen an den Milchdrüsen, und an diesen Saugwarzen saugt sich das neugeborene Junge fest an. Die Zitzen ragen in den Hohlraum einer Tasche oder eines Beutels an der Bauchseite der Mutter hinein, welcher durch ein paar Beutelknochen gestützt wird. Die Jungen werden in sehr unvollkommenem Zustande geboren und von der Mutter in ihrem Beutel längere Zeit umhergetragen, bis sie fertig ausgebildet sind (Fig. 326). Bei dem großen Riesenkänguruh, welches manneshoch wird, entwickelt sich der Embryo nur einen Monat lang im Uterus, wird dann in höchst unvollkommener Form geboren und erreicht seine ganze weitere Ausbildung im Beutel der Mutter; hier verweilt das Junge gegen neun Monate und bleibt in der ersten Zeit an der Zitze der Milchdrüse angesaugt hängen.

Aus allen diesen und anderen Eigentümlichkeiten (insbesondere auch aus der eigenartigen Bildung der inneren und äußeren Geschlechtsorgane beim Männchen und Weibchen) geht klar hervor, daß wir die ganze Unterklasse der Beuteltiere als eine einheitliche Stammgruppe auffassen müssen, die sich aus der Promammaliengruppe hervorgebildet hat. Aus einem Zweige dieser Marsupialien (vielleicht aus mehreren) sind später die Stammformen der höheren Säugetiere, der Placentaltiere, hervorgegangen. Unter den verschiedenen Formen der Beuteltiere, welche heute noch leben, und welche sich durch Anpassung an sehr verschiedene Lebensbedingungen mannigfaltig entwickelt haben, scheint die Familie der Beutelratten oder Handbeutler (*Didelphida* oder *Pedimana*) die phylogenetisch älteste zu sein und der gemeinsamen Stammform der ganzen Unterklasse am nächsten zu

stehen. Dazu gehört die krebsfressende Beutelratte aus Brasilien
(Fig. 326) und das O p o s s u m aus Virginien, über dessen Keimesgeschichte wir *Selenka* eine höchst wertvolle Arbeit verdanken
(vgl. oben Fig. 66—70, S. 220, und Fig. 134—138, S. 320). Diese
Didelphiden leben gleich den Affen und Halbaffen kletternd auf
Bäumen und umfassen gleich diesen die Zweige mit dem hand-
förmigen Hinterfuße. Man könnte daraus den phylogenetischen
Schluß ziehen, daß die Stammformen der Primaten, als die wir
die ältesten Halbaffen anzusehen haben, direkt aus Beutelratten
sich entwickelt hätten. Indessen ist dabei nicht zu vergessen, daß
die Umbildung des fünfzehigen Fußes zu einer Greifhapd sicher
polyphyletisch ist. Durch die gleiche Anpassung an die kletternde
Lebensweise auf Bäumen, die Gewohnheit, deren Zweige mit den
Füßen zu umfassen, ist mehrmals jene Gegenüberstellung des
Daumens oder der großen Zehe gegen die anderen Zehen entstanden, welche die Hand zum Greifen tauglich macht. Das sehen
wir an den kletternden Eidechsen (Chamaeleon), den Vögeln und
den baumbewohnenden Säugetieren verschiedener Ordnungen.

Einige Zoologen haben im Gegensatze zu jener Auffassung
neuerdings die Ansicht aufgestellt, daß die Beuteltiere eine ganz
selbständige Unterklasse der Säugetiere darstellen, die keine
direkten Beziehungen zu den Zottentieren besitze und sich unabhängig von diesen aus Gabeltieren entwickelt habe. Diese Ansicht ist aber unhaltbar, wenn man die gesamte Organisation der
drei Unterklassen naturgemäß beurteilt und nicht auf unbedeutende
Nebensachen und auf sekundäre Anpassungen (z. B. die Beutel-
bildung) das Hauptgewicht legt. Dann stellt sich klar heraus,
daß die *Marsupialien* — als lebendig gebärende Säugetiere ohne
Placenta! — eine n o t w e n d i g e Uebergangsbildung von den
eierlegenden *Monotremen* zu den höheren, mit Chorionzotten ver-
sehenen *Placentalien* darstellen. In diesem Sinne aufgefaßt, befinden sich unter den Marsupialien sicher auch Ahnen des Menschen.

Vierunddreissigste Tabelle.

Stammbaum der Herrentiere (Primates).

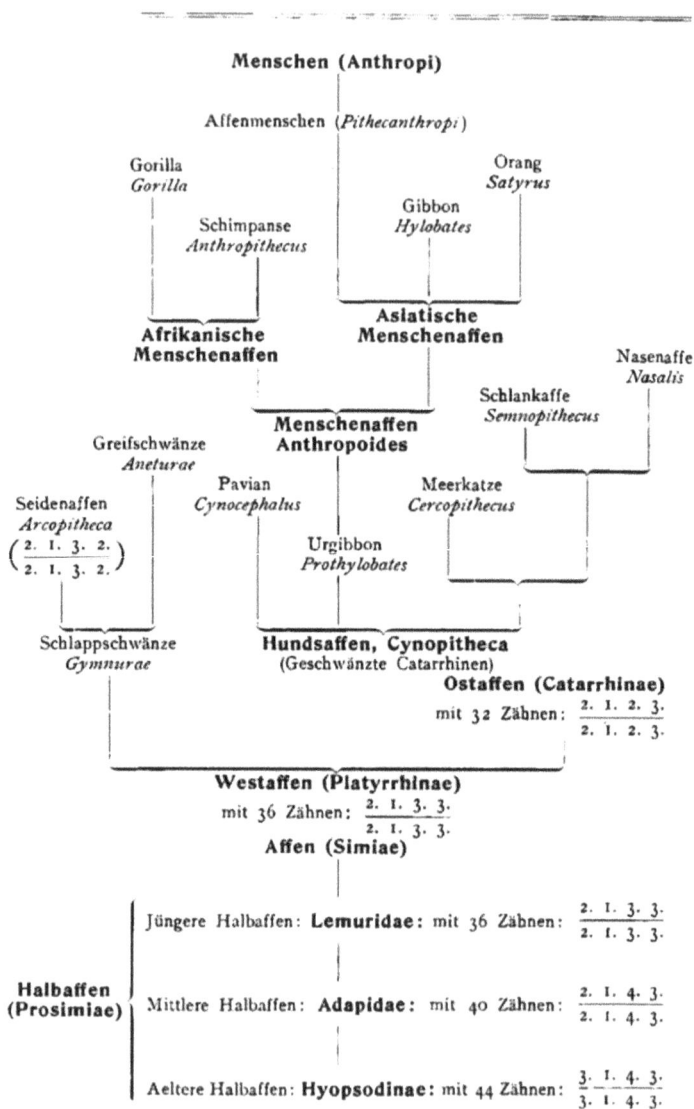

Menschen (Anthropi)

Affenmenschen (*Pithecanthropi*)

Gorilla
Gorilla

Orang
Satyrus

Schimpanse
Anthropithecus

Gibbon
Hylobates

**Afrikanische
Menschenaffen**

**Asiatische
Menschenaffen**

Nasenaffe
Nasalis

Schlankaffe
Semnopithecus

**Menschenaffen
Anthropoides**

Greifschwänze
Aneturae

Pavian
Cynocephalus

Meerkatze
Cercopithecus

Seidenaffen
Arcopitheca
$\left(\begin{array}{cccc} 2. & 1. & 3. & 2. \\ 2. & 1. & 3. & 2. \end{array}\right)$

Urgibbon
Prothylobates

Schlappschwänze
Gymnurae

Hundsaffen, Cynopitheca
(Geschwänzte Catarrhinen)

Ostaffen (Catarrhinae)
mit 32 Zähnen: $\dfrac{2.\ 1.\ 2.\ 3.}{2.\ 1.\ 2.\ 3.}$

Westaffen (Platyrrhinae)
mit 36 Zähnen: $\dfrac{2.\ 1.\ 3.\ 3.}{2.\ 1.\ 3.\ 3.}$
Affen (Simiae)

Jüngere Halbaffen: **Lemuridae:** mit 36 Zähnen: $\dfrac{2.\ 1.\ 3.\ 3.}{2.\ 1.\ 3.\ 3.}$

**Halbaffen
(Prosimiae)**

Mittlere Halbaffen: **Adapidae:** mit 40 Zähnen: $\dfrac{2.\ 1.\ 4.\ 3.}{2.\ 1.\ 4.\ 3.}$

Aeltere Halbaffen: **Hyopsodinae:** mit 44 Zähnen: $\dfrac{3.\ 1.\ 4.\ 3.}{3.\ 1.\ 4.\ 3.}$

Dreiundzwanzigster Vortrag.

Unsere Affen-Ahnen.

„Ein Jahrhundert anatomischer Untersuchung bringt uns zu der Folgerung Linnés, des großen Gesetzgebers der systematischen Zoologie, zurück, daß der Mensch ein Glied derselben Ordnung ist, wie die A f f e n und L e m u r e n. Es bietet wohl kaum eine Säugetierordnung eine so außerordentliche Reihe von Abstufungen dar, wie diese; sie führt uns unmerklich von der Krone und Spitze der tierischen Schöpfung zu Geschöpfen herab, von denen scheinbar nur ein Schritt zu den niedrigsten, kleinsten und wenigst intelligenten Formen der placentalen Säugetiere ist. Es ist, als ob die Natur die Anmaßung des Menschen selbst vorausgesehen hätte, als wenn sie mit altrömischer Strenge dafür gesorgt hätte, daß sein Verstand durch seine eigenen Triumphe die Sklaven in den Vordergrund stelle, den Eroberer daran mahnend, daß er nur Staub ist."

Thomas Huxley (1863).

Stammeseinheit der Placentalien. Bildung und Bedeutung der Placenta und Decidua. Ahnenreihe der Primaten. Halbaffen (Lemuren). Westaffen (Platyrrhinen). Ostaffen (Catarrhinen). Menschenaffen (Anthropoiden).

Inhalt des dreiundzwanzigsten Vortrages.

Organisation und Stammeseinheit der Placentaltiere. Bedeutung der Placenta oder des Gefäßkuchens. Ihre Entstehung aus der Allantois. Mutterkuchen und Fruchtkuchen (uterine und fötale Placenta). Bildung der Decidua oder Hinfallhaut. Verschiedene Formen der Placenta und ihre systematische Bedeutung. Indeciduen und Deciduaten. Malloplacenta, Cotyloplacenta, Zonoplacenta, Discoplacenta. Die Scheibenplacenta des Menschen (mit Decidua capsularis und Bauchstiel) besitzen außerdem nur noch die Menschenaffen. Einteilung der Primatenlegion in drei Ordnungen: Halbaffen, Affen und Menschen. Die alte Stammgruppe der Halbaffen oder Lemuren. Lemuraviden (Altlemuren) und Lemurogonen (Neulemuren). Abstammung des Menschen vom Affen. Huxleysches Gesetz (Pithecometra-Satz): Die Unterschiede in der Körperbildung des Menschen und der Menschenaffen sind geringer als diejenigen zwischen den Menschenaffen und den übrigen Affen. Die besondere Bildung der Placenta und ihres Bauchstiels beim Menschen findet sich außerdem nur bei den Menschenaffen. Zweihänder und Vierhänder. Westaffen (Platyrrhinen) und Ostaffen (Catarrhinen). Gebiß der Affen. Schwanzaffen und Menschenaffen. Sprachlose Urmenschen.

Literatur:

Thomas Huxley, 1863. *Zeugnisse für die Stellung des Menschen in der Natur.*

Carl Vogt, 1863. *Vorlesungen über den Menschen, seine Stellung in der Schöpfung und in der Geschichte der Erde. Gießen.*

Ernst Haeckel, 1866. *Die Anthropologie als Teil der Zoologie. VII. Buch der Generellen Morphologie. Der Stammbaum des Menschen. Ebenda S. CLI—CLX.*

Charles Darwin, 1871. *Die Abstammung des Menschen und die geschlechtliche Zuchtwahl. Stuttgart.*

Robert Hartmann, 1883. *Die menschenähnlichen Affen und ihre Organisation im Vergleich zur menschlichen. Leipzig.*

Ernst Krause (Carus Sterne), 1888. *Die Krone der Schöpfung. Vierzehn Essays über die Stellung des Menschen in der Natur. Berlin.*

Robert Wiedersheim, 1888. *Der Bau des Menschen als Zeugnis für seine Vergangenheit. 4. umgearbeitete Aufl. 1908. Tübingen.*

Sarasin (Paul und Fritz), 1893. *Die Weddas von Ceylon. Mit 84 Tafeln. Wiesbaden.*

Emil Selenka, 1890—1903. *Menschenaffen (Anthropomorphae). Studien über Entwickelung und Schädelbau. 5 Hefte. Wiesbaden.*

Eugen Dubois, 1894. *Pithecanthropus erectus. Eine menschenähnliche Uebergangsform aus Java. Batavia.*

Ernst Haeckel, 1898. *Ueber unsere gegenwärtige Kenntnis vom Ursprung des Menschen. Cambridge-Vortrag. 11. Aufl., 1908. Bonn.*

Derselbe, 1908. *Unsere Ahnenreihe (Progonotaxis hominis). Kritische Studien über Phyletische Anthropologie. Mit 6 Tafeln. Jena.*

Gustav Schwalbe, 1899. *Studien über Pithecanthropus erectus. Stuttgart.*

Derselbe, 1901, *Der Neandertalschädel. 1904, Die Vorgeschichte des Menschen.*

Hermann Klaatsch, 1902. *Entstehung und Entwickelung des Menschengeschlechtes.*

Max Fürbringer, 1904. *Zur Frage der Abstammung der Säugetiere. (Festschrift zum 70. Geburtstage von Ernst Haeckel.) Jena.*

Ludwig Reinhardt, 1908. *Der Mensch zur Eiszeit in Europa. II. Aufl. München.*

Wilhelm Bölsche, 1909. *Der Mensch der Vorzeit. Stuttgart.*

XXIII.

Meine Herren!

Die lange Reihe von verschiedenen Tierformen, die wir als Vorfahren unseres Geschlechtes zu betrachten haben, ist im Laufe unserer phylogenetischen Untersuchung auf immer engere Kreise eingeschränkt worden. Wie die große Mehrzahl aller bekannten Tierklassen nicht in die Descendenzlinie unserer Ahnen gehört, so kann auch innerhalb des Wirbeltierstammes nur eine geringe Zahl dazu gerechnet werden. Auch in der höchstentwickelten Klasse dieses Stammes, unter den Säugetieren, sind nur einzelne Familien als Angehörige unserer direkten Stammlinie zu betrachten. Die wichtigsten von ihnen sind die Affen und ihre Vorläufer, die Halbaffen, sowie die ältesten Placentaltiere (*Prochoriata*).

Sämtliche *Placentalien* oder Zottentiere (auch *Choriata, Monodelphia, Eutheria* oder *Epitheria* genannt) unterscheiden sich von den vorher betrachteten beiden niederen Abteilungen der Säugetiere, von den *Monotremen* und *Marsupialien*, durch eine Anzahl von hervorragenden Eigentümlichkeiten. Alle diese Charaktere besitzt auch der Mensch, und das ist eine Tatsache von der größten Bedeutung. Denn wir können auf Grund der genauesten vergleichend-anatomischen und ontogenetischen Untersuchungen den unwiderleglichen Satz aufstellen: „Der Mensch ist in jeder Beziehung ein echtes Placentaltier"; er besitzt alle die Eigentümlichkeiten im Körperbau und in der Entwickelung, durch welche sich die Placentalien sowohl vor den beiden niederen Abteilungen der Säugetiere als auch zugleich vor allen übrigen Tieren auszeichnen. Unter diesen charakteristischen Eigentümlichkeiten ist besonders die höhere Entwickelung des Gehirns, des Seelenorgans hervorzuheben. Namentlich entwickelt sich das Vorderhirn oder das Großhirn bei ihnen bedeutend höher als bei den niederen Tieren. Der Hirnbalken oder Schwielenkörper des Großhirns (*Corpus callosum*), welcher als breite Querbrücke die beiden Halbkugeln des großen Gehirns miteinander verbindet, kommt allein bei den *Placentalien* zu vollständiger Entwickelung; bei den *Marsupialien* und *Monotremen* existiert er nur in sehr unbedeutender Anlage. Freilich schließen sich die niedersten Zottentiere in der Gehirnbildung noch sehr eng an die Beuteltiere an; aber innerhalb der Placentaliengruppe können wir eine ununterbrochene Reihe von stetig fortschreitenden Bildungs-stufen des Gehirns verfolgen, die ganz allmählich von jener niederen Stufe bis zu dem höchstentwickelten Seelenorgan der Affen und des Menschen sich erheben. (Vergl. den XXIX. Vor-trag.) Die Menschenseele — als physiologische *Funktion des Gehirns!* — ist in der Tat nur eine höher entwickelte Affenseele.

Die Milchdrüsen der Placentalien sind gleich jenen der Mar-supialien mit entwickelten Zitzen versehen; niemals aber finden wir bei den ersteren den Beutel, in welchem bei den letzteren das unreife Junge getragen und gesäugt wird. Ebenso fehlen den Zottentieren die Beutelknochen (*Ossa marsupialia*), jene in der Bauchwand versteckten und auf dem vorderen Beckenrand auf-sitzenden Knochen, welche die Beuteltiere mit den Monotremen teilen, und welche aus teilweiser Verknöcherung der Sehnen des inneren schiefen Bauchmuskels hervorgehen. Nur bei einzelnen Raubtieren finden sich noch unbedeutende Ueberreste derselben. Fast allgemein fehlt den Placentalien auch der hakenförmige Fort-satz des Unterkieferwinkels, der die Marsupialien auszeichnet.

Diejenige Eigentümlichkeit jedoch, welche die Placentalien vor allen anderen charakterisiert, und nach welcher man auch mit Recht die ganze Unterklasse benannt hat, ist die Ausbildung der Placenta, des Blutgefäßkuchens oder Aderkuchens. Wir haben schon früher die Bildung und Bedeutung dieses merk-würdigen Embryorgans erläutert, als wir die Entwickelung des Chorion und der Allantois beim menschlichen Embryo ver-folgten (S. 393—412). Der Harnsack oder die Allantois, jene eigentümliche Blase, welche aus dem hinteren Teile des Darm-kanals hervorwächst, besitzt im wesentlichen denselben Bau und dieselbe Bedeutung beim menschlichen Embryo wie beim Keime aller anderen Amnioten (vergl. Fig. 208—211). Ein ganz unwesent-licher Unterschied, auf den man mit Unrecht großes Gewicht gelegt hat, besteht darin, daß beim Menschen und den höheren Affen die ursprüngliche Höhle der Allantois frühzeitig rückgebildet wird, oder auch schon die Anlage derselben als solider Höcker aus dem Urdarm hervorsproßt. Die dünne Wand der Allantois besteht aus denselben beiden Blättern oder Häuten, aus welchen

die Wand des Darmes selbst besteht: nämlich innen aus dem
Darmdrüsenblatte und außen aus dem Darmfaserblatte. Im Darmfaserblatte der Allantois verlaufen mächtige Blutgefäße, welche
die Ernährung und besonders die Atmung des Embryo vermitteln:
die Nabelgefäße oder Umbilikalgefäße (S. 418). Bei allen
Reptilien und Vögeln entwickelt sich die Allantois zu einem
gewaltigen Sack, der den Embryo samt dem Amnion einschließt
und mit der äußeren Eihaut (dem Chorion) nicht verwächst.
Dasselbe ist auch der Fall bei den niedersten Säugetieren, den eierlegenden Monotremen und den meisten Beuteltieren. Nur allein
bei einzelnen jüngeren Beuteltieren (Perameliden) und bei allen
Zottentieren entwickelt sich die Allantois zu derjenigen höchst
eigentümlichen und merkwürdigen Bildung, welche man *Placenta*,
Aderkuchen oder Gefäßkuchen nennt.

Das Wesen dieser Placentabildung besteht darin, daß die
Aeste der Blutgefäße, welche in der Wand der Allantois verlaufen,
in die hohlen ektodermalen Zotten des Chorion hineinwachsen,
welche in entsprechende Vertiefungen der mütterlichen Uterusschleimhaut eingreifen. Diese letztere ist ebenfalls reichlich von
Blutgefäßen durchzogen, welche das ernährende Blut der Mutter
zum Keime hinleiten. Da nun die Scheidewand zwischen diesen
mütterlichen Blutgefäßen und jenen kindlichen Gefäßen in den
Chorionzotten bald in hohem Grade verdünnt wird, so entwickelt
sich zwischen den beiderlei Gefäßen ein unmittelbarer Stoffaustausch, der für die Ernährung des jungen Säugetieres von der
größten Bedeutung ist. Allerdings gehen die mütterlichen Blutgefäße nicht geradezu (durch Anastomose) in die kindlichen Blutgefäße der Chorionzotten über, so daß etwa beide Blutarten sich
einfach vermischten. Aber die Zwischenwand zwischen beiderlei
Gefäßen wird so sehr verdünnt, daß der Nahrungssaft leicht durch
sie hindurchschwitzt. Mittelst dieser Transsudation oder Diosmose
findet der Austausch der wichtigsten Nahrungsstoffe ohne alle
Schwierigkeiten statt. Je größer bei den Placentaltieren der
Embryo wird, je längere Zeit derselbe hier im mütterlichen Fruchtbehälter verweilt, desto mehr wird es notwendig, besondere Or-
ganisations-Einrichtungen für den massenhaften Nahrungsverbrauch
desselben zu treffen.

In dieser Beziehung besteht ein sehr auffallender Gegensatz
zwischen den niederen und den höheren Säugetieren. Bei den
Beuteltieren, wo der Keim verhältnismäßig kurze Zeit im Fruchtbehälter verweilt und in sehr unreifem Zustande geboren wird,

genügen für seine Ernährung die Zirkulations-Verhältnisse im
Dottersack und in der Allantois, wie wir sie auch bei den Monotremen, den Vögeln und Reptilien treffen. Bei den Placentaltieren
hingegen, wo die Schwangerschaft sich sehr verlängert, wo der
Embryo im mütterlichen Uterus viel längere Zeit hindurch verweilt und unter dem Schutze der ihn umgebenden Hüllen seine
vollständige Ausbildung erreicht, muß notwendig durch einen
neuen Mechanismus eine direkte Zufuhr von reichlicherem Nahrungsmaterial vermittelt werden, und das geschieht in ausgezeichneter
Weise durch die Entwickelung der Placenta oder des blutreichen
Gefäßkuchens.

Um nun die Bildung dieser P l a c e n t a und ihrer wichtigen
Modifikationen bei den verschiedenen Placentaltieren klar zu verstehen und richtig zu würdigen, müssen wir zunächst nochmals
einen Rückblick auf die äußeren Hüllen des Säugetiereies werfen.
Sie werden sich erinnern, daß die äußere Umhüllung desselben
anfänglich, und auch noch während der Gastrulation, durch die
sogenannte „Zona pellucida" gebildet wurde, und durch die dicke
Eiweißhülle, welche sich äußerlich um die letztere angelagert hatte
(Fig. 71—74, S. 223). Wir nannten diese beiden äußeren, später
verschmelzenden Hüllen zusammen V o r h ü l l e oder *Prochorion*.
Schon frühzeitig (beim Menschen schon in der ersten Woche der
Entwickelung) verschwindet dieses Prochorion, und an seine Stelle
tritt die b l e i b e n d e äußere Eihaut oder das *Chorion*. Dieses
letztere ist aber nichts anderes als die „s e r ö s e H ü l l e" (*Serolemma*), deren Entstehung aus dem äußeren Keimblatte der Keimhautblase wir schon früher kennen gelernt haben (vergl. S. 393,
und Fig. 223, 224, S. 410). Anfänglich ist das eine ganz glatte
und dünne Membran, welche als geschlossene kugelige Blase das
ganze Ei umgiebt. Sehr bald aber bedeckt sich das amniogene
Chorion mit einer Masse kleiner Hervorragungen oder Zotten
(Fig. 207, 225 *chz*). Diese wachsen in die Höhlungen der Uterindrüsen, in schlauchförmige Vertiefungen der Uterusschleimhaut
hinein und befestigen so die Frucht an der Wand des Fruchtbehälters. Gleich dem ganzen Chorion bestehen auch seine hohlen
Zotten aus einer dünnen Zellenlage, welche der Hornplatte angehört, und einer dünnen, darunter liegenden Schicht von lockerem
Bindegewebe (Fortsetzung des parietalen Mesoblastes). Sehr rasch
erreichen sie eine außerordentliche Entwickelung, indem sie kräftig
wachsen und sich verästeln. Ueberall sprossen dazwischen neue
Zotten aus der serösen Hülle hervor, und so ist bald (beim

menschlichen Embryo schon in der zweiten Woche) die ganze äußere
Oberfläche des Eies mit einem dichten Walde der zierlichsten
Zotten bekleidet (Taf. XV und Fig. 206, 207, S. 397). Aeußerlich
sind die Zotten von einer mütterlichen Zellenschicht überzogen,
dem flachen Epithel der Uterindrüsen. Ihre Verwachsung erfolgt
schon in der ersten Woche der Entwickelung.

In diese Chorionzotten wachsen nun von innen her verästelte
Blutgefäße hinein, welche vom Darmfaserblatte der Allantois
stammen, und welche das kindliche Blut durch die Nabelgefäße
zugeführt erhalten (Fig. 327 *chz*). Auf der anderen Seite entwickeln
sich dichte Blutgefäßnetze in der Schleimhaut, welche die Innenfläche des mütterlichen Fruchtbehälters oder Uterus auskleidet,
vorzugsweise in der Umgebung
der Vertiefungen, in welche die

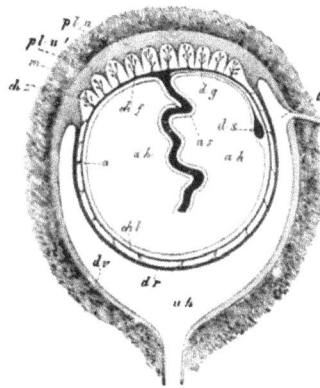

Fig. 327. **Eihüllen des menschlichen Embryo** (schematisch). *m* die
dicke fleischige Wand des Fruchtbehälters
(Uterus oder Gebärmutter). *plu* Placenta
[deren innere Schicht (*plu′*) mit Fortsätzen
zwischen die Chorionzotten (*chz*) hinein-
greift]. (*chf* zottiges, *chl* glattes Chorion.)
a Amnion, *ah* Amnionhöhle, *as* Amnion-
scheide des Nabelstranges (der unten in den
Nabel des hier nicht dargestellten Embryo
übergeht), *dg* Dottergang, *ds* Dottersack,
dv, *dr* Decidua (*dv* wahre, *dr* falsche Decidua). Die Uterushöhle (*uh*) öffnet sich
unten in die Scheide, oben rechts in einen
Eileiter (*t*). Nach *Kölliker*.

Chorionzotten hineinragen (*plu*). Diese Adernetze erhalten mütter-
liches Blut durch die Uterusgefäße zugeführt. Indem das Bindegewebe zwischen den erweiterten Kapillargefäßen des Uterus
schwindet, entstehen weite, mit mütterlichem Blut gefüllte Hohlräume, in welche die Chorionzotten des Embryo frei hineinragen.
Die Gesamtheit nun dieser beiderlei Gefäße, welche hier in die
innigste Wechselwirkung treten, samt dem verbindenden und um-
hüllenden Bindegewebe, heißt der A d e r k u c h e n oder G e f ä ß -
k u c h e n (*Placenta*). Eigentlich ist demnach die Placenta aus
zwei ganz verschiedenen, obwohl innig verbundenen Teilen zusammengesetzt: innen aus dem F r u c h t k u c h e n oder dem k i n d -
l i c h e n Gefäßkuchen (*Placenta foetalis*, Fig. 327 *chz*), außen aus
dem M u t t e r k u c h e n oder dem m ü t t e r l i c h e n Gefäßkuchen
(*Placenta uterina, plu*). Letzterer wird von der Uterusschleimhaut

und deren Blutgefäßen, ersterer von dem zottigen Chorion und den Nabelgefäßen des Embryo gebildet (vergl. Fig. 212, S. 401).

Die Art und Weise nun, in welcher diese beiderlei Gefäßkuchen sich zur Placenta verbinden, sowie die Struktur, Form und Größe der letzteren sind bei den verschiedenen Placentaltieren sehr verschieden; sie liefern uns zum Teil wertvolle Anhaltspunkte zur natürlichen Klassifikation und demgemäß auch zur Stammesgeschichte dieser ganzen Unterklasse. Auf Grund dieser Unterschiede zerfallen wir dieselbe zunächst in zwei Hauptabteilungen: die n i e d e r e n Placentaltiere, welche als *Indecidua*, und die h ö h e r e n Placentaltiere, welche als *Deciduata* bezeichnet werden.

Zu den I n d e c i d u e n oder den niederen Placentalien gehören drei wichtige Säugetiergruppen: erstens die H a l b a f f e n (*Prosimiae*), zweitens die H u f t i e r e (*Ungulata*): die Tapire, Pferde, Schweine. Wiederkäuer u. s. w.; und drittens die W a l t i e r e (*Cetacea*): die Delphine und Walfische. Bei allen diesen Indeciduen bleiben die Chorionzotten auf der ganzen Oberfläche des Chorion (oder auf dem größten Teile derselben) zerstreut, einzeln oder büschelweise gruppiert. Ihre Verbindung mit der Uterusschleimhaut ist nur ganz l o c k e r, so daß man ohne Gewalt und mit Leichtigkeit die ganze äußere Eihaut samt ihren Zotten aus den Vertiefungen der Uterusschleimhaut herausziehen kann, wie die Hand aus dem Handschuh. Es findet an keinem Teile der Berührungsfläche eine wahre Verwachsung der beiderlei Gefäßkuchen statt. Daher wird bei der Geburt der Fruchtkuchen (die *Placenta foetalis*) allein entfernt; der Mutterkuchen (die *Placenta uterina*) wird nicht mitausgestoßen. Ueberhaupt ist die Schleimhaut des schwangeren Uterus nur wenig verändert und erleidet bei der Geburt keine Blutung und keinen direkten Substanzverlust. Bei den Waltieren, Halbaffen und den meisten Huftieren sind die Zotten gleichmäßig über das Chorion zerstreut (Z o t t e n k u c h e n, *Malloplacenta*). Bei den meisten Wiederkäuern hingegen treten die baumförmig verzweigten Zotten zur Bildung von vielen einzelnen Büscheln oder Kotyledonen zusammen (B ü s c h e l k u c h e n, *Cotyloplacenta*).

Ganz anders ist die Bildung der Placenta bei der zweiten und höheren Abteilung der Placentaltiere, bei den D e c i d u a t e n. Hier ist zwar anfänglich auch die ganze Oberfläche des Chorion dicht mit Zotten bedeckt. Später aber verschwinden dieselben auf einem Teile der Oberfläche, während sie sich auf dem anderen Teile derselben nur um so stärker entwickeln. So entsteht eine Sonderung zwischen der g l a t t e n E i h a u t (*Chorion laeve*,

Fig. 327 *chl*) und der dichtzottigen Eihaut (*Chorion frondosum*, Fig. 327 *chf*). Erstere besitzt nur schwache und spärlich
zerstreute oder gar keine Zotten mehr, während letztere mit sehr
stark entwickelten und großen Zotten dicht bedeckt ist; diese
letztere allein bildet jetzt die Placenta. Bei der großen Mehrzahl
der Deciduaten hat dieser „Gefäßkuchen" dieselbe Gestalt wie beim
Menschen (Fig. 216, 219), nämlich eine dicke, kreisrunde, einem
Kuchen ähnliche Scheibe; so bei den Insektenfressern (*Insectivora*),
den Fledermäusen (*Chiroptera*), den Nagetieren (*Rodentia*) und den
Affen (*Simiae*); dieser Scheibenkuchen (*Discoplacenta*) liegt
an einer Seite des Chorion. Bei den Raubtieren hingegen (sowohl
den Fleischfressern, *Carnivora*, als den Robben, *Pinnipedia*), sowie
beim Elefanten und einzelnen andern Deciduaten finden wir
einen Gürtelkuchen (*Zonoplacenta*); hier umfaßt die blutreiche
Zottenmasse gürtelförmig die Mitte des ellipsoiden Chorion, während
beide Pole davon frei bleiben.

Noch bezeichnender für die Deciduaten ist die ganz eigentümliche und höchst innige Verbindung, welche zwischen dem Chorion
frondosum und der betreffenden Stelle der Uterusschleimhaut sich
entwickelt, und welche als eine wahre Verwachsung angesehen
werden muß. Die blutgefäßhaltigen Zotten des Chorion wachsen
mit ihren Aesten so in das blutreiche Gewebe der Uterusschleimhaut hinein, und die beiderlei Gefäße treten hier in so innige Berührung und Durchschlingung, daß man den Fruchtkuchen gar
nicht mehr vom Mutterkuchen trennen kann, beide vielmehr ein
einheitliches Ganzes, eine kompakte, scheinbar einfache, kuchen-
förmige Placenta bilden. Infolge dieser innigen Verwachsung
wird bei der Geburt ein ganzes Stück der mütterlichen Uterusschleimhaut zugleich mit den fest daran haftenden Eihüllen entfernt.
Dieses bei der Geburt sich abtrennende Stück des mütterlichen
Körpers nennen wir wegen seiner Abfälligkeit die abfällige oder
hinfällige Haut, oder kurz Hinfallhaut (*Decidua*). Weil dieselbe
siebartig, fein durchlöchert erscheint, wird sie oft auch Siebhaut
genannt. Alle höheren Placentaltiere, die eine solche Decidua
besitzen, faßt man eben deshalb unter dem bezeichnenden Namen
Deciduata zusammen. Mit der Abtrennung der Siebhaut bei
der Geburt ist natürlich auch ein mehr oder minder beträchtlicher
Blutverlust der Mutter verbunden, der bei den Indeciduen nicht
stattfindet. Auch muß bei den Deciduaten nach der Geburt der
verloren gegangene Teil der Uterusschleimhaut durch Neubildung
wieder ersetzt werden. (Vergl. Fig. 217—220, S. 404—407.)

In den verschiedenen Ordnungen der Deciduaten ist sowohl die äußere Form als die innere Struktur der Placenta mannigfach verschieden. Die ausgedehnten Untersuchungen der letzten zwanzig Jahre haben ergeben, daß in diesen Beziehungen eine viel größere Mannigfaltigkeit unter den höheren Säugetieren existiert, als man früher annahm. Die physiologische Aufgabe dieses wichtigen Embryorgans, die zweckmäßigste Ernährung der lange Zeit im Mutterleibe verweilenden Frucht, wird in den verschiedenen Gruppen der Zottentiere durch vielfach abweichende, oft höchst verwickelte anatomische Einrichtungen erreicht. Eine ausführliche Zusammenstellung derselben hat neuerdings *Hans Strahl* gegeben.

Die Phylogenie der Placenta ist uns jetzt dadurch verständlicher geworden, daß zwischen den verschiedenen Formen derselben interessante Uebergangsformen nachgewiesen worden sind. Einzelne Beuteltiere (*Perameles*) beginnen bereits eine kleine Placenta zu bilden. Bei einzelnen Halbaffen (*Tarsius*) entwickelt sich bereits eine scheibenförmige Placenta mit Decidua. Auf Grund dieser neueren Forschungen habe ich in der nachstehenden XXXV. Tabelle acht verschiedene Stufen in der Stammesgeschichte der menschlichen Placenta unterschieden. Das wichtigste Ergebnis derselben haben wir bereits früher (im XV. Vortrage) hervorgehoben: die besonderen Eigentümlichkeiten, durch die sich die scheibenförmige Placenta des Menschen auszeichnet, die Bildung der *Decidua reflexa* (auch *D. circumvallata* oder *D. capsularis* genannt), ferner die Entstehung des Nabelstranges aus dem „Bauchstiel" u. s. w., teilt der Mensch mit den Menschenaffen, während sie den niederen Affen fehlen (vergl. S. 401—409).

Während uns so die wichtigen Ergebnisse der vergleichenden Keimesgeschichte in den letzten Jahren über die nahe Blutsverwandtschaft des Menschen und der Menschenaffen aufgeklärt haben (S. 420), sind gleichzeitig durch die überraschenden Fortschritte der Paläontologie tiefere Einblicke in die Stammesgeschichte der großen Placentalien-Gruppe gewonnen worden. Im siebenten Kapitel meiner „Systematischen Phylogenie der Wirbeltiere" (1895, S. 419—633) habe ich die Hypothese zu begründen versucht, daß alle Zottentiere einen einzigen vielverzweigten Stamm darstellen, welcher aus einer älteren Gruppe der Beuteltiere (*Prodidelphia*) hervorgegangen ist. Die vier großen Legionen der Placentalien: 1) Nagetiere (*Rodentia*), 2) Huftiere (*Ungulata*), 3) Raubtiere (*Carnassia*) und 4) Herrentiere (*Primates*), erscheinen in der Gegenwart durch wichtige Merkmale ihrer Organisation scharf

Fünfunddreissigste Tabelle.

Uebersicht über die Phylogenie der menschlichen Placenta.
(Acht verschiedene Bildungsstufen.)

Vergl. hierüber: *Hans Strahl*, 1902. Die Embryonalhüllen der Säuger und die Placenta
(in: *Oscar Hertwig*, Handbuch der Entwickelungslehre, III. Heft, 1902).

I. und II. Stufe: Niedere Säugetiere.	III. und IV. Stufe: Halbaffen (Lemuren).
V. und VI. Stufe: Niedere Primaten.	VII. und VIII. Stufe: Höhere Primaten.

I. Stufe: Monotrema.
(*Echidna, Ornithorhynchus.*)
Eierlegende älteste Säugetiere, ohne
Placenta.

II. Stufe: Marsupialia.
Die meisten lebenden Beuteltiere.
Lebendig gebärende, ältere Säugetiere,
ohne Placenta.

I. Implacentalia ovipara.
Die Allantois bleibt ein freier, mit Flüssig-
keit gefüllter Harnsack wie bei den
Sauropsiden (Reptilien).

II. Implacentalia vivipara.
Die Allantois bleibt frei, wie bei den
Monotremen und Sauropsiden.

III. Stufe: Peramelida.
(*Perameles, Dasyurus.*)
Ein Teil der Raubbeteltiere.

IV. Stufe: Prosimiae.
Die meisten Halbaffen, die meisten
Huftiere und Cetaceen (Lemur, Galago,
Schwein, Pferd, Delphin etc.).

III. Semiplacenta avillosa.
Die Allantois verwächst in einem Bezirke
mit der Uteruswand (ohne Chorionzotten)
und bildet den ersten Anfang einer
Placenta. Keine Decidua.

IV. Semiplacenta villosa.
(Malloplacenta.)
Die Allantois wächst in die zahlreichen
überall zerstreuten Zotten des Chorion
hinein. Keine Decidua.

V. Stufe: Tarsiadae.
Einzelne Halbaffen (*Tarsius*).
Einzelne Insektenfresser (*Centetes*).

VI. Stufe: Platyrrhinae.
Amerikanische Affen (Westaffen)
(und wahrscheinlich alle alttertiären,
eocänen Affen).

V. Discoplacenta primitiva.
Die Allantois beginnt eine scheibenförmige
Placenta mit Decidua zu bilden.

VI. Discoplacenta dysmopitheca.
Die Allantois bildet eine scheibenförmige
Placenta mit Decidua, die weiter fort-
geschritten ist.

VII. Stufe: Cynopitheca.
Hundsaffen (die geschwänzten Affen der
alten Welt, Ostaffen).

VIII. Stufe: Anthropomorpha.
Die Menschenaffen (*Hylobates,
Satyrus, Anthropithecus, Gorilla*) und
der Mensch (*Homo*).

VII. Discoplacenta cynopitheca.
Die Allantois bildet eine doppelte Placenta,
eine größere dorsale (primäre) und eine
kleinere ventrale (sekundäre).

VIII. Discoplacenta anthropoides.
Die Allantois bildet keine Blase, sondern
im Basalteil einen soliden Bauchstiel, im
Außenteil eine Decidua capsularis (oder
D. reflexa).

getrennt. Wenn wir aber ihre ausgestorbenen Vorfahren in der
Tertiärzeit in Betracht ziehen und vergleichen, so verwischen sich
die Unterschiede der vier Legionen immer mehr, je weiter wir in
die Tiefen der cänozoischen Ablagerungen hinabsteigen; und zuletzt
finden wir, daß sie sich bis zur Berührung nähern. Die uralten
Stammformen der Nagetiere (*Esthonychida*), der Huftiere (*Condylarthra*), der Raubtiere (*Ictopsida*) und der Herrentiere (*Lemuravida*) erscheinen im Beginne der Tertiärzeit so nahe verwandt, daß
man sie als verschiedene Familien einer Ordnung zusammenstellen
könnte, der Urzottentiere (*Mallotheria* oder *Prochoriata*).

Die große Mehrzahl der Placentalien steht demnach zum
Menschen in keinen näheren und direkten Verwandtschafts-
beziehungen, sondern allein die eine Legion der Herrentiere
(*Primates*). Dieselbe wird jetzt gewöhnlich in drei Ordnungen

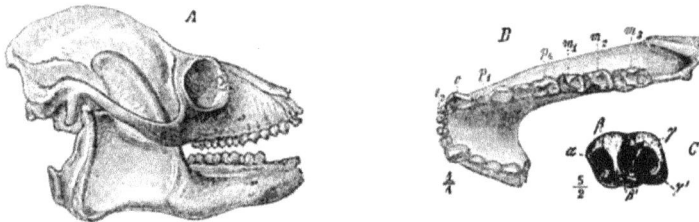

Fig. 328. **Schädel eines fossilen Halbaffen** (*Adapis parisiensis*) aus dem
Miocän von Quercy. *A* Seitenansicht von rechts in halber nat. Größe. *B* Unterkiefer.
C Unterer Backenzahn. *i* Schneidezähne. *c* Eckzähne. *p* Lückenzähne. *m* Mahlzähne.

geteilt, die Halbaffen (*Prosimiae*), die Affen (*Simiae*) und die
Menschen (*Anthropi*). Die Halbaffen bilden die Stammgruppe,
die wir aus alten *Mallotherien* der Kreideperiode ableiten. Aus
ihnen sind erst in der Tertiärperiode die Affen hervorgegangen,
und aus diesen gegen Ende derselben der Mensch.

Die Halbaffen oder Lemuren (*Prosimiae*) sind in der
Gegenwart nur noch durch wenige Formen vertreten. Diese
bieten aber ein hohes Interesse dar und sind als die letzten überlebenden Reste einer vormals formenreichen Gruppe zu betrachten.
Zahlreiche versteinerte Reste derselben finden sich schon im älteren
Tertiärgebirge von Europa und Nordamerika, im Eocän und Miocän.
Wir unterscheiden als zwei verschiedene Unterordnungen die
fossilen Altlemuren (*Lemuravida*) und die modernen Neulemuren (*Lemurogona*). Die ältesten und primitivsten Formen
der Lemuraviden sind die Pachylemuren (*Hyopsodina*); sie schließen
sich unmittelbar an die ältesten Placentaltiere (*Prochoriata*) an

und haben noch deren volles typisches Gebiß, mit 44 Zähnen $\left(\frac{3.\ 1.\ 4.\ 3.}{3.\ 1.\ 4.\ 3.}\right)$. Die Nekrolemuren (*Adapida*) hingegen (Fig. 328) besitzen nur noch 40 Zähne und haben einen Schneidezahn in jeder Kieferhälfte verloren $\left(\frac{2.\ 1.\ 4.\ 3.}{2.\ 1.\ 4.\ 3.}\right)$. Noch weiter reduziert wird das Gebiß bei den Lemurogonen (*Autolemures*), die meistens nur 36 Zähne haben $\left(\frac{2.\ 1.\ 3.\ 3.}{2.\ 1.\ 3.\ 3.}\right)$. Diese gegenwärtig noch lebenden kümmerlichen Ueberreste sind weit über den südlichen Teil der alten Welt zerstreut. Die meisten Arten leben auf Madagaskar, einige auf den Sunda-Inseln, andere auf dem Festlande von Asien und Afrika. Es sind nächtliche Tiere von melancholischem Temperament; sie führen eine stille Lebensweise, kletternd auf Bäumen, und nähren sich von Früchten und Insekten. Diese Epigonen sind sehr verschieden. Einige erscheinen nahe verwandt den Beuteltieren (besonders den Beutelratten). Andere (*Macrotarsi*) stehen den Insektenfressern, noch andere (*Chiromys*) den Nagetieren nahe. Einige Halbaffen endlich (*Brachytarsi*) schließen sich eng an die echten Affen an. Die zahlreichen Reste von fossilen Halbaffen und Affen, die neuerdings in den Ablagerungen der Tertiärzeit gefunden worden sind, berechtigen uns zu der Annahme, daß die Ahnenreihe des Menschen während dieses langen Zeitraums durch viele verschiedene Arten vertreten war. Wir können die älteren von diesen Primaten-Ahnen auf zwei Gruppen von Prosimien verteilen: *Lemuraviden* der alteocänen Periode (24. Stufe) und *Lemurogonen* der neueren Tertiärzeit (25. Stufe). Unter diesen erreichten einige fast die Größe des Menschen, so der diluviale Lemurogone *Megaladapis* von Madagaskar.

An die Halbaffen schließen sich unmittelbar als s e c h s u n d -z w a n z i g s t e A h n e n s t u f e des Menschengeschlechts die echten A f f e n (*Simiae*) an. Es unterliegt schon seit langer Zeit nicht dem geringsten Zweifel mehr, daß unter allen Tieren die A f f e n diejenigen sind, welche dem Menschen in jeder Beziehung am nächsten stehen. Wie sich einerseits die niedersten Affen eng an die Halbaffen, so schließen sich anderseits die höchsten Affen unmittelbar an den Menschen an. Wir können sogar, wenn wir die vergleichende Anatomie der Affen und des Menschen sorgfältig durchgehen, einen stufenweisen und ununterbrochenen Fortschritt in der Affen-Organisation bis zur rein menschlichen Bildung hin verfolgen, und wir gelangen dann bei unbefangener Prüfung dieser in neuester Zeit mit so leidenschaftlichem Interesse behandelten „A f f e n f r a g e" unfehlbar zu dem wichtigen, zuerst von *Huxley* 1863 ausführlich begründeten Satze: „Wir mögen ein System von Organen vornehmen, welches wir wollen, die Vergleichung ihrer Modifikationen in der Affenreihe führt uns zu einem und demselben Resultate: daß die anatomischen Verschiedenheiten, welche den Menschen vom Gorilla und Schimpanse scheiden, nicht so groß sind als die, welche den Gorilla von den niedrigeren Affen trennen." In die Sprache der Phylogenie übersetzt, ist dieses folgenschwere, von *Huxley* schon meisterhaft begründete „Pithecometra-Gesetz" ganz gleichbedeutend mit dem populären Satze: „Der Mensch stammt vom Affen ab."

Bereits bei der ersten Aufstellung seines grundlegenden Natursystems (1735) hatte *Carl Linné* an die Spitze des Tierreichs die menschenförmigen Säugetiere (*Anthropomorpha*) gestellt, mit den 3 Gattungen: Mensch (*Homo*), Affe (*Simia*) und Faultier (*Brady-pus*). Später nannte er diese Gruppe *Pri-*

Fig. 329. **Der schlanke Lori** (*Stenops gracilis*) von Ceylon, ein schwanzloser Halbaffe.

mates, d. h. die Ersten, die Oberherren des Tierreichs; er unterschied dann auch den Halbaffen (*Lemur*) vom eigentlichen Affen (*Simia*), während er das Faultier abtrennte. Nachfolgende Zoologen lösten die Primatenordnung auf. Zuerst begründete der Göttinger Anatom *Blumenbach* für den Menschen eine besondere Ordnung, welche er Zweihänder (*Bimana*) nannte; in einer zweiten Ordnung vereinigte er Affen und Halbaffen unter dem Namen Vierhänder (*Quadrumana*), und eine dritte Ordnung bildeten die entfernter verwandten Fledertiere (*Chiroptera*). Die Trennung der Zweihänder und Vierhänder wurde von *Cuvier* und den meisten folgenden Zoologen beibehalten. Sie erscheint prinzipiell wichtig, ist aber in der Tat völlig unberechtigt. Das wurde zuerst im Jahre 1863 von dem scharfsinnigen Zoologen *Huxley* in seiner berühmten Schrift über „Die Stellung des Menschen in der Natur" nachgewiesen. Gestützt auf sehr genaue, vergleichend-anatomische Untersuchungen, führte derselbe den Beweis, daß die Affen ebensogut Zweihänder sind als der Mensch; oder wenn man die Sache umkehren will,

daß der Mensch ebensogut ein Vierhänder ist als die Affen. *Huxley* zeigte mit überzeugender Klarheit, daß die Begriffe der Hand und des Fußes bis dahin falsch aufgefaßt und in unrichtiger Weise auf physiologische, statt auf morphologische Unterscheidungen gegründet worden waren. Der Umstand, daß wir an unserer Hand den Daumen den übrigen vier Fingern entgegensetzen und damit greifen können, schien vorzugsweise die Hand gegenüber dem Fuße zu charakte-

Fig. 330.   **Die weißnasige Meerkatze** (*Cercopithecus petaurista*).

risieren, bei dem die entsprechende große Zehe nicht in dieser Weise den vier anderen Zehen gegenübergestellt werden kann. Die Affen hingegen können ebensogut mit dem Hinterfuße wie mit dem Vorderfuße ihre Greifbewegungen ausführen und wurden deshalb als Vierhänder angesehen. Allein die Unfähigkeit zum Greifen, durch die sich der ungeschickte Fuß des Kulturmenschen auszeichnet, ist die Folge der engen, seit Jahrtausenden eingebürgerten Fußbekleidung. Hingegen benutzen viele Stämme unter den barfüßigen niederen Menschenrassen, besonders viele Negerstämme, ihren Fuß sehr geschickt in derselben Weise wie die Hand. Infolge frühzeitiger Angewöhnung und fortgesetzter Uebung können sie mit dem Fuße ebensogut greifen (z. B. beim Klettern

Baumzweige umfassen) wie mit der Hand. Aber selbst neugeborene Kinder unserer eigenen Rasse können mit der großen Zehe noch recht kräftig greifen und mittelst derselben einen hingereichten Löffel noch ebenso fest wie mit der Hand fassen. Jene physiologische Unterscheidung von Hand und Fuß ist also weder

Fig. 331. **Drillpavian** (*Cynocephalus leucophaeus*). Aus *Brehms* Tierleben.

streng durchzuführen, noch wissenschaftlich zu begründen. Vielmehr müssen wir uns dazu morphologischer Charaktere bedienen. (Vergl. Fig. 329—337, sowie Fig. 235—244.)

Eine solche scharfe morphologische, d. h. auf den anatomischen Bau gegründete Unterscheidung von Hand und Fuß, von vorderen und hinteren Gliedmaßen ist nun aber in der Tat möglich. Sowohl

in der Bildung des Knochenskelettes, als in der Bildung der
Muskeln, welche vorn und hinten an Hand und Fuß sich ansetzen,
existieren wesentliche und konstante Unterschiede; und diese finden
wir beim Menschen gerade so wie bei den Affen vor. Wesentlich
verschieden ist namentlich die Anordnung und Zahl der Handwurzelknochen und der Fußwurzelknochen. Ebenso konstante

Fig. 332. **Weiblicher Schimpanse** (*Anthropithecus niger*). Aus *Brehm*.

Verschiedenheiten bietet die Muskulatur dar. Die hintere Extremität besitzt beständig drei Muskeln (einen kurzen Beugemuskel,
einen kurzen Streckmuskel und einen langen Wadenbeinmuskel),
welche an der vorderen Extremität niemals vorkommen. Auch
die Anordnung der Muskeln ist vorn und hinten verschieden.
Diese charakteristischen Unterschiede der vorderen und hinteren
Extremitäten finden sich ganz ebenso beim Menschen wie bei den

Affen vor. Es kann demnach keinem Zweifel unterliegen, daß
der Fuß der Affen diese Bezeichnung ebenso gut verdient, wie
derjenige des Menschen; und daß alle echten Affen ebensogut
echte „Zweihänder" oder *Bimana* sind, wie der Mensch. Die
gebräuchliche Unterscheidung der Affen als „Vierhänder" oder
Quadrumana ist morphologisch in der Tat völlig unberechtigt.

Es könnte aber nun die Frage entstehen, ob nicht, hiervon
ganz abgesehen, andere Merkmale aufzufinden seien, durch welche
sich der Mensch von dem Affen in höherem Grade unterscheidet,
als die verschiedenen Affenarten unter sich verschieden sind. Diese
wichtige Frage hat *Huxley* in so überzeugender Weise endgültig
verneinend beantwortet, daß die jetzt noch von vielen Seiten gegen
ihn erhobene Opposition als völlig unbegründet und wirkungslos
betrachtet werden muß. *Huxley* führte auf Grund der genauesten
vergleichend-anatomischen Untersuchung sämtlicher Körperteile
den folgenschweren Beweis, daß in jeder morphologischen Beziehung die Unterschiede zwischen den höchsten und niedersten
Affen größer sind als die betreffenden Unterschiede zwischen den
höchsten Affen und dem Menschen. Er restituiert demnach *Linnés*
Ordnung der Primaten (nach Ausschluß der Fledermäuse) und
teilt diese Ordnung in drei verschiedene Unterordnungen, von
denen die erste durch die Halbaffen (*Lemuridae*), die zweite
durch die echten Affen (*Simiadae*) und die dritte durch den
Menschen (*Anthropidae*) gebildet wird [99].

Wenn wir jedoch ganz konsequent und vorurteilsfrei nach
den Gesetzen der systematischen Logik verfahren wollen, so
können wir, auf *Huxleys* eigenes Gesetz gestützt, bei dieser Einteilung noch bedeutend weitergehen. Wie ich zuerst 1866 bei
Behandlung derselben Frage in der „Generellen Morphologie"
gezeigt habe, sind wir berechtigt, mindestens noch einen wesentlichen Schritt weiter zu tun und dem Menschen seine natürliche
Stellung innerhalb einer der Abteilungen der Affenordnung anzuweisen. Alle die charakteristischen Eigentümlichkeiten, welche
diese eine Affenabteilung auszeichnen, kommen auch dem Menschen
zu, während sie den übrigen Affen fehlen. Demnach erscheinen
wir kaum berechtigt, für den Menschen eine besondere, von den
echten Affen verschiedene Ordnung zu gründen.

Schon seit langer Zeit hat man die Ordnung der echten
Affen (*Simiae* oder *Pitheca*) — nach Ausschluß der Halbaffen
— in zwei natürliche Hauptgruppen eingeteilt, welche auch durch
ihre geographische Verbreitung sehr ausgezeichnet sind. Die eine

Abteilung (*Hesperopitheca* oder Westaffen) lebt in der neuen Welt, in Amerika. Die andere Gruppe, zu welcher auch der Mensch gehört, sind die *Eopitheca* oder Ostaffen; sie leben in der alten Welt, in Asien, Afrika und früher auch in Europa. Alle Affen der alten Welt, alle Eopitheken, stimmen mit dem Menschen in allen jenen Charakteren überein, welche in der zoologischen Systematik für die Unterscheidung dieser beiden Affengruppen mit Recht in erster Linie benutzt werden, vor allem in der Bildung des Gebisses. Man könnte hier gleich den Einwand erheben, daß das Gebiß ein physiologisch viel zu untergeordneter Körperteil sei, als daß man auf dessen Bildung in einer so wichtigen Frage einen so großen Wert legen dürfe. Allein diese hervorragende Berücksichtigung der Zahnbildung hat ihren guten Grund; und es geschieht mit vollem Fug und Recht, daß die systematischen Zoologen schon seit mehr als einem Jahrhundert die Bildung des Gebisses bei der systematischen Unterscheidung und Anordnung der Säugetier-Ordnungen ganz vorzugsweise betonen. Die Zahl, Form und Anordnung der Zähne vererbt sich nämlich viel strenger innerhalb der einzelnen Ordnungen der Säugetiere, als die meisten anderen Charaktere.

Die Bildung des Gebisses beim Menschen ist daher besonders wichtig. Wir haben im ausgebildeten Zustande 32 Zähne in unseren Kiefern, und von diesen 32 sind 8 Schneidezähne, 4 Eckzähne und 20 Backzähne. Die 8 Schneidezähne (*Dentes incisivi*), welche in der Mitte der Kiefer stehen, zeigen oben und unten charakteristische Verschiedenheiten. Im Oberkiefer sind die inneren Schneidezähne größer als die äußeren; im Unterkiefer sind umgekehrt die inneren Schneidezähne kleiner als die äußeren. Auf diese folgt jederseits oben und unten ein Eckzahn, welcher größer ist als die Schneidezähne, der sogenannte Augenzahn oder Hundszahn (*Dens caninus*). Bisweilen springt derselbe auch beim Menschen, wie bei den meisten Affen und vielen anderen Säugetieren, stark hervor und bildet eine Art Hauer. Nach außen von diesem endlich folgen jederseits oben und unten 5 Backzähne (*Dentes molares*), von denen die beiden vorderen klein, nur mit einer Wurzel versehen und dem Zahnwechsel unterworfen sind („Lückenzähne", *praemolares*), während die 3 hinteren viel größer, mit zwei Wurzeln versehen sind und erst nach dem Zahnwechsel auftreten („Mahlzähne", *tritores*). Genau dieselbe Bildung des menschlichen Gebisses besitzen die Affen der alten Welt: alle Affen, welche lebend oder fossil in Asien, Afrika und Europa gefunden wurden.

Dagegen besitzen alle amerikanischen Affen noch einen Zahn

mehr in jeder Kieferhälfte, und zwar einen Lückenzahn. Sie haben
jederseits oben und unten 6 Backzähne, im ganzen 36 Zähne. Dieser
charakteristische Unterschied zwischen den Ostaffen und den Westaffen hat sich so konstant innerhalb der beiden Gruppen vererbt,
daß er für uns von größtem Werte ist. Allerdings scheint eine
kleine Familie von südamerikanischen Affen hier eine Ausnahme
zu machen. Die kleinen niedlichen Seidenäffchen nämlich
(*Arctopitheca* oder *Hapalida*), wozu das Löwenäffchen (*Midas*)
und das Pinseläffchen (*Iacchus*) gehören, besitzen nur 5 Backzähne
in jeder Kieferhälfte (statt 6) und scheinen demnach vielmehr den
Ostaffen zu gleichen. Allein bei genauerer Besichtigung zeigt
sich, daß sie 3 Lückenzähne haben, gleich allen Westaffen, und
daß nur der hinterste Mahlzahn verloren gegangen ist. Diese
scheinbare Ausnahme bestätigt demnach nur den Wert jener
systematischen Unterscheidung.

Unter den übrigen Merkmalen, durch welche sich die beiden
Hauptgruppen der Affen unterscheiden, ist von besonderer Bedeutung und am meisten hervortretend die Bildung der Nase.
Alle Affen der alten Welt haben dieselbe Bildung der Nase wie
der Mensch; nämlich eine verhältnismäßig schmale Scheidewand
der beiden Nasenhälften, so daß die Nasenlöcher nach unten stehen.
Bei einzelnen Ostaffen ist sogar die Nase so stark hervorspringend
und so charakteristisch geformt wie beim Menschen. Wir haben
in dieser Beziehung schon früher den merkwürdigen Nasenaffen
hervorgehoben, der eine schön gebogene lange Nase besitzt
(Taf. XXV). Die meisten Ostaffen haben freilich eine etwas platte
Nase, so z. B. die weißnasige Meerkatze (Fig. 330); doch bleibt
bei allen die Nasenscheidewand schmal und dünn. Alle amerikanischen Affen hingegen besitzen eine andere Nasenbildung. Die
Nasenscheidewand ist hier nämlich unten eigentümlich verbreitert
und verdickt, die Nasenflügel sind nicht entwickelt, und infolgedessen kommen die Nasenlöcher nicht nach unten, sondern nach
außen zu stehen. Auch dieser charakteristische Unterschied in
der Nasenbildung vererbt sich in beiden Gruppen so streng, daß
man die Affen der neuen Welt deshalb Plattnasen (*Platyrrhinae*),
die Affen der alten Welt hingegen Schmalnasen (*Catarrhinae*)
genannt hat. Der knöcherne Gehörgang (in dessen Grunde
das Trommelfell liegt) ist bei allen Plattnasen kurz und weit,
hingegen bei allen Schmalnasen lang und eng, ebenso wie beim
Menschen: auch dieser Unterschied ist von Bedeutung.

Die Einteilung der Affenordnung in die beiden Unterordnungen
der Platyrrhinen und Catarrhinen ist auf Grund der angeführten

streng erblichen Charaktere jetzt allgemein von den Zoologen angenommen und erhält durch die geographische Verteilung der
beiden Gruppen auf die neue und alte Welt eine starke Stütze.
Für die Phylogenie der Affen folgt daraus aber unmittelbar der
wichtige Schluß, daß von der uralten gemeinsamen Stammform
der Affenordnung schon in sehr früher Tertiärzeit zwei divergierende Linien ausgegangen sind, von denen sich die eine über die
neue, die andere über die alte Welt verbreitet hat. Unzweifelhaft
sind auf der einen Seite alle Platyrrhinen Nachkommen einer
gemeinsamen Stammform und ebenso auf der anderen Seite alle
Catarrhinen; die ersteren sind aber phylogenetisch älter und
zugleich als die Stammgruppe der letzteren zu betrachten.

Was folgt nun hieraus für unseren eigenen Stammbaum? Der
Mensch besitzt genau dieselben Charaktere, dieselbe eigentümliche
Bildung des Gebisses, des Gehörganges und der Nase, wie alle
Catarrhinen; er unterscheidet sich dadurch ebenso durchgreifend
von allen Platyrrhinen. Wir sind demnach gezwungen, im System
der Primaten dem Menschen seine Stellung unter den Ostaffen anzuweisen oder ihn doch direkt an diese anzuschließen. Für unsere
Stammesgeschichte aber geht daraus hervor, daß der Mensch in
direkter Blutsverwandtschaft zu den Affen der alten Welt steht
und mit allen übrigen Catarrhinen von einer und derselben gemeinsamen Stammform abzuleiten ist. Der Mensch ist nach seiner
ganzen Organisation und nach seinem Ursprunge ein
echter Catarrhine; er ist innerhalb der alten Welt aus einer
unbekannten, ausgestorbenen Gruppe von Ostaffen entstanden.
Hingegen bilden die Affen der neuen Welt oder die Platyrrhinen
einen älteren divergierenden Zweig unseres Stammbaumes, und
dieser Zweig steht nur unten an seiner Wurzel zum Menschen-
geschlechte in entfernteren genealogischen Beziehungen. Immer-
hin muß man annehmen, daß die ältesten eocänen Affen das volle
Gebiß der *Platyrrhinen* besaßen; man kann diese Stammgruppe
daher als eine besondere (26.) Stufe unserer Ahnenreihe betrachten
und von ihnen als 27. Stufe die ältesten *Catarrhinen* ableiten.

Wir haben demnach jetzt unseren nächsten Verwandtschafts-
kreis auf die kleine und verhältnismäßig wenig formenreiche Tiergruppe reduziert, welche durch die Unterordnung der Catarrhinen oder Ostaffen dargestellt wird. Es würde nun schließlich noch die Frage zu beantworten sein, welche Stellung dem
Menschen innerhalb dieser Unterordnung zukommt, und ob sich
aus dieser Stellung noch weitere Schlüsse auf die Bildung unserer
unmittelbaren Vorfahren ziehen lassen. Für die Beantwortung

dieser wichtigen Frage sind die umfassenden und scharfsinnigen Untersuchungen von höchstem Werte, welche *Huxley* in den angeführten „Zeugnissen für die Stellung des Menschen in der Natur"

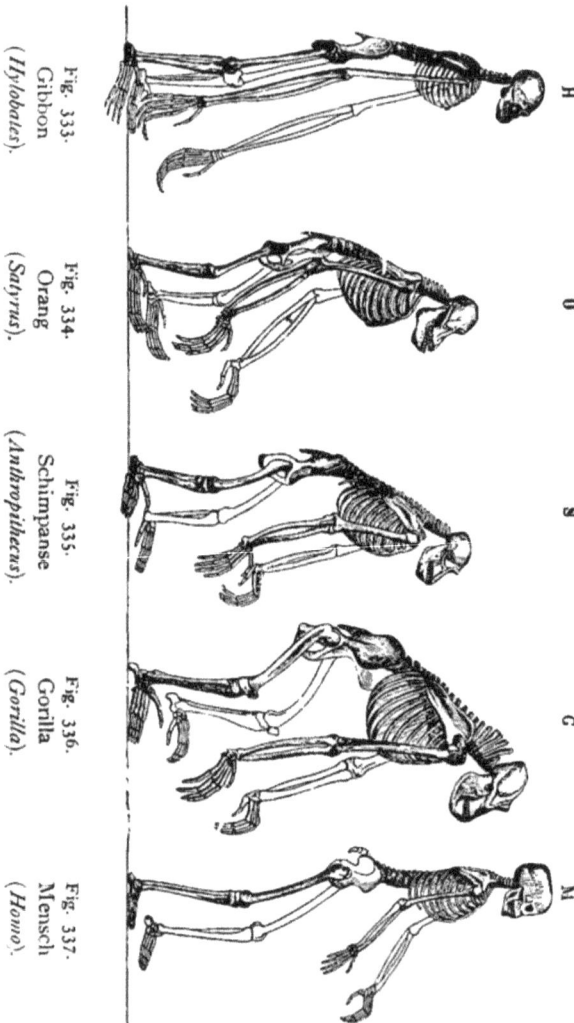

Fig. 333—337. **Skelett des Menschen** (Fig. 337) **und der vier Anthro-poiden-Gattungen.** Fig. 333 Gibbon, Fig. 334 Orang, Fig. 335 Schimpanse, Fig. 336 Gorilla. Nach *Huxley*. Vergl. Fig. 235—244, S. 421—430.

über die vergleichende Anatomie des Menschen und der verschiedenen Catarrhinen angestellt hat. Es ergibt sich daraus unzweifelhaft, daß die Unterschiede des Menschen und der höchsten Catarrhinen (Gorilla, Schimpanse, Orang) in jeder Beziehung geringer sind als die betreffenden Unterschiede der höchsten und der niedersten Catarrhinen (Meerkatze, Makako, Pavian). Ja, sogar innerhalb der kleinen Gruppe der schwanzlosen Menschenaffen oder Anthropoiden sind die Unterschiede der verschiedenen Gattungen untereinander nicht geringer als die entsprechenden Unterschiede derselben vom Menschen. Das lehrt Sie schon ein Blick auf die vorstehenden Skelette derselben, wie sie *Huxley* zusammengestellt hat (Fig. 333—337). Mögen Sie nun den Schädel oder die Wirbelsäule mit dem Rippenkorb, oder die vorderen oder die hinteren Gliedmaßen einzeln vergleichen; oder mögen Sie Ihre Vergleichung auf das Muskelsystem, auf das Blutgefäßsystem, auf das Gehirn, auf die Placenta u. s. w. ausdehnen, immer kommen Sie bei unbefangener und vorurteilsfreier Prüfung zu demselben Resultate, daß der Mensch sich nicht in höherem Grade von den übrigen Catarrhinen unterscheidet, als die extremsten Formen der letzteren (z. B. Gorilla und Pavian) unter sich verschieden sind. Wir können daher jetzt das bedeutungsvolle, vorher angeführte *Huxley*sche Gesetz durch den folgenden wichtigen Satz vervollständigen: „Wir mögen ein System von Organen vornehmen, welches wir wollen, die Vergleichung ihrer Modifikationen in der Catarrhinenreihe führt uns zu einem und demselben Resultate: daß die anatomischen Verschiedenheiten, welche den Menschen von den höchst entwickelten Catarrhinen (Orang, Gorilla, Schimpanse) scheiden, nicht so groß sind, als diejenigen, welche diese letzteren von den niedrigsten Catarrhinen (Meerkatze, Makako, Pavian) trennen."

Wir müssen demnach schon jetzt den Beweis, daß der Mensch von anderen Catarrhinen abstammt, für vollständig geführt halten. Wenn auch zukünftige Untersuchungen über die vergleichende Anatomie und Ontogenie der noch lebenden Catarrhinen, sowie über die fossilen Verwandten derselben uns noch vielerlei Aufschlüsse im einzelnen versprechen, so wird doch keine zukünftige Entdeckung jenen wichtigen Satz jemals umstoßen können. Natürlich werden unsere Catarrhinen-Ahnen eine lange Reihe von verschiedenen Formen durchlaufen haben, ehe schließlich als vollkommenste Form daraus der Mensch hervorging. Als die wichtigsten Fortschritte, welche diese

„Schöpfung des Menschen", seine Sonderung von den nächst-verwandten Catarrhinen bewirkten, sind zu betrachten: die An-gewöhnung an den aufrechten Gang und die damit verbundene stärkere Sonderung der vorderen und hinteren Gliedmaßen, ferner die Ausbildung der artikulierten Begriffssprache und ihres Organs, des Kehlkopfes, endlich vor allem die vollkommenere Entwicke-lung des Gehirns und seiner Funktion, der Seele; einen sehr be-deutenden Einfluß wird dabei die geschlechtliche Zuchtwahl aus-geübt haben, wie *Darwin* in seinem berühmten Werke über die sexuelle Selektion vortrefflich dargetan hat [100]).

Mit Rücksicht auf diese Fortschritte können wir unter unseren A f f e n a h n e n mindestens noch vier wichtige Vorfahrenstufen unterscheiden, welche hervorragende Momente in dem welt-historischen Prozesse der „M e n s c h w e r d u n g" bezeichnen. Als die 2 6. S t u f e unseres menschlichen Stammbaumes können wir zunächst an die Halbaffen die ältesten und niedersten Platyrrhinen von Südamerika anschließen, mit einem Gebisse von 36 Zähnen; sie haben sich aus den ersteren durch die Ausbildung des cha-rakteristischen Affenkopfes, durch die eigentümliche Umbildung des Gehirns, des Gebisses, der Nase und der Finger entwickelt. Aus diesen eocänen Stammaffen sind durch Umbildung der Nase, durch Verlängerung des knöchernen Gehörganges und Verlust von 4 Lückenzähnen die ältesten Catarrhinen oder Ostaffen hervor-gegangen, mit dem menschlichen Gebisse von 32 Zähnen. Diese ältesten Stammformen der ganzen Catarrhinengruppe werden jeden-falls noch dicht behaart und mit einem langen Schwanze versehen gewesen sein: H u n d s a f f e n (*Cynopitheca*) oder S c h w a n z a f f e n (*Menocerca*, Fig. 330). Sie haben bereits während der älteren Tertiärzeit gelebt und finden sich versteinert im Miocän. Unter den heute noch lebenden Schwanzaffen sind ihnen vielleicht die S c h l a n k a f f e n (*Semnopithecus*) am nächsten verwandt [101]).

Wenn wir diese Schwanzaffen als 27. Stufe unserer Ahnen-reihe aufführen, so können wir denselben als 28. Stufe die schwanz-losen M e n s c h e n a f f e n (*Anthropoides*) anreihen. Unter diesem Namen werden die höchst entwickelten und dem Menschen am nächsten stehenden Catarrhinen der Gegenwart zusammengefaßt. Sie entwickelten sich aus den geschwänzten Catarrhinen durch den Verlust des Schwanzes, teilweisen Verlust der Behaarung und höhere Ausbildung des Gehirns, die sich auch in dem überwiegen-den Wachstum des Gehirnschädels über den Gesichtsschädel aus-spricht. Heutzutage leben von dieser merkwürdigen Familie nur noch die wenigen Gattungen, die wir bereits früher betrachtet

haben (im XV. Vortrage, S. 420—430): Gibbon (*Hylobates*, Fig. 235)
und Orang (*Satyrus*, Fig. 236—238) im südöstlichen Asien und
Insulinde; Schimpanse (*Anthropithecus*, Fig. 239—241) und
Gorilla (*Gorilla*, Fig. 242—244) im äquatorialen Afrika.

Das hohe Interesse, das sich naturgemäß für jeden denkenden Menschen an die Kenntnis dieser seiner nächsten tierischen
Blutsverwandten knüpft, hat neuerdings in zahlreichen Schriften
seinen Ausdruck gefunden. Unter diesen zeichnet sich besonders
durch unbefangene Behandlung der Verwandtschafts-Verhältnisse die
kleine Schrift von *Robert Hartmann* aus: „Die menschenähnlichen
Affen und ihre Organisation im Vergleich zur menschlichen"
(Leipzig 1883, mit 63 Abbildungen). Auf Grund genauester
kritischer Vergleichung teilt *Hartmann* (S. 268) die Primatenordnung
in zwei Familien: I. *Primarii* (Mensch und Menschenaffen), und
II. *Simiinae* (eigentliche Affen, Catarrhinen und Platyrrhinen).

Eine abweichende Auffassung hat neuerdings Professor
H. Klaatsch zu begründen versucht, in einem interessanten und
reichillustrierten Werke über „Entstehung und Entwickelung des
Menschengeschlechtes" (im zweiten Bande des populären, von
Hans Kraemer herausgegebenen Prachtwerkes „Weltall und
Menschheit", Berlin 1902). Dasselbe bietet insofern eine wesentliche Ergänzung meiner Anthropogenie, als darin die wichtigen
Ergebnisse der modernen Forschungen über die *Urgeschichte des
Menschen* und seiner Kultur eingehend mitgeteilt sind. Wenn
aber *Klaatsch* die „Abstammung des Menschen vom Affen" als
„unsinnig, engherzig und falsch" deshalb bekämpft, weil man
dabei an jetzt lebende Affen denken müsse, so ist daran zu
erinnern, daß kein einziger kompetenter Naturforscher an diese
beschränkte Auffassung gedacht hat. Vielmehr denken wir Alle
dabei im Sinne von *Lamarck* und *Darwin* nur an die ursprüngliche (auch von *Klaatsch* angenommene) E i n h e i t d e s P r i -
m a t e n s t a m m e s. Diese *gemeinsame Abstammung aller Primaten* (Menschen, Affen und Halbaffen) von e i n e r ursprünglichen
Stammform, aus welcher sich die weitreichendsten Folgeschlüsse
für die gesamte Anthropologie und Philosophie ergeben, wird von
Klaatsch ebenso angenommen, wie von mir selbst und von allen
anderen urteilsfähigen Zoologen, die überhaupt von der Wahrheit
der Descendenztheorie überzeugt sind. Derselbe Anatom sagt
ausdrücklich (a. a. O. S. 172): „Die drei Menschenaffen: Gorilla,
Schimpanse und Orang erscheinen als Abzweigung aus einer gemeinsamen Wurzel, die derjenigen sowohl des Gibbon als des
Menschen nahestand." Das ist im wesentlichen dieselbe Ansicht,

die ich seit 1866 in zahlreichen Schriften (namentlich *Virchow* gegenüber) vertreten habe./ Die gemeinsame hypothetische Stammform aller Primaten, die schon in der ältesten Tertiärzeit (oder wahrscheinlicher in der Kreidezeit!) gelebt haben muß, hatte ich damals als *Archiprimas* bezeichnet; *Klaatsch* nennt sie jetzt *Primatoid*. Für die gemeinsame, viel jüngere Stammform der *Anthropomorphen* (Menschen und Menschenaffen) hat *Dubois* den passenden Namen *Prothylobates* vorgeschlagen. Der heutige *Hylobates* stand demselben näher als die drei anderen, heute noch lebenden Anthropoiden. Keiner von diesen kann als der absolut menschenähnlichste Affe bezeichnet werden. Der Gorilla steht dem Menschen am nächsten in der Bildung von Hand und Fuß, der Schimpanse in wichtigen Charakteren der Schädelbildung, der Orang in der Gehirnentwickelung und der Gibbon in der Entwickelung des Brustkastens. Selbstverständlich gehört kein einziger von allen diesen noch lebenden Menschenaffen zu den direkten Vorfahren des Menschengeschlechts; sie alle sind letzte zerstreute Ueberbleibsel eines alten Catarrhinenzweiges, aus dem als ein besonderes Aestchen nach einer eigenen Richtung hin sich das Menschengeschlecht entwickelt hat.

Obgleich nun das M e n s c h e n g e s c h l e c h t (*Homo*) sich ganz unmittelbar an diese Anthropoidenfamilie anschließt und direkt aus derselben seinen Ursprung genommen hat, so können wir doch als eine wichtige Zwischenform zwischen *Prothylobates* und dem Menschen (und als die 2 9. S t u f e unserer Ahnenreihe) hier noch die A f f e n m e n s c h e n (*Pithecanthropi*) einschalten. Mit diesem Namen hatte ich in der „Natürlichen Schöpfungsgeschichte" (1868, S. 507) die „s p r a c h l o s e n U r m e n s c h e n (*Alali*)" belegt, welche zwar in der allgemeinen Formbeschaffenheit (namentlich in der Differenzierung der Gliedmaßen) bereits als „Menschen" im gewöhnlichen Sinne auftraten, dennoch aber einer der wichtigsten menschlichen Eigenschaften, nämlich der artikulierten Wortsprache und der damit verbundenen höheren Begriffsbildung, ermangelten, entsprechend also auch eine primitivere Bildung des Gehirns besaßen. Die phylogenetische Hypothese, die ich damals von der Organisation dieses „Affenmenschen" aufstellte, fand 24 Jahre später ihre glänzende Bestätigung durch die berühmte Entdeckung des fossilen *Pithecanthropus erectus* von *Eugen Dubois* (damals Militärarzt in Java, später Professor in Amsterdam). Derselbe fand 1892 bei Trinil, in der Residentschaft Madium auf Java, in altdiluvialen Ablagerungen eingeschlossen, Reste eines großen, höchst menschenähnlichen Affen (Schädeldach,

Oberschenkel, Zähne), die von ihm als „aufrecht gehender Affenmensch" bezeichnet und direkt als Ueberreste einer „Stammform des Menschen" gedeutet wurden (Fig. 338). Naturgemäß erregte dieser *Pithecanthropus erectus*, als die vielgesuchte „U e b e rg a n g s f o r m v o m A f f e n z u m M e n s c h e n", das höchste Interesse; denn in ihm war tatsächlich das „fehlende Zwischenglied"zwischen beiden, das vielvermißte *„missing link"*gefunden. Es knüpften sich daran hochinteressante wissenschaftliche Diskussionen auf den drei letzten großen internationalen Zoologenkongressen (1895 in Leyden, 1898 in Cambridge, 1901 in Berlin).

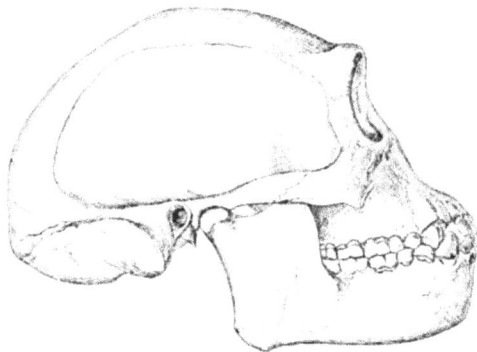

Fig. 338. **Schädel des fossilen Affenmenschen von Java** (*Pithecanthropus erectus*), restauriert von *Eugen Dubois*. (Vergl. Taf. XVII.)

An dem englischen Kongresse in Cambridge habe ich selbst aktiven Anteil genommen und kann daher bezüglich alles Näheren auf meinen dort gehaltenen Vortrag verweisen: „Ueber unsere gegenwärtige Kenntnis vom Ursprung des Menschen" (Bonn 1898, 11. Aufl. 1908).

Eine umfangreiche und wertvolle Literatur hat sich über den *Pithecanthropus* und über die daran geknüpfte *Pithecoidentheorie* im Laufe der letzten zehn Jahre entwickelt. Zahlreiche bedeutende Anthropologen, Anatomen, Paläontologen und Phylogenisten haben sich erfolgreich daran beteiligt und dabei die wichtigen Aufschlüsse der neueren *prähistorischen Forschungen* verwertet. Eine gute Uebersicht über deren wichtige Ergebnisse, durch zahlreiche schöne Abbildungen illustriert, hat *Hermann Klaatsch* in dem vorher erwähnten Werke gegeben. Ich verweise auf dasselbe, als auf eine wertvolle Ergänzung meiner *Anthropogenie*, um so mehr, als ich selbst in diesem Buche nicht weiter auf diese anthropologischen und prähistorischen Forschungen eingehen kann. Nur muß ich nochmals hervorheben, daß ich den scheinbaren Gegensatz, in welchen sich *Klaatsch* bezüglich der mißliebigen „*Abstammung des Menschen vom Affen*" zu meinen eigenen, hier vorgetragenen Ansichten stellt, als irrtümlich und nicht berechtigt ansehen muß.

Der größte und einflußreichste Gegner dieser *Pithecoiden-Theorie* war bekanntlich seit dreißig Jahren (bis zu seinem Tode, im September 1902) der berühmte Berliner Anatom *Rudolf Virchow*. In zahlreichen Reden, welche derselbe alljährlich auf den verschiedensten Kongressen und Versammlungen über die „Frage aller Fragen" hielt, wurde er nicht müde, die verhaßte „Affentheorie" zu bekämpfen. Sein kategorischer Schlußsatz lautete beständig: „Es ist ganz gewiß, daß der Mensch nicht vom Affen oder von irgend einem anderen Tiere abstammt". Dieser grundfalsche Satz ist unzählige Male von den Gegnern der Abstammungslehre, besonders von Theologen und Philosophen wiederholt worden. Es muß als ein besonderes Verdienst des Anatomen *Gustav Schwalbe* in Straßburg hervorgehoben werden, daß er diese dogmatischen, jeder Begründung entbehrenden Behauptungen von *Virchow* gründlich widerlegte. Die vortrefflichen neueren Abhandlungen von *Schwalbe* über den *Pithecanthropus erectus*, über die ältesten Menschenrassen und über den Neandertalschädel (1897 bis 1901), insbesondere seine neueren „Studien zur Vorgeschichte des Menschen" (1906), liefern für jeden unbefangenen und kritischen Leser das empirische Material, mittels dessen er sich von der nahen Verwandtschaft des fossilen U r m e n s c h e n (*Homo primigenius*) und des Affenmenschen unmittelbar überzeugen kann.

Da der *Pithecanthropus erectus* bereits den aufrechten Gang des Menschen besaß und da sein Gehirn (— nach dem Inhalt seiner Schädelhöhle zu urteilen, Fig. 338—) genau in der Mitte stand zwischen dem Gehirn der niedersten Menschen und der Menschenaffen (Taf. XVII, Fig. 2, Taf. XXII, XXIII), so müssen wir annehmen, daß der wichtigste weitere Schritt in der Fortbildung vom *Pithecanthropus* zum Menschen die höhere Ausbildung der menschlichen Sprache und Vernunft war.

Die vergleichende Sprachforschung hat uns neuerdings gezeigt, daß die e i g e n t l i c h e m e n s c h l i c h e S p r a c h e p o l y p h y l e - t i s c h e n Ursprungs ist, daß wir mehrere (und wahrscheinlich viele) verschiedene Ursprachen unterscheiden müssen, die sich unabhängig voneinander entwickelt haben. Auch lehrt uns die Entwickelungsgeschichte der Sprache (und zwar sowohl ihre Ontogenie bei jedem Kinde, wie ihre Phylogenie bei jeder Rasse), daß die eigentliche menschliche Begriffssprache erst allmählich sich entwickelt hat, nachdem bereits der übrige Körper sich in der spezifischmenschlichen Form ausgebildet hatte.

Als die dreißigste und letzte Stufe unseres tierischen Stammbaumes würde nun schließlich der echte oder sprechende M e n s c h

(*Homo*) zu betrachten sein, der sich aus der vorhergehenden Stufe durch die allmähliche Fortbildung der tierischen Lautsprache zur artikulierten menschlichen Wortsprache entwickelte. Ueber Ort und Zeit dieser wahren „Schöpfung des Menschen" können wir nur sehr unsichere Vermutungen aufstellen. Der Ursprung der „Urmenschen" fand wahrscheinlich während der älteren Diluvialzeit in der heißen Zone der alten Welt statt, entweder auf dem Festlande des tropischen Afrika oder Asien, oder auf einem früheren (jetzt unter den Spiegel des Indischen Ozeans versunkenen) Kontinente, Lemurien, der von Ostafrika (Madagaskar, Abessinien) bis nach Ostasien (Sunda-Inseln, Hinterindien) hinüberreichte. Welche gewichtigen Gründe für diese Abstammung des Menschen von anthropoiden Ostaffen sprechen, und wie die Verbreitung der verschiedenen Menschen-Arten und -Rassen von jenem „Paradiese" aus über die Erdoberfläche ungefähr zu denken ist, habe ich bereits in meiner „Natürlichen Schöpfungsgeschichte" ausführlich erörtert (XXVIII. Vortrag und Taf. XXX). Ebendaselbst habe ich auch die Verwandtschafts-Beziehungen der verschiedenen Rassen und Species des Menschengeschlechts näher erläutert [10].

Weitere Angaben darüber enthält meine Festschrift (vom 30. Juli 1908) über „Unsere Ahnenreihe (*Progonotaxis hominis*)". Daselbst habe ich auch auf 5 Tafeln Abbildungen von 5 Primaten-Schädeln zusammengestellt, welche für diese Fragen besonders wichtig erscheinen. Der Schädel des *Homo palinander*, eines modernen Australnegers, steht dem fossilen *Homo primigenius* (von Neandertal, Spy, Krapina) näher als dem modernen Kulturmenschen arischer Rasse. Interessante Skelettreste jenes altdiluvialen Urmenschen (— vom Neanderthal-Typus) sind in neuester Zeit (1908) in Südfrankreich (Dordogne) von *Hauser* und *Klaatsch* entdeckt worden (*Homo mousteriensis Hauseri*). Noch näher dem Affenmenschen steht aber der merkwürdige *Homo heidelbergensis*, dessen Unterkiefer *Otto Schoetensack* kürzlich genau beschrieben hat. Er wurde zusammen mit Knochen des *Rhinoceros etruscus* und anderer, dem Ende der Tertiärzeit angehöriger Säugetiere im Neckarsande bei dem Orte Mauer, nahe bei Heidelberg, gefunden. Der Mangel des vorspringenden Kinns an diesem kräftigen, sehr affenartigen Unterkiefer scheint anzudeuten, daß dieser Tertiär-Mensch noch keine entwickelte Sprache besaß; er gehörte wahrscheinlich noch zur Gruppe des *Pithecanthropus alalus*.

Sechsunddreissigste Tabelle.
Uebersicht über die Hauptabschnitte unserer Stammesgeschichte.

Erster Hauptabschnitt unserer Stammesgeschichte.

Die Vorfahren des Menschen sind wirbellose Tiere.

Erste phylogenetische Stufe: Protistenreihe.

Die menschlichen Ahnen sind einzellige Urtiere, ursprünglich kernlose Moneren gleich den Chromaceen (S. 533), strukturlose grüne Plasmakugeln; später echte kernhaltige Zellen (— zuerst plasmodome *Protophyten*, Palmella-ähnlich, später plasmophage *Protozoen*, Amoeben-ähnlich).

Zweite phylogenetische Stufe: Blastaeadenreihe.

Die menschlichen Ahnen sind kugelige Coenobien oder Protozoenkolonien; sie bestehen aus einer innig verbundenen Gesellschaft von vielen gleichartigen Zellen und besitzen daher den Formwert von Individuen zweiter Ordnung. Sie gleichen den kugeligen Zellvereinen der Magosphaeren und Volvocinen, gleichwertig der ontogenetischen Blastula: Hohlkugeln, deren Wand aus einer einzigen Schicht von flimmernden Zellen besteht (Blastoderm). Fig. 285, 286, S. 546.

Dritte phylogenetische Stufe: Gastraeadenreihe.

Die menschlichen Ahnen sind Gastraeaden, ähnlich den einfachsten heute noch lebenden Metazoen (Prophysema, Olynthus, Hydra, Pemmatodiscus, Fig. 287, S. 551). Ihr Leib besteht bloß aus einem einfachen Urdarm, dessen Wand die beiden primären Keimblätter bilden.

Vierte phylogenetische Stufe: Platodenreihe.

Die menschlichen Ahnen besitzen im wesentlichen die Organisation von einfachen Plattentieren (anfangs ähnlich den kryptocoelen Platodarien, später den rhabdocoelen Turbellarien). Der blattförmige bilateralsymmetrische Körper besitzt nur eine Darmöffnung und bildet in der dorsalen Mittellinie des Rückens aus dem Ektoderm die Anlage eines Nervenzentrums (Fig. 293, 294, 295, S. 570).

Fünfte phylogenetische Stufe: Vermalienreihe.

Die menschlichen Ahnen besitzen im wesentlichen die Organisation von ungegliederten Wurmtieren, anfänglich Gastrotrichen (Ichthydinen), später Frontonien (Nemertinen, Enteropneusten). Es entwickeln sich vier sekundäre Keimblätter, indem zwei Mittelblätter zwischen den beiden Grenzblättern auftreten (Coelom). Das dorsale Ektoderm bildet die Scheitelplatte, Acroganglion (Fig. 297, S. 578).

Sechste phylogenetische Stufe: Prochordonierreihe.

Die menschlichen Ahnen besitzen im wesentlichen die Organisation eines einfachen ungegliederten Chordatieres (Copelaten und Ascidienlarven). Zwischen dorsalem Markrohr und ventralem Darmrohr entwickelt sich die ungegliederte Chorda. Die einfachen Coelomtaschen zerfallen durch ein Frontalseptum in zwei Taschen jederseits: die Dorsaltasche (Episomit) bildet eine Muskelplatte, die Ventraltasche (Hyposomit) eine Gonade. Kopfdarm mit Kiemenspalten.

Siebenunddreissigste Tabelle.

Uebersicht über die Hauptabschnitte unserer Keimesgeschichte.

Erster Hauptabschnitt unserer Keimesgeschichte.

Der Mensch besitzt die Organisation eines wirbellosen Tieres.

Erste ontogenetische Stufe: **Protozoenstadium.**

Der Menschenkeim bildet eine einfache kugelige Zelle, die Cytula oder Stammzelle („Erste Furchungszelle oder befruchtete Eizelle"). Einzelliger Keimzustand (ursprünglich während der Karyolyse kernlos gewesen, später kernhaltig und amoebenartig).

Zweite ontogenetische Stufe: **Blastulastadium.**

Der Menschenkeim besteht aus einem kugeligen Haufen von einfachen Zellen: Furchungszellen; vergleichbar einer Protozoenkolonie (einem Coenobium von sozialen Urtieren). Er bildet eine cenogenetische Modifikation der kugeligen Keimblase, einer Hohlkugel, deren Wand aus einer einzigen Zellenschicht besteht (Keimhaut oder Blastoderm). Die entsprechende reine palingenetische Form besitzt noch heute Amphioxus (Fig. 257 C, S. 473).

Dritte ontogenetische Stufe: **Gastrulastadium.**

Der Menschenkeim bildet eine kugelige Epigastrula, die cenogenetisch modifizierte Gastrula der höheren Säugetiere. Der Keim ist aus zwei Zellenschichten zusammengesetzt, den beiden primären Keimblättern. Die entsprechende palingenetische Form (Archigastrula) besitzt noch heute der Amphioxus (Fig. 257—260, S. 473).

Vierte ontogenetische Stufe: **Neurulastadium.**

Der Menschenkeim nimmt die bilateral-symmetrische Grundform an und bildet in der dorsalen Mittellinie des Rückens aus dem Ektoderm die Anlage des Medullarrohres (mit dem Canalis neurentericus). In palingenetischer Form zeigt dies der Amphioxuskeim (Fig. 260, S. 476).

Fünfte ontogenetische Stufe: **Coelomulastadium.**

Der Menschenkeim bildet eine länglich-runde, bilaterale „Keimscheibe" (Blastodiscus), an der vier sekundäre Keimblätter zu unterscheiden sind. Zwischen die beiden Grenzblätter oder primären Keimblätter sind vom Urmunde (oder Primitivstreif) aus zwei Mittelblätter hineingewachsen (Parietalblatt und Visceralblatt der einfachen Coelomtaschen). Das dorsale Ektoderm bildet die Medullarplatte.

Sechste ontogenetische Stufe: **Chordulastadium.**

Der Menschenkeim besitzt den Körperbau eines einfachen ungegliederten Chordatieres, als dessen nächste heute lebende Verwandte die Copelaten (Appendicularia) und die Ascidienlarven erscheinen (Prochordonier). Zwischen dorsalem Markrohr und ventralem Darmrohr entwickelt sich die Chorda. Die einfachen Coelomtaschen zerfallen durch ein Frontalseptum in zwei Taschen jederseits: die Dorsaltasche („Stammzone") bildet eine Muskelplatte, die Ventraltasche („Parietalzone") entspricht ursprünglich einer Gonade. Kopfdarm mit Kiemenspalten.

Zweiter Hauptabschnitt unserer Stammesgeschichte.

Die Vorfahren des Menschen sind Wirbeltiere.

Die menschlichen Vorfahren sind Wirbeltiere und besitzen daher den Formwert einer gegliederten Person oder einer Metamerenkette. Das Hautsinnesblatt ist in Hornplatte und Markrohr geschieden. Das Hautfaserblatt ist in Lederplatte, Muskelplatte und Skelettplatte zerfallen. Aus dem Darmfaserblatte entsteht das Herz mit den Blutgefäßen und die fleischige Darmwand. Das Darmdrüsenblatt bildet die Chorda und das Darmepithelium.

Siebente phylogenetische Stufe: Acranierreihe.

Die menschlichen Ahnen sind schädellose Wirbeltiere, ähnlich dem Amphioxus. Der Körper bildet eine Metamerenkette, da mehrere Ursegmente sich gesondert haben. Der Kopf enthält in der Ventralhälfte den Kiemendarm, der Rumpf den Leberdarm. Das Markrohr ist noch einfach. Schädel, Kiefer und Gliedmaßen fehlen.

Achte phylogenetische Stufe: Cyclostomenreihe.

Die menschlichen Ahnen sind kieferlose Schädeltiere (ähnlich den Myxinoiden und Petromyzonten). Die Zahl der Metameren nimmt zu. Das vordere Ende des Markrohres schwillt blasenförmig an und bildet das Gehirn, welches sich bald in fünf Hirnblasen sondert. Seitlich davon erscheinen die drei höheren Sinnesorgane: Nase, Augen und Gehörbläschen. Kiefer, Gliedmaßen und Schwimmblase fehlen noch vollständig.

Neunte phylogenetische Stufe: Ichthyodenreihe.

Die menschlichen Ahnen sind fischartige Schädeltiere: I. Urfische (Selachier), II. Schmelzfische (Ganoiden), III. Lurchfische (Dipneusten), IV. Panzerlurche (Stegocephalen). Die Vorfahren dieser Reihe entwickeln zwei Paar Gliedmaßen: ein Paar Vorderbeine (Brustflossen) und ein Paar Hinterbeine (Bauchflossen). Zwischen den Kiemenspalten bilden sich die Kiemenbogen aus; das erste Paar bildet die Kieferbogen (Oberkiefer und Unterkiefer). Aus dem Darmkanal wachsen Schwimmblase (Lunge) und Pankreas hervor.

Zehnte phylogenetische Stufe: Amniotenreihe.

Die menschlichen Ahnen sind Amniontiere oder kiemenlose Wirbeltiere: I. Uramnioten (Proreptilien), II. Säugerreptilien (Sauromammalien), III. Ursäuger (Monotremen), IV. Beuteltiere (Marsupialien), V. Halbaffen (Prosimien), VI. Westaffen (Platyrrhinen), VII. Ostaffen (Catarrhinen); zuerst geschwänzte Cynopitheken, später schwanzlose Anthropoiden; hierauf sprachlose Affenmenschen (Alalen); endlich echte sprechende Menschen. Die Vorfahren dieser Amniotenreihe entwickeln Amnion und Allantois und erlangen allmählich die den Säugetieren zukommende und zuletzt die spezifisch menschliche Bildung.

Zweiter Hauptabschnitt unserer Keimesgeschichte.

Der Mensch besitzt die Organisation eines Wirbeltieres.

Der Menschenkeim besitzt den Formwert einer gegliederten Person oder einer Metamerenkette. Das Hautsinnesblatt ist in Hornplatte und Markrohr geschieden. Das Hautfaserblatt ist in Lederplatte, Muskelplatte und Skelettplatte zerfallen. Aus dem Darmfaserblatte entsteht das Herz mit den Blutgefäßen und die fleischige Darmwand. Das Darmdrüsenblatt bildet die Chorda und das Epithelium des Darms.

Siebente ontogenetische Stufe: **Acranierstadium.**

Der Menschenkeim besitzt im wesentlichen die Organisation eines schädellosen Wirbeltieres, ähnlich dem Amphioxus. Der Körper bildet eine Metamerenkette, da mehrere Ursegmente sich gesondert haben. Der Kopf enthält in der Ventralhälfte den Kiemendarm, der Rumpf den Leberdarm. Das Markrohr ist noch einfach. Schädel, Kiefer und Gliedmaßen fehlen noch vollständig.

Achte ontogenetische Stufe: **Cyclostomenstadium.**

Der Menschenkeim besitzt im wesentlichen die Organisation eines kieferlosen Schädeltieres (ähnlich den Myxinoiden und Petromyzonten). Die Zahl der Metameren nimmt zu. Das vordere Ende des Markrohres schwillt blasenförmig an und bildet das Gehirn, welches sich bald in fünf Hirnblasen sondert. Seitlich davon erscheinen die drei höheren Sinnesorgane: Geruchsgruben, Augen und Gehörbläschen. Kiefer, Gliedmaßen und Lunge fehlen.

Neunte ontogenetische Stufe: **Ichthyodenstadium.**

Der Menschenkeim besitzt im wesentlichen die Organisation eines fischartigen Schädeltieres. Die beiden Gliedmaßenpaare erscheinen in einfachster Form, als flossenartige Knospen: ein Paar Vorderbeine (Brustflossen) und ein Paar Hinterbeine (Bauchflossen). Zwischen den Kiemenspalten bilden sich die Kiemenbogen aus: das erste Paar bildet die Kieferbogen (Oberkiefer und Unterkiefer). Aus dem Darmkanal wachsen Lunge (Schwimmblase) und Pankreas hervor.

Zehnte ontogenetische Stufe: **Amniotenstadium.**

Der Menschenkeim besitzt im wesentlichen die Organisation eines Amniontieres oder kiemenlosen Wirbeltieres. Die Kiemenspalten verschwinden durch Verwachsung. Aus den Kiemenbogen entwickeln sich die Kiefer, das Zungenbein und die Gehörknöchelchen. Der Keim umgibt sich mit zwei Hüllen (Amnion und Serolemma). Die Harnblase wächst aus dem Keimleibe heraus und bildet die Allantois (später in einem peripherischen Teile die Placenta). Alle Organe des Körpers erlangen allmählich die den Säugetieren zukommende, und zuletzt die spezifisch menschliche Bildung.

Achtunddreissigste Tabelle.

Uebersicht über die Organsysteme des Menschen und ihre
Entwickelung aus den Keimblättern.

Vier Keimblätter.	Organsysteme.	Hauptteile der Organsysteme.
I. **Sinnesblatt** (Ektoblast). Ektoderm oder Epiblast. Hautsinnesblatt. ⸺ (Aeußeres Grenzblatt.)	1. **Oberhaut (Epidermis)** (Produkt der Hornplatte, Ceratoblast).	1a. Hornschicht und Schleimschicht der Oberhaut. 1b. Aeußere Anhänge (Haare, Nägel). 1c. Oberhautdrüsen (Schweißdrüsen, Talgdrüsen, Milchdrüsen etc.).
	2. **Nervensystem** (Produkt der Nervenplatte, Neuroblast).	2a. Zentrales Nervensystem (Gehirn und Rückenmark.) 2b. Peripheres Nervensystem (motorische und sensible Nerven).
	3. **Sinnesorgane** (Sensilla). Produkte von 1 und 2.	3a. Tastkörper und Kolbenkörper. 3b. Epithel der Mundhöhle. 3c. Epithel der Nasenhöhle. 3d. Primäre Augenblasen. 3e. Gehörlabyrinth.
II. **Muskelblatt** (Myoblast). Parietaler Mesoblast. Hautfaserblatt. ⸺ (Aeußeres Mittelblatt.)	4. **Lederhaut (Corium)** (Produkt der Cutisplatte).	4a. Lederhaut (Corium): Cutis und Subcutis (Parietalblatt der Episomiten). 4b. Hautskelett (Deckknochen).
	5. **Muskelsystem** (Produkt der Muskelplatte, Myoblast).	5a. Muskulatur des Stammes. 5b. Muskulatur der Gliedmaßen.
	6. **Skelettsystem** (Produkt der Skelettplatte, Skleroblast).	6a. Schädel und Wirbelsäule (Produkt der Chordascheide). 6b. Skelett der Gliedmaßen (sekundäre Produkte der Hyposomiten).
III. **Gefäßblatt** (Angioblast). Visceraler Mesoblast. Darmfaserblatt. ⸺ (Inneres Mittelblatt.)	7. **Nierensystem** (Produkt der Mittelplatte).	7a. Vorniere (Pronephros). 7b. Urniere (Mesonephros). 7c. Dauerniere (Metanephros) [und der (ektodermale) Urnierengang].
	8. **Geschlechtssystem** (Produkt der Geschlechtsplatte).	8a. Geschlechtsdrüsen (Gonaden). 8b. Geschlechtsleiter (Gonodukte). 8c. Begattungsorgane (Copulativa).
	9. **Gefäßsystem** (Produkt des gesamten Mesoderms (Mesenchym).	9A. Ventrales (venöses) Hauptgefäß (Prinzipalvene und Herz). 9B. Dorsales Hauptgefäß (Aorta). 9C. Peripheres Blutgefäßsystem. 9D. Lymphgefäßsystem.
	10. **Gekrössystem** (Produkt des visceral. Mesodermblattes).	10a. Gekröse, Mesenterium. 10b. Muskulatur des Darmes. 10c. Visceralskelett.
IV. **Drüsenblatt** (Endoblast). Entoderm oder Hypoblast. Darmdrüsenblatt. ⸺ (Inneres Grenzblatt.)	11. **Chordadorsalis** (Produkt des Chordoblastes).	11. Achsenstab (Notochorda), medianer Dorsalstreif der Urdarmwand (nur im Embryo vollständig).
	12. **Darmepithelien** (Produkt des Enteroblastes).	12a. Epithelien des Kopfdarmes (Schlund, Kiemenbogen, Kehlkopf, Lunge). 12b. Epithelien des Rumpfdarmes (Magen, Leber, Pankreas, Dünndarm).

Vierundzwanzigster Vortrag.

Bildungsgeschichte unseres Nervensystems.

„Die anatomischen Verschiedenheiten zwischen dem Menschen und den höchsten Affen sind von geringerem Wert, als diejenigen zwischen den höchsten und den niedersten Affen. Man kann kaum irgend einen Teil des körperlichen Baues finden, welcher jene Wahrheit besser als Hand und Fuß illustrieren könnte; und doch gibt es ein Organ, dessen Studium uns denselben Schluß in einer noch überraschenderen Weise aufnötigt — und dies ist das Gehirn. Als ob die Natur an einem auffallenden Beispiele die Unmöglichkeit nachweisen wollte, zwischen dem Menschen und den Affen eine auf den Gehirnbau gegründete Grenze aufzustellen, so hat sie bei den letzteren Tieren eine fast vollständige Reihe von Steigerungen des Gehirns gegeben: von Formen an, die wenig höher sind als die eines Nagetieres, bis zu solchen, die wenig niedriger sind als die des Menschen."

Thomas Huxley (1863).

Animale und vegetale Organe. Produkte des Hautsinnnesblattes: Oberhaut und Nervensystem. Epidermis und Corium. Haare und Hautdrüsen der Säugetiere. Seelenorgane: Zentralmark und Leitungsmark. Gehirn und Rückenmark. Entwickelung der fünf Hirnblasen.

Inhalt des vierundzwanzigsten Vortrages.

Animale und vegetale Organsysteme. Ursprüngliche Beziehungen derselben zu den beiden primären Keimblättern. Sinnesapparat. Bestandteile desselben: ursprünglich nur das Ektoderm oder Hautblatt; später Hautdecke vom Nervensystem gesondert. Doppelte Funktion der Haut (Decke und Tastorgane). Oberhaut (Epidermis) und Lederhaut (Corium). Anhänge der Epidermis: Hautdrüsen (Schweißdrüsen, Tränendrüsen, Talgdrüsen, Milchdrüsen); Nägel und Haare. Das embryonale Wollkleid. Haupthaar und Barthaar. Einfluß der geschlechtlichen Zuchtwahl. Einrichtung des Nervensystems. Motorische und sensible Nerven. Zentralmark: Gehirn und Rückenmark. Zusammensetzung des menschlichen Gehirns (großes und kleines Gehirn). Vergleichende Anatomie des Zentralmarks. Keimesgeschichte des Markrohrs. Sonderung des Medullarrohrs in Gehirn und Rückenmark. Zerfall der einfachen Gehirnblase in fünf hintereinander liegende Hirnblasen: Vorderhirn (Großhirn); Zwischenhirn (Sehhügel); Mittelhirn (Vierhügel); Hinterhirn (Kleinhirn); Nachhirn (Nackenmark). Verschiedene Ausbildung der fünf Hirnblasen bei den verschiedenen Wirbeltierklassen. Entwickelung des Leitungsmarks oder des peripherischen Nervensystems. Folgerungen für die Psychologie.

Literatur:

Johannes Müller, 1833. *Handbuch der Physiologie des Menschen (4. Aufl. 1844). III. Buch: Physik der Nerven. VI. Buch: Vom Seelenleben. Koblenz.*

Carl Gegenbaur, 1872. *Ueber die Kopfnerven von Hexanchus und ihr Verhältnis zur Wirbeltheorie des Schädels. Leipzig.*

Oscar Hertwig und Richard Hertwig, 1873. *Das Nervensystem und die Sinnesorgane der Medusen. Jena.*

G. Mihalkovics, 1877. *Entwickelungsgeschichte des Gehirns. Leipzig.*

Bela Haller, 1898—1900. *Vom Bau des Wirbeltiergehirns (Morph. Jahrb., Bd. 26—28).*

Karl Kupffer, 1905. *Die Morphogenie des Centralnervensystems (Bd. II von Oscar Hertwig, Handbuch der Entwickelungslehre). Jena.*

Charles Darwin, 1872. *Der Ausdruck der Gemütsbewegungen bei dem Menschen und den Tieren. Stuttgart.*

Ernst Haeckel, 1878. *Zellseelen und Seelenzellen. Gemeinverständl. Vorträge, Bd. I.*

G. H. Schneider, 1880. *Der tierische Wille. Grundlage einer vergleich. Willenslehre.*

Wilhelm Preyer, 1881. *Die Seele des Kindes. (3. Aufl. 1890.)*

John Romanes, 1885—1893. *Die geistige Entwickelung im Tierreich und beim Menschen. 2 Bände. Leipzig.*

J. Steiner, 1888. *Die Funktionen des Zentralnervensystems und ihre Phylogenese.*

Max Verworn, 1889. *Psycho-physiologische Protistenstudien. Jena.*

Theodor Ziehen, 1891. *Leitfaden der physiologischen Psychologie. Jena.*

Derselbe, 1905. *Histogenese von Hirn und Rückenmark. Jena.*

Edinger, 1908. *Vorlesungen über den Bau der nervösen Central-Organe.*

Paul Flechsig, 1896. *Die Lokalisation der geistigen Vorgänge des Menschen. Leipzig.*

H. Kröll, 1900. *Der Aufbau der menschlichen Seele. Leipzig.*

Derselbe, 1902. *Die Seele im Lichte des Monismus. Straßburg.*

Wilhelm Krause, 1902. *Die Entwickelung der Haut und ihrer Nebenorgane. (Bd. II von Oscar Hertwig, Handbuch der Entwickelungslehre.) Jena.*

Carl Gegenbaur, 1875. *Zur genaueren Kenntnis der Zitzen der Säugetiere. Leipzig.*

Derselbe, 1886. *Zur Kenntnis der Mammarorgane der Monotremen. Leipzig.*

Friedrich Maurer, 1892—1893. *Zur Phylogenie der Säugetierhaare. Leipzig.*

Ernst Haeckel, 1895. *Systematische Phylogenie der Wirbeltiere. S. 104—134.*

Derselbe, 1899. *Die Welträtsel. II. Psychologischer Teil. Die Seele. Bonn.*

XXIV.

Meine Herren!

Durch unsere bisherigen Untersuchungen sind wir zu der Erkenntnis gelangt, wie sich aus einer ganz einfachen Anlage, nämlich aus einer einzigen einfachen Zelle, der menschliche Körper im großen und ganzen entwickelt hat. Ebenso das ganze Menschengeschlecht, wie jeder einzelne Mensch, verdankt einer einfachen Zelle seinen Ursprung. Die einzellige Stammform des ersteren wird noch heute durch die einzellige Keimform des letzteren wiederholt. Es erübrigt nun noch, einen Blick auf die Entwickelungsgeschichte der einzelnen Teile zu werfen, welche den menschlichen Körper zusammensetzen. Natürlich muß ich mich hier auf die allgemeinsten und wichtigsten Umrisse beschränken, da ein spezielles Eingehen auf die Entwickelungsgeschichte der einzelnen Organe und Gewebe weder durch den diesen Verträgen zugemessenen Raum, noch durch den Umfang des anatomischen Wissens, welchen ich bei den meisten von Ihnen voraussetzen darf, gestattet ist. Wir werden bei der Entwickelungsgeschichte der Organe und ihrer Funktionen denselben Weg wie bisher verfolgen, nur insofern abweichend, als wir gleichzeitig die Keimesgeschichte und die Stammesgeschichte der Körperteile ins Auge fassen. Sie haben bei der Entwickelungsgeschichte des menschlichen Körpers im großen und ganzen sich überzeugt, wie uns die Phylogenese überall als Leuchte auf dem dunklen Wege der Ontogenese dient, und wie wir nur mittelst des roten Fadens phylogenetischer Verknüpfung im stande sind, überhaupt uns in dem Labyrinthe der ontogenetischen Tatsachen zurecht zu finden. Ganz ebenso werden wir nun auch bei der Entwickelungsgeschichte der einzelnen Teile verfahren; nur werde ich genötigt sein, immer gleichzeitig die ontogenetische und die phylogenetische Entstehung der Organe Ihnen vorzuführen. Denn je mehr man auf die Einzelheiten der organischen Entwickelung eingeht, und je genauer man die Entstehung aller einzelnen Teile verfolgt, desto mehr überzeugt man sich von dem unzertrennlichen Zusammenhang der Keimesentwickelung mit der Stammesentwickelung. Auch die Ontogenie der Organe kann nur durch ihre Phylogenie verstanden und erklärt werden; ebenso wie die Keimesgeschichte der ganzen Körperform (der „Person") nur durch ihre Stammesgeschichte verständlich wird. Jede Keimform ist durch eine entsprechende Stammform bedingt. Das gilt im einzelnen wie im ganzen.

Indem wir nun jetzt an der Hand des Biogenetischen Grundgesetzes eine allgemeine Uebersicht über die Grundzüge der Entwickelung der einzelnen menschlichen Organe zu gewinnen suchen, werden wir zunächst die animalen und sodann die vegetalen Organsysteme des Körpers in Betracht ziehen. Die erste Hauptgruppe der Organe, die animalen Organsysteme, besteht aus dem Seelenapparat und dem Bewegungsapparat. Zum Seelenapparat gehören die Hautdecke, das Nervensystem und die Sinnesorgane. Der Bewegungsapparat ist aus den passiven Bewegungsorganen (dem Skelett) und den aktiven Bewegungsorganen (den Muskeln) zusammengesetzt. Die zweite Hauptgruppe der Organe, die vegetalen Organsysteme, besteht aus dem Ernährungsapparat und dem Fortpflanzungsapparat. Zu dem Ernährungsapparat gehört vor allem der Darmkanal mit allen seinen Anhängen, ferner das Gefäßsystem und das Nierensystem. Der Fortpflanzungsapparat umfaßt die verschiedenen Geschlechtsorgane (Keimdrüsen, Geschlechtsleiter, Copulativa).

Wie Sie bereits aus den früheren Vorträgen (XI—XIII) wissen, entwickeln sich die animalen Organsysteme (die Werkzeuge der Empfindung und Vorstellung) zum größten Teile aus dem äußeren primären Keimblatte, aus dem Hautblatte. Hingegen entstehen die vegetalen Organsysteme (die Werkzeuge der Ernährung und Fortpflanzung) zum größten Teile aus dem inneren primären Keimblatte, aus dem Darmblatte. Freilich ist dieser fundamentale Gegensatz zwischen der animalen und vegetativen Sphäre des Körpers beim Menschen sowohl wie bei allen höheren Tieren keineswegs durchgreifend; vielmehr entstehen viele einzelne Teile des animalen Apparates (z. B. der größte Teil der Muskeln) aus Zellen, welche ursprünglich Abkömmlinge des Entoderms sind; umgekehrt ist ein großer Teil des vegetativen Apparates (z. B. die Mundhöhle und die Gonodukte) aus Zellen zusammengesetzt, die vom Ektoderm abstammen.

Neununddreissigste Tabelle.

Uebersicht über die Organapparate des menschlichen Körpers.

(N. B. Der Ursprung der einzelnen Organe aus den vier sekundären Keimblättern ist durch die römischen Ziffern (I—IV) angedeutet: I. Hautsinnesblatt. II. Hautfaserblatt. III. Darmfaserblatt. IV. Darmdrüsenblatt.)

A. Animale Organsysteme	a. **Sinnesapparat** *Sensorium*	1. **Hautdecke** (*Tegumentum*)	Oberhaut Lederhaut	Epidermis I Corium II
		2. **Zentrales Nervensystem**	Gehirn Rückenmark Markhüllen	Encephalon ⎫ Medulla spinalis ⎬ I Meninges II ⎭
		3. **Peripheres Nervensystem**	Gehirnnerven Rückenmarksnerven Eingeweidenerven	Nervi cerebrales ⎫ Nervi spinales ⎬ I Nervi sympathici ⎭
		4. **Sinnesorgane** (*Sensilla*)	Gefühlsorgan (Haut) Geschmacksorgan (Zunge) Geruchsorgan (Nase) Gesichtsorgan (Auge) Gehörorgan (Ohr)	Org. tactus ⎫ Org. gustus ⎪ ⎬ I + II Org. olfactus ⎪ Org. visus ⎪ Org. auditus ⎭

	b. **Bewegungsapparat** *Motorium*	5. **Muskelsystem** (Aktive Bewegungsorgane)	Hautmuskeln
			Skelettmuskeln
				Musculi cutanei ⎫
				Musculi skeleti ⎪
				     II
				     +

		6. **Skelettsystem** (Passive Bewegungsorgane)	Wirbelsäule Schädel Gliedmaßenskelett	Vertebrarium ⎪ Cranium ⎬ III Meloskeleton ⎭
B. Vegetale Organsysteme	c. **Ernährungsapparat** *Nutritorium*	7. **Darmsystem** (*Gastralium*)	Verdauungsorgane Atmungsorgane	Digestorium ⎫ III + IV Respiratorium ⎭
		8. **Gefäßsystem** (*Vasorium*)	Leibeshöhle Lymphgefäße Blutgefäße Herz	Coeloma II + III Vasa lymphatica ⎫ II+III Vasa sanguifera ⎭ Cor III + IV
		9. **Nierensystem** (*Urinarium*)	Nieren Harnleiter Harnblase	Renes II + III Ureteres I + II Urocystis III + IV
	d. **Fortpflanzungsapparat** *Propagatorium*	10. **Geschlechtsorgane** (*Organa sexualia*)	Geschlechtsdrüsen (A. Eierstöcke) (B. Hoden) Geschlechtsleiter (A. Eileiter) (B. Samenleiter) Kopulationsorgane (A. Scheide) (B. Ruthe)	Gonades ⎫ II (A. Ovaria) ⎬ + (B. Spermaria) ⎭ III Gonoductus ⎫ I (A. Oviductus) ⎬ + (B. Spermaductus) ⎭ III Copulativa ⎫ (A. Vagina) ⎬ I + II (B. Phallus) ⎭

Ueberhaupt findet im höher entwickelten Tierkörper eine so vielfache Durchflechtung, Verschiebung und Verwickelung der verschiedenartigsten Teile statt, daß es oft äußerst schwierig ist, die ursprüngliche Quelle aller einzelnen Bestandteile anzugeben. Allein im großen und ganzen betrachtet, dürfen wir es als eine sichergestellte und hochwichtige Tatsache annehmen, daß beim Menschen, wie bei allen höheren Tieren, der wichtigste Teil der a n i m a l e n Organe aus dem H a u t b l a t t oder Ektoderm, der überwiegende Teil der v e g e t a t i v e n Organe aus dem D a r m - b l a t t oder Entoderm abzuleiten ist. Gerade deshalb hat ja schon *Carl Ernst von Baer* das erstere als animales und das letztere als vegetatives Keimblatt bezeichnet (vergl. S. 47 und 171).

Als sicheres Fundament dieser einflußreichen Anschauung betrachten wir die G a s t r u l a, jene w i c h t i g s t e K e i m f o r m d e s T i e r r e i c h s, die wir noch heutzutage in der Keimesgeschichte der verschiedenen Tierklassen in gleicher Gestalt wiederfinden. Diese bedeutungsvolle K e i m f o r m deutet mit unwiderleglicher Klarheit auf eine gemeinsame S t a m m f o r m aller Metazoen hin, auf die G a s t r a e a; und bei dieser längst ausgestorbenen Stammform bestand der ganze Tierkörper zeitlebens nur aus den zwei primären Keimblättern, wie es noch heute vorübergehend bei der Gastrula der Fall ist. Bei der G a s t r a e a vertrat das einfache Hautblatt a k t u e l l die sämtlichen animalen Organe und Funktionen, und anderseits das einfache Darmblatt alle vegetalen Organe und Funktionen; das gilt auch für die modernen Gastraeaden (S. 551, Fig. 287); p o t e n t i e l l ist aber dasselbe noch heute bei der G a s t r u l a der Fall.

Wie die G a s t r a e a t h e o r i e so im stande ist, nicht nur in morphologischer, sondern auch in physiologischer Beziehung uns über die wichtigsten Verhältnisse in der Entwickelungsgeschichte aufzuklären, davon werden wir uns alsbald überzeugen, wenn wir zunächst den ersten Hauptbestandteil der animalen Sphäre, den S e e l e n a p p a r a t oder das S e n s o r i u m, auf seine Entwickelung untersuchen. Dieser Apparat besteht aus zwei sehr verschiedenen Hauptbestandteilen, die scheinbar wenig miteinander zu tun haben: nämlich erstens aus der ä u ß e r e n H a u t b e d e c k u n g (*Tegumentum* oder *Derma*) samt den damit zusammenhängenden Haaren, Nägeln, Schweißdrüsen u. s. w.; und zweitens aus dem innerlich gelegenen Nervensystem. Dieses letztere umfaßt sowohl das Zentralnervensystem (Gehirn und Rückenmark), als auch die peripheren Gehirnnerven und Rückenmarksnerven, endlich auch die

Sinnesorgane. Im ausgebildeten Wirbeltierkörper liegen diese beiden Hauptbestandteile des Sensoriums weit getrennt: die H a u t d e c k e ganz außen am Körper, das Z e n t r a l n e r v e n s y s t e m ganz i n n e n. Nur durch einen Teil des peripheren Nervensystems und der Sinnesorgane hängt das letztere mit der ersteren zusammen. Dennoch entsteht, wie wir bereits aus der Keimesgeschichte des Menschen wissen, das Markrohr aus dem Hautblatt. Diejenigen Organe unseres Körpers, welche die vollkommensten Funktionen des Tierleibes vermitteln: die Funktionen des Empfindens, des Wollens, des Denkens — mit einem Worte die O r g a n e   d e r P s y c h e,   d e s   S e e l e n l e b e n s — entwickeln sich aus der ä u ß e r e n   H a u t b e d e c k u n g.

Diese merkwürdige Tatsache erscheint, für sich allein betrachtet, so wunderbar, unerklärlich und paradox, daß man sie lange Zeit hindurch zu leugnen versuchte. Den zuverlässigsten embryologischen Beobachtungen entgegen stellte man die falsche Behauptung auf, daß sich das Zentralnervensystem nicht aus dem äußersten Keimblatte, sondern aus einer besonderen, darunter gelegenen Zellenschicht entwickele. Indessen ließ sich die ontogenetische Tatsache nicht wegbringen, und jetzt, wo wir sie im Lichte der Stammesgeschichte betrachten, erscheint sie uns gerade umgekehrt als ein ganz natürlicher und notwendiger Vorgang. Wenn man nämlich über die historische Entwickelung der Seelen- und Sinnestätigkeiten nachdenkt, so muß man notwendig zu der Vorstellung kommen, daß die denselben dienenden Zellen ursprünglich an der äußeren Oberfläche des Tierkörpers gelegen haben müssen. Nur solche äußerlich gelegene Elementarorgane konnten die Eindrücke der Außenwelt unmittelbar aufnehmen und vermitteln. Später zog sich dann allmählich unter dem Einflusse der natürlichen Züchtung derjenige Zellenkomplex der Haut, der vorzugsweise „empfindlich" wurde, in das geschütztere Innere des Körpers zurück und bildete hier die erste Grundlage eines nervösen Zentralorgans. Infolge weiterer Sonderung wurde dann die Differenz und der Abstand zwischen der äußeren Hautdecke und dem davon abgeschnürten Zentralnervensystem immer größer, und endlich standen beide nur noch durch die leitenden peripherischen Empfindungsnerven in bleibender Verbindung.

Mit dieser Auffassung steht auch der vergleichend-anatomische Befund in vollständig befriedigendem Einklang. Die vergleichende Anatomie lehrt uns, daß sehr viele niedere Tiere noch kein Nervensystem besitzen, trotzdem sie die Funktionen des Empfindens und

Wollens ähnlich wie die höheren Tiere ausüben. Bei den einzelligen Urtieren oder Protozoen, die überhaupt noch keine
Keimblätter bilden, fehlt selbstverständlich das Nervensystem
ebenso, wie die Hautdecke. Aber auch in der zweiten Hauptabteilung des Tierreichs, bei den Darmtieren oder Metazoen,
ist anfänglich noch gar kein Nervensystem vorhanden. Die Funktionen desselben werden durch die einfache Zellenschicht des Ektoderms vertreten, welches die niederen Darmtiere unmittelbar von
der Gastraea ererbt haben (Fig. 339 e). So verhält es sich bei
den niedersten Pflanzentieren: den Gastraeaden (Mesozoen) und
den Schwämmen oder Spongien (Fig. 287—292, S. 551). Auch die
niedersten Nesseltiere (die hydroiden Polypen), erheben sich nur
wenig über die Bildung der Gastraeaden. Wie die vegetativen
Funktionen derselben durch das einfache Darmblatt, so werden die
animalen Funktionen hier durch das einfache Hautblatt vollzogen.
Die einfache Zellenschicht des Ektoderms ist hier
Hautdecke, Lokomotionsapparat und Nervensystem zugleich.

Erst bei den höher entwickelten Metazoen, bei denen die Sinnestätigkeit und deren Werkzeuge schon weiter fortgebildet sind, erfolgt in Zusammenhang damit auch eine Arbeitsteilung der
Ektodermzellen: Gruppen von empfindlichen Nervenzellen
sondern sich ab von den gemeinen Oberhautzellen; sie ziehen sich
in das geschütztere Gewebe der mesodermalen Unterhaut zurück
und bilden hier besondere Nervenknoten (*Ganglia*). Schon
bei den Plattentieren (*Platodes*), namentlich den Strudelwürmern (*Turbellaria*), treffen wir ein selbständiges Nervensystem
an, welches sich von der äußeren Hautdecke gesondert und abgeschnürt hat. Das ist der oberhalb des Schlundes gelegene
„obere Schlundknoten", das Scheitelhirn oder *Acroganglion*
(Fig. 341 g). Aus dieser einfachen Grundlage hat sich das komplizierte Zentralnervensystem aller höheren Tiere entwickelt. Bei
den höheren Würmern, z. B. beim Regenwurm, ist die erste Anlage
des Zentralnervensystems (Fig. 340 n) eine lokale Verdickung des
Hautsinnesblattes (*hs*), welche sich später ganz von der Hornplatte
abschnürt. Bei den ältesten Platoden (*Cryptocoelen*, S. 570) und
Vermalien (*Gastrotrichen*, S. 578) bleibt das Scheitelhirn noch
in der Oberhaut liegen. Aber auch das Markrohr der Wirbeltiere
hat denselben Ursprung. Unsere Keimesgeschichte lehrt uns, daß
auch dieses „Medullarrohr", als die Grundlage des Zentralnervensystems, sich ursprünglich aus dem äußeren Keimblatte entwickelt.

Lassen Sie uns jetzt zunächst die Entwickelungs-Verhältnisse der menschlichen H a u t d e c k e mit ihren verschiedenen Anhängen, den Haaren und Drüsen, näher ins Auge fassen. Diese äußere Decke (*Derma* oder *Tegumentum*) spielt in physiologischer Beziehung eine doppelte und wichtige Rolle. Erstens ist die Haut

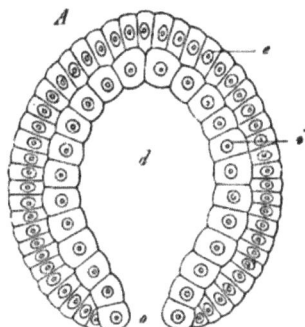

Fig. 339.

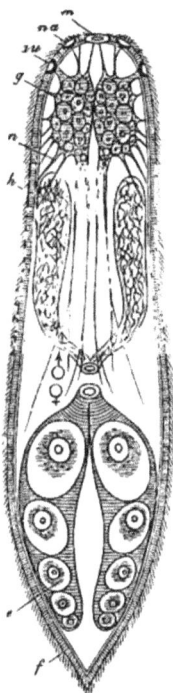

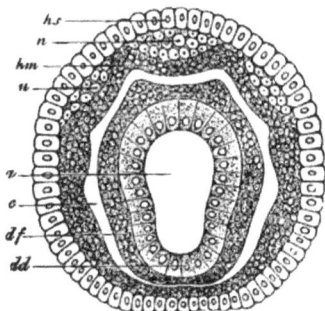

Fig. 340.   Fig. 341.

Fig. 339. **Gastrula von Gastrophysema** (Klasse der Gastraeaden, S. 551). *e* Ektoderm, *i* Entoderm, *d* Urdarm, *o* Urmund.

Fig. 340. **Querschnitt durch den Embryo eines Regenwurmes.** *hs* Hautsinnesblatt, *hm* Hautfaserblatt, *df* Darmfaserblatt, *dd* Darmdrüsenblatt, *a* Darmhöhle, *c* Leibeshöhle oder Coelom, *n* Nervenknoten, *u* Urnieren. (Schema.)

Fig. 341. **Ein Strudelwurm** (*Rhabdocoelum*). Von dem Gehirn oder oberen Schlundknoten (*g*) strahlen Nerven (*n*) aus und gehen an die Haut (*f*), die Augen (*au*), die Geruchsorgane (*na*) und den Mund (*m*), *h* Hoden, *c* Eierstöcke. (Schema.)

die allgemeine S c h u t z d e c k e (*Integumentum commune*), welche die gesamte Oberfläche des Körpers überzieht und eine schützende Hülle für alle übrigen Teile bildet. Als solche vermittelt sie zugleich auch einen gewissen Stoffaustausch zwischen dem Körper und der umgebenden atmosphärischen Luft (Ausdünstung oder Hautatmung, Perspiration). Zweitens ist die Haut das älteste und ursprünglichste Sinnesorgan; das allgemeine Gefühlsorgan, welches die Empfindung der umgebenden Temperatur und des Druckes oder Widerstandes der berührenden Körper bewirkt.

Die Haut des Menschen ist, wie die Haut aller höheren Tiere, aus zwei wesentlich verschiedenen Teilen zusammengesetzt: aus der äußeren Oberhaut und der darunter gelegenen Lederhaut. Die äußere Oberhaut (*Epidermis*) besteht bloß aus einfachen Ektodermzellen und enthält keine Blutgefäße (Fig. 342 *a, b*). Sie entwickelt sich aus dem primären äußeren Keimblatte, aus dem Hautsinnesblatte. Die Lederhaut oder Unterhaut hingegen (*Corium, Hypodermis*) besteht größtenteils aus Bindegewebe, enthält zahlreiche Blutgefäße und Nerven und hat einen ganz anderen Ursprung. Sie entsteht nämlich aus der äußersten parietalen Schicht des mittleren Keimblattes, aus dem Hautfaserblatte. Die Lederhaut ist viel dicker als die Oberhaut. In ihren tieferen Schichten (in der „*Subcutis*")

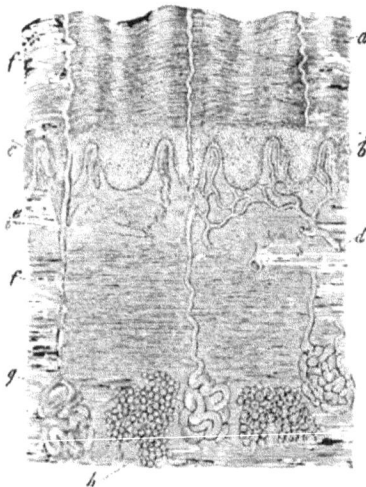

Fig. 342. **Die menschliche Haut im senkrechten Durchschnitt** (nach *Ecker*), stark vergrößert. *a* Hornschicht der Oberhaut, *b* Schleimschicht der Oberhaut, *c* Wärzchen oder Papillen der Lederhaut, *d* Blutgefäße derselben, *ef* Ausführgänge der Schweißdrüsen (*g*), *h* Fettträubchen der Lederhaut, *i* Nerv, oben in ein Tastkörperchen übergehend.

liegen viele Haufen von Fettzellen (Fig. 342 *h*). Ihre oberflächlichste Schicht (die eigentliche „*Cutis*" oder die Papillarschicht) bildet fast auf der ganzen Oberfläche des Körpers eine Menge von kegelförmigen, mikroskopischen Wärzchen oder Papillen, welche in die darüber gelegene Oberhaut hineinragen (*c*). Diese „Tastwärzchen oder Gefühlswärzchen" enthalten die feinsten Empfindungsorgane der Haut, die „Tastkörperchen". Andere Wärzchen enthalten bloß Endschlingen der ernährenden Blutgefäße der Haut (*c, d*). Die verschiedenen Teile der Lederhaut entstehen durch Arbeitsteilung aus den ursprünglich gleichartigen Zellen der Lederplatte oder Cutisplatte, der äußersten Spaltungslamelle des mesodermalen Hautfaserblattes (Fig. 150 *hpr*, Fig. 168, 169 *cp*; Taf. VI und VII, *l*) [108]).

Ebenso entwickeln sich sämtliche Bestandteile und Anhänge der Oberhaut (*Epidermis*) durch Differenzierung aus den gleichartigen Zellen der Hornplatte (Fig. 343). Schon sehr frühzeitig sondert sich die einfache Zellenlage dieser Hornplatte in zwei verschiedene Schichten. Die innere weichere Schicht (Fig. 342 *b*) wird als Schleimschicht, die äußere härtere (*a*) als Hornschicht der Oberhaut bezeichnet. Diese Hornschicht wird beständig an der Oberfläche abgenutzt und abgestoßen; neue Zellenschichten

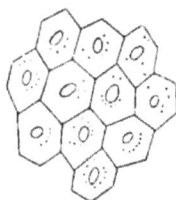

Fig. 343.

Fig. 343. **Oberhautzellen** eines menschlichen Embryo von 2 Monaten. Nach *Kölliker*.

Fig. 344. **Tränendrüsen-Anlagen** eines menschlichen Embryo von 4 Monaten (nach *Kölliker*). *1* jüngste Anlage in Gestalt eines einfachen soliden Zapfens, *2, 3* weiter entwickelte Anlagen, die sich verästeln und im Inneren aushöhlen. *a* solide Sprossen, *e* Zellenauskleidung der hohlen Sprossen, *f* Anlage der faserigen Hülle, welche später die Lederhaut um die Drüsen bildet.

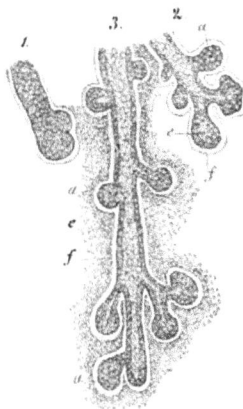

Fig. 344.

treten durch Nachwachsen der darunter gelegenen Schleimschicht der Oberhaut an ihre Stelle. Anfänglich bildet die Oberhaut eine ganz einfache Decke der Körperoberfläche. Später aber entwickeln sich aus derselben verschiedene Anhänge, teils nach innen, teils nach außen hin. Die inneren Anhänge sind die Drüsen der Haut: Schweißdrüsen, Talgdrüsen u. s. w. Die äußeren Anhänge sind die Haare und Nägel.

Die Drüsen der Hautdecke sind ursprünglich weiter nichts als solide, zapfenförmige Wucherungen der Oberhaut, welche sich in die darunter gelegene Lederhaut einsenken (Fig. 344, *1*). Erst später entsteht im Innern dieser soliden Zapfen ein Kanal (*2, 3*), entweder indem die zentralen Zellen erweicht und aufgelöst werden, oder indem Flüssigkeit im Inneren abgeschieden wird. Einige

Hautdrüsen bleiben unverästelt, so namentlich die S c h w e i ß -
d r ü s e n (Fig. 342 *efg*). Diese Drüsen, welche den Schweiß absondern, werden zwar sehr lang und bilden am Ende einen auf-
gewundenen Knäuel; aber sie verzweigen sich niemals; ebenso
die O h r e n s c h m a l z d r ü s e n, welche das fettige Ohrenschmalz
absondern. Die meisten anderen Hautdrüsen treiben Sprossen und
verästeln sich, so namentlich die am oberen Augenlide gelegenen
T r ä n e n d r ü s e n, welche die Tränen absondern (Fig. 344), ferner
die T a l g d r ü s e n, welche die fettige Hautschmiere oder den
Hauttalg liefern, und welche meistens in die Haarbälge einmünden.
Schweißdrüsen und Talgdrüsen kommen nur den Säugetieren zu.
Hingegen finden sich Tränendrüsen bei allen drei Amniotenklassen
vor, bei Reptilien, Vögeln und Säugetieren. Den niederen, im Wasser
lebenden Wirbeltieren fehlen sie.

Sehr merkwürdige Hautdrüsen, welche bei allen Säugetieren,
aber auch ausschließlich nur bei diesen, vorkommen, sind die
M i l c h d r ü s e n (*Glandulae mammales*, Fig. 345, 346). Sie liefern
die M i l c h zur Ernährung des neugeborenen Säugetieres. Trotz
ihrer außerordentlichen Größe sind diese wichtigen Gebilde
doch weiter nichts als mächtige Talgdrüsen der Haut (Taf. VII,
Fig. 16 *md*). Die M i l c h entsteht ebenso durch Verflüssigung der
fetthaltigen Milchzellen im Inneren der verästelten Milchdrüsen-
schläuche (Fig. 345 *c*), wie der Hauttalg und das Haarfett durch
Auflösung der fetthaltigen Talgzellen im Inneren der Hauttalg-
drüsen. Die Ausführgänge der Milchdrüsen erweitern sich zu
sackartigen Milchgängen (*b*), welche sich wieder verengern (*a*) und
in der Zitze oder Brustwarze durch 16—24 feine Oeffnungen getrennt ausmünden. Die erste Anlage dieser großen zusammengesetzten Drüse ist ein ganz einfacher konischer Zapfen der Oberhaut, der in die Lederhaut hineinwächst und sich verästelt. Noch
beim neugeborenen Kinde besteht sie nur aus 12—18 strahlig ge-
stellten Läppchen (Fig. 346). Allmählich verästeln sich diese, ihre
Ausführungsgänge höhlen sich aus und erweitern sich, und zwischen
den Läppchen sammeln sich reichliche Fettmassen an. So entsteht
die hervorragende w e i b l i c h e B r u s t (*Mamma*), auf deren Höhe
sich die zum Saugen angepaßte Z i t z e oder B r u s t w a r z e (*Mam-
milla*) erhebt. Diese letztere entsteht erst später, nachdem die
Milchdrüse bereits angelegt ist; und diese ontogenetische Erscheinung ist deshalb von hohem Interese, weil die älteren Säugetiere
(die Stammformen der ganzen Klasse) überhaupt noch keine Warzen
zum Milchsaugen besaßen. Die Milch trat hier einfach aus einer

ebenen, siebförmig durchlöcherten Stelle der Bauchhaut · hervor, wie es noch heute bei den niedersten lebenden Säugetieren, bei den eierlegenden Gabeltieren Australiens, der Fall ist.   Hier leckt das junge Tier die Milch der Mutter ab, statt sie zu saugen.   Man kann daher diese Monotremen geradezu als Z i t z e n l o s e (*Amasta*) bezeichnen.   Bei vielen niederen Säugetieren finden sich zahlreiche Milchdrüsen, welche an verschiedenen Stellen der Bauchseite sitzen. Beim menschlichen Weibe sind gewöhnlich nur ein Paar Milch-drüsen vorn an der Brust vorhanden, und ebenso bei den Affen, Fledermäusen, Elefanten und einigen anderen Säugetieren. Bisweilen treten aber auch beim menschlichen Weibe zwei Paar hintereinander liegende Brustdrüsen (oder selbst noch mehr) auf.

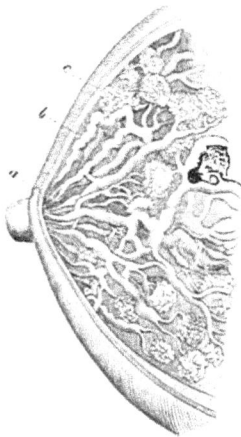

Fig. 345.   Fig. 346.

Fig. 345. **Die weibliche Brust** (*Mamma*) im senkrechten Durchschnitt. *c* traubenförmige Drüsenläppchen, *b* erweiterte Milchgänge, *a* verengerte Ausführgänge, welche durch die Brustwarze münden. Nach *H. Meyer*.

Fig. 346. **Milchdrüse des Neugeborenen.** *a* ursprüngliche Zentraldrüse, *b* kleinere und *c* größere Sprossen derselben. Nach *Langer*.

Einzelne Frauen besitzen sogar vier oder fünf Paar Milchdrüsen, wie die Schweine und Igel (Fig. 106, S. 283).   Diese *Polymastie* ist als R ü c k s c h l a g in eine ältere Stammform zu deuten.   Häufig sind solche überzählige oder accessorische Brustwarzen auch beim M a n n e zu finden (Fig. 106 *D*).   Bisweilen sind auch die normalen Milchdrüsen beim Manne stark entwickelt und zum Säugen taug-lich; gewöhnlich existieren sie beim männlichen Geschlecht nur als r u d i m e n t ä r e O r g a n e ohne Funktion.   Wir haben diese merkwürdigen Atavismen, die in vieler Beziehung interessant sind, bereits im elften Vortrage besprochen (S. 287, Fig. 107).

Aehnlich wie die Hautdrüsen als lokale Wucherungen der Oberhaut nach innen hinein, so entstehen die Hautanhänge, die wir Nägel und Haare nennen, als lokale Wucherungen derselben nach außen. Die Nägel (*Ungues*), welche als wichtige Schutzgebilde an der Rückenfläche des empfindlichsten Teiles unserer Gliedmaßen, der Zehenspitzen und Fingerspitzen, auftreten, sind Horngebilde der Epidermis, deren Besitz wir mit den Affen teilen. Die niederen Säugetiere besitzen an deren Stelle meistens Krallen, die Huftiere dagegen Hufe. Die Stammform der Säugetiere besaß unstreitig Krallen oder Klauen; solche treten in der ersten Anlage schon beim Salamander auf. Sehr entwickelt sind hornige Krallen bei den meisten Reptilien (Fig. 318, S. 632), und von den ältesten Vertretern dieser Klasse, den Stammreptilien (*Tocosauria*), haben die Mammalien sie geerbt. Ebenso wie die Hufe der Huftiere, so sind auch die Nägel der Affen und Menschen aus den Krallen der älteren Säugetiere entstanden. Beim menschlichen Embryo erscheint die erste Anlage der Nägel (zwischen Hornschicht und Schleimschicht der Oberhaut) erst im vierten Monate. Aber erst am Ende des sechsten Monats tritt ihr Rand frei hervor.

Die interessantesten und wichtigsten Anhänge der Oberhaut sind die Haare; wegen ihrer eigentümlichen Zusammensetzung und Entstehungsweise müssen sie für die ganze Klasse der Säugetiere als höchst charakteristische Gebilde gelten. Allerdings finden sich Haare auch bei vielen niederen Tieren sehr verbreitet vor, z. B. bei den Insekten und Würmern. Allein diese Haare, ebenso wie die Haare der Pflanzen, sind fadenförmige Anhänge der Oberfläche, welche durch ihre charakteristische feinere Struktur und Entwickelungsart von den Haaren der Säugetiere ganz verschieden sind. *Oken* nannte deshalb letztere mit Recht „Haartiere". Die Haare des Menschen, wie aller übrigen Säugetiere, sind lediglich aus eigentümlich differenzierten und angeordneten Epidermiszellen zusammengesetzt. In ihrer ersten Anlage beim Embryo erscheinen sie als solide, zapfenförmige Einsenkungen der Oberhaut in die darunter liegende Lederhaut, ganz ähnlich den Einsenkungen der Talg- und Schweißdrüsen. Wie bei den letzteren ist der einfache Zapfen anfangs aus gewöhnlichen Epidermiszellen zusammengesetzt. Im Inneren dieses Zapfens sondert sich bald eine zentrale festere Zellenmasse von kegelförmiger Gestalt. Diese wächst beträchtlich in die Länge, löst sich von der umgebenden Zellenmasse („Wurzelscheide"), bricht endlich nach außen durch und tritt als Haarschaft

frei über die Oberfläche hervor. Der in der Hauteinsenkung (dem
„Haarbalg") verborgene innerste Teil ist die Haarwurzel, umgeben
von der Wurzelscheide. Der Durchbruch der ersten Haare beim
menschlichen Embryo erfolgt zu Ende des fünften und im Beginn
des sechsten Monats.

Während die Keimesgeschichte der Haare in allen Einzelheiten genau bekannt ist, stehen sich dagegen über ihre Stammesgeschichte noch zwei verschiedene Ansichten gegenüber. Nach
der älteren Auffassung sind die Haare der Säugetiere gleichwertig
oder homolog den Federn der Vögel und den Hornschuppen der
Reptilien. Da wir alle drei Amniotenklassen von einer gemeinsamen Stammgruppe ableiten, müssen wir annehmen, daß diese
permischen Stammreptilien (*Tocosauria*, S. 632) ein vollständiges
Schuppenkleid trugen, das sie von ihren karbonischen Ahnen, den
Panzerlurchen (*Stegocephala*, S. 626), durch V e r e r b u n g erhalten
hatten; die Knochenschuppen ihrer Lederhaut (*Pholides*) waren
mit Hornschuppen der Lederhaut (*Lepides*) überzogen. Beim
Uebergang vom Wasserleben zum Landleben entwickelten sich
die Hornschuppen immer stärker, während die Knochenschuppen
schon bei den meisten Reptilien rückgebildet wurden. Für die
Federn der Vögel steht fest, daß sie nur umgebildete Hornschuppen
ihrer Reptilienahnen sind; nicht so für die Haare der Säugetiere.
Für diese ist vielmehr neuerdings durch ausgedehnte Untersuchungen, namentlich von *Friedrich Maurer*, die Hypothese aufgestellt, daß sie aus H a u t s i n n e s o r g a n e n älterer Amphibien-
ahnen durch Funktionswechsel entstanden sind; die erste embryonale Anlage beider Oberhautgebilde ist höchst ähnlich. Diese
neuere Ansicht, die auch von dem größten Kenner der Wirbeltiere, *Carl Gegenbaur*, gestützt wird, läßt sich übrigens insofern
mit der älteren Auffassung bis zu einem gewissen Grade vereinigen, als beiderlei Gebilde, Schuppen und Haare, ursprünglich
in engstem Zusammenhange standen. Wahrscheinlich wuchs die
kegelförmig sich erhebende Hautsinnesknospe *unter dem Schutze
der Hornschuppe* hervor und wurde als Tastorgan erst später
durch Verhornung zum Haare; auch viele Haare sind noch heute
empfindliche Sinnesorgane (Tasthaare oder Spürhaare an der
Schnauze und Wange vieler Säugetiere; Schamhaare).

Diese vermittelnde Auffassung vom *genetischen Zusammen-
hang der Schuppen und Haare* habe ich in meiner „Systematischen
Phylogenie der Wirbeltiere" (1895, S. 433) zu begründen versucht.
Sie wird auch unterstützt durch die *gleichartige Anordnung* der

beiderlei Hautgebilde. Wie namentlich *Maurer* betont hat, bilden
die Haare, ebenso wie die Hautsinnesorgane und die Schuppen,
in der ersten Anlage regelmäßige L ä n g s r e i h e n, und diese lösen
sich später in alternierende G r u p p e n auf. Bei einem I g e l -
E m b r y o von 2,5 cm Länge (— der mir irrtümlich als Bären-
Embryo aus Ungarn zugesandt wurde —) (Fig. 347), ist der Rücken

A   B

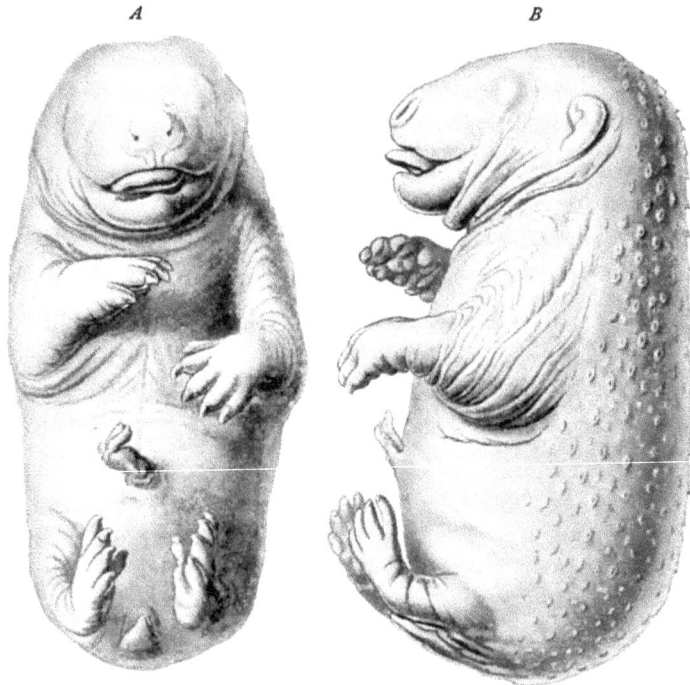

Fig. 347. **Embryo eines Igels** (*Erinaceus europaeus*), von 45 mm Länge, 20 mm
Breite, in doppelter natürlicher Größe. *A* von der Bauchseite, *B* von der linken Seite.

mit 16—20 alternierenden Längsreihen von schuppenartigen Höckern
bedeckt. Zugleich erscheinen dieselben in regelmäßige Querreihen
geordnet, die von beiden Seiten gegen die Mittellinie des Rückens
unter spitzen Winkeln konvergieren. Die Spitze der schuppenartigen Höcker ist nach hinten gerichtet. Zwischen diesen größeren
harten *Schuppen* (oder *Haargruppen*) finden sich sehr zahlreich
die Anlagen kleinerer Haare.

Gewöhnlich ist der Embryo des Menschen während der letzten
drei bis vier Monate der Schwangerschaft ganz mit einem dichten

Ueberzuge von feinen Wollhaaren bedeckt. Dieses embryonale Wollkleid (*Lanugo*) geht teilweise schon während der letzten Wochen des Embryolebens, jedenfalls aber bald nach der Geburt verloren und wird durch das dünnere bleibende Haarkleid ersetzt. Die bleibenden späteren Haare wachsen aus Haarbälgen hervor, die aus der Wurzelscheide des abfallenden Wollhaares hervorsprossen. Gewöhnlich bedecken die embryonalen Wollhaare beim menschlichen Embryo den ganzen Körper mit Ausnahme der Handflächen und der Fußsohle. Diese Teile bleiben beständig nackt, wie sie auch bei allen Affen und den meisten anderen Säugetieren unbehaart bleiben. Nicht selten weicht das Wollkleid des Embryo durch seine Farbe auffallend von der späteren bleibenden Haarbedeckung ab. So kommt es z. B. bei unserem indogermanischen Stamme bisweilen vor, daß Kinder von blonden Eltern bei der Geburt zum Schrecken dieser letzteren mit einem dunkelbraunen oder selbst schwarzen Wollpelze bedeckt erscheinen. Erst nachdem dieser abgestoßen ist, treten die bleibenden blonden Haare auf, welche das Kind von den Eltern geerbt hat. Bisweilen bleibt der dunkle Pelz noch mehrere Wochen oder selbst Monate nach der Geburt erhalten. Dieses merkwürdige Wollkleid des Menschenkeims ist ein Erbstück von den Affen, unseren uralten, langhaarigen Vorfahren.

Nicht minder bemerkenswert ist es, daß viele höhere Affen in der dünnen Behaarung einzelner Körperstellen sich bereits dem Menschen nähern. Bei den meisten Affen, namentlich bei den höheren Catarrhinen, ist das Gesicht größtenteils oder ganz nackt, oder nur so dünn oder kurz behaart wie beim Menschen. Wie bei diesem, ist auch bei jenen meistens der Hinterkopf durch stärkere Behaarung ausgezeichnet; diese fehlt jedoch dem kahlköpfigen Schimpanse (*Anthropithecus calvus*, Fig. 239, S. 425). Die Männchen vieler Affen besitzen einen starken Backenbart und Kinnbart; diese Zierde des männlichen Geschlechts ist jedenfalls durch sexuelle Selektion erworben. Bei manchen Affen ist die Brust und die Beugeseite der Gelenke sehr dünn behaart, viel spärlicher als der Rücken und die Streckseite der Gelenke. Andererseits werden wir auch nicht selten durch die zottige Behaarung der Schultern, des Rückens und der Streckseiten der Extremitäten überrascht, welche wir bei einzelnen Männern unseres indogermanischen und des semitischen Stammes wahrnehmen. Bekanntlich ist starke Behaarung des Gesichts oder des ganzen Körpers in einzelnen Familien von Haarmenschen erblich.

Auch die relative Stärke des Wuchses von Kopfhaar und Barthaar, sowie die besondere Beschaffenheit des letzteren, vererbt sich auffallend in vielen Familien. Diese außerordentlichen Verschiedenheiten in der totalen und partiellen Behaarung des Körpers, die nicht allein bei Vergleichung der verschiedenen Menschenrassen, sondern auch bei Vergleichung vieler Familien einer Rasse höchst auffallend erscheinen müssen, erklären sich einfach daraus, daß das Haarkleid des Menschen im ganzen ein rudimentäres Organ ist, eine unnütze Erbschaft, welche er von den stärker behaarten Affen übernommen hat. Der Mensch gleicht darin dem Elefanten, dem Rhinoceros, dem Nilpferd, den Walfischen und anderen Säugetieren verschiedener Ordnungen, die ebenfalls ihr ursprüngliches Haarkleid durch Anpassung fast ganz oder doch größtenteils verloren haben.

Dasjenige Anpassungs-Verhältnis, durch welches beim Menschen der Haarwuchs an den meisten Körperstellen zurückgebildet, an einzelnen Stellen aber konserviert oder selbst besonders stark ausgebildet wurde, war höchst wahrscheinlich die geschlechtliche Zuchtwahl. Wie *Darwin* in seinem Buche über die „Abstammung des Menschen" sehr einleuchtend gezeigt hat, ist gerade in dieser Beziehung die sexuelle Selektion sehr einflußreich gewesen. Indem die männlichen anthropoiden Affen bei ihrer Brautwahl die wenigst behaarten Affenweibchen bevorzugten, diese letzteren aber denjenigen Bewerbern den Vorzug gaben, die sich durch besonders schönen Bart und Kopfhaar auszeichneten, wurde die gesamte Behaarung allmählich zurückgebildet, hingegen Bart und Kopfhaar auf eine höhere Stufe der Vollendung gehoben. Auch die stärkere Behaarung einzelner anderer Körperstellen (Achselhöhle, Schamgegend) ist wahrscheinlich durch sexuelle Beziehungen bedingt. Außerdem können auch klimatische Verhältnisse, Lebensgewohnheiten oder andere, uns unbekannte Anpassungen den Verlust des Haarkleides begünstigt haben [104]).

Dafür, daß unser menschliches Haarkleid direkt von den anthropoiden Affen geerbt ist, dafür legt nach *Darwin* ein interessantes Zeugnis auch die Richtung der rudimentären Haare auf unseren Armen ab, welche sonst gar nicht erklärbar ist. Es sind nämlich sowohl am Oberarm als am Unterarm die Haare mit ihrer Spitze gegen den Ellbogen gerichtet. Hier stoßen sie in einem stumpfen Winkel zusammen. Diese auffallende Anordnung findet sich außer beim Menschen nur noch bei den anthropoiden Affen, beim Gorilla, Schimpanse, Orang und mehreren Gibbonarten

(Fig. 235, 241, S. 427). Bei anderen Gibbonarten sind die Haare sowohl am Unterarm als am Oberarm gegen die Hand hin gerichtet, wie bei den übrigen Säugetieren. Jene merkwürdige Eigentümlichkeit der Anthropoiden und des Menschen läßt sich einfach durch die Annahme erklären, daß unsere gemeinsamen affenartigen Vorfahren sich gewöhnt hatten (wie es noch heute jene menschenähnlichen Affen gewöhnt sind!), beim Regen die Hände über dem Kopfe oder um einen Zweig über demselben zusammenzulegen. Die Richtung der Haare nach abwärts gegen den Ellbogen begünstigt in dieser Lage das Ablaufen des Regens. So erzählt uns noch heute die besondere Richtung der Härchen an unserem Unterarm von jener nützlichen Gewohnheit unserer anthropoiden Affenahnen.

Die vergleichende Anatomie und Ontogenie weist uns bei genauerer Untersuchung der Hautdecke und ihrer Anhänge noch eine ganze Anzahl von solchen wichtigen „Schöpfungsurkunden" nach, welche die direkte Vererbung derselben von der Hautdecke der Affen beweisen. Haut und Haar haben wir zunächst von den anthropoiden Affen geerbt, wie diese es von den niederen Affen und letztere wiederum von älteren Säugetieren durch Erbschaft überkommen haben. Dasselbe gilt nun aber auch von dem anderen hochwichtigen Organsystem, welches aus dem Hautsinnesblatte sich entwickelt: vom Nervensystem und den Sinnesorganen. Auch dieses höchstentwickelte Organsystem, welches die vollkommensten Lebensfunktionen, die Seelentätigkeiten, vermittelt, haben wir zunächst von den Affen und weiterhin von niederen Säugetieren geerbt.

Das Nervensystem des Menschen, wie aller anderen Wirbeltiere, stellt in ausgebildetem Zustande einen höchst verwickelten Apparat dar, dessen anatomische Einrichtung und dessen physiologische Tätigkeit man im allgemeinen mit derjenigen eines ausgedehnten elektrischen Telegraphensystems vergleichen kann. Als Hauptstation fungiert das Zentralmark oder Zentralnervensystem, dessen zahllose „Ganglienzellen" oder *Neuronen* (Fig. 9, S. 117) durch verästelte Ausläufer sowohl untereinander als mit unzähligen feinsten Leitungsdrähten zusammenhängen. Letztere sind die peripherischen, überall verbreiteten „Nervenfasern"; sie stellen zusammen mit ihren Endapparaten, den Sinnesorganen u. s. w. das Leitungsmark oder das peripherische Nervensystem dar. Teils leiten sie als sensible Nervenfasern die Empfindungseindrücke der Haut und anderer Sinnesorgane zum Zentralmark;

teils überbringen sie als motorische Nervenfasern die Willens-
befehle des letzteren den Muskeln.

Das Zentralnervensystem oder das Zentralmark
(*Medulla centralis*) ist das eigentliche Organ der Seelentätigkeit
im engeren Sinne. Mag man sich nun die innere Verbindung
dieses Organes und seiner Funktionen denken, wie man will, so
steht jedenfalls so viel fest, daß die eigentümlichen Leistungen
desselben, die wir als Empfinden, Wollen und Denken bezeichnen,
beim Menschen wie bei allen höheren Tieren unabänderlich an
die normale Entwickelung jenes materiellen Organs gebunden sind.

Wir werden daher von
vornherein auf die Ent-
wickelungsgeschichte des
letzteren besonders ge-
spannt sein dürfen. Da
diese uns allein die wichtigsten Aufschlüsse über
die Natur unserer „Seele"

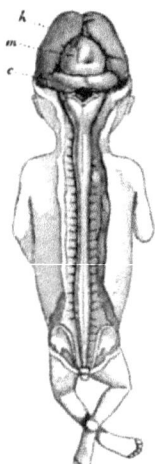

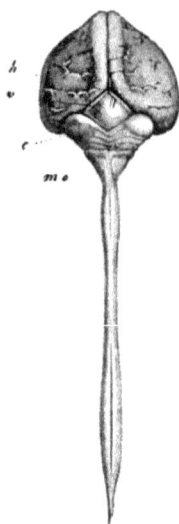

Fig. 348. **Menschlicher
Embryo** von drei Monaten, in
natürlicher Größe, von der Rückenseite, mit bloßgelegtem Hirn und
Rückenmark. Nach *Kölliker. h*
Halbkugeln des Großhirns (Vorderhirn), *m* Vierhügel (Mittelhirn),
c Kleinhirn (Hinterhirn); unter
letzterem das dreieckige Nackenmark (Nachhirn).

Fig. 349. **Zentralmark
eines menschlichen Embryo**
von vier Monaten, in natürlicher
Größe, von der Rückenseite. Nach
Kölliker. h große Halbkugeln, *v*
Vierhügel, *c* Kleinhirn, *mo* Nackenmark; darunter das Rückenmark.

Fig. 348.   Fig. 349.

geben kann, wird sie unser höchstes Interesse beanspruchen. Denn
wenn sich das Zentralmark ganz ebenso beim menschlichen Embryo
wie beim Embryo aller anderen Säugetiere entwickelt, so kann auch
die Abstammung des menschlichen Seelenorgans von demselben
Zentralorgan anderer Säugetiere und weiterhin niederer Wirbeltiere
keinem Zweifel unterliegen. Niemand wird daher die ungeheure Tragweite gerade dieser Entwickelungs-Erscheinungen leugnen können.

Um diese richtig zu würdigen, müssen wir ein paar Worte
über die allgemeine Form und über die anatomische Zusammensetzung des entwickelten menschlichen Zentralmarks vorausschicken.

(Vergl. die XL. und XLI. Tabelle, S. 722.) Dasselbe besteht, wie das Zentralnervensystem aller anderen Schädeltiere, aus zwei verschiedenen Hauptbestandteilen: erstens aus dem Kopfmark oder Gehirn (*Medulla capitis* oder *Encephalon*) und zweitens aus dem Rückenmark (*Medulla spinalis* oder *Notomyelon*). Das erstere ist in dem knöchernen Schädel oder der „Hirnschale" eingeschlossen, das letztere in dem knöchernen „Rückgratkanal oder Wirbelkanal", der durch die Reihe der hintereinander gelegenen siegelringförmigen Wirbel gebildet wird. (Taf. VII, Fig. 16 *m*.) Vom Gehirn gehen 12 Paar Kopfnerven ab, vom Rückenmark 31 Paar Rückenmarksnerven für den übrigen Körper. (Fig. 186, S. 374.) Das Rückenmark erscheint für die grobe anatomische Betrachtung als ein cylindrischer Strang, welcher sowohl oben in der Halsgegend (am letzten Halswirbel) als unten in der Lendengegend (am ersten Lendenwirbel) eine spindelförmige Anschwellung besitzt (Fig. 349, S. 704). An der Halsschwellung gehen die starken Nerven der oberen, an der Lendenschwellung diejenigen der unteren Gliedmaßen vom Rückenmark ab. Oben geht letzteres durch das Nackenmark (*Medulla oblongata*, Fig. 349 *mo*) in das Gehirn über. Das Rückenmark ist zwar anscheinend eine dichte Masse von Nervensubstanz, jedoch enthält es in seiner Achse einen sehr engen Kanal, der oben in die weiten Hirnhöhlen übergeht und gleich diesen mit klarer Flüssigkeit erfüllt ist.

Das Gehirn bildet eine ansehnliche, den größten Teil der Schädelhöhle erfüllende Nervenmasse von höchst verwickeltem feinerem Bau, welche für die gröbere Betrachtung zunächst in zwei Hauptbestandteile zerfällt: das große und kleine Gehirn (*Cerebrum* und *Cerebellum*). Das große Gehirn liegt mehr vorn und oben und zeigt an seiner Oberfläche die bekannten charakteristischen Windungen und Furchen (Fig. 350, 351; Taf. XXII und XXIII). Auf der oberen Seite zerfällt dasselbe durch einen tiefen Längsschlitz in zwei Seitenhälften, die großen Hemisphären; und diese sind durch eine Querbrücke, den Hirnbalken (*Corpus callosum*) miteinander verbunden. Durch einen tiefen Querspalt ist dieses große Gehirn (*Cerebrum*) von dem kleinen (*Cerebellum*) getrennt. Das letztere liegt mehr hinten und unten und zeigt an seiner Oberfläche ebenfalls zahlreiche, aber viel feinere und regelmäßigere Furchen, dazwischen gekrümmte Wülste (Fig. 350 unten). Auch das kleine Gehirn zerfällt durch einen Längseinschnitt in zwei Seitenhälften, die „kleinen Hemisphären"; diese hängen oben durch ein wurmförmig geringeltes Mittelstück, den sogenannten

Hirnwurm (*Vermis cerebelli*), zusammen, unten durch eine breite Querbrücke (*Pons Varoli*, Fig. 350 *VI*).

Die vergleichende Anatomie und Ontogenie lehrt uns nun aber, daß das Gehirn beim Menschen, wie bei allen anderen Schädeltieren, ursprünglich nicht aus diesen z w e i, sondern aus d r e i, später f ü n f verschiedenen, hintereinander gelegenen Hauptbestandteilen zusammengesetzt ist. Diese treten beim Embryo sämtlicher Schädeltiere, von den Cyclostomen und Fischen bis zum Menschen

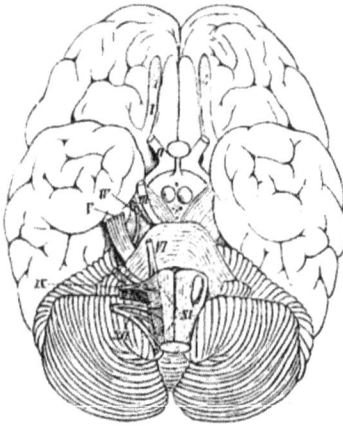

Fig. 350.   Fig. 351.

Fig. 350. **Das menschliche Gehirn,** von der u n t e r e n Seite betrachtet. Nach *H. Meyer*. Oben (vorn) ist das große Gehirn mit den weitläufigen verzweigten Furchen, unten (hinten) das kleine Gehirn mit den engen parallelen Furchen sichtbar. Die römischen Ziffern bezeichnen die Wurzeln der zwölf Hirnnervenpaare in der Reihenfolge von vorn nach hinten.

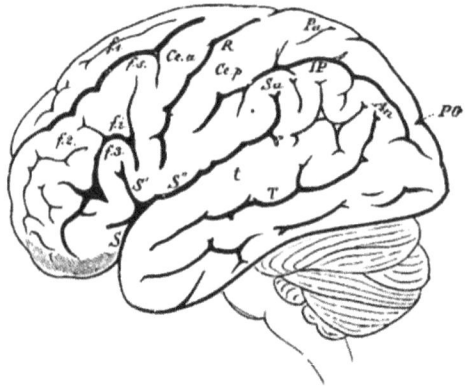

Fig. 351. **Das menschliche Gehirn,** von der l i n k e n Seite betrachtet. Nach *H. Meyer*. Die Furchen des großen Gehirns sind durch dicke fette, die Furchen des kleinen Gehirns durch feinere Linien bezeichnet. Unter letzterem ist das Nackenmark sichtbar. f_1-f_8 Stirnwindungen, *C* Zentralwindungen, *S* Sylvische Spalte, *T* Schläfenspalte, *Pa* Scheitelläppchen, *An* Winkelläppchen, *Po* Hinterhauptspalte.

hinauf, ursprünglich ganz in derselben Form auf, nämlich als fünf hintereinander gelegene Blasen. So gleich aber diese erste Anlage, so verschieden ist ihre spätere Ausbildung. Beim Menschen und bei allen höheren Säugetieren entwickelt sich die e r s t e von diesen fünf Blasen, das V o r d e r h i r n, so übermächtig, daß es im reifen Zustande dem Umfang und Gewicht nach den bei weitem größten Teil des ganzen Gehirns bildet. Nicht allein die großen Halbkugeln gehören dazu, sondern auch der mächtige Balken, welcher dieselben als Querbrücke verbindet, ferner die Riechlappen, von

denen die Geruchsnerven abgehen, sowie die meisten derjenigen
Gebilde, welche an der Decke und am Boden der großen Seitenhöhlen im Innern der beiden Halbkugeln liegen, so namentlich
die großen Streifenkörper. Hingegen gehören die nach innen
zwischen letzteren gelegenen beiden Sehhügel schon zu der
zweiten Hauptabteilung, die sich aus dem Zwischenhirn entwickelt; ebendahin gehören die unpaare dritte Hirnhöhle und die
Gebilde, welche als Trichter, grauer Hügel und Zirbel bezeichnet
werden. Hinter diesen Teilen finden wir mitten zwischen Großhirn und Kleinhirn versteckt einen kleinen, aus zwei Paar Höckern
zusammengesetzten Knoten, den man wegen einer oberflächlichen,
letztere trennenden Kreuzfurche den Vierhügel genannt hat
(*Corpus quadrigeminum*, Fig. 348 *m*, 349 *v*). Obgleich dieser kleine
Vierhügel beim Menschen und den höheren Säugetieren nur sehr
unbedeutend ist, bildet er doch einen besonderen dritten Hauptabschnitt, der bei niederen Wirbeltieren umgekehrt vorzugsweise
entwickelt ist: das Mittelhirn. Als vierte Hauptabteilung
folgt darauf das Hinterhirn oder das „kleine Gehirn" (*Cerebellum*) im engeren Sinne, mit dem unpaaren mittleren Teile, dem
„Wurm", und den paarigen Seitenteilen, den „kleinen Halbkugeln"
(Fig. 349 *c*). Endlich folgt auf diese als fünfter und letzter
Hauptabschnitt das Nackenmark oder das „verlängerte Mark"
(*Medulla oblongata*, Fig. 349 *mo*), welches die unpaare vierte Hirnhöhle und die benachbarten Teile (Pyramiden, Oliven, Strangkörper)
enthält. Dieses Nackenmark geht unten unmittelbar in das
Rückenmark über. Der enge Zentralkanal des Rückenmarks
setzt sich oben in die rautenförmig erweiterte vierte Hirnhöhle
des Nackenmarks fort, deren Boden die Rautengrube bildet. Von
da führt ein enger Gang, die sogenannte „Sylvische Wasserleitung",
durch den Vierhügel hindurch zur dritten Hirnhöhle, die zwischen
beiden Sehhügeln liegt, und diese steht wieder mit den beiden
paarigen Seitenhöhlen in Zusammenhang, welche rechts und links
in den großen Halbkugeln liegen. So stehen also alle Hohlräume
des Zentralmarks in unmittelbarer Verbindung. Im einzelnen
haben alle die genannten Teile des Gehirns eine unendlich verwickelte feinere Struktur, auf welche wir hier nicht eingehen
können. Obgleich dieselbe beim Menschen und den höheren
Wirbeltieren viel komplizierter als bei den niederen Klassen ist,
entsteht sie doch bei sämtlichen Schädeltieren aus der nämlichen
Grundlage, nämlich aus den einfachen fünf Hirnblasen der ursprünglichen Keimanlage. (Vergl. Taf. VIII—XIII, S. 377.)

Lassen Sie uns nun, ehe wir die individuelle Entwickelung des komplizierten Gehirnbaues aus dieser einfachen Blasenreihe ins Auge fassen, zum besseren Verständnis noch einen vergleichenden Seitenblick auf die niederen Tiere werfen, welche kein solches Gehirn besitzen. Da treffen wir schon bei den schädellosen Wirbeltieren, beim Amphioxus, wie Sie bereits wissen, kein selbständiges Gehirn an. Das ganze Zentralmark bildet hier bloß einen einfachen cylindrischen Strang, welcher der Länge nach durch den Körper hindurchgeht und vorn fast ebenso einfach endet wie hinten: ein einfaches Medullarrohr (Taf. XIX, Fig. 15 *m*). Nur eine kleine blasenförmige Anschwellung im vordersten Teile des Markrohres ist als rückgebildetes Rudiment eines Urhirnes (*Archencephalon*) zu deuten. Dasselbe einfache Markrohr trafen wir aber bereits in der ersten Anlage bei der Ascidienlarve an (Taf. XVIII, Fig. 5 *m*), und zwar in derselben charakteristischen Lage, oberhalb der Chorda. Bei genauerer Betrachtung finden wir auch hier eine kleine blasenförmige Anschwellung am vorderen Ende des Markrohrs: die erste Andeutung einer Sonderung desselben in Gehirn (m_1) und Rückenmark (m_2). Bei den ausgestorbenen Urwirbeltieren war diese Sonderung wahrscheinlich stärker ausgesprochen und das Gehirn stärker blasenförmig aufgetrieben (Fig. 101—105, S. 270). Das Gehirn ist phylogenetisch älter als das Rückenmark, da sich der Rumpf erst nach dem Kopf entwickelt hat. Wenn wir nun die unleugbare Verwandtschaft der Ascidien mit den Wurmtieren in Betracht ziehen und uns erinnern, daß wir alle Chordatiere von niederen Vermalien ableiten können, so wird es wahrscheinlich, daß das einfache Zentralmark der ersteren dem einfachen Nervenknoten gleichbedeutend ist, welcher bei den niederen Würmern über dem Schlunde liegt und deshalb seit langer Zeit den Namen „Oberschlundknoten" führt (*Ganglion pharyngeum superius*); besser wird derselbe als Urhirn oder Scheitelhirn (*Acroganglion*) bezeichnet. Bei den Strudelwürmern und Rädertieren besteht das ganze Nervensystem nur aus diesem einfachen Knotenpaar, welches auf der Rückenseite des Körpers liegt, und von welchem Nervenfäden an die verschiedenen Körperteile ausstrahlen (Fig. 341 *g*, *n*). Bei den niedersten und ältesten Plattentieren, den Platodarien oder Kryptocoelen (Fig. 293, S. 570) ist dieses Scheitelhirn noch nicht einmal von seiner Ursprungsstätte, dem Hautsinnesblatte, gesondert, sondern bildet eine lokale Anschwellung desselben, eine epidermale „Scheitelplatte" (*Acroplatea*).

Wahrscheinlich ist dieser Oberschlundknoten der niederen
Würmer die einfache Grundlage, aus der sich das komplizierte
Zentralmark der höheren Tiere entwickelt hat. Durch Verlängerung des Scheitelhirns auf der Rückenseite ist
das Markrohr der Chordonier entstanden, welches ausschließlich den Wirbeltieren und Manteltieren eigentümlich ist.
Hingegen hat sich bei allen übrigen Tieren das Zentralnervensystem in ganz anderer Weise aus dem oberen Schlundknoten entwickelt; insbesondere ist bei den Gliedertieren zu letzterem ein
Schlundring mit Bauchmark hinzugekommen. Auch die Weichtiere haben einen Schlundring, während dieser den Wirbeltieren
durchaus fehlt. Bei den Wirbeltieren allein hat eine Fortentwicke-
lung des Zentralmarks auf der Rückenseite, bei den Gliedertieren hingegen gerade umgekehrt auf der Bauchseite des
Körpers stattgefunden. Schon diese fundamentale Tatsache beweist, daß keine direkte Verwandtschaft zwischen den Vertebraten
und Articulaten besteht. Die unglücklichen Versuche, das Rückenmark der ersteren aus dem Bauchmark der letzteren abzuleiten,
sind völlig mißlungen (vergl. S. 350, 378, 562—563).

Wenn wir nun die Keimesgeschichte des menschlichen
Nervensystems betrachten, so haben wir vor allem von der hochwichtigen, Ihnen bereits bekannten Tatsache auszugehen, daß die
erste Anlage desselben beim Menschen wie bei allen anderen
Wirbeltieren durch das einfache Markrohr gebildet wird, und
daß dieses in der Mittellinie des sohlenförmigen Keimschildes sich
vom äußeren Keimblatte abschnürt. Wie Sie sich erinnern werden,
entsteht zuerst in der Mitte des sandalenförmigen Keimschildes die
geradlinige Medullarfurche (Taf. IV, V, S. 305). Beiderseits derselben
wölben sich ihre beiden parallelen Ränder in Form der Rückenwülste oder Markwülste empor. Diese krümmen sich mit ihren
freien oberen Rändern gegeneinander und verwachsen dann zu
dem geschlossenen Markrohr (Fig. 139—142). Anfangs liegt
dieses Medullarrohr unmittelbar unter der Hornplatte; später aber
kommt es ganz nach hinten zu liegen, indem von rechts und links
her die oberen Ränder der Urwirbelplatten zwischen Hornplatte
und Markrohr hineinwachsen, sich über letzterem vereinigen und
so dasselbe in einen völlig geschlossenen Kanal betten. Wie
Gegenbaur sehr treffend bemerkt, „muß diese allmählich erfolgende
Einbettung in das Innere des Körpers hierbei als ein mit der fortschreitenden Differenzierung und der damit erlangten höheren
Potenzierung erworbener Vorgang gelten, durch den das für

den Organismus wertvollere Organ in das Innere des ersteren geborgen wird". (Vergl. hierzu Fig. 148—151, S. 333; sowie auch Taf. VI und VII, S. 342.)

Jedem denkenden und unbefangenen Menschen muß es als eine höchst wichtige und folgenschwere Tatsache erscheinen, daß unser Seelenorgan gleich demjenigen aller anderen Schädeltiere, auf ganz dieselbe Weise und in ganz derselben einfachsten Form angelegt wird, in welcher dasselbe beim niedersten Wirbeltiere, beim Amphioxus, zeitlebens verharrt. Schon bei den Cyclostomen, also eine Stufe über den Acraniern, beginnt frühzeitig das vordere Ende des cylindrischen Markrohres sich in Gestalt einer birnförmigen Blase aufzublähen, und das ist die erste Anlage eines selbständigen Gehirns (Taf. XIX, Fig. 116 m_1). Damit sondert sich das Zentralmark der Wirbeltiere zuerst deutlich in seine beiden Hauptabschnitte, Gehirn (m_1) und Rückenmark (m_2), entsprechend den beiden Hauptabschnitten des Körpers, Kopf und Rumpf. Schon beim Amphioxus und noch mehr bei der Ascidienlarve (Taf. XVIII, Fig. 5, S. 465) ist die erste schwache Andeutung dieser wichtigen Sonderung zu bemerken.

Die einfache Blasenform des Gehirns, welche bei den Cyclostomen ziemlich lange bestehen bleibt, tritt auch bei allen höheren Wirbeltieren zuerst auf (Fig. 352 hb). Sie geht aber hier sehr rasch vorüber, indem die einfache Hirnblase durch quere Einschnürungen in mehrere hintereinander liegende Abschnitte zerfällt. Zuerst entstehen zwei solche Einschnürungen, und das Gehirn bildet demnach drei hintereinander gelegene Blasen (Vorderhirn, Mittelhirn und Hinterhirn, Fig. 353 v, m, h). Dann zerfällt die erste und die dritte von diesen drei primitiven Blasen abermals durch eine quere Einschnürung in je zwei Stücke, und so kommen fünf hintereinander gelegene blasenförmige Abschnitte zu stande (Fig. 354; vergl. ferner Taf. VII, Fig. 13—16, Taf. VIII bis XIII, zweite Querreihe). Diese fünf fundamentalen Hirnblasen, die beim Embryo aller Schädeltiere in gleicher Gestalt wiederkehren, hat zuerst *Baer* klar erkannt und ihrer relativen Lagerung entsprechend mit folgenden Namen bezeichnet: I. Vorderhirn (v), II. Zwischenhirn (z), III. Mittelhirn (m), IV. Hinterhirn (h) und V. Nachhirn (n).

Die vergleichende Anatomie und Ontogenie hat neuerdings gelehrt, daß die drei ersten Blasen zusammen dem eigentlichen Urhirn (*Archencephalon*) angehören; sein Bildungstypus ist verschieden von dem folgenden Nachhirn (*Metencephalon*), das sich mehr dem Rückenmark anschließt. Die vierte und fünfte Blase sind eigentlich nur verschiedene Teile eines einheitlichen Nachhirns; das Hinterhirn (= Kleinhirn) ist sein dorsaler, das Nackenmark (Oblongata) sein ventraler Teil (vergl. Tabelle XLI). Von letzterem allein entspringen an der Basis die zehn Paare der echten Gehirnnerven (3.—12.), die nach dem Typus der Rückenmarksnerven

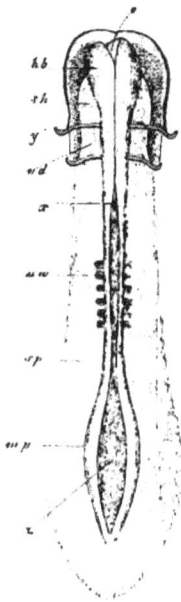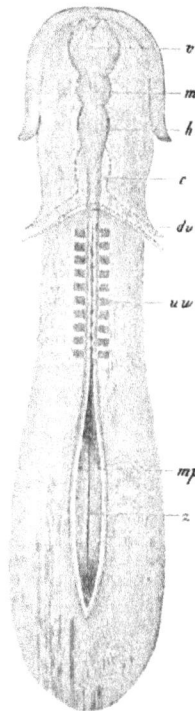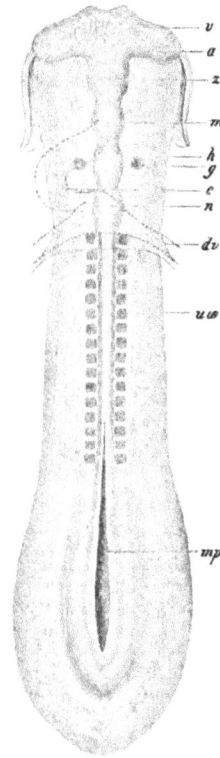

Fig. 352.   Fig. 353.   Fig. 354.

Fig. 352—354. **Sohlenförmiger Keimschild des Hühnchens,** in drei aufeinander folgenden Stufen der Entwickelung, von der Rückenfläche gesehen, ungefähr 20mal vergrößert, etwas schematisch. Fig. 352 mit 6 Urwirbelpaaren. Gehirn eine einfache Blase (*hb*), Markfurche von *x* an noch weit offen; hinten bei *z* sehr erweitert. *mp* Markplatten, *sp* Seitenplatten, *y* Grenze zwischen Schlundhöhle (*sh*) und Vorderdarm (*vd*). Fig. 353 mit 10 Urwirbelpaaren. Gehirn in drei Blasen zerfallen: *v* Vorderhirn, *m* Mittelhirn, *h* Hinterhirn, *c* Herz, *dv* Dottervenen. Markfurche hinten noch weit offen (*z*). *mp* Markplatten. Fig. 354 mit 16 Urwirbelpaaren. Gehirn in fünf Blasen zerfallen: *v* Vorderhirn, *z* Zwischenhirn, *m* Mittelhirn, *h* Hinterhirn, *n* Nachhirn, *a* Augenblasen, *g* Gehörblasen, *c* Herz, *dv* Dottervenen, *mp* Markplatte, *uw* Urwirbel.

gebaut sind (*Trigeminus*-Gruppe, 3.—8., vor dem Hörlabyrinth, *Vagus*-Gruppe, 9.—12., hinter demselben). Dagegen sind die sogenannten „beiden ersten Hirnnerven" (1. Riechnerv, *Olfactorius*, und 2. Sehnerv, *Opticus*) ganz anderer Natur und verschiedenen Ursprungs; sie entwickeln sich als direkte Fortsätze des Urhirns (der Riechnerv vom Vorderhirn, der Sehnerv vom Zwischenhirn).

Bei allen Schädeltieren, von den Rundmäulern bis zum Menschen aufwärts, entwickeln sich aus diesen fünf ursprünglichen Hirnblasen dieselben Teile, wenngleich in höchst verschiedener Ausbildung. Die erste Blase, das Vorderhirn oder Großhirn (*Telencephalon*, *v*), bildet den weitaus größten Teil des sogenannten „großen Gehirns", namentlich die beiden großen Halbkugeln, die Riechlappen, die Streifenhügel und den Balken, nebst

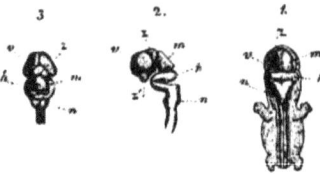

Fig. 355.   Fig. 356.   Fig. 357.   Fig. 358.

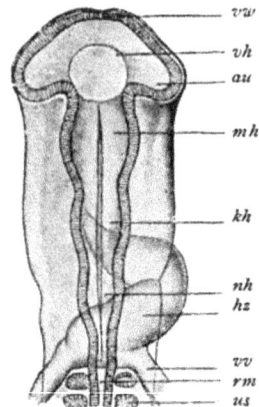

Fig. 355—357. **Zentralmark des menschlichen Embryo** aus der siebenten Woche, von 2 cm Länge. Nach *Kölliker*. Fig. 357 Ansicht des ganzen Embryo von der Rückenseite; mit bloßgelegtem Gehirn und Rückenmark. Fig. 356 das Gehirn nebst dem obersten Teil des Rückenmarks, von der linken Seite. Fig. 355 das Gehirn von oben. *v* Vorderhirn, *z* Zwischenhirn, *m* Mittelhirn, *h* Hinterhirn, *n* Nachhirn.

Fig. 358. **Kopf eines Hühnchenkeims** (58 Stunden bebrütet), von der Rückenseite, 40mal vergrößert. Nach *Mihalkovics*. *vw* Vorderwand des Vorderhirns, *vh* seine Höhle, *au* Augenblasen, *mh* Mittelhirn, *kh* Hinterhirn, *nh* Nachhirn, *hz* Herz (von unten durchschimmernd), *vv* Dottervenen, *us* Ursegment, *rm* Rückenmark.

dem Gewölbe. Aus der zweiten Blase, dem Zwischenhirn (*Diencephalon*, *z*), entstehen vor allem die Sehhügel und die übrigen Teile, welche die sogenannte „dritte Hirnhöhle" umgeben, ferner Trichter und Zirbel. Die dritte Blase, das Mittelhirn (*Mesencephalon*, *m*), liefert die kleine Vierhügelgruppe nebst der Sylvischen Wasserleitung. Aus der vierten Blase, dem Hinterhirn oder Kleinhirn (*Pontencephalon*, *h*), entwickelt sich der größte Teil des sogenannten „kleinen Gehirns" (*Cerebellum*), nämlich der mittlere „Wurm" und die beiden seitlichen „kleinen Halbkugeln". Die fünfte Blase endlich, das Nachhirn (*Derencephalon*, *n*),

gestaltet sich zum Nackenmark oder dem „verlängerten Mark"
(*Medulla oblongata*), nebst der Rautengrube (dem Boden des
vierten Ventrikels), den Pyramiden, Oliven u. s. w.

Sicher dürfen wir es als eine vergleichend-anatomische und
ontogenetische Tatsache von der allergrößten Bedeutung bezeichnen,
daß bei allen Schädeltieren, von den niedersten Cyclostomen und
Fischen an bis zu den Affen und zum Menschen hinauf, ganz in
derselben Weise das Gehirn ursprünglich beim Embryo sich anlegt. Ueberall bildet eine einfache blasenförmige Erweiterung am
vorderen Ende des Markrohrs die erste Anlage des Gehirns.
Ueberall entstehen aus dieser einfachen blasenförmigen Auftreibung
erst drei, später fünf Blasen, und überall entwickelt sich aus
jenen fünf primitiven Hirnblasen das bleibende Gehirn mit allen
seinen verwickelten anatomischen Einrichtungen, die bei den verschiedenen Wirbeltierklassen später so außerordentlich verschieden
erscheinen. Wenn Sie ein reifes Gehirn von einem Fische, einem
Amphibium, einem Reptil, einem Vogel und einem Säugetier vergleichen, so werden Sie kaum begreifen, wie man die einzelnen
Teile dieser innerlich und äußerlich höchst verschiedenartigen
Bildungen aufeinander zurückzuführen im stande sein soll. Und
dennoch sind alle diese verschiedenen Craniotengehirne aus ganz
derselben Grundform hervorgegangen. Wir brauchen bloß die
entsprechenden Entwickelungszustände von Embryonen dieser
verschiedenen Tierklassen nebeneinander zu stellen, um uns von
dieser fundamentalen Tatsache zu überzeugen. (Taf. VIII—XIII,
zweite Querreihe, S. 376, 377.)

Die eingehende Vergleichung der entsprechenden Entwickelungsstufen des Gehirns bei den verschiedenen Schädeltieren ist
höchst lehrreich. Verfolgen wir dieselben durch die ganze Reihe
der Craniotenklassen hindurch, so überzeugen wir uns bald von
folgenden höchst interessanten Tatsachen: Bei den Cyclostomen
(den Myxinoiden und Petromyzonten), die wir als die niedersten
und ältesten Schädeltiere kennen gelernt haben, erhält sich das
ganze Gehirn zeitlebens auf einer sehr tiefen und ursprünglichen
Bildungsstufe, die bei den Embryonen der übrigen Cranioten rasch
vorübergeht; jene fünf ursprünglichen Hirnabschnitte bleiben dort
in wenig veränderter Form sichtbar. Bei den Fischen tritt aber
schon eine wesentliche und beträchtliche Umbildung der fünf Hirnblasen ein, und zwar ist es offenbar zuerst das Gehirn der Urfische (*Selachier*, Fig. 360) und demnächst das Gehirn der
Schmelzfische (*Ganoides*), von welchem einerseits das Gehirn

der übrigen Fische, andererseits das Gehirn der Dipneusten und Amphibien, und weiterhin der höheren Wirbeltiere abgeleitet werden muß. Bei den Fischen und Amphibien (Fig. 361) entwickelt sich besonders mächtig der mittlere Teil, das Mittelhirn, und auch der fünfte Abschnitt, das Nachhirn, während der erste, zweite und vierte Abschnitt stark zurückbleiben. Bei den höheren Wirbeltieren verhält es sich gerade umgekehrt, hier entwickelt sich außerordentlich stark der erste und der vierte Abschnitt, das Großhirn und Kleinhirn; hingegen bleibt das Mittelhirn nur sehr

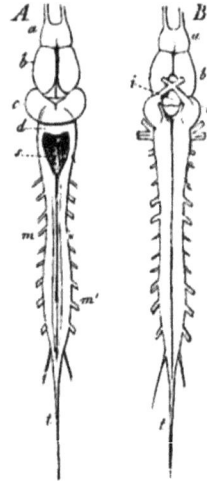

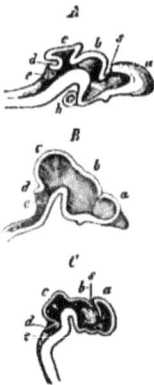

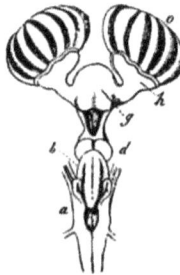

Fig. 359.   Fig. 360.   Fig. 361.

Fig. 359. **Gehirn von drei Schädeltierembryonen** im senkrechten Längsschnitte: *A* von einem Haifisch (*Heptanchus*), *B* von einer Schlange (*Coluber*), *C* von einer Ziege (*Capra*). *a* Vorderhirn, *b* Zwischenhirn, *c* Mittelhirn, *d* Hinterhirn, *e* Nachhirn, *s* primitiver Hirnschlitz. Nach *Gegenbaur*.

Fig. 360. **Gehirn eines Haifisches** (*Scyllium*) von der Rückenseite. *g* Vorderhirn, *h* Riechlappen des Vorderhirns, welche die mächtigen Geruchsnerven zu den großen Nasenkapseln (*o*) senden, *d* Zwischenhirn, *b* Mittelhirn; dahinter die unbedeutende Anlage des Hinterhirns, *a* Nachhirn. Nach *Gegenbaur*.

Fig. 361. **Gehirn und Rückenmark des Frosches.** *A* von der Rückenseite, *B* von der Bauchseite. *a* Riechlappen vor dem *b* Vorderhirn, *i* Trichter an der Basis des Zwischenhirns, *c* Mittelhirn, *d* Hinterhirn, *s* Rautengrube im Nachhirn, *m* Rückenmark (beim Frosche sehr kurz), *m'* abgehende Wurzeln der Rückenmarksnerven, *t* Endfaden des Rückenmarks. Nach *Gegenbaur*.

klein, und ebenso tritt auch das Nachhirn sehr zurück. Die Vierhügel werden vom Großhirn und ebenso das Nackenmark vom Kleinhirn größtenteils bedeckt. Aber auch unter den höheren Wirbeltieren selbst finden sich wieder zahlreiche Abstufungen in der Hirnbildung. Von den Amphibien an aufwärts entwickelt sich das Gehirn und mithin auch das Seelenleben in zwei verschiedenen Richtungen;

die eine von diesen wird durch die Reptilien und Vögel, die andere durch die Säugetiere verfolgt. Für diese letzteren ist namentlich die ganz eigentümliche Entwickelung des ersten Abschnittes, des Vorderhirns, charakteristisch. Nur bei den Säugetieren entwickelt sich nämlich dieses „große Gehirn" in einem solchen Maße, daß dasselbe nachher alle übrigen Gehirnteile von oben her bedeckt (Fig. 351, 362—365).

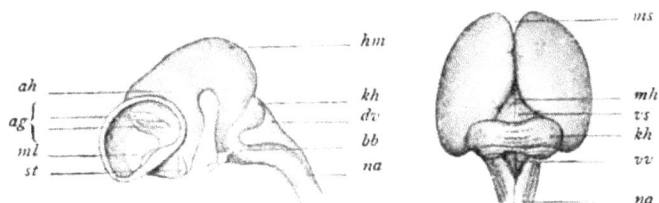

Fig. 362.   Fig. 363.

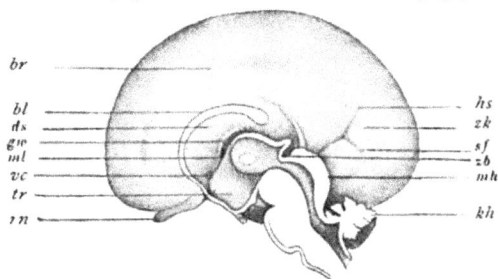

Fig. 364.

Fig. 362. **Gehirn eines Rinderkeims** von 5 cm Länge. Nach *Mihalkovics*, dreimal vergrößert. Ansicht von der linken Seite; die Seitenwand der linken großen Hemisphäre ist entfernt. *st* Streifenhügel, *ml* Monro-Loch, *ag* Adergeflecht, *ah* Ammonshorn, *mh* Mittelhirn, *kh* Kleinhirn, *dv* Decke des vierten Ventrikels, *bb* Brückenbeuge, *na* Nackenmark.

Fig. 363. **Gehirn eines Menschenkeims** von 12 Wochen, nach *Mihalkovics*, in natürlicher Größe. Ansicht von hinten und oben. *ms* Mantelspalte, *mh* Vierhügel (Mittelhirn), *vs* vorderes Marksegel, *kh* Kleinhirn, *vv* vierter Ventrikel, *na* Nackenmark.

Fig. 364. **Gehirn eines Menschenkeims** von 24 Wochen, in der Medianebene halbiert; Ansicht der rechten Seitenhälfte von innen. Nach *Mihalkovics*, in natürlicher Größe. *rn* Riechnerv, *tr* Trichter des Zwischenhirns, *vc* vordere Kommissur, *ml* Monro-Loch, *gw* Gewölbe, *ds* durchsichtige Scheidewand, *bl* Balken, *br* Balkenrandfurche, *hs* Hinterhauptspalte, *zk* Zwickel, *sf* Spornfurche, *zb* Zirbel, *mh* Vierhügel, *kh* Kleinhirn.

Auch die relative Lage der Hirnblasen bietet bemerkenswerte Verschiedenheiten dar. Bei den niederen Schädeltieren liegen die fünf Hirnblasen ursprünglich fast in einer Ebene hintereinander. Wenn wir das Gehirn in der Seitenansicht betrachten, können wir

alle fünf Blasen mit einer geraden Linie schneiden. Aber bei den
drei höheren Wirbeltierklassen, den A m n i o t e n, tritt zugleich mit
der Kopf- und Nackenkrümmung des ganzen Körpers auch eine
beträchtliche Krümmung der Gehirnanlage ein, und zwar in der
Weise, daß die ganze obere Rückenfläche des Gehirns viel stärker
wächst als die untere Bauchfläche. Infolgedessen entsteht eine
solche Krümmung, daß später die Lage der Teile folgende ist.
Das Vorderhirn liegt ganz vorn unten, das Zwischenhirn etwas
höher darüber, und das Mittelhirn liegt am höchsten von allen und
springt am meisten hervor; das Hinterhirn liegt wieder tiefer und
das Nachhirn hinten noch tiefer unten. So verhält es sich nur bei
den drei Amniotenklassen, den Reptilien, Vögeln und Säugetieren.
(Vergl. Taf. I und XXIV, sowie Taf. VIII—XIII, S. 376.)

Während so in den allgemeinen Wachstums-Verhältnissen des
Gehirns die Säugetiere noch vielfach mit den Vögeln und Reptilien
übereinstimmen, bilden sich doch bald auffallende Differenzen
zwischen beiden aus. Bei den Sauropsiden (den Vögeln und
Reptilien, Taf. VIII—X) entwickelt sich ziemlich stark das Mittelhirn (m) und der mittlere Teil des Hinterhirns. Bei den Säugetieren hingegen (Taf. XI—XIII) bleiben diese Teile zurück, und
dafür beginnt hier das Vorderhirn so stark zu wachsen, daß es
sich von vorn und oben her über die anderen Blasen herüberlegt.
Indem dasselbe immer weiter nach hinten wächst, bedeckt es
endlich das ganze übrige Gehirn von oben her und schließt die
mittleren Teile desselben auch von den Seiten her zwischen sich
ein (Fig. 362—364). Dieser Vorgang ist deshalb von der größten
Bedeutung, weil gerade dieses Vorderhirn das Organ der höheren
Seelentätigkeiten ist, weil gerade hier diejenigen Funktionen der
Nervenzellen sich vollziehen, deren Summe man gewöhnlich als
S e e l e oder auch als „G e i s t" im engeren Sinne bezeichnet. Die
höchsten Leistungen des Tierleibes: die wunderbaren Aeußerungen
des Bewußtseins, die verwickelten molekularen Bewegungserscheinungen des Denkens, haben im Vorderhirn ihren Sitz. Man
kann einem Säugetier, ohne es zu töten, die großen Hemisphären
Stück für Stück wegnehmen, und man überzeugt sich, wie dadurch
die höheren Geistestätigkeiten: Bewußtsein und Denken, bewußtes
Wollen und Empfinden, Stück für Stück zerstört und endlich ganz
vernichtet werden. Wenn man das Tier dabei künstlich ernährt,
kann man es noch lange Zeit am Leben erhalten, da durch jene
Zerstörung der wichtigsten Seelenorgane die Ernährung des ganzen
Körpers, die Verdauung, Atmung, Blutzirkulation, Harnabscheidung,

kurz die vegetativen Funktionen keineswegs vernichtet werden.
Nur die bewußte Empfindung und die willkürliche Bewegung, die
Denktätigkeit und die Kombination verschiedener höherer Seelen-
tätigkeiten ist abhanden gekommen.

Nun erreicht aber das Vorderhirn, das die Quelle aller dieser
wunderbarsten Nerventätigkeiten ist, nur bei den höheren Placentaltieren jenen hohen Grad der Ausbildung, und daraus erklärt sich
ganz einfach, warum die höheren Säugetiere in intellektueller Beziehung so weit die niederen überflügeln. Während die „Seele"
der meisten niederen Zottentiere sich nicht viel über diejenige
der Reptilien erhebt, finden wir unter den höheren Placentalien
eine ununterbrochene Stufenleiter der geistigen Fortbildung bis zu
den Affen und Menschen hinauf. Dementsprechend zeigt uns auch

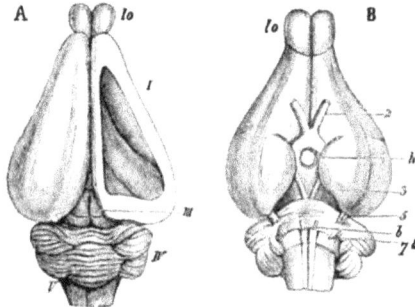

Fig. 365. **Gehirn des Kaninchens.** *A* von der Rückenseite, *B* von der Bauch-seite. *lo* Riechlappen, *I* Vorderhirn, *h* Hypophysis an der Basis des Zwischenhirns, *III* Mittelhirn, *IV* Hinterhirn, *V* Nachhirn, *2* Sehnerv, *3* Augenbewegungsnerv, *5—8* der fünfte bis achte Hirnnerv. Bei *A* ist das Dach der rechten großen Halbkugel (*I*) entfernt, so daß man in der Seitenhöhle derselben den Streifenhügel erblickt. Nach *Gegenbaur.*

ihr Vorderhirn erstaunliche Verschiedenheiten in dem Grade der
Ausbildung. Dieser Satz gilt nicht nur von der qualitativen,
sondern auch von der quantitativen Entwickelung der Seelen-
substanz. Die Masse und das Gewicht des Gehirns bei den
modernen Säugetieren der Gegenwart ist viel größer und die
Differenzierung seiner einzelnen Teile viel bedeutender, als bei
ihren ausgestorbenen Vorfahren in der Tertiärzeit. Das läßt sich
sogar paläontologisch in einer und derselben Ordnung nachweisen.
Die Gehirne der lebenden Huftiere sind (im Verhältnis zur Körpergröße) 4—6mal (in den höchsten Gruppen selbst 8mal) so groß
als diejenigen ihrer älteren tertiären Ahnen, deren wohlerhaltene
Schädel Umfang und Gewicht des davon umschlossenen Gehirns
genau zu bestimmen gestatten.

Bei den niederen Säugetieren ist die Oberfläche der großen
Hemisphären (des wichtigsten Teiles!) ganz glatt und eben, so
z. B. beim Kaninchen (Fig. 365, 366). Auch bleibt das Vorderhirn

so klein, daß es nicht einmal das Mittelhirn von oben her bedeckt. Eine Stufe höher wird zwar dieses letztere von dem
überwuchernden Vorderhirn ganz zugedeckt; aber das Hinterhirn
bleibt noch frei und unbedeckt. Endlich legt sich das erstere
auch über das letztere hinüber, bei den Affen und beim Menschen.
Eine gleiche allmähliche Stufenleiter können wir auch in der
Entwickelung der eigentümlichen Furchen und Wülste verfolgen,
welche an der Oberfläche des großen Gehirns der höheren Säugetiere so charakteristisch hervortreten (Fig. 350, 351). Wenn man
bezüglich dieser Windungen und Furchen die Gehirne der verschiedenen Säugetiergruppen vergleicht, so findet man, daß ihre
stufenweise Ausbildung vollkommen gleichen Schritt hält mit der
Entwickelung der höheren Seelentätigkeiten. (Taf. XXII, XXIII.)

In neuester Zeit hat man diesem speziellen Zweige der
Gehirnanatomie große Aufmerksamkeit gewidmet und sogar innerhalb des Menschengeschlechts höchst auffallende individuelle
Unterschiede nachgewiesen. Bei allen menschlichen Individuen,
welche sich durch besondere Begabung und hohen Verstand auszeichnen, zeigen diese Wülste und Furchen an der Oberfläche der
großen Hemisphären eine viel bedeutendere Entwickelung als bei
dem gewöhnlichen Durchschnittsmenschen; und bei diesem wieder
eine höhere Ausbildung als bei Kretinen und anderen, ungewöhnlich geistesarmen Individuen. Auch im inneren Bau des Vorderhirns zeigen sich unter den Säugetieren gleiche Abstufungen.
Namentlich ist der große Balken, die Querbrücke zwischen den
beiden großen Halbkugeln, nur bei den Placentaltieren entwickelt.
Andere Einrichtungen, z. B. in dem Bau der Seitenhöhlen, welche
dem Menschen als solchem zunächst eigentümlich erscheinen,
finden sich nur bei den höheren Affenarten wieder. Man hat eine
Zeit lang geglaubt, daß der Mensch ganz besondere Organe in
seinem großen Gehirn besitze, welche allen übrigen Tieren fehlen.
Allein die genaueste Vergleichung hat nachgewiesen, daß dies
nicht der Fall ist, daß vielmehr die charakteristischen Eigenschaften
des Menschengehirns bereits bei den niederen Affen angelegt und
bei den höheren Affen mehr oder weniger entwickelt sind. *Huxley*
hat in seinen wichtigen, mehrfach angeführten „Zeugnissen für die
Stellung des Menschen in der Natur" (1863) überzeugend nachgewiesen, daß innerhalb der Affenreihe die Unterschiede in der
Bildung des Gehirns eine größere Kluft zwischen den niederen
und höheren Affen, als zwischen den höheren Affen und dem
Menschen bedingen.

Höchst lehrreich und für die wichtigsten Fragen der Psychologie maßgebend ist auch weiterhin die vergleichende Morphologie und Physiologie des Gehirns der höheren und niederen
Säugetiere. Das zeigt schon die kritische Vergleichung der zwölf
Säugetiergehirne, welche ich hier zusammengestellt habe: auf
Taf. XXII von niederen Affen und anderen Placentaltieren, auf
Taf. XXIII von Menschenaffen und Menschen. Die zwölf Figuren
stellen das Gehirn von oben gesehen dar, auf gleiche Größe reduziert; man sieht die mannigfaltigen gewundenen Wülste (*Gyri*) und
die dazwischen liegenden Furchen (*Sulci*), welche die Großhirn-
rinde dieser höheren Säugetiere in so auffallender Weise auszeichnen. Gerade diese graue Rinde (oder der „Hirnmantel") ist
aber das bedeutungsvolle „Seelenorgan" im engsten Sinne, das
Werkzeug aller höheren Geistestätigkeit; mit seiner Zerstörung
verschwindet auch die letztere vollständig.

Wie das Zentralmark des Menschen (Gehirn und Rückenmark)
sich aus dem Medullarrohr genau ebenso wie bei allen anderen
Säugetieren entwickelt, so gilt dasselbe auch für das Leitungsmark oder für das sogenannte „peripherische Nervensystem". Dasselbe besteht aus den sensiblen Nervenfasern,
welche in zentripetaler Richtung die Empfindungseindrücke von
der Haut und von den Sinnesorganen zum Zentralmark leiten;
und aus den motorischen Nervenfasern, welche umgekehrt in
zentrifugaler Richtung die Willensbewegungen vom Zentralmark
zu den Muskeln hinleiten. Alle diese peripheren Nervenfasern
wachsen aus dem Medullarrohre hervor (Fig. 366) und sind gleich
diesem Produkte des Hautsinnesblattes. Die Spinalknoten
(Fig. 367 *spg.* S. 726) sprossen aus einer dorsalen Nervenleiste des
Markrohrs hervor, welche von dessen oberer Verschlußstelle
zwischen ihm und dem Hornblatt nach abwärts wächst und sich in
der Mitte jedes Ursegmentes zu einem *Ganglion spinale* verdickt.
Die Eingeweideknoten des sympathischen Grenzstranges
sind nur abgeschnürte Teile jener Spinalknoten. Während somit
der ganze Nervenapparat ektodermalen Ursprunges ist, entstehen
dagegen seine bindegewebigen Hüllen aus dem Hautfaserblatt, so
insbesondere die Markhüllen (*Meninges*). Das klare Verständnis
der Ontogenese der peripheren Nerven und ihres ursprünglichen
Zusammenhanges mit dem Zentralmark einerseits, mit den Sinnesorganen und Muskeln anderseits ergibt sich durch die kausale
Beziehung derselben zu ihrer Phylogenese, mit Hülfe des
Biogenetischen Grundgesetzes.

Die vollständige Uebereinstimmung, welche in der Struktur und Entwickelung der Seelenorgane zwischen dem Menschen und den höchsten Säugetieren besteht, und welche sich nur durch die gemeinsame Abstammung derselben erklärt, ist von grundlegender Bedeutung für die monistische Psychologie. Diese tritt erst dann in ihr volles Licht, wenn man jene morphologischen Tatsachen mit den entsprechenden physiologischen Erscheinungen zusammenstellt, wenn man bedenkt, daß jede Seelentätigkeit zu ihrer vollen und normalen Ausübung den vollen und normalen Bestand der entsprechenden Gehirnstruktur erfordert. Die höchst verwickelten molekularen Bewegungs-Erscheinungen im Innern der Nervenzellen, die wir in dem einen Worte „Seelenleben" zusammenfassen, können ohne ihre Organe beim Wirbeltiere, und also auch beim Menschen, ebensowenig existieren, als der Blutkreislauf ohne Herz und Blut. Da aber das Zentralmark des Menschen sich aus demselben Markrohr wie das der übrigen Wirbeltiere entwickelt, und da der Mensch die eigentümliche Bildung seines Großhirns (— des Denkorgans! —) mit den Menschenaffen teilt, so hat auch sein Seelenleben denselben Ursprung.

Wenn man das hohe Gewicht dieser morphologischen und physiologischen Tatsachen gebührend erwägt, wenn man die ontogenetischen Beobachtungen richtig phylogenetisch deutet, so muß man sich überzeugen, daß die altehrwürdigen Vorstellungen von der persönlichen Unsterblichkeit der menschlichen Seele wissenschaftlich unhaltbar sind. Mit dem Tode erlischt beim Menschen, wie bei allen anderen Wirbeltieren, die physiologische Funktion der *cerebralen Neuronen,* der unzähligen mikroskopischen Ganglienzellen, deren gesamte Arbeitsleistung wir mit dem einen Worte „Seele" bezeichnen. Jener uralte und noch heute weitverbreitete Aberglaube, „die unzerstörbare Citadelle aller mystischen und dualistischen Vorstellungskreise", wird durch die Tatsachen der Anthropogenie endgültig widerlegt. Dasselbe gilt von den kritiklosen Irrlehren des *Spiritismus,* die sich auf jenen *Athanismus* gründen. Den eingehenden Beweis dafür enthält das XI. Kapitel meiner „Welträtsel".

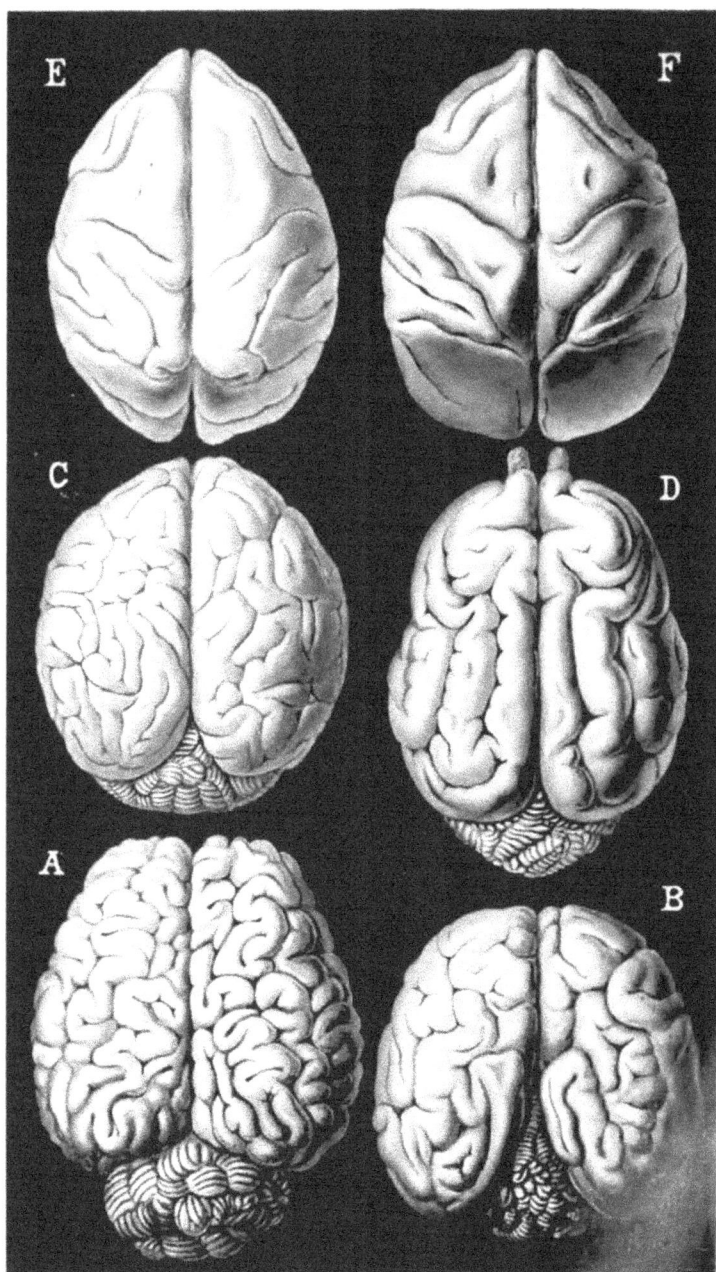

A Giraffe B Phoca C Delphin
D Löwe E Semnopithecus F Cercopithecus

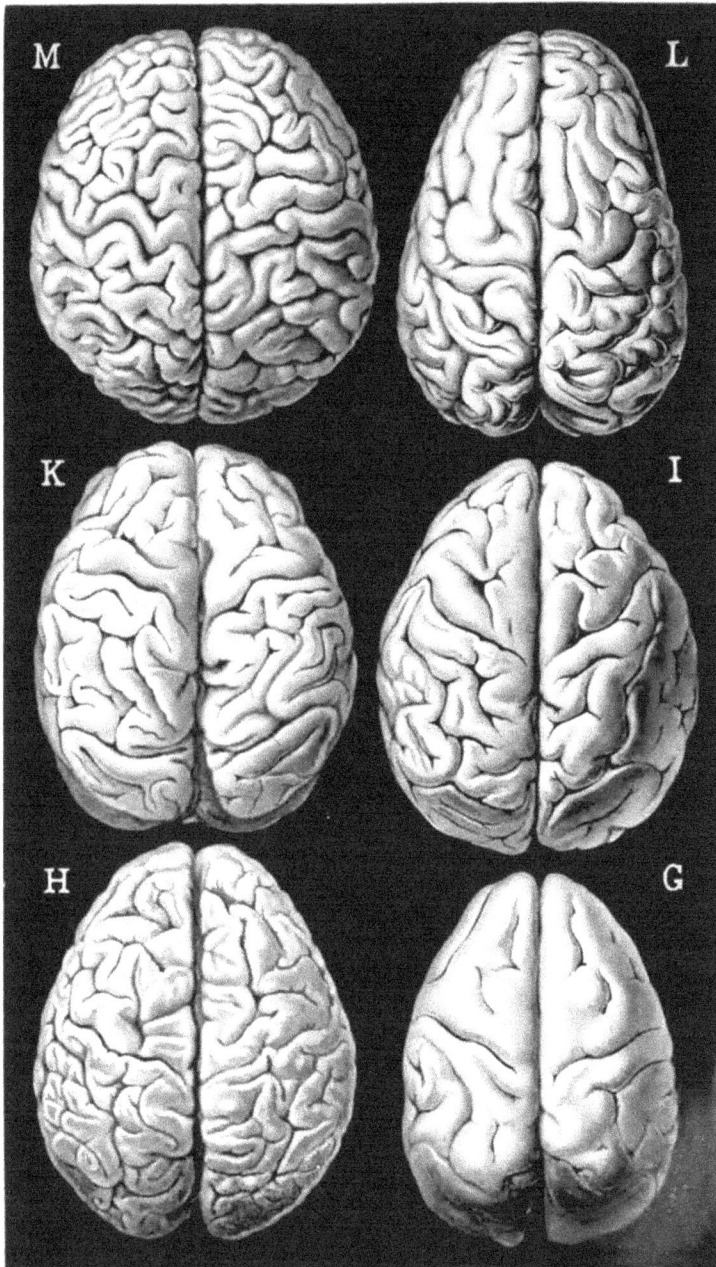

G Gibbon   H Schimpanse   I Orang
K Gorilla   L Buschmann   M Germane

Lungen-Magennerv
X. *Vagus*

Anlage des Gehörorgans
(Labyrinthbläschen)

Anschlußnerv
XI. *Accessorius*

Unterzungennerv
XII. *Hypoglossus*

Rollmuskelnerv
IV. *Trochlearis*

Erster
Rücken-
marksnerv

Augen-
muskelnerv
III. *Oculo-
motorius*

Ansatz-
stelle des
Armes
(Vorder-
beins)

Dreiästiger Nerv
V. *Trigeminus*

Achter
Rücken-
marksnerv

abelstrang (Bauchstiel)
darunter der zurück-
;ekrümmte Schwanz]

Ansatzstelle des
Hinterbeins

Zwanzigster Rückenmarksnerv

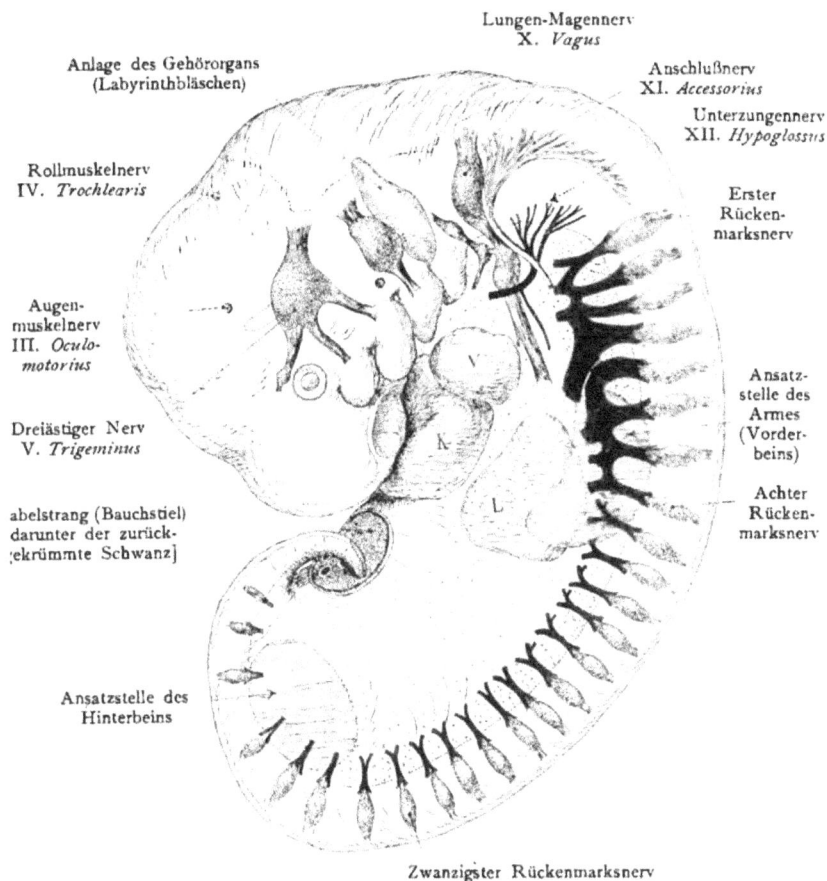

Fig. 366. **Menschlicher Embryo aus der vierten Woche** (26 Tage alt),
6 mm lang, 20mal vergrößert, nach *Moll*. Die Anlagen der Gehirnnerven und die
Wurzeln der Rückenmarksnerven sind besonders hervorgehoben. Unterhalb der vier
Kiemenbogen (der linken Seite) sieht man das Herz (mit Vorkammer, *V*, und Hauptkammer, *K*), darunter die Leber (*L*). Zwischen dem Labyrinthbläschen und dem
großen Halbmondknoten (*Ganglion semilunare*) des mächtigen dreiästigen Hirnnerven
(*Trigeminus*, V) ist die Wurzel des Gehörnerven (*Acusticus*, VIII) sichtbar, verbunden
mit dem motorischen Antlitznerven (*Facialis*, VIII); beide zusammen bildeten ursprünglich den Nerven des Zungenbeinbogens (*N. acustico-facialis*). Zwischen dem Labyrinthbläschen und dem großen Lungen-Magennerven (*Vagus*, X) liegt der Geschmacksnerv
oder Zungen-Schlundkopfnerv (*Glossopharyngeus*, IX).

Vierzigste Tabelle.

Uebersicht über die Bildung der Hautdecke und des Nervensystems.

XL A: Uebersicht über die Entwickelung der Hautdecke.

Hautdecke (Derma oder Integumentum).	**I. Oberhaut** (*Epidermis*) Produkt des Hautsinnesblattes	I A. Hornschicht der Oberhaut (*Stratum corneum*)	Haare Nägel Schweißdrüsen
		I B. Schleimschicht der Oberhaut (*Stratum mucosum*)	Tränendrüsen Talgdrüsen Milchdrüsen
	II. Lederhaut (*Corium*) Produkt des Hautfaserblattes	II A. Faserschicht der Lederhaut (*Cutis*)	Bindegewebe Fettgewebe Glatte Muskeln
		II B. Fettschicht der Lederhaut (*Subcutis*)	Blutgefäße und Lymphgefäße der Lederhaut

XL B: Uebersicht über die Entwickelung des Nervensystems.

B a. Zentralmark oder zentrales Nervensystem. **Medulla centralis.** Produkt des Hautsinnesblattes. (Ektoderm.)	**I. Vorderhirn** *Telencephalon*	Große Halbkugeln Riechlappen Seitenhöhlen Streifenhügel Balken	*Hemisphaerae cerebri* *Lobi olfactorii* *Ventriculi laterales* *Corpora striata* *Corpus callosum*
	II. Zwischenhirn *Diencephalon*	Sehhügel Dritte Hirnhöhle Zirbel Trichter	*Thalami optici* *Ventriculus tertius* *Conarium (Epiphysis)* *Infundibulum*
	III. Mittelhirn *Mesencephalon*	Vierhügel Hirnwasserleitung Hirnstiele	*Corpus bigeminum* *Aquaeductus Sylvii* *Pedunculi cerebri*
	IV. Hinterhirn *Pontencephalon*	Kleine Halbkugeln Hirnwurm Hirnbrücke	*Hemisphaerae cerebelli* *Vermis cerebelli* *Pons Varolii*
	V. Nachhirn *Derencephalon*	Pyramiden Oliven Strangkörper Vierte Hirnhöhle	*Corpora pyramidalia* *Corpora olivaria* *Corpora restiformia* *Ventriculus quartus*
	VI. Rückenmark	*Notomyelon*	*Medulla spinalis*
B b. Markhüllen (Meninges). Produkte des Mesoderms.	Umhüllende Häute mit den Blutgefäßen des Zentralmarks	1. Weiche Markhaut 2. Mittlere Markhaut 3. Harte Markhaut (Produkte des Hautfaserblattes)	*Pia mater* *Arachnoidea* *Dura mater*
B c. Leitungsmark oder peripheres Nervensystem Produkt des Ektoderms.		1. Gehirnnerven 2. Rückenmarksnerven 3. Eingeweidenerven	*Nervi cerebrales* *Nervi spinales* *Nervi sympathici*

Einundvierzigste Tabelle.

Uebersicht über die phylogenetischen Hauptstücke des menschlichen Nervensystems und ihre Bestandteile.

Die drei phylogenetischen Hauptstücke des Zentralmarks.	Die fünf Hirnblasen. -- Die Produkte des Rückenmarks.	Hauptgruppen der Nerven.	Peripherische Nervenbahnen.
Erstes Hauptstück: **Urhirn, Archencephalon.**	I. Vorderhirn. **Telencephalon** (mit Seitenventrikeln).	Ursprünglich nur Riechhirn, *Rhinencephalon*, (später Hirnmantel, *Pallium*).	1. *Olfactorius* (*Lobus*), Riechnerv.
— Zentralorgan für den dorsalen Kopfteil: die Sinnesregion (Nase und Auge). (Cerebraler Bildungstypus.)	II. Zwischenhirn. **Diencephalon** (mit drittem Ventrikel).	Ein paar Augenblasen (ventral). Ein unpaares Scheitelauge (dorsal), rudimentär.	2a. *Opticus*, Paariger Sehnerv. (Ventral.) 2b. *Epiphysis*. Zirbel. Unpaarer Sehnerv. (Dorsal.)
	III. Mittelhirn. **Mesencephalon** (mit Sylvischer Wasserleitung).	Hirnstiele (ventral). Vierhügel (dorsal).	—
Zweites Hauptstück: **Nachhirn, Rhombencephalon.** —	IV. Hinterhirn. **Pontencephalon.** Brückenhirn = Kleinhirn. *Cerebellum.* (Dorsal.)	Präotische oder Trigeminusgruppe. Dritter bis achter Gehirnnerv.	3. Oculomotorius. 4. Trochlearis. 5. Trigeminus. 6. Abducens. 7. Facialis. 8. Acusticus.
Zentralorgan für den vertebralen Kopfteil: die Kiemenregion (Kiefer- und Kiemenbogen). (Spinaler Bildungstypus.)	V. Nachhirn. **Derencephalon.** Rautenhirn = Nackenmark. *Medulla oblongata*, (Ventral.)	Postotische oder Vagusgruppe. Neunter bis zwölfter Gehirnnerv.	9. Glossopharyngeus. 10. Vagus. 11. Accessorius. 12. Hypoglossus.
Drittes Hauptstück: **Rückenmark, Notomyelon.**	VI. Rumpf-Nervensystem. **Spinalium** (für Haut und Muskeln des Rumpfes).	A. Motorische Wurzeln (ventral). B. Sensible Wurzeln (dorsal).	Rückenmarksnerven (*Spinales*), ein Paar an jedem Rumpfsegment (jeder aus zwei Wurzeln entstanden).
(*Medulla spinalis.*) Zentralorgan für den Rumpf. (Spinaler Bildungstypus.)	VII. Eingeweide-Nervensystem. **Sympathicus** (für die Ernährungs- u. Geschlechtsorgane).	A. Paarige Kette von segmentalen Knoten, ausgehend von Spinalganglien. B. Unregelmäßige Geflechte von Eingeweidenerven.	A. Grenzstrang des *Sympathicus*. B. Plexus intestinales des *Sympathicus*.

46*

Zweiundvierzigste Tabelle.

Uebersicht über die wichtigsten Perioden in der Stammesgeschichte
der menschlichen Hautdecke.

I. Erste Periode: **Gastraeaden-Haut.**

Die gesamte Hautdecke (mit Inbegriff des davon noch nicht gesonderten Nervensystems) besteht aus einer einzigen einfachen Schicht
von flimmernden Zellen (**Ektoderm** oder primäres **Hautblatt**); wie
noch heutzutage bei der Gastrula des Amphioxus.

II. Zweite Periode: **Platoden-Haut.**

Die Hautdecke besteht aus zwei verschiedenen Schichten der
sekundären Keimblätter: **Hautsinnesblatt** (mit Anlage des Nervensystems) und **Hautfaserblatt** (Anlage der Lederhaut).

III. Dritte Periode: **Vermalien-Haut.**

Das Hautsinnesblatt hat sich in **Hornplatte** (Epidermis) und
Zentralmark gesondert. Das Hautfaserblatt hat sich in **Lederplatte** (Corium) und darunter gelegenen „**Hautmuskelschlauch**"
differenziert.

IV. Vierte Periode: **Acranier-Haut.**

Die Hornplatte bildet noch eine einzige Zellenschicht, eine einfache
Epidermis. Die Lederhaut ist eine dünne Cutisplatte (Parietalblatt der
Coelomtaschen), gesondert von der Muskelplatte, wie bei Amphioxus.

V. Fünfte Periode: **Cyclostomen-Haut.**

Die Oberhaut bildet ein mehrschichtiges, weiches, schleimiges Zellen-
lager, mit Sinneszellen und einzelligen Drüsen (Becherzellen). Die Lederhaut (Corium) sondert sich in Cutis und Subcutis.

VI. Sechste Periode: **Fisch-Haut.**

Die Oberhaut bleibt einfach. Die Lederhaut bildet plakoide Schuppen
oder Knochentäfelchen (Hautzähne), zuerst wie bei den Selachiern, später
wie bei den Ganoiden (Silurperiode).

VII. Siebente Periode: **Amphibien-Haut.**

Die Oberhaut sondert sich in äußere Hornschicht nnd innere
Schleimschicht. Die Zehenspitzen bedecken sich mit Hornscheiden
(erste Anlage der Krallen oder Nägel). (Steinkohlenperiode.)

VIII. Achte Periode: **Reptilien-Haut.**

Die Verhornung der Oberhaut schreitet fort (Hornschuppen), während
die Knochenschuppen der Lederhaut rückgebildet werden (Hatteria, Tocosaurier). (Permische Periode.)

IX. Neunte Periode: **Säugetier-Haut.**

Die Oberhaut bildet die nur den Säugetieren eigentümlichen Anhänge: Haare, Talgdrüsen, Schweißdrüsen und Milchdrüsen (Triaszeit).

X. Zehnte Periode: **Affen-Haut.**

Die Behaarung nimmt die besondere Form des Primatenkleides an;
die Krallen verwandeln sich in Nägel (Tertiärzeit).

Dreiundvierzigste Tabelle.

Uebersicht über die wichtigsten Perioden in der Stammesgeschichte
des menschlichen Nervensystems.

I. Erste Periode: **Gastraeaden-Mark.**

Das Nervensystem ist noch nicht von der Hautdecke gesondert
und wird mit dieser zusammen durch die einfache Zellenschicht des
Ektoderms oder äußeren Keimblattes dargestellt; wie noch
heutzutage bei der Gastrula des Amphioxus.

II. Zweite Periode: **Platoden-Mark.**

Das Nervensystem sondert sich von der Hautdecke ab, indem oberhalb des Schlundes eine Scheitelplatte (*Acroplatea*) von dem übrigen
Teile der Hornplatte sich differenziert, wie bei den Platodarien (den
niedersten modernen Platoden: Kryptocoelen), und bei den Gastrotrichen
(den niedersten Vermalien).

III. Dritte Periode: **Vermalien-Mark.**

Die Scheitelplatte löst sich von ihrer Ursprungsstätte, dem Ektoderm, ab und tritt in die darunter gelegene Cutisplatte, die oberste
Schicht des Mesoderms; sie bildet hier als Scheitelhirn (*Acroganglion*)
oder Schlundhirn einen einfachen oder paarigen, oberhalb des Schlundes
gelegenen Nervenknoten („Oberer Schlundknoten"); wie noch heute
bei den Platoden und den älteren Vermalien.

IV. Vierte Periode: **Enteropneusten-Mark.**

Das Scheitelhirn (*Acroganglion*) verlängert sich auf der Rückenseite
des zweiseitigen Wurmkörpers nach hinten und bildet in der Mittellinie
eine dorsale Medullarplatte. Diese epidermale Markplatte vertieft sich
in der dorsalen Mittellinie und wird zu einer longitudinalen Medullarrinne.

V. Fünfte Periode: **Prochordonier-Mark.**

Indem die beiden parallelen Seitenränder der dorsalen Medullarplatte in Gestalt von Markleisten sich erheben, dann gegeneinander
krümmen und oben miteinander verwachsen, entsteht oberhalb der
Chorda ein dorsales Markrohr (bei der hypothetischen Chordaea,
deren erbliche Wiederholung die embryonale *Chordula* ist).

VI. Sechste Periode: **Acranier-Mark.**

Das einfache Markrohr sondert sich in zwei Teile: ein Kopfmark
und ein Rückenmark. Das Kopfmark erscheint als eine birnförmige
einfache Anschwellung (Urhirn oder erste Anlage des Gehirns), am
vorderen Ende des langen cylindrischen Rückenmarks.

VII. Siebente Periode: **Cyclostomen-Mark.**

Die einfache blasenförmige Anlage des Gehirns zerfällt in drei, später
in vier oder fünf hintereinander liegende Hirnblasen von einfacher Struktur:
I. Großhirn, II. Zwischenhirn, III. Mittelhirn, IV. Kleinhirn, V. Nachhirn.

VIII. Achte Periode: **Fisch-Mark.**

Die fünf Hirnblasen differenzieren sich während der silurischen
Periode in ähnlicher Form, wie sie noch heute bei den Selachiern oder
Urfischen bleibend besteht; später geht sie in die Form des Ganoiden-
gehirns über (Crossopterygier).

IX. Neunte Periode: **Amphibien-Mark.**

Die Sonderung der fünf Hirnblasen schreitet während der devonischen Periode zu derjenigen Bildung fort, welche die Dipneusten zeigen, später zu derjenigen, welche noch heute den Charakter des Amphibienhirns bedingt.

X. Zehnte Periode: **Reptilien-Mark.**

Die Gehirnbildung der Amphibien (Stegocephalen) geht über in diejenige der ältesten Reptilien (Tocosaurier), und diese in diejenige der Sauromammalien. Ersteres geschah wahrscheinlich während der karbonischen Periode, letzteres während der permischen Periode.

XI. Elfte Periode: **Säugetier-Mark.**

Das Gehirn erlangt während des mesozoischen Zeitalters die charakteristischen Eigentümlichkeiten, welche die Säugetiere auszeichnen. Als untergeordnete Entwickelungsstufen können hier unterschieden werden: 1) Monotremengehirn, 2) Marsupialiengehirn, 3) Halbaffengehirn, 4) Affengehirn, 5) Menschenaffengehirn, 6) Affenmenschengehirn und 7) Menschengehirn.

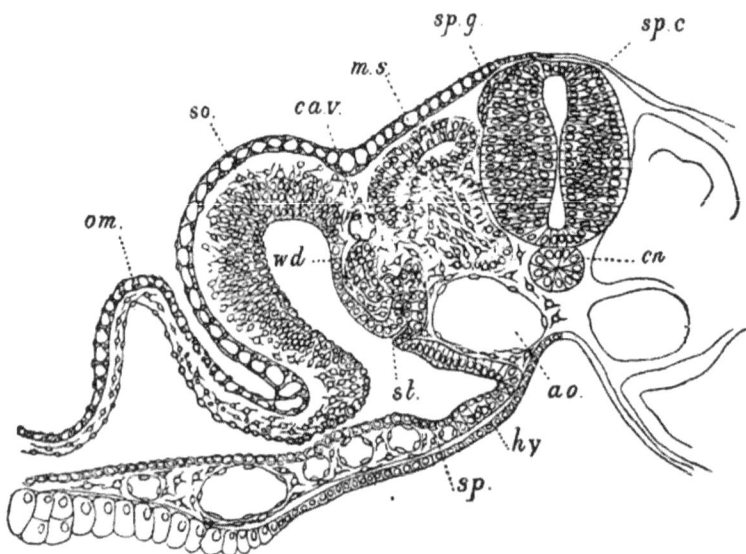

Fig. 367. **Querschnitt durch einen Entenkeim mit 24 Ursegmenten.**
Nach *Balfour*. Aus einer dorsalen Seitenleiste des Medullarrohres (*spc*) sprossen zwischen ihm und der Hornplatte die Spinalknoten hervor (*spg*). *ch* Chorda, *ao* paarige Aorta, *hy* Darmdrüsenblatt, *sp* Darmfaserblatt, mit Durchschnitten von Blutgefäßen, *ms* Muskelplatte, in der Dorsalwand des Myocoel (Episomit). Unter der Kardinalvene (*cav*) ist der Urnierengang (*wd*) und ein segmentaler Urnierenkanal (*st*) sichtbar. Das Hautfaserblatt der Leibeswand (*so*) setzt sich fort in die Amnionfalte (*om*). Zwischen den vier sekundären Keimblättern und den aus ihnen entstandenen Anlagen entwickelt sich embryonale Bindesubstanz mit sternförmigen Zellen und Gefäßanlagen ("Mesenchym" von *Hertwig*).

Fünfundzwanzigster Vortrag.

Bildungsgeschichte unserer Sinnesorgane.

„Eine systematische Physiologie ruht vorzüglich auf der Entwickelungsgeschichte und kann, wenn diese nicht vollendet ist, nimmermehr schnell vorrücken; denn sie gibt dem Philosophen den Stoff zur Aufführung eines festen Gebäudes des organischen Lebens. Man sollte daher in der Anatomie und Physiologie jetzt noch mehr, als es geschieht, in ihrem Sinne arbeiten: d. h. man sollte jedes Organ, jeden Stoff und auch jede Tätigkeit nur immer mit der Frage untersuchen: Wie sind sie entstanden?"

Emil Huschke (1832).

Mechanische Entwickelung der zweckmässig eingerichteten Sinnesorgane. Ihre stufenweise Sonderung aus dem Hautblatte. I. Organe des Drucksinnes, Wärmesinnes, und Geschlechtssinnes. II. Organe des Geschmacks und Geruchs. III. Organe des Raumsinnes, Hörens und Sehens.

Inhalt des fünfundzwanzigsten Vortrages.

Entstehung der höchst zweckmäßig eingerichteten Sinnesorgane ohne vorbedachten Zweck, bloß durch natürliche Züchtung. Die sechs Sinnesorgane und die acht Sinnesfunktionen. Ursprüngliche Entstehung aller Sinnesorgane aus der äußeren Hautdecke (aus dem Hautsinnesblatte). Organe des Drucksinnes, Wärmesinnes, Geschlechtssinnes und Geschmacksinnes. Bau des Geruchsorgans. Die blinden Nasengruben der Fische. Die Nasenfurchen verwandeln sich in Nasenkanäle. Trennung der Nasenhöhle und Mundhöhle durch das Gaumendach. Bau des Auges. Die primären Augenblasen (gestielte Ausstülpungen des Zwischenhirns). Einstülpung derselben durch die von der Hornplatte abgeschnürten Linsensäckchen. Einstülpung des Glaskörpers. Gefäßkapsel und Faserkapsel des Augapfels. Augenlider. Bau des Ohres. Schallempfindungs-Apparat: Labyrinth und Hörnerv. Entstehung des Labyrinthes aus dem primitiven Ohrbläschen (durch Abschnürung von der Hornplatte). Schallleitungsapparat: Trommelhöhle, Gehörknöchelchen und Trommelfell. Entstehung derselben aus der ersten Kiemenspalte und ihren Begrenzungsteilen. Rudimentäres äußeres Ohr. Die rudimentären Muskeln der menschlichen Ohrmuschel.

Literatur:

Johannes Müller, 1833. *Handbuch der Physiologie des Menschen. (4. Aufl. 1844.) V. Buch. Von den Sinnen. Koblenz.*

Hermann Helmholtz, 1862. *Physiologische Optik. Lehre von den Tonempfindungen.*

Ernst Haeckel, 1878. *Ursprung und Entwickelung der Sinneswerkzeuge. (Kosmos, Bd. III, S. 20; und „Gemeinverständl. wissensch. Vorträge", Bd. II.) Bonn.*

Oscar Hertwig und Richard Hertwig, 1878. *Das Nervensystem und die Sinnesorgane der Medusen. Leipzig.*

Gustav Schwalbe, 1887. *Lehrbuch der Anatomie der Sinnesorgane. Jena.*

John Lubbock, 1889. *Sinne, Instinkte und Intelligenz der Tiere. Leipzig.*

E. Jourdan, 1891. *Die Sinne und Sinnesorgane der niederen Tiere. Leipzig.*

G. Born, 1876—1883. *Die Nasenhöhlen und der Tränennasengang der Amphibien und Amnioten. (Morphol. Jahrb., Bd. II, V, VIII.) Leipzig.*

Carl Peter, 1901. *Die Entwickelung des Geruchsorgans der Wirbeltiere. (Bd. II von Oskar Hertwig, Handbuch der Entwickelungslehre.)*

A. Kölliker. 1883. *Zur Entwickelung des Auges und Geruchsorgans menschlicher Embryonen. Würzburg.*

Heinrich Müller, 1872. *Gesammelte Schriften zur Anatomie und Physiologie des Auges. I. Band. Leipzig.*

Wilhelm Müller, 1874. *Ueber die Stammesentwickelung des Sehorgans der Wirbeltiere. Jena.*

Justus Carrière, 1885. *Die Sehorgane der Tiere vergleichend-anatomisch dargestellt.*

August Froriep, 1905. *Die Entwickelung des Auges der Wirbeltiere. (Bd. II von Oskar Hertwig, Handbuch der Entwickelungslehre.)*

Emil Huschke, 1831, 1832. *Ueber die erste Bildungsgeschichte des Auges und Ohres beim bebrüteten Hühnchen. Jena.*

Carl Hasse, 1870—1873. *Anatomische Studien (größtenteils über das Gehörorgan).*

Gustav Retzius, 1881—1900. *Das Gehörorgan der Wirbeltiere. Jena.*

Rudolf Krause, *Entwickelungsgeschichte des Gehörorgans,* 1901. *(Bd. II von Oskar Hertwig, Handbuch der Entwickelungslehre.) Jena.*

Rudolph Burckhardt, 1902. *Die Einheit des Sinnesorgan-Systems bei den Wirbeltieren. Jena.*

XXV.

Zu den wichtigsten und interessantesten Teilen des menschlichen Körpers gehören unstreitig die Sinnesorgane (*Sensilla*);
diejenigen Teile, durch deren Tätigkeit wir allein Kunde von den
Objekten der uns umgebenden Außenwelt erlangen. „Nihil est in
intellectu, quod non prius fuerit in sensu." Sie sind die Urquellen
unseres Seelenlebens. Bei keinem anderen Teile des Tierkörpers
sind wir im stande, so außerordentlich verwickelte und feine anatomische Einrichtungen nachzuweisen, welche für einen bestimmten
physiologischen Zweck zusammenwirken; und bei keinem anderen
Körperteile scheinen diese wundervollen und höchst zweckmäßigen
Einrichtungen so unmittelbar zur Annahme eines vorbedachten
Schöpfungsplanes zu nötigen. Daher pflegt man denn auch
nach der hergebrachten teleologischen Anschauung hier ganz besonders die sogenannte „Weisheit des Schöpfers" und die zweckmäßige Einrichtung seiner „Geschöpfe" zu bewundern. Freilich
werden Sie bei reiflicherem Nachdenken finden, daß bei dieser
Vorstellung der Schöpfer im Grunde nur die Rolle eines genialen
Mechanikers oder eines geschickten Uhrmachers spielt; wie ja
überhaupt alle diese beliebten teleologischen Vorstellungen vom
Schöpfer und seiner Schöpfung im Grunde auf kindlichen Anthropo-
morphismen beruhen.

Allerdings müssen wir zugeben, daß auf den ersten Blick für
die Erklärung solcher höchst zweckmäßigen Einrichtungen jene
teleologische Deutung als die einfachste und zusagendste erscheint.
Wenn man bloß den Bau und die Funktionen der höchst entwickelten Sinnesorgane ins Auge faßt, so scheint für die Erklärung
ihrer Entstehung kaum etwas anderes übrig zu bleiben als die
Annahme eines übernatürlichen Schöpfungsaktes. Dennoch zeigt
uns gerade hier die Entwickelungsgeschichte auf das allerklarste,
daß jene übliche Vorstellung grundfalsch ist. An ihrer Hand

überzeugen wir uns, daß gleich allen anderen Organen auch die höchst zweckmäßig eingerichteten und bewunderungswürdig zusammengesetzten Sinnesorgane ohne vorbedachten Zweck entstanden sind; entwickelt durch denselben mechanischen Prozeß der natürlichen Zuchtwahl, durch dieselbe beständige Wechselwirkung von Anpassung und Vererbung, durch welche auch die übrigen zweckmäßigen Einrichtungen der tierischen Organisation „im Kampfe ums Dasein" langsam und stufenweise sich entwickelt haben.

Gleich den meisten anderen Wirbeltieren besitzt auch der Mensch sechs verschiedene Sinnesorgane, die zur Vermittlung von acht verschiedenen Sinnesempfindungen dienen. Die äußere Hautdecke dient der Empfindung des Druckes (Widerstandes) und der Empfindung der Temperatur (Wärme und Kälte). Dies ist das älteste, niederste und indifferenteste Sinnesorgan; es erscheint über die Oberfläche des ganzen Körpers verbreitet. Die übrigen Sinnestätigkeiten sind lokalisiert. Der Geschlechtssinn ist an die Hautdecke der äußeren Geschlechtsorgane gebunden, ebenso wie der Geschmackssinn an die Schleimhaut der Mundhöhle (Zunge und Gaumen) und der Geruchssinn an die Schleimhaut der Nasenhöhle. Für die beiden höchsten und am weitesten differenzierten Sinnesfunktionen bestehen besondere, höchst verwickelte, mechanische Einrichtungen, das Auge für den Gesichtssinn und das Ohr für den Gehörsinn und Raumsinn (Gleichgewichtssinn).

Die vergleichende Anatomie und Physiologie zeigt uns, daß bei den niederen Tieren differenzierte Sinnesorgane gänzlich fehlen und alle Sinnesempfindungen durch die äußere Oberfläche der Hautdecke vermittelt werden. Das indifferente Hautblatt oder Ektoderm der Gastraea ist die einfache Zellenschicht, aus der sich die differenzierten Sinnesorgane sämtlicher Metazoen, und also auch der Wirbeltiere, ursprünglich entwickelt haben. Ausgehend von der Erwägung, daß notwendig nur die oberflächlichsten, mit der Außenwelt in unmittelbarer Berührung befindlichen Körperteile die Entstehung der Sinnesempfindungen vermitteln konnten, werden wir schon von vornherein vermuten dürfen, daß auch die Sinnesorgane eben dorther ihren Ursprung genommen haben. Das ist auch in der Tat der Fall. Der wichtigste Teil aller Sinnesorgane entsteht aus dem äußersten Keimblatte, aus dem Hautsinnesblatte, teils unmittelbar aus der Hornplatte, teils aus dem Gehirn, dem vordersten Teile des

Medullarrohrs, nachdem sich dasselbe von der Hornplatte abgeschnürt hat. Wenn wir die individuelle Entwickelung der verschiedenen Sinnesorgane vergleichen, so sehen wir, daß sie alle zuerst in der denkbar einfachsten Gestalt auftreten; erst ganz allmählich bilden sich Schritt für Schritt die wundervollen Vervollkommnungen, durch welche schließlich die höheren Sinnesorgane zu den merkwürdigsten und kompliziertesten Einrichtungen des Organismus sich gestalten. In der phylogenetischen Erklärung derselben feiert die vergleichende Anatomie und Ontogenie ihre höchsten Triumphe. Ursprünglich aber sind alle Sinnesorgane weiter nichts, als T e i l e d e r ä u ß e r e n H a u t d e c k e , i n w e l c h e n E m p f i n d u n g s n e r v e n s i c h a u s b r e i t e n . Diese Nerven selbst waren ursprünglich von gleicher, indifferenter Natur. Erst allmählich haben sich durch Arbeitsteilung die verschiedenen Leistungen oder „spezifischen Energien" der differenzierten Sinnesnerven entwickelt. Zugleich haben sich die einfachen Endausbreitungen derselben in der Hautdecke zu höchst zusammengesetzten Organen ausgebildet.

Welche außerordentliche Tragweite diese historischen Tatsachen für die richtige Beurteilung des Seelenlebens besitzen, werden Sie leicht einsehen. Die ganze P h i l o s o p h i e der Zukunft wird eine andere Gestalt gewinnen, sobald die Psychologie sich mit diesen genetischen Erscheinungen bekannt gemacht und dieselben zur Basis ihrer Spekulationen erhoben haben wird. Wenn man unbefangen die Lehrbücher der P s y c h o l o g i e prüft, welche von den namhaftesten spekulativen Philosophen verfaßt sind, und welche heute noch in allgemeiner Geltung stehen, so muß man über die Naivetät erstaunen, mit welcher deren Verfasser ihre luftigen metaphysischen Spekulationen vortragen, unbekümmert um alle die bedeutungsvollen ontogenetischen Tatsachen, durch welche dieselben auf das klarste widerlegt werden. Und doch liefert hier die Entwickelungsgeschichte, im Verein mit der mächtig vorgeschrittenen vergleichenden Anatomie und Physiologie der Sinnesorgane, der natürlichen Seelenlehre die einzige sichere empirische Grundlage!

Mit Bezug auf die Endausbreitungen der Sinnesnerven können wir die menschlichen Sinnesorgane in drei Gruppen bringen, welche drei verschiedenen Entwickelungsstufen entsprechen. Die erste Gruppe umfaßt diejenigen Sinnesorgane, deren Nerven sich ganz einfach in der freien Oberfläche der Hautdecke selbst ausbreiten (Organe des Drucksinnes, Wärmesinnes und Geschlechtssinnes).

Bei der zweiten Gruppe breiten die Nerven sich auf der Schleimhaut von Höhlen aus, welche ursprünglich Gruben oder Ein-
stülpungen der Hautdecke sind (Organe des Geschmackssinnes und
Geruchssinnes). Die dritte Gruppe endlich bilden diejenigen, höchst
entwickelten Sinnesorgane, deren Nerven sich auf einer inneren,
von der Hautdecke abgeschnürten Blase ausbreiten (Organe des
Gesichtssinnes, Gehörsinnes und Raumsinnes). Dieses bemerkenswerte genetische Verhältnis wird durch folgende Zusammenstellung
übersichtlich werden.

Drei Gruppen der Sensillen	Differente Sinnesorgane	Besondere Sinnesnerven	Sinnesfunktionen
A. Sinnesorgane, deren Nervenendausbreitung in der Oberfläche der äußeren Hautdecke erfolgt.	I. Hautdecke, (Oberhaut und Lederhaut)	I. Hautnerven (*Nervi cutanei*)	1. Drucksinn 2. Wärmesinn
	II. Aeußere Geschlechtsteile (Penis und Clitoris)	II. Geschlechtsnerven (*Nervi pudendi*)	3. Geschlechtssinn
B. Sinnesorgane, deren Nervenendausbreitung in eingestülpten Gruben der äußeren Hautdecke erfolgt.	III. Schleimhaut der Mundhöhle (Zunge und Gaumen)	III. Geschmacksnerv (*Nervus glossopharyngeus*)	4. Geschmackssinn
	IV. Schleimhaut der Nasenhöhle	IV. Geruchsnerv (*N. olfactorius*)	5. Geruchssinn
C. Sinnesorgane, deren Nervenendausbreitung auf Blasen erfolgt, die von der äußeren Hautdecke abgeschnürt sind.	V. Auge	V. Sehnerv (*N. opticus*)	6. Gesichtssinn
	VI. Ohr	VI. Gehörnerv (*N. acusticus*)	7. Gehörsinn 8. Raumsinn

Von der Entwickelungsgeschichte der niederen Sinnesorgane
ist nur sehr wenig zu sagen. Diejenige der Hautdecke, welche
das Organ des Drucksinnes (Tastsinnes) und des Wärmesinnes ist, kennen Sie bereits (S. 693). Ich hätte höchstens noch
nachzutragen, daß sich in der Lederhaut des Menschen, wie aller
höheren Wirbeltiere, zahllose mikroskopische Sinnesorgane entwickeln, deren nähere Beziehung zu den Empfindungen des Druckes
oder Widerstandes, der Wärme und Kälte aber noch nicht er-
mittelt ist. Solche Organe, in oder auf denen sensible Hautnerven
endigen, sind die sogenannten „Tastkörperchen" und die
„Kolbenkörperchen" (oder *Vater-Pacini*schen Körperchen).

Aehnliche Körperchen finden wir auch in den sogenannten
„Wollustorganen" oder den Organen des Geschlechtssinnes,
in dem Penis des Mannes und der Clitoris des Weibes; Fortsätzen
der Hautdecke, deren Entwickelung wir später (im Zusammenhang
mit derjenigen der übrigen Geschlechtsorgane) betrachten werden
(XXIX. Vortrag). Die Entwickelung des Geschmacksorganes,
der Zunge und des Gaumens, werden wir ebenfalls später in Betracht ziehen, zusammen mit derjenigen des Darmkanals, zu welchem
diese Teile gehören (XXVII. Vortrag). Nur das will ich hier
schon ausdrücklich hervorheben, daß auch die Schleimhaut der
Zunge und des Gaumens, in welcher der Geschmacksnerv endigt,
ihrem Ursprunge nach ein Teil der äußeren Hautdecke ist. Denn
wie Sie bereits wissen, entsteht ja die ganze Mundhöhle nicht als
ein Teil des eigentlichen Darmrohrs, sondern als eine grubenförmige Einstülpung der äußeren Haut (S. 337). Ihre Schleimhaut
wird daher nicht vom Darmblatte, sondern vom Hautblatte gebildet, und die Geschmackszellen an der Oberfläche der Zunge
und des Gaumens sind nicht Abkömmlinge des Darmdrüsenblattes,
sondern des Hautsinnesblattes.

Dasselbe gilt von der Schleimhaut des Geruchsorganes,
der Nase. Doch ist die Entwickelungsgeschichte dieses Sinnes-
organes von weit höherem Interesse. Obgleich unsere Nase bei
äußerer Betrachtung einfach und unpaar erscheint, so besteht sie
doch beim Menschen, wie bei allen anderen Kiefermäulern, aus
zwei völlig getrennten Hälften, aus einer rechten und einer linken
Nasenhöhle. Beide Höhlen sind durch eine senkrechte Nasenscheidewand vollständig voneinander geschieden, so daß wir durch
das rechte äußere Nasenloch nur in die rechte und durch das linke
Nasenloch nur in die linke Nasenhöhle gelangen können. Hinten
münden beide Nasenhöhlen getrennt durch die beiden hinteren
Nasenöffnungen oder die sogenannten „Choanen" in den Schlundkopf ein, so daß man direkt durch die Nasengänge in den Schlund
gelangen kann, ohne die Mundhöhle zu berühren (Fig. 422, S. 805).
Das ist der gewöhnliche Weg der geatmeten Luft, die bei geschlossenem Munde durch die Nasengänge in den Schlund und von
da durch die Luftröhre in die Lungen dringt. Von der Mundhöhle
sind beide Nasenhöhlen durch das horizontale knöcherne Gaumendach getrennt, an welches sich hinten (wie ein herabhängender Vorhang) das weiche Gaumensegel mit dem Zäpfchen anschließt. Im
oberen und hinteren Teile der beiden Nasenhöhlen breitet sich auf
der Schleimhaut, die sie tapetenartig auskleidet, der Geruchsnerv

aus (*Nervus olfactorius*), das erste Hirnnervenpaar. Die Ausbreitung seiner Aeste geschieht teils auf der Scheidewand, teils
auf den inneren Seitenwänden der Nasenhöhlen, an welchen die
sogenannten „Muscheln", komplizierte Knochenbildungen, angebracht sind. Diese Riechmuscheln sind bei vielen höheren Säugetieren viel stärker entwickelt als beim Menschen. Bei allen
Säugetieren sind jederseits drei Muscheln vorhanden. Die Geruchs-
empfindung entsteht dadurch, daß der Luftstrom, welcher riech-
bare Stoffe enthält, über die Schleimhaut der Höhlen herüber-
streicht und dort die Riechzellen der Nervenendigungen berührt.

Die charakteristischen Eigentümlichkeiten, durch welche sich
das Geruchsorgan der Säugetiere von demjenigen der niederen
Wirbeltiere unterscheidet, besitzt auch der Mensch. In allen wesentlichen Beziehungen gleicht unsere menschliche Nase vollkommen
derjenigen der catarrhinen Affen, von denen einige sich
sogar durch eine ganz menschliche äußere Nase auszeichnen
(vergl. das Gesicht des Nasenaffen, Taf. XXV). Die erste Anlage
des Geruchsorganes im menschlichen Embryo läßt jedoch die zukünftige edle Gestalt unserer Catarrhinennase in keiner Weise
ahnen. Vielmehr tritt dieselbe in derjenigen Form auf, in welcher
das Geruchsorgan bei den Fischen zeitlebens verharrt, nämlich
in Gestalt von ein paar einfachen Hautgrübchen an der äußeren
Oberfläche des Kopfes. Bei allen Fischen finden wir oben am
Kopfe zwei solche einfache, blinde Geruchsgruben vor; bald liegen
sie mehr oben, in der Nähe der Augen, bald mehr vorn an der
Schnauzenspitze, bald mehr unten, in der Nähe der Mundspalte
(Fig. 303, S. 601). Sie sind mit einer faltigen Schleimhaut ausgekleidet, auf welcher sich die Endäste der Geruchsnerven ausbreiten.

Diese ursprünglichste Anlage der paarigen Nase ist bei allen
Gnathostomen oder Amphirrhinen dieselbe; sie hat mit der primitiven Mundhöhle gar keine Verbindung. Aber schon bei einem
Teile der Urfische beginnt sich später eine solche Verbindung zu
bilden, indem eine oberflächliche Hautfurche jederseits von der
Nasengrube zu dem benachbarten Mundwinkel zieht. Diese Furche,
die Nasenrinne oder Nasenfurche (Fig. 368 r) ist von großer
Bedeutung. Bei manchen Haifischen, z. B. bei *Scyllium*, legt sich
ein besonderer Fortsatz der Stirnhaut, die Nasenklappe oder der
„innere Nasenfortsatz", von innen her über die Nasenrinne her-
über (n, n'). Diesem gegenüber erhebt sich der äußere Rand der
Furche als „äußerer Nasenfortsatz". Indem bei den Dipneusten

und Amphibien die beiden Nasenfortsätze über der Nasenrinne sich begegnen und verwachsen, wird letztere in einen Kanal, den „Nasenkanal", verwandelt. Wir können nunmehr von den äußeren Nasengruben aus durch die Nasenkanäle direkt in die Mundhöhle gelangen, die ganz unabhängig von ersteren sich gebildet hatte. Bei den Dipneusten und niederen Amphibien liegt die innere Oeffnung der Nasenkanäle weit vorn (hinter den Lippen), bei den höheren Amphibien weiter hinten. Endlich bei den drei höchsten Wirbeltierklassen, bei den Amnioten, zerfällt die primäre Mundhöhle durch die Ausbildung des horizontalen Gaumendaches in zwei gänzlich getrennte Hohlräume, die obere (sekundäre) Nasenhöhle und die untere (sekundäre) Mundhöhle. Die Nasenhöhle wiederum zerfällt durch die Ausbildung der vertikalen Nasenscheidewand in zwei getrennte Hälften, eine rechte und eine linke Nasenhöhle.

Fig. 368. **Kopf eines Haifisches**
(*Scyllium*) von der Bauchseite. *m* Mundspalte, *o* Riechgruben, *r* Nasenrinne, *n* Nasenklappe, in natürlicher Lage, *n'* Nasenklappe aufgeschlagen. (Die Punkte sind Mündungen der Schleimkanäle.) Nach *Gegenbaur*.

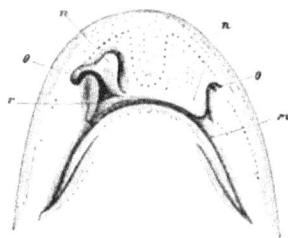

Die vergleichende Anatomie zeigt uns so noch heutzutage in der Stufenleiter der paarnasigen Wirbeltiere, von den Fischen bis zum Menschen aufwärts, alle die verschiedenen Entwickelungsstufen der Nase n e b e n e i n a n d e r, welche das höchst entwickelte Geruchsorgan der höheren Säugetiere im Laufe seiner Stammesgeschichte n a c h e i n a n d e r in verschiedenen Perioden zu durchlaufen hatte. In derselben einfachsten Form, in welcher die paarige Fischnase zeitlebens verharrt, wird zuerst das Geruchsorgan beim Embryo des Menschen und aller höheren Wirbeltiere angelegt (vergl. Taf. I, VIII—XIII, XXIV). Es entstehen nämlich sehr frühzeitig, noch bevor eine Spur von der charakteristischen Gesichtsbildung des Menschen zu erblicken ist, vorn am Kopf über der ursprünglichen Mundhöhle ein paar kleine Grübchen, welche zuerst *Baer* entdeckt und ganz richtig als „R i e c h g r u b e n" gedeutet hat (Fig. 369 *n*, 370 *n*). Diese primitiven Nasengrübchen sind ganz getrennt von der primitiven Mundhöhle oder Mundbucht, die ebenfalls als eine grubenförmige Vertiefung der äußeren Hautdecke, vor dem blinden Vorderende des Darmrohres entsteht. Sowohl die paarigen

Nasengrübchen als die unpaare Mundgrube (Fig. 373 *m*) sind von der Hornplatte ausgekleidet. Die ursprüngliche Trennung der ersteren von der letzteren wird aber bald aufgehoben, indem zunächst oberhalb der Mundgrube ein Fortsatz sich bildet, der Stirnfortsatz (*Rathkes* „Nasenfortsatz der Stirnwand", Fig. 372 *st*). Rechts und links springt der äußere Rand desselben in Form von

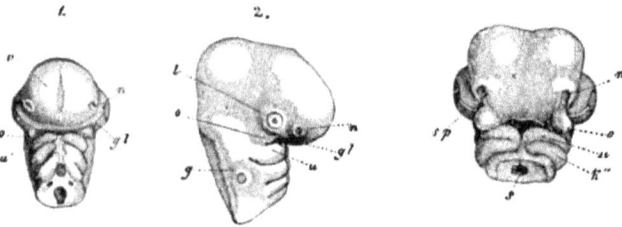

Fig. 369.   Fig. 370.   Fig. 371.

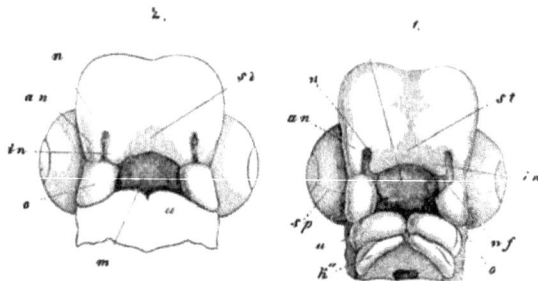

Fig. 373.   Fig. 372.

Fig. 369, 370. **Kopf eines Hühnerembryo,** vom dritten Brütetage; 369 von vorn, 370 von der rechten Seite. *n* Nasenanlage (Geruchsgrübchen), *l* Augenanlage (Gesichtsgrübchen), *g* Ohranlage (Gehörgrübchen), *v* Vorderhirn, *gl* Augenspalte, *o* Oberkieferfortsatz, *u* Unterkieferfortsatz des ersten Kiemenbogens.

Fig. 371. **Kopf eines Hühnerembryo,** vom vierten Brütetage, von unten. *n* Nasengrube, *o* Oberkieferfortsatz des ersten Kiemenbogens, *u* Unterkieferfortsatz desselben, *k"* zweiter Kiemenbogen, *sp* Choroidalspalte des Auges, *s* Schlund.

Fig. 372, 373. **Zwei Köpfe von Hühnerembryonen,** 372 vom Ende des vierten, 373, vom Anfang des fünften Brütetages. Buchstaben wie in Fig. 371; außerdem *in* innerer, *an* äußerer Nasenfortsatz, *nf* Nasenfurche, *st* Stirnfortsatz, *m* Mundhöhle. Nach *Kölliker*. Fig. 369—373 sind bei derselben Vergrößerung gezeichnet.

zwei seitlichen Fortsätzen vor: das sind die inneren Nasenfortsätze oder Nasenklappen (*in*). Ihnen gegenüber erhebt sich ein paralleles Riff zwischen dem Auge und dem Nasengrübchen jederseits. Das sind die äußeren Nasenfortsätze oder *Rathkes*

Keimesgeschichte des Antlitzes.

Haeckel, Anthropogenie, VI. Aufl.

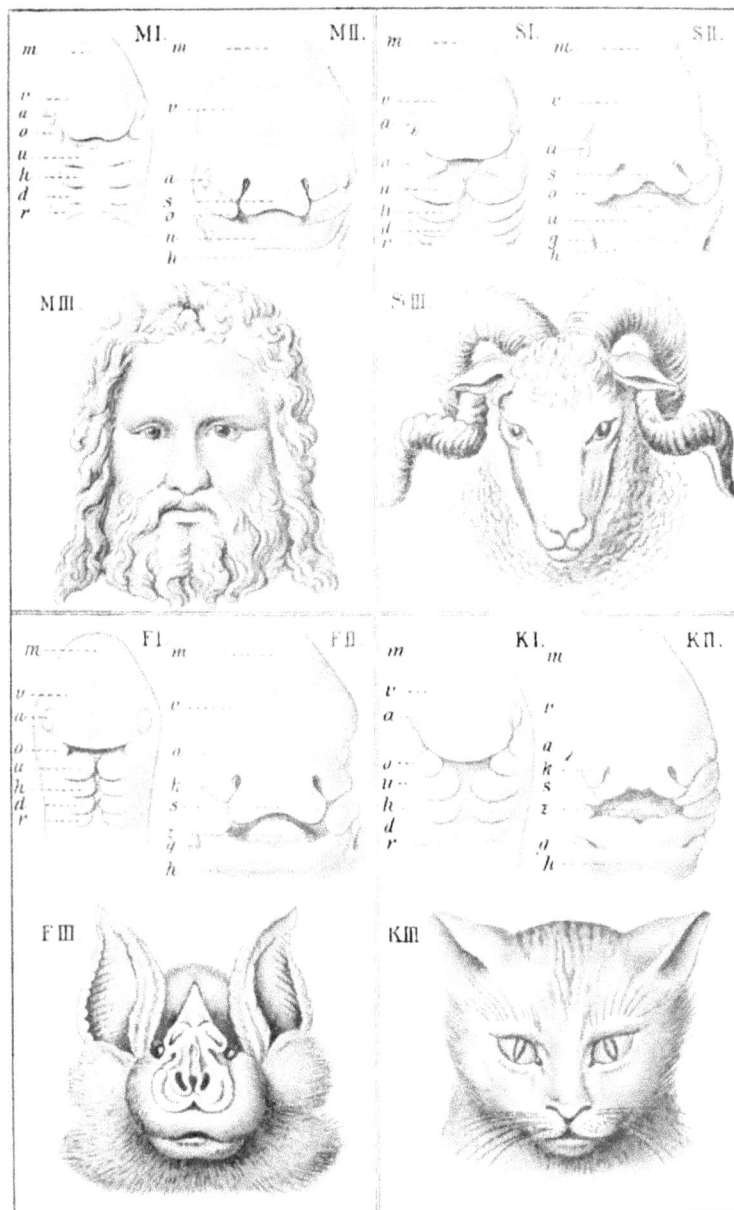

M. Mensch.   F. Fledermaus.   K. Katze.   S. Schaf.

„Nasendächer" (*an*). Zwischen dem inneren und äußeren Nasenfortsatze entsteht so jederseits eine rinnenförmige Vertiefung,
welche von dem Nasengrübchen gegen die Mundgrube (*m*) hinführt, und diese Rinne ist, wie Sie selbst erraten können, dieselbe
Nasenfurche oder Nasenrinne, die wir vorher schon beim Haifisch
betrachtet haben (Fig. 367 *r*). Indem die beiden parallelen Ränder
des inneren und äußeren Nasenfortsatzes sich gegeneinander wölben
und über der Nasenrinne zusammenwachsen, verwandelt sich
letztere in ein Röhrchen, den primitiven „Nasenkanal". Die Nase
des Menschen und aller anderen Amnioten besteht also in diesem
Stadium der Ontogenese aus ein paar engen Röhrchen, den „Nasen-
kanälen", die von der äußeren Oberfläche der Stirnhaut in die
einfache primitive Mundhöhle
hineinführen. Dieser vorübergehende Zustand ist gleich demjenigen, auf welchem die Nase
der Dipneusten und der
Amphibien zeitlebens stehen
bleibt.

Fig. 374. **Frontalschnitt durch
die Mundrachenhöhle eines Menschenkeims** von 11,5 mm Nackenlänge.
„Erfunden" von *Wilhelm His.* Der
senkrechte Schnitt (in der Frontalebene
von rechts nach links gehend) ist so konstruiert, daß man im oberen Drittel der
Figur die Nasengruben und seitlich die
Augen sieht; im mittleren Drittel die
primitive Schlundhöhle mit den Kiemenspalten (Kiemenbogen im Querschnitt);
im unteren Drittel die Brusthöhle mit der
Luftröhre und den ästigen Lungenanlagen.

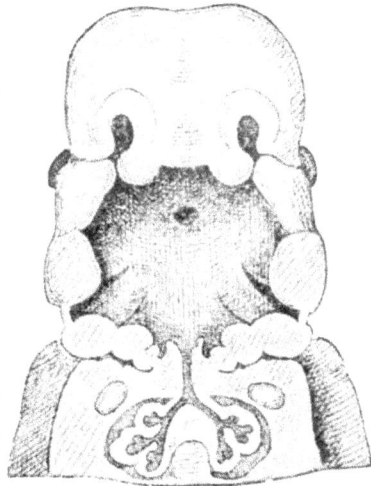

Von wesentlicher Bedeutung für die Verwandlung der offenen
Nasenrinne in den geschlossenen Nasenkanal ist ein zapfenförmiges
Gebilde, welches von unten her den unteren Enden der beiden
Nasenfortsätze jederseits entgegenwächst und sich mit ihnen vereinigt. Das ist der Oberkieferfortsatz (Fig. 369—373 *o*).
Unterhalb der Mundgrube nämlich liegen die Ihnen bereits bekannten Kiemenbogen, welche durch die Kiemenspalten voneinander getrennt sind. Der erste von diesen Kiemenbogen, welcher
für uns jetzt noch der wichtigste ist, und den wir den Kieferbogen
nennen können, entwickelt das Kiefergerüst des Mundes. Oben
an der Basis wächst zunächst aus diesem ersten Kiemenbogen

ein kleiner Fortsatz nach vorn hervor; das ist eben der Oberkieferfortsatz. Der erste Kiemenbogen selbst entwickelt einen
Knorpel an seiner inneren Seite, den nach seinem Entdecker
sogenannten „*Meckel*schen Knorpel", auf dessen Außenfläche sich
der Unterkiefer bildet (Fig. 369—373 *u*). Der Oberkieferfortsatz
bildet den wichtigsten Teil des ganzen Oberkiefergerüstes: das
Gaumenbein und Flügelbein. An seiner Außenseite entsteht später
das Oberkieferbein im engeren Sinne, während der mittlere Teil
des Oberkiefergerüstes, der Zwischenkiefer, aus dem vordersten
Teile des Stirnfortsatzes hervorwächst. (Vergl. die Keimesgeschichte
des Antlitzes auf Taf. I, VIII—XIII, XXIV.)

Für die weitere charakteristische Ausbildung des Antlitzes
der drei höchsten Wirbeltierklassen sind die beiden O b e r k i e f e r -
f o r t s ä t z e von der größten Bedeutung. Denn von ihnen aus
wächst in die einfache primitive Mundhöhle hinein jene wichtige

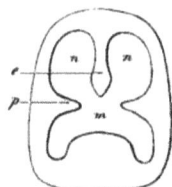

Fig. 375. **Schematischer Querschnitt durch die
Mund-Nasenhöhle.** Während die Gaumenplatten (*p*) die
ursprüngliche Mundhöhle in untere sekundäre Mundhöhle (*m*)
und obere Nasenhöhle scheiden, zerfällt letztere durch die senkrechte Nasenscheidewand (*e*) in zwei getrennte Hälften (*n, n*).
Nach *Gegenbaur*.

horizontale Scheidewand, das G a u m e n d a c h, durch welches die
erstere in zwei ganz getrennte Höhlen geschieden wird. Die obere
Höhle, in welche die beiden Nasenkanäle einmünden, entwickelt
sich nunmehr zur Nasenhöhle, zum respiratorischen L u f t w e g e
und zum G e r u c h s o r g a n. Die u n t e r e Höhle hingegen bildet
für sich allein die bleibende sekundäre Mundhöhle (Fig. 375 *m*):
den nutritiven S p e i s e w e g und das G e s c h m a c k s o r g a n. Hinten
mündet sowohl die obere Geruchshöhle als die untere Geschmacks-
höhle in den S c h l u n d (*Pharynx*, Fig. 422). Das G a u m e n -
d a c h, das beide Höhlen trennt, entsteht also durch Zusammenwachsen aus zwei seitlichen Hälften, den horizontalen Platten der
beiden Oberkieferfortsätze oder den „Gaumenplatten" (*p*). Wenn
diese bisweilen nicht völlig in der Mitte zur Verwachsung gelangen,
bleibt eine Längsspalte bestehen, durch die man direkt aus der
Mundhöhle in die Nasenhöhle gelangen kann. Das ist der sogenannte
„W o l f s r a c h e n". Die sogenannte „Hasenscharte" und „Lippen-
spalte" ist ein geringerer Grad einer solchen Bildungshemmung.

Gleichzeitig mit der horizontalen Scheidewand des Gaumendaches entwickelt sich eine senkrechte Scheidewand, durch welche

die einfache Nasenhöhle in zwei Abschnitte zerfällt, in eine rechte und eine linke Hälfte (Fig. 375 *n, n*). Die vertikale Nasenscheidewand (*e*) wird von dem Mittelblatt des Stirnfortsatzes gebildet: oben entsteht daraus durch Verknöcherung die vertikale Lamelle des Siebbeins, unten die große knöcherne senkrechte Scheidewand: die Pflugschar (*Vomer*) und vorn der Zwischenkiefer (*Os intermaxillare*). Daß der letztere beim Menschen gerade so wie bei den übrigen Schädeltieren als selbständiger Knochen zwischen beiden Oberkieferhälften entsteht, hat zuerst *Goethe* nachgewiesen. Die senkrechte Nasenscheidewand verwächst schließlich mit dem wagerechten Gaumendache. Nunmehr sind beide Nasenhöhlen ebenso voneinander völlig getrennt, wie von der sekundären Mundhöhle. Nur hinten münden alle drei Höhlen in den Schlundkopf (*Pharynx*) oder die Rachenhöhle ein.

Somit hat die paarige Nase jetzt diejenige charakteristische Ausbildung erlangt, welche der Mensch mit allen übrigen S ä u g e - t i e r e n teilt. Die weitere Entwickelung ist nun sehr leicht zu verstehen; sie beschränkt sich auf die Bildung von inneren und äußeren Fortsätzen der Wände beider Nasenhöhlen. Innerhalb der Höhlen entwickeln sich die Muscheln, schwammige Knochenstücke, auf denen sich die Geruchsschleimhaut ausbreitet. Vom großen Gehirn her wächst der erste Gehirnnerv, der Riechnerv, mit seinen feinen Aesten durch das obere Dach der beiden Nasenhöhlen in dieselben herab und breitet sich auf der Geruchsschleimhaut aus. Zugleich entwickeln sich durch Ausbuchtung der Nasenschleimhaut die später mit Luft gefüllten Nebenhöhlen der Nase, welche mit den beiden Nasenhöhlen in offener Verbindung stehen (Stirnhöhlen, Keilbeinhöhlen, Kieferhöhlen u. s. w). Sie kommen in dieser eigentümlichen Entwickelung ausschließlich den Säugetieren zu.

Erst nachdem alle diese wesentlichen inneren Teile des Geruchsorgans angelegt sind, entsteht viel später auch die ä u ß e r e N a s e. Ihre ersten Spuren zeigen sich beim menschlichen Embryo um die Mitte des zweiten Monats (Fig. 376—379). Wie Sie sich an jedem menschlichen Embryo aus dem ersten Monate überzeugen können, ist anfangs von der äußeren Nase noch keine Spur vorhanden. Erst später wächst dieselbe von hinten nach vorn hervor, aus dem vordersten Nasenteile des Urschädels. Erst sehr spät entsteht diejenige Nasenform, welche charakteristisch für den Menschen sein soll. Man pflegt auf die Gestalt der äußeren Nase, als ein edles, dem Menschen ausschließlich zukommendes Organ,

besonderes Gewicht zu legen. Allein es gibt auch Affen, welche
vollständige Menschennasen besitzen, wie namentlich der schon
angeführte Nasenaffe (Taf. XXV). Die Ontogenie seiner großen
beweglichen Nase ist sehr lehrreich auch für den Menschen selbst,
dessen äußere Nase eine sehr veredelte Form angenommen hat [105].

Fig. 376.

Fig. 377.

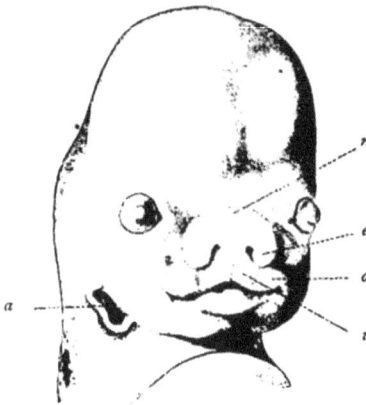

Fig. 378.

Fig. 379.

Fig. 376, 377. **Oberkörper eines
menschlichen Embryo** von 16 mm
Länge aus der sechsten Woche; Fig. 376
von der linken Seite, Fig. 377 von vorn.
Die Entstehung der Nase und der Oberlippe aus zwei seitlichen, ursprünglich
getrennten Hälften ist noch deutlich zu
sehen. Nase und Oberlippe sind unverhältnismäßig groß im Verhältnis zum
übrigen Gesicht und besonders zur
Unterlippe. Nach *Kollmann.*

Fig. 378. **Gesicht eines menschlichen Embryo** von sieben Wochen.
Nach *Kollmann.* Vereinigung der Nasenfortsätze (*e* äußerer, *i* innerer) mit dem Oberkieferfortsatz (*o*), *n* Nasenwall, *a* Oberöffnung.

Fig. 379. **Gesicht eines menschlichen Embryo** von acht Wochen. Nach
Ecker. (Vergl Taf. I, Titelbild, und Taf. XXIV.)

3. 2. 1. 4. 5. 6. 7. 9. 8.

R.H. Wiedersheim

1.2 Embryo. 3.4. Weib. 5·9 Mann

Vierundvierzigste Tabelle.

Uebersicht über die Stammesgeschichte der menschlichen Nase.

I. Erste Periode: Aeltere Urfisch-Nase.

Die Nase wird durch ein Paar einfacher Hautgruben (N a s e n -
g r u b e n) an der Oberfläche des Kopfes gebildet (wie noch heute
bleibend bei den niederen Selachiern).

II. Zweite Periode: Jüngere Urfisch-Nase.

Die beiden blinden Nasengruben treten jederseits durch eine Furche
(N a s e n r i n n e) mit dem Mundwinkel in Verbindung (wie noch heute
bleibend bei den höheren Selachiern).

III. Dritte Periode: Dipneusten-Nase.

Die beiden N a s e n r i n n e n verwandeln sich durch Verwachsung
ihrer Ränder in die primären N a s e n k a n ä l e, welche ganz vorn in
die primäre Mundhöhle münden (bleibend bei den Dipneusten).

IV. Vierte Periode: Amphibien-Nase.

Die inneren Mündungen der Nasenkanäle rücken weiter nach hinten
in die primäre Mundhöhle, so daß sie von festen Skelettteilen der Kiefer
umgrenzt werden (bleibend bei den höheren Amphibien).

V. Fünfte Periode: Aeltere Reptilien-Nase.

Die primitive Mundhöhle, in welche beide Nasenkanäle einmünden,
zerfällt durch Ausbildung einer h o r i z o n t a l e n Scheidewand (des Gaumendaches) in eine obere N a s e n h ö h l e und untere (sekundäre) M u n d -
h ö h l e (bei den ältesten Amniontieren, Proreptilien).

VI. Sechste Periode: Jüngere Reptilien-Nase.

Die einfache Nasenhöhle zerfällt durch Ausbildung einer v e r t i -
k a l e n Scheidewand (der Pflugscharwand) in zwei getrennte Nasenhöhlen,
von denen jede den Nasenkanal ihrer Seite aufnimmt (wie bei den
meisten Amnioten). Die Nasenmuscheln sondern sich.

VII. Siebente Periode: Aeltere Säugetier-Nase.

Die Nasenhöhlen dehnen sich nach unten und hinten hin stark
aus, während an ihrer oberen Decke das Siebbein wabige Ausbuchtungen
und Riechwülste bildet: das S i e b b e i n - L a b y r i n t h.

VIII. Achte Periode: Jüngere Säugetier-Nase.

In den beiden Nasenhöhlen erfolgt die weitere Ausbildung der
R i e c h w ü l s t e im Siebbein - Labyrinth (mittlere und obere Muschel),
und es beginnt sich eine äußere Nase zu bilden.

IX. Neunte Periode: Westaffen-Nase (Platyrrhinen).

Indem die Geruchsfunktion an Bedeutung verliert, tritt eine teilweise R ü c k b i l d u n g d e r R i e c h w ü l s t e ein (schon bei den Stammformen der Primaten). Die Nasenscheidewand bleibt breit.

X. Zehnte Periode: Ostaffen-Nase (Catarrhinen).

Die Nasenscheidewand wird schmal und lang; die Nasenlöcher
treten nach unten. Innere und äußere Nase erreichen die den catarrhinen
Affen und dem Menschen eigentümliche Ausbildung.

Aber so wichtig auch die Nasenform für die Schönheit der Gesichtsbildung ist, so bleibt sie doch bei vielen niederen Menschenrassen sehr affenähnlich. Bei den meisten Affen bleibt die äußere Nasenbildung sehr zurück. Besonders bemerkenswert ist die schon angeführte wichtige Tatsache, daß nur bei den Affen der alten Welt, bei den Catarrhinen, die Nasenscheidewand so schmal bleibt, wie beim Menschen, während bei den Affen der neuen Welt die Nasenscheidewand sich nach unten stark verbreitert und dadurch die Nasenlöcher nach außen treibt (Platyrrhinen, S. 670). Die Muskulatur der äußeren Nase entwickelt sich außerordentlich stark bei denjenigen Säugetieren, bei denen sie sich in ein Wühl- oder Greiforgan, den Rüssel, verwandelt (Schwein, Maulwurf, Elefant u. s. w.).

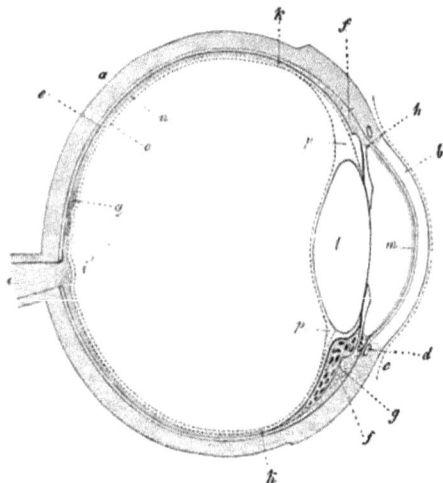

Fig. 380. **Das menschliche Auge** im Querschnitt. *a* Schutzhaut (*Sclerotica*), *b* Hornhaut (*Cornea*), *c* Oberhaut (*Conjunctiva*), *d* Ringvene der Iris, *e* Aderhaut (*Chorioidea*), *f* Ciliarmuskel, *g* Faltenkranz (*Corona ciliaris*), *h* Regenbogenhaut (*Iris*), *i* Sehnerv (*Nervus opticus*), *k* vorderer Grenzrand der Netzhaut, *l* Kristalllinse (*Lens crystallina*), *m* innerer Ueberzug der Hornhaut (Wasserhaut: *Membrana Descemeti*), *n* Pigmenthaut (*Pigmentosa*), *o* Netzhaut (*Retina*), *p* Petits-Canal, *q* gelber Fleck der Netzhaut. Nach *Helmholtz*.

Nicht minder merkwürdig und lehrreich als die Entwickelungsgeschichte der Nase ist diejenige des Auges. Denn obgleich dieses edelste Sinneswerkzeug durch seine vollendete optische Einrichtung und seine bewunderungswürdige Zusammensetzung zu den kompliziertesten und zweckmäßigsten Organen gehört, entwickelt es sich dennoch ohne jeden vorbedachten Zweck aus einer einfachen Anlage des äußeren Keimblattes. Das ausgebildete Auge des Menschen bildet eine kugelige Kapsel, den Augapfel (*Bulbus*, Fig. 380). Dieser liegt, umgeben von schützendem Fett und von bewegenden Muskeln, in der knöchernen Augenhöhle des Schädels. Der größte Teil des Augapfels wird von einer halbflüssigen, wasserklaren Gallertmasse eingenommen, dem Glaskörper (*Corpus vitreum*).

In die vordere Fläche des Glaskörpers ist die L i n s e oder Kristalllinse eingebettet (Fig. 380 *l*). Das ist ein linsenförmiger, bikon-
vexer, durchsichtiger Körper, das wichtigste von den lichtbrechen-
den Medien des Auges. Zu diesen gehört außer der Linse und
dem Glaskörper auch das vor der Linse befindliche Augenwasser
oder die wässerige Augenflüssigkeit (*Humor aqueus*; da, wo in
Fig. 380 der Buchstabe *m* steht). Diese drei wasserklaren licht-
brechenden Medien, Glaskörper, Linse und Augenwasser, durch
welche die in das Auge einfallenden Lichtstrahlen gebrochen und
gesammelt werden, sind von einer festen kugeligen Kapsel umschlossen, die aus mehreren sehr verschiedenartigen Häuten zusammengesetzt ist, vergleichbar den konzentrischen Umhüllungs-
häuten einer Zwiebel. Die äußerste und zugleich die dickste von
diesen Umhüllungen bildet die weiße S c h u t z h a u t des Auges
(*Sclerotica, a*). Sie besteht aus festem und derbem, weißem Bindegewebe. Vorn, vor der Linse, ist in die weiße Schutzhaut eine
kreisrunde, stark vorgewölbte, durchsichtige Platte wie ein Uhrglas
eingefügt: die H o r n h a u t (*Cornea, b*). An der äußeren Oberfläche ist die Hornhaut von einem sehr dünnen Ueberzuge der
äußeren Oberhaut (*Epidermis*) bedeckt; dieser Ueberzug heißt die
Bindehaut (*Conjunctiva*); er geht von der Hornhaut aus auf die
innere Fläche der beiden Augenlider über, die obere und untere
Hautfalte, welche wir beim Schließen der Augen über dieselben
hinwegziehen. Am inneren Winkel unseres Auges findet sich als
rudimentäres Organ noch der Rest eines dritten (inneren) Augenlides, welches als „Nickhaut" bei niederen Wirbeltieren sehr entwickelt ist (S. 97). Unter dem oberen Augenlide versteckt liegen
die Tränendrüsen, deren Produkt, die Tränenflüssigkeit, die
äußere Augenfläche glatt und rein erhält.

Unmittelbar unter der Schutzhaut finden wir eine zarte, dunkel-
rote, an Blutgefäßen sehr reiche Haut: die A d e r h a u t (*Chorioidea, e*); und nach innen von dieser die N e t z h a u t oder *Retina* (*o*),
die Ausbreitung des S e h n e r v e n (*i*). Dieser letztere ist der
zweite Hirnnerv. Er tritt von den Sehhügeln (der zweiten Hirnblase) an das Auge heran, durchbohrt dessen äußere Hüllen und
breitet sich dann zwischen Aderhaut und Glaskörper als Netzhaut
aus. Zwischen der Netzhaut und der Aderhaut liegt noch eine
besondere, sehr zarte Haut, die gewöhnlich (aber mit Unrecht) zur
letzteren gerechnet wird. Das ist die schwarze Farbenhaut oder P i g -
m e n t h a u t (*Pigmentosa, Lamina pigmenti, n*) oder die schwarze
Tapete (*Tapetum nigrum*). Sie besteht aus einer einzigen Schicht

von zierlichen, sechseckigen, regelmäßig aneinander gefügten Zellen, die mit schwarzen Farbstoffkörnern gefüllt sind. Diese Pigmenthaut kleidet nicht nur die innere Fläche der eigentlichen Chorioidea aus, sondern auch die hintere Fläche von deren vorderer muskulöser Verlängerung, welche als eine kreisrunde ringförmige Membran den Rand der Linse vorn bedeckt und die seitlich einfallenden Lichtstrahlen abhält. Das ist die bekannte Regenbogenhaut oder *Iris* des Auges (*h*), bei den verschiedenen Menschen verschieden gefärbt (blau, grau, braun u. s. w.); sie bildet die vordere Begrenzung der Aderhaut. Das kreisrunde Loch, welches hier in derselben übrig bleibt, ist das Sehloch, die Pupille, durch welche die Lichtstrahlen in das Innere des Auges hineinfallen. Da, wo die Iris vom vorderen Rande der eigentlichen Chorioidea abgeht, ist letztere stark verdickt und bildet einen zierlichen Faltenkranz (*g*), der mit ungefähr 70 größeren und vielen kleineren Strahlen den Rand der Linse umgibt (*Corona ciliaris*).

Schon sehr frühzeitig wachsen beim Embryo des Menschen, wie aller anderen Schädeltiere, aus dem vordersten Teile der ersten Gehirnblase seitlich ein Paar birnförmige Blasen hervor (Fig. 354 *a*, 358 *au*, S. 712). Diese bläschenförmigen Ausstülpungen sind die primären Augenblasen. Sie sind anfangs nach außen und vorn gerichtet, treten aber bald mehr nach unten, so daß sie nach vollständig erfolgter Trennung der fünf Hirnblasen unten an der Basis des Zwischenhirnes liegen. Die inneren Höhlungen der beiden birnförmigen Blasen, die bald eine sehr ansehnliche Größe erreichen, stehen durch ihre hohlen Stiele in offener Verbindung mit der Höhle des Zwischenhirns. Die äußere Bedeckung derselben wird durch die äußere Hautdecke gebildet. Da, wo die letztere mit dem am stärksten vorgewölbten Teile der primären Augenblase jederseits in unmittelbare Berührung tritt, entwickelt sich eine Verdickung (*l*) und zugleich eine grubenförmige Vertiefung (*o*) in der Hornplatte (Fig. 381, *l*). Die Grube, welche wir Linsengrube nennen wollen, verwandelt sich in ein geschlossenes Säckchen, das dickwandige Linsenbläschen (2. *l*), indem die schwielenförmig verdickten Ränder der Grube über derselben zusammenwachsen. In ganz ähnlicher Weise, wie sich ursprünglich das Medullarrohr vom äußeren Keimblatte abschnürt, sehen wir nun auch dieses Linsensäckchen sich ganz von der Hornplatte (*h*), seiner Geburtsstätte, abschnüren. Die Höhlung des Säckchens wird später durch die Zellen seiner dicken Wandung ausgefüllt, und so entsteht die solide Kristalllinse. Diese ist also ein reines Epidermisgebilde. Mit der Linse selbst schnürt sich zugleich das kleine, darunter gelegene Stück der Lederplatte von der äußeren Hautdecke ab. Dieses kleine Lederhautstückchen umgibt dann die Linse bald als ein gefäßreiches Säckchen (*Capsula vasculosa lentis*). Ihr vorderer Teil umschließt anfänglich das Sehloch als sogenannte Pupillenhaut (*Membrana pupillaris*). Ihr hinterer Teil heißt „*Membrana capsulo-pupillaris*". Später verschwindet diese „gefäßhaltige Linsenkapsel", welche bloß zur Ernährung der wachsenden Linse dient, völlig. Die spätere bleibende Linsenkapsel enthält keine Gefäße und ist eine strukturlose Ausscheidung der Linsenzellen.

Indem sich die Linse dergestalt von der Hornplatte abschnürt und nach innen hineinwächst, muß sie notwendig die anliegende primäre Augenblase von außen her einstülpen (Fig. 381, *1.—3.*).

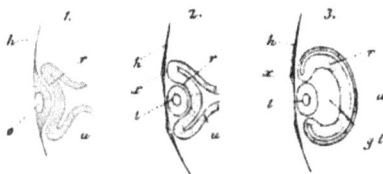

Fig. 381. **Auge des Hühner-Embryo** im Längsschnitt (*1.* von einem 65 Stunden bebrüteten Keim; *2.* von einem wenig älteren Keim; *3.* von einem vier Tage alten Keim). *h* Hornplatte, *o* Linsengrube, *l* Linse (in *1.* noch Bestandteil der Oberhaut, in *2.* und *3.* davon abgeschnürt), *x* Verdickung der Hornplatte, da wo sich die Linse abgeschnürt hat, *gl* Glaskörper, *r* Netzhaut, *u* Pigmenthaut (schwarze Tapete). Nach *Remak.*

Diese Einstülpung erfolgt in ganz ähnlicher Form, wie die Gastrulation, wie die Invagination der Keimblase (*Blastula*), durch welche beim Amphioxus die *Gastrula* entsteht (Fig. 257 C—F, S. 473). Ganz ebenso hier wie dort, geht die einseitige Einstülpung der geschlossenen Blase so weit, daß schließlich der innere eingestülpte Teil den äußeren nicht eingestülpten Teil der Blasenwand berührt, und deren Höhlung somit verschwindet. Wie bei der Gastrula sich der erstere Teil zum Darmblatte (Entoderm) und der letztere zum Hautblatte (Ektoderm) umbildet, so entsteht bei der eingestülpten primären Augenblase aus dem ersteren (inneren) Teile die Netzhaut (*r*) und aus dem letzteren (dem äußeren, nicht eingestülpten) Teile die schwarze Pigmenthaut (*u*). Der hohle Stiel der primären Augenblase verwandelt sich in den Sehnerven.

Die Linse (*l*), welche bei diesem Einstülpungsprozeß der primären Augenblase so wesentlich beteiligt ist, liegt anfangs dem eingestülpten Teile derselben, also der Retina (*r*), unmittelbar an. Sehr bald aber entfernen sich beide voneinander, indem zwischen beide ein neues Gebilde, der Glaskörper (*gl*), hineinwächst.

Während nämlich die Abschnürung des Linsensäckchens und die Einstülpung der primären Augenblase durch dieses letztere von außen her erfolgt, bildet sich gleichzeitig von unten her eine andere Einstülpung, welche von dem Hautfaserblatte, und zwar von dessen oberflächlichstem Teile — also von der Lederplatte des Kopfes — ausgeht. Hinter und unter der Linse wächst ein leistenförmiger Fortsatz der Cutisplatte empor (Fig. 382 g), stülpt die becherförmig gewordene primäre Augenblase von unten her ein und drängt sich zwischen Linse (l) und Netzhaut (i) hinein. Die primäre Augenblase bekommt so die Form einer Haube. Die Oeffnung der Haube, welche dem Gesicht entspricht, wird durch die Linse ausgefüllt. Diejenige Oeffnung aber, in welcher sich der Hals befinden würde, entspricht der Einstülpung, durch welche die Lederhaut zwischen Linse und Retina (innere Haubenwand) hineinwächst.

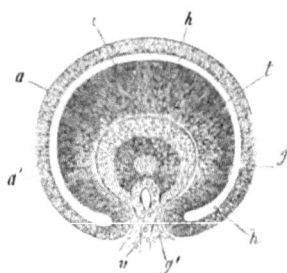

Fig. 382. **Horizontaler Querschnitt durch das Auge eines menschlichen Embryo** von vier Wochen (100mal vergrößert). Nach *Kölliker*. *t* Linse (deren dunkle Wand so dick ist wie der Durchmesser der zentralen Höhle), *g* Glaskörper (durch einen Stiel, *g*, mit der Lederplatte zusammenhängend), *v* Gefäßschlinge (durch diesen Stiel, *g'*, in das Innere des Glaskörpers hinter die Linse dringend), *i* Netzhaut (innere, dicke, eingestülpte Lamelle der primären Augenblase), *a* Pigmenthaut (äußere, dünne, nicht eingestülpte Lamelle derselben), *h* Zwischenraum zwischen Netzhaut und Pigmenthaut (Rest der Höhle der primären Augenblase).

Der innere Raum der so entstehenden sekundären Augenblase wird größtenteils durch den Glaskörper ausgefüllt, welcher dem von der Haube umhüllten Kopfe entspricht. Die Haube selbst ist eigentlich doppelt: die innere Haube ist die Netzhaut, die äußere (unmittelbar diese umschließend) die Pigmenthaut. Mit Hülfe dieses Haubenbildes können Sie sich jenen etwas schwierig vorzustellenden Einstülpungsprozeß klarer machen. Anfangs ist die Glaskörperanlage noch sehr unbedeutend (Fig. 382 g) und die Netzhaut noch unverhältnismäßig dick (i). Mit der Ausdehnung der ersteren wird aber die letztere bald viel dünner, und zuletzt erscheint die Retina nur als eine sehr zarte Hülle des dicken, fast kugeligen Glaskörpers, der den größten Teil der sekundären Augenblase erfüllt. Die äußerste Schicht des Glaskörpers bildet sich in eine gefäßreiche Kapsel um, deren Gefäße später schwinden.

Die spaltenförmige Stelle, durch welche die leistenförmige Anlage des Glaskörpers zwischen Linse und Retina von unten her hineinwächst, muß natürlich eine Unterbrechung der Netzhaut und der Pigmenthaut bedingen. Diese Unterbrechung, die an der Innenfläche der Chorioidea als pigmentfreier Streifen erscheint, hat man unpassenderweise Chorioidealspalte genannt, obwohl die wahre Chorioidea hier gar nicht gespalten ist (Fig. 371 *sp*, 372 *sp*, S. 736). Ein schmaler leistenförmiger Fortsatz der Glaskörperanlage setzt sich nach innen auf die untere Fläche des Sehnerven fort und stülpt auch diesen von unten her in gleicher Weise ein, wie die primäre Augenblase. Dadurch wird der hohle cylindrische Sehnerv (der Stiel der primären Augenblase) in eine nach unten offene Rinne verwandelt. Die eingestülpte untere Fläche legt sich an die nicht eingestülpte obere Fläche des hohlen Stiels an, und so' verschwindet die innere Höhlung desselben, die früher eine offene Verbindung zwischen der Höhle des Zwischenhirns und der primären Augenblase herstellte. Sodann wachsen die beiden Ränder der Rinne unten gegeneinander, umschließen die Leiste der Lederplatte und wachsen unter derselben zusammen. So kommt diese Leiste in die Achse des soliden sekundären Sehnerven zu liegen; sie wird zu dem bindegewebigen Strang, der die Zentralgefäße der Netzhaut führt (*Vasa centralia retinae*).

Schließlich bildet sich nun außen um die so entstandene sekundäre Augenblase und ihren Stiel (den sekundären Sehnerven) eine vollständige faserige Umhüllung, die Faserkapsel des Augapfels. Sie entsteht aus demjenigen Teile der Kopfplatten, welcher unmittelbar die Augenblase umschließt. Diese faserige Umhüllung gestaltet sich zu einer völlig geschlossenen kugeligen Blase, welche den ganzen Augapfel umgibt und an seiner äußeren Seite zwischen die Linse und die Hornplatte hineinwächst. Die kugelige Kapselwand sondert sich bald durch eine Flächenspaltung in zwei verschiedene Häute. Die innere Haut gestaltet sich zur Chorioidea oder zur Gefäßschicht, vorn zum Faltenkranz und zur Iris. Die äußere Haut hingegen verwandelt sich in die weiße Umhüllungshaut oder Schutzhaut, vorn in die durchsichtige Hornhaut oder Cornea. So ist nun das Auge mit allen seinen wesentlichen Teilen angelegt. Die weitere Entwickelung betrifft das Detail, die kompliziertere Sonderung und Zusammensetzung der einzelnen Teile.

Das Wichtigste bei dieser merkwürdigen Entwickelungsgeschichte des Auges ist der Umstand, daß der Sehnerv, die Retina und die Pigmenthaut eigentlich aus einem Teile des Gehirns, aus einer Ausstülpung des Vorderhirns entstehen, während sich aus

Fünfundvierzigste Tabelle.

Uebersicht über die Entwickelungsgeschichte des menschlichen Auges.

I. Uebersicht über die Teile des menschlichen Auges, welche sich aus dem Ektoderm, dem äußeren Keimblatte, entwickeln.

A. **Produkte** **der** **Markplatte**	1. Stiel der primären Augenblase	1. Sehnerv	*Nervus opticus*
	2. Innerer (eingestülpter) Teil der primären Augenblase	2. Netzhaut	*Retina*
	3. Aeußerer (nicht eingestülpter) Teil der primären Augenblase	3. Pigmenthaut oder Farbentapete	*Pigmentosa* (*Lamina pigmenti*) (*Tapetum nigrum*)
B. **Produkte** **der** **Hornplatte**	4. Abgeschnürtes Säckchen der Hornplatte	4. Kristalllinse	*Lens crystallina*
	5. Aeußere Oberhautdecke	5. Bindehaut	*Conjunctiva*
	6. Einstülpungen der Oberhautdecke	6. Tränendrüsen	*Glandulae lacrymales*

II. Uebersicht über die Teile des menschlichen Auges, welche sich aus dem Mesoderm, dem mittleren Keimblatte, entwickeln.

C. **Produkte** **der** **Lederplatte**	7. 8. Leistenfortsatz des Corium an der Unterseite der primären Augenblase	7. Glaskörper 8. Gefäßkapsel des Glaskörpers	*Corpus vitreum* *Capsula vasculosa corporis vitrei*
	9. Fortsetzung der Coriumleiste	9. Zentralgefäße der Netzhaut	*Vasa centralia retinae*
	10. Pupillarmembran nebst Kapselpupillarmembran	10. Gefäßkapsel der Linse	*Capsula vasculosa lentis crystallinae*
	11. Falten der Lederhaut	11. Augenlider	*Palpebrae*
D. **Produkte** **der** **Kopfplatte**	12. 13. Gefäßkapsel des Augapfels (*Capsula vasculosa bulbi*)	12. Aderhaut 13. Regenbogenhaut	*Chorioidea* *Iris*
	14. 15. Faserkapsel des Augapfels (*Capsula fibrosa bulbi*)	14. Schutzhaut 15. Hornhaut	*Sclerotica* *Cornea*

der äußeren Oberhaut die Kristalllinse, der wichtigste lichtbrechende Körper, entwickelt. Aus derselben Oberhaut, der Hornplatte, entsteht auch die zarte Bindehaut oder Conjunctiva, welche die äußere Oberfläche des Augapfels später überzieht. Als verästelte Wucherungen wachsen aus der Conjunctiva die Tränendrüsen hervor (Fig. 344, S. 695). Alle diese wichtigen Teile des Auges sind Produkte des äußeren Keimblattes. Hingegen entstehen aus dem mittleren Keimblatte (den Kopfplatten) die übrigen Teile, nämlich der Glaskörper nebst der gefäßhaltigen Linsenkapsel, die Aderhaut (nebst Iris) und die Schutzhaut (nebst Hornhaut).

Die äußeren Schutzorgane des Auges, die Augenlider, sind weiter nichts als einfache Hautfalten, die beim menschlichen Embryo im dritten Monate sich erheben. Im vierten Monate verklebt das obere Augenlid mit dem unteren, und nun bleibt das Auge bis zur Geburt von ihnen bedeckt (Taf. VIII—XIII). Meistens kurz vor der Geburt (bisweilen erst nach derselben) treten beide Augenlider wieder auseinander. Unsere Schädeltierahnen besaßen außer diesen beiden noch ein drittes Augenlid, die Nickhaut, welche vom inneren Augenwinkel her über das Auge herübergezogen wurde. Viele Urfische und Amnioten besitzen dieselbe noch heute. Bei den Affen und beim Menschen ist die Nickhaut rückgebildet, und nur noch ein kleiner Rest davon existiert an unserem inneren Augenwinkel als „halbmondförmige Falte", als ein nutzloses „rudimentäres Organ" (vergl. S. 97). Ebenso haben die Affen und der Mensch auch die unter der Nickhaut mündende „*Harder*sche Drüse" verloren, welche den übrigen Säugetieren, sowie den Vögeln, Reptilien und Amphibien zukommt.

Die eigentümliche Keimesgeschichte des Wirbeltierauges gestattet uns nicht, bestimmte Schlüsse auf seine dunkle Stammesgeschichte zu ziehen; sie ist offenbar in hohem Grade cenogenetisch, durch Zusammenziehung und Abkürzung ursprünglicher Bildungsverhältnisse verdunkelt. Wahrscheinlich sind viele ältere Stufen seiner Phylogenie spurlos verschwunden. Nur so viel läßt sich bestimmt sagen, daß die seltsame Ontogenie des komplizierten Sehapparates beim Menschen genau nach denselben Gesetzen wie bei allen anderen Wirbeltieren verläuft. Das Auge derselben ist ein Teil des Vorderhirns, der gegen die Hautdecke vorgewachsen ist, nicht ein ursprüngliches Hautsinnesorgan wie bei den wirbellosen Tieren.

In manchen wichtigen Beziehungen ähnlich wie Auge und Nase, und doch in anderer Hinsicht wieder sehr verschieden,

entwickelt sich das Ohr der Wirbeltiere [106]. Das Gehörorgan
des entwickelten Menschen gleicht in allen wesentlichen Stücken
demjenigen der übrigen Säugetiere, und ganz speciell demjenigen
der Affen. Wie bei jenen, besteht dasselbe aus zwei Hauptbestandteilen, einem Schallleitungsapparat (äußeres und mittleres Ohr)
und einem Schallempfindungsapparat (inneres Ohr). Das äußere
Ohr öffnet sich in der an den Seiten des Kopfes gelegenen Ohrmuschel (Fig. 383 a, Taf. XXVI, XXVII). Von hier führt nach
innen in den Kopf hinein der
äußere Gehörgang, welcher ungefähr einen Zoll lang ist (b).
Das innere Ende desselben ist
durch das bekannte Trommelfell
oder Paukenfell (*Tympanum*) geschlossen: eine senkrechte, jedoch
etwas schräg stehende dünne
Haut von eirunder Gestalt (c).
Dieses Trommelfell trennt den
äußeren Gehörgang von der sogenannten Trommel- oder Paukenhöhle (*Cavum tympani, d*). Das
ist eine kleine, im Felsenteil des
Schläfenbeins verborgene und
mit Luft gefüllte Höhle, die

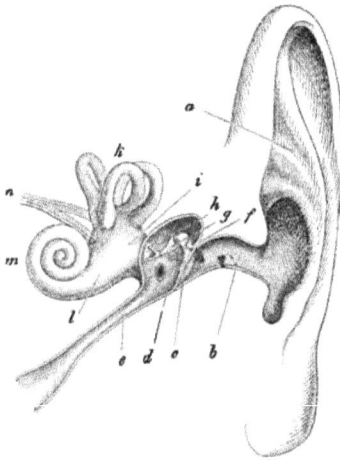

Fig. 383. **Gehörorgan des Menschen** (linkes Ohr, von vorn gesehen, in
natürlicher Größe. *a* Ohrmuschel, *b* äußerer
Gehörgang, *c* Trommelfell, *d* Trommelhöhle, *e* Ohrtrompete, *f*, *g*, *h* die drei
Gehörknöchelchen (*f* Hammer, *g* Ambos,
h Steigbügel), *i* Gehörschlauch, *k* die drei
Bogengänge, *l* Gehörsäckchen, *m* Schnecke,
n Gehörnerv.

durch ein besonderes Rohr mit
der Mundhöhle in Verbindung
steht (e). Dieses Rohr ist etwas
länger, aber viel enger als der
äußere Gehörgang, führt in
schräger Richtung aus der vorderen Wand der Paukenhöhle
nach innen und vorn herab,
und mündet hinter den inneren Nasenlöchern (oder Choanen)
oben in den Rachen oder die Schlundhöhle (Fig. 422, S. 805, *te*).
Das Rohr führt den Namen der Ohrtrompete oder Eustachischen
Trompete (*Tuba Eustachii, e*); es vermittelt die Ausgleichung
der Spannung zwischen derjenigen Luft, welche sich innerhalb
der Trommelhöhle befindet, und der äußeren atmosphärischen
Luft, welche durch den äußeren Gehörgang eindringt. Sowohl
die Ohrtrompete als die Paukenhöhle ist mit einer dünnen
Schleimhaut ausgekleidet, welche eine direkte Fortsetzung

der Schleimhaut des Schlundes ist. Innerhalb der Trommelhöhle befinden sich die drei zierlichen kleinen Gehörknöchelchen,
welche nach ihrer charakteristischen Gestalt als Hammer, Ambos
und Steigbügel bezeichnet werden (Fig. 383 *f, g, h*). Am meisten
nach außen liegt der Hammer (*f*), inwendig am Trommelfell.
Der Ambos (*g*) ist zwischen den beiden anderen eingefügt, oberhalb und nach innen vom Hammer. Der Steigbügel endlich (*h*)
liegt inwendig am Ambos und berührt mit seiner Basis die äußere
Wand des inneren Ohres oder der Gehörblase. Alle die genannten
Teile des äußeren und mittleren Ohres gehören zum Schallleitungs-
Apparate. Sie haben wesentlich die Aufgabe, die von außen
kommenden Schallwellen durch die dicke Seitenwand des Kopfes
hindurch zu der innerlich darin verborgenen Gehörblase zu leiten.
Den Fischen fehlen alle diese Teile noch gänzlich. Hier werden
die Schallwellen aus dem Wasser direkt durch die Kopfwand selbst
zur Gehörblase hingeleitet.

Der innere Schallempfindungs-Apparat, welcher die dergestalt
zugeleiteten Schallwellen aufnimmt, besteht beim Menschen, wie bei
allen anderen Säugetieren, aus einer geschlossenen, mit Flüssigkeit
gefüllten G e h ö r b l a s e und einem G e h ö r n e r v e n, dessen
Endigungen sich auf der Wand dieser Blase ausbreiten. Die
Schwingungen der Schallwellen werden durch jene Medien auf
diese Nervenendigungen übertragen. In dem Gehörwasser oder
„Labyrinthwasser", das die Gehörblase erfüllt, liegen den Eintritts-
stellen des Gehörnerven gegenüber kleine Steinchen, die aus
Haufen von mikroskopischen Kalkkristallen zusammengesetzt sind
(Gehörsteine, *Otolithi*). Die gleiche Zusammensetzung hat im
wesentlichen auch das Gehörorgan der meisten wirbellosen Tiere.
Gewöhnlich besteht dasselbe auch hier aus einem geschlossenen
Bläschen, das mit Flüssigkeit erfüllt ist, das Gehörsteinchen enthält,
und auf dessen Wand sich der Gehörnerv ausbreitet. Während
aber das Gehörbläschen hier meistens eine ganz einfache, kugelige
oder länglich-runde Gestalt besitzt, zeichnet sich dasselbe dagegen
bei den Wirbeltieren durch eine sehr eigentümliche und sonderbare,
als G e h ö r l a b y r i n t h bezeichnete Bildung aus. Dieses dünn-
häutige Labyrinth ist in einer ebenso geformten Knochenkapsel,
dem knöchernen Labyrinth, eingeschlossen (Fig. 384), und dieses
liegt mitten im Felsenbein des Schädels. Das Labyrinth aller
Kiefermäuler ist in zwei Blasen gesondert. Die größere Gehörblase heißt G e h ö r s c h l a u c h (*Utriculus*) und besitzt drei bogen-
förmige Anhänge, die sogenannten „halbzirkelförmigen Kanäle"

(c, d, e). Die kleinere Gehörblase heißt G e h ö r s ä c k c h e n (*Sacculus*) und steht mit einem eigentümlichen Anhang in Verbindung, der sich beim Menschen und den höheren Säugetieren durch seine spiralige, einem Schneckenhause ähnliche Gestalt auszeichnet und daher S c h n e c k e (*Cochlea*) genannt wird (*b*). Auf der dünnen Wand dieses zarthäutigen Labyrinthes breitet sich in höchst verwickelter Weise der Gehörnerv aus, der vom Nachhirn an die Gehörblasen herantritt. Er spaltet sich in zwei Hauptäste, einen Schneckennerven (für die Schnecke) und einen Vorhofsnerven (für die übrigen Teile des Labyrinthes). Der erstere scheint mehr die Qualität, der letztere die Quantität der Schallempfindungen zu vermitteln. Durch den Schneckennerven erfahren wir, von welcher Höhe und Klangfarbe, durch den Vorhofsnerven, von welcher Stärke die Töne sind.

Fig. 384. Fig. 385.

Fig. 384. **Das knöcherne Labyrinth des menschlichen Gehörorgans** (der linken Seite). *a* Vorhof, *b* Schnecke, *c* oberer Bogengang, *d* hinterer Bogengang, *e* äußerer Bogengang, *f* ovales Fenster, *g* rundes Fenster. Nach *Meyer*.

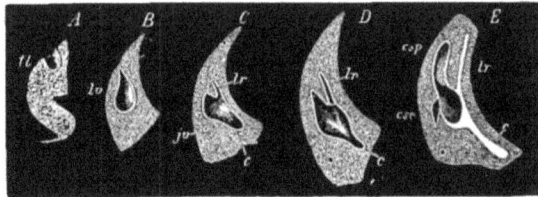

Fig. 385. **Entwickelung des Gehörlabyrinthes** vom Hühnchen, in fünf aufeinander folgenden Stufen (*A—E*). (Senkrechte Querschnitte der Schädelanlage.) *fl* Gehörgrübchen, *lv* Gehörbläschen, *lr* Labyrinthanhang, *c* Anlage der Schnecke, *csp* hinterer Bogengang, *cse* äußerer Bogengang, *jv* Jugularvene. Nach *Reissner*.

Die erste Anlage dieses höchst verwickelt gebauten Gehörorgans ist ebenso beim Embryo des Menschen, wie aller anderen Schädeltiere, höchst einfach, nämlich eine grubenförmige Vertiefung der äußeren Oberhaut. Hinten am Kopfe entsteht jederseits neben dem Nachhirn, am oberen Ende der zweiten Kiemenspalte, eine schwielenartige kleine Verdickung der Hornplatte (Fig. 385 *A fl*; 387 *g*). Diese vertieft sich zu einem Grübchen und schnürt sich von der äußeren Oberhaut ab, gerade so wie die Linse des Auges (vergl. S. 745). So entsteht demnach unmittelbar unter der Hornplatte des Hinterkopfes jederseits ein kleines, mit Flüssigkeit gefülltes Bläschen, das p r i m i t i v e O h r b l ä s c h e n oder Gehörbläschen, oder das „primäre Labyrinth" (Taf. VIII—XIII *o*). Indem sich dasselbe von seiner Ursprungsstätte, der Hornplatte, ablöst, und nach innen und unten in den Schädel hineinwächst, geht seine rundliche Gestalt in eine birnförmige über (Fig. 385 *B lv*; 388 *o*). Der äußere Teil desselben nämlich verlängert sich in einen dünnen Stiel, der anfänglich noch durch einen engen Kanal nach außen mündet (vergl. Fig. 210 *f*, S. 399). Das ist der sogenannte L a b y - r i n t h a n h a n g (*Recessus labyrinthi*, Fig. 385 *lr*). Bei niederen Wirbeltieren entwickelt sich derselbe zu einem besonderen, mit Kalkkristallen erfüllten Hohlraum, der bei einigen Urfischen sogar zeitlebens offen bleibt und oben auf dem Schädel nach außen mündet (*Ductus endolymphaticus*). Bei den Säugetieren hingegen

 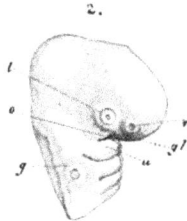 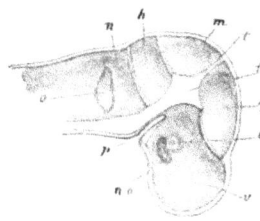

Fig. 386.   Fig. 387.   Fig. 388.

Fig. 386, 387. **Kopf eines Hühnerembryo,** vom dritten Brütetage: 386 von vorn, 387 von der rechten Seite. *n* Nasenanlage (Geruchsgrübchen), *l* Augenanlage (Gesichtsgrübchen), *g* Ohranlage (Gehörgrübchen), *v* Vorderhirn, *gl* Augenspalte, *o* Oberkieferfortsatz, *u* Unterkieferfortsatz des ersten Kiemenbogens. Nach *Kölliker.*

Fig. 388. **Urschädel des menschlichen Embryo** von vier Wochen, senkrecht durchschnitten und die linke Hälfte von innen her betrachtet. *v, z, m, h, n* die fünf Gruben der Schädelhöhle, in denen die fünf Hirnblasen liegen (Vorderhirn, Zwischenhirn, Mittelhirn, Hinterhirn und Nachhirn), *o* birnförmiges primäres Gehörbläschen (durchschimmernd), *a* Auge (durchschimmernd), *no* Sehnerv, *p* Kanal der Hypophysis, *t* mittlerer Schädelbalken. Nach *Kölliker.*

verkümmert der Labyrinthanhang. Er ist hier bloß von phylogenetischem Interesse, als ein rudimentäres Organ, welches jetzt keine physiologische Bedeutung mehr besitzt. Der unnütze Rest desselben durchzieht als ein enger Kanal die Knochenwand des Felsenbeines und führt den Namen der „Wasserleitung des Vorhofs" (*Aquaeductus vestibuli*).

Nur der innere und der untere, blasenförmig erweiterte Teil des abgeschnürten Gehörbläschens entwickelt sich zu der höchst komplizierten und differenzierten Bildung, welche man später unter dem Namen des „sekundären Labyrinthes" zusammenfaßt. Dieses Bläschen sondert sich schon frühzeitig in einen oberen größeren und unteren kleineren Abschnitt. Aus dem ersteren entsteht der

Sechsundvierzigste Tabelle.

Uebersicht über die Stammesgeschichte des menschlichen Ohres.

I. **Erste Periode.** Der Gehörnerv ist ein gewöhnlicher sensibler Hautnerv, welcher sich auf einer Gehörplatte ausbreitet, einer besonderen Hautstelle des Kopfes mit differenzierter Hornplatte.

II. **Zweite Periode.** Die Gehörplatte vertieft sich grubenförmig und bildet ein besonderes Gehörgrübchen in der Haut, welches durch einen Ausführgang (den „Labyrinthanhang") außen mündet.

III. **Dritte Periode.** Das Gehörgrübchen hat sich als geschlossenes, mit Flüssigkeit gefülltes Gehörbläschen von der Hornplatte abgeschnürt. In diesem bildet sich durch Kalkausscheidung ein Gehörstein. Der „Labyrinthanhang" wird rudimentär (Aquaeductus vestibuli).

IV. **Vierte Periode.** Das Gehörbläschen sondert sich in zwei zusammenhängende Teile: Gehörschlauch (Utriculus) und Gehörsäckchen (Sacculus). An jedes der beiden Bläschen tritt ein besonderer Hauptast des Gehörnerven heran.

V. **Fünfte Periode.** Aus dem Gehörschlauch wachsen drei Bogengänge oder Ringkanäle hervor (wie bei allen Kiefermäulern).

VI. **Sechste Periode.** Aus dem Gehörsäckchen wächst die Schnecke (Cochlea) hervor (bei Fischen und Amphibien sehr unbedeutend, erst bei den Amnioten als selbständiger Teil entwickelt).

VII. **Siebente Periode.** Die erste Kiemenspalte (oder das „Spritzloch" der Selachier) verwandelt sich in Paukenhöhle und Eustachische Ohrtrompete: erstere wird außen durch das Paukenfell geschlossen (Amphibien).

VIII. **Achte Periode.** Aus dem obersten Stücke des zweiten Kiemenbogens entwickelt sich innen ein stabförmiger Gehörknochen (Columella), welcher das Labyrinth mit dem Trommelfell verbindet (Amphibien, Reptilien).

IX. **Neunte Periode.** Die Columella der Reptilien verwandelt sich in den Steigbügel der Säugetiere, das Quadratbein der ersteren in den Amboß der letzteren, und das anstoßende Gelenkstück des Unterkiefers in den Hammer. Demnach entstehen Hammer und Amboß aus dem ersten, Steigbügel aus dem zweiten Kiemenbogen.

X. **Zehnte Periode.** Das äußere Ohr entwickelt sich nebst dem knöchernen Gehörgang, der Knorpel der Ohrmuschel, aus dem Zungenbeinbogen (dem zweiten Kiemenbogen). Die Ohrmuschel ist zugespitzt und beweglich (wie bei den meisten niederen Säugetieren).

XI. **Elfte Periode.** Die Ohrmuschel mit ihren Muskeln tritt außer Gebrauch und wird rudimentäres Organ. Sie besitzt keine Spitze mehr, dagegen einen umgeklappten Rand und ein Ohrläppchen (bei den anthropoiden Affen und beim Menschen).

Siebenundvierzigste Tabelle.

Uebersicht über die Entwickelung der Bestandteile
des menschlichen Ohres.

I. Uebersicht über die Teile des inneren Ohres (Schallempfindungs-Apparat).

A. **Produkte der Horn- platte**	1. Stiel der primären Gehörblase	1. Wasserleitung des *Aquaeductus vestibuli* Vorhofs (Ductus *s. Recessus labyrinthi* endolymphaticus)
	2. 3. Oberes Stück der primären Gehörblase	2. Gehörschlauch *Utriculus* 3. Drei Ringkanäle *Canales semicirculares* oder Bogengänge
	4. 5. Unteres Stück der primären Gehörblase	4. Gehörsäckchen *Sacculus* 5. Schnecke *Cochlea*
B. **Produkte der Medul- larplatte**	6. Nervenleiste an der Verschlußstelle des Hinterhirns	6. Gehörnerv *Nervus acusticus*
C. **Produkte der Kopf- platte**	7. Knöcherne Umhül- lung des häutigen Labyrinthes	7. Knöchernes La- *Labyrinthus osseus* byrinth
	8. Knöcherne Hülle des gesamten inneren Ohres	8. Felsenbein *Os petrosum*

II. Uebersicht über die Teile des mittleren und äußeren Ohres (Schalleitungs-Apparat).

D. **Produkte der ersten Kiemen- spalte**	9. Innerer Teil der ersten Kiemenspalte	9. Ohrtrompete *Tuba Eustachii*
	10. Mittlerer Teil der ersten Kiemenspalte	10. Paukenhöhle *Cavum tympani* (Trommelhöhle)
	11. Verschlußstelle der ersten Kiemenspalte	11. Paukenfell *Membrana tympani* (Trommelfell)
E. **Produkte der beiden ersten Kie- menbogen**	12. Oberstes Stück des zweiten Kiemen- bogens	12. Steigbügel (erster *Stapes* Gehörknochen) = *Columella*
	13. Oberstes Stuck des ersten Kiemenbogens	13. Amboß (zweiter *Incus* Gehörknochen)
	14. Mittleres Stück des ersten Kiemenbogens	14. Hammer (dritter *Malleus* Gehörknochen)
F. **Produkte der Kopf- platte**	15. Paukenring (Annulus tympanicus)	15. Knöcherner äuße- *Meatus auditorius* rer Gehörgang *osseus*
	16. Ringförmige Haut- falte an der Ver- schlußstelle der ersten Kiemenspalte	16. Ohrmuschel *Concha auris* 17. Rudimentäre Ohrmuskeln *Musculi conchae*

48*

Gehörschlauch (*Utriculus*) mit den drei Bogengängen oder Ringkanälen; aus dem letzteren das Gehörsäckchen (*Sacculus*) mit der Schnecke (Fig. 385 *c*). Die drei Bogengänge entstehen als einfache taschenförmige Ausstülpungen des Schlauches (*cse* und *csp*). Im mittleren Teile jeder Ausstülpung verwachsen ihre beiden Wände und schnüren sich von dem Schlauche ab, während ihre beiden Enden in offener Verbindung mit dessen Höhlung bleiben. Alle Gnathostomen haben gleich dem Menschen drei Ringkanäle, während unter den Cyclostomen die Lampreten nur zwei und die Myxinoiden nur einen Ringkanal besitzen. Das höchst verwickelte Gebäude der Schnecke, welches zu den feinsten und bewunderungswürdigsten Anpassungs-Produkten des Säugetierkörpers gehört, entwickelt sich ursprünglich in der einfachsten Weise als eine flaschenförmige Ausbuchtung des Gehörsäckchens. Die verschiedenen ontogenetischen Ausbildungsstufen desselben finden sich, wie *Hasse* und *Retzius* gezeigt haben, in der Reihe der höheren Wirbeltiere nebeneinander bleibend vor [107]. Auch noch bei den Monotremen fehlt die schneckenförmige Spiralkrümmung der Cochlea, welche nur für die übrigen Säugetiere und den Menschen charakteristisch ist.

Der Gehörnerv (*Nervus acusticus*) oder der achte Gehirnnerv verbreitet sich mit dem einen Hauptaste auf der Schnecke, mit dem anderen Hauptaste auf den übrigen Teilen des Labyrinthes. Der Gehörnerv ist, wie *Gegenbaur* gezeigt hat, der sensible Dorsalast eines spinalen Gehirnnerven, dessen motorischer Ventralast der Bewegungsnerv der Gesichtsmuskeln (*Nervus facialis*) ist. Er ist also phylogenetisch aus einem gewöhnlichen Hautnerven entstanden, mithin ganz anderen Ursprungs als der Sehnerv und der Geruchsnerv, welche beide direkte Ausstülpungen des Gehirns darstellen. In dieser Beziehung ist das Gehörorgan wesentlich vom Gesichts- und Geruchsorgan verschieden. Der Gehörnerv entsteht aus ektodermalen Bildungszellen des Hinterhirns und wächst aus der Nervenleiste hervor, welche sich aus dessen dorsaler Verschlußstelle entwickelt (Fig. 387 *spg*, S. 726). Hingegen entwickeln sich die sämtlichen häutigen, knorpeligen und knöchernen Umhüllungen des Gehörlabyrinthes aus den mesodermalen Kopfplatten.

Ganz getrennt von dem Schallempfindungs-Apparate entwickelt sich der Schallleitungs-Apparat, den wir in dem äußeren und mittleren Ohre der Säugetiere vorfinden. Er ist ebenso phylo-genetisch wie ontogenetisch als eine selbständige sekundäre Bildung zu betrachten, die erst nachträglich zu dem primären inneren Ohr hinzutritt. Die Entwickelung desselben ist jedoch nicht minder interessant und wird ebenfalls durch die vergleichende Anatomie vortrefflich erläutert. Bei allen Fischen und bei den noch tiefer stehenden niedersten Wirbeltieren existiert noch gar kein besonderer Schallleitungs-Apparat, kein äußeres und mittleres Ohr; diese haben nur ein Labyrinth, ein inneres Ohr, welches innen im Schädel liegt. Hingegen fehlt ihnen das Trommelfell, die Paukenhöhle und alles, was dazu gehört. Aus zahlreichen Beobachtungen der letzten Dezennien scheint hervorzugehen, daß viele (oder selbst alle) Fische überhaupt noch nicht Töne unterscheiden können; ihr Labyrinth scheint hauptsächlich (oder selbst ausschließlich) ein Organ des Raumsinnes (oder Gleichgewichtssinnes) zu sein; wenn man dasselbe zerstört, verlieren die schwimmenden Fische das Gleichgewicht und fallen um. Dasselbe gilt nach der Ansicht neuerer Physiologen auch von zahlreichen wirbellosen Tieren (— darunter den näheren Vorfahren der Wirbeltiere —). Die kugeligen Bläschen, die man bei ihnen als „Gehörbläschen" betrachtet, und die einen „Gehörstein" (Otolithen) enthalten, sollen nur Organe des Raumsinnes sein („statische Bläschen oder Statocysten").

Das mittlere Ohr entwickelt sich erst in der Klasse der Amphibien, wo wir zuerst ein Trommelfell, eine Trommelhöhle und eine Ohrtrompete antreffen; und diese, wie alle landbewohnenden Wirbeltiere (*Tetrapoden*), besitzen unzweifelhaft Gehörsvermögen. Alle diese wesentlichen Bestandteile des mittleren Ohres entstehen aus der ersten Kiemenspalte und deren Umgebung, welche bei den Urfischen zeitlebens als offenes „Spritzloch" fortbesteht und zwischen dem ersten und zweiten Kiemenbogen liegt. Beim Embryo der höheren Wirbeltiere verwächst sie in ihrem mittleren Teile, und diese Verwachsungsstelle gestaltet sich zum Trommelfell. Der nach außen davon gelegene Rest der ersten Kiemenspalte ist die Anlage des äußeren Gehörganges. Aus dem inneren Teile derselben entsteht die Paukenhöhle und weiter nach innen die Eustachische Trompete. In Zusammenhang damit steht die Entwickelung der drei Gehörknöchelchen der Säugetiere aus den beiden ersten Kiemenbogen: Hammer und Amboß bilden sich aus dem ersten, der Steigbügel hingegen aus dem obersten Ende des zweiten Kiemenbogens.

Die Bildungsgeschichte der drei Gehörknöchelchen der Säugetiere ist sehr merkwürdig, da sie mit einer höchst auffallenden phyletischen Umbildung des Kiefergelenkes verknüpft ist. Nur der

Steigbügel entspricht der Columella unserer Reptilienahnen. Dagegen ist der Amboß aus dem Quadratbein der letzteren entstanden, und der Hammer aus dem Gelenkstück ihres Unterkiefers. Das ursprüngliche Kiefergelenk der Reptilien und Amphibien ist bei den Mammalien zu dem Gelenk zwischen Amboß und Hammer geworden. Das Kiefergelenk der Säugetiere ist eine Neubildung, entstanden zwischen Zahnstück (Dentale) und Gelenkstück (Articulare) des Unterkiefers der Reptilien-Ahnen.

Was schließlich das ä u ß e r e   O h r betrifft, nämlich die O h r - m u s c h e l und den äußeren G e h ö r g a n g, der von da aus bis zum Trommelfell hinführt, so entwickeln sich diese Teile in einfachster Weise aus der Hautdecke, welche die äußere Mündung der ersten Kiemenspalte begrenzt. Die Ohrmuschel erhebt sich hier in Gestalt einer ringförmigen Hautfalte, in der später Knorpel und Muskeln entstehen (Fig. 376, 378, S. 740). Uebrigens ist dieses Organ

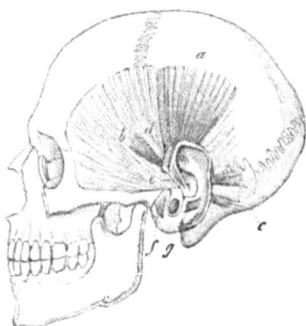

Fig. 389. **Die rudimentären Ohrmuskeln** am menschlichen Schädel. *a* Aufziehmuskel (*M. attollens*), *b* Vorziehmuskel (*M. attrahens*), *c* Rückziehmuskel (*M. retrahens*), *d* großer Ohrleistenmuskel (*M. helicis major*), *e* kleiner Ohrleistenmuskel (*M. helicis minor*), *f* Ohreckenmuskel (*M. tragicus*), *g* Gegeneckenmuskel (*M. antitragicus*). Nach *H. Meyer*.

bloß der Klasse der S ä u g e t i e r e eigentümlich. Ursprünglich ist dasselbe noch sehr einfach bei der niedersten Abteilung, den Schnabeltieren oder Monotremen. Bei den übrigen findet es sich auf sehr verschiedenen Stufen der Entwickelung und teilweise auch der Rückbildung vor. Rückgebildet ist die Ohrmuschel bei den meisten im Wasser lebenden Säugetieren. Die Mehrzahl derselben hat sie sogar ganz verloren, so namentlich die Seerinder und Walfische und die meisten Robben. Hingegen ist die Ohrmuschel bei der großen Mehrzahl der Beuteltiere und Placentaltiere gut entwickelt, dient zum Auffangen und Sammeln der Schallwellen und ist mit einem sehr entwickelten Muskelapparat versehen, mittelst dessen die Ohrmuschel frei nach allen Seiten gedreht und zugleich ihre Gestalt verändert werden kann. Sie wissen, wie kräftig und frei unsere Haussäugetiere, die Pferde, Rinder, Hunde, Kaninchen u. s. w. ihre Ohren „spitzen", aufrichten und nach verschiedenen Richtungen bewegen. Dasselbe

tun die meisten Affen noch heute, und dasselbe konnten auch
früher unsere älteren Affenahnen tun. Aber die jüngeren Affenahnen, die wir mit den anthropoiden Affen (Gorilla, Schimpanse
u. s. w.) gemein haben, gewöhnten sich jene Ohrbewegungen ab,
und daher sind die bewegenden Muskeln allmählich rudimentär
und nutzlos geworden. Trotzdem besitzen wir dieselben noch
heute (Fig. 389). Auch können einzelne Menschen noch ihre Ohren
mittelst der Vorziehmuskeln (*b*) und der Rückziehmuskeln (*c*) ein
wenig nach vorn oder nach hinten bewegen; und durch fortgesetzte Uebung kann man diese Bewegungen allmählich ver-
stärken. Hingegen ist kein Mensch mehr im stande, die Ohrmuschel
durch den Aufziehmuskel (*a*) in die Höhe zu ziehen, oder durch
die kleinen inneren Ohrmuskeln (*d, e, f, g*) ihre Gestalt zu verändern. Diese Muskeln, die unseren Vorfahren sehr nützlich
waren, sind für uns bedeutungslos geworden. Dasselbe gilt für
die meisten anthropoiden Affen.

Auch die charakteristische Gestalt unserer menschlichen Ohr-
muschel, insbesondere den umgeklappten Rand, die Leiste (*Helix*)
und das Ohrläppchen, teilen wir nur mit den höheren anthropoiden
Affen: Gorilla, Schimpanse und Orang (Taf. XXVI, XXVII).
Hingegen besitzen die niederen Affen ein zugespitztes Ohr ohne
Leistenrand und ohne Ohrläppchen, wie die anderen Säugetiere.
Darwin hat aber gezeigt, daß am oberen Teile des umgeklappten
Leistenrandes bei manchen Menschen ein kurzer spitzer Fortsatz
nachzuweisen ist, den die meisten von uns nicht besitzen. Bei ein-
zelnen Individuen ist dieser Fortsatz sehr stark entwickelt (Fig. 12, 15).
Derselbe kann nur gedeutet werden als Rest der ursprünglichen
Spitze des Ohres, welche infolge der Umklappung des Randes
nach vorn und innen geschlagen worden ist. Vergleichen wir in
dieser Beziehung die Ohrmuschel des Menschen und der verschiedenen Affen, so finden wir, daß dieselben eine zusammenhängende
Reihe von Rückbildungen darstellen. Bei den gemeinsamen
catarrhinen Vorfahren der Anthropoiden und des Menschen hat
diese Rückbildung damit begonnen, daß die Ohrmuschel zusammen-
geklappt wurde. Infolgedessen ist der Leistenrand entstanden, an
welchem jene bedeutungsvolle Ecke vorspringt, der letzte Rest von
der frei hervorragenden Spitze des Ohres bei unseren älteren
Affenahnen. So ist auch hier durch die vergleichende Anatomie
die sichere Ableitung dieses menschlichen Organes von dem
gleichen, aber höher entwickelten Organe der niederen Säugetiere
möglich. Zugleich zeigt uns die vergleichende Physiologie, daß

dasselbe bei den letzteren von mehr oder minder hohem physiologischen Werte, hingegen bei den Anthropoiden und beim Menschen ein ziemlich unnützes Organ ist. Die Schallleitung wird durch den Verlust der Ohrmuschel kaum beeinträchtigt. Hieraus erklärt sich auch die außerordentlich mannigfaltige Gestalt und Größe der Ohrmuschel bei den verschiedenen Menschen; sie teilt diesen hohen Grad von Veränderlichkeit mit anderen rudimentären Organen.

Die Knorpel, welche das stützende Skelett der Ohrmuschel bilden und die charakteristische Form ihrer Falten bedingen, stehen ursprünglich mit dem Knorpel des äußeren Gehörganges in Zusammenhang und haben sich mit ihm aus dem obersten Teile des Zungenbeinbogens (des zweiten Kiemenbogens, *Hyoideum*) entwickelt; das hat *Georg Ruge* (1897) an der Auricula der Monotremen nachgewiesen. Die vielen phylogenetisch interessanten Gesichtspunkte, welche sich aus dem vergleichenden Studium der Ohrmuschel ergeben, hat namentlich *Gustav Schwalbe* (1897) eingehend entwickelt; er zeigte, daß die *Ohrfaltenzone* (die obere und hintere Hälfte der Auricula, mit der Spitze) viel variabler ist, als die *Ohrhügelzone* (der untere und vordere Teil). Näheres darüber hat *Robert Wiedersheim* in seinem interessanten Werke mitgeteilt: „Der Bau des Menschen als Zeugnis für seine Vergangenheit" (IV. Aufl. 1908).

Auf Taf. XXVI und XXVII sind die linken Ohrmuscheln von achtzehn anthropomorphen Personen zusammengestellt und auf gleiche Größe reduziert. Eingehende und unbefangene Vergleichung derselben lehrt überzeugend, daß die charakteristische Gestalt sowohl der ganzen Ohrmuschel als ihrer einzelnen Teile bei den Menschenaffen (Taf. XXVI) ebenso veränderlich ist, als beim Menschen (Taf. XXVII). Fig. 1—3 Gorilla, Fig. 4—6 Schimpanse, Fig. 7—8 Orang, Fig. 9 Gibbon. — Fig. 10 ein Buschmann, Fig. 11—18 verschiedene Europäer (Fig. 13 ein Schwede, Fig. 14 eine Frau aus Jena, Fig. 16 Kapellmeister Humperdinck, Fig. 17 Kapellmeister Richard Strauß). In großen Versammlungen, in denen unser geistiges Interesse durch langweilige Unterhaltung oder durch phrasenreiche Reden ermüdet wird, bietet einen anregenden Ersatz die vergleichende Betrachtung der Ohrmuscheln, die sowohl in der Gesamtform, als in der Ausbildung der einzelnen Teile eine außerordentliche Mannigfaltigkeit und Verschiedenheit zeigen.

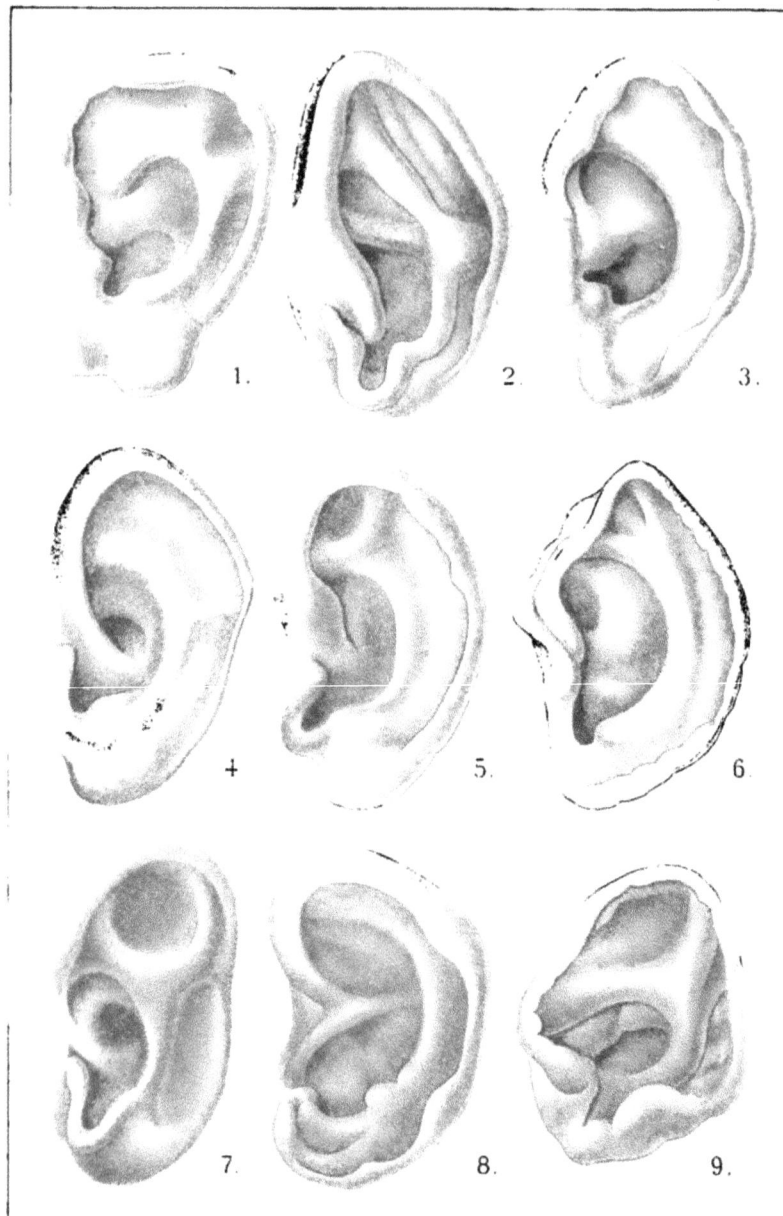

Ohrmuscheln von Affen.

10. 11. 12.

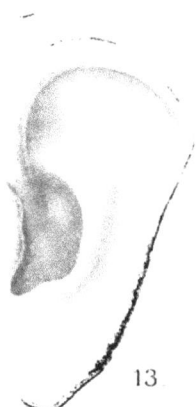

13 14. 15

16 17 18.

Haeckel del. Lith.Anst.v.A.Giltsch,Jena

Ohrmuscheln von Menschen.

Sechsundzwanzigster Vortrag.

Bildungsgeschichte unserer Bewegungsorgane.

—

„Der Leser möge bei der Beurteilung des Ganzen, vom Einzelnen ausgehend, die tatsächlicheu Grundlagen prüfen, auf welche ich meine Folgerungen stütze. Aber ebenso nötig ist wieder die Verknüpfung der einzelnen Tatsachen und deren Wertschätzung fürs Ganze. Wer von vornherein in der Organismenwelt nur zusammenhangslose Existenzen sieht, bei denen etwaige Uebereinstimmungen der Organisation als zufällige Aehnlichkeit erscheinen, der wird den Resultaten dieser Untersuchung fremd bleiben; nicht bloß weil er die Folgerungen nicht begreift, sondern vorzugsweise weil ihm die Bedeutung der Tatsachen entgeht, auf welche jene sich gründen. Die Tatsache an sich ist aber ebensowenig ein wissenschaftliches Ergebnis, als eine Wissenschaft aus bloßen Tatsachen sich zusammensetzt. Was letztere zur Wissenschaft bildet, ist ihre Verknüpfung durch jene kombinatorische Denktätigkeit, welche die Beziehung der Tatsachen zueinander bestimmt."

Carl Gegenbaur (1872).

Aktive und passive Bewegungsorgane: Muskelsystem und Skelettsystem. Primärskelett: Chorda. Sekundärskelett: Perichorda. Kopfskelett (Schädel) und Rumpfskelett (Wirbelsäule). Skelett der Gliedmassen. Entstehung der fünfzehigen Füsse aus vielzehigen Flossen. Hautmuskeln und Skelettmuskeln.

Inhalt des sechsundzwanzigsten Vortrages.

Das Motorium der Wirbeltiere. Zusammensetzung derselben aus den passiven und aktiven Bewegungsorganen (Skelett und Muskeln). Die Bedeutung des inneren Skelettes der Wirbeltiere. Zusammensetzung der Wirbelsäule. Bildungs- und Zahlenverhältnisse der Wirbel. Rippen und Brustbein. Keimesgeschichte der Wirbelsäule. Chorda und Perichorda (Chordascheide). Muskelplatten und Ursegmente. Metamerenbildung. Knorpelige und knöcherne Wirbel. Zwischenwirbelscheiben. Kopfskelett (Schädel und Kiemenbogen). Wirbeltheorie des Schädels: Goethe und Oken, Huxley und Gegenbaur. Urschädel oder Primordialkranium. Zusammensetzung aus mindestens neun verschmolzenen Metameren. Phyletische und exakte Craniologie. Kiemenbogen (Kopfrippen). Skelett der beiden Paare Gliedmaßen oder Extremitäten. Entstehung der fünfzehigen Gangfüße aus der vielzehigen Fischflosse. Die Urflosse der Selachier: Archipterygium von Gegenbaur. Uebergang der gefiederten oder zweizeiligen in die halbgefiederte oder einzeilige Flosse. Rückbildung der Flossenstrahlen oder Zehen. Polydaktylie und Pentadaktylie. Vergleichung der Vorderbeine (Brustflossen) und der Hinterbeine (Bauchflossen). Schultergürtel und Beckengürtel. Keimesgeschichte der Gliedmaßen. Entwickelungsgeschichte der Muskeln. Hautmuskulatur und Skelettmuskulatur.

Literatur:

Johannes Müller, 1834—1845. *Vergleichende Anatomie der Myxinoiden. Berlin.*

Heinrich Rathke, 1834—1860. *Abhandlungen zur Bildungs- und Entwickelungsgeschichte des Menschen und der Tiere. Königsberg.*

Carl Gegenbaur, 1864—1872. *Untersuchungen zur vergleichenden Anatomie der Wirbeltiere. Heft I—III. Ferner: Morphologisches Jahrbuch 1876—1902. 30 Bde.*

Thomas Huxley, 1873. *Handbuch der Anatomie der Wirbeltiere.*

W. K. Parker und *G. T. Betany*, 1879. *Die Morphologie des Schädels.*

Emil Rosenberg, 1876. *Ueber die Entwickelung der Wirbelsäule und das Centrale carpi des Menschen. (Morphol. Jahrb., Bd. I)*

Robert Wiedersheim, 1875—1879. *Vergleichende Anatomie der Amphibien (Gymnophionen, Salamandrinen).*

Oscar Hertwig, 1876—1881. *Ueber das Hautskelett der Fische. Morph. Jahrb., Bd. VII.*

Hermann Klaatsch, 1890. *Zur Morphologie der Fischschuppen und zur Geschichte der Hartsubstanzgewebe. Morphol. Jahrb., Bd. XVI.*

Philipp Stöhr, 1879—1882. *Zur Entwickelungsgeschichte des Schädels.*

K. Hoffmann, 1879. *Beiträge zur vergleichenden Anatomie der Wirbeltiere.*

Hans Gadow, 1880. *Beiträge zur Myologie. Morphol. Jahrb., Bd. VII. Leipzig.*

J. W. Van Wijhe, 1882. *Ueber die Mesodermsegmente und die Entwickelung der Nerven des Selachierkopfes.*

Robert Wiedersheim, 1884. *Vergleichende Anatomie der Wirbeltiere. 7. Aufl. 1909. Jena.*

L. Testut, 1884. *Les anomalies musculaires chez l'homme expliquées par l'anatomie comparée.*

Georg Ruge, 1887. *Untersuchungen über die Gesichtsmuskulatur der Primaten.*

Max Fürbringer, 1888. *Untersuchungen zur Morphologie und Systematik der Vögel, zugleich ein Beitrag zur Anatomie der Stütz- und Bewegungsorgane.*

Hermann Braus, 1904. *Die Entwickelung der Form der Extremitäten und des Extremitäten-Skelettes. (Bd. III von O. Hertwig, Handbuch d. E.) Jena.*

Edward Cope, 1883. *The vertebrata of the cretaceous formations of the West. 75 Plates.*

Ernst Gaupp, 1892—1897. *Beiträge zur Morphologie des Schädels. 1905. Die Entwickelung des Kopfskelettes. (Bd. III von O. Hertwig, Handbuch d. E.) Jena.*

Friedrich Maurer, 1892—1899. *Die Rumpfmuskulatur der Wirbeltiere. Leipzig.*

Derselbe, 1904. *Die Entwickelung des Muskelsystems und der Elektrischen Organe. (Bd. III von O. Hertwig, Handbuch d. E.) Jena.*

Carl Gegenbaur, 1898 u. 1901. *Vergleichende Anatomie der Wirbeltiere. 2 Bde. Leipzig.*

XXVI.

Meine Herren!

Unter denjenigen Organisations-Verhältnissen, welche für den Stamm der Wirbeltiere als solchen vorzugsweise charakteristisch sind, nimmt ohne Zweifel die eigentümliche Einrichtung des Bewegungsapparates oder des „Locomotorium s" eine der ersten Stellen ein. Den wichtigsten Bestandteil dieses Apparates bilden zwar, wie bei allen höheren Tieren, die aktiven Bewegungs-organe, die Muskeln oder die Stränge des Fleisches; denn vermöge ihrer eigentümlichen „Kontraktilität" besitzen dieselben die Fähigkeit, sich zusammenzuziehen und zu verkürzen. Dadurch werden die einzelnen Teile des Körpers gegeneinander bewegt und zugleich auch der gesamte Körper von Ort und Stelle bewegt. Aber die Anordnung dieser Muskeln und ihre Beziehung zu dem festen Skelett ist bei den Wirbeltieren ganz eigentümlich und verschieden von derjenigen aller Wirbellosen.

Bei den meisten niederen Tieren, namentlich den Platoden und Vermalien, finden wir, daß die Muskeln eine einfache, dünne, unmittelbar unter der äußeren Hautdecke gelegene Fleischschicht bilden. Dieser „Hautmuskelschlauch" steht mit der Hautdecke selbst im engsten Zusammenhange, und ähnlich verhält es sich auch im Stamme der Weichtiere. Auch in der großen Abteilung der Gliedertiere, in den Klassen der Krebse, Spinnen, Tausend-füßer und Insekten, finden wir noch ein ähnliches Verhältnis, nur mit dem Unterschiede, daß hier die Hautdecke einen festen Panzer bildet: ein aus Chitin (und oft zugleich aus kohlensaurem Kalk) gebildetes starres Hautskelett. Dieser äußere Chitinpanzer er-fährt sowohl am Rumpfe, als an den Gliedmaßen der Gliedertiere eine höchst mannigfaltige Gliederung, und dementsprechend er-scheint auch das Muskelsystem, dessen kontraktile Fleischstränge im Inneren der Chitinröhren angebracht sind, außerordentlich mannigfaltig gegliedert. Den direkten Gegensatz hierzu bilden die Wirbeltiere. Bei ihnen allein entwickelt sich ein festes inneres Skelett, ein aus Knorpel oder Knochen gebildetes inneres Gerüst, an welchem sich die Muskeln des Fleisches äußerlich befestigen und eine feste Stütze finden. Dieses Knochengerüste stellt einen zusammengesetzten Hebelapparat, einen passiven Bewegungsapparat dar. Die starren Teile desselben, die Hebelarme oder Knochen, werden durch die aktiv beweglichen Muskelstränge, wie durch Zugseile gegeneinander bewegt. Dieses ausgezeichnete Locomotorium und namentlich dessen feste zentrale Achse, die Wirbelsäule, ist eine besondere Eigentümlichkeit der Vertebraten, und gerade deshalb hat man ja die ganze Abteilung schon seit langer Zeit Wirbeltiere genannt.

Nun hat sich aber das innere Skelett bei den verschiedenen Klassen der Wirbeltiere trotz der Gleichartigkeit der ersten Anlage so mannigfaltig und eigentümlich entwickelt, und bei den höheren Abteilungen derselben zu einem so zusammengesetzten Apparate gestaltet, daß gerade hier die vergleichende Anatomie eine Hauptfundgrube besitzt. Das erkannte bereits die ältere Naturphilosophie im Anfange des 19. Jahrhunderts und bemächtigte sich gleich anfangs mit besonderer Vorliebe dieses höchst dankbaren Materials. Auch die Wissenschaft, die wir gegenwärtig in höherem, philosophischem Sinne „Vergleichende Anatomie" nennen, hat auf diesem Gebiete ihre reichste Ernte gehalten. Die vergleichende Anatomie der Gegenwart hat das Skelett der Wirbeltiere gründlicher erkannt und seine Bildungsgesetze mit mehr Erfolg entschleiert, als dies bei irgend einem anderen Organsysteme des Tierkörpers der Fall gewesen ist. Hier mehr, als irgendwo gilt der bekannte und viel zitierte Spruch, in welchem *Goethe* das allgemeinste Resultat seiner Untersuchungen über Morphologie zusammenfaßte:

> „Alle Gestalten sind ähnlich, doch keine gleichet der andern;
> „Und so deutet der Chor auf ein geheimes Gesetz."

Und heute, wo wir dieses „geheime Gesetz" erkannt, dieses „heilige Rätsel" durch die Descendenztheorie gelöst haben, wo wir die Aehnlichkeit der Gestalten durch die Vererbung, ihre Ungleichheit durch die Anpassung erklären, heute können wir in dem ganzen reichen Arsenal der vergleichenden Anatomie keine Waffen finden, welche die Wahrheit der Abstammungslehre kräftiger verteidigten, als die Vergleichung des inneren Skelettes bei den verschiedenen Wirbeltieren. Wir dürfen daher schon von vornherein erwarten, daß dieselbe auch für unsere Anthropogenie eine ganz besondere Bedeutung besitzt. Das innere Skelett der Wirbeltiere ist eines von jenen Organen, über dessen

Phylogenie wir durch die vergleichende Anatomie
viel wichtigere, reichere und tiefere Aufschlüsse
erhalten, als durch die Ontogenie.

Bei keinem anderen Organsystem drängt sich dem vergleichenden Beobachter so klar und so unmittelbar, wie bei dem
inneren Skelett der Wirbeltiere, die Notwendigkeit des phylogenetischen Zusammenhanges der verwandten und doch so verschiedenen Gestalten auf. Wenn wir das Knochengerüste des
Menschen mit demjenigen der übrigen Säugetiere und dieses
wiederum mit dem der niederen Wirbeltiere denkend vergleichen,
so müssen wir daraus allein schon die Ueberzeugung von der
wahren Stammesverwandtschaft aller Wirbeltiere schöpfen. Denn
alle die einzelnen Teile, welches dieses Knochengerüst zusammensetzen, finden sich zwar in mannigfach verschiedener Form, aber
in derselben charakteristischen Lagerung und Verbindung auch
bei den anderen Säugetieren vor. Wenn wir dann ferner von
diesen abwärts die anatomischen Verhältnisse des Skelettes vergleichend verfolgen, so können wir überall einen ununterbrochenen
und unmittelbaren Zusammenhang zwischen den verschiedenartigen
und anscheinend so abweichenden Bildungen nachweisen, und
alle können wir schließlich von einer einfachsten gemeinsamen
Grundform ableiten. Hieraus allein schon muß sich für jeden
Anhänger der Entwickelungslehre mit voller Sicherheit ergeben,
daß alle Wirbeltiere mit Inbegriff des Menschen von einer einzigen
gemeinsamen Stammform, von einem Urwirbeltiere, abzuleiten
sind. Denn die morphologischen Verhältnisse des inneren
Skelettes und ebenso auch des dazu in engster Wechselbeziehung
stehenden Muskelsystems sind derart, daß man gerade hier unmöglich an einen polyphyletischen Ursprung, an eine Abstammung von mehreren verschiedenen Wurzelformen denken
kann. Unmöglich kann man bei reiflichem Nachdenken die Annahme gelten lassen, daß die Wirbelsäule mit ihren verschiedenen
Anhängen, oder daß das Skelett der Gliedmaßen mit seinen vielfach differenzierten Teilen mehrmals im Laufe der Erdgeschichte
entstanden sei, und daß die verschiedenen Wirbeltiere demnach
von verschiedenen Descendenzlinien wirbelloser Tiere abzuleiten
seien. Vielmehr drängt gerade hier die vergleichende Anatomie
und Ontogenie mit unwiderstehlicher Gewalt zu der mono-
phyletischen Ueberzeugung, daß das Menschengeschlecht ein
jüngstes Aestchen desselben gewaltigen Stammes ist, aus dessen
Zweigwerk auch alle übrigen Wirbeltiere entsprungen sind.

Achtundvierzigste Tabelle.

Uebersicht über die Zusammensetzung des menschlichen Skelettes.

A. Zentralskelett oder Achsenskelett. Rückgrat (Chordoskeleton).

Aa: **Wirbelkörper und obere Bogen.**		Ab: **Untere Wirbelbogen.**	
1. Schädel (*Cranium*)	{ 1 a Prävertebraler Schädel { 2 b Vertebraler Schädel	1. Kiemenbogen- produkte	*Producta arcuum branchialium*
2. Wirbel- säule (*Vertebra- rium*)	{ 7 Halswirbel {12 Brustwirbel { 5 Lendenwirbel { 5 Kreuzwirbel { 4 Schwanzwirbel	2. Rippen und Brustbein	*Costae et Sternum*

B. Gürtelskelett der Gliedmaßen (Zonoskeleton).

Ba: **Gürtelskelett der Vorderbeine:** **Schultergürtel** (*Scapulozona*).		Bb: **Gürtelskelett der Hinterbeine:** **Beckengürtel** (*Pelycozona*).	
1. Schulterblatt	*Scapula*	1. Darmbein	*Os ilium*
[2. Urschlüsselbein	*Procoracoides* †]	2. Schambein	*Os pubis*
[3. Rabenbein	*Coracoides* †]	3. Sitzbein	*Os ischii*
4. Schlüsselbein	*Clavicula*		

C. Gliederskelett der Gliedmaßen (Meloskeleton).

Ca: **Gliederskelett der Vorderbeine:** (*Carpomela*).		Cb: **Gliederskelett der Hinterbeine:** (*Tarsomela*).	
I. Erster Abschnitt: Oberarm.		I. Erster Abschnitt: Oberschenkel.	
1. Oberarmbein	*Humerus*	1. Oberschenkelbein	*Femur*
II. Zweiter Abschnitt: Unterarm.		II. Zweiter Abschnitt: Unterschenkel.	
2. Speichenbein	*Radius*	2. Schienbein	*Tibia*
3. Ellenbein	*Ulna*	3. Wadenbein	*Fibula*
III. Dritter Abschnitt: Hand.		III. Dritter Abschnitt: Fuß.	

III. A. Handwurzel Ursprüngliche Stücke	*Carpus* Umgebildete Stücke	III. A. Fußwurzel Ursprüngliche Stücke	*Tarsus* Umgebildete Stücke
a. Radiale	= *Scaphoideum*	a. Tibiale }	}= *Astragalus*
b. Intermedium	= *Lunatum*	b. Intermedium }	
c. Ulnare	= *Triquetrum*	c. Fibulare	= *Calcaneus*
d. Centrale	= *Centrale*	d. Centrale	= *Naviculare*
e. Carpale I	= *Trapezium*	e. Tarsale I	= *Cuneiforme* I
f. Carpale II	= *Trapezoides*	f. Tarsale II	= *Cuneiforme* II
g. Carpale III	= *Capitatum*	g. Tarsale III	= *Cuneiforme* III
h. Carpale IV + V	= *Hamatum*	h. Tarsale IV + V	= *Cuboides*

III. B. Mittelhand *Metacarpus* (5). III. C. Fünf Finger; *Digiti* (14 Kno- chen: *Phalanges*).	III. B. Mittelfuß *Metatarsus* (5). III. C. Fünf Zehen; *Digiti* (14 Kno- chen: *Phalanges*).

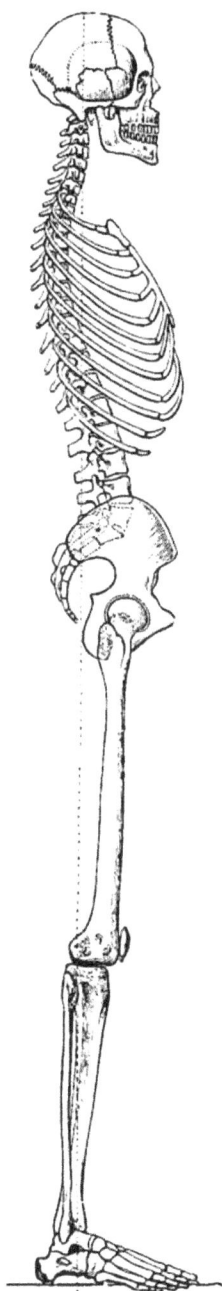

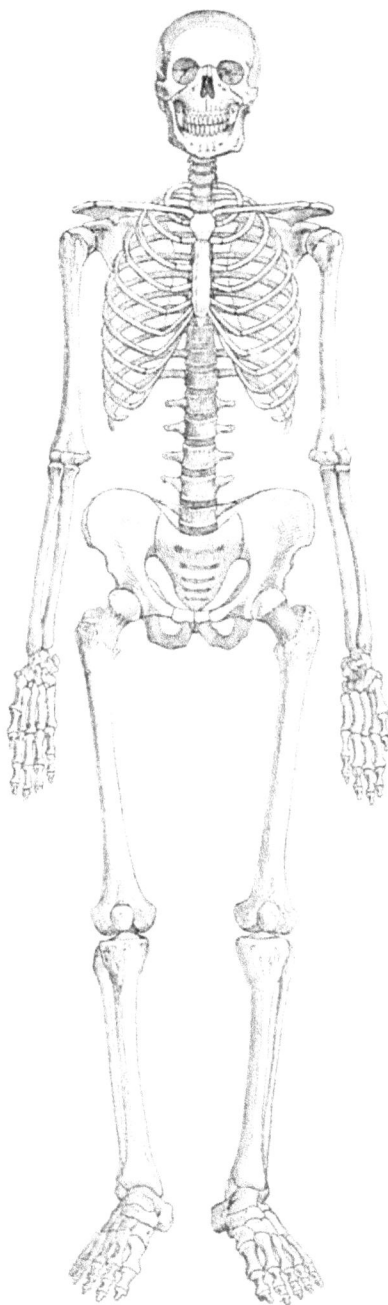

Fig. 390.

Fig. 391.

Um nun eine Anschauung von den Grundzügen der Entwickelungsgeschichte des menschlichen Skelettes zu erlangen, müssen wir
zunächst die Zusammensetzung desselben beim entwickelten Menschen übersichtlich ins Auge fassen (vergl. die 48ste Tabelle und
Fig. 390, das Skelett des Menschen von der rechten Seite, ohne
Arme; Fig. 391, das ganze Skelett von vorn). Wie bei allen
anderen Säugetieren, so unterscheiden wir auch beim Menschen
zunächst das A c h s e n s k e l e t t oder Rückgrat
und das G l i e d e r s k e l e t t oder das Knochengerüst der Gliedmaßen. Das Rückgrat (*Chordo-
skeleton*) besteht aus der *Wirbelsäule* oder dem
Rumpfskelett, und aus dem *Schädel* oder dem
Kopfskelett; das letztere erscheint als das eigentümlich umgebildete vorderste Stück des ersteren.
Als Anhänge an der Wirbelsäule finden wir die
Rippen, am Schädel das Zungenbein und den Unterkiefer, und die anderen Produkte der Kiemenbogen.

Das G l i e d m a ß e n s k e l e t t (*Meloskeleton*)
oder das Knochengerüste der zwei Paar Gliedmaßen (*Extremitäten*) setzt sich aus zweierlei verschiedenen Teilen zusammen, aus dem Gerüste
der eigentlichen, frei vorspringenden Extremitäten
(*Podoskeleton*) und aus dem inneren Gürtelskelett,
durch das die letzteren sich mit der Wirbelsäule
verbinden (*Zonoskeleton*). Das Gürtelskelett der
Arme (oder „Vorderbeine", *Carpomela*) ist der
S c h u l t e r g ü r t e l (*Scapulozona*); das Gürtelskelett
der Beine (oder eigentlich der „Hinterbeine", *Tarsomela*) bildet der B e c k e n g ü r t e l (*Pelycozona*).

Fig. 392. **Die Wirbelsäule des Menschen** (in auf-
rechter Stellung, von der rechten Seite). Nach *H. Meyer*.

Die knöcherne W i r b e l s ä u l e des Menschen (*Columna vertebralis* oder *Vertebrarium*, Fig. 392) ist aus 33—35 ringförmigen
Knochenstücken zusammengesetzt, welche in einer Reihe h i n t e r-
einander (bei der gewöhnlichen aufrechten Stellung des Menschen
ü b e r einander) liegen. Diese Knochenstücke, die W i r b e l (*Verte-
brae*), sind durch elastische Polster, die Zwischenwirbelscheiben
(*Ligamenta intervertebralia*), voneinander getrennt und zugleich
durch Gelenke miteinander verbunden, so daß die ganze Wirbelsäule zwar ein festes und solides, aber doch zugleich biegsames

und elastisches, nach allen Richtungen frei bewegliches Achsen-
gerüste darstellt. In den verschiedenen Gegenden des Rumpfes
zeichnen sich die Wirbel durch verschiedene Gestalt und Verbindung aus, und danach unterscheidet man an der menschlichen
Wirbelsäule in der Richtung von oben nach unten folgende
Gruppen: 7 Halswirbel, 12 Brustwirbel, 5 Lendenwirbel, 5 Kreuzwirbel und 4—6 Schwanzwirbel. Die obersten, zunächst an den
Schädel anstoßenden sind die Halswirbel (Fig. 393), ausgezeichnet durch ein Loch, welches sich in jedem der beiden seitlich
abgehenden Querfortsätze findet. Die Zahl der Halswirbel beträgt
beim Menschen sieben, und ebenso bei fast allen übrigen Säugetieren, mag nun der Hals so lang sein wie beim Kamel und der
Giraffe, oder so kurz wie beim Maulwurf und Igel. Diese beständige Siebenzahl, welche nur wenige (durch Anpassung

   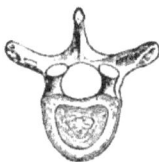   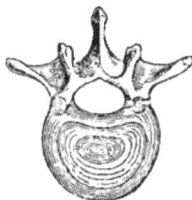

Fig. 393.   Fig. 394.   Fig. 395.

Fig. 393. **Der dritte Halswirbel** des Menschen.
Fig. 394. **Der sechste Brustwirbel** des Menschen.
Fig. 395. **Der zweite Lendenwirbel** des Menschen.

erklärte) Ausnahmen hat, ist ein redender Beweis für die gemeinsame Descendenz aller Säugetiere; sie läßt sich nur durch die
strenge Vererbung von einer gemeinsamen Stammform erklären, von einem Ursäugetier, welches sieben Halswirbel besaß.
Wäre jede Tierart für sich geschaffen worden, so würde es viel
zweckmäßiger gewesen sein, die langhalsigen Säugetiere mit einer
größeren, die kurzhalsigen mit einer kleineren Anzahl von Halswirbeln auszustatten. Auf die Halswirbel folgen zunächst die
Brustwirbel, deren Zahl beim Menschen wie bei den meisten
anderen Säugetieren 12—13 beträgt (gewöhnlich 12). Jeder Brustwirbel (Fig. 394) trägt seitlich, durch Gelenke verbunden, ein Paar
Rippen, lange Knochenspangen, welche in der Brustwand liegen
und diese stützen. Die zwölf Rippenpaare bilden zusammen mit
den verbindenden Zwischenrippenmuskeln und mit dem Brustbein,
welches vorn die Enden der rechten und linken Rippen verbindet,

den Brustkorb (*Thorax*). In diesem elastischen und doch festen Brustkorb liegen die beiden Lungen und dazwischen das Herz. Auf die Brustwirbel folgt ein kurzer, aber starker Abschnitt der Wirbelsäule, der aus 5 großen Wirbeln gebildet wird. Das sind die Lendenwirbel (Fig. 395), welche keine Rippen tragen und keine Löcher in den Querfortsätzen zeigen. Dann folgt dahinter das Kreuzbein, welches zwischen die beiden Hälften des Beckengürtels eingefügt ist. Dieses Kreuzbein wird durch fünf feste, völlig miteinander verschmolzene Kreuzwirbel gebildet. Endlich zuletzt kommt eine kleine, rudimentäre Schwanzwirbelsäule, das sogenannte Steißbein (*Coccyx*). Dieses Steißbein besteht aus einer wechselnden Anzahl (gewöhnlich 4, seltener 3 oder 5—6) kleiner, verkümmerter Wirbel und ist ein nutzloses, rudimentäres Organ, welches gegenwärtig keine physiologische Bedeutung mehr besitzt. Aber morphologisch ist dasselbe von hohem Interesse, als ein unwiderleglicher Beweis, daß der Mensch und die Anthropoiden von langschwänzigen Affen abstammen. Denn nur durch diese Annahme läßt sich die Existenz dieses rudimentären Schwanzes überhaupt erklären. Beim menschlichen Embryo ragt sogar der Schwanz in frühen Perioden der Keimesgeschichte beträchtlich frei hervor (Taf. XIII, M. II). Später verwächst er; aber die Reste der verkümmerten Schwanzwirbel und der sie früher bewegenden rudimentären Muskeln bleiben zeitlebens bestehen. Bisweilen bleibt der Schwanz auch äußerlich erhalten (Fig. 195, S. 389). Nach der Behauptung älterer Anatomen ist das Schwänzchen beim menschlichen Weibe gewöhnlich um einen Wirbel länger als beim Manne (hier 4, dort 5 Wirbel); nach *Steinbach* umgekehrt.

Wirbelzahlen verschiedener Catarrhinen	Hals-wirbel	Brust-wirbel	Lenden-wirbel	Kreuz-wirbel	Schwanz-wirbel	Summa
Schwanzlose Mensch (Fig. 337, S. 672; Fig. 392)	7	12	5	5	4	33
Orang (Fig. 236–238, S. 424)	7	12	5	4	3	31
Gibbon (Fig. 235, 333)	7	13	5	4	3	32
Gorilla (Fig. 242—244, 336)	7	13	4	4	5	33
Schimpanse (Fig. 239—241, 335)	7	14	4	4	5	34
Geschwänzte Mandrill (*Mormon choras*)	7	13	6	3	5	34
Drill (*Mormon leucophaeus*)	7	12	7	3	8	37
Rhesus (*Inuus rhesus*)	7	12	7	2	18	46
Sphinx (*Papio sphinx*)	7	13	6	3	24	53
Simpai (*Semnopithecus melas*	7	12	7	3	31	60

Die Zahl der Wirbel in der menschlichen Wirbelsäule
beträgt gewöhnlich zusammen 33. Es ist jedoch von Interesse,
daß diese Zahl häufig abgeändert wird, indem einer oder der
andere Wirbel ausfällt, oder indem ein neuer überzähliger Wirbel
sich einschaltet. Auch bildet sich nicht selten am letzten Halswirbel oder am ersten Lendenwirbel eine frei bewegliche Rippe,
so daß dann 13 Brustwirbel neben 6 Halswirbeln oder 4 Lenden-
wirbeln bestehen. In dieser Weise können die angrenzenden
Wirbel der verschiedenen Abteilungen der Wirbelsäule sich einander stellvertretend ersetzen. Auf der anderen Seite zeigt die
vorstehende Zusammenstellung der Wirbelzahlen verschiedener
schwanzloser und geschwänzter Catarrhinen, wie beträchtlichen
Schwankungen diese Zahlen selbst innerhalb dieser einen Familie
unterliegen [109]).

Um die Entwickelungsgeschichte der menschlichen Wirbelsäule zu verstehen, müssen wir nun die Gestalt und Zusammen-
fügung der Wirbel zunächst noch etwas näher betrachten. Jeder
Wirbel hat im allgemeinen die Gestalt eines Siegelringes (Fig. 393
bis 395). Der dickere Teil derselben, der der Bauchseite zugekehrt
ist, heißt der Wirbelkörper und bildet eine kurze Knochen-
scheibe; der dünnere Teil desselben bildet einen halbkreisförmigen
Bogen, den Wirbelbogen, welcher der Rückenseite zugewendet
ist. Die Bogen aller hintereinander liegenden Wirbel sind durch
dünne „Zwischenbogenbänder" (*Ligamenta intercruralia*) in der
Weise miteinander verbunden, daß der von ihnen gemeinschaftlich
umschlossene Hohlraum einen langen Kanal herstellt. In diesem
Wirbelkanal liegt der Rumpfteil des Zentralnervensystems, das
Rückenmark. Der Kopfteil desselben, das Gehirn, ist in der
Schädelhöhle eingeschlossen, und der Schädel selbst ist dementsprechend nichts anderes als das vorderste, eigentümlich umgebildete oder modifizierte Stück der Wirbelsäule. Die Basis oder
die Bauchseite der blasenförmigen Schädelkapsel entspricht ursprünglich einer Anzahl von verwachsenen Wirbelkörpern, ihre
Wölbung oder Rückenseite dagegen den verschmolzenen oberen
Wirbelbogen.

Während die festen, massiven Wirbelkörper die eigentliche
Zentralachse des Skeletts herstellen, dienen die dorsalen Bogen
zum Schutze des davon umschlossenen Zentralmarks. Aehnliche
Bogen entwickeln sich aber auch auf der Bauchseite zum Schutze
der Brust- und Baucheingeweide. Solche untere oder ventrale Wirbelbogen, die von der Bauchseite der Wirbelkörper

abgehen, bilden bei vielen niederen Wirbeltieren einen Kanal,
in welchem die großen Blutgefäße an der unteren Fläche der
Wirbelsäule (Aorta und Schwanzvene) eingeschlossen sind. Bei den
höheren Wirbeltieren geht die Mehrzahl dieser unteren Wirbelbogen verloren oder wird rudimentär. Aber am Brustabschnitte
der Wirbelsäule entwickeln sich dieselben zu selbständigen starken
Knochenbogen, den Rippen (Costae). In der Tat sind die Rippen
weiter nichts als mächtige, selbständig gewordene, untere Wirbelbogen, welche ihre ursprüngliche Verbindung mit den Wirbelkörpern gelöst haben. Desselben Ursprungs sind die Ihnen bereits bekannten Kiemenbogen; diese sind eigentlich als „Kopfrippen" oder als untere Bogen von Schädelwirbeln zu betrachten,
welche den Rippen der Wirbelsäule im allgemeinen entsprechen.
Auch die Verbindungsweise der rechten und linken Bogenhälften
auf der Bauchseite ist hier wie dort dieselbe. Der Brustkorb wird
vorn dadurch geschlossen, daß sich zwischen die vorderen Rippen
das Brustbein (Sternum) einschiebt: ein unpaarer Knochen, der
ursprünglich aus zwei paarigen Seitenhälften entsteht. Ebenso
wird der Kiemenkorb vorn dadurch geschlossen, daß zwischen
rechte und linke Hälften der Kiemenbogen sich ein unpaares Ver-
bindungsstück einschaltet: der Zungenbeinkörper (Copula
lingualis oder Basis hyoidis).

Wenden wir uns nun von dieser anatomischen Uebersicht über
die Zusammensetzung der Wirbelsäule zu der Frage nach ihrer
Entwickelung, so kann ich Sie bezüglich der ersten und wichtigsten
Bildungsverhältnisse auf die früher betrachtete Keimesgeschichte
verweisen (S. 351—362). Sie erinnern sich hier zunächst der
wichtigen Tatsache, daß beim Embryo des Menschen wie aller
anderen Wirbeltiere an Stelle der gegliederten Wirbelsäule anfangs
nur ein ganz einfacher, ungegliederter Knorpelstab zu finden ist.
Dieser feste, aber biegsame und elastische Knorpelstab ist der
Achsenstab (oder die Rückensaite, Chorda dorsalis). Bei dem
niedersten Wirbeltiere, beim Amphioxus, bleibt derselbe zeitlebens
in dieser einfachsten Gestalt bestehen und vertritt permanent das
ganze innere Skelett (Fig. 245 i). Aber auch bei den Tunicaten,
bei den wirbellosen nächsten Blutsverwandten der Wirbeltiere,
treffen wir dieselbe Chorda bereits an; vorübergehend in dem vergänglichen Larvenschwanze der Ascidien (Taf. XVIII, Fig. 6 bis
13 ch); bleibend bei den Copelaten (Fig. 276 c). Unzweifelhaft
haben sowohl diese Tunicaten, wie jene Acranier die Chorda bereits von einer gemeinsamen ungegliederten Stammform geerbt;

und diese uralten, längst ausgestorbenen Ahnen aller Chordatiere sind unsere hypothetischen Urchordatiere, die Prochordonier.

Lange bevor beim Embryo des Menschen und aller höheren Wirbeltiere eine Spur vom Schädel, von den Extremitäten u. s. w. sichtbar wird, in jener früheren Zeit, in welcher der ganze Körper nur durch den sohlenförmigen Keimschild dargestellt wird, erscheint in der Mittellinie des letzteren, unmittelbar unter der ektoblastischen Markfurche, die einfache endoblastische Chorda dorsalis. (Vergl. Fig. 128—156 ch, Taf. VI. VII ch). Als cylindrischer Achsenstab von elastischer und doch fester Beschaffenheit verläuft die Chorda in der Längsachse des Körpers, vorn und hinten gleichmäßig zugespitzt. Ueberall entsteht die Chorda aus der Rückenwand des Urdarms; die Zellen, welche sie zusammensetzen (Fig. 396 b), gehören mithin dem Entoderm an (Fig. 251—262). Schon frühzeitig umgibt sich die Chorda mit einer homogenen Cuticula, einer glashellen, strukturlosen Scheide, welche von den Zellen derselben abgeschieden wird (Fig. 396 a). Dieses *Chordolemma* wird oft als „innere Chordascheide" bezeichnet und ist nicht mit der echten, äußeren Chordascheide, der mesoblastischen *Perichorda*, zu verwechseln.

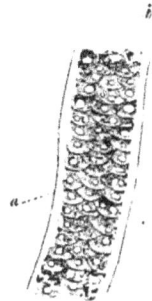

Fig. 396. **Ein Stück Achsenstab** (*Chorda dorsalis*) von einem Schafembryo. *a* Cuticularscheide, *b* Zellen. Nach *Kölliker*.

An die Stelle dieses ganz einfachen, ungegliederten, primären Achsenskelettes tritt nun aber bald das gegliederte, sekundäre Achsenskelett, das wir als „Wirbelsäule" bezeichnen. Beiderseits der Chorda differenzieren sich aus dem innersten, medialen Teile des Visceralblattes der Coelomtaschen die Urwirbelstränge oder „Urwirbelplatten" (Fig. 132 s). Indem sie von beiden Seiten um die Chorda herumwachsen und sie einschließen, bilden sie die Skelettplatte oder Skeletogenschicht, d. h. die „skelettbildende Zellenschicht", welche die gewebliche Grundlage für die bleibende Wirbelsäule und den Schädel liefert (*Skleroblast*). In der Kopfhälfte des Keimes bleibt die Skelettplatte eine zusammenhängende, einfache, ungeteilte Gewebsschicht und erweitert sich bald zu einer dünnwandigen, das Gehirn umschließenden Blase, dem primordialen Schädel. In der Rumpfhälfte hingegen zerfällt die Urwirbelplatte in eine Anzahl von gleichartigen, würfelförmigen, hintereinander gelegenen Stücken; das sind die einzelnen

Urwirbel. Die Zahl derselben ist anfangs sehr gering, nimmt aber rasch zu, indem der Keim nach hinten sich verlängert (Fig. 352—354, S. 711). Die ersten und ältesten Urwirbel sind die vordersten Halswirbel; darauf entstehen die hinteren Halswirbel, dann die vorderen Brustwirbel u. s. w. Zuletzt entstehen die hintersten Schwanzwirbel. Dieses successive ontogenetische Wachstum der Wirbelsäule in der Richtung von vorn nach hinten erklärt sich phylogenetisch dadurch, daß wir das vielgliederige Wirbeltier als ein sekundäres Produkt anzusehen haben, entstanden durch zunehmende Metamerenbildung oder Vertebration aus einer ursprünglich ungegliederten Stammform.

Wie wir schon früher mehrmals betont haben, besitzt diese Vertebration oder „innere Metamerenbildung" eine sehr große Bedeutung für die höhere morphologische und physiologische Entwickelung der Wirbeltiere (vergl. S. 350, 561). Denn diese innere Gliederung, gänzlich verschieden von der äußeren Artikulation der Gliedertiere, beschränkt sich keineswegs auf die Wirbelsäule, sondern trifft in gleichem Maße das Muskelsystem, Nervensystem, Gefäßsystem u. s. w. Sie betrifft zuerst das Muskelsystem und erscheint erst später am Skelettsystem. In der Tat ist ja jeder sogenannte „Urwirbel" viel mehr als bloß die Anlage eines späteren Wirbels. Bloß der innerste, unmittelbar der Chorda und dem Markrohr anliegende Teil desselben wird als *Sklerotom* zur eigentlichen „Wirbelbildung" verwendet, während seine Hauptmasse die Muskelplatte bildet (*Myotom*). Wie die eigentlichen Wirbel aus der Skelettplatte der Urwirbel entstehen, haben wir früher schon gesehen. Die ursprünglich getrennten, rechts und links von der Chorda gelegenen Seitenhälften jedes Urwirbels treten miteinander in Verbindung. Die unterhalb des Markrohrs zusammenkommenden Bauchkanten beider Hälften umwachsen die Chorda und bilden so die Grundlage der Wirbelkörper. Die oberhalb des Markrohrs sich vereinigenden Rückenkanten beider Hälften bilden die Anlage des oberen Wirbelbogens. (Vergl. Fig. 148—151, S. 333, sowie Tafel VI, Fig. 3—8.)

Bei allen Schädeltieren verwandeln sich die weichen, indifferenten Zellen des Mesoderms, welche die Skelettplatte ursprünglich zusammensetzen, später größtenteils in Knorpelzellen, welche eine feste und elastische Zwischenmasse („Intercellularsubstanz") zwischen sich ausscheiden und Knorpelgewebe erzeugen. Gleich den meisten anderen Skeletteilen gehen so auch die häutigen Wirbelanlagen bald in einen knorpeligen Zustand über, und bei den höheren Wirbeltieren tritt später an die Stelle des Knorpelgewebes das starre Knochengewebe mit seinen eigentümlichen sternförmigen Knochenzellen (Fig. 6, S. 114). Das primäre, ursprüngliche Achsen-skelett bleibt als einfache Chorda zeitlebens bestehen bei den Acraniern, den Cyclostomen und den niedersten Fischen. Bei den meisten übrigen Vertebraten wird die Chorda durch das ringsum wuchernde Knorpelgewebe der sekundären Perichorda mehr oder weniger verdrängt. Bei den niederen Schädeltieren (namentlich Fischen) bleibt ein mehr oder weniger ansehnlicher Teil der Chorda

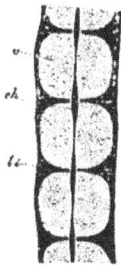

Fig. 397.

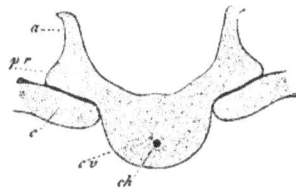

Fig. 398.

Fig. 397. **Drei Brustwirbel** eines menschlichen Embryo von acht Wochen im lateralen Längsschnitt. *v* knorpeliger Wirbelkörper, *li* Zwischen-wirbelscheiben, *ch* Chorda. Nach *Kölliker*.

Fig. 398. **Ein Brustwirbel** des-selben Embryo, im lateralen Quer-schnitt. *cv* knorpeliger Wirbelkörper, *ch* Chorda, *pr* Querfortsatz, *a* Wirbel-bogen (oberer Bogen), *c* oberes Ende der Rippe (unterer Bogen). Nach *Kölliker*.

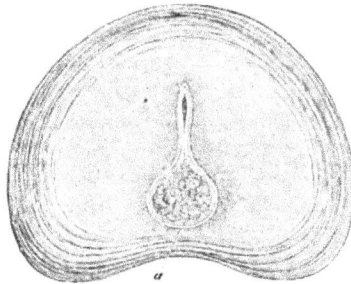

Fig. 399.

Fig. 399. **Zwischenwirbelscheibe** eines neugeborenen Kindes im Quer-schnitt. *a* Rest der Chorda. Nach *Kölliker*.

in den Wirbelkörpern erhalten. Bei den Säugetieren hingegen verschwindet sie zum größten Teile. Schon am Ende des zweiten Monats erscheint die Chorda beim menschlichen Embryo nur als ein dünner Faden, welcher durch die Achse der dicken, knorpeligen Wirbelsäule hindurchzieht (Fig. 194 *ch*, 397 *ch*). In den knorpeligen Wirbelkörpern selbst, die später verknöchern, verschwindet der dünne Chordarest bald gänzlich (Fig. 398 *ch*). In den elastischen „Zwischenwirbelscheiben" hingegen, welche sich zwischen je zwei Wirbelkörpern aus der Skelettplatte entwickeln (Fig. 397 *li*), bleibt ein Rest der Chorda zeitlebens bestehen. Beim neugeborenen Kinde

ist in jeder Zwischenwirbelscheibe eine große birnförmige Höhle sichtbar, die mit einer gallertartigen Zellenmasse erfüllt ist (Fig. 399 a).
Wenn auch weniger scharf abgegrenzt, bleibt dieser „Gallert-
kern" der elastischen Knorpelscheiben doch bei allen Säugetieren
zeitlebens bestehen, während bei den Vögeln und den meisten Reptilien auch der letzte Rest der Chorda verschwindet. Bei der
späteren Verknöcherung der knorpeligen Wirbel entsteht die erste
Ablagerung von Knochensubstanz (der „erste Knochenkern") im
Wirbelkörper unmittelbar um den Chordarest herum und verdrängt
letzteren bald ganz. Sodann entsteht ein besonderer „Knochenkern"
in jeder Hälfte des knorpeligen Wirbelbogens. Erst nach der Geburt schreitet die Verknöcherung so weit fort, daß sich die drei
Knochenkerne nähern. Im ersten Jahre verschmelzen die beiden
knöchernen Bogenhälften, aber erst viel später, im zweiten bis
achten Jahre verbinden sie sich mit dem knöchernen Wirbelkörper.

In ganz ähnlicher Weise wie die knöcherne Wirbelsäule des
Rumpfes entwickelt sich auch der knöcherne S c h ä d e l (*Cranium*),
der Kopfteil des sekundären Achsenskeletts. Wie der Wirbelkanal
der ersteren das Rückenmark schützend umgibt, so bildet der
Schädel eine knöcherne Umhüllung für das Gehirn; und da das
Gehirn nur das eigentümlich differenzierte Kopfstück, das Rückenmark hingegen das längere Rumpfstück des ursprünglich gleichartigen Medullarrohrs darstellt, so werden wir von vornherein
schon erwarten dürfen, daß auch die knöcherne Umhüllung des
ersteren als besondere Modifikation von derjenigen des letzteren
sich ergeben wird. Wenn man freilich den ausgebildeten menschlichen Schädel allein für sich betrachtet (Fig. 400), so wird man
nicht begreifen, wie derselbe nur das umgebildete Vorderteil der
Wirbelsäule sein kann. Denn da finden wir ein verwickeltes, um-
fangreiches Knochengebäude, das aus nicht weniger als zwanzig
Knochen von ganz verschiedener Gestalt und Größe zusammengesetzt ist. Sieben von diesen Schädelknochen bilden die geräumige
Kapsel, welche das Gehirn umschließt, und an welcher wir unten
den festen ventralen S c h ä d e l g r u n d (*Basis cranii*), oben das
stark gewölbte dorsale S c h ä d e l d a c h (*Fornix cranii*) unterscheiden. Die dreizehn übrigen Knochen bilden den „Gesichtsschädel",
welcher vorzugsweise die knöchernen Umhüllungen für die höheren
Sinnesorgane herstellt und zugleich als Kiefergerüste den Eingang
in den Darmkanal umschließt. Am Schädelgrunde ist der Unterkiefer eingelenkt (gewöhnlich als XXI. Schädelknochen betrachtet).
Hinter dem Unterkiefer finden wir in der Zungenwurzel versteckt

das Zungenbein, gleich ihm aus den Kiemenbogen entstanden, mithin ein Teil der unteren Bogen, die als „Kopfrippen" aus der Bauchseite der Schädelbasis ursprünglich sich entwickelt haben.

Obgleich nun so der ausgebildete Schädel der höheren Wirbeltiere durch seine ganz eigentümliche Gestalt, seine viel bedeutendere

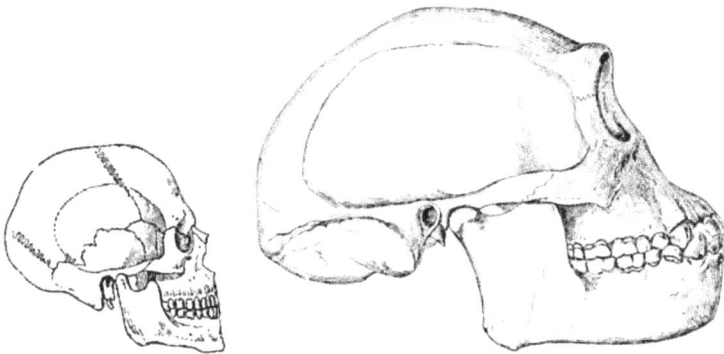

Fig. 400.   Fig. 401.

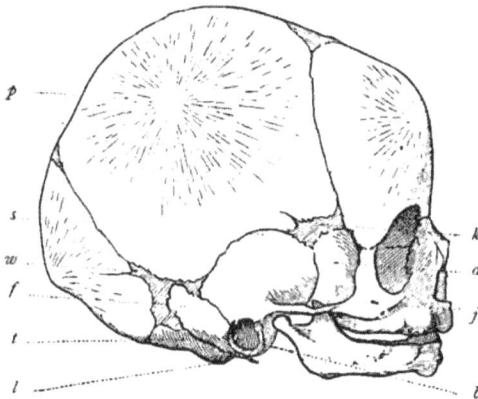

Fig. 402.

Fig. 400. **Schädel des Menschen.** (Vergl. Tafel XVII.)

Fig. 401. **Schädel des fossilen Affenmenschen von Java** (*Pithecanthropus erectus*) restauriert von *Eugen Dubois*. (Vergl. Taf. XVII.)

Fig. 402. **Schädel des neugeborenen Menschen.** Nach *Kollmann*. Oben sind in den drei großen Deckknochen des Schädeldaches die sternförmigen Knochenlinien sichtbar, die von den zentralen Verknöcherungspunkten ausstrahlen; vorn Stirnbein, hinten Hinterhauptsbein, zwischen beiden das große Scheitelbein, *p*. *s* Schuppenbein, *w* Warzenfontanelle, *f* Felsenbein, *t* Paukenbein, *l* Seitenteil, *b* Bulla, *j* Jochbein, *a* großer Keilbeinflügel, *k* Keilbeinfontanelle.

Größe und seine weit verwickeltere Zusammensetzung nichts mit gewöhnlichen Wirbeln gemein zu haben scheint, so kam doch schon die ältere vergleichende Anatomie am Ende des achtzehnten Jahrhunderts auf den richtigen Gedanken, daß der Schädel ursprünglich weiter nichts als eine Reihe von umgebildeten Wirbeln darstelle. Als *Goethe* im Jahre 1790 „aus dem Sande des dünenhaften Judenkirchhofs von Venedig einen zerschlagenen Schöpsenkopf aufhob, gewahrte er augenblicklich, daß die Gesichtsknochen gleichfalls aus Wirbeln abzuleiten seien (gleich den drei hintersten Schädelwirbeln)". Und als *Oken* (ohne von *Goethes* Fund zu wissen) im Jahre 1806 am Ilsenstein, auf dem Wege zum Brocken, „den schönsten gebleichten Schädel einer Hirschkuh fand, da fuhr es ihm wie ein Blitz durch Mark und Bein: es ist eine Wirbelsäule".

Diese berühmte „Wirbeltheorie des Schädels" hat seit einem Jahrhundert die hervorragendsten Zoologen interessiert; die bedeutendsten Vertreter der vergleichenden Anatomie haben an der Lösung dieses philosophischen „Schädelproblems" ihren Scharfsinn geübt; auch weitere Kreise haben Anteil daran genommen. Aber erst im Jahre 1872 ist die glückliche Lösung desselben nach siebenjähriger Arbeit demjenigen vergleichenden Anatomen gelungen, der sowohl durch seinen Reichtum an gediegenen empirischen Kenntnissen, wie durch die Kritik und Tiefe seiner philosophischen Spekulation alle anderen Vertreter dieser Wissenschaft in der zweiten Hälfte des 19. Jahrhunderts überragt hat. *Carl Gegenbaur* hat in seinen klassischen „Untersuchungen zur vergleichenden Anatomie der Wirbeltiere" (im dritten Hefte) das K o p f s k e l e t t d e r S e l a - c h i e r als diejenige Urkunde nachgewiesen, die allein im stande ist, die Wirbeltheorie des Schädels endgültig zu begründen. Die frühere vergleichende Anatomie war irrtümlich von dem entwickelten Säugetierschädel ausgegangen und hatte die einzelnen Knochen, welche denselben zusammensetzen, mit den einzelnen Bestandteilen der Wirbel verglichen (Fig. 402); sie glaubte auf diesem Wege den Beweis führen zu können, daß der ausgebildete Schädel des Säugetieres aus drei bis sechs ursprünglichen Wirbeln zusammengesetzt sei. Der hinterste dieser „Schädelwirbel" sollte das Hinterhauptbein sein (der „Occipitalwirbel"). Ein zweiter („Parietalwirbel") sollte durch das hintere Keilbein mit den Scheitelbeinen gebildet werden; ein dritter („Frontalwirbel") durch das vordere Keilbein und das Stirnbein. Sogar in den Knochen des Gesichtschädels glaubte man noch die Elemente von vorderen Schädelwirbeln zu finden. Hiergegen machte zuerst der scharfsinnige englische

Anatom *Huxley* mit Recht geltend, daß dieser knöcherne Schädel ursprünglich beim Embryo sich aus einer einfachen knorpeligen Blase entwickele, und daß an diesem einfachen knorpeligen „Urschädel" keine Spur einer Zusammensetzung aus wirbelartigen Teilen nachzuweisen sei. Dasselbe gilt zeitlebens von dem Schädel der niedersten und ältesten Schädeltiere, der Cyclostomen und Selachier. Hier bleibt der Schädel dauernd in Gestalt einer ganz einfachen Knorpelkapsel, als ungegliederter „Urschädel oder Primordialcranium" bestehen. Wäre aber jene ältere Schädeltheorie, wie sie nach *Goethe* und *Oken* von den meisten vergleichenden Anatomen festgehalten wurde, richtig, so müßte gerade bei diesen niedersten Schädeltieren und ebenso beim Embryo der höheren Cranioten die Zusammensetzung des „Urschädels" aus einer Reihe von getrennten „Schädelwirbeln" am deutlichsten hervortreten.

Schon durch diese einfache und naheliegende, aber doch erst von *Huxley* gehörig betonte Erwägung wird eigentlich die berühmte „Wirbeltheorie des Schädels" im Sinne der älteren vergleichenden Anatomie widerlegt. Aber trotzdem bleibt ihr richtiger Grundgedanke bestehen, die Annahme, daß der Schädel ebenso aus dem Kopfstück des perichordalen Achsenskeletts, wie das Gehirn aus dem Kopfteil des einfachen Medullarrohres durch Differenzierung und eigentümliche Umbildung entstanden sei. Nun galt es aber, den richtigen Weg zu entdecken, auf welchem diese philosophische Annahme empirisch zu begründen sei; und die Entdeckung dieses Weges ist das Verdienst von *Gegenbaur* [110]). Er betrat zuerst den phylogenetischen Weg, der hier, wie in allen morphologischen Fragen, am sichersten zum Ziele führt. Er zeigte, daß die Urfische oder Selachier (Fig. 302—305, S. 600), als Stammformen aller Kiefermäuler, in ihrer Schädelbildung noch heute diejenige Form des Urschädels bleibend konservieren, aus welcher der umgebildete Schädel der höheren Wirbeltiere, und also auch des Menschen, phylogenetisch entstanden ist. Er zeigte ferner, daß die Kiemenbogen der Selachier eine ursprüngliche Zusammensetzung ihres Urschädels aus einer größeren Anzahl — mindestens 9—10 — Urwirbel beweisen, und daß die Gehirnnerven, welche von der Gehirnbasis abtreten, diesen Beweis durchaus bestätigen. Diese Gehirnnerven sind — mit Ausnahme des ersten und zweiten Paares, des Geruchsnerven und Sehnerven — lediglich umgebildete Spinalnerven und verhalten sich in ihrer peripherischen Ausbreitung den letzteren wesentlich gleich. Die vergleichende Anatomie dieser Gehirnnerven, ihres Ursprungs und ihrer Ausbreitung, gehört zu den wichtigsten Argumenten der neuen Wirbeltheorie des Schädels.

Es würde uns hier viel zu weit abführen, wollten wir in die Einzelheiten dieser geistreichen Schädeltheorie von *Gegenbaur* eingehen, und ich muß mich begnügen, Sie auf das angeführte ausgezeichnete Werk zu verweisen, in welchem Sie die vollendete empirisch-philosophische Begründung derselben finden. Eine allgemeine, die neueren Fortschritte zusammenfassende Darstellung hat derselbe 1898 in seiner „Vergleichenden Anatomie der Wirbeltiere" gegeben. *Gegenbaur* führt als ursprüngliche „Schädelrippen" oder „untere Bogen der Schädelwirbel" jederseits am Selachierkopfe (Fig. 403) folgende Bogenpaare auf: I. und II. z w e i L i p p e n - k n o r p e l, von denen der vordere (*a*) nur aus einem oberen, der hintere (*bc*) aus einem oberen und unteren Stück zusammengesetzt ist; III. den K i e f e r b o g e n, ebenfalls aus zwei Stücken jederseits

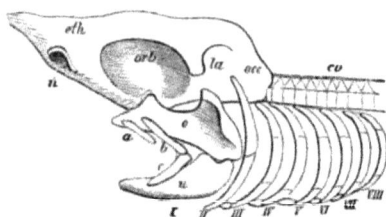

Fig. 403. **Kopfskelett eines Urfisches.** *n* Nasengrube, *eth* Siebbeingegend, *orb* Augenhöhle, *la* Ohrlabyrinthwand, *occ* Hinterhauptgegend des Urschädels, *cv* Wirbelsäule, *a* vorderer, *bc* hinterer Lippenknorpel, *o* Uroberkiefer (*Palotoquadratum*), *u* Urunterkiefer, *II* Zungenbogen, *III— VIII* erster bis sechster Kiemenbogen. Nach *Gegenbaur.*

bestehend: aus dem Uroberkiefer (*Os palato-quadratum, o*) und dem Urunterkiefer (*u*); IV. den Z u n g e n b o g e n (*II*); endlich V.—X. sechs eigentliche K i e m e n b o g e n im engeren Sinne (*III—VIII*). Aus dem anatomischen Verhalten dieser 9—10 Schädelrippen oder „unteren Wirbelbogen" und der auf ihnen sich ausbreitenden Gehirnnerven ergibt sich, daß der scheinbar einfache, knorpelige „Urschädel" der Selachier ursprünglich aus ebenso vielen (m i n d e s t e n s n e u n!) Somiten oder Urwirbeln entstanden ist. Die Verwachsung und Verschmelzung dieser Ursegmente zu einer einzigen Kapsel ist aber so u r a l t, daß ihre ursprüngliche Trennung gegenwärtig nach dem „Gesetze der abgekürzten Vererbung" verwischt erscheint; in der Ontogenese ist sie teils nur schwierig, in verdeckten Spuren, teils gar nicht mehr nachzuweisen. Neuerdings glaubt man auch im vorderen (prächordalen) Teile des Selachierschädels noch mehrere (3—6) Urwirbelanlagen nachgewiesen zu haben, so daß die Zahl der Schädelsomiten auf 12—16 oder selbst noch mehr steigen würde.

Beim Urschädel des Menschen (Fig. 404) und aller höheren Wirbeltiere, der phylogenetisch aus dem Urschädel der Selachier entstanden ist, finden sich zwar in einer gewissen frühen Periode der Entwickelung fünf hintereinander liegende Abschnitte vor, die man versucht sein könnte, auf fünf ursprüngliche Urwirbel zu beziehen; allein diese Abschnitte sind lediglich durch Anpassung an die fünf primitiven Hirnblasen entstanden und entsprechen vielmehr gleich diesen einer größeren Zahl von Metameren. Daß in dem Urschädel der Säugetiere bereits ein sehr modifiziertes und stark umgebildetes Organ und keineswegs eine primitive Bildung vorliegt, beweist auch der Umstand, daß die ursprünglich weichhäutige Anlage desselben hier nur an der Basis und den Seitenteilen zum größten Teile in den knorpeligen Zustand übergeht, an dem Schädeldach hingegen häutig oder membranös bleibt. Hier entwickeln sich die Knochen des späteren

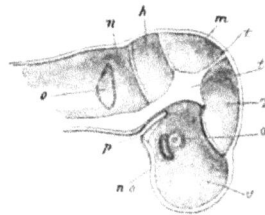

Fig. 404. **Urschädel des menschlichen Embryo** von vier Wochen, senkrecht durchschnitten und die linke Hälfte von innen her betrachtet. *v, z, m, h, n* die fünf Gruben der Schädelhöhle, in denen die fünf Hirnblasen liegen (Vorderhirn, Zwischenhirn, Mittelhirn, Hinterhirn und Nachhirn), *o* birnförmiges primäres Gehörbläschen (durchschimmernd), *no* Sehnerv, *p* Kanal der Hypophysis, *t* mittlerer Schädelbalken. Nach *Kölliker.*

knöchernen Schädels als äußere Deckknochen auf der weichhäutigen Grundlage, ohne daß, wie an der Schädelbasis, ein knorpeliges Zwischenstadium vorausgeht. So ist überhaupt ein großer Teil der Schädelknochen als Deckknochen aus der äußeren Lederhaut ursprünglich entstanden und erst sekundär in die nähere Beziehung zum Urschädel getreten (Fig. 402). Wie jene einfachste primordiale Anlage des Urschädels beim Menschen aus den „Kopfplatten" ontogenetisch sich bildet und dabei das vorderste Ende der Chorda in die Schädelbasis eingeschlossen wird, haben wir bereits früher gezeigt. (Vergl. Fig. 230, S. 415; sowie Fig. 213 *k*, S. 336, 354, 363, und Fig. 172, S. 361.)

Die Stammesgeschichte des Schädels ist in den letzten vier Decennien durch die vereinigten Ergebnisse aller drei „Schöpfungsurkunden", der vergleichenden Anatomie und Ontogenie, verknüpft mit der Paläontologie, außerordentlich gefördert worden. Durch die ebenso kritische als umfassende Anwendung der *phylogenetischen Methode* (im Sinne von *Gegenbaur*) ist uns erst der

Schlüssel des Verständnisses für die großen und wichtigen Probleme gegeben worden, welche sich an das gründliche vergleichende Studium des Schädels knüpfen. Hingegen hat sich eine andere Schule der Schädelforschung, die sogenannte „*Exakte Kraniologie*" (im Sinne von *Virchow*) um die Gewinnung jenes Verständnisses umsonst bemüht. Daß diese *deskriptive* Schädellehre die mannigfaltigen Formen und Größenverhältnisse des menschlichen Schädels, verglichen mit dem der anderen Säugetiere, möglichst genau zu beschreiben und durch unzählige Messungen mathematisch zu bestimmen versuchte, ist dankbar anzuerkennen. Allein das ungeheure empirische Material, das dieselbe in einer umfangreichen Literatur angehäuft hat, bleibt tote und unfruchtbare Gelehrsamkeit, wenn dasselbe nicht durch die phylogenetische Spekulation belebt und beleuchtet wird.

Die Namen der beiden großen Anatomen, die vor sieben Jahren aus dem Leben geschieden sind — *Rudolf Virchow* im September 1902, sein Schüler *Carl Gegenbaur* im Juni 1903 — bezeichnen gerade auf diesem weiten und vielbetretenen Gebiete der Kraniologie in sehr charakteristischer Weise den großen Gegensatz der älteren deskriptiven und der neueren phylogenetischen Forschung. *Virchow* beschränkte sich auf die genaueste *Analyse* unzähliger einzelner Schädel des Menschen und der menschenähnlichsten Säugetiere; er sah überall nur ihre Unterschiede und suchte diese womöglich in Zahlen auszudrücken; die Schädelbildungen der niederen Wirbeltiere und ihr phyletischer Zusammenhang mit den ersteren blieben ihm fremd. *Gegenbaur* umgekehrt umfaßte mit weitem Blicke das ganze große Gebiet der Schädelforschung von den niedersten und ältesten bis zu den höchsten und jüngsten Wirbeltieren hinauf; er erkannte durch geistvolle *Synthese* (im Sinne von *Goethe* und *Johannes Müller*) das gemeinsame Urbild, das allen diesen unzähligen Schädelformen zu Grunde liegt, und wies nach, daß sie alle nur Variationen eines und desselben Themas seien; er zeigte ferner, daß der Schädel des Menschen, ebenso wie aller kiefermündigen Wirbeltiere, ursprünglich aus dem einfachen Primordialschädel der ältesten silurischen Selachier abzuleiten ist (Fig. 403).

Wie wenig *Virchow* im stande war, diese bedeutungsvollen Entdeckungen von *Gegenbaur* zu würdigen, beweist seine hartnäckige, bis zu seinem Lebensende fortgesetzte Opposition gegen die Descendenztheorie; ohne irgend einen Grund dagegen geltend zu machen, ohne eine andere Erklärung an ihre Stelle zu setzen, bekämpfte er sie als unbewiesene Hypothese. Die Deutung der fossilen Menschenschädel von Spy und Neanderthal, und ihre Vergleichung mit dem Schädel von *Pithecanthropus* (Fig. 401) beweist klar den Uebergang vom Menschenaffen zum Menschen; *Virchow* erblickte darin nur ganz zufällige pathologische Veränderungen. Das Schädeldach von *Pithecanthropus* (Fig. 405, *3*) sollte einem Affen angehören, weil bei keinem Menschen eine so starke *Orbitalstriktur* vorkomme (die horizontale Einschnürung zwischen äußerem Augenhöhlenrand und Schläfe). Gleich darauf zeigte *Nehring* [111]) an einem brasilianischen, in den Sambaquis von Santos gefundenen Indianerschädel (Fig. 405, *2*) daß dieselbe Striktur beim Menschen noch tiefer sein kann, als bei manchen Affen. Sehr lehrreich ist in dieser Beziehung die Vergleichung des Schädeldaches (von oben gesehen) bei verschiedenen Herrentieren. Ich habe daher in Fig. 405 (*1—9*) neun solche Schädel von Primaten zusammengestellt und auf gleiche Größe reduziert (von oben gesehen): Fig. *1* ein hochstehender Europäer (Arier), Fig. *2* ein Brasilianer aus den Sambaquis (diluvialen Muschelhaufen), Fig. *3* der pliocäne Affenmensch von Java (*Pithecanthropus*), Fig. *4* und *5* afrikanische Menschenaffen (Gorilla und Schimpanse), Fig. *6* und *7* asiatische Anthropoiden (Orang und Gibbon), Fig. *8* und *9* geschwänzte Hundsaffen (Presbytis und Pavian). Auf dem Titelbilde des zweiten Teiles (Taf. XVII) habe ich die Schädel von acht anderen Primaten in der Seitenansicht (Profil von der rechten Seite) zusammengestellt. Unbefangene Vergleichung derselben lehrt auf den ersten Blick, daß auch hier der *Pithecometrasatz* von *Huxley* gilt (S. 420). Noch einleuchtender beweist das die vergleichende Betrachtung der fünf Primaten-Schädel, welche ich 1908 auf den fünf Tafeln meiner Festschrift über „Unsere Ahnenreihe" (*Progonotaxis hominis*) nebeneinander gestellt habe.

An die Betrachtung des Schädels schließen wir diejenige der K i e m e n b o g e n an, die schon von den älteren Naturphilosophen als K o p f r i p p e n betrachtet wurden. (Vergl. Taf. VIII—XIII, Taf. I und XXIV, sowie Fig. 178—180, S. 368.) Von den v i e r ursprünglich angelegten Kiemenbogen der Säugetiere liegt der erste zwischen der primitiven Mundöffnung und der ersten Kiemenspalte. Aus der Basis dieses e r s t e n K i e m e n b o g e n s wächst der „Oberkieferfortsatz" hervor, der in der früher bereits beschriebenen Weise sich mit dem · inneren und äußeren Nasenfortsatze jederseits vereinigt und die wichtigsten Teile des Oberkiefergerüstes bildet (Gaumenbeine, Flügelbeine u. s. w.). (Vergl.

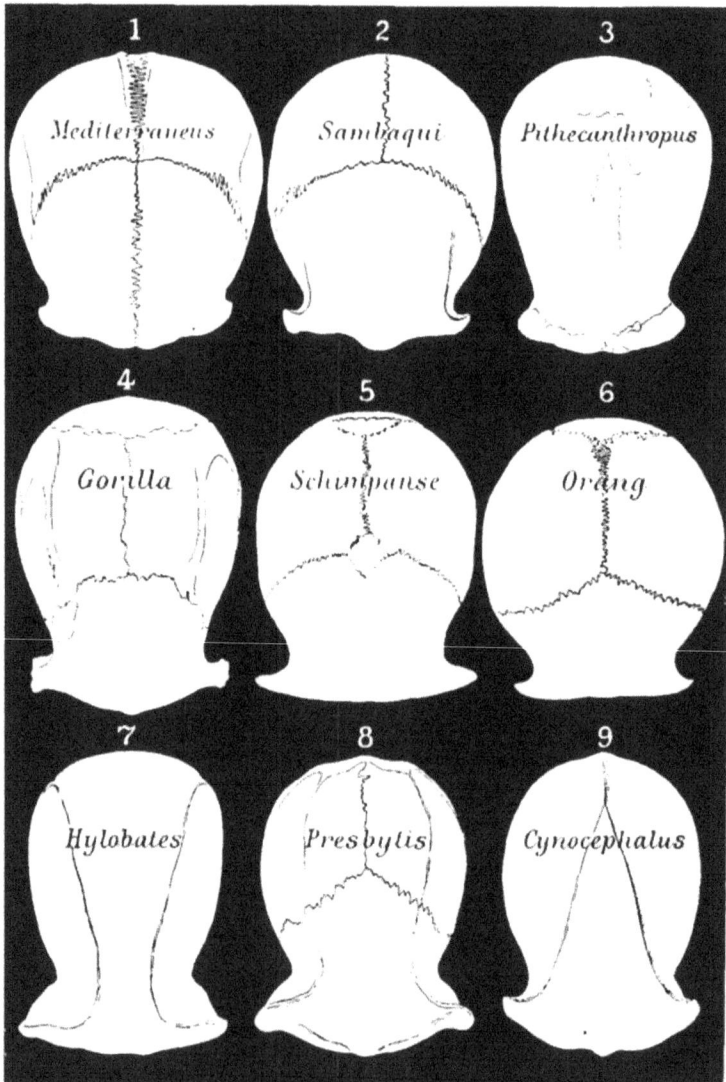

Fig. 405. **Schädeldach von neun Primaten (Catarrhinen),** von oben gesehen und auf gleiche Größe reduziert. *1.* Europäer, *2.* Brasilianer, *3.* Affenmensch, *4.* Gorilla, *5.* Schimpanse, *6.* Orang, *7.* Gibbon, *8.* Schlankaffe, *9.* Pavian.

S. 737.) Der übrige Teil des ersten Kiemenbogens, den man nun im Gegensatze dazu als „Unterkieferfortsatz" bezeichnet, bildet aus seiner Basis zwei Gehörknöchelchen (Hammer und Amboß) und verwandelt sich im übrigen Teile in einen langen Knorpelstreifen, den nach seinem Entdecker benannten „*Meckel*schen Knorpel" oder den Urunterkiefer (*Praemandibula*). An der Außenfläche dieses letzteren entsteht als „Deckknochen oder Belegknochen" (aus dem Zellenmaterial der Lederplatte) der bleibende knöcherne Unterkiefer. Aus dem Anfangsteile oder der Basis des z w e i t e n K i e m e n b o g e n s entsteht bei den Säugetieren das dritte Gehörknöchelchen, der Steigbügel; und aus den folgenden Teilen der Reihe nach: der Steigbügelmuskel, der Griffelfortsatz des Schläfenbeins, das Griffel-Zungenbeinband und das kleine Horn des Zungenbeins. Der d r i t t e K i e m e n b o g e n endlich wird nur im vordersten Teile knorpelig, und hier entsteht durch Vereinigung seiner beiden Hälften der Körper des Zungenbeins (die *Copula hyoidea*) und das große Horn desselben auf jeder Seite. Der v i e r t e K i e m e n b o g e n erscheint beim Embryo der Säugetiere nur vorübergehend als rudimentäres Embryonalorgan, ohne sich zu besonderen Teilen zu entwickeln; und von den hinteren Kiemenbogen (fünftes und sechstes Paar), die bei Selachiern bleibend bestehen, ist beim Embryo der höheren Wirbeltiere überhaupt keine Spur mehr zu finden. Diese sind längst verloren gegangen. Auch die vier K i e m e n s p a l t e n des menschlichen Embryo sind bloß als vorübergehende rudimentäre Organe von Interesse, die durch Verwachsung bald ganz verschwinden. Nur die erste Kiemenspalte (zwischen erstem und zweitem Kiemenbogen) hat bleibende Bedeutung, indem sich aus ihr die Trommelhöhle nebst der Eustachischen Ohrtrompete entwickelt. (Vergl. Fig. 383, S. 750, und Fig. 387, S. 753—755.)

Wie uns *Carl Gegenbaur* durch seine mustergültigen „Untersuchungen zur vergleichenden Anatomie der Wirbeltiere" zuerst das wahre Verständnis des Schädels und seines Verhältnisses zur Wirbelsäule eröffnet hat, so hat er auch die nicht minder schwierige und interessante Aufgabe gelöst, das S k e l e t t d e r G l i e d m a ß e n bei allen Wirbeltieren von einer und derselben Urform phylogenetisch abzuleiten. Wenige Teile des Körpers sind bei den verschiedenen Wirbeltieren durch mannigfaltige Anpassung in Bezug auf Größe, Form und bestimmte „zweckmäßige Einrichtung" so unendlich vielfachen Umbildungen unterworfen, wie die Gliedmaßen oder Extremitäten; und doch sind wir jetzt im stande, sie

alle auf eine und dieselbe erbliche Grundform zurückzuführen. Im
allgemeinen können wir bezüglich der Gliedmaßenbildung unter
den Wirbeltieren drei große Hauptgruppen unterscheiden (S. 614).
Die niedersten und ältesten Wirbeltiere, die Schädellosen und
Kieferlosen, besaßen gleich ihren wirbellosen Vorfahren überhaupt
noch gar keine paarigen Gliedmaßen, wie uns noch heute
Amphioxus und die Cyclostomen bezeugen (*Adactylia*, Fig. 245,
301). Eine zweite Hauptgruppe bilden die beiden Klassen der
echten Fische und der Dipneusten; hier sind ursprünglich überall
zwei Paar seitliche Gliedmaßen vorhanden, und zwar in
Gestalt von vielzehigen Ruderflossen, ein Paar Brustflossen
oder Vorderbeine und ein Paar Bauchflossen oder Hinterbeine (*Poly-
dactylia*, Fig. 302—313). Die dritte Hauptgruppe endlich wird durch
die vier höheren Wirbeltierklassen: Amphibien, Reptilien, Vögel
und Säugetiere gebildet; bei diesen „vierfüßigen Tieren" (*Quadru-
peda* oder *Tetrapoda*) sind ursprünglich dieselben zwei Beinpaare vorhanden, aber in Gestalt von fünfzehigen Füßen.
Oft sind weniger als fünf Zehen ausgebildet; bisweilen sind auch
die Füße ganz rückgebildet (z. B. bei den Schlangen). Aber die
ursprüngliche Stammform der ganzen Gruppe besaß vorn und
hinten fünf Zehen oder Finger (*Pentadactylia*, Fig. 317—319).

Für die Phylogenie der Gliedmaßen ergibt sich also
aus ihrer vergleichenden Anatomie, daß dieselben zuerst bei den
Fischen, und zwar bei den ältesten Urfischen entstanden sind.
Von diesen Selachiern haben sie sich auf alle höheren Wirbeltiere
vererbt, zunächst als vielzehige Schwimmflossen, später als fünfzehige Füße. Die vordere Extremität, die Brustflosse oder
das Vorderbein, ist ursprünglich ganz ähnlich gebildet, wie die
hintere Gliedmaße, die Bauchflosse oder das Hinterbein. An
der letzteren sowohl wie an der ersteren können wir von der eigentlichen, äußerlich frei vortretenden Gliedmaße den innerlich verborgenen Gürtel unterscheiden, durch welchen dieselbe an der
Wirbelsäule befestigt ist: vorn Schultergürtel, hinten Beckengürtel.

Fig. 406. **Brustflossenskelett von Ceratodus** (Archipterygium oder zweizeiliges gefiedertes Skelett. *A, B* Knorpelreihe des Flossenstammes. *rr* knorpelige
Radien oder Flossenstrahlen. Nach *Günther*.

Fig. 407. **Brustflossenskelett eines älteren Urfisches** (Acanthias) Die
Radien des medialen Flossenrandes (*B*) sind größtenteils verschwunden; nur wenige (*R'*)
sind übrig. *R, R* Radien des lateralen Flossenrandes, *mt* Metapterygium, *ms* Mesopterygium, *p* Propterygium. Nach *Gegenbaur*.

Fig. 408. **Brustflossenskelett eines jüngeren Urfisches** oder Selachiers.
Die Radien des medialen Flossenrandes sind ganz verschwunden. Der dunkel schraffierte

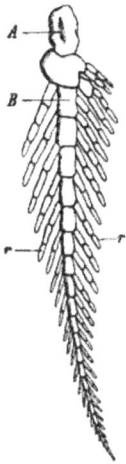
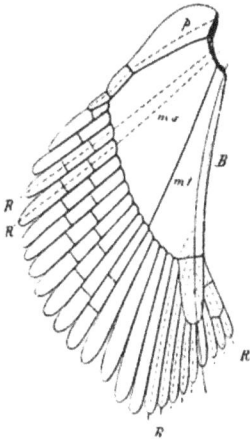
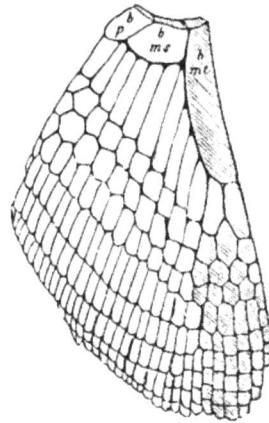

Fig. 406. Fig. 407. Fig. 408.

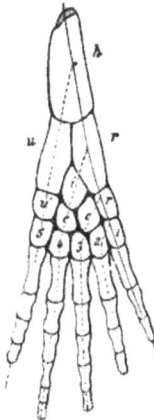
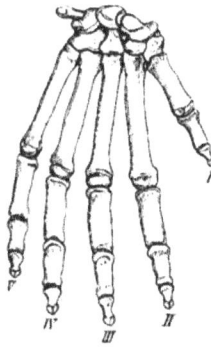
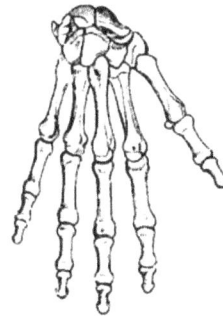

Fig. 409. Fig. 410. Fig. 411.

Teil rechts ist derjenige Abschnitt, der in die fünffingerige Hand der höheren Wirbeltiere sich fortsetzt. (*b* Die drei Basalstücke der Flosse: *mt* Metapterygium, Grundlage des Humerus, *ms* Mesopterygium, *p* Propterygium.) Nach *Gegenbaur*.

Fig. 409. **Vorderbeinskelett eines Amphibiums.** *h* Oberarm (Humerus), *ru* Unterarm (*r* Radius, *u* Ulna), *rciuu'* Handwurzelknochen der ersten Reihe (*r* Radiale, *i* Intermedium, *c* Centrale, *u'* Ulnare). *1, 2, 3, 4, 5* Handwurzelknochen der zweiten Reihe. Nach *Gegenbaur*. Vergl. hierzu im Anhang die Note 185.

Fig. 410. **Handskelett des Gorilla.** Nach *Huxley*.

Fig. 411. **Handskelett des Menschen,** Rückseite. Nach *Meyer*.

Die wahre Urform der paarigen Gliedmaßen, wie sie die ältesten Urfische während der silurischen Periode besaßen, zeigt uns noch heute in vollständiger Erhaltung der alte Lurchfisch Australiens, der merkwürdige C e r a t o d u s (Fig. 311, S. 610). Sowohl die Brustflosse, wie die Bauchflosse ist hier eine platte, ovale Ruderschaufel, in welcher wir ein g e f i e d e r t e s oder zweizeiliges (biseriales) Knorpelskelett finden (Fig. 406). Dieses besteht erstens aus einem starken gegliederten F l o s s e n s t a b e oder „Stamme" (A, B), der die Flosse von der Basis bis zur Spitze durchzieht, und zweitens aus einer Doppelreihe von dünnen gegliederten F l o s s e n - s t r a h l e n (oder Radien, r, r), welche sich an beide Seiten des Flossenstabes ansetzen, gleich den Fiedern eines gefiederten Blattes. Durch einen einfachen Gürtel in Gestalt eines Knorpelbogens ist diese Urflosse, welche *Gegenbaur* zuerst erkannt und A r c h i - p t e r y g i u m genannt hat, an der Wirbelsäule befestigt. Wahrscheinlich ist dieselbe aus einem Kiemenbogen entstanden [112].

Dieselbe zweizeilige Urflosse, bald mehr, bald weniger vollständig erhalten, finden wir auch bei den versteinerten Resten der ältesten Selachier (Fig. 292), Ganoiden (Fig. 297) und Dipneusten (Fig. 310). Auch bei einigen Haifischen und Rochen der Gegenwart kommt sie noch in mehr oder weniger veränderter Form vor. Bei der Mehrzahl der Urfische aber wird dieselbe bereits dadurch wesentlich rückgebildet, daß die Flossenstrahlen an der einen Seite des Flossenstabes teilweise oder ganz verloren gehen und nur an der anderen Seite desselben erhalten bleiben (Fig. 407). So entsteht die h a l b g e f i e d e r t e oder einzeilige (uniseriale) Fischflosse, die sich von den Urfischen auf die übrigen Fische vererbt hat (Fig. 408).

Wie aus dieser halbgefiederten Fischflosse das fünfzehige Bein der Amphibien (Fig. 409) entstanden ist, welches sich auf die drei Amniotenklassen vererbte, hat uns erst *Gegenbaur* gelehrt [113]. Es sind nämlich bei denjenigen Dipneusten, welche die Stammeltern der Amphibien wurden, auch die Flossenstrahlen an der anderen Seite des Flossenstabes allmählich rückgebildet worden und größtenteils verloren gegangen (die in Fig. 408 hell gehaltenen Knorpel). Nur die vier untersten Flossenstrahlen (dunkel schraffiert) blieben erhalten; und das sind die vier inneren Zehen des Fußes (erste bis vierte Zehe). Die kleine oder fünfte Zehe hingegen entstand aus dem unteren Ende des Flossenstabes. Aus dem mittleren und oberen Teile des Flossenstabes entwickelte sich der lange Gliedmaßenstiel, der als Unterschenkel (Fig. 409 r und u) und als

Oberschenkel (*h*) bei den höheren Wirbeltieren so bedeutend hervortritt. [Vergl. zu Fig. 409 die Note 113 im Anhang.]

So entstand durch allmähliche Rückbildung und Differenzierung
aus der vielzehigen Fischflosse der fünfzehige Fuß der Amphibien, den wir zuerst bei den karbonischen Stegocephalen (Fig. 314)
antreffen und der sich von da aus auf die Reptilien einerseits, auf
die Säugetiere anderseits bis zum Menschen hinauf vererbt hat
(Fig. 411). Mit der Reduktion der Flossenstrahlen bis auf vier er-
folgte gleichzeitig die weitere Differenzierung des Flossenstabes, seine
quere Gliederung in obere und untere Schenkelhälften, und die Umbildung des Gliedergürtels, der bei den höheren Wirbeltieren vorn
wie hinten ursprünglich aus drei Knochen zusammengesetzt ist. Es
zerfällt nämlich der einfache Bogen des ursprünglichen Schultergürtels jederseits in ein oberes (dorsales) Stück, das Schulterblatt
(*Scapula*), und in ein unteres (ventrales) Stück: der vordere Teil
des letzteren bildet das Urschlüsselbein (*Procoracoideum*), der hintere Teil das Rabenbein (*Coracoideum*). Ganz entsprechend sondert
sich auch der einfache Bogen des Beckengürtels in ein oberes (dorsales) Stück, das Darmbein (*Os ilium*), und in ein unteres (ventrales) Stück: der vordere Teil des letzteren bildet das Schambein
(*Os pubis*), der hintere das Sitzbein (*Os ischii*). Wie diese drei
Teile des Beckengürtels denjenigen des Schultergürtels entsprechen,
zeigt Ihnen die 48. Tabelle (S. 766). Der letztere besitzt jedoch
außerdem noch in dem sekundären Schlüsselbein (*Clavicula*) einen
vierten Knochen (ursprünglich Deckknochen der Haut), welcher dem
ersteren fehlt (*Gegenbaur*, Vergleichende Anatomie 1898, S. 467—502).

Wie am Gürtel, so ist auch am Stiele der Gliedmaßen die
Uebereinstimmung zwischen der vorderen und hinteren Extremität
ursprünglich ganz vollständig. Der erste Abschnitt des Stieles wird
nur durch einen einzigen starken Knochen gestützt: vorn den Oberarm (*Humerus*), hinten den Oberschenkel (*Femur*). Der zweite
Abschnitt enthält dagegen zwei Knochen: vorn Speiche (*Radius*, *r*)
und Ellbogen (*Ulna*, *u*); hinten entsprechend Schienbein (*Tibia*)
und Wadenbein (*Fibula*). (Vergl. die Skelette Fig. 314, 319, 324,
333—337, 420). Auch die darauf folgenden zahlreichen kleinen
Knochen der Handwurzel (*Carpus*) und der Fußwurzel (*Tarsus*)
sind vorn und hinten entsprechend angeordnet; ebenso die fünf
Knochen der Mittelhand (*Metacarpus*) und des Mittelfußes (*Meta-
tarsus*). Dasselbe gilt endlich auch von den daran angefügten fünf
Zehen selbst, die in ihrer charakteristischen Zusammensetzung aus
einer Reihe von Knochenstücken vorn und hinten ganz gleiche

Verhältnisse zeigen. Alle einzelnen Teile der Vorderbeine (*Carpo-mela*) und der Hinterbeine (*Tarsomela*) zeigen *Homodynamie* [114].

Wenn wir nun so durch die vergleichende Anatomie erfahren, daß das Skelett der Gliedmaßen beim Menschen ganz aus denselben Knochen in derselben Weise zusammengesetzt ist, wie das Skelett in den vier höheren Wirbeltierklassen, so werden wir schon daraus auf eine gemeinsame Descendenz derselben von einer einzigen Stammform schließen dürfen. Diese Stammform war das älteste Amphibium, welches vorn und hinten fünf Zehen an jedem Fuße besaß. Allerdings ist besonders der äußerste Abschnitt der Gliedmaßen durch Anpassung an verschiedene Lebensbedingungen merkwürdig umgebildet. Denken Sie nur daran, welche Verschiedenheiten derselbe innerhalb der Säugetierklasse darbietet. Da stehen sich gegenüber die schlanken Beine des flüchtigen Hirsches und die starken Springbeine des Känguruh, die Kletterfüße des Faultieres und die Grabschaufeln des Maulwurfes, die Ruderflossen des Walfisches und die Flügel der Fledermaus. Gewiß wird jeder zugestehen, daß diese Lokomotionsorgane in Bezug auf Größe, Form und spezielle Funktion so verschieden sind, als sie nur gedacht werden können. Und doch ist das innere Knochengerüst in allen wesentlich dasselbe. Doch finden wir in allen diesen verschiedenen Beinen immer dieselben charakteristischen Knochen in derselben wesentlichen, streng erblichen Verbindung wieder: ein Beweis für die Descendenztheorie, wie ihn die vergleichende Anatomie an einem anderen Organe kaum glänzender liefern kann. (Vergl. Taf. XXVIII und XXIX, S. 792; sowie ihre Erklärung im Anhang.) Allerdings erleidet das Skelett in den Gliedmaßen der verschiedenen Säugetiere außer den speziellen Anpassungen auch vielfache Verkümmerungen und Rückbildungen (Fig. 412). So finden wir schon in dem Vorderfuß (oder der Hand) des Hundes (*II*) die erste Zehe oder den Daumen rückgebildet. Beim Schwein (*III*) und beim Tapir (*V*) ist dieselbe ganz verschwunden. Bei den Wiederkäuern (z. B. beim Rinde Fig. *IV*) sind auch die zweite und fünfte Zehe außerdem rückgebildet und nur die dritte und vierte gut entwickelt. Beim Pferde endlich ist gar nur eine einzige (die dritte) Zehe vollständig ausgebildet (Fig. *VI, 3*). Und doch sind alle diese verschiedenen Vorderfüße, ebenso wie die Hand des Affen (Fig. 410) und des Menschen (Fig. 411), aus derselben, gemeinsamen, fünfzehigen Stammform ursprünglich entstanden. Das beweisen sowohl die Rudimente der verkümmerten Zehen, als auch die gleichartige Anordnung der Handwurzelknochen bei allen Pentanomen

(Fig. 412 *a—p*). Vergl. hierzu die *Carpomelen* auf Taf. XXVIII und die *Tarsomelen* auf Taf. XXIX, sowie oben S. 619.

Vergleichen wir unbefangen das Knochengerüst von Arm und Hand des Menschen mit demjenigen der nächst verwandten Menschenaffen, so ergibt sich eine fast vollkommene Uebereinstimmung. Inbesondere gilt das vom Schimpanse. In Bezug auf die Proportionen einzelner Teile stehen die niedrigsten Menschenrassen der Gegenwart (Weddas von Ceylon, Fig. 414) in der Mitte zwischen dem Schimpanse (Fig. 413) und dem Europäer, Fig. 415 [*]).

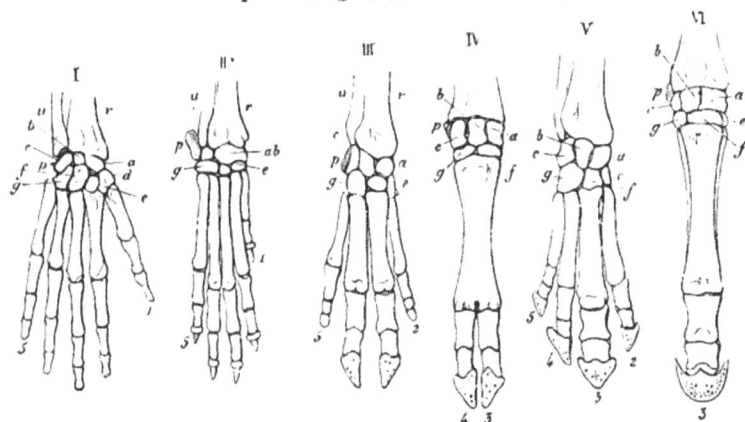

Fig. 412. **Skelett der Hand oder des Vorderfußes** von sechs Säugetieren: *I.* Mensch, *II.* Hund, *III.* Schwein, *IV.* Rind, *V.* Tapir, *VI.* Pferd. *r* Radius, *u* Ulna, *a* Scaphoideum, *b* Lunare, *c* Triquetrum, *d* Trapezium, *e* Trapezoid, *f* Capitatum, *g* Hamatum, *p* Pisiforme. *1.* Daumen, *2.* Zeigefinger, *3.* Mittelfinger, *4.* Ringfinger, *5.* Kleinfinger. Nach *Gegenbaur*.

Viel bedeutender sind die Unterschiede in der Bildung und den Proportionen derselben Teile zwischen den einzelnen Gattungen der Menschenaffen (Fig. 333—337 S. 672); und noch viel größer ist der morphologische Abstand zwischen diesen letzteren und den niederen Affen (Hundsaffen, *Cynopitheca*). Auch hier wieder bestätigt unbefangene und eingehende anatomische Vergleichung die Richtigkeit des *Pithecometra-Satzes* von *Huxley* (S. 420).

Die durchgehende Einheit der Bildung, welche uns so die vergleichende Anatomie der Gliedmaßen offenbart, findet ihre volle Bestätigung in deren Keimesgeschichte. Diese ist nicht nur bei allen Säugetieren, sondern überhaupt bei allen Tetrapoden

---

[*]) Vergl. das schöne Werk von *Paul Sarasin* und *Fritz Sarasin:* „Ergebnisse naturwissenschaftlicher Forschungen auf Ceylon" (Bd. III, 1892).

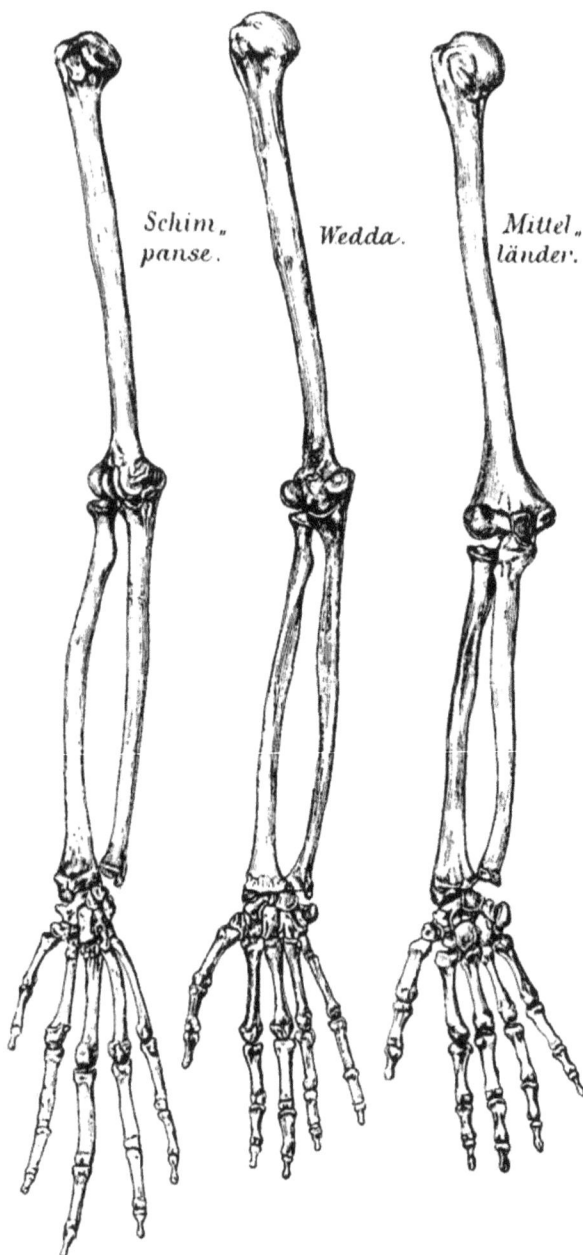

Schim„panse.   Wedda.   Mittel„länder.

Fig. 413.   Fig. 414.   Fig. 415.

Fig. 413—415. **Arm und Hand von drei Anthropoiden.** Fig. 413 Schim panse (*Anthropithecus niger*). Fig. 414 Wedda von Ceylon (*Homo veddalis*). Fig. 415 Europäer (*Homo mediterraneus*). Nach *Paul Sarasin* und *Fritz Sarasin*.

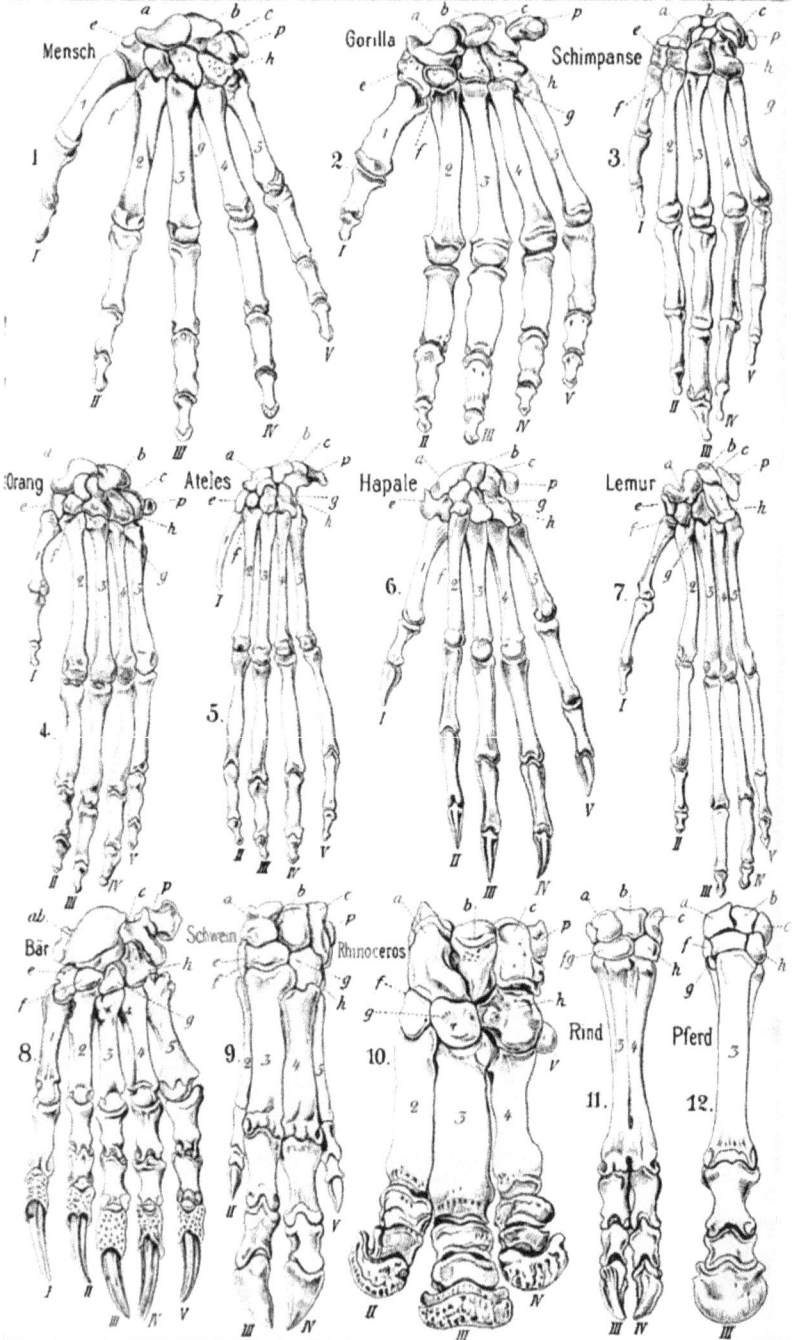

Hand von zwölf Säugethieren.

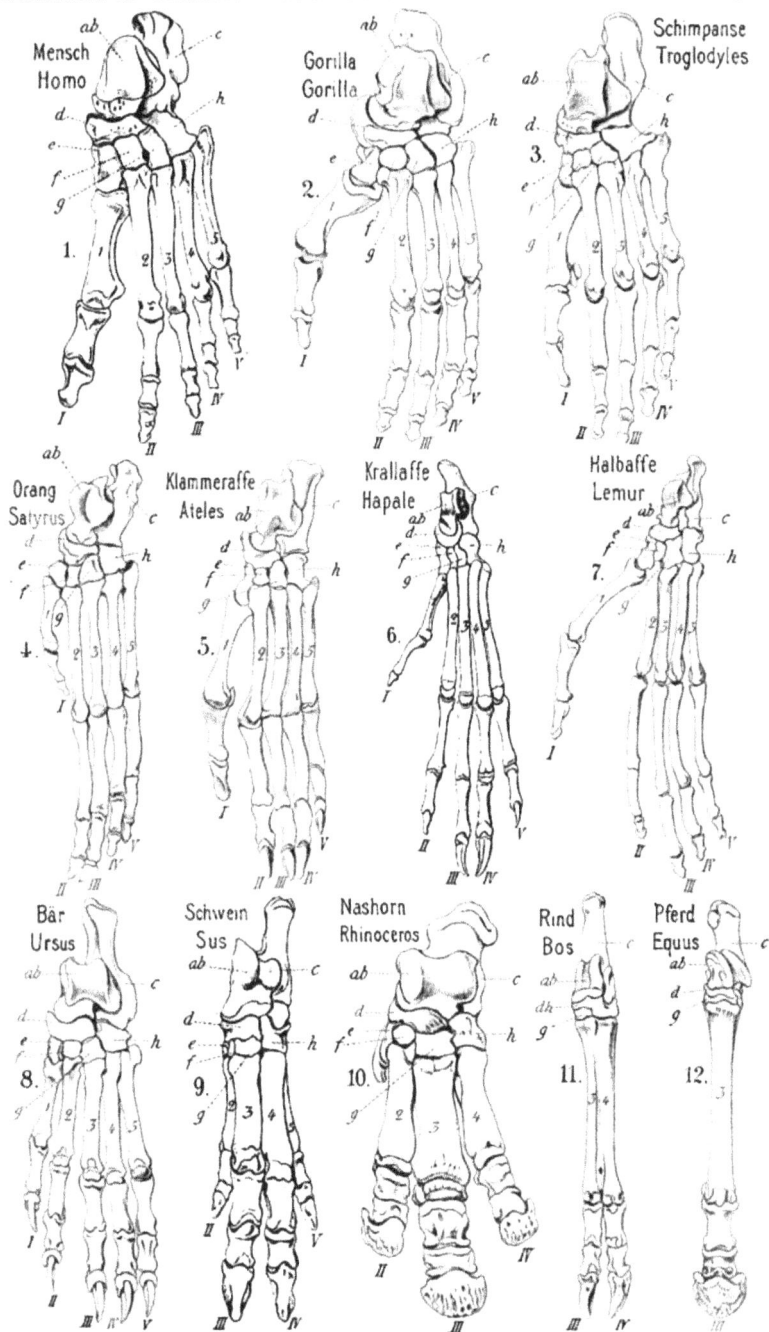

Mensch Homo 1.

Gorilla Gorilla 2.

Schimpanse Troglodytes 3.

Orang Satyrus 4.

Klammeraffe Ateles 5.

Krallaffe Hapale 6.

Halbaffe Lemur 7.

Bär Ursus 8.

Schwein Sus 9.

Nashorn Rhinoceros 10.

Rind Bos 11.

Pferd Equus 12.

nach Huxley

Fuss von zwölf Säugethieren.

oder *pentanomen Vertebraten*, von den ältesten Amphibien bis zum Menschen aufwärts, ursprünglich ganz dieselbe.

Wie verschieden auch die Extremitäten der vierfüßigen Schädeltiere im ausgebildeten Zustande erscheinen, so entwickeln sich doch alle aus derselben einfachen Grundlage (vergl. Taf. VIII—XIII, S. 376; *f* Vorderbeine, *b* Hinterbeine). Ueberall ist die erste Anlage jeder Gliedmaße beim Embryo ein ganz einfaches Wärzchen oder Höckerchen, welches aus der Seite des Bauchleibes oder Hyposoma hervorwächst. Die Zellen, welche die Wärzchen zusammensetzen, gehören zum Hautfaserblatte. Die Oberfläche ist von der Hornplatte überzogen, die an der Spitze der Höckerchen etwas verdickt ist (Taf. VI, Fig. 8 *x*). Die beiden vorderen Wärzchen erscheinen etwas früher als die beiden hinteren. Diese einfachen Anlagen entwickeln sich bei den Fischen und Dipneusten durch Differenzierung ihrer Zellen unmittelbar zu den Flossen. Bei den höheren Wirbeltierklassen hingegen nimmt jedes der vier Wärzchen beim weiteren Wachstum die Form einer gestielten Platte an, indem die innere Hälfte schmäler und dicker, die äußere breiter und dünner wird. Darauf gliedert sich die innere Hälfte oder der Stiel der Platte in zwei Abschnitte: Oberschenkel und Unterschenkel. Sodann entstehen am freien Rande der Platte vier seichte Einkerbungen, die allmählich tiefer werden: das sind die Einschnitte zwischen den fünf Zehen (Fig. 185, S. 373). Letztere treten bald weiter hervor. Anfangs aber sind vorn sowohl als hinten alle fünf Zehen noch durch eine dünne Bindehaut wie durch eine Schwimmhaut verbunden; sie erinnern an die ursprüngliche Bestimmung des Fußes zur Ruderflosse. Die weitere Entwickelung der Gliedmaßen aus dieser einfachsten Anlage erfolgt bei allen Wirbeltieren in der gleichen Weise nach Vererbungsgesetzen, und zwar dadurch, daß gewisse Gruppen von den Zellen des Hautfaserblattes sich zu Bindegewebe, andere Gruppen zu Knorpeln u. s. w. umbilden. Muskeln, Nerven und Blutgefäße wachsen als periphere Knospen aus den zentralen Anlagen des Stammes (Muskelplatten, Markrohr, Gefäßstämmen) in die Gliedmaßen hinein. Gleich der Wirbelsäule und dem Schädel werden auch die Skelettteile der Gliedmaßen zuerst aus weichen indifferenten Zellgruppen des Hautfaserblattes gebildet. Diese verwandeln sich später in Knorpel, und aus diesen gehen erst in dritter Linie die bleibenden Knochen hervor[115]).

Von nicht geringerem Interesse als die Entwickelungsgeschichte des Skelettes oder der passiven Bewegungswerkzeuge ist diejenige der Muskeln oder der aktiven Lokomotionsorgane. Beide stehen in der engsten Wechselbeziehung oder Korrelation. Auch für die Stammesgeschichte der letzteren, wie für diejenige der ersteren, ist die vergleichende Anatomie von viel höherer Bedeutung als die Keimesgeschichte. Die ergebnisreichen Untersuchungen zur vergleichenden Myologie der Wirbeltiere von *Max Fürbringer*, *Georg Ruge*, *Hans Gadow*, *L. Testut* u. a. haben neuerdings gezeigt, welche reiche Ernte hier noch der Arbeiter harrt. Aber die vergleichende Anatomie und Ontogenie des Muskelsystems ist viel schwieriger und unzugänglicher, daher auch bis jetzt noch sehr wenig bearbeitet: somit können wir auch von der Phylogenie desselben nur ganz allgemeine Vorstellungen haben.

Unstreitig hat sich die vielfach gegliederte Muskulatur der Wirbeltiere aus derjenigen niederer wirbelloser Tiere hervorgebildet. wobei in erster Linie die ungegliederten *Vermalien* in Betracht kommen. Diese besitzen einen einfachen, aus dem Mesoderm entstandenen „Hautmuskelschlauch". Derselbe wurde später verdrängt durch ein paar innere Seitenmuskeln, welche sich aus der Medialwand der Coelomtaschen entwickelten; aus der „Muskelplatte" der letzteren sehen wir ja auch heute noch die erste Anlage der Muskulatur im Keime sämtlicher Wirbeltiere entstehen (vergl. Taf. VI, VII *mp*, sowie Fig. 268--275, 361, 362 *mp*). Bei den ungegliederten Stammformen der Chordonier, die wir als „Urchordatiere" (*Prochordonia*) bezeichneten, waren die beiden Coelomtaschen, und also auch die „Muskelplatten" ihrer Wand, noch nicht segmentiert. Ein bedeutungsvoller Fortschritt war die segmentale Gliederung derselben, wie wir sie bei *Amphioxus* Schritt für Schritt verfolgt haben (Fig. 267--272, S. 480—482). Diese Metamerie der Muskulatur war der folgenschwere historische Prozeß, mit welchem die Vertebration, die Entstehung des Wirbeltier-Stammes begann. Erst sekundär trat zu dieser Gliederung des Muskelsystems diejenige des Skelettsystems hinzu, die sich weiterhin in inniger Wechselbeziehung oder Korrelation zu jener ausbildete.

Die Episomiten oder dorsalen Coelomtaschen der Acranier, Cyclostomen und Selachier (Fig. 416 *h*) entwickeln nun zunächst aus ihrer inneren oder medialen Wand (— aus der Zellenschicht, welche unmittelbar der Skelettplatte [*sk*] und dem Markrohr [*nr*] anliegt —) eine starke Muskelplatte (*mp*). Durch dorsales Wachstum (*w*) greift dieselbe auch auf die äußere oder parietale Wand der Coelomtasche über und wächst von der Rückenwand in die Bauchwand hinein. Aus diesen segmentalen Muskelplatten, welche die Metamerie der Vertebraten in erster Linie bewirken, gehen die **Seitenmuskeln** oder Lateralmuskeln des Stammes hervor, wie sie in einfachster Form Amphioxus zeigt (Fig. 236).

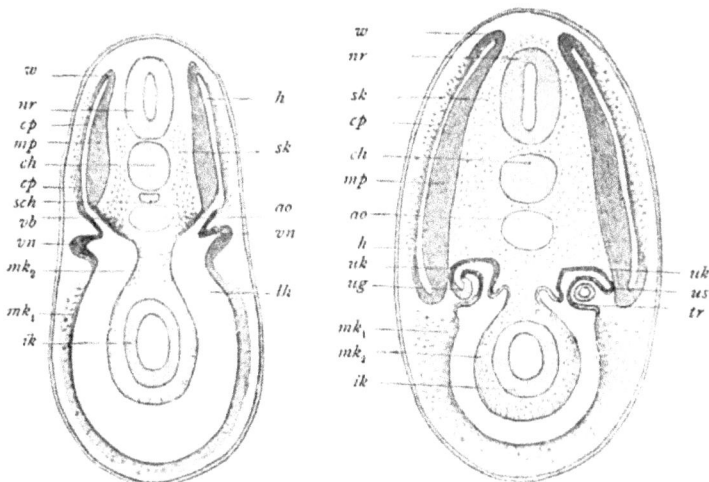

Fig. 416.   Fig. 417.

Fig. 416 und 417. **Querschnitte durch Haifischembryonen** (durch die Gegend der Vorniere). Nach *Wijhe* und *Hertwig*. In Fig. 417 sind die dorsalen Ursegmenthöhlen (*h*) bereits von der Leibeshöhle (*lh*) getrennt, während sie etwas früher (in Fig. 416) noch zusammenhängen. *nr* Nervenrohr, *ch* Chorda, *sch* subchordaler Strang, *ao* Aorta, *sk* Skelettplatte, *mp* Muskelplatte, *cp* Cutisplatte, *w* Verbindung der letzteren (Wachstumszone), *vn* Vorniere, *ug* Urnierengang, *uk* Urnierenkanälchen, *us* Abschnürungsstelle desselben, *tr* Urnierentrichter, *mk* mittleres Keimblatt (*mk₁* parietales, *mk₂* viscerales), *ik* inneres Keimblatt (Darmdrüsenblatt).

Durch Ausbildung eines horizontalen **Frontalseptum** zerfallen dieselben jederseits in eine obere und eine untere Myotomreihe: dorsale und ventrale Seitenmuskeln. In typischer Regelmäßigkeit zeigt dieselben der Querschnitt jedes Fischschwanzes (Fig. 418). Aus diesen alten „Seitenrumpfmuskeln" geht der größte Teil der späteren Rumpfmuskulatur hervor, auch die viel jüngeren „Muskelknospen" der Gliedmaßen [116]).

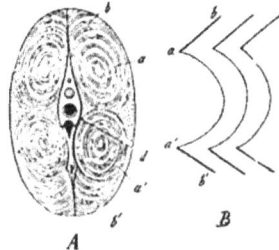

Fig. 418. **Querschnitt eines Fischschwanzes** (vom Thunfisch). Nach *Johannes Müller*. *a* obere (dorsale) Seitenmuskeln, *a'*, *b'* untere (ventrale) Seitenmuskeln, *d* Wirbelkörper, *b* Durchschnitte unvollständiger Kegelmäntel, *B* Ansatzlinien der Zwischenmuskelbänder (von der Seite).

Neunundvierzigste Tabelle.

Uebersicht über die Stammesgeschichte des menschlichen Skelettes.

· I. Erste Periode: **Prochordonier-Skelett.**
Das Skelett wird allein durch die Chorda dorsalis gebildet.

II. Zweite Periode: **Acranier-Skelett.**
Um die Chorda bildet sich eine mesodermale Chordascheide (Perichorda); ihre dorsale Fortsetzung bildet eine Hülle für das Markrohr.

III. Dritte Periode: **Cyclostomen-Skelett.**
Am vorderen Ende der Chorda bildet sich aus der Chordascheide ein knorpeliger Primordialschädel. Um die Kiemen bildet sich ein äußeres knorpeliges Kiemenskelett.

IV. Vierte Periode: **Proselachier-Skelett.**
Um die Chorda bildet sich eine primitive Wirbelsäule. Reste des äußeren Kiemenskeletts bleiben neben dem inneren bestehen. Zwei Paar Gliedmaßen mit gefiedertem (zweizeiligem) Skelett treten auf.

V. Fünfte Periode: **Selachier-Skelett.**
Die vorderen Kiemenbogen verwandeln sich in Lippenknorpel und Kieferbogen. Das äußere Kiemenskelett geht verloren.

VI. Sechste Periode: **Ganoiden-Skelett.**
Die Wirbelkörper gelangen zur Ausbildung. Der Schädel verknöchert teilweise; ebenso der Schultergürtel und Beckengürtel. Das Skelett der beiden Flossenpaare wird einzeilig (halbgefiedert).

VII. Siebente Periode: **Dipneusten-Skelett.**
Die Verknöcherung des Gesichtsschädels und der Gliedmaßen schreitet fort (Paladipneusten).

VIII. Achte Periode: **Amphibien-Skelett.**
Die Kiemenbogen werden zu Teilen des Zungenbeines und des Kieferapparates umgebildet. An dem halbgefiederten Flossenskelett verschwinden die Flossenstrahlen bis auf vier, wodurch der fünfzehige Fuß entsteht (Stegocephalen).

IX. Neunte Periode: **Reptilien-Skelett.**
Der Knochenschädel entwickelt sich weiter; das knöcherne Gaumendach trennt Mund- und Nasenhöhle (Proreptilien).

X. Zehnte Periode: **Monotremen-Skelett.**
Wirbelsäule und Schädel, insbesondere Kieferapparat und Gliedmaßenskelett, erlangen die charakteristischen Eigentümlichkeiten der Säugetiere.

XI. Elfte Periode: **Marsupialien-Skelett.**
Das Coracoidbein am Schultergürtel wird rückgebildet, und sein Rest verschmilzt mit dem Schulterblatt.

XII. Zwölfte Periode: **Halbaffen-Skelett.**
Die Beutelknochen, welche die Monotremen und Marsupialien auszeichnen, gehen verloren. Die Laufbeine werden zu Kletterbeinen.

XIII. Dreizehnte Periode: **Menschenaffen-Skelett.**
Das Skelett erlangt diejenige besondere Ausbildung, welche der Mensch ausschließlich mit den anthropoiden Affen teilt.

Fünfzigste Tabelle.

Uebersicht über die Stammesgeschichte der menschlichen Muskulatur.

I. Erste Periode: **Platoden-Muskulatur** (*Turbellaria*).
Ein primärer einfacher Hautmuskelschlauch entwickelt sich aus dem Mesoderm, unmittelbar unter der Hautdecke.

II. Zweite Periode: **Vermalien-Muskulatur** (*Prochordonia*).
Aus der Wand der paarigen einfachen Coelomtaschen entwickeln sich ein paar einfache ungegliederte Stammmuskeln.

III. Dritte Periode: **Acranier-Muskulatur** (*Amphioxus*).
Durch Gliederung der Coelomtaschen zerfallen die einfachen Stammmuskeln in eine paarige Reihe von Muskelsegmenten, getrennt durch bindegewebige Hüllen oder Myocommata: Seitenmuskeln.

IV. Vierte Periode: **Cyclostomen-Muskulatur** (*Petromyzon*).
Durch Ausbildung des horizonalen Frontalseptum zerfällt jeder Seitenmuskel in einen dorsalen und einen ventralen Lateralmuskel.

V. Fünfte Periode: **Fisch-Muskulatur** (*Selachii*).
Zu der Stammmuskulatur der Cyclostomen gesellt sich die Visceralmuskulatur der Kiemenbogen und der Muskelapparat der paarigen Flossen. Drei verschiedene Stufen ihrer Ausbildung aus Hyposomiten zeigen die Selachier, Ganoiden und Dipneusten.

VI. Sechste Periode: **Amphibien-Muskulatur** (*Stegocephala*).
Mit der Umbildung der vielzehigen Fischflossen in fünfzehige Stützfüße erfolgt eine vielfache Gliederung der Gliedmaßenmuskulatur, entsprechend der Differenzierung ihres Skeletts.

VII. Siebente Periode: **Reptilien-Muskulatur** (*Hatteria*).
Indem ein Zweig der Amphibien sich in die Stammform der Amnioten verwandelt und die Kiemenatmung gänzlich aufgibt, tritt eine Rückbildung der respiratorischen Kiemenmuskulatur ein, während sich die Muskeln für Lungenatmung stärker entwickeln.

VIII. Achte Periode: **Säuger-Muskulatur** (*Echidna*).
Indem der Kieferapparat der Proreptilien sich in denjenigen der Säugetiere (Promammalien) verwandelt, tritt der Schädel in feste Verbindung mit dem Kiefer-Gaumenapparat. Die Muskulatur, die zur Bewegung dieser Skeletteile diente, erfährt eine entsprechende Umwandlung. Das Zwerchfell (Diaphragma) wird vollständig.

IX. Neunte Periode: **Affen-Muskulatur** (*Semnopithecus*),
Durch die Anpassung der Halbaffen und Affen an die Lebensweise auf Bäumen erleidet die Muskulatur ihrer älteren Säugetierahnen diejenigen Veränderungen (besonders an den Gliedmaßen), welche diese Primaten auszeichnen.

X. Zehnte Periode: **Anthropoiden-Muskulatur** (*Gorilla*).
Indem die Menschenaffen sich an den aufrechten Gang gewöhnen, tritt diejenige Differenzierung im Bau der Gliedmaßen (Skelett und Muskulatur) auf, welche die Menschenaffen und Menschen charakterisiert.

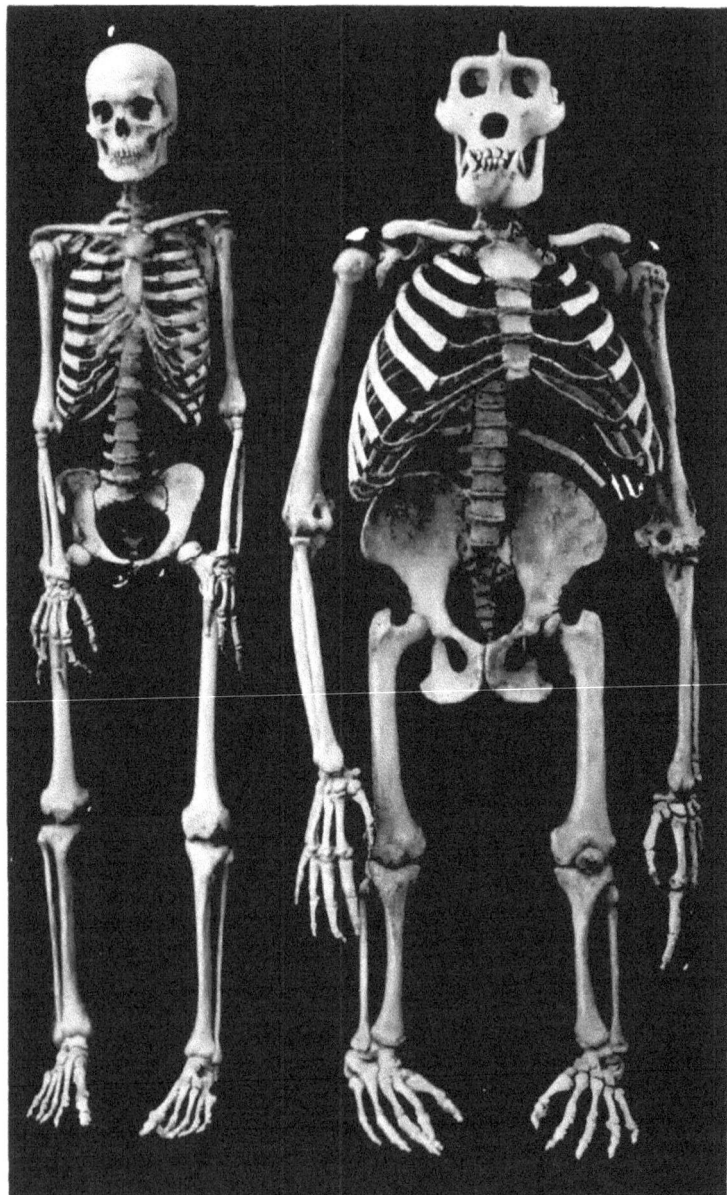

Fig. 419. Fig. 420.

Fig. 419. **Skelett des Menschen.** (Vergl. Fig. 391, S. 767.)
Fig. 420. **Skelett des Riesen-Gorilla.** (Vergl. Fig. 243, 244, S. 430.)

Siebenundzwanzigster Vortrag.

Bildungsgeschichte unseres Darmsystems.

„Die Vorsichtigen verlangen daher, man solle nur sammeln und es der Nachwelt überlassen, aus dem Gesammelten ein wissenschaftliches Gebäude aufzuführen; nur dadurch könne man der Schmach entgehen, daß erweiterte Kenntnisse Lehrsätze, die man für wahr gehalten, widerlegten. Wenn nicht schon das Widersinnige dieser Forderung daraus erhellte, daß die vergleichende Anatomie wie jede andere Wissenschaft eine unendliche ist, und also die Endiosigkeit der Materialiensammlung den Menschen nie zur Ernte auf diesem Felde gelangen lassen würde, wenn er jener Forderung konsequent nachkäme, so würde die Geschichte uns hinlänglich belehren, daß kein Zeitalter, in welchem wissenschaftliche Bestrebungen rege waren, sich so verleugnen konnte, daß es, das Ziel seiner Forschungen nur in die Zukunft setzend, nicht für sich selbst die Resultate aus dem größeren oder geringeren Schatze der Beobachtungen zu ziehen und die Lücken durch Hypothesen auszufüllen sich bemüht hätte. In der Tat wäre es auch eine Maßregel der Verzweiflung, wenn man, um nichts aus seinem Besitze zu verlieren, gar keinen Besitz erwerben wollte."

Carl Ernst von Baer (1819).

Urdarm (Progaster) und Urmund (Prostoma). Dauerdarm (Metagaster) und Dottersack (Lecithoma). Kopfdarm oder Kiemendarm (Cephalogaster). Rumpfdarm oder Leberdarm (Truncogaster). Kiemenspalten und Schlundrinne. Schwimmblase und Lunge. Magen und Leber.

Inhalt des siebenundzwanzigsten Vortrages.

Urdarm und Urmund der Gastrula. Homologie derselben bei allen Metazoen. Uebersicht über den Bau des ausgebildeten menschlichen Darmkanals. Mundhöhle. Schlund. Speiseröhre. Luftröhre und Lungen. Kehlkopf. Magen. Dünndarm. Leber und Gallendarm. Bauchspeicheldrüse. Dickdarm. Mastdarm. Die erste Anlage des einfachen Darmrohres. Gastrula des Amphioxus und der Schädeltiere. Abschnürung des Keimes von der Keimdarmblase (Gastrocystis). Urdarm und Dauerdarm. Sekundäre Bildung von Mund und After aus der äußeren Haut. Entstehung des Darmepitheliums aus dem Darmdrüsenblatte, aller anderen Teile des Darmes aus dem Darmfaserblatte. Einfacher Darmschlauch der Gastraeaden, Platoden und Helminthen. Sonderung des primitiven Darmrohres in Atmungsdarm und Verdauungsdarm. Kopfdarm (Kiemendarm) und Rumpfdarm (Leberdarm) bei den Enteropneusten, dem Amphioxus und der Ascidie. Entstehung und Bedeutung der Kiemenspalten. Verlust derselben. Kiemenbogen und Kiefergerüst. Bildung des Gebisses. Entstehung der Lunge aus der Schwimmblase der Fische. Schlundrinne oder Hypobranchialrinne. Sonderung des Magens. Entstehung der Leber und des Pancreas. Sonderung von Dünndarm und Dickdarm. Harnblase. Kloakenbildung.

Literatur:

Ernst Haeckel, 1872. *Urdarm (Progaster) und Urmund (Prostoma), Primitivorgane. (In: Biologie der Kalkschwämme, Bd. I, S. 468; und Gastraeatheorie, S. 258.)*

Derselbe, 1873. *Die Gastraeatheorie, die phylogenetische Klassifikation des Tierreichs und die Homologie der Keimblätter. Jena.*

E. Ray-Lankester, 1875. *Archenteron and Blastoporus (primitive gastric cavity and primitive mouth). (Quarterly Journ. Microsc. Sc., Vol. XV, p. 163.)*

Carl Gegenbaur, 1878. *Bemerkungen über den Vorderdarm niederer Wirbeltiere. (Morphol. Jahrb., Bd. IV.)*

Karl Kupffer, 1887. *Ueber den Canalis neurentericus der Wirbeltiere. München.*

Richard Owen, 1840—1870. *Odontography. Anatomy of Vertebrates. London.*

J. Kollmann, 1870. *Entwickelung der Milch- und Ersatzzähne beim Menschen.* •

Oscar Hertwig, 1874. *Ueber Bau und Entwickelung der Placoidschuppen und der Zähne der Selachier. (Jena. Zeitschr. f. Naturw., Bd. VIII.)*

Ch. Tomes, 1877. *Die Anatomie der Zähne des Menschen und der Wirbeltiere.*

Rudolph Burckhardt, 1902. *Entwickelungsgeschichte der Verknöcherungen des Integuments und der Mundhöhle. Jena.*

G. Born, 1883. *Ueber die Derivate der embryonalen Schlundbogen und Schlundspalten bei Säugetieren. (Arch. f. mikrosk. Anat., Bd. XXII.) Bonn.*

Carl Rabl, 1886. *Zur Bildungsgeschichte des Halses. Prager medizin. Wochenschr.*

Wilhelm Müller, 1871. *Ueber die Entwickelung der Schilddrüse und die Hypobranchialrinne der Tunicaten. (Jena. Zeitschr. f. Naturw., VI, Bd. VII.)*

F. Maurer, 1886. *Schilddrüse und Thymus der Teleostier und Amphibien. (Morphol. Jahrb., Bd. XI und XIII.) Leipzig.*

Max Fürbringer, 1875. *Beiträge zur Kenntnis der Kehlkopfmuskulatur.*

Oscar Hertwig und Richard Hertwig, 1881. *Die Coelomtheorie. Versuch einer Erklärung des mittleren Keimblattes. Jena.*

Ernst Göppert, 1902. *Die Entwickelung des Mundes und der Lunge. (In: Oskar Hertwig, Handbuch der Entwickelungslehre der Wirbeltiere, Bd. II.) Jena.*

Friedrich Maurer, 1902. *Die Entwickelung des Darmsystems. (Ebendaselbst). Jena.*

XXVII.

Meine Herren!

Unter den vegetalen Organen des menschlichen Körpers, zu deren Bildungsgeschichte wir uns jetzt wenden, steht allen anderen der Darmkanal voran. Denn unter allen Organen des Metazoenkörpers ist das Darmrohr das älteste Organ und führt uns in die früheste Zeit organologischer Sonderung, bis in die ersten Abschnitte des laurentischen Zeitalters zurück. Wie wir schon früher sahen, mußte das Resultat der ersten Arbeitsteilung zwischen den gleichartigen Zellen des ältesten vielzelligen Tierkörpers die Bildung einer ernährenden Darmhöhle sein. Die erste Pflicht und das erste Bedürfnis jedes Organismus ist die Pflicht der Selbsterhaltung. Dieser Pflicht wird genügt durch die beiden Funktionen der Ernährung und der Bedeckung des Körpers. Als daher in dem uralten Hohlkugeltier *Blastaea*, dessen phylogenetische Existenz uns noch heute durch die ontogenetische Entwickelungsform der *Blastula* bewiesen wird, die einzelnen gleichartigen Blastodermzellen anfingen, sich in die Arbeiten des Lebens zu teilen, mußten sie zunächst einen zweifach verschiedenen Beruf ergreifen. Die eine Hälfte verwandelte sich in ernährende Zellen und umschloß eine verdauende Höhlung, den Darmkanal. Die andere Hälfte hingegen bildete sich in deckende Zellen um und schuf so eine äußere Hülle um dieses Darmrohr und zugleich um den ganzen Körper. So entstanden die beiden primären Keimblätter: das innere, ernährende oder vegetale Blatt und das äußere, deckende oder animale Blatt. (Vergl. S. 544—551.)

Wenn wir versuchen, uns in der denkbar einfachsten Form einen Tierkörper zu konstruieren, der einen solchen primitiven Darmkanal und die beiden, dessen Wand bildenden primären Keimblätter besitzt, so kommen wir notwendig auf die höchst merkwürdige Keimform der Gastrula, die wir in wunderbarer

Gleichförmigkeit durch die ganze Tierreihe, mit einziger Ausnahme der einzelligen Urtiere, nachgewiesen haben: bei den
Schwammtieren, Nesseltieren, Plattentieren, Wurmtieren, Weichtieren, Gliedertieren, Sterntieren, Manteltieren und Wirbeltieren
(S. 169). Bei allen diesen verschiedenen Tierstämmen kehrt die
Gastrula ursprünglich in ähnlicher einfachster Form wieder (Fig. 421).
Ihr ganzer Körper ist eigentlich nur ein doppelwandiges Magensäckchen: die einfache Körperhöhle ist die verdauende Magenhöhle, der U r d a r m (*Progaster* oder *Archenteron, g*); ihre einfache
Oeffnung ist der U r m u n d (*Prostoma* oder *Blastoporus, o*); sie
ist Mund- und Afteröffnung zugleich. Die beiden Zellenschichten,

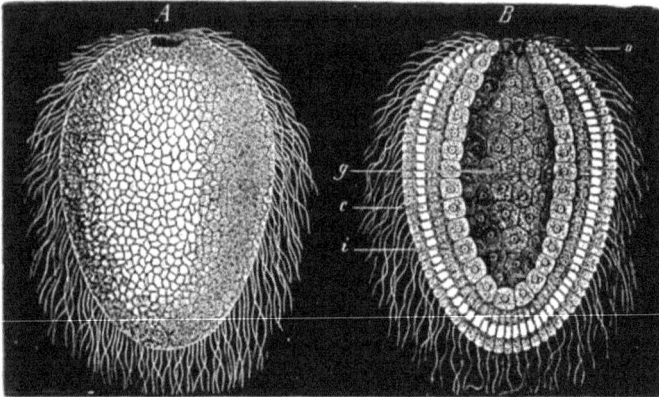

Fig. 421. **Gastrula eines Schwammes** (*Olynthus*). *A* von außen, *B* im
Längsschnitt durch die Achse. *g* Urdarm (*Progaster* oder *Archenteron*), *o* Urmund
(*Prostoma* oder *Blastoporus*), *i* Darmblatt (*Entoderm*), *c* Hautblatt (*Ektoderm*).

welche ihre Wand zusammensetzen, sind die beiden primären Keimblätter: das innere ernährende oder vegetale Keimblatt, das
D a r m b l a t t (*Entoderma* oder *Endoblast, i*), und das äußere
deckende und zugleich durch seine Flimmerhaare die Lokomotion
vermittelnde, animale Keimblatt, das H a u t b l a t t (*Ektoderma* oder
Ektoblast, e). Sicher ist es eine höchst wichtige Tatsache, daß
sich bei den verschiedensten Tieren die Gastrula als früher Larven-
zustand in der individuellen Entwickelung vorfindet, und daß diese
Gastrula, obgleich vielfach durch cenogenetische Abänderungen
maskiert, dennoch überall im wesentlichen denselben Bau zeigt
(Fig. 32—37, S. 169). Der höchst mannigfach ausgebildete Darmkanal der verschiedensten Tiere entwickelt sich ontogenetisch aus
demselben einfachen Urdarme der *Gastrula*.

Als ich 1872 in meiner Monographie der Kalkschwämme
(Bd. I, S. 468) diese Grundsätze der *Gastraea-Theorie* zuerst aufstellte und den **Urdarm** (*Progaster*) mit seiner Oeffnung, dem
Urmund (*Prostoma*), als das gemeinsame älteste *Primitivorgan
aller Metazoen* in Anspruch nahm, stieß diese Auffassung fast
allgemein auf lebhaften Widerspruch.   Indessen ist sie jetzt, nach
langen und hartnäckigen Kämpfen, fast von allen Zoologen angenommen.   Zuerst wurde sie unterstützt und teilweise modifiziert
von *E. Ray-Lankester* in London; derselbe schlug drei Jahre
später (in seiner Abhandlung über Entwickelung der Mollusken,
1875) vor, den Urdarm als *Archenteron* zu bezeichnen, und den
Urmund als *Blastoporus*.   Auch diese Bezeichnung ist vielfach
in Gebrauch.   Aus der Homologie des Urdarmes ergeben sich
für unsere Stammesgeschichte zwei folgenschwere Schlüsse; ein
allgemeiner und ein besonderer.   Der **allgemeine** Schluß ist
ein **Induktionsschluß** und lautet: **Der mannigfaltig gestaltete Darmkanal aller verschiedenen Metazoen
oder Gewebtiere hat sich phylogenetisch aus einem
und demselben höchst einfachen Urdarme der Gastraea hervorgebildet**, jener uralten gemeinsamen Stammform, die noch heute durch die Gastrula nach dem Biogenetischen
Grundgesetze wiederholt wird.   Die interessanten *Gastraeaden der
Gegenwart* (Fig. 287, S. 551) bewahren noch heute diese einfachste Urform der Metazoen permanent.   Der hieran geknüpfte
besondere Schluß ist ein **Deduktionsschluß** und lautet:
**Der Darmkanal des Menschen als Ganzes ist homolog
dem Darmkanal aller übrigen Tiere**; er hat die gleiche
ursprüngliche Bedeutung und hat sich aus derselben Grundform
der *Gastraea* historisch hervorgebildet (Fig. 287, S. 551).

Bevor wir nun die Entwickelung des menschlichen Darmkanals
im einzelnen verfolgen, wird es notwendig sein, mit ein paar
Worten uns über die allgemeinsten Verhältnisse der Zusammensetzung desselben beim entwickelten Menschen zu orientieren.
(Vergl. die 51. Tabelle und Taf. VI, VII, S. 342.)   Der Darmkanal
des ausgebildeten Menschen ist in allen wesentlichen Stücken
ebenso zusammengesetzt, wie derjenige aller höheren Säugetiere,
und gleicht insbesondere demjenigen der *Catarrhinen*, der schmalnasigen Affen der alten Welt.   Den Eingang in den Darmkanal
bildet die **Mundöffnung** (Taf. VII, Fig. 16 o).   Durch sie gelangen die Speisen und Getränke in die **Mundhöhle**, auf deren
Grunde sich die fleischige Zunge befindet (Fig. 422, S. 805).   Be-

waffnet ist unsere Mundhöhle mit 32 Zähnen, welche in einer Reihe
auf den beiden Kiefern, dem Oberkiefer und Unterkiefer, befestigt
sind. Wie Sie bereits wissen, ist die Bildung unseres Gebisses
genau dieselbe, wie bei allen Ostaffen oder *Catarrhinen,* während
sie von dem Gebiß aller übrigen Tiere verschieden ist (S. 669).
Ueber der Mundhöhle befindet sich die doppelte Nasenhöhle; beide
sind durch die Scheidewand des Gaumens voneinander getrennt.
Allein wir haben gesehen, daß ursprünglich diese Trennung nicht
besteht und daß sich zunächst beim Embryo eine gemeinsame
Mund-Nasenhöhle bildet, die erst später durch das harte Gaumendach in zwei verschiedene Stockwerke geteilt wird: in die obere
Nasenhöhle und die untere Mundhöhle (Fig. 374, S. 737). Die
Nasenhöhle steht mit luftgefüllten Knochenhöhlen im Zusammenhang: Kieferhöhlen im Oberkiefer, Stirnhöhlen im Stirnbein, Keilbeinhöhlen im Keilbein. In die Mundhöhle münden zahlreiche
Drüsen von verschiedener Bedeutung, viele kleine Schleimdrüsen
und drei größere Paare von Speicheldrüsen.

Hinten ist unsere Mundhöhle halb geschlossen durch den
senkrechten Vorhang, welchen wir den weichen Gaumen oder das
Gaumensegel nennen, und in dessen Mitte unten das sogenannte
Zäpfchen ansitzt. Ein Blick in den Spiegel bei geöffnetem Munde
belehrt Sie über dessen Gestalt. Das Zäpfchen (*Uvula*) ist deshalb von Interesse, weil es außer dem Menschen nur noch den
Affen zukommt. Beiderseits des Gaumensegels liegen die „Mandeln"
(*Tonsillae*). Durch die torartig gewölbte Oeffnung, welche sich
unter dem Gaumensegel befindet, den „Rachen", gelangen wir in
die hinter der Mundhöhle gelegene Schlundhöhle oder den sogenannten „Schlundkopf" (*Pharynx,* Fig. 422; Taf. VII, Fig. 16 *sh*).
In diesen mündet jederseits ein enger Gang (die „Eustachische
Ohrtrompete"), durch welchen man direkt in die Trommelhöhle des
Gehörorganes gelangt (Fig. 383 *e*, S. 750). Die Schlundhöhle setzt
sich dann weiter fort in ein langes, enges Rohr, die Speise-
röhre (*sr*). Durch diese gleiten die gekauten und verschluckten
Speisen hinunter in den Magen. In den Schlund mündet ferner ganz
oben die Luftröhre (*lr*) ein, welche in die Lungen führt. Die
Einmündungsstelle ist durch den Kehldeckel geschützt, über den die
Speisen hinweggleiten. Der knorpelige Kehldeckel (*Epiglottis,*
Fig. 422 *eg*) kommt ausschließlich den Säugetieren zu und ist aus
dem vierten Kiemenbogen der Fische und Amphibien entstanden.
Die Luftatmungsorgane, die beiden Lungen (Taf. VI, Fig. 9 *lu*)
befinden sich beim Menschen, wie bei allen Säugetieren, in der

Brusthöhle rechts und links, mitten zwischen ihnen das Herz
(Fig. 9 *hr*; *hl*). Am oberen Ende der Luftröhre befindet sich
unterhalb des Kehldeckels eine |besonders differenzierte und durch
ein Knorpelgerüste gestützte Abteilung derselben, der K e h l -
k|o p f. Dieses wichtige Organ der menschlichen Stimme und
Sprache entwickelt sich ebenfalls aus einem Teile des Darm-

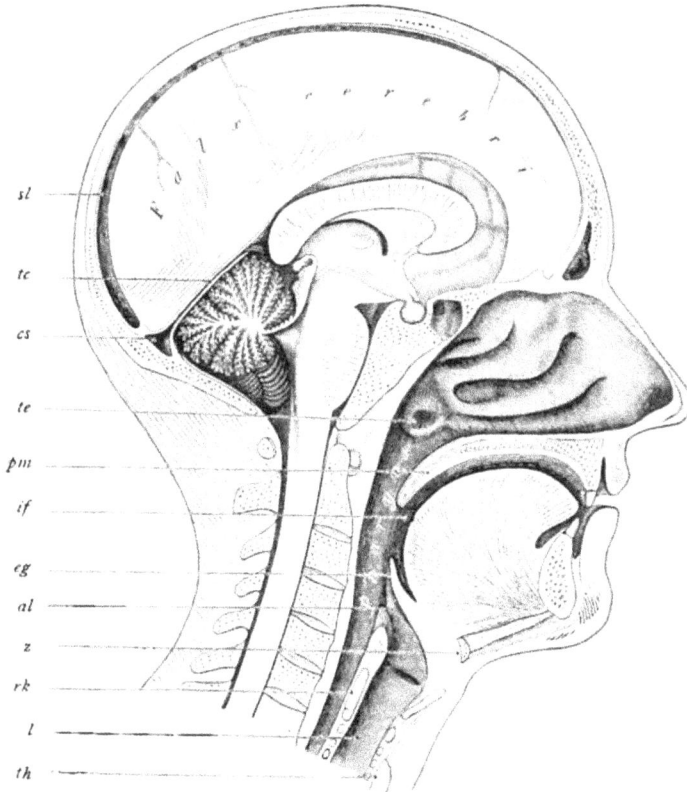

Fig. 422. **Senkrechter Schnitt durch Kopf und Hals des Menschen,**
in der Mittelebene (Sagittal-Planum), von der rechten Seite gesehen, nach *Gegenbaur*.
Die Nasen-Scheidewand ist entfernt. Oben ist in der geöffneten Schädelhöhle die
Hirnsichel (*Falx cerebri*) sichtbar, die membranöse Scheidewand, welche rechte und
linke Hirnhälfte trennt. Darunter hinten das Hirnzelt (*tc*), welches das Großhirn von
dem darunter gelegenen Kleinhirn (mit dem zierlichen „Lebensbaum") trennt. *te* Mun-
dung der Ohrtrompete in die Nasenhöhle. *pm* Weicher Gaumen, welcher die Schlundhöhle (*Pharynx*) von der Mundhöhle trennt. Hinter der Zunge ist der Rachen-Eingang
(*Isthmus faucium*, *if*) und der Kehldeckel (*Epiglottis*, *eg*) sichtbar. *al* Eingang in den
Kehlkopf. *rk* dessen Ringknorpel. *z* Zungenbein. *l* Luftröhre. *th* Schilddrüse.

kanales. Vor dem Kehlkopf liegt die Schilddrüse (*Thyreoidea*), die sich bei manchen Menschen zum sogenannten „Kropf" (*Struma*) pathologisch vergrößert.

Die Speiseröhre steigt in der Brusthöhle längs der Brustwirbelsäule hinter den Lungen und dem Herzen hinab und tritt in die Bauchhöhle, nachdem sie das Zwerchfell (*Diaphragma*) durchbohrt hat. Letzteres (Taf. VII, Fig. 16 z) ist eine häutigfleischige Scheidewand, welche bei allen Säugetieren (und nur bei diesen!) die Brusthöhle (c.) von der Bauchhöhle (c.,) vollständig trennt. Ursprünglich ist diese Trennung nicht vorhanden; anfangs bildet sich vielmehr beim Embryo eine gemeinsame Brustbauchhöhle, das Coelom oder die „Pleuroperitonealhöhle". Erst später wächst das Zwerchfell als muskulöse Scheidewand horizontal zwischen Brusthöhle und Bauchhöhle hinein. Diese Scheidewand sperrt dann beide Höhlen vollständig voneinander ab und wird nur von einzelnen Organen durchbohrt, welche durch die Brusthöhle in die Bauchhöhle hinabtreten. Von diesen Organen ist eines der wichtigsten die Speiseröhre. Nachdem diese durch das Zwerchfell hindurch in die Bauchhöhle getreten ist,

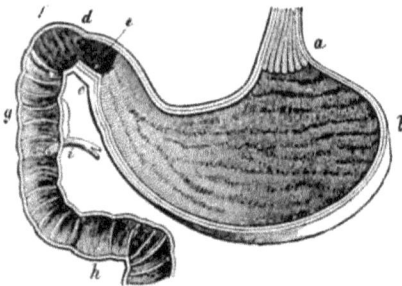

Fig. 423. **Magen und Gallendarm** des Menschen im Längsschnitt. *a* Cardia (Grenze der Speiseröhre), *b* Fundus (Blindsack der linken Seite), *c* Pylorusfalte, *d* Pylorusklappe, *e* Pylorushöhle, *fgh* Gallendarm, *i* Einmündungsstelle des Gallenganges und des Pankreasganges. Nach *Meyer*.

erweitert sie sich zum Magenschlauch, in welchem vorzüglich die Verdauung stattfindet. Der Magen des erwachsenen Menschen (Fig. 423, Taf. VII, Fig. 16 *mg*) ist ein länglicher, etwas schräg gestellter Sack, der links in einen Blindsack, den Magengrund oder Fundus, sich erweitert (*b*), rechts dagegen sich verengt und an dem rechten Ende, dem sogenannten Pylorus oder Pförtnerteil (*e*), in den Dünndarm übergeht. Hier befindet sich zwischen beiden Darmabteilungen eine Klappe, die Pylorusklappe (*d*); sie öffnet sich nur dann, wenn der Speisebrei aus dem Magen in den Dünndarm tritt. Der Magen selbst ist beim Menschen und den höheren Wirbeltieren das wichtigste Verdauungsorgan und besorgt vorzugsweise die Auflösung der Speisen; nicht so bei vielen niederen Vertebraten, wo der Magen ganz fehlen kann und seine Funktion durch einen weiter hinten gelegenen Darmteil übernommen wird. Die fleischige Wand des Magens ist verhältnismäßig dick; sie besitzt auswendig starke Muskellagen, welche die Verdauungsbewegung des Magens bewirken; inwendig eine große Masse von kleinen Drüsen, den Labdrüsen, welche den verdauenden Magensaft oder Labsaft absondern.

Auf den Magen folgt der längste Abschnitt des ganzen Darmkanals, der Mitteldarm oder D ü n n d a r m (*Chylogaster*). Er hat vorzugsweise die Aufgabe, die Aufsaugung der verdauten flüssigen Nahrungsmasse oder des Speisebreies zu bewirken, und zerfällt wieder in mehrere Abschnitte, von denen der erste, auf den Magen zunächst folgende, der G a l l e n d a r m oder Zwölffingerdarm (*Duodenum*) heißt (Fig. 423 *fgh*). Der Gallendarm bildet eine kurze, hufeisenförmig gebogene Schlinge. In denselben münden die größten Drüsen des Darmkanals ein: die L e b e r (*Hepar*), die wichtigste Verdauungsdrüse, welche die Galle liefert, und eine sehr große Speicheldrüse, die Bauchspeicheldrüse (*Pankreas*), welche den Bauchspeichel absondert. Beide Drüsen ergießen die von ihnen abgesonderten Säfte, Galle und Bauchspeichel, nahe beieinander in das Duodenum (*i*). Die Einmündungsstelle des Gallenganges ist von ganz besonderer phylogenetischer Bedeutung, da sie bei allen Wirbeltieren dieselbe ist und den wichtigsten Punkt des „Leberdarms" oder Rumpfdarms bezeichnet (*Gegenbaur*). Die Leber, phylogenetisch älter als der Magen, ist beim erwachsenen Menschen eine mächtige, sehr blutreiche Drüse, auf der rechten Seite unmittelbar unter dem Zwerchfell gelegen und durch dieses von den Lungen getrennt (Taf. VII, Fig. 16 *lb*). Die Bauchspeicheldrüse liegt etwas weiter dahinter und mehr links (Fig. 16 *p*). Der Dünndarm wird in seinem weiteren Verlaufe so lang, daß er notwendig, um im engen Raume der Bauchhöhle Platz zu finden, sich in viele Schlingen zusammenlegen muß. Dieses „Gedärme" zerfällt in einen oberen Leerdarm (*Jejunum*) und in einen unteren Krummdarm (*Ileum*). In diesem letzteren Abschnitte liegt diejenige Stelle des Dünndarmes, wo beim Embryo der Dottersack in das Darmrohr mündet (Taf. VII, Fig. 15 *dd*). Dieses lange, dünne Gedärme geht dann weiter in den großen, weiten D i c k d a r m über, von dem es durch eine besondere Klappe abgeschlossen wird. Unmittelbar hinter dieser „*Bauhin*schen Klappe" bildet der Anfang des Dickdarmes eine weite, taschenförmige Ausstülpung, den Blinddarm (*Coecum*). Das verkümmerte Ende des Blinddarmes ist als rudimentäres Organ berühmt: „der wurmförmige

Darmfortsatz" (*Processus vermiformis*, S. 97). Der Dickdarm (*Colon*) besteht aus drei Teilen, einem aufsteigenden rechten, einem queren mittleren und einem absteigenden linken Teile. Der letztere geht schließlich durch eine S-förmige Biegung in den letzten Abschnitt des Darmkanals, den Mastdarm (*Rectum*) über, welcher sich hinten durch den After öffnet (Taf. VII, Fig. 16 *a*). Sowohl der Dickdarm als der Dünndarm sind mit sehr zahlreichen kleinen Drüsen ausgestattet, die teils schleimige, teils andere Säfte abscheiden.

Angeheftet ist der Darmkanal in dem größten Teile seiner Länge an die innere Rückenfläche der Bauchhöhle oder an die untere Fläche der Wirbelsäule. Die Anheftung geschieht vermittelst jener dünnen häutigen Platte, die wir das G e k r ö s e oder M e s e n t e r i u m nannten, und die sich unmittelbar unter der Chorda aus dem Darmfaserblatt entwickelt, da wo sich dasselbe in die äußere Lamelle des Seitenblattes, in das Hautfaserblatt, umbiegt (Fig. 148—151, S. 333; Taf. VI, Fig. 8 *t*). Die Umbiegungsstelle wird als „Mittelplatte" bezeichnet (Fig. 141 *mp*, S. 325). Anfangs ist dieses Gekröse ganz kurz (Taf. VII, Fig. 14 *g*); aber im mittleren Teile des Darmkanals verlängert es sich bald sehr beträchtlich und gestaltet sich zu einer dünnen, durchsichtigen Hautplatte, welche um so ausgedehnter sein muß, je weiter sich die Darmschlingen von ihrer ursprünglichen Anheftungsstelle an der Wirbelsäule entfernen. In dieser Gekrösplatte verlaufen die Blutgefäße, Lymphgefäße und Nerven, welche an den Darmkanal herantreten.

Obgleich nun der Darmkanal des ausgebildeten Menschen in dieser Gestalt ein höchst zusammengesetztes Organ darstellt, und obgleich derselbe im einzelnen noch eine Masse von verwickelten und feinen Strukturverhältnissen zeigt, auf die wir hier gar nicht eingehen können, so hat sich dennoch dieses ganze komplizierte Gebilde historisch aus jener einfachsten Form des U r d a r m e s hervorgebildet, welche unsere G a s t r a e a d e n-Ahnen besaßen, und welche uns noch heutzutage jede Gastrula vorführt. Wir haben schon früher (im IX. Vortrage) nachgewiesen, wie sich die eigentümliche *Epigastrula* der Säugetiere (Fig. 70, S. 222) zurückführen läßt auf die ursprüngliche Form der Glockengastrula, welche unter allen Wirbeltieren einzig und allein der Amphioxus bis auf den heutigen Tag getreu konserviert hat (Fig. 258, S. 473). Gleich dieser letzteren ist auch die *Gastrula* des Menschen und aller anderen Säugetiere als die ontogenetische Wiederholung derjenigen phylogenetischen Entwickelungsform zu betrachten, welche wir

Gastraea nennen, und bei welcher der ganze Tierkörper weiter nichts als ein doppelwandiges Magensäckchen ist.

Die eigentümliche Art und Weise, in welcher sich der komplizierte Darmkanal des Menschen aus jener einfachen *Gastrula* entwickelt, und welche derjenigen der übrigen Säugetiere gleich ist, kann nur dann richtig verstanden werden, wenn man sie im Lichte der Phylogenie betrachtet. Dieser entsprechend müssen wir zwischen dem ursprünglichen, p r i m ä r e n Darm der Schädellosen und dem abgeänderten, s e k u n d ä r e n Darm der Schädeltiere unterscheiden. Der Darm des Amphioxus (des Vertreters der Schädellosen) bildet keinen Dottersack und entwickelt sich p a l i n g e n e t i s c h aus dem g a n z e n Urdarm der Gastrula. Der Darm der Schädeltiere hingegen besitzt eine abgeänderte c e n o g e n e t i s c h e Entwickelungsform und sondert sich frühzeitig in zwei verschiedene Teile: in den bleibenden s e k u n d ä r e n Darm oder D a u e r d a r m (*Metagaster*), aus dem allein die verschiedenen Teile des differenzierten Darmsystems entstehen, und in den vergänglichen D o t t e r s a c k, der nur als Proviantmagazin für den Aufbau des Embryo dient (*Lecithoma*, Fig. 108, S. 295). Am stärksten ausgebildet ist der Dottersack bei den Urfischen, Knochenfischen, Reptilien und Vögeln. Rückgebildet ist er bei den Säugetieren, namentlich bei den meisten Zottentieren. Als eine vermittelnde Zwischenbildung zwischen der palingenetischen Darmentwickelung der Schädellosen und der cenogenetischen Keimungsweise der Amnioten ist die eigentümliche Darmentwickelung der Cyclostomen, Ganoiden, Dipneusten und Amphibien zu betrachten.

Sie wissen nun bereits aus unserer Keimesgeschichte, in welcher eigentümlichen Weise jene Darmbildung beim Embryo des Menschen und der übrigen Säugetiere erfolgt. Aus der Gastrula derselben entsteht zunächst die kugelige, mit Flüssigkeit gefüllte K e i m d a r m b l a s e (*Gastrocystis*, Fig. 109, S. 299). In deren Rückenwand bildet sich der sohlenförmige Keimschild, und an dessen Unterseite erscheint in der Mittellinie eine flache Rinne, die erste Anlage des späteren, sekundären Darmrohrs. Diese D a r m r i n n e wird immer tiefer, und ihre Ränder krümmen sich gegeneinander, um endlich zu einer Röhre zusammenzuwachsen (Fig. 108, S. 295). Die Wand dieses sekundären Darmrohrs besteht aus zwei Häuten, aus dem inneren Darmdrüsenblatte und aus dem äußeren Darmfaserblatte. Das Rohr ist anfangs ganz geschlossen und besitzt nur in der Mitte der unteren Wand eine Oeffnung, durch welche es mit der Keimdarmblase in Verbindung steht

(Taf. VII, Fig. 14). Letztere wird im Laufe der Entwickelung immer kleiner, je mehr sich der Darmkanal ausbildet. Anfangs erscheint das Darmrohr nur als kleiner Anhang an einer Seite der großen Keimdarmblase (Fig. 209, S. 398); später bildet umgekehrt der Rest der letzteren nur einen ganz unbedeutenden Anhang an dem großen Darmkanal. Dieser Anhang ist der „Dottersack" oder die Nabelblase. Dieselbe besitzt später gar keine Bedeutung mehr und geht endlich ganz unter, indem der definitive Verschluß der ursprünglichen mittleren Oeffnung des Darmkanales erfolgt und sich hier der sogenannte Darmnabel bildet (vergl. Fig. 221 bis 225, S. 410).

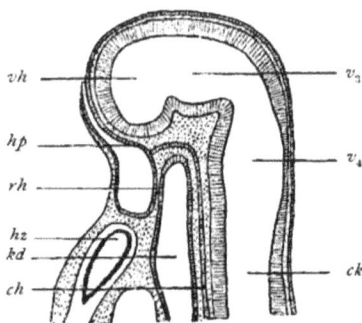

Fig. 424. **Medianschnitt durch den Kopf eines Kaninchenkeims** von 6 mm Länge. Nach *Mihalkovics.* Die tiefe Mundbucht (*hp*) ist durch die Rachenhaut (*rh*) von der blinden Kopfdarmhöhle (*kd*) getrennt. *hz* Herz, *ch* Chorda, *hp* die Stelle, wo aus der Mundbucht die Hypophysis vorwächst, *vh* Höhle des Großhirns, v_3 dritter Ventrikel (Zwischenhirn), v_4 vierter Ventrikel (Hinterhirn), *ck* Kanal des Rückenmarks.

Wie Sie bereits wissen, ist dieses einfache cylindrische Darmrohr anfänglich beim Menschen wie bei den Wirbeltieren überhaupt vorn und hinten blind geschlossen (Fig. 153, S. 336, Taf. VII, Fig. 14); die beiden bleibenden Oeffnungen des Darmkanals, vorn der Mund, hinten der After, bilden sich erst nachträglich und zwar von der äußeren Haut her. Vorn entsteht in der äußeren Haut eine Mundgrube (Fig. 424 *hp*), die dem blinden vorderen Ende der Kopfdarmhöhle (*kd*) entgegenwächst und endlich in diese durchbricht. Ebenso bildet sich hinten in der Hautdecke eine flache Aftergrube aus, welche bald tiefer wird, dem blinden hinteren Ende der Beckendarmhöhle entgegenwächst und schließlich mit dieser sich vereinigt. Sowohl vorn wie hinten besteht anfänglich zwischen der äußeren Hautgrube und dem blinden Darmende eine dünne Scheidewand, welche bei dem Durchbruch verschwindet, vorn die Rachenhaut (*rh*), hinten die Afterhaut.

Unmittelbar vor der Afteröffnung wächst aus dem Hinterdarm die *Allantois* hervor, jenes wichtige embryonale Anhangsgebilde, welches sich bei den Placentalien, und nur bei diesen (also auch beim Menschen), zur *Placenta* entwickelt (Fig. 211 *p*, Taf. VII,

Fig. 14 *al*). In dieser weiter entwickelten Form stellt nunmehr der Darmkanal des Menschen, gleich demjenigen aller anderen Säugetiere, ein schwach gekrümmtes, cylindrisches Rohr dar, welches vorn und hinten eine Oeffnung besitzt und aus dessen unterer Wand zwei Anhänge hervortreten: die vordere Nabelblase oder der Dottersack, und die hintere Allantois oder der Urharnsack (Fig. 224, S. 410).

Die dünne Wand dieses einfachen Darmrohres und seiner beiden ventralen Anhänge zeigt sich bei mikroskopischer Untersuchung aus zwei verschiedenen Zellenschichten zusammengesetzt. Die innere Schicht, welche den gesamten Hohlraum auskleidet, besteht aus größeren dunkleren Zellen und ist das Darmdrüsenblatt. Die äußere Schicht besteht aus helleren kleineren Zellen und ist das Darmfaserblatt. Eine Ausnahme von dieser Zusammensetzung machen nur die Mundhöhle und die Afterhöhle, weil diese aus der äußeren Haut entstehen. Die innere Zellenauskleidung der gesamten Mundhöhle wird daher nicht vom Darmdrüsenblatte, sondern vom Hautsinnesblatte geliefert, und ihre fleischige Unterlage nicht vom Darmfaserblatte, sondern vom Hautfaserblatte. Dasselbe gilt von der Wand der kleinen Afterhöhle (Taf. VII, Fig. 15).

Fragen Sie nun, wie sich diese konstituierenden Keimblätter der primitiven Darmwand zu den mancherlei verschiedenen Geweben und Organen verhalten, die wir später am ausgebildeten Darme antreffen, so ist die Antwort hierauf höchst einfach. Die Bedeutung dieser beiden Blätter für die gewebliche Ausbildung und Differenzierung des Darmkanales mit allen seinen Teilen läßt sich in einem einzigen Satze zusammenfassen: es entwickelt sich das Darmepithelium, d. h. die innere, weiche Zellenschicht, welche die Höhlung des Darmkanals und aller seiner Anhänge auskleidet, und welche unmittelbar die Ernährungsvorgänge einleitet, einzig und allein aus dem Darmdrüsenblatte; alle anderen Gewebe und Organe hingegen, die zum Darmkanal und seinen Anhängen gehören, entstehen aus dem Darmfaserblatte. Aus diesem letzteren entwickelt sich also die ganze äußere Umhüllung des Darmrohres und seiner Anhänge: das faserige Bindegewebe und die glatten Muskeln, welche seine Fleischhaut zusammensetzen; die Knorpel, welche dieselbe stützen (z. B. die Knorpel des Kehlkopfes und der Luftröhre), die zahlreichen Blutgefäße und Lymphgefäße, welche aus der Wand des Darmes Nahrung aufsaugen, kurz alles andere, was außer dem Darmepithel am Darme sonst noch vorkommt. Aus demselben

Darmfaserblatte entsteht außerdem noch das ganze Gekröse oder Mesenterium mit allen darin liegenden Teilen, das Herz, die großen Blutgefäße des Körpers u. s. w. (Vergl. S. 684 und Taf. VII, Fig. 16).

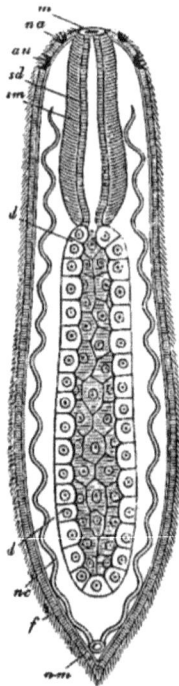

Fig. 425.   Fig. 426.

Fig. 425. **Ein einfacher Strudelwurm** (*Rhabdocoelum*). *m* Mund, *s* Schlund, *sd* Schlundepithel, *sm* Schlundmuskulatur, *d* Magendarm, *nc* Nierenkanäle, *nm* Nieren-mündung, *au* Auge, *na* Geruchsgrube. (Schema.)

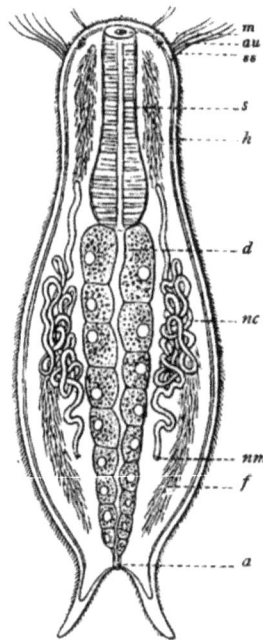

Fig. 426. **Chaetonotus, eine einfachste Vermalienform,** aus der Gruppe der Gastrotrichen. *m* Mund, *s* Schlund, *d* Darm, *a* After, *ss* Sinneshaare, *au* Augen, *ms* Muskelzellen, *h* Haut, *f* Flimmerbänder der Bauchfläche, *nc* Nephridien (Wasser-gefäße oder Exkretionsorgane), *nm* deren Mündung.

Verlassen wir nun einen Augenblick diese ursprüngliche Anlage des Säugetierdarmes, um einen Vergleich derselben mit dem Darmkanal der niederen Wirbeltiere und jener Wirbellosen anzustellen, welche wir als Vorfahren des Menschen kennen gelernt haben. Da finden wir zunächst bei den niedersten Metazoen, den Gastraeaden, das Darmrohr zeitlebens in jener einfachsten

Gestalt vor, welche die *palingenetische Gastrula* der übrigen Tiere vorübergehend zeigt; so bei den Gastremarien (*Pemmatodiscus*), den Physemarien (*Prophysema*), den einfachsten Schwämmen (*Olynthus*), den Süßwasserpolypen (*Hydra*) und den *Ascula*-Keimen vieler anderer Coelenterien (Fig. 288—292, S. 551—556). Auch bei den einfachsten Formen der Plattentiere, den Rhabdocoelen (Fig. 425), ist der Darm noch ein einfacher gerader Schlauch, von Entoderm ausgekleidet; nur mit dem wichtigen Unterschiede, daß hier bereits die einzige Oeffnung desselben, der Urmund (*m*), durch Einstülpung der Haut einen muskulösen Schlund (*sd*) gebildet hat.

Die gleiche einfache Form zeigt auch noch der Darm der niedersten *Vermalien* (Gastrotrichen, Fig. 425; Nematoden, Sagitten u. a.). Hier hat sich aber bereits an dem hinteren, dem Munde entgegengesetzten Ende eine zweite wichtige Darmöffnung gebildet, der After (*Anus*, Fig. 426 *a*).

Einen sehr bedeutenden Fortschritt in der Darmbildung der Vermalien zeigt der merkwürdige Eichelwurm (*Balanoglossus*, Fig. 299 S. 580), der einzig lebende Ueberrest von der Klasse der Darmatmer (*Enteropneusta*). Hier erscheint zum ersten Male jene bedeutungsvolle Sonderung des Darmrohres in zwei Hauptabschnitte, welche sämtliche Chordatiere (*Chordonia*) auszeichnet. Die vordere Hälfte, der Kopfdarm (*Cephalogaster*), wird hier zum Atmungsorgan (Kiemendarm, Fig. 299 *k*); die hintere Hälfte, der Rumpfdarm (*Truncogaster*), ist allein als Verdauungsorgan tätig (Leberdarm, *d*). Die morphologische und physiologische Sonderung dieser beiden Darmteile beim Eichelwurm ist ganz dieselbe, wie bei allen Manteltieren und Wirbeltieren; sie ist um so bedeutungsvoller, als überall zunächst nur ein paar Kiemenspalten im Kopfdarm auftreten, und als die Mittellinie seiner Bauchwand in allen drei Gruppen eine flimmernde drüsige Schlundrinne zeigt (Fig. 300, S. 582).

Besonders interessant und wichtig ist gerade in dieser Beziehung die Vergleichung der *Enteropneusten* mit den *Ascidien* (Fig. 255, S. 458) und dem *Amphioxus* (Fig. 245, S. 445); jenen höchst interessanten Tieren, welche die Brücke zwischen den Wirbellosen und Wirbeltieren herstellen. In beiden Tierformen ist der Darm wesentlich übereinstimmend gebaut; der vordere Abschnitt bildet den atmenden Kiemendarm, der hintere den verdauenden Leberdarm. In beiden entwickelt er sich palingenetisch aus dem Urdarm der Gastrula (Taf. XVIII, Fig. 4, 10), und in beiden überwächst das Hinterende des Markrohrs dergestalt den Urmund, daß der merkwürdige Markdarmgang entsteht, die vorübergehende Verbindung zwischen Nervenrohr und Darmrohr (*Canalis neurentericus*, Fig. 86, 88 *ne*). An der Stelle des zugewachsenen Urmundes bildet sich später die bleibende Afteröffnung. Ebenso ist auch die Mundöffnung des Amphioxus und der Ascidie eine Neubildung. Dasselbe gilt in gleicher Weise von der Mundöffnung des Menschen und überhaupt aller Schädeltiere. Die sekundäre Mundbildung der Chordatiere hängt vielleicht mit der Bildung der Kiemenspalten zusammen, welche unmittelbar hinter dem Munde in der Darmwand auftreten. Damit wird der vordere Abschnitt des Darmes zum Atmungsorgan. Wie charakteristisch diese Anpassung für die Wirbeltiere und Manteltiere ist, haben wir schon früher hervorgehoben. Die phylogenetische Entstehung der Kiemenspalten bezeichnet den Beginn einer neuen Epoche in der Stammesgeschichte der Wirbeltiere.

Auch bei der weiteren ontogenetischen Ausbildung des Darmkanals im menschlichen Embryo erscheint die Entstehung der Kiemenspalten als wichtigster Vorgang. Schon sehr frühzeitig verschmilzt am Kopfe des menschlichen Keimes die Schlundwand mit der äußeren Körperwand, und es erfolgt dann rechts und links an den Seiten des Halses, hinter der Mundöffnung, die Bildung von vier Spalten, die unmittelbar aus der Schlundhöhle nach außen führen. Diese Spalten sind die Kiemenspalten oder Schlundspalten, und die Scheidewände, durch welche sie getrennt werden, die Kiemenbogen oder Schlundbogen (Fig. 181 und Taf. I und XXIV, sowie Taf. VII, Fig. 15 *ks*). Das sind embryonale Bildungen von höchstem Interesse. Denn wir sehen daraus, daß die höheren Wirbeltiere alle noch in ihrer ersten Jugend nach dem Biogenetischen Grundgesetze denselben Vorgang rekapitulieren, welcher ursprünglich für die Entstehung des ganzen Chordonierstammes von der größten Bedeutung wurde. Dieser Vorgang war eben die Sonderung des Darmrohres in zwei Hauptabschnitte: in einen vorderen respiratorischen Abschnitt, den Kiemendarm, welcher bloß der Atmung dient (Kopfdarm, (*Cephalogaster*, oder *Branchienteron*), und einen hinteren digestiven Abschnitt, den Leberdarm, welcher bloß der Verdauung dient (Rumpfdarm, *Truncogaster* oder *Cholenteron*). Da wir diese höchst charakteristische Sonderung des Darmrohres in zwei physiologisch ganz verschiedene Hauptabschnitte ebenso bei sämtlichen Vertebraten, wie bei allen Tunicaten antreffen, so dürfen wir schließen, daß sie auch bereits bei deren gemeinsamen

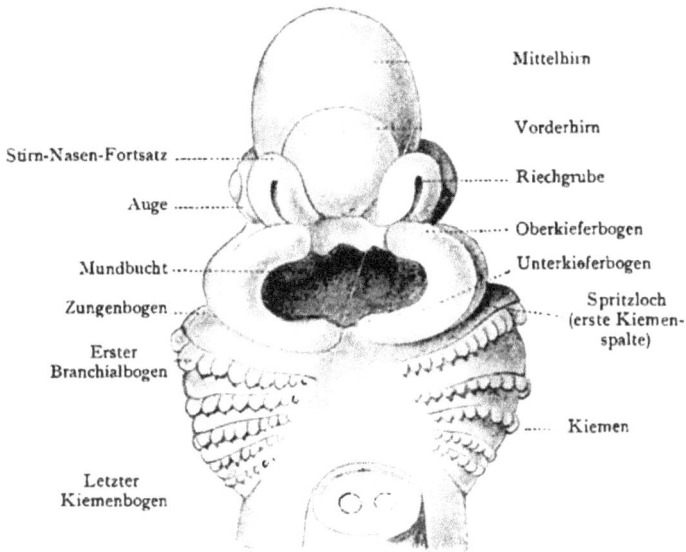

Fig. 427. **Kopf eines Haifischembryo** *(Pristiurus)*, von 8 mm Länge, 20mal vergrößert (nach *Parker*). Ansicht von der Bauchseite.

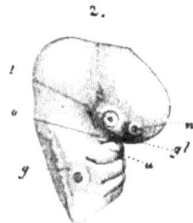

Fig. 428.   Fig. 429.

Fig. 428, 429. **Kopf eines Hühnerembryo** vom dritten Brütetage. Fig. 428 von vorn, Fig. 429 von der rechten Seite. *n* Nasenanlage (Geruchsgrübchen), *l* Augenanlage (Gesichtsgrübchen, Linsenhöhle), *g* Ohranlage (Gehörgrübchen), *v* Vorderhirn, *gl* Augenspalte. Von den drei Paar Kiemenbogen ist der erste in einen Oberkieferfortsatz (*o*) und einen Unterkieferfortsatz (*u*) gesondert. Nach *Kölliker*.

Fig. 430.

Fig. 430. **Kopf eines Hundeembryo,** von vorn. *a* die beiden Seitenhälften der vorderen Hirnblase, *b* Augenanlagen, *c* mittlere Hirnblase, *de* das erste Kiemenbogenpaar (*e* Oberkieferfortsatz, *d* Unterkieferfortsatz), *f*, *f'*, *f''* das zweite, dritte und vierte Kiemenbogenpaar, *g h i k* Herz (*g* rechte, *h* linke Vorkammer; *i* linke, *k* rechte Kammer), *l* Ursprung der Aorta mit drei Paar Aortenbogen, die an die Kiemenbogen gehen. Nach *Bischoff*.

Einundfünfzigste Tabelle.

Uebersicht über die Bildung des menschlichen Darmsystems.

(N. B. Die mit † bezeichneten Teile sind Ausstülpungen des Darmrohrs.)

I. Erster Hauptabschnitt des Darmsystems: **Kopfdarm** (*Cephalogaster*) oder **Atmungsdarm** (Tractus respiratorius) = **Kiemen- darm** (*Branchienteron*).	1. **Mundhöhle** **(Cavum oris)**	Mundöffnung Lippen Kiefer Zähne Zunge (Teil) † Speicheldrüsen Gaumensegel Zäpfchen	*Rima oris* *Labia* *Maxillae* *Dentes* *Lingua* *Glandulae salivales* *Velum palatinum* *Uvula*	Darmepithelien vom **Ektoderm** (Hornblatt) gebildet.
	2. **Nasenhöhle** **(Cavum nasi)**	Nasengänge † Kieferhöhlen † Stirnhöhlen † Siebbeinhöhlen	*Meatus narium* *Sinus maxillares* *Sinus frontales* *Sinus ethmoidales*	
	3. **Schlund- höhle (Cavum pharyngis)**	Rachen Mandeln Schlundkopf † Ohrtrompete † Paukenhöhle Zungenbein † Schilddrüse † Thymusdrüse	*Isthmus faucium* *Tonsillae* *Pharynx* *Tuba Eustachii* *Cavum tympani* *Os hyoides* *Thyreoidea* *Thymus*	Darmepithelien vom **Entoderm** (Darmdrüsenblatt) gebildet. (Ausgenommen die vom Hornblatt gebildete Afterhöhle.)
	4. **Lungenhöhle** **(Cavum pulmonis)**	† Kehlkopf † Luftröhre † Lungen	*Larynx* *Trachea* *Pulmones*	
II. Zweiter Hauptabschnitt des Darmsystems: **Rumpfdarm** (*Truncogaster*) oder **Verdauungs- darm** (Tractus digestivus) = **Leberdarm** (*Cholenteron*).	5. **Vorderdarm** **(Prosogaster)**	Speiseröhre Mageneingang Magen Magenausgang	*Oesophagus* *Cardia* *Stomachus* *Pylorus*	
	6. **Mitteldarm** **(Mesogaster)**	Gallendarm † Leber † Bauchspeicheldrüse Leerdarm Krummdarm († Dottersack oder Nabelbläschen)	*Duodenum* *Hepar* *Pancreas* *Jejunum* *Ileum* (*Vesicula umbili- calis*)	
	7. **Hinterdarm** **(Telogaster)**	Dickdarm † Blinddarm † Wurmanhang des Blinddarms Mastdarm Afteröffnung	*Colon* *Coecum* *Processus vermi- formis* *Rectum* *Anus*	
	8. **Harndarm** **(Urogaster)**	(† Urharnsack) † Harnröhre † Harnblase	(*Allantois*) *Urethra* *Urocystis*	

Vorfahren, den Prochordoniern, vorhanden war, um so mehr als selbst der Eichelwurm sie schon besitzt. (Vergl. S. 276, 366, 582 und Fig. 245, 255, 299.) Allen übrigen wirbellosen Tieren fehlt diese eigentümliche Einrichtung völlig.

Die Zahl der Kiemenspalten beträgt beim Amphioxus, wie bei den Ascidien und beim Eichelwurm, anfänglich nur ein Paar, und die Copelaten (S. 490) haben zeitlebens nur ein Paar. Später wird bei ersteren die Zahl sehr vermehrt. Bei den Schädeltieren wird sie hingegen wieder vermindert. Die Cyclostomen besitzen 6—12 Paar (Fig. 301, S. 594); einige Urfische 6—7 Paar, die meisten Fische nur 4—5 Paar Kiemenspalten. Auch beim Embryo des Menschen und der höheren Wirbeltiere überhaupt, wo sie schon sehr frühzeitig auftreten, kommen bloß 3—4 Paar zur Entwickelung. Bei den Fischen bleiben die Kiemenspalten zeitlebens bestehen und lassen das durch den Mund aufgenommene Atemwasser nach außen treten (Fig. 303—305, S. 601; Taf. VII, Fig. 13 ks). Hingegen verlieren sie sich schon teilweise bei den Amphibien und gänzlich bei allen höheren Wirbeltieren. Hier bleibt nur ein einziger Rest der Kiemenspalten bestehen, und zwar der Ueberrest der ersten Kiemenspalte. Dieser gestaltet sich zu einem Teile des Gehörorgans; es entsteht daraus der äußere Gehörgang, die Trommelhöhle und die Eustachische Ohrtrompete. Wir haben diese merkwürdigen Bildungen bereits früher betrachtet und wollen nur nochmals die interessante Tatsache hervorheben, daß unser mittleres und äußeres Gehörorgan das letzte Erbstück von der Kiemenspalte eines Fisches ist. Auch die Kiemenbogen, welche die Kiemenspalten trennen, entwickeln sich zu sehr verschiedenartigen Teilen. Bei den Fischen bleiben sie zeitlebens Kiemenbogen, welche die atmenden Kiemenblättchen tragen; ebenso auch noch bei den niedersten Amphibien; bei den höheren Amphibien aber erleiden sie im Laufe der Entwickelung schon mannigfache Verwandlungen, und bei allen drei höheren Wirbeltierklassen, also auch beim Menschen, entstehen aus den Kiemenbogen das Zungenbein und die Gehörknöchelchen. (Vergl. S. 755, 757 und 783, sowie Taf. VIII bis XIII.)

Aus dem ersten Kiemenbogen, an dessen Innenfläche in der Mitte die fleischige Zunge hervorwächst, entsteht die Anlage des Kiefergerüstes: Oberkiefer und Unterkiefer, welche die Mundöffnung umgeben und das Gebiß tragen. Den beiden niedersten Wirbeltierklassen, Acraniern und Cyclostomen, fehlen diese wichtigen Teile noch völlig. Sie treten erst bei den ältesten Urfischen

auf (Fig. 302—305, S. 600) und haben sich von dieser Stammgruppe der Kiefermäuler auf die höheren Wirbeltiere vererbt Die
ursprüngliche Bildung unseres Mundskeletts, des Oberkiefers und
des Unterkiefers, ist also auf die ältesten Fische zurückzuführen,
von denen wir sie geerbt haben. Die Bezahnung der Kiefer geht
aus der äußeren Hautdecke hervor, welche die Kiefer überkleidet.
Denn da die Bildung der ganzen Mundhöhle von dem äußeren
Integumente aus erfolgt (Fig. 423, S. 809), so müssen natürlich auch
die Zähne ursprünglich aus demselben entstanden sein. Das läßt
sich in der Tat durch die genaue mikroskopische Untersuchung
der Entwickelung und der feinsten Strukturverhältnisse der Zähne
nachweisen. Die Schuppen der Fische, insbesondere der Haifische
(Fig. 431), verhalten sich in dieser Beziehung ganz gleich ihren
Zähnen (Fig. 306). Die Knochensubstanz
des Zahnes (Dentin) geht aus der Lederhaut hervor; ihr Schmelzüberzug ist ein
Sekret der Oberhaut, welche jene überkleidet. Dasselbe gilt von den „Hautzähnen" oder Placoidschuppen der Selachier. Ursprünglich war bei diesen
Urfischen und ebenso auch noch bei den
ältesten Amphibien die ganze Mundhöhle
mit solchen Hautzähnen bewaffnet. Später
beschränkte sich deren Bildung auf die
Kieferränder; im übrigen Teile wurden
sie rückgebildet.

Fig. 431. **Schuppen oder Hautzähne eines
Haifisches** (*Centrophorus calceus*). Auf jedem rauten-
förmigen, in der Lederhaut liegenden Knochentäfelchen
erhebt sich schräg ein dreizackiges Zähnchen. Nach
Gegenbaur.

Unsere menschlichen Zähne sind also ihrem ältes-
sten Ursprunge nach umgebildete Fischschuppen[117].
Aus dem gleichen Grunde müssen wir die Speicheldrüsen,
welche in die Mundhöhle einmünden, eigentlich als Oberhaut-
drüsen ansehen, denn sie bilden sich nicht gleich den übrigen
Darmdrüsen aus dem Drüsenblatte des Darmkanals hervor, sondern
aus der äußeren Oberhaut, aus der Hornplatte des äußeren Keimblattes. Selbstverständlich gehören, entsprechend dieser Entwickelungsgeschichte des Mundes, die Speicheldrüsen mit den

Schweißdrüsen, Talgdrüsen und Milchdrüsen der Epidermis genetisch in eine und dieselbe Reihe.

Unser menschlicher Darmkanal ist also in seiner ursprünglichen
Anlage so einfach wie der Urdarm der *Gastrula*. Weiterhin gleicht
er dem Darm der ältesten *Vermalien* (Gastrotrichen). Darauf scheidet
er sich in zwei Abteilungen, einen vorderen Kiemendarm und einen
hinteren Leberdarm, gleich dem Darmkanal des *Balanoglossus*,

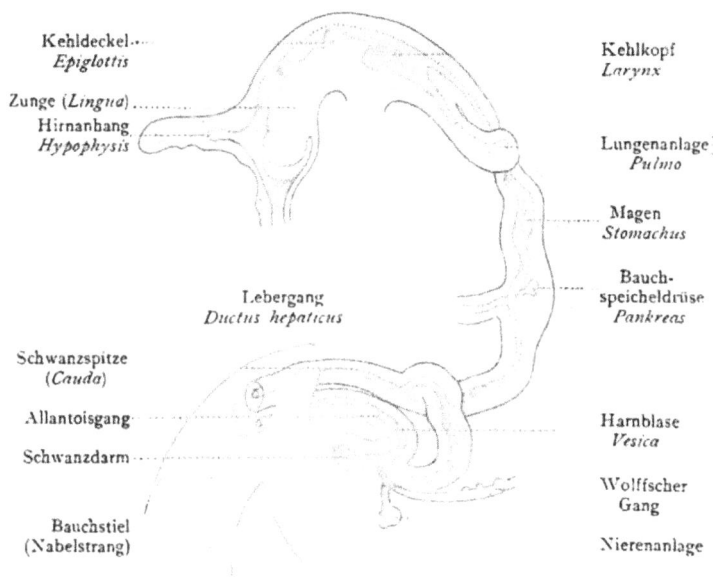

Kehldeckel
Epiglottis

Zunge (*Lingua*)
Hirnanhang
Hypophysis

Lebergang
Ductus hepaticus

Schwanzspitze
(*Cauda*)

Allantoisgang

Schwanzdarm

Bauchstiel
(Nabelstrang)

Kehlkopf
Larynx

Lungenanlage
Pulmo

Magen
Stomachus

Bauchspeicheldrüse
Pankreas

Harnblase
Vesica

Wolffscher
Gang

Nierenanlage

Fig. 432. **Darm eines Menschenembryo** von 4,1 mm Länge, 15 mal vergrößert, nach *His*.

der *Ascidie* und des *Amphioxus*. Durch die Ausbildung der
Kiefer und der Kiemenbogen geht er in einen wahren Fischdarm
über (*Selachier*). Später aber wird der Kiemendarm, der eine
Reminiscenz an unsere Fischahnen ist, als solcher umgebildet.
Die Teile, welche davon übrig bleiben, verwandeln sich in ganz
andere Gebilde.

Trotzdem aber so die vordere Abteilung unseres Nahrungskanals ihre ursprüngliche Bedeutung als Kiemendarm völlig aufgibt,
behält sie dennoch die physiologische Bedeutung des A t m u n g s -
d a r m e s bei. Wir werden nämlich jetzt durch die höchst interessante

52*

Wahrnehmung überrascht, daß auch das bleibende Respirations-
organ der höheren Wirbeltiere, die luftatmende L u n g e, sich ebenfalls aus diesem vorderen Abschnitte des Darmkanals entwickelt.
Unsere Lunge entsteht samt der Luftröhre und dem Kehlkopf aus
der Bauchwand des Kiemendarmes. Dieser ganze große Atmungs-
apparat, der beim entwickelten Menschen den größten Teil der
Brusthöhle einnimmt, ist anfänglich nichts als ein kleines paariges
Bläschen oder Säckchen, welches unmittelbar hinter den Kiemen
aus dem Boden des K o p f d a r m e s hervorwächst (Fig. 433 *c*, 440 *l*;
Taf. VII, Fig. 13, 15, 16 *lu*). Dieses Bläschen findet sich bei allen
Wirbeltieren wieder, mit Ausnahme der beiden untersten Klassen.

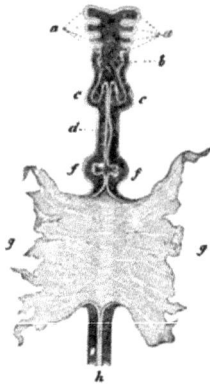 

Fig. 433.   **Darm eines
Hundeembryo** (der in
Fig. 210, S. 399 dargestellt
ist, nach *Bischoff*), von der
Bauchseite. *a* Kiemenbogen
(4 Paar), *b* Schlund- und
Kehlkopfanlage, *c* Lungen,
d Magen, *f* Leber, *g* Wände
des geöffneten Dottersackes
(in den der Mitteldarm mit
weiter Oeffnung mündet), *h*
Enddarm.

Fig. 434.   **Derselbe
Darm,** von der rechten Seite
gesehen. *a* Lungen, *b* Magen,
c Leber, *d* Dottersack, *e* Enddarm. (Vergl. S. 399.)

Fig. 433.   Fig. 434.

der Schädellosen und Rundmäuler. Dasselbe entwickelt sich aber
bei den niederen Wirbeltieren nicht zur Lunge, sondern zu einer
ansehnlichen, mit Luft gefüllten Blase, die einen großen Teil der
Leibeshöhle einnimmt und eine ganz andere Bedeutung hat. Sie
dient hier nicht zur Atmung, sondern zur vertikalen Schwimmbewegung, mithin als ein h y d r o s t a t i s c h e r A p p a r a t: das ist
die S c h w i m m b l a s e der Fische (*Nectocystis*, S. 599). Die Lunge
des Menschen und aller luftatmenden Wirbeltiere entwickelt sich
aber aus demselben einfachen blasenförmigen Anhange des Kopfdarmes, welcher bei den Fischen zur Schwimmblase wird.

    Ursprünglich hat diese Blase gar keine respiratorischen
Funktionen, sondern dient nur als hydrostatischer Apparat, um
das spezifische Gewicht des Körpers zu vermehren oder zu ver-
mindern. Die Fische, welche eine entwickelte Schwimmblase besitzen, können dieselbe zusammenpressen und dadurch die darin

enthaltene Luft bedeutend verdichten. Die Luft entweicht auch bisweilen aus dem Darmkanal durch einen Luftgang, welcher die Schwimmblase mit dem Schlund verbindet, und wird durch den Mund ausgestoßen. Dadurch wird der Umfang der Schwimmblase verkleinert, der Fisch wird schwerer und sinkt unter. Wenn derselbe dagegen wieder in die Höhe steigen will, so wird die Schwimmblase durch Nachlaß der Kompression ausgedehnt. Bei manchen Quastenfischen ist die Wand der Schwimmblase mit Knochenplatten gepanzert, so bei der triassischen U n d i n a (Fig. 307, S. 607).

Nun fängt schon bei den Lurchfischen oder Dipneusten dieser hydrostatische Apparat an, sich in ein Atmungsorgan zu verwandeln, und zwar dadurch, daß die in der Wand der Schwimmblase verlaufenden Blutgefäße nicht bloß mehr Luft absondern, sondern auch frische Luft aufnehmen, die durch den Luftgang eingetreten ist. Bei allen Amphibien kommt dieser Prozeß zur Vollendung. Die ursprüngliche Schwimmblase wird hier allgemein zur Lunge, und ihr Luftgang zur Luftröhre. Die Lunge der Amphibien hat sich von diesen auf die drei höheren Wirbeltierklassen vererbt. Auch bei den niedersten Amphibien ist die Lunge jederseits noch ein ganz einfacher, durchsichtiger und dünnwandiger Sack, so z. B. bei unseren gewöhnlichen Wassersalamandern, den Tritonen. Sie gleicht noch ganz der Schwimmblase der Fische. Allerdings haben die Amphibien bereits zwei Lungen, eine rechte und eine linke. Aber auch bei manchen Fischen (bei alten Ganoiden) ist die Schwimmblase paarig und zerfällt durch einen Einschnitt in eine rechte und eine linke Hälfte. Anderseits ist die Lunge unpaar bei *Ceratodus* (Fig. 311, S. 610).

Beim Embryo des Menschen, wie bei allen anderen Amnioten, entwickelt sich die L u n g e aus dem hinteren Teile der Bauchwand des K o p f d a r m e s (Fig. 435). Gleich hinter der unpaaren Anlage der Schilddrüse schnürt sich hier vom Schlunde eine mediane Rinne ab, die Anlage der Luftröhre. Aus ihrem hinteren Ende wachsen ein paar Bläschen hervor, die einfachen schlauchförmigen Anlagen der rechten und linken Lunge. Späterhin wachsen beide Bläschen bedeutend, füllen die Brusthöhle größtenteils aus und nehmen das Herz zwischen sich (Taf. VII, Fig. 13—16). Schon bei den Fröschen finden wir, daß sich der einfache Sack durch weitere Ausbildung in einen schwammigen Körper von eigentümlichem schaumigen Gewebe verwandelt hat. Dieses Lungengewebe entwickelt sich nach Art einer baumförmig verzweigten, traubigen Drüse. Die ursprünglich kurze Verbindungsstelle der Lungensäckchen mit dem Kopfdarm dehnt sich zu einem langen, dünnen Rohre aus. Dieses Rohr ist die Luftröhre (*Trachea*); sie mündet oben in den Schlund und teilt sich unten in zwei Aeste, die in die beiden Lungen hineinführen. In der Wand der Luftröhre entwickeln sich ringförmige Knorpel, welche dieselbe ausgespannt erhalten. Am oberen Ende derselben, unterhalb ihrer Einmündung

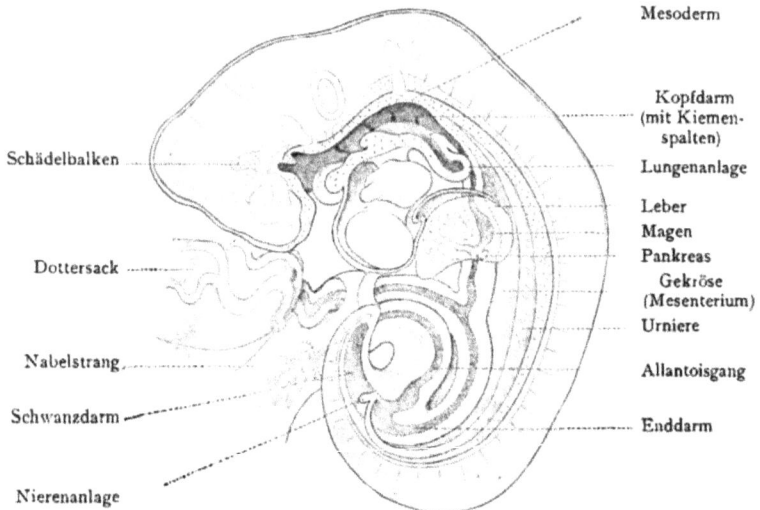

Fig. 435. **Längsschnitt durch einen menschlichen Embryo** aus der vierten Woche, 5 mm lang, 15mal vergrößert. Nach *Kollmann*.

in den Schlund, entwickelt sich der Kehlkopf (*Larynx*), das Organ der Stimme und Sprache. Der Kehlkopf kommt schon bei den Amphibien auf sehr verschiedenen Stufen der Ausbildung vor, und die vergleichende Anatomie ist im stande, stufenweise die fortschreitende Entwickelung dieses wichtigen Organes von der ganz einfachen Anlage bei den niederen Amphibien bis zu dem verwickelten und subtilen Stimmapparat zu verfolgen, welchen der Kehlkopf bei den Vögeln und Säugetieren darstellt.

So mannigfaltig nun auch diese Organe der Stimme, der Sprache und der Luftatmung bei den verschiedenen höheren Wirbeltieren sich gestalten, so entwickeln sich doch alle aus derselben einfachen ursprünglichen Anlage, aus jener ventralen Rinne im hinteren Bodenteile des Kopfdarms. Demnach entstehen aus diesem „Atmungsdarm" beiderlei Respirationsapparate der

Wirbeltiere, nämlich erstens der primäre, ältere Wasseratmungs-Apparat, der Kiemenkorb, dessen ursprüngliche Bedeutung bei den drei höheren Wirbeltierklassen völlig verloren geht; und zweitens der sekundäre, jüngere Luftatmungs-Apparat, der bei den Fischen nur als Schwimmblase und erst von den Dipneusten aufwärts als Lunge fungiert.

Als ein interessantes rudimentäres Organ des Atmungs-darmes müssen wir hier noch die Schilddrüse (*Thyreoidea*) er-wähnen, jene große, vorn vor dem Kehlkopfe sitzende Drüse, welche unterhalb des sogenannten „Adamsapfels" liegt und besonders beim männlichen Geschlecht oft stark hervortritt. Sie besitzt eine gewisse, noch nicht näher ermittelte Bedeutung für die Ernährung des Körpers und entsteht beim Embryo durch Ab-schnürung von der unteren Wand des Schlundes. In manchen Gebirgsgegenden ist die Schilddrüse sehr zu krankhafter Ver-größerung geneigt und bildet dann den vorn am Halse herab-hängenden Kropf (*Struma*). Viel größer ist aber ihr phylogene-tisches Interesse. Denn wie *Wilhelm Müller* in Jena gezeigt hat, ist dieses rudimentäre Organ das letzte Ueberbleibsel jener früher von uns betrachteten Schlundrinne oder „Hypobranchialrinne", welche bei den Ascidien und beim Amphioxus unten in der Mittellinie des Kiemenkorbes verläuft und dem Magen Nahrung zuführt. (Vergl. S. 446 und 582, Fig. 300, sowie Taf. XIX, Fig. 14 —16 y.) Bei den Larven der Cyclostomen zeigt sie anfangs noch das ursprüngliche Verhalten (Fig. 436—439) [118].

Nicht minder bedeutende Umbildungen als der erste Haupt-abschnitt des Darmrohres, der Kopfdarm oder Kiemendarm (*Cephalo-gaster*), erleidet innerhalb der Reihe unserer Vertebratenahnen der zweite Hauptabschnitt, der Rumpfdarm oder Leberdarm (*Truncogaster*). Wenn wir jetzt diesen verdauenden oder digestiven Teil des Darmrohres in seiner Entwickelung weiter verfolgen, so finden wir abermals, daß aus einer ursprünglich sehr einfachen Anlage schließlich sehr verwickelte und mannigfach zusammen-gesetzte Organe hervorgehen. Der besseren Uebersicht halber können wir den Verdauungsdarm in drei verschiedene Abschnitte teilen: den Vorderdarm (mit Speiseröhre und Magen), den Mittel-darm (Gallendarm mit Leber und Pankreas, Leerdarm und Krumm-darm) und den Hinterdarm (Dickdarm und Mastdarm). Auch hier wieder begegnen wir blasenförmigen Ausstülpungen oder Anhängen des ursprünglich einfachen Darmrohres, die in sehr verschiedene Teile sich umbilden. Zwei embryonale Anhänge kennen Sie bereits:

den Dottersack, der aus der Mitte des Darmrohres hervorhängt
(Fig. 440 c), und die Allantois, welche als eine mächtige sackförmige
Ausstülpung aus der hinteren Abteilung des Beckendarms hervorwächst (n). Als Ausstülpungen aus dem mittleren und wichtigsten
Teile des Rumpfdarmes entstehen die beiden großen Drüsen,
welche in das Duodenum einmünden, Leber (h) und Bauchspeicheldrüse (Pankreas).

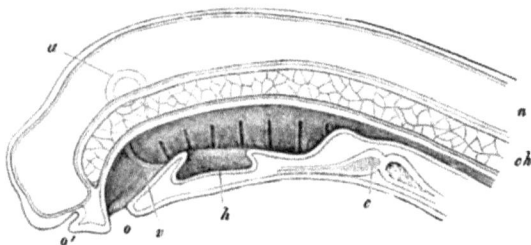

Fig. 436.

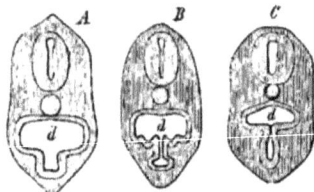

Fig. 437.   Fig. 438.   Fig. 439.

Fig. 436. **Medianschnitt durch den
Kopf einer Petromyzonlarve.** Nach
Gegenbaur. h Schlundrinne oder Hypobranchialrinne (darüber sind im Schlunde die
inneren Oeffnungen der sieben Kiemenspalten
sichtbar), v Velum, o Mund, c Herz, a Gehörbläschen, n Nervenrohr, ch Chorda.

Fig. 437, 438, 439. **Querschnitte durch
den Kopf einer Petromyzonlarve.** Nach
Gegenbaur. Unterhalb des Schlundes (d) ist
die Schlundrinne sichtbar, oberhalb Chorda und
Nervenrohr. A, B, C Stufen der Abschnürung.

Unmittelbar hinter der bläschenförmigen Anlage der Lungen
(Fig. 440 l) folgt derjenige Abschnitt des Darmrohres, welcher den
M a g e n bildet (Fig. 433 d, 434 b). Dieses sackförmige Organ, in
welchem vorzugsweise die Auflösung und Verdauung der Speisen
erfolgt, besitzt bei den niederen Wirbeltieren nicht jene hohe
physiologische Bedeutung und jene zusammengesetzte Beschaffenheit, welche es bei den höheren Vertebraten auszeichnet. Bei den
Acraniern und Cyclostomen, wie auch bei älteren Fischen, ist ein
eigentlicher Magendarm kaum zu unterscheiden und wird nur durch
die kurze Uebergangsstrecke vom Kiemendarm zum Gallendarm
vertreten. Auch bei anderen Fischen erscheint der Magen nur
als eine ganz einfache spindelförmige Erweiterung im Anfang des
digestiven Darmabschnittes, der in der Mittelebene des Körpers
unterhalb der Wirbelsäule gerade vor, vorn nach hinten läuft. Bei
den Säugetieren ist die erste Anlage auch so einfach, wie sie dort

zeitlebens besteht. Allein sehr bald beginnen die verschiedenen
Teile des Magensackes sich ungleichmäßig zu entwickeln. Indem
die linke Seite des spindelförmigen Schlauches viel stärker wächst
als die rechte, und indem gleichzeitig eine bedeutende Achsen-
drehung desselben erfolgt, erhält er bald eine schräge Lage. Das
obere Ende kommt mehr nach links und das untere mehr nach
rechts zu liegen. Das vorderste Ende zieht sich in den längeren
und engeren Kanal der Speiseröhre aus. Unterhalb der letzteren
buchtet sich links der Blindsack des Magens (der Fundus) aus,
und so entwickelt sich allmählich die spätere Form (Fig. 423, 441 c).

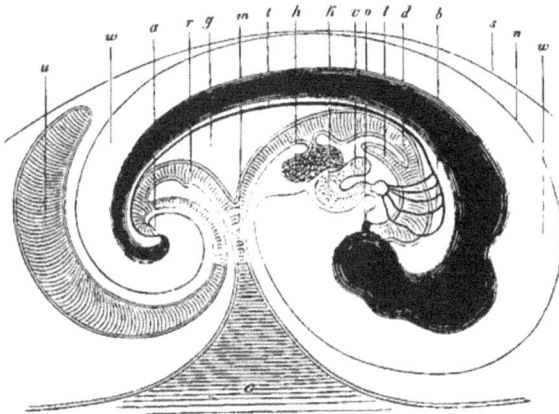

Fig. 440. **Längsschnitt durch den Embryo eines Hühnchens** (vom
fünften Tage der Bebrütung). *d* Darm, *o* Mund, *a* After, *l* Lunge, *h* Leber, *g* Gekröse,
v Herzvorkammer, *k* Herzkammer, *b* Arterienbogen, *t* Aorta, *c* Dottersack, *m* Dottergang, *u* Allantois, *r* Stiel der Allantois, *n* Amnion, *w* Amnionhöhle, *s* seröse Hülle.
Nach *Baer*.

Die ursprünglich longitudinale Achse steigt schräg von oben und
links nach unten und rechts herab und nähert sich immer mehr
der transversalen Richtung. In der äußeren Schicht der Magen-
wand entwickeln sich aus dem Darmfaserblatte die mächtigen
Muskeln, welche die kräftigen Verdauungsbewegungen des Magens
vermitteln. In der inneren Schicht hingegen bilden sich aus dem
Darmdrüsenblatte zahllose kleine Drüsenschläuche, jene „Labdrüsen",
welche den wichtigsten Verdauungssaft, den Magensaft oder Labsaft liefern. Am unteren Ende des Magenschlauchs entsteht der
Klappenverschluß, welcher als „Pförtner" (Pylorus) denselben vom
Dünndarm trennt (Fig. 423 *d*, S. 806).

Unterhalb des Magens entwickelt sich nun die unverhältnismäßig lange Strecke des Mitteldarms oder des eigentlichen D ü n n -
d a r m s.   Die Entwickelung dieses Abschnittes ist sehr einfach
und beruht im wesentlichen auf einem sehr raschen und beträchtlichen Längenwachstum.   Ursprünglich ist derselbe sehr kurz,
ganz gerade und einfach.   Aber gleich
hinter dem Magen tritt schon sehr frühzeitig eine hufeisenförmige Krümmung
und Schlingenbildung des Darmkanals
auf, im Zusammenhang mit der Abschnürung des Darmrohres vom Dottersack und mit der Entwickelung des
ersten Gekröses oder des Mesenterium.
(Vergl. Tafel VII, Fig. 14 *g*), und
Fig. 211, S. 400.) Wie ein kleiner Nabel-
bruch tritt aus der Bauchöffnung des
Embryo, vor Schließung der Bauchwand, eine hufeisenförmige Darmschlinge hervor (Fig. 211 *m*), in deren
Wölbung der Dottersack oder die Nabelblase einmündet (*n*). Die zarte, dünne

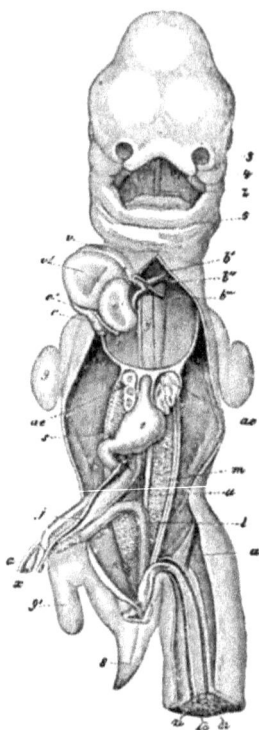

**Fig. 441. Menschlicher Embryo, fünf
Wochen alt,** von der Bauchseite, geöffnet (vergrößert). Brustwand, Bauchwand und Leber sind
entfernt. *3* äußerer Nasenfortsatz, *4* Oberkiefer,
5 Unterkiefer, *z* Zunge, *v* rechte, *v'* linke Herzkammer, *o'* linke Herzvorkammer, *q* Ursprung der
Aorta, *b', b'', b'''* erster, zweiter, dritter Aortenbogen, *c, c', c''* Hohlvenen, *ae* Lungen (*y* Lungenarterien), *e* Magen, *m* Urnieren (*j* linke Dottervene, *s* Pfortader, *a* rechte Dotterarterie, *n* Nabelarterie, *u* Nabelvene) *x* Dottergang, *i* Enddarm,
8 Schwanz, *9* Vorderbeine (Carpomelen), *9'* Hinterbeine (Tarsomelen). Nach *Coste.*

Haut, welche diese Darmschlinge an der Bauchseite der Wirbelsäule befestigt und die innere Krümmung der hufeisenförmigen
Windung ausfüllt, ist die erste Anlage des Gekröses (Fig. 440 *g*).
Die am weitesten vorspringende Stelle der Schlinge, in welche der
Dottersack einmündet (Fig. 441 *x*), und die sich später durch
den Darmnabel verschließt, entspricht dem Teile des späteren
Dünndarms, den man Krummdarm (Ileum) nennt. Schon frühzeitig
macht sich ein sehr bedeutendes Wachstum des Dünndarms bemerkbar; derselbe wird dadurch genötigt, sich in viele Schlingen

zusammenzulegen. In sehr einfacher Weise differenzieren sich später die einzelnen Abschnitte, welche hier noch zu unterscheiden sind: der dem Magen zunächst liegende Gallendarm (Duodenum), der lange darauf folgende Leerdarm (Jejunum) und der letzte Abschnitt des Dünndarms, der Krummdarm (Ileum).

Aus dem Gallendarm oder Duodenum wachsen als Ausstülpungen die beiden großen Drüsen hervor, welche wir vorhin nannten: die Leber und die Bauchspeicheldrüse. Die Leber erscheint zuerst in Form von zwei kleinen Säckchen, welche rechts und links gleich hinter dem Magen hervortreten (Fig. 433 f, 434 c). Bei vielen niederen Wirbeltieren bleiben anfänglich beide Lebern lange Zeit (bei den Myxinoiden sogar zeitlebens) ganz getrennt oder verwachsen nur unvollständig. Bei den höheren Wirbeltieren hingegen verwachsen bald beide Lebern mehr oder weniger vollständig zu einem unpaaren großen Organ. Das Darmdrüsenblatt, welches die hohlen, schlauchförmigen Anlagen der Leber auskleidet, treibt eine Masse von verästelten Sprossen in das umhüllende Darmfaserblatt hinein. Indem diese soliden Sprossen (Reihen von Drüsenzellen) sich weiter noch vielfach verzweigen, und indem ihre Zweige sich verbinden, entsteht das eigentümliche netzförmige Gefüge der ausgebildeten Leber. Die Leberzellen, als die secernierenden Organe, welche die Galle bilden, sind alle aus dem Darmdrüsenblatte hervorgegangen. Die bindegewebige Fasermasse hingegen, welche dieses gewaltige Zellennetz zu einem großen kompakten Organe verbindet und das Ganze umhüllt, entsteht aus dem Darmfaserblatte. Von diesem letzteren stammen auch die mächtigen Blutgefäße, welche die ganze Leber durchziehen, und deren zahllose, netzförmig verbundene Aeste sich mit dem Netzwerk der Leberzellenbalken durchflechten. Die Gallenkanäle, welche die ganze Leber durchziehen und die Galle sammeln und in den Darm abführen, entstehen als Intercellulargänge in der Achse der soliden Zellenstränge. Sie münden sämtlich in die beiden primitiven Hauptgallengänge ein, welche aus der Basis der beiden ursprünglichen Darmausstülpungen entstehen. Beim Menschen und vielen anderen Wirbeltieren vereinigen sich die letzteren später zu einem einfachen Gallengang, der an der inneren Seite in den absteigenden Teil des Gallendarms einmündet. Die Gallenblase entsteht als eine hohle Ausstülpung aus dem rechten ursprünglichen Lebergange. Das Wachstum der Leber ist anfangs äußerst lebhaft. Beim menschlichen Embryo erreicht dieselbe schon im zweiten Monate der Entwickelung einen so

bedeutenden Umfang, daß sie im dritten Monate den bei weitem
größten Teil der Leibeshöhle ausfüllt (Fig. 442). Anfänglich sind
beide Hälften gleich stark entwickelt; später bleibt die linke
bedeutend hinter der rechten zurück. Infolge der unsymmetrischen
Entwickelung und Drehung des Magens und anderer Baucheingeweide wird nachher die ganze Leber auf die rechte Seite
hinübergedrängt. Obgleich das Wachstum der Leber später nicht
mehr so unverhältnismäßig stark ist, so ist sie doch auch am Ende
der Schwangerschaft beim Embryo relativ viel größer als beim Erwachsenen. Ihr Gewicht verhält sich zu dem des ganzen Körpers
bei letzterem = 1 : 36, bei ersterem = 1 : 18. Ihre physiologische
Bedeutung während des embryonalen Lebens
ist demgemäß sehr groß und besteht vorzüglich in ihrem Anteil an der Blutbildung,
weniger in der Gallenabsonderung.

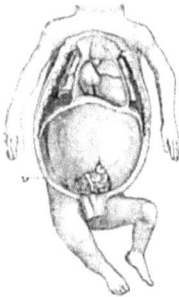

Fig. 442. **Brust- und Baucheingeweide** eines
menschlichen Embryo von zwölf Wochen, in natürlicher
Größe, nach *Kölliker*. Der Kopf ist weggelassen. Brustwand und Bauchwand sind fortgenommen. Der größte Teil
der Bauchhöhle wird von der Leber erfüllt, aus deren
mittlerem Einschnitt der Blinddarm (*v*) mit dem Wurmfortsatz hervorragt. Oberhalb des Zwerchfells ist in der
Mitte das kegelförmige Herz, rechts und links davon sind
die beiden kleinen Lungen sichtbar.

Unmittelbar hinter der Leber wächst aus dem Gallendarm
eine zweite große Darmdrüse hervor, die B a u c h s p e i c h e l d r ü s e
oder das P a n k r e a s. Sie fehlt noch den beiden niedersten Wirbeltierklassen und tritt erst bei den Fischen auf. Auch dieses Organ
entsteht als eine Ausstülpung der Darmwand. Das Darmdrüsenblatt derselben treibt mehrere solide verästelte Sprossen, welche
nachträglich hohl werden. Ganz ähnlich wie die Speicheldrüsen
der Mundhöhle, entwickelt sich so auch die Bauchspeicheldrüse
zu einer großen und sehr zusammengesetzten traubenförmigen
Drüse. Der Ausführgang derselben, welcher den Bauchspeichel
in den Gallendarm leitet (*Ductus pancreaticus*), scheint ursprünglich
einfach und unpaar zu sein. Später ist er oft doppelt.

Der letzte Abschnitt des Darmrohres, der E n d d a r m oder
Dickdarm (*Telogaster*), ist anfangs beim Embryo der Säugetiere
ein ganz einfaches, kurzes und gerades Rohr, welches hinten
durch den After mündet. Bei den niederen Wirbeltieren bleibt
er so zeitlebens. Bei den Säugetieren hingegen wächst er beträchtlich, legt sich in Windungen zusammen und sondert sich

in verschiedene Abschnitte, von denen der vordere längere als
G r i m m d a r m (*Colon*), der hintere kürzere als M a s t d a r m (*Rectum*)
bezeichnet wird. Am Anfange des ersteren bildet sich eine Klappe
(*Valvula Bauhini*), welche den Dickdarm vom Dünndarm trennt.
Gleich dahinter entsteht eine taschenförmige Ausstülpung, welche
sich zum B l i n d d a r m (*Coecum*) erweitert (Fig. 442 *v*). Bei den
pflanzenfressenden Säugetieren wird dieser sehr groß, während er
bei den fleischfressenden sehr klein bleibt oder ganz verkümmert.
Beim Menschen, wie bei den meisten Affen, wird bloß das Anfangs-
stück des Blinddarms weit; das blinde Endstück bleibt sehr eng
und erscheint später bloß als ein unnützer Anhang des ersteren.
Dieser „w u r m f ö r m i g e A n h a n g“ (*Appendix vermiformis*) ist
als rudimentäres Organ für die D y s t e l e o l o g i e von Interesse.
Seine einzige Bedeutung für den Menschen besteht darin, daß nicht
selten ein Rosinenkern oder ein anderes hartes und unverdauliches
Speiseteilchen in seiner engen Höhle stecken bleibt und durch
Entzündung und Vereiterung desselben den Tod sonst ganz
gesunder Menschen herbeiführt. Die vernünftige Erklärung dieser
gefürchteten Blinddarmentzündung (*Typhlitis*) durch die „liebevolle
Vorsehung“ bietet der landesüblichen *Teleologie* große Schwierigkeiten. Bei unseren pflanzenfressenden Vorfahren war dieses rudimentäre Organ größer und besaß physiologischen Wert.

Als eine wichtige Anhangsbildung des Darmrohres ist schließlich die H a r n b l a s e und Harnröhre zu erwähnen, welche ihrer
Entwickelung und also auch ihrem morphologischen Werte nach
zum Darmsystem gehören. Diese Harnorgane, welche als Behälter
und Ausflußröhren für den von den Nieren abgeschiedenen Harn
dienen, entstehen aus dem innersten Teile des Allantoisstieles. Die
Allantois wächst als eine sackförmige Ausbuchtung aus der Vorderwand des letzten Darmabschnittes hervor (Fig. 440 *u*). Bei den
Dipneusten und Amphibien, wo dieser Blindsack zuerst auftritt,
bleibt er innerhalb der Leibeshöhle und fungiert ganz als Harnblase. Bei den sämtlichen Amnioten hingegen wächst er weit
aus der Leibeshöhle des Embryo hervor und bildet den großen
embryonalen „Urharnsack“, aus dem bei den höheren Säugetieren
die P l a c e n t a entsteht. Bei der Geburt geht diese verloren.
Aber der lange Stiel der Allantois (*r*) bleibt bestehen und bildet
mit seinem oberen Teile das mittlere Harnblasen-Nabelband (*Ligamentum vesico-umbilicale medium*), ein rudimentäres Organ, welches
als solider Strang vom Harnblasenscheitel zum Nabel hinaufgeht.
Der unterste Teil des Allantoisstieles (oder des „*Urachus*“) bleibt

hohl und bildet die Harnblase. Anfangs mündet diese beim
Menschen wie bei den niederen Wirbeltieren noch in den letzten
Abschnitt des Hinterdarms ein; es ist also eine wirkliche „Kloake"
vorhanden, welche Harn und Exkremente zugleich aufnimmt.
Diese Kloake bleibt aber unter den Säugetieren nur bei den
Kloakentieren oder Monotremen zeitlebens bestehen, wie bei
allen Vögeln, Reptilien und Amphibien. Bei den sämtlichen
übrigen Säugetieren (Beuteltieren und Zottentieren) bildet sich
später eine quere Scheidewand aus, welche die vorn gelegene
„Harngeschlechtsöffnung" von der dahinter gelegenen Afteröffnung
trennt. (Vergl. S. 396, 642 und den XXIX. Vortrag.)

Wenn man die ganze Entwickelung des Darmsystems, im
Zusammenhang mit derjenigen des Gefäßsystems, vergleichend
überblickt, und wenn man ihre lange Stufenreihe von der Gasträa
bis zum Menschen hinauf schrittweise verfolgt, so findet man darin
zahlreiche Beweise für den hohen Wert des Biogenetischen Grundgesetzes. Die gesamte Trophese, d. h. *die Anatomie und Physiologie des ganzen Ernährungs-Apparates*, läßt dann mit Bezug auf
die *Anthropogenie* ungefähr die nachstehend unterschiedenen Bildungsstufen erkennen [119]. Indessen soll ausdrücklich bemerkt
werden, daß diese provisorischen Hypothesen zum Teil noch sehr
unsicher sind (besonders sechste bis achte Stufe); sie werden
später durch bessere und genauere Hypothesen ersetzt werden.

––––––––––

Zweiundfünfzigste Tabelle.

Uebersicht über die hypothetische Phylogenie der Trophese.

(Die wichtigsten Stufen in der Stammesgeschichte des menschlichen Ernährungs-Apparates).

I. Erste Hauptstufe: **Ernährungsapparat der Protisten.**

Der einzellige Organismus besitzt noch keinen Darm, keine Gewebe und
keine Organe (— in differenzierten Formen "Organelle" —).

1. Erste Stufe: **Trophese der Chromaceen.**

Der protophytische Organismus ist ein homogenes *Moner*, ein einfaches
Plasmakorn mit plasmodomer Funktion (*Chroococcus*, S. 533).

2. Zweite Stufe: **Trophese der Algarien.**

Das vegetale Moner (1.) hat sich durch Sonderung von innerem
Zellkern (*Karyoplasma*) und äußerem Zellenleib (*Cytoplasma*) in eine einfache *Zelle* verwandelt (*Palmella*, S. 536).

3. Dritte Stufe: **Trophese der Protozoen.**

Durch *Metasitismus* (S. 540) ist aus dem plasmodomen Protophyton (2.)
das plasmophage Protozoon entstanden (*Amoebina*, S. 537).

4. Vierte Stufe: **Trophese der Coenobien.**

Durch bleibende Vereinigung von sozialen Protozoen (3.) entstehen Blastaeaden, Zellvereine in Form von Hohlkugeln, deren Wand eine einfache Zellenschicht, das *Blastoderm*, bildet (*Catallacten*, S. 546).

II. Zweite Hauptstufe: Ernährungsapparat der Coelenterien.

Der vielzellige Organismus besitzt ein einfaches Darmsystem mit einer Oeffnung (*Urdarm* und *Urmund*). Die Leibeshöhle fehlt noch.

5. Fünfte Stufe: **Trophese der Gastraeaden.**

Der Urdarm (*Progaster*) ist eine einfache Höhle, vom Entoderm ausgekleidet, geöffnet durch den Urmund (*Gastremarien*, S. 551).

6. Sechste Stufe: **Trophese der Platoden.**

Durch Einstülpung des Urmundes entsteht als zweite Darmkammer der ektodermale Schlund. Aus ein paar Hautdrüsen entwickeln sich ein paar ektodermale Nephridien (*Turbellarien*, S. 574).

III. Dritte Hauptstufe: Ernährungsapparat der Vermalien.

Der Darmkanal erhält *zwei Oeffnungen* (Mund und After) und sondert sich von der umgebenden *Leibeshöhle* (*Coeloma*).

7. Siebente Stufe: **Trophese der Rotatorien.**

Der Urdarm der Platoden verwandelt sich durch Bildung der zweiten Oeffnung in den Darm der *Gastrotrichen* (S. 578); durch Abschnürung von ein paar Coelomtaschen entsteht das *Enterocoel* (*Chaetognathen*, S. 241).

8. Achte Stufe: **Trophesen der Nemertinen.**

Das *Blutgefäßsystem* tritt auf, mit zwei kommunizierenden medianen Röhren in der Darmwand (*Nemertinen*, S. 580).

9. Neunte Stufe: **Trophese der Enteropneusten.**

Der Darmkanal sondert sich in *Kopfdarm* (mit Kiemenspalten) und *Rumpfdarm* (mit Leber (*Balanoglossus*, S. 580).

10. Zehnte Stufe: **Trophese der Prochordonier.**

Im Kopfdarm sondert sich unten die ventrale *Hypobranchialrinne*, oben die dorsale Epibranchialrinne (*Chorda*) (*Copelata*, S. 490).

IV. Vierte Hauptstufe: Ernährungsapparat der Vertebraten.

Der Darmkanal, bisher nicht segmental gegliedert, folgt im Kopfdarm der *vertebralen Metamerie*, welche die Wirbeltiere von ihren wirbellosen Ahnen unterscheidet, ebenso das Blutgefäßsystem und das segmentale Nierensystem.

11. Elfte Stufe: **Trophese der Acranier.**

Der Kiemendarm erhält zahlreiche metamere Kiemenspalten und entsprechende Blutgefäße. Die Nephridien werden segmental vermehrt.

12. Zwölfte Stufe: **Trophese der Cranioten.**

Die einzelnen Abschnitte des Darmsystems erhalten eine vielfache und charakteristische, in vielen Stufen aufwärts steigende Gliederung (LIII. Tabelle), ebenso das Gefäßsystem (LV. Tabelle) und das Nierensystem (LVI. Tabelle).

Dreiundfünfzigste Tabelle.

Uebersicht über die Stammesgeschichte des menschlichen
Darmsystems.

I. Erste Periode: **Gastraeaden-Darm.**

Das ganze Darmsystem ist ein einfacher Urdarm mit Urmund.

II. Zweite Periode: **Rhabdocoelen-Darm.**

Der Urmund bildet durch Einstülpung einen muskulösen Schlund.

III. Dritte Periode: **Vermalien-Darm.**

Der Darm erhält am blinden Ende eine zweite Oeffnung: After.

IV. Vierte Periode: **Enteropneusten-Darm.**

Das Darmrohr sondert sich in zwei Hauptabschnitte: vorn Atmungsdarm (Kiemendarm); hinten Verdauungsdarm (Leberdarm).

V. Fünfte Periode: **Prochordonier-Darm.**

Die Bauchfurche des Kiemendarms wird zur Hypobranchialrinne.

VI. Sechste Periode: **Acranier-Darm.**

Zwischen den segmentalen Kiemenspalten treten Kiemenleisten auf.

VII. Siebente Periode: **Cyclostomen-Darm.**

Aus der Hypobranchialrinne entwickelt sich die Schilddrüse (Thyreoidea). Der einfache Leberblindsack wird zur kompakten Leberdrüse.

VIII. Achte Periode: **Selachier-Darm.**

Zwischen den Kiemenspalten treten knorpelige innere Kiemenbogen
auf; die vordersten derselben bilden die Lippenknorpel und das Kiefergerüste. Neben der Leber erscheint die Bauchspeicheldrüse.

IX. Neunte Periode: **Ganoiden-Darm.**

Die Septen zwischen den getrennten Kiementaschen verschwinden.
Aus dem Schlunde wächst die Schwimmblase hervor.

X. Zehnte Periode: **Dipneusten-Darm.**

Die Schwimmblase verwandelt sich in die Lunge, ihr Luftgang in
die Luftröhre. Mundhöhle und Nasengruben verbinden sich.

XI. Elfte Periode: **Amphibien-Darm.**

Die Kiemenspalten verwachsen. Die Kiemen gehen verloren. Aus
dem oberen Ende der Luftröhre entsteht der Kehlkopf. Aus dem
Hinterdarm wächst die Harnblase hervor.

XII. Zwölfte Periode: **Reptilien-Darm.**

Die Kiemen sind ganz verschwunden. Die Atmung geschieht nur
durch die Lunge. Durch das horizontale Gaumendach wird die primitive
Mundnasenhöhle in untere Mundhöhle und obere Nasenhöhle geschieden.
Aus der Harnblase entsteht die Allantois.

XIII. Dreizehnte Periode: **Monotremen-Darm.**

Die Zunge verwandelt sich; aus dem hintersten Teile der Unter-
zunge entsteht eine neue Zunge. Drei Paar Speicheldrüsen erscheinen.

XIV. Vierzehnte Periode: **Marsupialien-Darm.**

Die bisher bestehende Kloake zerfällt durch eine Scheidewand in
vordere Harngeschlechtshöhle und hinteren Mastdarm mit After.

XV. Fünfzehnte Periode: **Catarrhinen-Darm.**

Alle Teile des Darmsystems, namentlich das Gebiß, erlangen die
besondere Ausbildung, welche der Mensch mit den catarrhinen Affen teilt.

Achtundzwanzigster Vortrag.

Bildungsgeschichte unseres Gefässsystems.

„Die morphologische Vergleichung der vollendeten Zustände muß naturgemäß der Erforschung der frühesten Zustände vorausgeben. Nur dadurch erhält die Erforschung der Entwickelungsgeschichte eine bestimmte Orientierung; es wird ihr gleichsam das vorausschauende Auge gegeben, durch welches sie jeden Schritt des Bildungsganges in Beziehung setzen kann zu dem letzten, der erreicht werden soll. Die unvorbereitete Handhabung der Entwickelungsgeschichte tappt allzu leicht im Blinden und führt nicht selten zu den kläglichsten Resultaten, welche weit hinter dem zurückbleiben, was schon vor aller entwickelungsgeschichtlichen Untersuchung unzweifelhaft festgestellt werden konnte."

Alexander Braun (1872).

Blut, Chylus und Lymphe. Rhodocyten, Merocyten und Leucocyten, Lacunoma. Parablastentheorie und Mesenchymtheorie. Polyphyletische Entstehung der Lymphoide und Konnektive. Stufenweise Entwickelung der Gefässe und des Herzens. Pericardium. Abschnürung des Kopfcoeloms. Zwerchfell, Diaphragma.

Inhalt des achtundzwanzigsten Vortrages.

Literatur:

Johannes Müller, *1839*. *Das Gefäßsystem der Fische. Vergleichung der Blutgefäßstämme der verschiedenen Wirbeltiere. Berlin.*

Heinrich Rathke, *1830—1843*. *Ueber den Bau und die Entwickelung der Venen und Arterien.*

Albert Kölliker, *1884*. *Die embryonalen Keimblätter und die Gewebe.*

Ernst Haeckel, *1884*. *Ursprung und Entwickelung der tierischen Gewebe. Ein histogenetischer Beitrag zur Gastraeatheorie.*

Julius Kollmann, *1885*. *Gemeinsame Entwickelungsbahnen der Wirbeltiere.*

Johannes Rückert, *1885—1888*. *Zur Keimblattbildung und Blutbildung bei Selachiern.*

Carl Rabl, *1889*. *Theorie des Mesoderms. Morphol. Jahrb., Bd. XV. Leipzig.*

Heinrich Ernst Ziegler, *1888—1892*. *Die Entstehung des Blutes der Wirbeltiere. — Der Ursprung der mesenchymatischen Gewebe. Freiburg.*

Otto Bütschli, *1883*. *Ueber die phylogenetische Herleitung des Blutgefäßapparates. (Morphol. Jahrb., Bd. VIII.)*

Wilhelm Müller, *1865*. *Ueber den feineren Bau der Milz.*

Oscar Hertwig und Richard Hertwig, *1881*. *I. Epithel und Mesenchym. II. Das Blutgefäßsystem und die Leibeshöhle. (II. Teil der Coelomtheorie.)*

F. Maurer, *1888*. *Die Kiemengefäße der Amphibien. (Morphol. Jahrb., Bd. XIV.)*

Derselbe, *1890*. *Die erste Anlage der Milz und das erste Auftreten von lymphatischen Zellen. (Morphol. Jahrb., Bd. XVI.)*

E. V. Boas, *1881—1883*. *Beiträge zur Angiologie der Vertebraten (Herz und Gefäße).*

F. Hochstetter, *1888*. *Beiträge zur vergleichenden Anatomie und Entwickelungsgeschichte des Venensystems. (Morphol. Jahrb., Bd. XIII.)*

A. Sabatier, *1873*. *Études sur le coeur et la circulation centrale dans la série des vertébrés.*

Carl Rabl, *1887*. *Ueber die Bildung des Herzens der Amphibien. (Morph. Jahrb., Bd. XII.)*

Arnold Lang, *1902*. *Beiträge zu einer Trophocoel-Theorie. Jena. — Fünfundneunzig Thesen über den phylogenetischen Ursprung und die morphologische Bedeutung der Zentralteile des Blutgefäßsystems der Tiere. Zürich.*

Ferdinand Hochstetter, *1902*. *Die Entwickelung des Blutgefäßsystems der Wirbeltiere. (In: Oscar Hertwig, Handbuch der Entwickelungslehre der Wirbeltiere, Bd. III.)*

J. Rückert und S. Mollier, *1908*. *Die erste Entstehung der Gefäße und des Blutes bei Wirbeltieren. (In: Oscar Hertwig, Handbuch der Entwickelungslehre.)*

XXVIII.

Meine Herren!

Die Anwendung, welche wir bisher in der Organogenie von unserem Biogenetischen Grundgesetze gemacht haben, wird Ihnen eine genügende Vorstellung davon geben, bis zu welchem Maße wir uns seiner Führung bei Erforschung der Stammesgeschichte überlassen können. Dieses Maß ist bei den verschiedenen Organsystemen sehr verschieden; und das liegt daran, daß die Erblichkeit einerseits, die Veränderlichkeit anderseits bei den verschiedenen Organen sich sehr verschieden verhält. Während einige Körperteile die ursprüngliche *palingenetische,* von den uralten Tierahnen ererbte Entwickelungsweise getreu durch *Vererbung* konservieren und an der ererbten Keimesgeschichte zähe festhalten, zeigen andere Körperteile umgekehrt eine sehr geringe Neigung zu strenger Vererbung; sie sind vielmehr fähig, durch *Anpassung* neue und abweichende, *cenogenetische* Entwickelungsbahnen anzunehmen und die ursprüngliche Ontogenese abzuändern. Jene ersteren Organe stellen in dem vielzelligen Staatskörper des menschlichen Organismus das beharrliche oder konservative, diese letzteren hingegen das veränderliche oder progressive Entwickelungselement dar. Aus der Wechselwirkung beider Richtungen ergibt sich der Gang der historischen Entwickelung. Nur bei den konservativen Organen, bei denen im Laufe der Stammesentwickelung die Vererbung das Uebergewicht über die Anpassung beibehält, können wir die Ontogenie unmittelbar auf die Phylogenie anwenden und aus der *palingenetischen* Umbildung der Keimformen auf die uralte Verwandlung der Stammformen zurückschließen. Bei den progressiven Organen hingegen, bei denen die Anpassung das Uebergewicht über die Vererbung erhalten hat, ist meistens der ursprüngliche Entwickelungsgang im Laufe der Zeit so abgeändert, gefälscht und abgekürzt worden, daß wir durch die *cenogenetischen* Erscheinungen

53*

der Keimesgeschichte nur sehr wenig Sicheres über die Stammesgeschichte derselben erfahren. Hier muß uns dann die vergleichende Anatomie zu Hülfe kommen, die oft viel wichtigere
und zuverlässigere Aufschlüsse über die Phylogenie erteilt, als die
Ontogenie vermag. Sie ersehen daraus, wie wichtig es für die
richtige Anwendung des Biogenetischen Grundgesetzes ist, stets
b e i d e S e i t e n desselben kritisch im Auge zu behalten. Die
erste Hälfte dieses fundamentalen Entwickelungsgesetzes öffnet
uns die Bahn der Phylogenie, indem sie uns lehrt, aus dem Gange
der Keimesgeschichte denjenigen der Stammesgeschichte annähernd
zu erkennen: d i e K e i m f o r m w i e d e r h o l t d u r c h V e r -
e r b u n g d i e e n t s p r e c h e n d e S t a m m f o r m (*Palingenesis*).
Die andere Hälfte desselben schränkt aber diesen leitenden Grundsatz ein und macht uns auf die Vorsicht aufmerksam, mit welcher
wir denselben anwenden müssen; sie zeigt uns, daß die ursprüngliche Wiederholung der Phylogenese durch die Ontogenese im
Laufe vieler Millionen Jahre vielfach abgeändert, gestört und
abgekürzt worden ist: d i e K e i m f o r m h a t s i c h d u r c h A n -
p a s s u n g v o n d e r e n t s p r e c h e n d e n S t a m m f o r m e n t -
f e r n t (*Cenogenesis*). Je weiter diese Entfernung gegangen ist,
desto mehr sind wir genötigt, für die Erforschung der Phylogenie
die Hülfe der vergleichenden Anatomie in Anspruch zu nehmen.
    Bei keinem Organsystem des menschlichen Körpers ist dies
vielleicht in höherem Maße der Fall als bei demjenigen, auf dessen
schwierige Entwickelungsgeschichte wir jetzt zunächst einen Blick
werfen wollen: beim G e f ä ß s y s t e m oder „Zirkulationsapparat"
(*Vasorium*). Wenn man allein aus denjenigen Erscheinungen,
welche uns die individuelle Entwickelung dieses Organsystems
beim Embryo des Menschen und anderer höherer Wirbeltiere darbietet, auf die ursprünglichen Bildungsverhältnisse bei unseren
älteren tierischen Vorfahren schließen wollte, so würde man zu
gänzlich verfehlten Anschauungen gelangen. Durch eine Menge
von einflußreichen embryonalen Anpassungen, unter denen die
Ausbildung eines umfangreichen N a h r u n g s d o t t e r s als wichtigste
betrachtet werden muß, ist der ursprüngliche Entwickelungsgang
des Gefäßsystems bei den höheren Wirbeltieren teilweise dergestalt
abgeändert, gefälscht und abgekürzt worden, daß von vielen der
wichtigsten phylogenetischen Verhältnisse hier wenig oder nichts
mehr in der Keimesgeschichte erhalten ist. Wir würden vor der Erklärung der letzteren hülflos und ratlos dastehen, wenn uns nicht die
v e r g l e i c h e n d e A n a t o m i e u n d O n t o g e n i e zu Hülfe kämen.

Das Gefäßsystem (*Vasorium*) stellt beim Menschen, wie bei allen Schädeltieren, einen verwickelten Apparat von Hohlräumen dar, die mit Säften oder zellenhaltigen Flüssigkeiten erfüllt sind. Diese „Gefäße" oder Adern (*Vascula*) spielen eine wichtige Rolle bei der Ernährung des Körpers. Teils führen sie die ernährende rote Blutflüssigkeit in den verschiedenen Körperteilen umher (Blutgefäße); teils nehmen sie den weißen, durch die Verdauung gewonnenen Milchsaft (Chylus) aus der Darmwand auf (Chylusgefäße); teils sammeln sie die verbrauchten Säfte und führen sie aus den Geweben fort (Lymphgefäße). Mit diesen letzteren stehen auch die großen „serösen Höhlen" des Körpers in Zusammenhang, vor allem die Leibeshöhle oder das Coelom. Die Lymphgefäße führen sowohl die farblose Lymphe als den weißen Chylus in den venösen Teil der Blutbahn hinüber. Als Bildungsstätten neuer Blutzellen arbeiten die Lymphdrüsen, zu denen auch die Milz gehört. Als Bewegungszentrum für den regelmäßigen Umlauf der Säfte fungiert das Herz, ein starker Muskelschlauch, der sich regelmäßig pulsierend zusammenzieht und gleich einem Pumpwerk mit Klappenventilen ausgestattet ist. Durch diesen beständigen und regelmäßigen Kreislauf des Blutes wird allein der komplizierte Stoffwechsel der höheren Tiere ermöglicht.

So groß nun auch die Bedeutung des Gefäßsystems für den höher entwickelten, voluminösen und stark differenzierten Tierkörper ist, so stellt dasselbe doch keineswegs einen so unentbehrlichen Apparat für das Tierleben dar, wie gewöhnlich angenommen wird. Die ältere Medizin betrachtet das Blut als die eigentliche Lebensquelle und die „Humoralpathologie" leitete die meisten Krankheiten von „verdorbener Blutmischung" ab. Ebenso spielt in den heute noch herrschenden dunklen Vorstellungen von der Vererbung das Blut die erste Rolle. Wie man allgemein von Vollblut, Halbblut u. s. w. spricht, so ist auch die Meinung allgemein verbreitet, daß die erhebliche Uebertragung bestimmter morphologischer und physiologischer Eigentümlichkeiten von den Eltern auf die Kinder „im Blute liegt". Daß diese üblichen Vorstellungen vollkommen falsch sind, können Sie schon daraus ermessen, daß weder bei dem Zeugungsakte das Blut der Eltern auf den erzeugten Keim unmittelbar übertragen wird, noch auch der Embryo frühzeitig in den Besitz des Blutes gelangt. Sie wissen bereits, daß nicht allein die Sonderung der vier sekundären Keimblätter, sondern auch die Anlage der wichtigsten Organe beim

Embryo aller Wirbeltiere bereits stattgefunden hat, ehe die erste Anlage des Gefäßsystems, des Herzens und des Blutes erfolgt. Dieser ontogenetischen Tatsache entsprechend, müssen wir das *Gefäßsystem* von phylogenetischem Gesichtspunkte aus zu den *jüngsten*, wie umgekehrt das *Darmsystem* zu den *ältesten* Einrichtungen des Tierkörpers rechnen. Jedenfalls ist das Gefäßsystem erst viel später als das Darmsystem entstanden.

Wenn man die beiden Teile des Biogenetischen Grundgesetzes richtig würdigt, so kann man aus der *ontogenetischen* Reihenfolge, in welcher die verschiedenen O r g a n e des Tierkörpers beim Embryo nacheinander auftreten, einen annähernden Schluß auf die *phylogenetische* Reihenfolge ziehen, in welcher dieselben Organe in der Ahnenreihe der Tiere stufenweise nacheinander sich entwickelt haben. Ich habe in meiner *Gastraeatheorie* (1873) einen ersten Versuch gemacht, in dieser Weise „die phylogenetische Bedeutung der ontogenetischen Succession der Organsysteme" festzustellen. Jedoch ist zu bemerken, daß diese Succession bei den höheren Tierstämmen nicht überall dieselbe ist. Beim Stamme der Wirbeltiere, und also auch bei unserer eigenen Ahnenreihe, wird sich die Altersfolge der Organsysteme wohl ziemlich sicher folgendermaßen gestalten: I. Hautsystem (*A*) und Darmsystem (*B*). II. Geschlechtssystem (*C*). III. Nervensystem (*D*) und Muskelsystem (*E*). IV. Nierensystem (*F*). V. Gefäßsystem (*G*). VI. Skelettsystem (*H*).

In gleicher Weise gestatten auch die verschiedenen G e w e b e unseres Körpers eine Unterscheidung ihres phylogenetischen Alters, entsprechend der Reihenfolge ihrer Sonderung im Embryon. Zuerst erscheinen nur E p i t h e l i e n oder einfache Zellenschichten: das Blastoderm und die beiden aus ihm durch Gastrulation hervorgehenden primären Keimblätter. Auch die beiden Mittelblätter, aus denen später die verschiedensten Gewebe entstehen, sind anfangs (als Wände der Coelomtaschen) einfache Epithelien. Diesen uralten p r i m ä r e n Geweben stehen alle übrigen Gewebe als jüngere, s e k u n d ä r e gegenüber, als A p o t h e l i e n. Unter diesen können wir wieder zwei Gruppen unterscheiden. das N e u r o - m u s k e l g e w e b e (Nerven und Muskeln) und das M e s e n c h y m - g e w e b e (Konnektive und Lymphoide). Beim Amphioxus, der uns auch in dieser Beziehung die wichtigsten phylogenetischen Fingerzeige gibt, behalten auch die Apothelien ihren ursprünglichen epithelialen Charakter noch lange Zeit; das Mesenchym (Blut- und Bindegewebe) gelangt hier zu keiner bedeutenden Entwickelung.

Die Klassifikation der Gewebe, welche sich von diesen Gesichtspunkten aus ergibt, habe ich in meiner Schrift über „Ursprung und Entwickelung der tierischen Gewebe" (1884) weiter ausgeführt.

„Blut ist ein ganz besonderer Saft." Die bedeutungsvolle Ernährungsflüssigkeit, welche als Blut und Lymphe in den verwickelten Kanalbahnen unseres Gefäßsystems zirkuliert, ist keine einfache klare Flüssigkeit. sondern ein chemisch sehr zusammengesetzter Saft, in welchem Milliarden von schwimmenden Zellen leben. Diese „Blutzellen" sind für die zusammengesetzten Lebenstätigkeiten des höheren Tierkörpers von ebenso hervorragender Wichtigkeit, wie die zirkulierenden Geldmünzen für die verwickelten Verkehrsverhältnisse eines hoch ausgebildeten Kulturstaates. Wie die Staatsbürger des letzteren ihre Ernährungsbedürfnisse am bequemsten mittelst der zirkulierenden Geldmünzen decken, so erhalten auch die verschiedenen Gewebezellen, welche als mikroskopische Staatsbürger unseren vielzelligen menschlichen Körper zusammensetzen, ihre Nahrung in der passendsten Weise durch die zirkulierenden Zellen des Blutes zugeführt. Diese „Blutzellen" (*Haemocyten*) sind beim Menschen wie bei allen anderen Schädeltieren von zweierlei Art: rote Blutzellen oder R o t z e l l e n (*Rhodocyten* oder *Erythrocyten*) und farblose Blutzellen oder L y m p h - z e l l e n (*Leukocyten*). Die rote Farbe unseres Blutes wird durch massenhafte Anhäufung der ersteren bewirkt, während die letzteren in viel geringerer Zahl zwischen jenen zirkulieren. Wenn die Zahl der letzteren auf Kosten der ersteren zunimmt, tritt Bleichsucht ein (Chlorose, Leukämie).

Die L y m p h z e l l e n (*Leukocyten*), die sogenannten „weißen Blutzellen" oder farblosen Blutkörperchen, sind phylogenetisch älter und im Tierreiche viel allgemeiner verbreitet als die Rotzellen. Die große Mehrzahl der wirbellosen Tiere, welche ein selbständiges „Gefäßsystem" oder einen ernährenden „Zirkulationsapparat" sich erworben haben, führt in der zirkulierenden Blutflüssigkeit nur farblose Lymphzellen. Eine Ausnahme bilden die Nemertinen (S. 579), und einzelne Gruppen von Anneliden. Wenn wir das farblose Blut unseres Flußkrebses oder einer Schnecke (Fig. 443) unter dem Mikroskope bei starker Vergrößerung untersuchen, so gewahren wir in jedem Tropfen zahlreiche bewegliche L e u k o - c y t e n, die sich morphologisch und physiologisch ganz wie selbständige A m o e b e n verhalten (Fig. 17, S. 132). Gleich diesen einzelligen Protozoen bewegen sich auch unsere farblosen Blutzellen langsam kriechend umher, indem ihr formloser Plasmaleib beständig

seine Gestalt wechselt und fingerartige Fortsätze tastend bald da —
bald dorthin ausstreckt. Gleich den ersteren nehmen auch die
letzteren geformte Körperchen in das Innere ihres Zellenleibes auf.
Wegen dieser letzteren Fähigkeit nennt man solche amoeboide
Plastiden „Freßzellen" (*Phagocyten*), und wegen jener ersteren
„Wanderzellen" (*Planocyten*). Durch die wichtigen Entdeckungen
der letzten Jahrzehnte hat sich herausgestellt, daß diese Leukocyten
von der größten physiologischen und pathologischen Bedeutung
für den Organismus sind. Sie können aus der Darmwand sowohl
geformte als gelöste Bestandteile aufnehmen und dem Blute im
Chylus zuführen; sie können unbrauchbare Stoffe aus den Geweben
aufnehmen und entfernen. Indem sie massenhaft durch feine Poren
der Kapillargefäße auswandern und sich an gereizten Körperstellen
anhäufen, erzeugen sie Entzündung. Sie können Bakterien, die

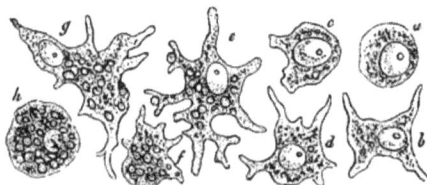

Fig. 443. **Fressende Lymphzellen aus dem Blute einer Seeschnecke**
(*Thetis*). (Vergl. S. 134.) Jede einzelne farblose Blutzelle kann nacheinander die
acht verschiedenen, in Fig. *a—h* dargestellten Formen annehmen.

gefürchteten Träger der Infektionskrankheiten, fressen und ver-
tilgen; sie können aber auch solche verderblichen Moneren weiter
transportieren und neue Infektionsherde im Organismus erzeugen.
Es ist wahrscheinlich, daß die empfindlichen und wanderlustigen
Leukocyten unserer wirbellosen Ahnen schon seit Millionen von
Jahren an der Phylogenesis der fortschreitenden tierischen Organisation in hervorragender Weise mitgewirkt haben.

Die R o t z e l l e n oder „roten Blutzellen" (*Rhodocyten* oder
Erythrocyten) haben eine viel beschränktere Verbreitung und Tätigkeit als jene „Allerweltszellen", die *Leukocyten*. Sie sind aber für
bestimmte Funktionen des Cranioten-Organismus auch von hervorragender Bedeutung, vor allem für den G a s w e c h s e l oder die
Atmung. Die Blutzellen des dunkelroten, karbonischen oder
venösen Blutes, welche Kohlensäure aus den tierischen Geweben
gesammelt haben, geben diese in den Atmungsorganen ab; sie
nehmen dafür frischen Sauerstoff auf und bewirken dadurch die
hellrote Farbe, welche das oxydische oder arterielle Blut auszeichnet.

Der rote Blutfarbstoff (*Haemoglobin*), der Träger des Farben-
und Gaswechsels, ist in Lücken ihres Protoplasma gleichmäßig
verteilt. Die Rotzellen der meisten Wirbeltiere sind elliptische
flache Scheiben und schließen einen Kern von gleicher Gestalt
ein; ihre Größe ist sehr verschieden (Fig. 444). Die Säugetiere
zeichnen sich vor den übrigen Wirbeltieren durch die kreisrunde Gestalt ihrer bikonkaven Rotzellen aus, sowie durch den
Mangel des Kerns (Fig. *1*); nur einzelne Gattungen (z. B. die
Kamele) haben die elliptische, von den Reptilien geerbte Form

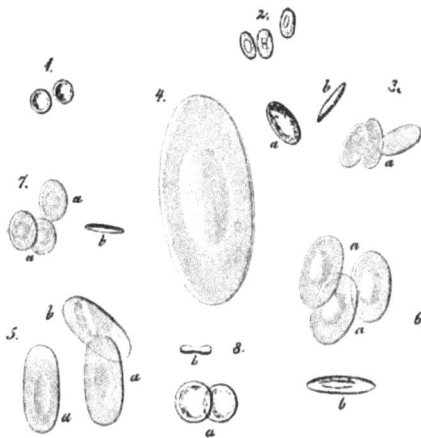

Fig. 444.   Fig. 445.

Fig. 444. **Rote Blutzellen von verschiedenen Wirbeltieren** (bei gleicher
Vergrößerung). *1.* vom Menschen, *2.* Kamel, *3.* Taube, *4.* Proteus, *5.* Wasser-
salamander (*Triton*), *6.* Frosch, *7.* Schmerle (*Cobitis*), *8.* Neunauge (*Petromyzon*).
a Flächenansicht, *b* Randansicht. Nach *Wagner*.
Fig. 445. **Gefäßgewebe oder Endothelium** (*Vasalium*). Ein Haargefäß
aus dem Gekröse. *a* Gefäßzellen, *b* deren Kerne.

beibehalten (Fig. 2). In den Embryonen der Säugetiere besitzen
die roten Blutzellen noch den Kern und die Fähigkeit, sich durch
Teilung zu vermehren (Fig. 10, S. 120).

Der Ursprung der Blutzellen und der Gefäße im
Embryo, sowie ihre Beziehung zu den Keimblättern und Geweben,
ist eine der schwierigsten Fragen der Ontogenie, eine von jenen
dunklen Fragen, über welche auch heute noch von den kompeten-
testen Forschern die verschiedensten Ansichten vertreten werden.
Im allgemeinen steht zwar fest, daß der größte Teil der Zellen,
welche die Gefäße und deren Inhalt zusammensetzen, aus dem

Mesoderm, und zwar aus dem Darmfaserblatte stammen; gerade deshalb erhielt ja dieses „Visceralblatt des Coeloms" schon von *Baer* den Namen „Gefäßschicht", später „Gefäßblatt". Andere zuverlässige Beobachter behaupten aber, daß ein Teil jener Zellen auch aus anderen Keimblättern hervorgehe, insbesondere aus dem Darmdrüsenblatt. Es scheint sogar, daß Blutzellen schon vor der Entstehung des Mesoderms aus Zellen des Entoderms sich bilden können. Untersuchen wir Querschnitte vom Hühnchen, jenem ältesten und beliebtesten Objekte der Embryologie, so finden wir schon sehr frühzeitig die früher beschriebenen „primitiven Aorten" (Fig. 446 *ao*), unten in dem ventralen Winkel zwischen Episom (*Pv*) und Hyposom (*Sp*). Die dünne Wand dieser ältesten Gefäße

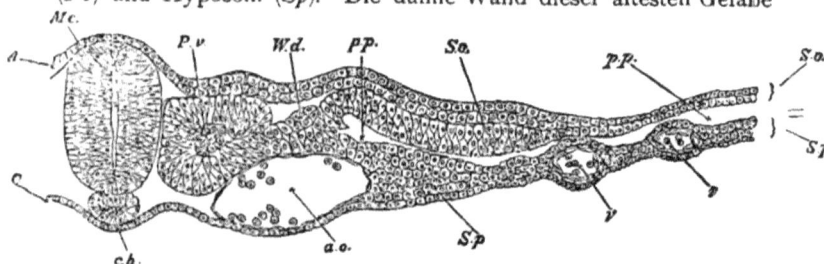

Fig. 446. Querschnitt durch den Rumpf eines Hühnerkeims von 45 Stunden. Nach *Balfour*. *A* Ektoderm (Hornplatte), *Mc* Markrohr, *ch* Chorda, *C* Entoderm (Darmdrüsenblatt), *Pv* Ursegment (Episomit), *Wd* Urnierengang, *pp* Coelom (sekundäre Leibeshöhle), *So* Hautfaserblatt, *Sp* Darmfaserblatt, *v* Blutgefäße in letzterem, *ao* primitive Aorten, rote Blutzellen enthaltend.

des Amniotenkeims besteht aus platten Zellen (sogenannten *Endothelien* oder *Gefäßepithelien*); die Flüssigkeit im Innern enthält bereits zahlreiche rote Blutzellen; sowohl jene als diese haben sich aus dem Darmfaserblatte abgelöst. Dasselbe gilt von den Gefäßen des Fruchthofes (Fig. 446 *v*), welche der Entodermhülle des Dottersackes (*c*) aufliegen. Noch deutlicher, als Fig. 446, zeigt diese Verhältnisse der Querschnitt des Entenkeims in Fig. 157, S. 340). Hier sieht man klar, wie aus dem „*Gefäßblatte*" oder dem Visceralblatte der Splanchnopleura zahlreiche sternförmige Zellen auswandern und sich allenthalben in der „primären Leibeshöhle" ausbreiten, d. h. in den Lücken zwischen den Keimblättern [Lacunoma][120]. Ein Teil dieser Wanderzellen tritt zusammen, um die Wand der größeren Lücken tapetenartig auszukleiden, und bildet so die ersten Gefäße; ein anderer Teil tritt in den Hohlraum derselben, lebt in der sie erfüllenden Flüssigkeit fort und vermehrt sich durch Teilung: die ersten Blutzellen.

Außer diesen mesodermalen Zellen des „eigentlichen Gefäßblattes" beteiligen sich aber nun an der Blutbildung bei den meroblastischen Wirbeltieren (namentlich Fischen) auch noch andere Wanderzellen, deren Ursprung und Bedeutung noch zweifelhaft ist. Die wichtigsten davon sind diejenigen, welche *Rückert* unter dem Namen „Merocyten" am genauesten beschrieben hat. Diese „fressenden Dotterzellen" finden sich in dem großen Nahrungsdotter der Selachier zahlreich verteilt vor, besonders aber in dem „Dotterwalle" angehäuft, in jeder Randzone der Keimscheibe, in welcher das embryonale Gefäßnetz zuerst ausgebildet wird. Der Kern der Merocyten erreicht die zehnfache Größe vom Durchmesser eines gewöhnlichen Zellkerns und zeichnet sich aus durch

Fig. 447. **Merocyten eines Haifischkeimes,** rhizopodenartige Dotterzellen unterhalb der Keimhöhle (*B*) gelegen, nach *Rückert*. *z* Zwei Embryonzellen, *k* Kerne der Merocyten, welche im Dotter umherwandern und kleine Dotterplättchen (*d*) fressen, *k* kleinere oberflächlichere hellere Kerne, *k'* tieferer Kern, in Teilung begriffen, *k⁺* chromatinreicher Randkern, vom umgebenden Dotter befreit, um die zahlreichen Pseudopodien des protoplasmatischen Zellenleibes zu zeigen.

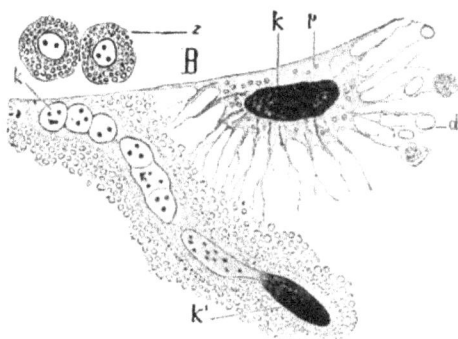

seine intensive Färbbarkeit, den besonderen Reichtum an Chromatin (S. 160). Ihr Protoplasmaleib ist ähnlich den Sternzellen des Knochengewebes (Astrocyten) und verhält sich ganz wie ein echter Rhizopode (z. B. *Gromia*); er sendet zahlreiche sternförmige Ausläufer ringsum ab, die sich verästeln und im Nahrungsdotter allseitig ausstrahlen. Diese veränderlichen und sehr beweglichen Ausläufer, die Pseudopodien der Merocyten, dienen sowohl zur Ortsbewegung als zur Nahrungsaufnahme; wie bei den echten Rhizopoden umfließen sie die festen Nahrungsstoffe (Dotterkörner und Dotterplättchen) und häufen die aufgenommene und verdaute Nahrung rings um den großen Kern an. Man kann daher diese Dotterzellen ebensowohl als Freßzellen (*Phagocyten*) wie als Wanderzellen (*Planocyten*) ansehen. Ihr lebhafter Kern teilt sich rasch und oft wiederholt, so daß in kurzer Zeit zahlreiche neue Kerne entstehen; indem jeder junge Kern sich mit einem ProtoplasmaMantel umgibt, liefert er eine neue Zelle zum Aufbau des Keimes.

Ein Teil dieser Embryonalzellen soll nun zur Vergrößerung des Entoderms, ein anderer Teil zur Bildung von Blutzellen verwendet werden. „Indem die Merocyten einerseits ununterbrochen neues Nährmaterial aus dem Dotter aufnehmen, andererseits dasselbe fortwährend in Form von Zellen an die Keimblätter des werdenden Embryo abgeben, stellen sie zwischen letzterem und dem Dotter ein wichtiges Bindeglied dar" (*Rückert*). Aehnlich wie die Selachier verhalten sich hierin auch viele andere Fische, sowie die Reptilien und Vögel.

Der Ursprung der Merocyten ist noch zweifelhaft. Die einen Embryologen leiten sie direkt vom inneren Keimblatt ab und lassen andauernd einen Teil der Entodermzellen aus demselben austreten und sich vermehren (*Rückert, Hoffmann* u. a.). Andere hingegen nehmen an, daß sie aus einer besonderen Zellenschicht hervorgehen, welche in der Peripherie der Keimscheibe zwischen den beiden primären Keimblättern sich gebildet hat und als ein peripheres Mesoderm aufgefaßt werden kann (*Acroblast* von *Kollmann, Haemoblast* von *Rauber* u. a.). Eine dritte Ansicht wurde 1868 von *His* aufgestellt und legte den Grund zu seiner berühmten „Parablastentheorie". Nach dieser vielbewunderten Theorie gehören die sämtlichen Zellen, welche die Gewebe des Blutsystems und des Skelettsystems (Konnektiv, Knorpel, Knochen u. s. w.) zusammensetzen, gar nicht zum Körper des geschlechtlich erzeugten Embryo, sondern sind fremde parthenogenetische Einwanderer, durch „unbefleckte Empfängnis" aus jungfräulichen Follikelzellen des mütterlichen Eierstockes entstanden. Jedes Wirbeltier (also auch der Mensch) ist demnach ein Doppelwesen und entsteht durch S y m b i o s e, durch Zusammenwachsen von zwei ganz verschiedenen selbständigen Tieren. Obgleich diese naturwidrige Parablastentheorie und die verwandten pseudomechanischen Theorien von *His* ein Decennium hindurch großes Aufsehen erregten, sind sie doch jetzt fast allgemein verlassen (vergl. S. 56, sowie meine Schrift über „Ziele und Wege der heutigen Entwickelungsgeschichte", Jena, 1875).

Für die Beurteilung jener Dotterzellen und der ersten Blutbildung im Wirbeltierkeime sind nach meiner Ansicht folgende leitende G r u n d s ä t z e festzuhalten: 1. Die Entstehung der Merocyten im Dotter und ihre Verwendung im Keime der meroblastischen Wirbeltiere ist auf alle Fälle eine c e n o g e n e t i s c h e Erscheinung; denn alle meroblastischen Vertebraten stammen von holoblastischen Ahnen ab, deren p a l i n g e n e t i s c h e r Keim noch

gar keinen selbständigen Nahrungsdotter besitzt (S. 203, 228).
2. Demnach waren die Dotterzellen oder Merocyten der jüngeren
meroblastischen Vertebraten bei den älteren holoblastischen durch
Zellen des inneren oder des von ihm abgeleiteten mittleren Keimblattes vertreten (Dotterzellen in der Bauchwand des Urdarms von
Cyclostomen, Ganoiden, Amphibien). 3. D o t t e r s a c k u n d
F r u c h t h o f s i n d s t e t s T e i l e d e s E m b r y o; die ersteren
können nur als periphere Keimorgane (*Embryorgana*) dem Dauer-
leibe des letzteren (*Menosoma*) gegenübergestellt werden (S. 293,
310). 4. Da das M e s o d e r m bei allen Wirbeltieren vom E n t o-
d e r m stammt, so ist es für die Frage vom ersten Ursprung der
Blutzellen von untergeordneter Bedeutung, ob dieselben alle vom
ersteren („Gefäßblatt") oder teilweise auch vom letzteren abzuleiten
sind. 5. Da die primitiven Blutzellen oder L y m p h z e l l e n e c h t e
W a n d e r z e l l e n sind, können sie schon sehr frühzeitig aus der
Ursprungsstätte ihres Keimblattes auswandern und in weit entfernten Gegenden des Keimes sich ausbreiten.

Mit der falschen *Parablastentheorie* von *His* hat man irrtümlicherweise öfter die spätere M e s e n c h y m t h e o r i e von *Hertwig*
verwechselt, welche dieser ausgezeichnete Embryologe in seiner
Coelomtheorie begründet und in seinem „Lehrbuch der Entwickelungsgeschichte" weiter ausgeführt hat. Unter dem Namen *Mesenchym*, Zwischenkeim oder Zwischenblatt, faßt *Hertwig* alle diejenigen Keimanlagen zusammen, welche aus den epithelialen vier
sekundären Keimblättern nicht direkt oder durch Faltung entstehen, sondern dadurch, daß einzelne Zellen derselben aus ihrem
epithelialen Verbande ausscheiden; indem sie als amoeboide
„Wanderzellen" (*Planocyten*) überall in die Lücken und Spalträume
zwischen den vier sekundären Keimblättern eindringen und sich
vermehren, geben sie verschiedenen Organen in weit getrennten
Körperteilen den Ursprung. Gewöhnlich scheiden die Mesenchym-
zellen zwischen sich reichliche Mengen von Zwischenmasse oder
Intercellarsubstanz ab; diese ist flüssig und formlos im Blut, fest
und geformt in der Bindesubstanz (Fig. 449). Das halbflüssige
Gallertgewebe (Fig. 448) bildet eine Zwischenform zwischen beiden.
Hertwig hat in seiner vielfach anregenden „Mesenchymtheorie"
die beiden großen G e w e b e - Gruppen der „Bindesubstanzen"
(*Konnektive*) und der „Blutsubstanzen" (*Lymphoide*) allen übrigen
Keimanlagen vereinigt gegenübergestellt, und demgemäß auch in
einem besonderen Kapitel „die Organe des Zwischenblattes oder
Mesenchyms" als eine besondere Hauptgruppe von allen übrigen

Körperteilen (den „Organen des inneren, mittleren und äußeren Keimblattes") abgesondert; daraus entstand eine äußerliche Aehnlichkeit mit der falschen Parablastentheorie von *His*. Der fundamentale Unterschied beider Theorien wird sofort klar, wenn man sich erinnert, daß nach der ersteren alle Zellen des Keimes von der ursprünglichen Stammzelle (*Cytula*) abstammen, während sie nach der letzteren zweifach verschiedenen Ursprungs und erst sekundär durch *Symbiose* vereinigt sind (S. 57).

Die *Mesenchymtheorie* hat ebenso wie die *Parablastentheorie* sehr verschiedene Auffassungen erfahren und eine umfangreiche Literatur hervorgerufen. Für die Beurteilung derselben sind nach meiner Ansicht folgende Grundsätze festzuhalten: 1. Die verschiedenen Mesenchymbildungen können nur in histologischem

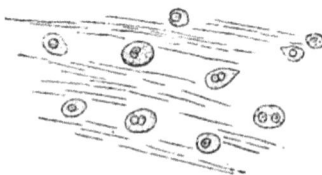

Fig. 448.   Fig. 449.

Fig. 448. **Gallertgewebe aus dem Glaskörper eines Embryo von 4 Monaten.** (Runde Zellen in gallertartiger Zwischensubstanz.)
Fig. 449. **Knorpelgewebe aus dem Netzknorpel der Ohrmuschel.** *a* Zellen, *b* Zwischenmasse, *c* Fasern in derselben. Nach *Frey*.

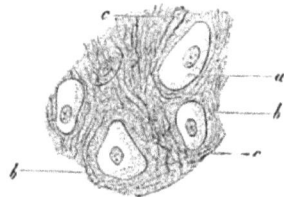

Sinne als Einheit zusammengefaßt werden, als Keimanlagen, welche durch Ausscheidung von Zwischensubstanz zwischen Wanderzellen entstehen. 2. Da diese Wanderzellen oder Planocyten stets aus dem Verbande eines der epithelialen Keimblätter nachträglich ausgewandert sind, müssen die ersteren den letzteren subordiniert und können ihnen nicht als gleichwertige oder koordinierte Bildungen gegenübergestellt werden. 3. Die beiden Hauptgruppen der Mesenchymkeime, die Lymphoide („Blutgewebe") und die Konnektive („Bindegewebe") sind zwar histologisch und ontogenetisch sehr ähnlich und scheinbar durch Zwischenstufen (z. B. „Gallertgewebe", Fig. 448) verbunden; sie sind aber physiologisch und phylogenetisch wesentlich verschieden. 4. Die Lymphoidorgane (Lymphe und Blut, Lymphgefäße und Blutgefäße) entstehen aus keinem zusammenhängenden „Gefäßblatte", sondern sind aus vielen, ursprünglich getrennten Lokalanlagen (jede einzelne aus einer lokalisierten Gruppe von Wanderzellen, einer „Planocyten-kolonie") hervorgegangen; diese „Blutinseln" sind erst nachträglich zur Bildung von Gefäßen zusammengetreten, und diese haben viel später erst zu einem einheitlichen Gefäß-System sich vereinigt; die Zentralorgane des letzteren sind phyletisch jünger als die peripheren Teile (Spalträume zwischen den Keimblättern). 5. Die Konnektivorgane der Wirbeltiere hingegen entstehen aus bestimmt abgegrenzten „Keimplatten" (*Blastoplatten*), d. h. aus epithelialen Bezirken der Keimblätter (und zwar der beiden Mittelblätter), welche ebenso morphologisch bestimmte Organanlagen darstellen, wie die einzelnen Organkeime des inneren und äußeren Keimblattes; so entsteht die Lederhaut aus einer Cutisplatte, das axiale Skelett aus einer Skelettplatte und die Darmfaserwand aus einer Gekrösplatte (Fig. 169—172, S. 359); Taf. VI, Fig. 5, S. 342). 6. Die einfachsten und ursprünglichsten Formen dieser Konnektivorgane (Cutisplatte, Skelettplatte und Gekrösplatte) sind bei den Acraniern (*Amphioxus*) dauernd, bei den Embryonen der Cranioten (*Selachier*) vorübergehend, einfache einschichtige Epithelien; erst später gehen bei letzteren daraus die „Mesenchym"-Gewebe der Konnektive hervor. 7. Alle diese fundamentalen Anlagen der Konnektive sind anfänglich frei von Blutgefäßen und haben mit deren selbständigen Keimanlagen nichts zu tun. 8. Demnach gibt es bei den Wirbeltieren keinen „Blutbindegewebskeim" („Parablast" oder „Desmohaemoblast"), keine einheitliche Anlage der Lymphoide und Konnektive.

Grundlegend für diese Auffassung des „*Mesenchyms*" sind die bedeutungsvollen, 1888 im „Anatomischen Anzeiger" publizierten Untersuchungen von *Hatschek* „über den Schichtenbau des *Amphioxus*", und von *Rabl* „über die Differenzierung des Mesoderms". Die hier festgestellte Unabhängigkeit der beiden verschiedenen Mesenchymbildungen, der Lymphoide und Konnektive, wird zunächst ontogenetisch bewiesen; daraus ergibt sich aber zugleich ihre phylogenetische Selbständigkeit. In der Tat lehrt uns die vergleichende Anatomie und Ontogenie, daß beiderlei mesenchymale Organe unabhängig voneinander und polyphyletisch entstanden sind. Mächtige *Konnektive* (mesodermale Stützgewebe und Skelette) entwickeln sich schon bei den verschiedenen Stämmen der Coelenterien (Spongien, Korallen, Platoden), obwohl diese noch keine Spur von *Lymphoiden* besitzen. Ebenso treten Wanderzellen bei den Keimen und Larven der Vermalien, Echinodermen (Fig. 450) und anderen Coelomarien auf, lange bevor sich

Blutgefäße entwickeln. Andererseits kann Blut in der primären Leibeshöhle (durch Auswanderung von Planocyten) entstehen, ohne daß Konnektiv überhaupt zur Ausbildung gelangt (verschiedene Vermalien).

Die Manteltiere (*Tunicata*) zeigen eine sehr merkwürdige äußere Mesenchymhülle in ihrem charakteristischen Mantel, der den ganzen übrigen Körper einschließt. Bei den niederen und älteren Tieren dieses Stammes ist die Tunica eine strukturlose Cellulosehülle, eine *Cuticula,* welche von der oberflächlichen Zellenschicht des Ektoderms, der Hornplatte oder Epidermis, abgeschieden

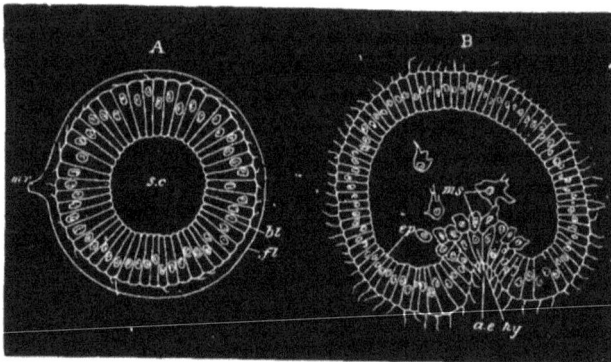

Fig. 450. **Blastula einer Holothurie** (*A*). *B* **Dieselbe im Beginne der Gastrulation** (im optischen Querschnitt nach *Selenka*). Schon während die Hohlkugel der Keimblase (*A*) eingestülpt wird (*B*), wandern amoeboide Zellen (*Planocyten*) in die Gallerte der Keimhöhle (*Blastocoel* oder primäre Leibeshöhle, *sc*) und bilden hier ein primitives *Mesoderm* (*ms*). *bl* Keimhaut (*Blastoderm*), *ep* Hautblatt (*Ektoderm*), *hy* Darmblatt (*Entoderm*) *ae* Urdarm, *fl Blastolemma* (strukturlose Keimhülle), *mr* Mikropyle.

wird. Bei den höheren und jüngeren Manteltieren aber schlüpfen Wanderzellen aus der letzteren in die erstere hinein, vermehren sich und scheiden neue Massen von Cellulose zwischen sich ab; die äußere Cuticula verwandelt sich so in eine Mesenchymhülle, deren mannigfaltige Umwandlungen ganz denjenigen des gewöhnlichen inneren Bindegewebes entsprechen (vergl. S. 457, 491). Wenn diese *Konnektiv-Tunica* dicker wird, wachsen Ausstülpungen der darunter liegenden Hautdecke mit ihren Blutgefäßen in dieselbe hinein. So wachsen auch bei den Wirbeltieren sekundär ernährende Blutgefäße in die verschiedenen Konnektivorgane, ebenso wie in die übrigen Organe des Körpers hinein.

Von den zwölf Stämmen des Tierreichs, welche wir früher (S. 572) unterschieden, besitzt die Hälfte (I.—VI. Phylon) noch gar keine Blutgefäße. Zuerst treten dieselben bei den Vermalien auf. Als ihr ältester Ausgangspunkt ist die „primäre Leibeshöhle" zu betrachten, jener einfache Hohlraum zwischen den beiden primären Keimblättern, der entweder als Ueberrest der Furchungshöhle (*Blastocoel*) bestehen bleibt (Fig. 450) oder nachträglich als Spaltraum zwischen jenen sich neu bildet (*Schizocoel*). Amoeboide Wanderzellen (*Planocyten*), welche aus dem Entoderm auswandern und in diese mit Flüssigkeit gefüllte „primäre Leibeshöhle" (*Protocoel*) hineingelangen, hier fortleben und sich vermehren. bilden die ersten „farblosen Blutzellen" (*primäre Leukocyten*). In dieser einfachsten Form finden wir das Gefäßsystem noch heute bei den Moostierchen (*Bryozoa*), Rädertierchen (*Rotatoria*), Rundwürmern (*Nematoda*) und anderen niederen Vermalien.

Ein erster Fortschritt in der Vervollkommnung dieses primitivsten Gefäßsystems geschieht durch die Ausbildung von größeren Kanälen oder blutführenden Röhren. Die blutgefüllten Spalträume, die Reste der primären Leibeshöhle, erhalten eine besondere Wand. Solche eigentliche „Blutgefäße" (im engeren Sinne) treten schon bei den höheren Wurmtieren in verschiedener Form auf, bald sehr einfach, bald sehr zusammengesetzt. Als diejenige Form, die wahrscheinlich die erste Grundlage zu dem zusammengesetzteren Gefäßsystem der Wirbeltiere (— ebenso wie der Gliedertiere —) bildete, sind zwei primordiale Hauptgefäße oder „Urgefäße" zu betrachten: ein Rückengefäß, welches in der Mittellinie der Darmrückenwand, und ein Bauchgefäß, welches in der Mittellinie der Darmbauchwand von vorn nach hinten verläuft. Aus jenem dorsalen Urgefäß entsteht die Aorta (oder *Prinzipalarterie*), aus diesem ventralen Urgefäß die Darmvene (*Prinzipalvene* oder „Subintestinalvene"). Vorn und hinten hängen beide Gefäße durch eine den Darm umfassende Schlinge zusammen. Das in den beiden Röhren eingeschlossene Blut wird durch die peristaltischen Zusammenziehungen derselben fortbewegt.

Die ältesten Vermalien, bei denen ein solches selbständiges Blutgefäßsystem zuerst auftritt, sind die Schnurwürmer (*Nemertina*, Fig. 451). Gewöhnlich besitzen dieselben drei parallele Längsgefäße, die durch Schlingen zusammenhängen: ein unpaares Rückengefäß über dem Darm, und zwei paarige Seitengefäße rechts und links. Bei einigen Nemertinen ist das Blut bereits rot gefärbt, und der rote Farbstoff ist echtes Haemoglobin, an elliptische

scheibenförmige Blutzellen gebunden, wie bei den Wirbeltieren.
Wie sich weiterhin diese einfachste Anlage des Blutröhrensystems
entwickelt hat, lehrt uns die Klasse der Ringelwürmer (*Anneliden*),
bei denen wir dasselbe auf sehr verschiedenen Ausbildungsstufen
antreffen. Zunächst entwickeln sich zwischen Rücken- und Bauchgefäß zahlreiche Querverbindungen, die ringförmig den Darm umgeben (Fig. 452). Andere Gefäße wachsen in die Leibeswand hinein

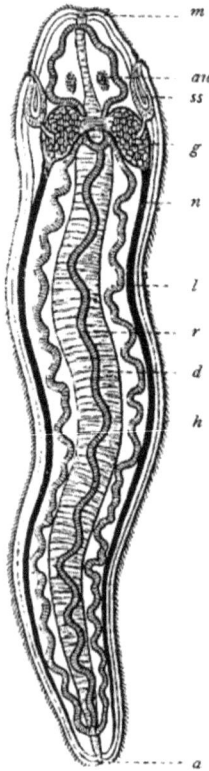

und verästeln sich, um auch
dieser Blut zuzuführen. Zu den
beiden großen Hauptgefäßen
der Medianebene kommen oft
noch zwei Seitengefäße, ein
rechtes und ein linkes; so
z. B. bei den Blutegeln. Vier
solche parallele Längsgefäße
haben auch die Entero-
pneusten (*Balanoglossus*,
Fig. 299). Bei diesen wichtigen Vermalien ist bereits
der vorderste Abschnitt des
Darmes in einen Kiemenkorb
verwandelt, und diejenigen
Gefäßbogen, welche in der
Wand dieses Kiemenkorbes
vom Bauchgefäß zum Rückengefäß emporsteigen, haben
sich in atmende Kiemen-
gefäße verwandelt.

Fig. 452.

Fig. 451. **Ein einfacher Schnurwurm (Nemer-
tine).** *m* Mund, *d* Darm, *a* After, *g* Gehirn, *n* Nerven,
h Flimmerhaut, *ss* Sinnesgruben (Kopfspalten), *au* Augen,
r Rückengefäß, *l* Seitengefäße. (Schema.)

Fig. 452. **Blutgefäßsystem eines Ringel-
wurmes** (*Saenuris*); vorderster Abschnitt. *d* Rückengefäß, *v* Bauchgefäß, *c* Querverbindung zwischen beiden
(herzartig erweitert). Die Pfeile deuten die Richtung des
Blutstromes an. Nach *Gegenbaur*.

Fig. 451.

Einen weiteren bedeutungsvollen Fortschritt offenbaren uns die
Manteltiere, die wir ja als die nächsten Blutsverwandten unserer
uralten Vertebratenahnen zu betrachten haben. Hier begegnen
wir nämlich zum ersten Male einem wirklichen Herzen, d. h.
einem Zentralorgane des Blutkreislaufs, welches durch
die pulsierenden Zusammenziehungen seiner muskulösen Wand die

Fortbewegung des Blutes in den Gefäßröhren allein vermittelt. Das Herz tritt hier in der einfachsten Form auf, als ein spindelförmiger Schlauch, der an beiden Enden in ein Hauptgefäß übergeht (Fig. 256, S. 461; Taf. XIX, Fig. 14 *hz*). Durch seine ursprüngliche Lage hinter dem Kiemenkorbe, an der Bauchseite der Manteltiere (bald weiter vorn, bald weiter hinten), zeigt das Herz deutlich, daß es durch lokale Erweiterung aus einem Abschnitte des Bauchgefäßes hervorgegangen ist. Merkwürdig ist die früher schon erwähnte wechselnde Richtung der Blutbewegung, indem das Herz abwechselnd das Blut durch das vordere und durch das hintere Ende austreibt (S. 460). Das ist deshalb sehr lehrreich, weil bei den meisten Würmern (auch beim Eichelwurm) das Blut im Rückengefäß in der Richtung von hinten nach vorn, bei den Wirbeltieren hingegen in der umgekehrten Richtung, von vorn nach hinten, fortbewegt wird. Indem das Ascidienherz beständig zwischen diesen beiden entgegengesetzten Richtungen abwechselt, zeigt es uns gewissermaßen bleibend den phylogenetischen Uebergang zwischen der älteren Richtung des dorsalen Blutstromes nach vorn (bei den Wurmtieren) und der neueren Richtung desselben nach hinten (bei den Wirbeltieren).

Indem nun bei den jüngeren Prochordoniern, welche dem Wirbeltierstamm den Ursprung gaben, die neuere Richtung bleibend wurde, gewannen die beiden Gefäße, welche von beiden Enden des einfachen Herzschlauches ausgehen, eine konstante Bedeutung. Der vordere Abschnitt des Bauchgefäßes führt seitdem beständig Blut aus dem Herzen ab und fungiert mithin als Schlagader oder A r - t e r i e; der hintere Abschnitt des Bauchgefäßes führt umgekehrt das im Körper zirkulierende Blut dem Herzen wieder zu und ist mithin als Blutader oder V e n e zu bezeichnen. Mit Bezug auf ihr Verhältnis zu beiden Abschnitten des Darmes können wir die letztere näher als „Darmvene", die erstere hingegen als „Kiemenarterie" bezeichnen. Das in beiden Gefäßen enthaltene Blut, welches auch allein das Herz erfüllt, ist v e n ö s e s oder k a r b o n i s c h e s B l u t, d. h. reich an Kohlensäure; hingegen wird das Blut, welches aus den Kiemen in das Rückengefäß tritt, dort aufs neue mit Sauerstoff versehen: a r t e r i e l l e s oder o x y d i s c h e s B l u t. Die feinsten Aeste der Arterien und Venen gehen innerhalb der Gewebe durch ein Netzwerk von äußerst feinen, neutralen H a a r - g e f ä ß e n oder K a p i l l a r e n ineinander über (Fig. 445).

Wenn wir uns nun von den Tunicaten zu dem nächstverwandten *Amphioxus* wenden, so werden wir zunächst durch einen

54*

scheinbaren Rückschritt in der Ausbildung des Gefäßsystems überrascht. Wie Sie bereits wissen, besitzt der Amphioxus kein eigentliches Herz, sondern das farblose Blut wird in seinem Gefäßsystem durch die Hauptgefäßstämme selbst umherbewegt, die sich
in ihrer ganzen Länge pulsierend zusammenziehen (vergl. Fig. 245,
S. 445). Ein über dem Darm gelegenes Rückengefäß (Aorta)
nimmt das arterielle Blut aus den Kiemen auf und treibt es in den
Körper. Von hier zurückkehrend, sammelt sich das venöse Blut
in einem unter dem Darm gelegenen Bauchgefäß (Darmvene) und
kehrt so zu den Kiemen zurück. Zahlreiche Kiemengefäßbogen,
welche die Atmung vermitteln und in der Wand des Kiemendarms vom Bauch zum Rücken emporsteigen, nehmen aus dem
Wasser Sauerstoff auf und geben Kohlensäure ab, sie verbinden
das Bauchgefäß mit dem Rückengefäß. Da bei den Ascidien
bereits derselbe Abschnitt des Bauchgefäßes, der auch bei den
Schädeltieren das Herz bildet, sich zu einem einfachen Herz-
schlauche ausgebildet hat, so können wir den Mangel des letzteren
beim *Amphioxus* als eine Folge von R ü c k b i l d u n g ansehen,
als einen bei d i e s e m Acranier erfolgten R ü c k s c h l a g in die
ältere Form des Gefäßsystems, wie sie viele Würmer besitzen.
Wir dürfen annehmen, daß diejenigen Acranier, die wirklich in
unsere Ahnenreihe gehörten, diesen Rückschlag nicht geteilt, vielmehr das einkammerige Herz von den *Prochordoniern* geerbt
und auf die ältesten Schädeltiere direkt übertragen haben (vergl.
das ideale Urwirbeltier, *Prospondylus*, Fig. 101, 103, S. 270).

Die weitere phylogenetische Ausbildung des Gefäßsystems legt
uns die vergleichende Anatomie der Schädeltiere oder Cranioten
klar vor Augen. Auf der tiefsten Stufe dieser Gruppe, bei den
Cyclostomen, begegnen wir zum ersten Male der Sonderung des
Vasorium in zwei verschiedene Hauptteile, ein eigentliches B l u t -
g e f ä ß s y s t e m , dessen Röhren das r o t e B l u t im Körper umherführen, und ein L y m p h g e f ä ß s y s t e m , dessen Kanäle die
farblose L y m p h e aus den Geweben aufsaugen und dem Blutstrom zuführen. Diejenigen Lymphgefäße, welche die milchige,
direkt durch die Verdauung gewonnene Ernährungsflüssigkeit
aus der Darmwand aufsaugen und dem Blutstrom zuführen, werden
unter dem besonderen Namen der C h y l u s g e f ä ß e oder „Milch-
gefäße" unterschieden. Während der Chylus oder Milchsaft vermöge seines starken Gehaltes an Fettkügelchen milchweiß erscheint,
ist die eigentliche „Lymphe" farblos. Sowohl Chylus als Lymphe
enthalten dieselben farblosen amoeboiden Zellen (*Leukocyten*, Fig. 12),

welche auch im Blute als „farblose Blutzellen" verteilt sind; letzteres enthält aber außerdem die viel größere Masse von roten Blutzellen, welche dem Blute der Schädeltiere seine rote Farbe verleihen (*Erythrocyten*, Fig. 444). Die bei den Cranioten allgemein vorhandene Scheidung zwischen Lymphgefäßen, Chylusgefäßen und Blutgefäßen kann als eine Folge der Arbeitsteilung angesehen werden, welche zwischen verschiedenen Abschnitten eines ursprünglich einheitlichen „Urblutgefäßsystems" (oder *Haemolymphsystems*) stattgefunden hat. Bei den *Gnathostomen* tritt zum ersten Male die Milz (*Lien*) auf, ein blutreiches Organ, dessen Funktion hauptsächlich in der massenhaften Neubildung von farblosen und roten Blutzellen besteht. Die Milz fehlt noch den Acraniern und Cyclostomen, sowie sämtlichen Wirbellosen. Von den ältesten Fischen hat sie sich auf sämtliche Cranioten vererbt.

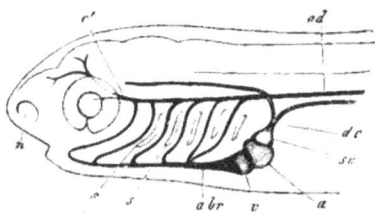

Fig. 453. **Kopf eines Fischembryo,** mit der Anlage des Blutgefäßsystems, von der linken Seite. *dc Cuvier*scher Gang (Vereinigung der vorderen und hinteren Hauptvene), *sv* venöser Sinus (erweitertes Endstück des *Cuvier*schen Ganges), *a* Vorkammer, *v* Hauptkammer, *abr* Kiemenarterienstamm, *s* Kiemenspalten (dazwischen die Arterienbogen), *ad* Aorta, *c′* Kopfarterie (Carotis), *n* Nasengrube. Nach *Gegenbaur*.

Auch das Herz, das bei allen *Cranioten* vorhandene Zentralorgan des Blutkreislaufs, zeigt uns bei den *Cyclostomen* bereits einen Fortschritt der Bildung. Der einfache spindelförmige Herzschlauch, der beim Embryo aller Schädeltiere in derselben Form angelegt wird, sondert sich bei den Rundmäulern in zwei Abschnitte oder Kammern, die durch ein paar Klappen getrennt sind (Taf. XIX, Fig. 16 *hv, hk*). Der hintere Abschnitt, die Vorkammer (*Atrium, hv*), nimmt das venöse Blut aus den Körpervenen auf und übergibt dasselbe dem vorderen Abschnitt, der „Kammer" oder Hauptkammer (*Ventriculus, hk*). Von hier wird dasselbe durch den Kiemenarterienstamm (den vordersten Abschnitt des Bauchgefäßes oder der Principalvene) in die Kiemen getrieben.

Bei den Urfischen oder *Selachiern* sondert sich aus dem vordersten Ende der Kammer als besondere, durch Klappen geschiedene Abteilung ein Arterienstiel (*Conus arteriosus*). Er geht über in die erweiterte Basis des Kiemenarterienstammes (Fig. 453 *abr*). Jederseits gehen 5—7 Kiemenarterien davon ab.

Diese steigen zwischen den Kiemenspalten (s) an den Kiemenbogen empor, umfassen den Schlund und vereinigen sich oben in
einen gemeinschaftlichen Aortenstamm, dessen über dem Darm
nach hinten verlaufende Fortsetzung dem Rückengefäß der Würmer
entspricht. Da die bogenförmigen Arterien auf den Kiemenbogen
sich in ein atmendes Kapillarnetz auflösen, so enthalten sie in ihrem
unteren Teile (als Kiemenarterienbogen) venöses Blut, in ihrem
oberen Teile (als Aortenbogen) arterielles Blut. Die rechts und
links stattfindende Vereinigung einzelner Aortenbogen nennt man
Aortenwurzeln. Von einer ursprünglich größeren Zahl von Aortenbogen bleiben zunächst nur sechs, dann (durch Rückbildung
des fünften Bogens) fünf Paare bestehen: und aus diesen fünf
Paar Aortenbogen (Fig. 454) entwickeln sich bei allen höheren
Wirbeltieren die wichtigsten Teile des Arteriensystems.

Von größter Bedeutung für die weitere Entwickelung desselben ist das Auftreten der Lungen und die damit verbundene
Luftatmung, der wir zuerst bei den *Dipneusten* begegnen.
Hier zerfällt die Vorkammer des Herzens durch eine unvollständige
Scheidewand in zwei Hälften. Nur die rechte Vorkammer nimmt
jetzt das venöse Blut der Körpervenen auf. Die linke Vorkammer
hingegen nimmt das arterielle Blut von den Lungenvenen auf.
Beide Vorkammern münden gemeinschaftlich in die einfache Hauptkammer, wo sich beide Blutarten mischen und gemischt durch
den Arterienstiel in die Arterienbogen getrieben werden. Aus den
letzten Arterienbogen entspringen die Lungenarterien (Fig. 455 *p*).
Diese treiben einen Teil des gemischten Blutes in die Lungen,
während der andere Teil desselben durch die Aorta in den
Körper geht.

Von den Dipneusten aufwärts verfolgen wir nun eine fortschreitende Entwickelung des Gefäßsystems, die schließlich mit
dem Verluste der Kiemenatmung zu einer vollständigen Trennung
der beiden Kreislaufshälften führt. Bei den Amphibien wird
die Scheidewand der beiden Vorkammern vollständig. In ihrer
Jugend, als Kaulquappen (Fig. 316, S. 623) haben sie noch die
Kiemenatmung und den Kreislauf der Fische, und ihr Herz enthält bloß venöses Blut. Später entwickeln sich daneben die Lungen
mit den Lungengefäßen, und nunmehr enthält die Hauptkammer
des Herzens gemischtes Blut. Bei den Reptilien beginnt auch die
Hauptkammer und der zugehörige Arterienstiel sich durch eine
Längsscheidewand in zwei Hälften zu teilen, und diese Scheidewand
wird vollständig bei den höheren Reptilien und Vögeln einerseits,

bei den Stammformen der Säugetiere anderseits. Nunmehr enthält die rechte Hälfte des Herzens bloß venöses, die linke Hälfte bloß arterielles Blut, wie es bei allen Vögeln und Säugetieren der Fall ist. Die rechte Vorkammer erhält ihr karbonisches oder venöses Blut aus den Körpervenen, und die rechte Kammer treibt dasselbe durch die Lungenarterien in die Lungen. Von hier kehrt das Blut als arterielles oder oxydisches Blut durch die Lungenvenen zur linken Vorkammer zurück und wird durch die linke Kammer in die Körperarterien getrieben. Zwischen Lungenarterien und Lungenvenen liegt das Kapillarsystem des kleinen

Fig. 454.　　　　Fig. 455.　　　　Fig. 456.

Fig. 454. **Die fünf Arterienbogen der Schädeltiere** (*1—5*) in ihrer ursprünglichen Anlage. *a* Arterienstiel, *a''* Aortenstamm, *c* Kopfarterie (Carotis; vorderste Fortsetzung der Aortenwurzeln). Nach *Rathke*.

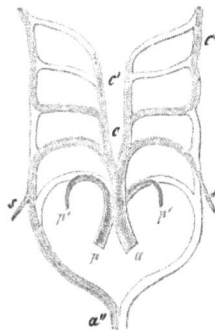

Fig. 455. **Die fünf Arterienbogen der Vögel**; die hellen Teile der Anlage verschwinden; nur die dunklen Teile bleiben erhalten. Buchstaben wie in Fig. 454. *s* Schlüsselbeinarterien (Subclavien), *p* Lungenarterie, *p'* Aeste derselben, *c'* äußere Carotis, *c''* innere Carotis. Nach *Rathke*.

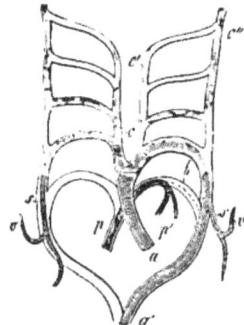

Fig. 456. **Die fünf Arterienbogen der Säugetiere**; Buchstaben wie in Fig. 455. *v* Wirbelarterie, *b Botalli*scher Gang (beim Embryo offen, später geschlossen). Nach *Rathke*.

oder Lungenkreislaufs. Zwischen Körperarterien und Körpervenen liegt das Kapillarsystem des großen oder Körperkreislaufs. Nur in den höchsten beiden Wirbeltierklassen, bei den Vögeln und Säugetieren, ist diese vollständige Trennung beider Kreislaufbahnen vollendet. Uebrigens ist diese Vollendung in beiden Klassen unabhängig voneinander erfolgt, wie schon die ungleiche Ausbildung der Aorten lehrt. Bei den Vögeln ist die r e c h t e Hälfte des vierten Arterienbogens zum bleibenden Aortenbogen (*Arcus aortae*) geworden (Fig. 455). Hingegen ist dieser letztere bei den Säugetieren aus der linken Hälfte desselben vierten Bogens hervorgegangen (Fig. 456).

Wenn man das Arteriensystem der verschiedenen Schädeltierklassen im ausgebildeten Zustande vergleicht, so erscheint dasselbe mannigfach verschieden, und doch entwickelt es sich überall aus derselben Grundform. Beim Menschen erfolgt diese Entwickelung ganz ebenso wie bei den übrigen Säugetieren; insbesondere ist auch die Verwandlung der sechs Paar Arterienbogen hier wie dort ganz dieselbe (Fig. 457—460). Anfangs entsteht nur ein

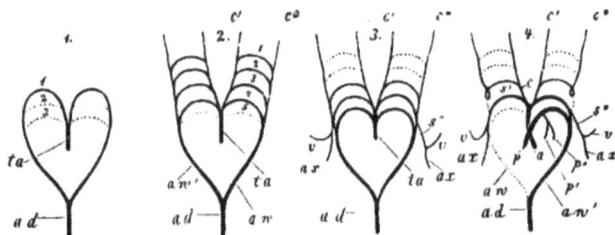

Fig. 457.   Fig. 458.   Fig. 459.   Fig. 460.

Fig. 457—460. **Verwandlung der fünf Arterienbogen beim menschlichen Embryo** (Schema nach *Rathke*). *la* Arterienstiel, *1, 2, 3, 4, 5* das erste bis fünfte Arterienpaar, *ad* Aortenstamm, *aw* Aortenwurzeln. In Fig. 457 sind drei, in Fig. 458 dagegen alle fünf Aortenbogen angegeben (die punktierten noch nicht entwickelt). In Fig. 459 sind die beiden ersten schon wieder verschwunden. In Fig. 460 sind die bleibenden Arterienstämme dargestellt; die punktierten Teile schwinden. *s* Arteria subclavia, *v* Vertebralis, *ax* Axillaris, *c* Carotis (*c′* äußere, *c″* innere Carotis). *p* Pulmonalis (Lungenarterie).

einziges Bogenpaar, welches an der Innenfläche des ersten Kiemenbogenpaares liegt. Hinter diesem ersten entwickelt sich dann ein zweites und drittes Bogenpaar (innen am zweiten und dritten Kiemenbogen gelegen, Fig. 457). Endlich tritt hinter diesen noch ein viertes, fünftes und sechstes Paar auf. Von den sechs primitiven Arterienbogen der Amnioten gehen drei bald wieder ein (der erste, zweite und fünfte); von den drei bleibenden Bogen liefert der dritte die Carotiden, der vierte die Aorten, und der sechste (in Fig. 454 und 458 mit 5 bezeichnet) die Lungenarterien.

Auch das Herz des Menschen (Fig. 468) entwickelt sich ganz ebenso wie das der übrigen Säugetiere. Die ersten Grundzüge seiner Keimesgeschichte, die im wesentlichen seiner Stammesgeschichte entspricht, haben wir schon früher betrachtet (S. 413—415, Fig. 229—234). Sie erinnern sich, daß die palingenetische Form des Herzens eine spindelförmige Verdickung des Darmfaserblattes in der Bauchwand des Kopfdarmes darstellt (Fig. 229 *df*). Darauf höhlt sich die spindelförmige Anlage aus, bildet einen einfachen Schlauch und schnürt sich von ihrer Ursprungsstätte ab, so daß sie nunmehr frei in der Herzhöhle liegt (Fig. 229 *c*). Bald krümmt sich dieser Schlauch S-förmig und dreht sich zugleich dergestalt spiralig um eine ideale Achse, daß der hintere Teil auf die Rückenfläche des vorderen Teiles zu liegen kommt. In das hintere Ende münden die vereinigten Dottervenen ein. Aus dem vorderen Ende entspringen die Aortenbogen (Fig. 234, S. 419).

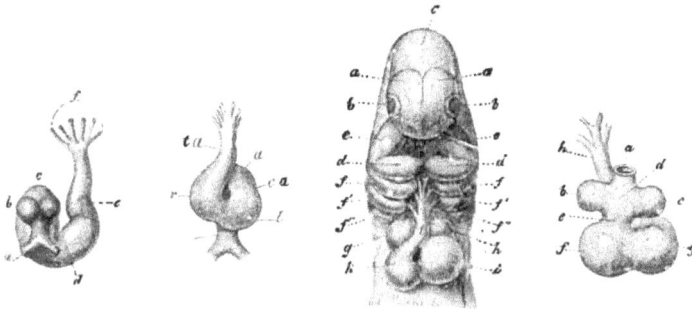

Fig. 461.   Fig. 462.   Fig. 463.   Fig. 464.

Fig. 461. **Herz eines Kaninchenembryo,** von hinten. *a* Dottervenen, *b* Herzohren, *c* Vorkammer, *d* Kammer, *e* Arterienstiel, *f* Basis der drei Paar Arterienbogen. Nach *Bischoff.*

Fig. 462. **Herz desselben Embryo** (Fig. 461) von vorn. *v* Dottervenen. *a* Vorkammer, *ca* Ohrkanal, *l* linke Kammer, *r* rechte Kammer, *ta* Arterienstiel. Nach *Bischoff.*

Fig. 463. **Herz und Kopf eines Hundeembryo,** von vorn. *a* Vorderhirn, *b* Augen, *c* Mittelhirn, *d* Urunterkiefer, *e* Uroberkiefer, *f* Kiemenbogen, *g* rechte Vorkammer, *h* linke Vorkammer, *i* linke Kammer, *k* rechte Kammer. Nach *Bischoff.*

Fig. 464. **Herz desselben Embryo,** von hinten. *a* Einmündung der Dottervenen, *b* linkes Herzohr, *c* rechtes Herzohr, *d* Vorkammer, *e* Ohrkanal, *f* linke Kammer, *g* rechte Kammer, *h* Arterienstiel. Nach *Bischoff.*

Während diese erste, einen ganz einfachen Hohlraum umschließende Anlage des menschlichen Herzens dem T u n i c a t e n - Herzen entspricht und als Wiederholung des *Prochordonier*-Herzens aufzufassen ist, folgt nunmehr eine Sonderung desselben in zwei, und darauf in drei Abschnitte; dadurch wird uns die Herzbildung der *Cyclostomen* und *Fische* vorübergehend vor Augen geführt. Es wird nämlich die spiralige Drehung und Krümmung des Herzens immer stärker, und zugleich treten zwei seichte, quere Einschnürungen auf, durch welche drei Abteilungen äußerlich sich markieren (Fig. 461, 462). Der vorderste Abschnitt, welcher der

Bauchseite zugekehrt ist und aus welchem die Aortenbogen entspringen, wiederholt den Arterienstiel (*Conus arteriosus*) der Selachier. Der mittlere Abschnitt ist die Anlage einer einfachen Kammer oder Hauptkammer (*Ventriculus*), und der hinterste, der Rückenseite zugewendete Abschnitt, in welchen die Dottervenen einmünden, ist die Anlage einer einfachen Vorkammer (*Atrium*). Diese letztere bildet, ganz ebenso wie die einfache Vorkammer des Fischherzens, ein paar seitliche Ausbuchtungen, die Herzohren (*Auriculae*, Fig. 461 *b*); und die Einschnürung zwischen Vorkammer und Hauptkammer heißt daher Ohrkanal (*Canalis auricularis*, Fig. 462 *ca*). Das Herz des menschlichen Embryo ist jetzt in der Tat ein vollständiges Fischherz.

Ganz entsprechend der *Phylogenese* des menschlichen Herzens zeigt uns nun auch seine *Ontogenese* einen allmählichen Uebergang vom Fischherzen durch das Amphibienherz und Reptilienherz zum Säugetierherzen. Das wichtigste Moment dieses Ueberganges ist die Ausbildung einer anfangs unvollständigen, später vollständigen Längsscheidewand, durch welche alle drei Abteilungen des Herzens in eine rechte (venöse) und linke (arterielle) Hälfte zerfallen (vergl. Fig. 463—468). Die Vorkammer wird dadurch in ein rechtes und linkes Atrium geteilt, deren jedes das zugehörige Herzohr aufnimmt; in die rechte Vorkammer münden die Körpervenen ein (obere und untere Hohlvene, Fig. 465 *c*, 467 *c*); die linke Vorkammer nimmt die Lungenvenen auf. Ebenso wird an der Hauptkammer schon früh eine oberflächliche „Zwischenkammerfurche" sichtbar (*Sulcus interventricularis*, Fig. 466 *s*). Diese ist der äußerliche Ausdruck der inneren Scheidewand, durch deren Ausbildung die Hauptkammer in zwei Kammern geschieden wird, eine rechte venöse und eine linke arterielle Kammer. In gleicher Weise bildet sich endlich auch eine Längsscheidewand in der dritten Abteilung des primitiven fischartigen Herzens, im Arterienstiel, aus, ebenfalls äußerlich durch eine Längsfurche angedeutet (Fig. 466 *af*). Der Hohlraum des Arterienstiels zerfällt dadurch in zwei seitliche Hälften: den Lungenarterienstiel, welcher in die rechte Kammer, und den Aortenstiel, welcher in die linke Kammer einmündet. Erst wenn alle Scheidewände vollständig ausgebildet sind, ist der kleine (Lungen-)Kreislauf vom großen (Körper-)Kreislauf geschieden; das Bewegungszentrum des ersteren bildet die rechte, dasjenige des letzteren die linke Herzhälfte (vergl. die 55. und 56. Tabelle).

Ursprünglich gehört das Herz aller Wirbeltiere zum Hyposom des Kopfes, und demgemäß finden wir es auch beim Embryo des Menschen und aller anderen Amnioten weit vorn an der Unterseite des Kopfes; wie es bei den Fischen zeitlebens vorn an der Kehle bleibt. Später rückt das Herz, mit der zunehmenden Entwickelung des Halses und der Brust, immer weiter nach hinten in den Rumpf hinein und findet sich zuletzt

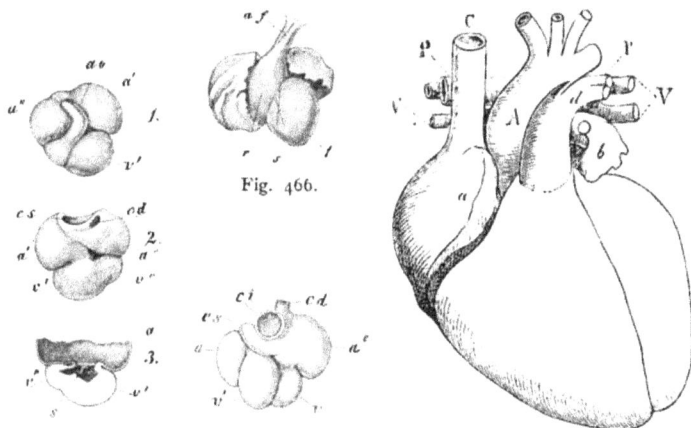

Fig. 466.

Fig. 465.   Fig. 467.   Fig. 468.

Fig. 465. **Herz eines menschlichen Embryo** von vier Wochen; *1*) von vorn, *2*) von hinten, *3*) geöffnet und obere Hälfte der Vorkammer entfernt. *a'* linkes Herzohr, *a''* rechtes Herzohr, *v'* linke Kammer, *v''* rechte Kammer, *ao* Arterienstiel, *c* obere Hohlvene, (*cd* rechte, *cs* linke), *s* Anlage der Kammerscheidewand. Nach *Kölliker*.

Fig. 466. **Herz eines menschlichen Embryo** von sechs Wochen, von vorn. *r* rechte Kammer, *t* linke Kammer, *s* Furche zwischen beiden Kammern, *ta* Arterienstiel, *af* Furche auf dessen Oberfläche; rechts und links die beiden großen Herzohren. Nach *Ecker*.

Fig. 467. **Herz eines menschlichen Embryo** von acht Wochen von hinten. *a'* linkes Herzohr, *a''* rechtes Herzohr, *v'* linke Kammer, *v''* rechte Kammer, *cd'* rechte obere Hohlvene, *cs* linke obere Hohlvene, *ci* untere Hohlvene. Nach *Kölliker*.

Fig. 468. **Herz des erwachsenen Menschen,** vollständig entwickelt, von vorn, in seiner natürlichen Lage. *a* rechtes Herzohr (darunter die rechte Kammer), *b* linkes Herzohr (darunter die linke Kammer), *C* obere Hohlvene, *V* Lungenvenen, *P* Lungenarterie, *d* Botallischer Gang, *A* Aorta. Nach *Meyer*.

unten in der Brust, zwischen den beiden Lungen. Anfänglich liegt es ganz symmetrisch, in der Mittelebene des Körpers, so daß seine Längsachse mit derjenigen des Körpers zusammenfällt (Taf. VI. Fig. 9). Bei den meisten Säugetieren bleibt diese symmetrische Lage zeitlebens. Bei den Affen hingegen beginnt sich die Achse schräg zu neigen und die Spitze des Herzens nach der linken

Seite zu verschieben. Am weitesten geht diese Drehung bei den Menschenaffen: Schimpanse, Gorilla und Orang, die auch hierin dem Menschen gleichen.

Da das Herz aller Wirbeltiere ursprünglich im Lichte der Phylogenie nur als eine lokale Erweiterung der medianen Prinzipalvene erscheint, so entspricht es ganz dem Biogenetischen Grundgesetze, daß auch seine erste Anlage im Embryo nur ein einfacher spindelförmiger Schlauch in der Ventralwand des Kopfdarms ist. Eine dünne, senkrecht in der Medianebene stehende Membran, das Herzgekröse (*Mesocardium*), verbindet hier die Bauchwand

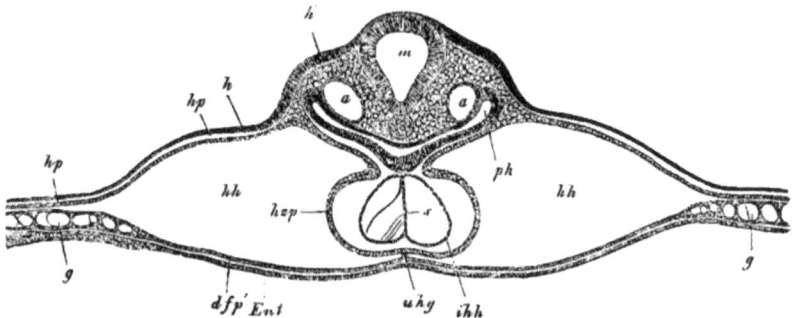

Fig. 469. **Querschnitt durch den Hinterkopf eines Hühnerembryo** von 40 Stunden. Nach *Kölliker*. *m* Nackenmark (Medulla oblongata), *ph* Schlundhöhle (Kopfdarm), *h* Hornplatte, *h'* verdickter Teil derselben, aus dem später die Gehörgrübchen entstehen, *hp* Hautfaserplatte, *hh* Halshöhle (Kopfcoelom oder Cardiocoel), *hzp* Herzplatte (die äußere mesodermale Herzwand), durch das ventrale Mesocardium (oder untere Herzgekröse, *uhg*) zusammenhängend mit dem Darmfaserblatt oder visceralen Coelomblatt (*dfp'*), *Ent* Entoderm, *ihh* innere (entodermale?) Herzwand; die beiden paarigen endothelialen Herzschläuche sind noch durch das cenogenetische Septum (*s*) der Amnioten getrennt (vergl. S. 864), *g* Gefäße.

des Kopfdarms mit der unteren Kopfwand. Indem der Herzschlauch sich ausdehnt und von der Darmwand abschnürt, teilt er das Gekröse in eine obere (dorsale) und untere (ventrale) Platte (gewöhnlich beim Menschen als *Mesocardium anterius* und *posterius* beschrieben, Fig. 469 *uhg*). Durch das Herzgekröse werden zwei weite seitliche Höhlen voneinander getrennt, die Halshöhlen von *Remak* (Fig. 469 *hh*). Diese Höhlen fließen später zur Bildung der einfachen „Herzbeutelhöhle" zusammen und werden daher auch von *Kölliker* als „primitive Pericardialhöhlen" bezeichnet. *Wilhelm His*[121]) hat ihnen den unpassenden Namen „Parietalhöhlen" gegeben, ebenso unglücklich gewählt, wie viele andere von ihm eingeführte neue Kunstausdrücke, so z. B. seine

Bezeichnungen „Stammzone" und „Parietalzone" für Rückenleib und Bauchleib. (Vergl. S. 55, 301, 341, sowie Note 121 im Anhang.)

Die paarigen Halshöhlen der Amnioten sind von hohem morphologischen und phylogenetischen Interesse; denn sie entsprechen einem Teile der Hyposomiten des Kopfes der niederen Wirbeltiere, jenem Teile der ventralen Coelomtaschen, welcher sich hinten an die „Visceralhöhlen" *Van Wijhes* anschließt. Jede Halshöhle steht hinten noch in offener Verbindung mit den beiden Coelomtaschen des Rumpfes; und wie diese letzteren später in eine einfache „Leibeshöhle" zusammenfließen (durch Schwund des Ventralmesenterium), so geschieht dasselbe auch hier im Kopfe. Diese einfache primäre Pericardialhöhle hat *Gegenbaur* mit Recht als Kopfcoelom bezeichnet, *Hertwig* als „Herzbeutel-Brusthöhle". Da sie nur das Herz einschließt, kann man sie auch *Cardiocoel* nennen.

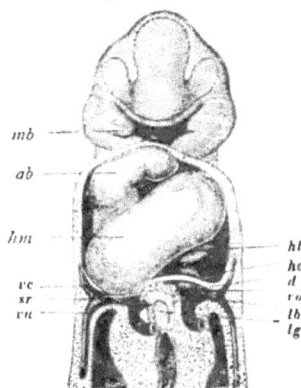

Fig. 470. **Frontalschnitt durch einen menschlichen Embryo** von 2,15 mm Nackenlänge, 40mal vergrößert; „erfunden" von *Wilhelm His*. Ansicht von der Bauchseite. *mb* Mundbucht, umgeben von den Kieferfortsätzen, *ab* Aortenbulbus, *hm* Mittelteil der Herzkammer, *hl* linker Seitenteil derselben, *ho* Herzohr (der Vorkammer), *d* Zwerchfell oder Diaphragma, *vc* obere Hohlvene, *vu* Nabelvene, *vo* Dotterraum, *lb* Leber, *lg* Lebergang.

Das Cardiocoel oder Kopfcoelom dehnt sich bei den Amnioten bald unverhältnismäßig aus, indem der einfache Herzschlauch frühzeitig sehr stark wächst und sich in mehrere Windungen legt. Dadurch wird die Bauchwand des Amniotenkeimes zwischen Kopf und Nabel bruchsackartig nach außen vorgetrieben (vergl. Fig. 192 *h*, S. 386, und Taf. VIII—XIII *c*, S. 376). Eine Querfalte der Bauchwand, welche sämtliche in das Herz einmündenden Venenstämme aufnimmt, wächst von unten zwischen Herzbeutel und Magen hinein und bildet als dünne Querscheidewand (*Septum transversum*) die Anlage des primären Zwerchfells (*Diaphragma*, Fig. 470 *d*). Diese wichtige muskulöse Scheidewand, welche nur bei den Säugetieren Brusthöhle und Bauchhöhle vollständig trennt, ist auch hier noch anfangs unvollständig; beide später ganz getrennte Höhlen hängen hier eine Zeit lang noch durch zwei enge Kanäle zusammen, die „Brustfortsätze der Rumpf-

höhle" von *His*. Diese beiden, zum Dorsalteil des Kopfcoeloms
gehörigen Kanäle, die wir kurz Pleuralgänge nennen wollen,
nehmen die beiden Lungenbläschen auf, welche aus dem hinteren
Teile der Ventralwand des Kopfdarms hervorwachsen; so werden
sie zu den beiden Brustfellhöhlen oder Pleurahöhlen. Erst
später schnüren sich die dorsalen Pleurahöhlen von der ventralen
„sekundären Pericardialhöhle" und der dahinter gelegenen Bauchhöhle oder Peritonealhöhle vollständig ab.

Das Zwerchfell (*Diaphragma*) tritt phylogenetisch zuerst
in der Klasse der Amphibien (bei den Salamandern) auf, als
eine unbedeutende muskulöse Querfalte der Bauchwand, welche
sich aus dem Vorderende des queren Bauchmuskels (*M. transversus
abdominis*) erhebt und zwischen Herzbeutel und Leber hineinwächst. Bei den Reptilien (Schildkröten und Krokodilen) gesellt
sich zu diesem älteren Ventralteil der Zwerchfellanlage ein jüngerer
Dorsalteil, indem von der Wirbelsäule ein Paar Subvertebral-
muskeln nach unten vorspringen und als „Zwerchpfeiler" jenem
Septum transversum entgegenwachsen. Aber wahrscheinlich sind
erst bei den permischen Sauromammalien beide ursprünglich getrennte Teile zur Vereinigung gekommen, so daß dann bei den
Säugetieren das Zwerchfell eine vollständige Scheidewand zwischen
Brusthöhle und Bauchhöhle bildet; indem es bei seiner Kontraktion
die Brusthöhle bedeutend erweitert, gestaltet es sich zu einem
wichtigen Atemmuskel. Die Ontogenie des Diaphragma beim
Menschen und allen anderen Säugetieren wiederholt noch heute,
entsprechend dem Biogenetischen Grundgesetze, jenen phylogenetischen Prozeß; denn bei allen Mammalien entsteht das Zwerchfell durch sekundäre Vereinigung jener beiden ursprünglich getrennten Anlagen, des älteren Ventralteils (*Diaphragma sternale*)
und des jüngeren Dorsalteils (*Diaphragma pleurale*).

Bisweilen unterbleibt beim Menschen auf einer Seite die Verschmelzung der beiden Zwerchfellanlagen, und somit auch die
Abschnürung des einen Pleuralganges von der Bauchhöhle. Die
Folge dieser „Hemmungsbildung" ist ein Zwerchfellbruch (*Hernia
diaphragmatica*). Brusthöhle und Bauchhöhle bleiben dann in
dauernder Verbindung durch einen offenen *Ductus pleuralis* (oder
„Brustfortsatz der Rumpfhöhle"), und durch diese „Bruchpforte"
können Darmschlingen aus der Bauchhöhle in die Brusthöhle eintreten. Das ist eine jener zahlreichen „*fatalen Mißbildungen*",
welche die große Rolle des blinden Zufalls in der organischen
Entwickelung beweisen.

Die Brusthöhle der Säugetiere mit ihren wichtigen Einschlüssen, Herz und Lungen, gehört demnach ursprünglich zum Kopfteil des Vertebratenkörpers und ist erst nachträglich in den Rumpfteil hinein-
getreten. Diese wichtige und in vieler Beziehung interessante
Auffassung ergibt sich mit voller Sicherheit aus den übereinstimmenden Zeugnissen der vergleichenden Anatomie und Ontogenie.
Die Lungen sind Ausstülpungen des Kopfdarms; das Herz schnürt
sich von der unteren Wand desselben ab. Die Pleurasäcke oder
Brustfelltaschen, welche die Lungen einschließen, sind paarige
Dorsalteile des Kopfcoeloms, aus den Pleurodukten entstanden;
der Herzbeutel, in welchem das Herz später liegt, ist ursprünglich
ebenfalls paarig, aus Ventralhälften des Kopfcoeloms entstanden,
welche erst später verschmelzen. Indem die Lunge der luftatmenden Wirbeltiere aus der Kopfhöhle nach hinten herauswächst und
in die Rumpfhöhle eintritt, wiederholt sie das Beispiel der Schwimmblase, die bei den Fischen ebenfalls aus der Schlundwand als
kleine taschenförmige Ausbuchtung entsteht, bald aber sich so
mächtig ausdehnt, daß sie, um Platz zu finden, weit nach hinten
in die Rumpfhöhle hineintreten muß. Besser gesagt, die Lunge
der Pentadactylen behält diesen erblichen Wachstumsprozeß der
Fische bei; denn die hydrostatische Schwimmblase der letzteren
ist ja tatsächlich das lufthaltige Organ, aus dem das Luftatmungs-
organ der ersteren phylogenetisch entstanden ist.

Eine interessante cenogenetische Erscheinung in der
Herzbildung der höheren Wirbeltiere verdient hier noch besondere
Erwähnung. Die früheste Anlage des Herzens erscheint, wie
neuere Beobachtungen sichergestellt haben, bei allen Amnioten
paarig, und der einfache spindelförmige Herzschlauch, von dessen
Betrachtung wir früher ausgingen, entsteht erst nachträglich, indem
jene beiden seitlichen Schläuche nach innen rücken, sich berühren
und schließlich in der Mittellinie verschmelzen. Beim Menschen
ebenso wie beim Kaninchen liegen die paarigen Herzkeime noch
in dem Stadium, in welchem bereits acht Ursegmente gesondert
sind, weit auseinander (Fig. 471 *h*). Ebenso sind die paarigen
Coelomtaschen des Kopfes, in welchem sie liegen (die beiden „Halshöhlen oder Parietalhöhlen"), noch durch einen weiten Zwischenraum getrennt. Erst wenn der Dauerleib des Keimes wächst und
sich von der Keimdarmblase abschnürt, rücken jene getrennten
seitlichen Anlagen zusammen und verschmelzen endlich in der
Mittellinie. Indem die mediane Scheidewand zwischen rechtem

und linkem Cardiocoel verschwindet, treten beide „Halshöhlen" in offene Kommunikation (Fig. 472) und bilden an der Bauchseite des Amniotenkopfes einen hufeisenförmigen Bogen, dessen beide Schenkel sich dorsalwärts nach hinten in die Pleurodukte oder Pleuralhöhlen fortsetzen und von da aus weiter in die paarigen Peritonealtaschen des Rumpfes. Aber auch nachdem die beiden Halshöhlen bereits zur Vereinigung gelangt sind (Fig. 472). liegen anfänglich die paarigen Herzschläuche noch getrennt, und selbst nachdem sie verschmolzen sind, deutet noch eine zarte Scheidewand in der Mitte des inneren einfachen Endothelschlauches (Fig. 469 s, 473 h) die ursprünglich getrennte Anlage an. Dieses cenogenetische „primäre Cardial-septum" verschwindet aber bald und hat gar keine Beziehung zu der späteren bleibenden Scheidewand beider Herzhälften, welche als Erbstück von den Reptilien eine hohe palingenetische Bedeutung beansprucht.

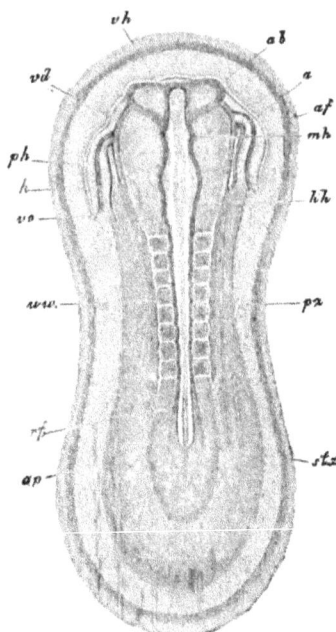

Fig. 471. **Sandalenförmiger Keimschild eines Kaninchens von neun Tagen.** Nach *Kölliker*. (Rückenansicht, von oben.) *stz* Stammzone oder Rückenschild (mit 8 Paar Ursegmenten), *pz* Parietalzone oder Bauchzone, *ap* heller Fruchthof, *af* Amnionfalte, *h* Herz, *ph* Pericardialhöhle, *vo* Vena omphalo-mesenterica, *ab* Augenblasen, *vh* Vorderhirn, *mh* Mittelhirn, *hh* Hinterhirn, *uw* Ursegmente (Urwirbel).

Prinzipielle Gegner des Biogenetischen Grundgesetzes, wie *Wilhelm His* und *Viktor Hensen*, haben diese und ähnliche cenogenetische Erscheinungen mit besonderer Betonung ihrer hohen Bedeutung in den Vordergrund gestellt und als schlagende Gegenbeweise gegen das erstere zu verwerten gesucht. Wie in allen anderen Fällen, so verwandelt auch hier eine umsichtige und kritische, v e r g l e i c h e n d - morphologische Prüfung die angeblichen Beweise g e g e n die Descendenztheorie in schlagende Argumente f ü r dieselbe. In seiner vortrefflichen Abhandlung „über die Bildung des Herzens der Amphibien" (1886) hat *Carl Rabl* gezeigt, wie einfach sich jene auffallende cenogenetische Tatsache

durch die sekundäre *Anpassung* der Embryonalanlage an die
mächtige Ausdehnung des *großen Nahrungsdotters* erklären läßt.
Indem das Herz des Amniotenkeims schon zu einer Zeit angelegt
wird, wo das Darmblatt noch flach auf der großen Dotterblase
ausgebreitet und vorn noch nicht zur Kopfdarmhöhle zusammen-
gefaltet ist, müssen die Herzhälften getrennt erscheinen und
können erst nachträglich, nach Ausbildung des Cephalogaster, in
der Mitte sich vereinigen. Diese sekundäre Trennung der ursprünglich einfachen medianen Herzanlage ist um so lehrreicher,

Fig. 472. **Querschnitt
durch den Kopf eines
Hühner-Keimes** von 36
Stunden. Unterhalb des
Markrohres sind in den
Kopfplatten (*s*) die beiden
primitiven Aorten sichtbar
(*pa*) beiderseits der Chorda.
Unterhalb des Schlundes (*d*)
sieht man das Aortenende
des Herzens (*ae*), *hh* Hals-
höhle oder Kopfcoelom, *hk*
Herzkappe, *ks* Kopfscheide,
Amnionfalte, *h* Hornplatte.
Nach *Remak*.

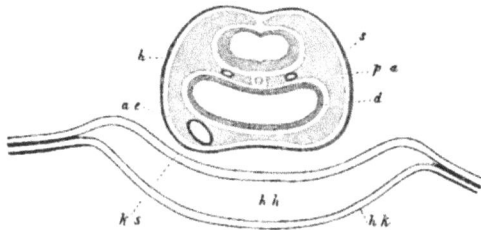

Fig. 472.

Fig. 473. **Querschnitt
durch die Herzgegend
desselben Hühner-Kei-
mes** (hinter dem vorigen).
In der Halshöhle (*hh*) ist das
Herz (*h*) noch durch ein
Herzgekröse (*hg*) mit dem
Darmfaserblatt (*pf*) des
Vorderdarmes verbunden. *d*
Darmdrüsenblatt, *up* Ur-
wirbelplatten, *gb* Anlage des
Gehörbläschens in der Horn-
platte, *hp* erste Erhebung der
Amnionfalte. Nach *Remak*.

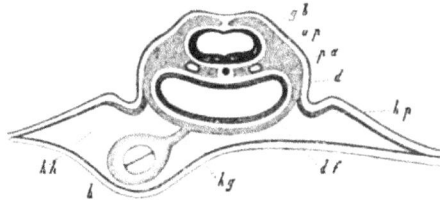

Fig. 473.

als sie **diphyletisch** auftritt, zweimal im Stamme der Wirbeltiere unabhängig voneinander erworben. Denn ebenso wie bei
den *Amnioten*, ist auch bei den *Knochenfischen* der palingenetisch
einfache Herzkeim durch die flache Ausbreitung der Discogastrula
auf dem Dottersack in zwei seitliche Hälften zerfallen. Hingegen
haben alle älteren Vertebraten, die Cyclostomen, Selachier, Ganoiden und Amphibien, die ursprüngliche unpaare Herzanlage, in
der Mitte der Bauchwand des Kopfdarms, bis heute unverändert
beibehalten; so bestand sie *palingenetisch* bereits bei den ältesten
Urschädeltieren (S. 596).

Wie die Keimesgeschichte des menschlichen Herzens, so liefert uns auch diejenige aller übrigen Abschnitte des Gefäßsystems zahlreiche und wertvolle Aufschlüsse über die Stammesgeschichte. Da jedoch die Verfolgung derselben zu ihrem klaren Verständnis eine genaue Kenntnis von der verwickelten Zusammensetzung des ganzen Gefäßsystems beim Menschen und den übrigen Wirbeltieren erfordern würde, so können wir hier nicht näher darauf eingehen. Auch sind viele wichtige Verhältnisse in der Ontogenie des Gefäßsystems noch sehr dunkel und streitig. Die Verhältnisse des embryonalen Kreislaufs der Amnioten, die wir bereits früher (im XV. Vortrage) betrachtet haben, sind erst spät erworben und durchaus cenogenetisch. (Vergl. S. 412—420, Fig. 229—234.)

Vierundfünfzigste Tabelle.
System der Gewebe des menschlichen Körpers [122]).

I. Erste Hauptgruppe: Epithelien.   Primäre Gewebe.

I. A. **Primäre Epithelien** (der beiden Grenzblätter)	1. **Hautdeckengewebe** (*Epithelium dermale*)	1a. Oberhaut (Epidermis) 1b. Oberhautdrüsen 1c. Haare und Nägel	Ektoblast
	2. **Darmdeckengewebe** (*Epithelium gastrale*)	2a. Darmepithelium 2b. Darmdrüsenepithelium	Endoblast
I. B. **Sekundäre Epithelien** (der beiden Mittelblätter)	3. **Coelomdeckengewebe** (*Epithelium coelomale*) (Mesoblast).	3a. Germinales Coelomepithel (Keimepithel) 3b. Renales Coelomepithel (Nierenepithel) 3c. Seröses Coelomepithel (Endothel der Leibeshöhle)	

II. Zweite Hauptgruppe: Apothelien.   Sekundäre Gewebe.

II. A. **Neuromuskelgewebe** (Apothelien ohne Intercellularsubstanz)	4. **Nervengewebe** (*Tela nervea*)	4a. Sinneszellen 4b. Ganglienzellen 4c. Nervenfasern	Neuroblast
	5. **Muskelgewebe** (*Tela muscularis*)	5a. Glatte Muskeln 5b. Quergestreifte Muskeln	Myoblast
II. B. **Mesenchymgewebe** (Apothelien mit Intercellularsubstanz)	6. **Stützgewebe** (*Tela skeletalis*)	6a. Knorpelgewebe 6b. Knochengewebe	6 und 7 **Bindegewebe** (*Tela connectiva*)
	7. **Füllgewebe** (*Tela maltharis*)	7a. Ledergewebe 7b. Fettgewebe 7c. Gallertgewebe	
	8. **Blutgewebe** (*Tela lymphoides*)	8a. Rhodocyten (Rote Blutzellen) 8b. Leukocyten (Weiße Blutzellen)	

Fünfundfünfzigste Tabelle.

Uebersicht über die wichtigsten Perioden in der Stammesgeschichte
des menschlichen Gefäßsystems (Vasorium).

I. Erste Periode: **Vasorium von Vermalien.**

Zwischen den primären Keimblättern erscheinen Lücken im *Mesoderm*
(Reste des Blastocoel oder neugebildetes Schizocoel); in diese „primäre
Leibeshöhle" (*Lacunoma*) wandern Leukocyten ein.

II. Zweite Periode: **Vasorium von Nemertinen.**

Indem die lympherfüllten Spalträume zur Bildung von größeren
Kanälen sich vereinigen, entstehen die ersten eigentlichen *Blutgefäße*,
ein Rückengefäß in der Dorsalwand und ein Bauchgefäß in der Ventralwand des Darmrohres. Rückengefäß und Bauchgefäß treten durch
mehrere den Darm umfassende Ringgefäße in Verbindung.

III. Dritte Periode: **Vasorium von Enteropneusten.**

Indem die vordere Darmhälfte sich zum Kiemendarm umbildet,
wird der vordere Abschnitt des Bauchgefäßes zur Kiemenarterie und
der vordere Abschnitt des Rückengefäßes zur Kiemenvene; zwischen
beiden entwickelt sich ein Kiemenkapillarnetz.

IV. Vierte Periode: **Vasorium der Tunicaten.**

Der zunächst hinter dem Kiemendarm gelegene Abschnitt des
Bauchgefäßes erweitert sich zu einem einfachen Herzschlauch (Ascidien).

V. Fünfte Periode: **Vasorium der Acranier.**

Das Bauchgefäß (Darmvene) bildet um den entstehenden Leberschlauch eine Schlinge, den ersten Anfang eines Pfortadersystems.

VI. Sechste Periode: **Vasorium der Cyclostomen.**

Das einkammerige Herz zerfällt in zwei Kammern: vordere Hauptkammer und hintere Vorkammer. Das Gefäßsystem sondert sich in
Blutgefäßsystem und Lymphgefäßsystem.

VII. Siebente Periode: **Vasorium der Selachier.**

Aus dem vorderen Abschnitt der Hauptkammer sondert sich ein
Arterienstiel, von dem anfänglich noch sieben, später sechs oder fünf
Paar Arterienbogen abgehen (wie bei den Selachiern).

VIII. Achte Periode: **Vasorium der Dipneusten.**

Aus dem letzten (sechsten) Paar der Arterienbogen entwickeln sich
die Lungenarterien. Die Vorkammer teilt sich in zwei Hälften.

IX. Neunte Periode: **Vasorium der Amphibien.**

Die Kiemenarterien verschwinden allmählich mit den Kiemen.
Rechter und linker Aortenbogen bleiben bestehen.

X. Zehnte Periode: **Vasorium der Reptilien.**

Die Hauptkammer zerfällt durch eine Scheidewand in zwei Ventrikel.
Beide Aortenbogen bleiben offen.

XI. Elfte Periode: **Vasorium der Säugetiere.**

Die Trennung zwischen kleinem und großem Kreislauf wird vollständig.
Der rechte Aortenbogen und der *Botalli*sche Gang verschwinden. Die
Lymphdrüsen treten auf.

Sechsundfünfzigste Tabelle.

Uebersicht über die wichtigsten Perioden in der Stammesgeschichte
des menschlichen Herzens.

I. Erste Periode: **Prochordonier-Herz.**

Das Herz bildet eine einfache, spindelförmige Anschwellung des
Bauchgefäßes in dem hinteren Teil der Bauchwand des Kiemendarmes.
Die Richtung des Blutstroms ist anfangs beständig wechselnd (wie bei den
Manteltieren).

II. Zweite Periode: **Acranier-Herz.**

Das Herz gleicht dem der Prochordonier, gewinnt aber konstante
Stromesrichtung, indem es Klappen bildet und sich nur von hinten nach
vorn zusammenzieht. (Beim Amphioxus ist das Herz wahrscheinlich
durch Rückbildung verloren gegangen.)

III. Dritte Periode: **Cyclostomen-Herz.**

Das Herz zerfällt in zwei Kammern, eine hintere Vorkammer
(*Atrium*) und eine vordere Hauptkammer (*Ventriculus*).

IV. Vierte Periode: **Selachier-Herz.**

Aus dem vorderen Abschnitt der Herzkammer sondert sich ein
Arterienkegel (*Conus arteriosus*), wie bei allen älteren Fischen.

V. Fünfte Periode: **Dipneusten-Herz.**

Die Vorkammer zerfällt infolge der Lungenatmung durch eine unvollständige und durchbrochene Scheidewand in eine rechte und eine linke
Hälfte, wie bei den heutigen Lurchfischen.

VI. Sechste Periode: **Amphibien-Herz.**

Die Scheidewand zwischen der rechten und linken Vorkammer wird
vollständig (wie bei den höheren Amphibien).

VII. Siebente Periode: **Proreptilien-Herz.**

Die Hauptkammer zerfällt durch eine unvollständige Scheidewand
in eine rechte und eine linke Hälfte (wie bei den meisten Reptilien).

VIII. Achte Periode: **Monotremen-Herz.**

Die Scheidewand zwischen der rechten und linken Hauptkammer
wird vollständig (wie bei allen Säugetieren).

IX. Neunte Periode: **Beuteltier-Herz.**

Die Klappen zwischen Hauptkammern und Vorkammern (Atrioven-
trikularklappen) nebst den anhaftenden Sehnenfäden und Papillarmuskeln
differenzieren sich aus dem muskulösen Balkenwerk der Monotremen.

X. Zehnte Periode: **Affen-Herz.**

Die in der Mittellinie gelegene Hauptachse des Herzens stellt sich
schräg, so daß die Spitze nach links gerichtet ist (wie bei den Affen
und beim Menschen).

Neunundzwanzigster Vortrag.

Bildungsgeschichte unserer Geschlechtsorgane.

„Die wichtigsten Wahrheiten in den Naturwissenschaften sind weder allein durch Zergliederung der Begriffe der Philosophie, noch allein durch bloßes Erfahren gefunden worden, sondern durch eine denkende Erfahrung, welche das Wesentliche von dem Zufälligen in der Erfahrung unterscheidet und dadurch Grundsätze findet, aus welchen viele Erfahrungen abgeleitet werden. Dies ist mehr als bloßes Erfahren, und wenn man will, eine philosophische Erfahrung.“

Johannes Müller (1840).

Geschlechtliche und ungeschlechtliche Fortpflanzung. Kopulation von zwei erotischen Zellen. Zwitterbildung und Geschlechtstrennung. Geschlechtsdrüsen und Geschlechtsleiter. Hoden und Eierstöcke. Nierenkanäle. Drei Generationen der Wirbeltierniere. Begattungsorgane beider Geschlechter.

Inhalt des neunundzwanzigsten Vortrages.

Fortpflanzung und Wachstum. Ungeschlechtliche Fortpflanzung: Teilung und Knospenbildung. Geschlechtliche Fortpflanzung: Verwachsung von zwei erotischen Zellen: Spermazelle und Eizelle. Befruchtung. Urquelle der Liebe: erotischer Chemotropismus. Ursprüngliche Zwitterbildung (Hermaphrodismus); spätere Geschlechtstrennung (Gonochorismus). Entstehung der Gonidien aus den Keimblättern (Coelomepithel). Urgeschlechtszellen (Progonidien). Hermaphroditische und gonochoristische Zellen. Segmentale Gonaden der niederen Wirbeltiere; sekundäre Verschmelzung derselben. Eierstöcke (Ovaria) und Hoden (Spermaria). Ausführgänge oder Geschlechtsleiter; Eileiter und Samenleiter. Entstehung derselben aus den Urnierengängen. Nierensystem der Wirbeltiere; drei Generationen: Vorniere, Urniere und Nachniere. Longitudinaler Urnierengang (Nephroductus) und transversale Segmentalkanäle (Nephridien). Vornieren des Amphioxus. Urnieren der Myxinoiden. Urnieren der Schädeltiere. Dauernieren der Amnioten. Entstehung der Harnblase aus der Allantois. Differenzierung der Urnierengänge. Müllerscher Gang (Eileiter) und Wolffscher Gang (Samenleiter). Wanderung der Keimdrüsen bei den Säugetieren. Eibildung bei den Säugetieren (Graafsche Follikel). Entstehung der äußeren Geschlechtsorgane. Phallus oder Geschlechtshöcker. Männliche und weibliche Begattungsorgane (Copulativa): Penis und Clitoris. Kloakenbildung. Harngeschlechtskanal. Zwitterbildung beim Menschen.

Literatur:

Johannes Müller, 1830. *Bildungsgeschichte der Genitalien. Berlin.*

Carl Kupffer, 1865, 1866. *Untersuchungen über die Entwickelung des Harn- und Geschlechtssystems. (Arch. f. mikr. Anat. Bd. I u. II.) Bonn.*

Wilhelm Müller, 1875. *Ueber das Urogenitalsystem des Amphioxus und der Cyclostomen. (Jen. Zeitschr. f. Nat., Bd. IX.) Jena.*

J. W. Spengel, 1876. *Das Urogenitalsystem der Amphibien. Würzburg.*

Max Fürbringer, 1878. *Zur vergleichenden Anatomie und Entwickelungsgeschichte der Exkretionsorgane der Vertebraten. (Morphol. Jahrb., Bd. IV.) Leipzig.*

Johannes Rückert, 1888. *Ueber die Entstehung der Exkretionsorgane bei Selachiern.*

J. W. Van Wijhe, 1889. *Ueber die Mesodermsegmente des Rumpfes und die Entwickelung des Exkretionssystems bei Selachiern. Bonn.*

Theodor Boveri, 1892. *Die Nierenkanälchen des Amphioxus. Ein Beitrag zur Phylogenie des Urogenitalsystems der Wirbeltiere. Jena.*

Richard Semon, 1890. *Ueber die morphologische Bedeutung der Urniere in ihrem Verhältnis zur Vorniere und zum Genitalsystem.*

Adolf de la Valette St. George, 1871—1891. *Der Hoden. Die Spermatogenese.*

Edouard Van Beneden, 1874. *De la distinction originelle du testicule et de l'ovaire.*

Richard Semon, 1887. *Die indifferente Anlage der Keimdrüsen beim Hühnchen.*

Wilhelm Waldeyer, 1870. *Eierstock und Ei. Leipzig.* 1903. *Die Geschlechtszellen. (Bd. I von O. Hertwig, Handbuch der Entwickelungslehre). Jena.*

Max Weber, 1884—1890. *Ueber Hermaphroditismus bei Wirbeltieren. Bonn.*

Kobelt, 1844. *Die männlichen und weiblichen Wollustorgane. Freiburg.*

E. Tourneux, 1889. *Sur le développement et l'évolution du tubercule génital chez le foetus humain dans les deux sexes. Paris.*

Patrick Geddes and Arthur Thomson, 1889. *The evolution of sex. Edinburgh.*

Henry Finck, 1887. *Romantic love and personal beauty, their development, causal relations and national peculiarities. London.*

Wilhelm Bölsche, 1902. *Das Liebesleben in der Natur. Eine Entwickelungsgeschichte der Liebe. 3 Bände. Leipzig.*

W. Felix und A. Bühler, 1904. *Die Entwickelung der Harn- und Geschlechtsorgane. (Bd. III von O. Hertwig, Handbuch d. Entw.) Jena.*

Ulrich Gerhardt, 1904—1909. *Studien über den Geschlechts-Apparat der Säugetiere. (Jenaische Zeitschr. für Naturwissenschaft.) Jena.*

XXIX.

Meine Herren!

Wenn wir die Bedeutung der Organsysteme des Tierkörpers nach der mannigfaltigen Fülle verschiedenartiger Erscheinungen und nach dem daran sich knüpfenden physiologischen Interesse beurteilen, so werden wir als eines der wichtigsten und interessantesten Organsysteme dasjenige anerkennen müssen, zu dessen Entwickelungsgeschichte wir uns jetzt zuletzt wenden: das System der Fortpflanzungsorgane. Wie die Ernährung für die Selbsterhaltung des organischen Individuums die erste und wichtigste Vorbedingung ist, so wird durch die Fortpflanzung allein die Erhaltung der organischen Art oder Species bewirkt; oder vielmehr die Erhaltung der langen Generationenreihe, welche in ihrem genealogischen Zusammenhange die Gesamtheit des organischen Stammes, das Phylon darstellt. Kein organisches Individuum erfreut sich eines „ewigen Lebens". Jedem ist nur eine kurze Spanne Zeit zu seiner individuellen Entwickelung gegönnt, ein verschwindend kurzes Moment in der Millionenreihe von Jahren der Erdgeschichte.

Die Fortpflanzung und die damit verbundene Vererbung wird daher neben der Ernährung schon lange als die wichtigste Fundamentalfunktion der Organismen angesehen, und man pflegt danach diese „belebten Naturkörper" vorzugsweise von den „leblosen oder organischen Körpern" zu unterscheiden. Doch ist eigentlich diese Scheidung nicht so tief und durchgreifend, als es zunächst den Anschein hat und als man gewöhnlich annimmt. Denn wenn man die Natur der Fortpflanzungsphänomene näher ins Auge faßt, so zeigt sich bald, daß dieselben sich auf eine allgemeine Eigenschaft zurückführen lassen, die ebenso den anorganischen wie den organischen Körpern zukommt, auf das Wachstum. Die Fortpflanzung ist eine Ernährung und ein Wachstum des Organismus über das individuelle Maß hinaus, welche einen Teil desselben zum Ganzen erhebt. Das zeigt sich am klarsten, wenn wir die Fortpflanzung der einfachsten und niedersten Organismen ins Auge fassen, vor allen der Moneren (Fig. 277—279, S. 533) und der einzelligen Amoeben (Fig. 17. S. 132). Das einfache Individuum besitzt hier nur den Formwert einer einzigen Plastide. Sobald dasselbe durch fortgesetzte Ernährung und einfaches Wachstum nun ein gewisses Maß der Größe erreicht hat, überschreitet es letzteres nicht mehr, sondern zerfällt durch einfache Teilung in zwei gleiche Hälften. Jede dieser beiden Hälften führt sofort ihr selbständiges Leben und wächst wiederum, bis sie durch Ueberschreitung jener Wachstumsgrenze abermals sich teilt. Bei jeder solcher einfachen Selbstteilung bilden sich zwei neue Anziehungsmittelpunkte für die Körperteilchen, als Grundlagen der beiden neuentstehenden Individuen. Eine „Unsterblichkeit der Einzelligen" darf jedoch hieraus nicht gefolgert werden. Denn das Individuum als solches wird durch den Teilungsprozeß vernichtet (vergl. S. 158).

Bei vielen anderen Urtieren oder Protozoen erfolgt die einfache Fortpflanzung nicht durch Teilung, sondern durch Knospenbildung. In diesem Falle ist das Wachstum, welches die Fortpflanzung anbahnt, kein totales (wie bei der Teilung), sondern ein partielles. Daher kann man auch bei der Knospenbildung das lokale Wachstumsprodukt, das sich als Knospe zu einem neuen Individuum gestaltet, als kindliches Individuum dem elterlichen Organismus, aus dem es entsteht, gegenüberstellen. Der letztere ist älter und größer als das erstere. Hingegen sind bei der Teilung die beiden Teilungsprodukte von gleichem Alter und von gleichem Formwerte. Als weitere Differenzierungsformen der geschlechtslosen Fortpflanzung schließen sich dann an die Knospenbildung drittens die Keimknospenbildung und viertens die Keimzellenbildung an. Diese letztere aber führt uns unmittelbar zur geschlechtlichen oder sexuellen Fortpflanzung hinüber, für welche die gegensätzliche Differenzierung beider Geschlechter das bedingende Moment ist. Ich habe in meiner Generellen Morphologie (Bd. II, S. 32—71) und in meiner Natürlichen Schöpfungsgeschichte (VIII. Vortrag) den Zusammenhang dieser verschiedenen Fortpflanzungsarten ausführlich erörtert.

Die ältesten Vorfahren des Menschen und der höheren Tiere besaßen noch nicht die Fähigkeit der geschlechtlichen Fortpflanzung, sondern vermehrten sich bloß auf ungeschlechtlichem Wege, durch Teilung oder Knospenbildung, Keimknospenbildung oder Keimzellenbildung, wie es viele Urtiere oder Protozoen noch heute tun.

Erst im weiteren Verlaufe der Phylogenese konnte der sexuelle Gegensatz der beiden Geschlechter entstehen. In einfachster Weise zeigt sich uns seine Ausbildung bei jenen Protisten, bei welchen der wiederholten Teilung des einzelligen Organismus die Verschmelzung von zwei Individuen vorausgeht (vorübergehende Konjugation und bleibende Kopulation der Infusorien). Wir können sagen, daß in diesem Falle das Wachstum, die Vorbedingung der Fortpflanzung, dadurch erreicht wird, daß zwei erwachsene Zellen zu einem einzigen, nun übermäßig großen Individuum sich verbinden. Zugleich wird durch die Mischung der beiden Plastiden eine Verjüngung des Plasma bewirkt. Anfangs erscheinen die beiden kopulierenden Zellen ganz gleichartig; bald aber bildet sich durch natürliche Züchtung ein Gegensatz zwischen ihnen aus: größere weibliche Zellen (*Makrosporen*) und kleinere männliche Zellen (*Mikrosporen*). Denn es muß für das neuerzeugte Individuum im Kampfe ums Dasein von großem Vorteile sein, verschiedene Eigenschaften von beiden Zelleneltern geerbt zu haben. Die vollständige Ausbildung dieses fortschreitenden Gegensatzes zwischen den beiden zeugenden Zellen oder *Gonidien* führte zur geschlechtlichen oder s e x u e l l e n Differenzierung. Die eine Zelle wurde zur w e i b l i c h e n Eizelle (*Makrogonidie*), die andere zur m ä n n l i c h e n Samenzelle (*Mikrogonidie*). Vergl. S. 155.

Die einfachsten Verhältnisse der geschlechtlichen Fortpflanzung unter den gegenwärtig lebenden M e t a z o e n bieten uns die *Gastraeaden* (S. 551) und die niederen Schwämme (*Spongien*), ferner unser gemeiner Süßwasserpolyp (*Hydra*) und andere Coelenterien niedersten Ranges. *Prophysema* (Fig. 288, S. 554), *Olynthus* (Fig. 292). *Hydra* u. s. w. besitzen einen ganz einfachen schlauchförmigen Körper, dessen dünne Wand (gleich der ursprünglichen *Gastrula*) bloß aus den beiden primären Keimblättern besteht. Sobald derselbe geschlechtsreif wird, bilden sich einzelne Zellen der Wand zu weiblichen Eizellen, andere zu männlichen Spermazellen oder Samenzellen um; die ersteren werden sehr groß, indem sie eine beträchtliche Menge von Dotterkörnern in ihrem Protoplasma bilden (Fig. 289 e); die letzteren umgekehrt werden durch fortgesetzte Teilung sehr klein und verwandeln sich in bewegliche „stecknadelförmige" Spermatozoen (Fig. 20, S. 142). Beiderlei Zellen lösen sich von ihrer Geburtsstätte, den primären Keimblättern, los, fallen entweder in das umgebende Wasser oder in die Darmhöhle und vereinigen sich hier, indem sie miteinander verschmelzen. Das ist der bedeutungsvolle Vorgang der

„Befruchtung" (*Fecundatio*), den wir im VII. Vortrage näher
untersucht haben (vergl. Fig. 23—29, S. 145 ff.).

Durch diese einfachsten Vorgänge der geschlechtlichen Fortpflanzung, wie sie bei den niedersten Pflanzentieren, bei den
Gastraeaden, Schwämmen und Polypen, noch heute zu beobachten
sind, werden wir mit mehreren bedeutungsvollen Erkenntnissen
bereichert. Erstens erfahren wir dadurch, daß für die geschlechtliche Fortpflanzung eigentlich weiter nichts erforderlich ist, als die
Verschmelzung oder Verwachsung von zwei verschiedenen Zellen,
einer weiblichen Eizelle und einer männlichen Spermazelle. Alle anderen Verhältnisse und alle die übrigen, höchst
zusammengesetzten Erscheinungen, welche bei den höheren Tieren
den geschlechtlichen Zeugungsakt begleiten, sind von untergeordneter und sekundärer Natur, sind erst nachträglich zu jenem
einfachsten, primären Kopulations- und Befruchtungsprozeß hinzugetreten. Wenn wir aber nun bedenken, welche außerordentlich
wichtige Rolle das Verhältnis der beiden Geschlechter überall in
der organischen Natur, im Pflanzenreiche, wie im Tier- und
Menschenleben spielt, wie die gegenseitige Neigung und Anziehung beider Geschlechter, die Liebe, die Triebfeder der
mannigfaltigsten und merkwürdigsten Vorgänge, ja eine der
wichtigsten mechanischen Ursachen der höchsten Lebensentwicke-
lung überhaupt ist, so werden wir diese Zurückführung der Liebe
auf ihre Urquelle, auf die Anziehungskraft zweier erotischer
Zellen, gar nicht hoch genug anschlagen können.

Ueberall in der lebendigen Natur gehen von dieser kleinsten
Ursache die größten Wirkungen aus. Denken Sie allein an die
Rolle, welche die Blumen, die Geschlechtsorgane der Blüten-
pflanzen, in der Natur spielen; oder denken Sie an die Fülle von
wunderbaren Erscheinungen, welche die geschlechtliche Zuchtwahl
im Tierleben bewirkt; denken Sie endlich an die folgenschwere
Bedeutung, welche die Liebe im Menschenleben besitzt: überall
ist die Verwachsung zweier Zellen das einzige, ursprünglich
treibende Motiv; überall übt dieser unscheinbare Vorgang den
größten Einfluß auf die Entwickelung der mannigfaltigsten Verhältnisse aus. Wir dürfen wohl behaupten, daß kein anderer
organischer Prozeß diesem an Umfang und Intensität der differen-
zierenden Wirkung nur entfernt an die Seite zu stellen ist. Denn
ist nicht der semitische Mythus von der Eva, die den Adam zur
„Erkenntnis" verführte, und ist nicht die altgriechische Sage von
Paris und Helena, und sind nicht so viele andere berühmte

Dichtungen bloß der poetische Ausdruck des unermeßlichen Ein-
flusses, welchen die Liebe und die davon abhängige „s e x u e l l e
S e l e k t i o n" [36]) seit der Differenzierung der beiden Geschlechter
auf den Gang der Weltgeschichte ausgeübt hat? Alle anderen
Leidenschaften, die sonst noch die Menschenbrust durchtoben,
sind in ihrer Gesamtwirkung nicht entfernt so mächtig, wie der
sinnentflammende und vernunftbetörende Eros. Auf der einen
Seite verherrlichen wir die Liebe dankbar als die Quelle der herr-
lichsten Kunsterzeugnisse: der erhabensten Schöpfungen der
Poesie, der bildenden Kunst und der Tonkunst; wir verehren in
ihr den mächtigsten Faktor der menschlichen Gesittung, die Grundlage des Familienlebens und dadurch der Staatsentwickelung. Auf
der anderen Seite fürchten wir in ihr die verzehrende Flamme,
welche den Unglücklichen in das Verderben treibt, und welche
mehr Elend, Laster und Verbrechen verursacht hat, als alle anderen
Uebel des Menschengeschlechts zusammengenommen. So wunderbar ist die Liebe und so unendlich bedeutungsvoll ihr Einfluß auf
das Seelenleben, auf die verschiedensten Funktionen des Markrohres, daß gerade hier mehr als irgendwo die „übernatürliche"
Wirkung jeder natürlichen Erklärung zu spotten scheint. Und
doch führt uns trotz alledem die vergleichende Entwickelungsgeschichte ganz klar und unzweifelhaft auf die älteste Quelle der
Liebe zurück: auf die W a h l v e r w a n d t s c h a f t z w e i e r v e r -
s c h i e d e n e r e r o t i s c h e r Z e l l e n: S p e r m a z e l l e u n d E i -
z e l l e (*Erotischer Chemotropismus*) [123]).

Wie uns die niedersten Metazoen über diesen einfachsten Ursprung der verwickelten Fortpflanzungs-Erscheinungen belehren,
so eröffnen sie uns z w e i t e n s auch die wichtige Erkenntnis, daß
das älteste und ursprünglichste Geschlechtsverhältnis die Z w i t -
t e r b i l d u n g war, und daß aus dieser erst sekundär (durch Arbeitsteilung) die Geschlechtstrennung hervorging. Die Z w i t t e r -
b i l d u n g (*Hermaphrodismus*) ist bei den niederen Tieren der
verschiedensten Gruppen vorherrschend; jedes einzelne geschlechtsreife Individuum, j e d e P e r s o n, enthält hier weibliche und männliche Geschlechtszellen, ist also fähig, sich selbst zu befruchten und
fortzupflanzen. So finden wir nicht allein bei den eben angeführten
niedersten Pflanzentieren (Gastraeaden, Schwämmen und vielen
Polypen), auf einer und derselben Person Eizellen und Samenzellen
vereinigt; sondern auch viele Würmer (z. B. die Blutegel und Regenwürmer), viele Schnecken (die gewöhnlichen Garten- und Wein-
bergsschnecken), sämtliche Manteltiere und viele andere wirbellose

Tiere sind solche Zwitter oder *Hermaphroditen*. Auch alle älteren wirbellosen Vorfahren des Menschen, von den Gastraeaden bis zu den Prochordoniern aufwärts, werden Zwitter gewesen sein; vielleicht sogar noch die ältesten Schädellosen. Ein wichtiges Zeugnis dafür liefert der merkwürdige Umstand, daß mehrere Fischgattungen noch heute Zwitter sind, und daß gelegentlich (als Atavismus) auch bei höheren Vertebraten aller Klassen der Hermaphrodismus noch heute wieder erscheint. Daraus dürfen wir schließen, daß erst im weiteren Verlaufe unserer Stammesgeschichte aus dem *Hermaphrodismus* die Geschlechtstrennung (*Gonochorismus*) sich entwickelte, die Verteilung der beiderlei Geschlechtszellen auf zwei verschiedene Personen. Anfangs sind männliche und weibliche Personen bloß durch den Besitz der beiderlei Gonaden verschieden, im übrigen ganz gleich gewesen, wie es beim Amphioxus und bei den Cyclostomen noch heutzutage der Fall ist. Erst später sind zu den primären Geschlechtsdrüsen sekundäre Hilfsorgane (Ausführgänge u. s. w.) hinzugetreten; und noch viel später haben sich durch geschlechtliche Zuchtwahl, durch die wirkungsvolle *Selectio sexualis*, die sogenannten „sekundären Sexualcharaktere" entwickelt, d. h. diejenigen Unterschiede des männlichen und weiblichen Geschlechts, welche nicht die Geschlechtsorgane selbst, sondern andere Körperteile betreffen (z. B. der Bart des Mannes, der Busen des Weibes) [36]).

Die dritte wichtige Tatsache, über welche wir durch die niederen Pflanzentiere Auskunft erhalten, betrifft den ältesten Ursprung der beiderlei Geschlechtszellen. Da nämlich bei den Gastraeaden, bei den niedersten Spongien und Hydroiden, wo wir jene einfachsten Anfänge der geschlechtlichen Differenzierung antreffen, der ganze Körper zeitlebens nur aus den beiden primären Keimblättern besteht, so können auch die beiderlei Geschlechtszellen hier nur aus Zellen der beiden primären Keimblätter entstanden sein, entweder aus dem inneren oder dem äußeren, oder aus beiden. Diese einfache Erkenntnis ist deshalb außerordentlich wichtig, weil die erste Anlage der Eizellen sowohl als der Spermazellen bei den höheren Tieren — und insbesondere bei den Wirbeltieren — in das mittlere Keimblatt oder Mesoderm verlegt ist. Dieses Verhältnis ist erst nachträglich (in Zusammenhang mit der sekundären Erwerbung des Mesoderms) aus jenem ersteren hervorgegangen.

Verfolgen wir nun weiter die Phylogenie der Geschlechtsorgane bei unseren ältesten Metazoenahnen, wie sie uns noch heute

durch die vergleichende Anatomie und Ontogenie der niedersten
Coelenterien (Cnidarien, Platodarien) vor Augen gelegt wird,
so haben wir als ersten Fortschritt die Lokalisation der Gonidien, die Sammlung der beiderlei im Epithel zerstreuten Geschlechtszellen in bestimmte Gruppen hervorzuheben. Während
bei den Schwämmen und niedersten Hydra-Polypen einzelne zerstreute Zellen aus den Zellenschichten der beiden primären Keimblätter sich absondern, isolieren und als Geschlechts-Zellen frei
werden, finden wir dieselben bei den höheren Nesseltieren und
den Platoden assoziiert und gruppenweise in soziale Haufen zu-
sammengedrängt, die wir nunmehr als „Geschlechtsdrüsen"
oder „Keimdrüsen" (Gonades) bezeichnen. Erst jetzt können wir
von Geschlechts-Organen in morphologischem Sinne sprechen.
Die weiblichen Keimdrüsen, die demgemäß in ihrer einfachsten
Form einen Haufen von gleichartigen Eizellen darstellen, sind die
Eierstöcke (Ovaria oder Oophora; Fig. 341 e, S. 693). Die
männlichen Keimdrüsen, die ebenso in ihrer ältesten Anlage
bloß aus einem Haufen von Spermazellen bestehen, sind die
Hoden oder Samenstöcke (Spermaria oder Testiculi, Fig. 347 h),
Bei den Medusen, die von den einfacher organisierten Polypen
sowohl ontogenetisch als phylogenetisch abzuleiten sind, finden wir
solche einfache Geschlechtsdrüsen bald als Magentaschen, bald als
Aussackungen der vom Magen ausstrahlenden Radialkanäle. Bei
den niederen Medusen (Craspedoten) entstehen beiderlei Gonaden
aus dem Ektoderm, bei den höheren Medusen (Acraspeden) aus
dem Entoderm. Jene stammen von Hydropolypen, diese von
Scyphopolypen ab. Von besonderem Interesse für die Frage von
der ersten Entstehung der Gonaden sind die niedersten Formen
der Plattentiere (Platodes), jene Kryptocoelen, die neuerdings
als besondere Klasse (Platodaria) von den eigentlichen Strudelwürmern (Turbellaria) getrennt worden sind (Fig. 474). Bei diesen
kleinen uralten Platoden erscheinen die beiden Paare der Geschlechtsdrüsen nur als zwei Paar differenzierte Zellreihen in der
entodermalen Wand des Urdarmes; innen zwei mediale Ovarien
(o), außen zwei laterale Spermarien (s). Die reifen Geschlechtszellen werden hinten durch zwei Oeffnungen entleert; die weibliche (f) liegt vor der männlichen (m).

Bei der großen Mehrzahl der Bilaterien oder Coelomarien
(S. 512), der zweiseitig gebauten Metazoen, ist es das Mesoderm,
aus welchem die Gonaden hervorgehen. Als die ältesten Anlagen
derselben sind wahrscheinlich meistens jene beiden großen paarigen

Zellen anzusehen, welche am Urmundrande (rechts und links) gewöhnlich schon bei der Gastrulation oder gleich nach derselben
auftreten, die bedeutungsvollen *Promesoblasten*, die „Polzellen
des Mesoderms oder Urzellen des mittleren Keimblattes",
S. 477). Bei den echten *En-
terocoeliern*, bei welchen das
Mesoderm von Anfang an in
Gestalt von ein paar Coelomtaschen angelegt wird, sind diese
selbst mit großer Wahrscheinlichkeit als die ursprünglichen

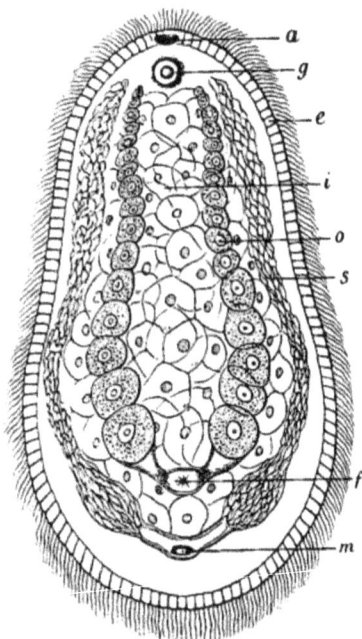

Fig. 474. **Aphanostomum Langii**
(*Haeckel*), ein Urwurm aus der Klasse der
Platodarien, Ordnung der *Crypto-
coelen* oder *Acoelen*. Diese neue Art der
Gattung *Aphanostomum*, zu Ehren von
Professor *Arnold Lang* in Zürich benannt,
wurde im September 1899 in Ajaccio auf
Corsica (zwischen Fucoideen kriechend)
gefunden; sie ist 2 mm lang, 1 mm breit,
von violetter Farbe. *a* Mundöffnung, *g*
Gehörbläschen (Statocyst), *e* Ektoderm,
i Entoderm („verdauendes Parenchym"),
o Eierstöcke, *s* Samenstöcke, *f* weibliche
Oeffnung, *m* männliche Oeffnung.

Gonaden anzusehen (S. 480). Sehr deutlich zeigt das der Pfeilwurm (*Sagitta*), jener interessante Strongylarier, welcher durch
die typische Einfachheit seiner epithelialen Histogenese (— mit
Ausschluß von Mesenchymbildung —) auch sonst so lehrreiche Aufschlüsse gibt (S. 441). Bei der *Gastrula* von *Sagitta* (Fig. 475 A)

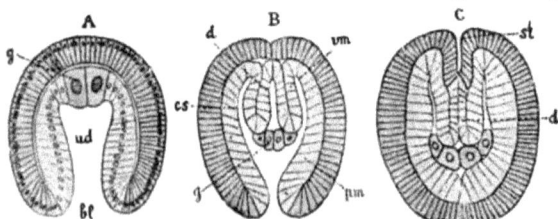

Fig. 475. **Keime eines Pfeilwurmes** (*Sagitta*), in drei frühen Bildungs-
stufen, nach *Hertwig*. *A* Gastrula, *B* Coelonula mit offenem Urmund, *C* Dieselbe
mit geschlossenem Urmund, *ud* Urdarm, *bl* Urmund, *g* Progonidien (hermaphroditische
Urgeschlechtszellen), *cs* Coelomtaschen, *pm* Parietalblatt, *vm* Visceralblatt derselben,
d Dauerdarm (Enteron), *st* Mundgrube (Stomodaeum).

zeichnen sich schon frühzeitig im Grunde des Urdarms (*ud*) ein paar Entodermzellen durch besondere Größe aus (*g*). Diese U r - g e s c h l e c h t s z e l l e n (*Progonidia*) liegen ganz symmetrisch, rechts und links von der Mittelebene, wie die beiden *Promesoblasten* der bilateralen Gastrula des *Amphioxus* (Fig. 267 *p*, S. 480). Un- mittelbar nach außen von ihnen werden die beiden Coelomtaschen (*B, cs*) aus dem Urdarm mundwärts ausgestülpt, und dann teilt sich j e d e P r o g o n i d i e i n e i n e m ä n n l i c h e u n d e i n e w e i b - l i c h e G e s c h l e c h t s z e l l e (*B, g*). Die beiden männlichen Zellen (anfangs etwas größer) liegen innen nebeneinander und sind die Mutterzellen des Hodens (*Prospermaria*). Die beiden weiblichen Zellen liegen nach außen von ihnen und sind die Mutterzellen des Eierstocks (*Protovaria*). Später, wenn sich die beiden Coelom- taschen vom Dauerdarm (*C, d*) abgeschnürt haben und der Urmund (*A, bl*) geschlossen ist, rücken die weiblichen Zellen nach vorn gegen den Mund (*C, st*), während die männlichen nach hinten treten. Dann wird das vordere Ovarienpaar von dem hinteren Spermarienpaar durch eine Querscheidewand getrennt. Die ersten Anlagen der beiderlei Geschlechtsdrüsen des zwitterigen Pfeil- wurms sind somit e i n P a a r h e r m a p h r o d i t i s c h e E n t o - d e r m z e l l e n; jede von diesen zerfällt in eine männliche und eine weibliche Zelle; und diese v i e r g o n o c h o r i s t i s c h e n Z e l l e n sind die M u t t e r z e l l e n der vier Geschlechtsdrüsen. Vielleicht sind auch die beiden *Promesoblasten* der *Amphioxus*- Gastrula (Fig. 261) in gleichem Sinne als „hermaphroditische Ur- geschlechtszellen" anzusehen, welche dieses älteste Wirbeltier von den uralten b i l a t e r a l e n G a s t r a e a d e n - Ahnen geerbt hat.

Der geschlechtsreife *Amphioxus* ist nicht hermaphroditisch, wie es seine nächsten wirbellosen Verwandten, die Tunicaten, sind, und wie es wahrscheinlich auch noch die längst ausgestorbenen präsilurischen Urwirbeltiere waren (*Prospondylus*, Fig. 101—105, S. 270). Vielmehr besitzt der Lanzelot der Gegenwart gonocho- ristische Einrichtungen von sehr interessanter Form. Wie Sie sich aus der Anatomie des *Amphioxus* erinnern werden, finden wir hier die Eierstöcke beim Weibchen und die Hoden beim Männchen in Gestalt von 20—30 Paar elliptischen oder rundlich-viereckigen ein- fachen Säckchen, welche beiderseits des Darmes innen an der Parietalfläche der Atemhöhle anliegen (Fig. 254 *g*, S. 453). Diese Gonaden, ursprünglich genau s e g m e n t a l auf das mittlere Drittel des Körpers verteilt, sind phylogenetisch von höchstem Interesse. Denn ihre Ontogenie lehrt uns, daß sie aus dem unteren Teile der ventralen Coelomtaschen hervorgehen, während der mittlere Teil der letzteren zuwächst und der oberste Teil die Vornierenkanäle bildet. Die metameren Gonaden der Acranier sind Hyposomiten des Rumpfes. Nach der wichtigen Entdeckung von *Rückert* (1888) werden auch die Geschlechtsdrüsen der ältesten Fische, der Selachier, ebenso angelegt. Erst nachträglich vereinigen sich hier die segmentalen Anlagen derselben und fließen zur Bildung von ein paar einfachen Gonaden zusammen. Diese haben sich dann durch Vererbung auf alle übrigen Schädeltiere übertragen. Ueberall liegen sie hier ursprünglich beiderseits des Mesenterium, unterhalb der Chorda, tief im Grunde der Leibeshöhle (Fig. 476 *g*). Ihre ersten Spuren werden hier im Coelomepithel sichtbar, an der Stelle, wo in der „Mittelplatte oder Gekrösplatte" das Hautfaserblatt und Darmfaserblatt aneinander stoßen (Fig. 480 *mp*). Hier bemerkt man im Embryo aller Cranioten schon frühzeitig eine strangförmige kleine Zellenanhäufung, welche wir nach *Waldeyer* das „Keimepithel" oder auch (in Uebereinstimmung mit den übrigen plattenförmigen Organanlagen) die Geschlechtsplatte nennen können (Fig. 476 *g*; Taf. VI, Fig. 5 *k*). Diese Germinalplatte oder Geschlechtsleiste (*Callus germinalis*) erscheint beim Embryo des Menschen schon in der fünften Woche, in Gestalt von ein paar langen weißlichen Streifen, an der Innenseite der Urnieren (Fig. 477 *t*, 483 *r*). Die Zellen dieser Geschlechtsplatte (*Lamella sexualis*) zeichnen sich durch ihre cylindrische Form und chemische Zusammensetzung wesentlich vor den übrigen Coelomzellen aus; sie haben eine andere Bedeutung als die platten Zellen des „serösen Coelomepithels", welche den übrigen Teil der Leibeshöhle auskleiden. Indem sich das „Keimepithel" der Geschlechtsleiste verdickt und Stützgewebe aus dem Mesoderm in dieselbe hineinwächst, wird sie zur Anlage einer indifferenten Geschlechtsdrüse. Diese ventrale Gonade entwickelt sich dann bei den weiblichen Schädeltieren zum Eierstock, bei den männlichen zum Hoden.

Während wir in der Ausbildung der beiderlei Gonidien oder erotischen Sexualzellen und in ihrer Vereinigung bei der Befruchtung, das einzige wesentliche Moment der geschlechtlichen Fortpflanzung erblicken müssen, finden wir doch daneben bei der großen Mehrzahl der Tiere noch andere, zur Fortpflanzung tätige Organe vor. Die wichtigsten von diesen sekundären Geschlechtsorganen sind die Ausführgänge (*Gonoductus*), welche zur Abführung der reifen Geschlechtszellen aus dem Körper dienen, und demnächst die Begattungsorgane

(*Copulativa*), welche die Uebertragung des befruchtenden Sperma von der männlichen Person auf die eierhaltige weibliche Person vermitteln. Die Kopulations-Organe kommen gewöhnlich nur bei höheren Tieren verschiedener Stämme vor und sind viel weniger allgemein verbreitet als die Ausführgänge. Allein auch diese sind sekundär entstanden und fehlen vielen Tieren der niederen Gruppen.

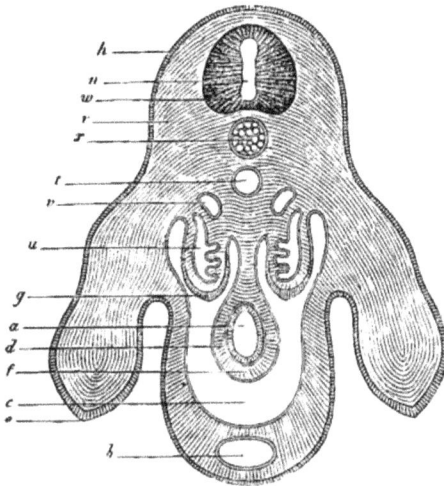

Fig. 476.   Fig. 477.

Fig. 476. Querschnitt durch die Beckengegend und die Hinterbeine eines Hühnerembryo vom vierten Brütetage, etwa 40mal vergrößert. *h* Hornplatte, *w* Markrohr, *n* Kanal des Markrohres, *u* Urnieren, *x* Chorda, *e* Hinterbeine, *b* Allantoiskanal in der Bauchwand, *t* Aorta, *v* Kardinalvenen, *a* Darm, *d* Darmdrüsenblatt, *f* Darmfaserblatt, *g* Keimepithel, *r* Rückenmuskeln, *c* Leibeshöhle oder Coelom. Nach *Waldeyer*.

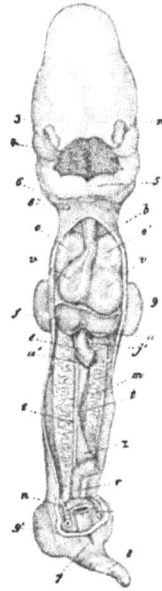

Fig. 477. Menschlicher Embryo, vier Wochen alt, von der Bauchseite, geöffnet. Brustwand und Bauchwand sind weggeschnitten, so daß der Inhalt der Brusthöhle und Bauchhöhle frei liegt. Auch sind sämtliche Anhänge (Amnion, Allantois, Dottersack) entfernt, ebenso der mittlere Teil des Darmes. *n* Auge, *3* Nase, *4* Oberkiefer, *5* Unterkiefer, *6* zweiter, *6″* dritter Kiemenbogen, *ov* Herz (*o* rechte, *o′* linke Vorkammer; *v* rechte, *v′* linke Kammer), *b* Ursprung der Aorta, *f* Leber, (*u* Nabelvene), *e* Darm (mit der Dotterarterie, bei *a′* abgeschnitten), *j′* Dottervene, *m* Urniere, *t* Anlage der Geschlechtsdrüse, *r* Enddarm (nebst dem Gekröse, *z*, abgeschnitten), *n* Nabelarterie, *u* Nabelvene, *7* After, *8* Schwanz, *9* Vorderbein, *9′* Hinterbein. Nach *Coste*.

Hier werden die reifen Geschlechtszellen meistens direkt nach außen entleert. Bald treten sie unmittelbar durch die äußere Hautdecke nach außen (Hydra und viele Hydroiden); bald fallen sie in die Magenhöhle und werden durch die Mundöffnung ausgeworfen (Gastraeaden, Spongien, viele Medusen und Korallen); bald fallen sie in die Leibeshöhle und werden durch ein besonderes Loch der Bauchwand (*Porus genitalis*) entleert. Das letztere ist bei vielen Würmern der Fall, aber auch noch bei den niedersten Wirbeltieren. *Amphioxus* zeigt die besondere Eigentümlichkeit, daß die reifen Geschlechtsprodukte zunächst in die Mantelhöhle fallen: von da werden sie entweder durch den Atemporus (S. 450) entleert, oder sie geraten durch die Kiemenspalten in den Kiemendarm, und von hier durch die Mundöffnung nach außen (S. 471). Bei den *Cyclostomen* fallen dieselben in die Leibeshöhle und werden durch einen Porus genitalis ihrer Wand entleert; ebenso auch noch bei einigen Fischen. Diese belehren uns über die ältesten Verhältnisse, die bei unseren Vorfahren in dieser Beziehung bestanden. Hingegen finden wir bei allen höheren und bei den meisten niederen Wirbeltieren (wie auch bei den meisten höheren wirbellosen Tieren) in beiden Geschlechtern besondere röhrenförmige Ausführgänge der Geschlechtsdrüsen, die „Geschlechtsleiter" (*Gonoductus*). Beim weiblichen Geschlechte führen dieselben die Eizellen aus den Eierstöcken nach außen ab und werden daher Eileiter genannt (*Oviductus* oder *Tubae Fallopiae*). Beim männlichen Geschlechte leiten diese Röhren die Spermazellen aus den Hoden nach außen und heißen daher Samenleiter (*Spermaductus* oder *Vasa deferentia*).

Das ursprüngliche und genetische Verhalten dieser beiderlei Ausführgänge ist bei dem Menschen ganz dasselbe wie bei den übrigen höheren Wirbeltieren, und ganz verschieden von demjenigen der meisten wirbellosen Tiere. Während nämlich bei letzteren meistens die Geschlechtsleiter unmittelbar von den Keimdrüsen oder von der äußeren Haut aus sich entwickeln, wird bei den Wirbeltieren zur Ausführung der Geschlechtsprodukte ein selbständiges Organsystem verwendet, welches ursprünglich eine ganz andere Bedeutung und Funktion besaß, nämlich das Nierensystem oder die Harnorgane. Diese Organe haben ursprünglich und primär bloß die Aufgabe, unbrauchbare Stoffe in flüssiger Form aus dem Körper auszuscheiden. Das von ihnen bereitete flüssige Ausscheidungsprodukt wird als Harn (*Urina*) bezeichnet und entweder unmittelbar durch die äußere Haut oder durch den letzten Abschnitt des Darmes nach außen entleert. Erst in zweiter Linie, erst sekundär nehmen die röhrenförmigen „Harnleiter" auch die Geschlechtsprodukte aus dem Inneren auf und führen sie nach außen ab. Sie werden so zu „Harngeschlechtsleitern" (*Ductus urogenitales*). Diese merkwürdige sekundäre

Vereinigung der Harnorgane und Geschlechtsorgane zu einem gemeinsamen „Harngeschlechtsapparat" oder „Urogenitalsystem" ist für die Kiefermäuler (*Gnathostoma*), die sechs höheren Klassen der Wirbeltiere, sehr charakteristisch. Sie fehlt jedoch noch den beiden niedersten Klassen. Um dieselbe richtig zu würdigen, müssen wir zunächst einen vergleichenden Blick auf die Einrichtung der Harnorgane überhaupt werfen.

Das Nierensystem oder „Harnsystem" (*Systema uropoeticum*) gehört zu den ältesten und wichtigsten Organsystemen des differenzierten Tierkörpers, wie schon früher gelegentlich hervorgehoben wurde (vergl. den XVII. Vortrag). Wir finden dasselbe nicht allein in den höheren Tierstämmen, sondern auch in dem älteren Stamme der *Vermalien* fast allgemein verbreitet vor. Hier treffen wir es schon bei den niedersten Würmern an, den Rädertierchen (Gastrotrichen. Fig. 425, S. 811), sowie bei jenem wichtigen Stamme der Platoden, der zwischen Coelenterien und Bilaterien auf der Grenze steht. Obgleich diese Plattentiere noch keine wahre Leibeshöhle, kein Blut, kein Gefäßsystem, keinen After besitzen, ist dennoch das Nierensystem fast allgemein bei ihnen vorhanden; es fehlt nur den niedersten und ältesten Formen des Stammes, den Platodarien oder Kryptocoelen (Fig. 474). Es besteht aus einem Paar einfacher oder verzweigter Kanäle, die mit einer Zellenschicht ausgekleidet sind, unbrauchbare Säfte aus den Geweben aufsaugen und diese durch eine äußere Hautöffnung abführen (Fig. 424 *nm*). Nicht allein die freilebenden Strudelwürmer, sondern auch die parasitischen Saugwürmer, ja sogar die noch weiter entarteten Bandwürmer, welche infolge parasitischer Lebensweise ihren Darmkanal verloren haben, sind mit solchen „Harnkanälen" oder Nephridien ausgestattet. In der ersten Anlage beim Embryo sind sie bloß ein paar einfache Hautdrüsen, Einsenkungen des Ektoderms. Gewöhnlich werden dieselben bei den Würmern als Ausscheidungsröhren oder „Exkretionsorgane" bezeichnet, früher auch oft als „Wassergefäße". Dieselben können auch bei den Vermalien phylogenetisch als mächtig entwickelte schlauchförmige Hautdrüsen aufgefaßt werden, durch Einstülpung des Hautblattes nach innen entstanden. Nach anderer Ansicht verdanken sie ihre Entstehung einem nachträglichen Durchbruch der Leibeshöhle nach außen. Bei den meisten Wurmtieren hat jedes Nephridium eine innere Oeffnung (mit Flimmertrichter) in die Leibeshöhle und eine äußere Mündung auf der Oberhaut.

Bei diesen niedersten und ungegliederten Würmern und ebenso bei den ungegliederten Weichtieren (*Mollusca*) ist nur ein einziges Paar Nierenkanäle vorhanden. Dagegen treten dieselben bei den höher stehenden Gliedertieren (*Articulata*) in größerer Zahl auf. Bei den Ringelwürmern (*Annelida*), deren Körper aus einer großen Zahl von Gliedern oder Metameren zusammengesetzt ist, findet sich in jedem einzelnen Gliede oder „Segmente" ein Paar solcher Urnieren vor (daher „Segmentalkanäle oder Segmental- organe" genannt). Auch hier sind sie noch ganz einfache Röhren; wegen ihrer gewundenen oder schleifenartig zusammengelegten Form werden sie oft als „Schleifenkanäle" bezeichnet. Bei den meisten Anneliden, wie auch schon bei vielen Vermalien, kann man am Nephridium drei Abschnitte unterscheiden: einen äußeren muskulösen Ausführgang, einen drüsigen Mittelteil und einen Innenteil, der sich durch einen Flimmertrichter in die Leibeshöhle öffnet. Diese Oeffnung ist mit strudelnden Flimmerhaaren aus- gestattet und kann demnach unmittelbar die auszuscheidenden Säfte aus der Leibeshöhle aufnehmen und nach außen abführen. Nun fallen aber bei diesen Würmern auch die Geschlechtszellen, die sich in einfachster Form an der Innenfläche der Leibeshöhle entwickeln, nach erlangter Reife in das Coelom hinein, werden ebenfalls von den trichterförmigen inneren Flimmeröffnungen der Nierenkanäle verschluckt und mit dem Harne nach außen ab- geführt. Die harnbildenden „Schleifenkanäle" oder „Urnieren" dienen demnach bei den weiblichen Ringelwürmern zugleich als „Eileiter", bei den männlichen als „Samenleiter".

Sehr ähnlich diesen Segmentalnieren der Anneliden, aber doch sehr wesentlich verschieden verhält sich das Nierensystem der Wirbeltiere. Die eigentümliche Entwickelung desselben und seine Beziehungen zu den Geschlechtsorganen gehören zu den schwierigsten Aufgaben, welche uns die Morphologie dieses Stammes darbietet. Obwohl deren Lösung schon früher durch eine Reihe ausgezeichneter Beobachter (*Johannes Müller, Rathke, Wilhelm Müller, Fürbringer* u. a.) angebahnt war, ist sie doch erst durch die vergleichend-ontogenetischen Entdeckungen der letzten Jahr- zehnte sehr weit gefördert worden, namentlich durch die wichtigen Untersuchungen von *J. Rückert* und *J. Van Wijhe* bei *Selachiern*, von *Theodor Boveri* bei *Amphioxus* und von *Richard Semon* bei *Ichthyophis* (vergl. S. 870). Durch diese planvoll durchgeführten und im Lichte der Descendenztheorie kritisch-vergleichenden For- schungen sind uns viele merkwürdige Tatsachen palingenetisch verständlich geworden, welche man früher in der Ontogenie unseres Urogenitalsystems als rätselhafte Wunder anstaunte; und zugleich haben wir die cenogenetische Bedeutung mancher auffallender sekundärer Abweichungen von dem ursprünglichen primären Bildungsgange verstehen gelernt.

Werfen wir von diesem phylogenetischen, durch die neueren Untersuchungen befestigten Standpunkte einen übersichtlichen Blick auf das Nierensystem der Vertebraten, so können wir allgemein drei verschiedene Formen desselben unterscheiden: 1) V o r - n i e r e n oder Kopfnieren (*Pronephros*), 2) U r n i e r e n oder Mittelnieren (*Mesonephros*), 3) N a c h n i e r e n oder Dauernieren (*Metanephros*). Diese d r e i N i e r e n s y s t e m e sind nicht fundamental verschieden und völlig getrennt, wie frühere Beobachter (z. B. *Semper*) irrtümlich annahmen, sondern sie stellen d r e i v e r s c h i e d e n e G e n e r a t i o n e n eines und desselben Exkretions-Apparates dar; sie entsprechen drei verschiedenen phylogenetischen Entwickelungsstufen und folgen in der Stammesgeschichte der Wirbeltiere dergestalt aufeinander, daß jede jüngere und vollkommenere Generation weiter hinten im Körper sich entwickelt und die zeitlich und räumlich vorhergehende, ältere und niedere Generation verdrängt. Die V o r n i e r e oder „Kopfniere", zuerst von *Wilhelm Müller* 1875 bei den *Cyclostomen* und *Ichthyoden* genau beschrieben, bildet das einzige Exkretionsorgan der A c r a n i e r (*Amphioxus*); sie besteht auch noch fort bei den Rundmäulern und einigen Fischen, kommt aber nur spurweise oder vorübergehend im Keime der sechs übrigen Vertebratenklassen zur Anlage. Die U r n i e r e tritt zuerst bei den *Cyclostomen* hinter der Vorniere auf; sie hat sich von den *Selachiern* auf alle Gnathostomen vererbt. Bei den *Anamnien* ist sie zeitlebens als Harndrüse tätig; bei den *Amnioten* hingegen verwandelt sich ihr vorderer Teil („Germinalniere") in Organe des Geschlechtsapparates, während aus dem Ende ihres hinteres Teiles („Urinalniere") die dritte Generation hervorsproßt, die charakteristische „D a u e r - n i e r e" oder Nachniere der drei höheren Vertebratenklassen. Der ontogenetischen Reihenfolge, in welcher die drei Nierensysteme beim Embryo des Menschen und der höheren Wirbeltiere nacheinander auftreten, entspricht ihre phylogenetische Succession in unserer Stammesgeschichte, und demgemäß auch im natürlichen System der Wirbeltiere.

Da die segmentale Anlage und Struktur der Nieren — ursprünglich je ein Paar Schläuche auf jedes Körpersegment — sich bei den Vertebraten ähnlich verhält wie bei den Anneliden, hat man daraus irrtümlich auf eine nahe Stammverwandtschaft dieser beiden Gruppen geschlossen (S. 350, 562). Indessen liefert diese Metamerie dafür keinerlei Beweis; denn sie entspricht nur der allgemeinen Gliederung des Körpers, die sich auch bei den meisten anderen Organen des Körpers wiederholt, aber in beiden Gruppen auf ganz verschiedenen Wegen vollzieht. Außerdem münden auch bei sämtlichen Wirbeltieren alle Nierenkanäle jederseits in einen einfachen Ausführgang, den Nephrodukt; dieser fehlt den Anneliden vollständig. Hier mündet vielmehr jeder einzelne Kanal für sich auf der äußeren Haut aus.

Wie in der Morphologie jedes anderen Organsystems, so erscheint auch in derjenigen der Harn- und Geschlechtsorgane der unschätzbare *Amphioxus* als das wahre typische „Urwirbeltier", als der einfache Schlüssel zu den verwickelten Geheimnissen im Körperbau des Menschen und der höheren Wirbeltiere. Die Nieren des Amphioxus — erst 1890 von *Boveri* entdeckt — sind typische „Vornieren", zusammengesetzt aus einer paarigen Reihe von kurzen Segmentalkanälchen (Fig. 252 *x*, S. 452). Die innere Mündung dieser *Pronephridien* geht in die mesodermale Leibeshöhle (in den Mittelteil des Coeloms, *B*), die äußere Mündung in die ektodermale Mantelhöhle oder Peribranchialhöhle (*C*). Sowohl durch ihre Lage, wie durch ihre Struktur und ihre Beziehung zu den Kiemengefäßen wird klar bewiesen, daß diese segmentalen Pronephridien den Anlagen der Vornieren bei den Cranioten entsprechen.

Sehr interessante Aufschlüsse liefern uns auch die nächst höheren Wirbeltiere, die Cyclostomen. Beide Ordnungen dieser Klasse, sowohl die Myxinoiden als die Petromyzonten, besitzen noch die von den Acraniern geerbte Vorniere, erstere dauernd, letztere in der Jugend. Hinter ihr entwickelt sich aber bereits die Urniere, und zwar in typisch einfacher Form. Dieser merkwürdige, von *Johannes Müller* entdeckte Bau des Mesonephros der Rundmäuler erklärt uns die verwickelte Nierenbildung der höheren Wirbeltiere. Wir finden nämlich bei den Myxinoiden (*Bdellostoma*) jederseits ein langgestrecktes Rohr, den „Vornierengang" (*Nephroductus*, Fig. 478 *a*). Dieser mündet mit seinem vorderen Ende innen in das Coelom durch eine flimmernde trichterförmige Oeffnung, mit seinem hinteren Ende außen durch eine Oeffnung der äußeren Haut. An seiner inneren Seite münden eine große Anzahl von kleinen Querkanälchen ein („Segmentalkanäle oder Urharnkanälchen", *b*). Jedes dieser letzteren endigt blind in eine blasenförmig aufgetriebene Kapsel (*c*), und diese umschließt einen Blutgefäßknäuel (*Glomerulus*, ein arterielles „Wundernetz", Fig. 478 *B c*). Einführende Arterienästchen (*Vasa afferentia*) leiten arterielles Blut in die gewundenen Verästelungen des „Glomerulus" hinein (*d*), und ausführende Arterienästchen (*Vasa efferentia*) leiten dasselbe wieder aus dem Wundernetz heraus (*e*). Durch diese Wundernetzbildung unterscheiden sich die Urnierenkanälchen (*Mesonephridia*) von ihren Vorläufern, den einfacheren, davor gelegenen Vornierenkanälchen (*Protonephridia*). Ursprünglich nimmt der Vornierengang nur die ersteren, später erst die letzteren auf; so verwandelt er sich in den U r n i e r e n g a n g (*Ductus segmentalis*).

Auch bei den S e l a c h i e r n findet sich jederseits eine Längsreihe von Segmentalkanälen, welche außen in die Urnierengänge einmünden (*Nephrotome*, S. 364). Die Segmentalkanäle (ein Paar in jedem Metamer des mittleren Körperteiles) öffnen sich innen durch einen wimpernden Trichter frei in die Leibeshöhle. Aus der hinteren Gruppe dieser Organe bildet sich eine kompakte Urniere, während die vordere

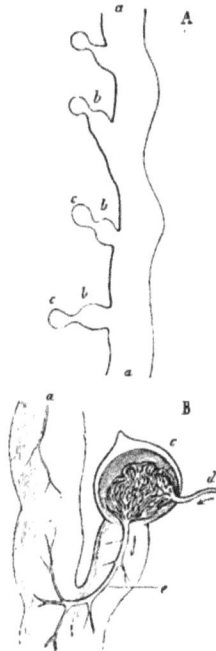

Fig. 478. *A* **Ein Stück Niere von Bdellostoma.** *a* Urnierengang (*Nephroductus*), *b* Segmentalkanäle oder Urharnkanälchen (*Pronephridia*), *c* Nierenbläschen (*Capsulae Malpighianae*). — *B* **Ein Stück derselben,** stärker vergrößert. *c* Nierenbläschen mit dem *Glomerulus*, *d* zuführende Arterie, *e* abführende Arterie. Nach *Johannes Müller* (Myxinoiden).

Gruppe an der Bildung der Geschlechtsorgane teilnimmt. Die Querschnitte von Haifischembryonen (Fig. 416, 417, S. 795) lehren uns, daß diese s e g m e n t a l e n Nephridien der Vertebraten ursprünglich die Verbindungskanäle zwischen den dorsalen und ventralen Coelomtaschen sind, zwischen dem Myocoel der Episomiten und dem Gonocoel der Hyposomiten (vergl. S. 341).

Ganz in derselben einfachsten Form, welche bei den Myxinoiden und teilweise bei den Selachiern zeitlebens bestehen bleibt,

wird die Urniere beim Embryo des Menschen und aller übrigen
Schädeltiere zuerst angelegt (Fig. 481, 482). Von den beiden Teilen,
aus welchen sich die kammförmige Urniere zusammensetzt, tritt
überall zuerst der longitudinale Ausführungsgang auf, der Nephroductus; erst nach ihm erscheinen im Mesoderm die transversalen
Kanälchen, die ausscheidenden Nephridien; und erst in dritter
Linie treten zu diesen, als Coelomdivertikel, die *Malpighi*schen
Bläschen mit ihren arteriellen Gefäßknäueln. Der Urnierengang, welcher zuerst auftritt, erscheint im Keime aller Cranioten
schon in jener frühen Periode, in welcher eben erst im Ektoderm
die Sonderung des Markrohrs von der Hornplatte, im Entoderm
die Abschnürung der Chorda vom Darmblatte, und zwischen beiden
Grenzblättern die Anlage der paarigen Coelomtaschen erfolgt ist

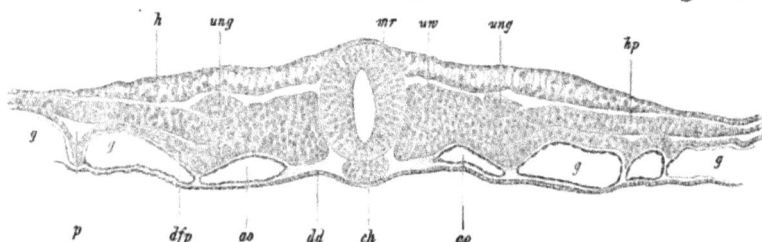

Fig. 479. **Querschnitt durch den Keimschild eines Hühnchens,**
42 Stunden bebrütet. Nach *Kölliker*. *mr* Medullarrohr, *ch* Chorda, *h* Hornplatte
(Hautsinnesblatt), *ung* Urnierengang, *uw* Episomiten (dorsale Ursegmente), *hp* Hautfaserblatt (Parietalblatt der Hyposomiten), *dfp* Darmfaserblatt (Visceralblatt derselben),
ao Aorta, *g* Gefäße. (Vergl. den Querschnitt des Entenkeims Fig. 367, S. 726.)

(Fig. 479). Der Nephrodukt (*ung*) erscheint hier jederseits, unmittelbar unter der Hornplatte, als ein langer, dünner, fadenartiger
Zellenstrang. Bald höhlt er sich zu einem Kanal aus, der gerade
von vorn nach hinten zieht und auf dem Querschnitte des Embryo
seine ursprüngliche Lage in der Lücke zwischen Hornplatte (*h*),
Ursegmenten (*uw*) und Seitenplatten (*hpl*) deutlich zeigt. Ueber
den ersten Ursprung dieses „Urnierenganges" wird noch gestritten,
indem die einen Ontogenisten ihn vom Ektoderm, die anderen
vom Mesoderm ableiten; nach einer dritten Ansicht entsteht ursprünglich der vordere (innere) Teil des Nephroductus aus dem
mittleren, der hintere (äußere) Teil aus dem äußeren Keimblatte.
Die zukünftige Entscheidung über seinen ontogenetischen Ursprung wird auch seine phylogenetische Deutung beeinflussen.
Wahrscheinlich ist der Urnierengang der Vertebraten den primären Nephridien älterer Vermalien homolog und demnach als

„Wassergefäß" oder „Stammniere" (*Archinephros*) aufzufassen. Sehr wichtig ist seine Wanderung im Keimschilde der Amnioten (Fig. 480). Frühzeitig verliert er hier seine oberflächliche Lage, wandert zwischen Urwirbelplatten und Seitenplatten hindurch nach innen hinein und kommt schließlich an die innere Fläche der Leibeshöhle zu liegen (vergl. Fig. 142—150, S. 324, sowie Taf. VI, Fig. 4—8 *u*). Während dieser Wanderung des Urnierenganges entstehen an seiner inneren und unteren Seite eine große Anzahl von kleinen queren Kanälchen (Fig. 481 *a*), entsprechend den segmentalen Pronephridien der Myxinoiden (Fig. 478 *b*). Am inneren Ende jedes „Urharnkanälchens" entsteht aus einem Aorten-Zweige ein arterielles Wundernetz, welches einen „Gefäßknäuel" (*Glomerulus*) bildet. Früher nahm man an, daß der Glomerulus gewissermaßen das blasenförmig aufgetriebene innere Ende des

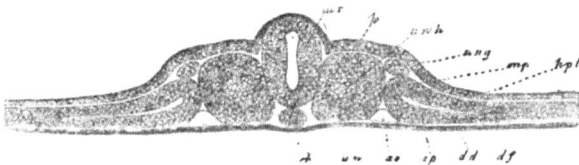

Fig. 480. **Querschnitt durch den Embryo eines Hühnchens** vom zweiten Brutetage. *h* Hornplatte, *mr* Markrohr, *ung* Urnierengang, *ch* Chorda, *uw* Urwirbelstrang, *hpl* Hautfaserblatt, *df* Darmfaserblatt, *mp* Gekrösplatte oder Mittelplatte (Verbindungsstelle beider Faserblätter), *sp* Leibeshöhle (Coelom), *ao* primitive Aorta, *dd* Darmdrüsenblatt. Nach *Kölliker*.

Harnkanälchens in sich selbst einstülpe. Später hat aber *Richard Semon* in seiner ausgezeichneten Arbeit „Ueber die morphologische Bedeutung der Urniere" (1890) gezeigt, daß diese Annahme irrig war, und daß vielmehr jedes *Malpighi*sche Nierenbläschen als eine Ausstülpung der Leibeshöhle anzusehen ist, als ein „Coelomdivertikel", in welches das innere Ende (der Flimmertrichter) eines Kanälchens einmündet, und in welches ein Gefäßknäuel von innen hineinwächst. Indem sich die anfangs sehr kurzen Urharnkanälchen verlängern und vermehren, erhält jede der beiden Urnieren die Form eines halbgefiederten Blattes (Fig. 482). Die Fiederblättchen werden durch die Harnkanälchen (*u*), die Blattrippe durch den außen davon gelegenen Urnierengang (*w*) dargestellt. Am Innenrand der Urniere ist jetzt bereits als ansehnlicher Körper die Anlage der neutralen Geschlechtsdrüse sichtbar (*g*). Das hinterste Ende des Urnierenganges mündet ganz hinten in den letzten Abschnitt des Mastdarms ein, wodurch sich

dieser zur Kloake gestaltet. Jedoch ist diese Einmündung der
Urnierengänge in den Darmkanal phylogenetisch als ein sekundäres Verhältnis zu betrachten. Ursprünglich mür.den sie, wie
die Cyclostomen deutlich beweisen, ganz unabhängig vom Darmkanal durch die äußere Bauchhaut aus.

Während bei den Myxinoiden die Urnieren zeitlebens jene
einfache kammförmige Bildung beibehalten und ein Teil derselben

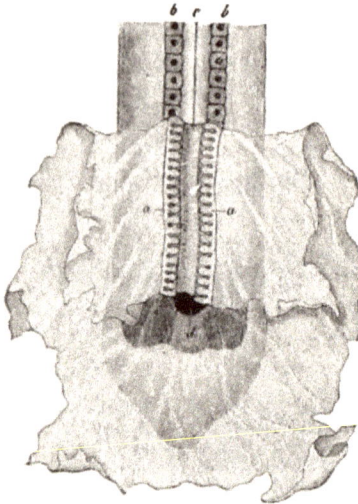

Fig. 481.   Fig. 482.

Fig. 481. **Urnierenanlage eines Hundeembryo.** Das hintere Körperende
des Embryo ist von der Bauchseite gesehen und durch das Darmblatt des Dottersackes
bedeckt, welches abgerissen und vorn zurückgeschlagen ist, um die Urnierengänge mit
den Urharnkanälchen (a) zu zeigen. b Urwirbel, c Rückenmark, d Eingang in die
Beckendarmhöhle. Nach *Bischoff*.

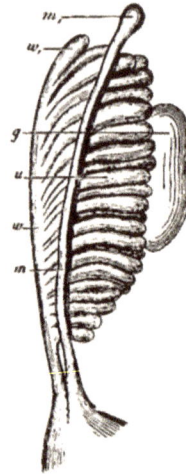

Fig. 482. **Urniere eines menschlichen Embryo.** u die Harnkanälchen
der Urniere, w *Wolff*scher Gang, w' oberstes Ende desselben (*Morgagni*'sche Hydatide),
m *Müller*scher Gang, m' oberstes Ende desselben (*Fallopische* Hydatide), g Gonade
(neutrale Geschlechtsdrüse). Nach *Kobelt*.

auch bei den Urfischen bestehen bleibt, tritt sie bei allen übrigen
Schädeltieren nur rasch vorübergehend im Embryo auf, als ontogenetische Wiederholung jenes uralten phylogenetischen Zustandes.
Sehr bald gestaltet sich hier die Urniere durch üppige Wucherung,
Verlängerung, Vermehrung und Schlängelung der Harnkanälchen
zu einer ansehnlichen kompakten Drüse von langgestreckter, ovaler
oder spindelförmiger Gestalt, die der Länge nach durch den
größten Teil der embryonalen Leibeshöhle hindurchgeht (Fig. 441 m,

S. 826; Fig. 447 m; Fig. 483 n). Sie liegt hier nahe der Mittellinie, unmittelbar unter der primitiven Wirbelsäule, und reicht von der Herzgegend bis zur Kloake hin. Rechte und linke Urniere liegen parallel, ganz nahe nebeneinander, nur durch das Gekröse oder Mesenterium voneinander getrennt, jenes schmale dünne Blatt, welches den Mitteldarm an der unteren Fläche der Urwirbelsäule anheftet. Der Ausführgang jeder Urniere, der Urnierengang, verläuft an der unteren und äußeren Seite der Drüse nach hinten und mündet in die Kloake, ganz nahe an der Abgangsstelle der Allantois; später mündet er in die Allantois selbst (Fig. 211, S. 400).

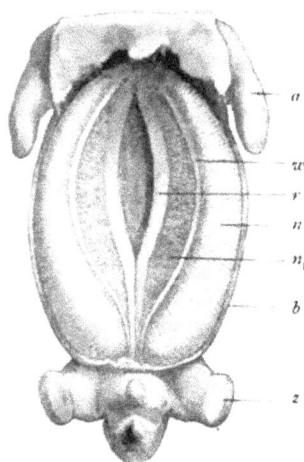

Fig. 483.

Fig. 484.

Fig. 483. **Schweinsembryo,** 15 mm lang, 6mal vergrößert, von der Bauchseite. a Vorderbein, z Hinterbein, b Bauchwand, r Geschlechtsleiste, w Urnierengang, n Urniere, n_1 deren innerer Teil. Nach *Oscar Schultze.*

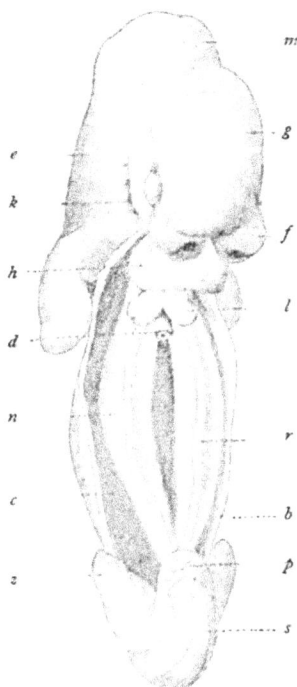

Fig. 484. **Menschlicher Embryo** aus der fünften Woche, 9 mm lang, 10mal vergrößert, von der Bauchseite gesehen (die vordere Bauchwand, b, ist entfernt, die Leibeshöhle, c, geöffnet). d Darmrohr (abgeschnitten), f Stirnfortsatz, g Großhirn, m Mittelhirn, e Nachhirn, h Herz, k erste Kiemenspalte, l Lungenbläschen, n Urniere, r Geschlechtsleiste. p Phallus (Geschlechtshöcker), s Schwanz. Nach *Kollmann.*

Die Urniere oder Primordialniere wurde beim Embryo der Amnioten früher bald als „*Wolff*scher Körper", bald als „*Oken*scher Körper" bezeichnet. Sie fungiert überall eine Zeit lang

wirklich als Niere, indem sie unbrauchbare Säfte aus dem Embryo-
körper aufsaugt, abscheidet und in die Kloake, sodann in die
Allantois abführt. Hier sammelt sich der „Urharn" an, und die
A l l a n t o i s fungiert demnach bei den Embryonen des Menschen
und der übrigen Amnioten wirklich als H a r n b l a s e oder „Urharnsack". Jedoch steht dieselbe in gar keinem genetischen Zusammenhang mit den Urnieren, ist vielmehr eine taschenförmige
Ausstülpung aus der vorderen Wand des Enddarmes (Fig. 440 u,
S. 825). Die Allantois ist daher ein Produkt des Darmblattes,
während die Urnieren ein Produkt des Mittelblattes sind. Phylogenetisch müssen wir uns denken, daß die Allantois als beutel-
förmige Ausstülpung der Kloakenwand infolge der Ausdehnung
entstand, die der von den Urnieren ausgeschiedene und in der
Kloake angesammelte Urharn veranlaßte. Sie ist ursprünglich ein
Blindsack des Mastdarms (Taf. VII, Fig. 15 hb).

Die wahre Harnblase der Wirbeltiere ist zuerst unter den
A m p h i b i e n aufgetreten und hat sich von diesen auf die Amnioten
vererbt; sie entstand also erst während der Steinkohlen-Periode.
Beim Embryo der Amnioten wächst sie weit aus der noch nicht
geschlossenen Bauchwand hervor. Allerdings besitzen auch viele
Fische schon eine sogenannte „Harnblase". Allein diese ist weiter
nichts als eine lokale Erweiterung im unteren Abschnitte der Urnierengänge, also nach Ursprung und Zusammensetzung wesentlich von jener wahren Harnblase verschieden. Nur physiologisch
sind beide Bildungen vergleichbar, also a n a l o g , weil sie dieselbe
Funktion haben; aber morphologisch sind sie gar nicht zu vergleichen, also n i c h t h o m o l o g [117]. Die f a l s c h e Harnblase der
Fische ist ein mesodermales Produkt der Urnierengänge; hingegen
ist die w a h r e Harnblase der Amphibien und Amnioten ein
entodermaler Blindsack des Enddarms.

Bei allen *Anamnien* (bei sämtlichen niederen, a m n i o n l o s e n
Schädeltieren: Cyclostomen, Fischen, Dipneusten und Amphibien)
bleiben die Harnorgane insofern auf einer älteren Bildungsstufe
stehen, als die U r n i e r e n (*Mesonephri*) hier zeitlebens als harnabscheidende Drüsen fungieren. Hingegen ist das bei den drei
höheren Wirbeltierklassen, die wir als A m n i o t e n zusammenfassen, nur während des früheren Embryolebens vorübergehend
der Fall. Sehr bald entwickeln sich nämlich hier die nur diesen
drei Klassen eigentümlichen N a c h n i e r e n oder D a u e r n i e r e n
(*Renes* oder *Metanephri*), die sogenannten „bleibenden Nieren"
oder s e k u n d ä r e n (eigentlich t e r t i ä r e n) N i e r e n. Sie stellen

die dritte und letzte Generation der Vertebraten-Nieren dar. Die Dauernieren entstehen nicht (wie man lange Zeit glaubte) als ganz neue selbständige Drüsen aus dem Darmrohr, sondern aus dem hintersten Abschnitte der Urnieren und des Urnierenganges. Hier wächst aus demselben, nahe seiner Einmündungsstelle in die Kloake, ein einfacher Schlauch, der sekundäre Nierengang hervor, der sich nach vorn hin bedeutend verlängert. Mit seinem blinden oberen oder vorderen Teile verbindet sich ein drüsiges „Nierenblastem", welches einer Sonderung des hintersten Urnierenstückes seinen Ursprung verdankt. Diese „Nachnierenanlage" besteht aus gewundenen Harnkanälchen mit *Malpighi*schen Bläschen und Gefäßknäueln (ohne Flimmertrichter), von derselben Struktur wie die segmentalen „*Mesonephridien*" der Urniere. Durch Wucherung dieser „*Metanephridien*" entsteht die kompakte Nachniere, die beim Menschen und den meisten höheren Säugetieren die bekannte Bohnenform erhält, hingegen bei den niederen Säugetieren, Vögeln und Reptilien meist in viele Lappen geteilt bleibt. Indem die Dauernieren rasch wachsen und neben den Urnieren nach vorn wandern, löst sich zugleich ihr Ausführgang, der Harnleiter, ganz von seiner Ursprungsstätte, dem Hinterende des Urnierenganges, ab; er wandert auf die hintere Fläche der Allantois hinüber. Anfangs mündet bei den ältesten Amnioten dieser Harnleiter (*Ureter*) noch vereint mit dem letzten Abschnitt des Urnierenganges in die Kloake ein, später getrennt von demselben, und zuletzt getrennt vom Mastdarm in die bleibende Harnblase (*Vesica urinaria*). Diese letztere entsteht aus dem hintersten oder untersten Teile des Allantoisstieles (*Urachus*), der sich vor der Einmündung in die Kloake spindelförmig erweitert. Der vordere oder obere Teil des Allantoisstieles, der in der Bauchwand des Embryo zum Nabel verläuft, verwächst später, und es bleibt nur ein unnützer strangförmiger Rest desselben als rudimentäres Organ bestehen: das ist das „unpaare Harnblasen-Nabelband" (*Ligamentum vesico-umbilicale medium*). Rechts und links von demselben verlaufen beim erwachsenen Menschen ein paar andere rudimentäre Organe: die seitlichen Harnblasen-Nabelbänder (*Ligamenta vesico-umbilicalia lateralia*). Das sind die verödeten strangförmigen Reste der früheren Nabelarterien (*Arteriae umbilicales*, S. 419).

Während beim Menschen, wie bei allen anderen Amniontieren, die Urnieren dergestalt schon frühzeitig durch die Dauernieren verdrängt werden, und die letzteren später allein als Harnorgane fungieren, gehen doch keineswegs alle Teile der ersteren verloren.

Vielmehr erlangen die Urnierengänge eine große physiologische Bedeutung dadurch, daß sie sich in die Ausführgänge
der Geschlechtsdrüsen verwandeln. Bei allen Kiefermäulern
oder Gnathostomen — also bei allen Wirbeltieren von den Fischen
aufwärts bis zum Menschen — entsteht nämlich schon sehr früh
beim Embryo neben dem Urnierengange jederseits ein zweiter
ähnlicher Kanal. Gewöhnlich wird dieser letztere nach seinem
Entdecker *Johannes Müller* als Müllerscher Gang (*Ductus
Mülleri*), der erstere im Gegensatz dazu als Wolffscher Gang
(*Ductus Wolffii*) bezeichnet. Der erste Ursprung des *Müller*schen
Ganges ist noch dunkel; doch scheint die vergleichende Anatomie
und Ontogenie zu lehren, daß er ursprünglich durch Abspaltung
oder Differenzierung aus dem *Wolff*schen Gange hervorgeht.
Der letztere (Fig. 482 *m*) liegt unmittelbar an der Außenseite des
ersteren (Fig. 482 *w*). Beide münden hinten in die Kloake ein
(vergl. die LVII.—LIX. Tabelle).

So unklar und unsicher die erste Entstehung des Urnierenganges und seiner beiden Spaltungsprodukte, des *Müller*schen
und des *Wolff*schen Ganges ist, so klar und sichergestellt ist ihr
späteres Verhalten. Es verwandelt sich nämlich bei allen kiefermündigen Wirbeltieren, von den Urfischen bis zum Menschen
aufwärts, der Wolffsche Gang in den Samenleiter
(*Spermaductus*) und der Müllersche Gang in den Eileiter
(*Oviductus*). Bei beiden Geschlechtern bleibt nur einer derselben
bestehen; der andere verschwindet ganz, oder nur Reste desselben
bleiben als rudimentäre Organe übrig. Beim männlichen Geschlechte, wo sich die beiden *Wolff*schen Gänge zu Spermadukten
ausbilden, findet man oft Rudimente der *Müller*schen Gänge, die
ich als „Rathkesche Kanäle" bezeichnet habe (Fig. 489 *c*).
Beim weiblichen Geschlechte, wo umgekehrt die beiden *Müller*-
schen Gänge sich zu den Ovidukten ausbilden, bleiben Reste der
*Wolff*schen Gänge bestehen, welche den Namen der „Gartner-
schen Kanäle" führen.

Die interessantesten Aufschlüsse über diese merkwürdige
Entwickelung der Urnierengänge und ihre Vereinigung mit den
Geschlechtsdrüsen liefern uns die Amphibien (Fig. 485—491).
Die erste Anlage der Urnierengänge und ihre Differenzierung in
*Müller*sche und *Wolff*sche Gänge ist hier bei beiden Geschlechtern
ganz gleich, ebenso wie bei den Embryonen der Säugetiere (Fig. 487,
491). Bei den weiblichen Amphibien entwickelt sich der *Müller*-
sche Gang jederseits zu einem mächtigen Eileiter (Fig. 488 *od*),

während der *Wolff*sche Gang zeitlebens als Harnleiter fungiert (*u*). Bei den männlichen Amphibien besteht hingegen der *Müller*sche Gang nur noch als rudimentäres Organ ohne jede funktionelle Bedeutung, als *Rathke*scher Kanal (Fig. 489 *c*); der *Wolff*sche Gang dient hier zwar auch als Harnleiter, aber gleichzeitig als Samenleiter, indem die aus dem Hoden (*t*) austretenden Samenkanälchen (*ve*) in den vorderen Teil der Urniere eintreten und sich hier mit den Harnkanälen vereinigen.

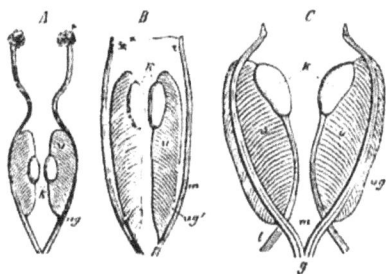

Fig. 485.   Fig. 486.   Fig. 487.

Fig. 485, 486, 487. **Urnieren und Anlagen der Geschlechtsorgane.** Fig. 485 und 486 von Amphibien (Froschlarven); Fig. 485 früherer, Fig. 486 späterer Zustand. Fig. 487 von einem Säugetier (Rindsembryo). *u* Urniere, *k* Geschlechtsdrüse (Anlage des Hodens und Eierstockes). Der primäre Urnierengang (*ug* in Fig. 485) sondert sich (in Fig. 486 und 487) in die beiden sekundären Urnierengänge: *Müller*scher Gang (*m*) und *Wolff*scher Gang (*ug'*), beide hinten im Genitalstrang (*g*) sich vereinigend. *l* Leistenband der Urniere. Nach *Gegenbaur*.

Fig. 488, 489. **Harnorgane und Geschlechtsorgane eines Amphibiums(Wassermolch oder Triton).** Fig. 488 von einem Weibchen, Fig. 489 von einem Männchen. *r* Urniere, *ov* Eierstock, *od* Eileiter und *c Rathke*scher Gang, beide aus dem *Müller*schen Gang entstanden, *u* Urharnleiter (beim Männchen zugleich als Samenleiter [*ve*] fungierend, unten in den *Wolff*schen Gang [*u'*] einmündend), *ms* Eierstocksgekröse (Mesovarium). Nach *Gegenbaur*.

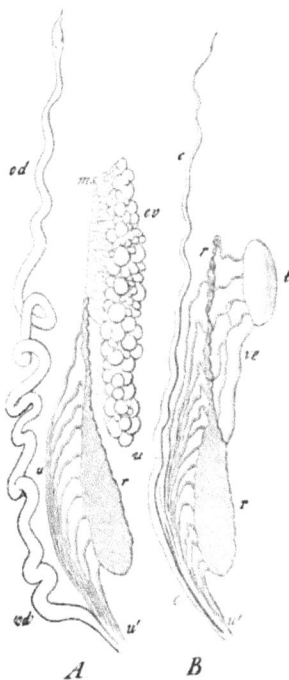

A   *B*

Fig. 488.   Fig. 489.

Bei den Säugetieren werden diese bei den Amphibien bleibenden Zustände vom Embryo in einer frühen Entwickelungsperiode rasch durchlaufen (Fig. 487). An die Stelle der Urniere, die bei den amnionlosen Wirbeltieren zeitlebens das harnabscheidende Organ ist, tritt hier die Dauerniere. Die eigentliche Urniere selbst verschwindet größtenteils schon frühzeitig beim Embryo, und es bleiben nur kleine Reste von derselben übrig. Beim

männlichen Säugetiere entwickelt sich aus dem obersten Teile der Urniere der Nebenhoden (*Epididymis*); beim weiblichen Geschlecht entsteht aus

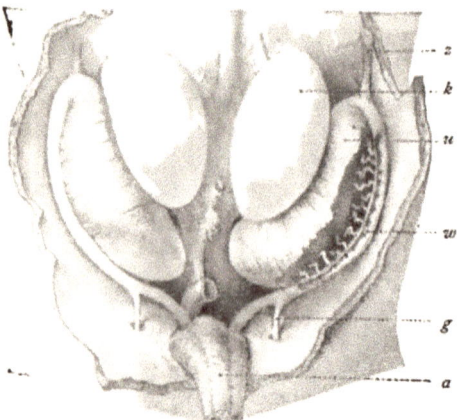

Fig. 490.

Fig. 490. Urniere und Keimdrüse eines menschlichen Embryo von 77 mm Länge (Anfang der sechsten Woche), 15mal vergrößert. *k* Keimdrüse, *u* Urniere, *z* Zwerchfellband derselben, *w* *Wolff*scher Gang (rechts geöffnet), *g* Leitband (Gubernaculum), *a* Allantoisgang. Nach *Kollmann*.

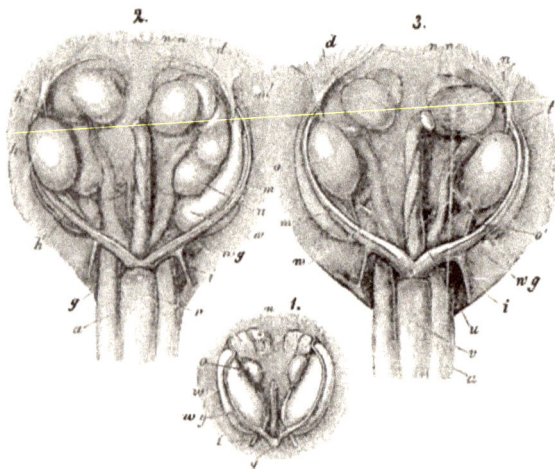

Fig. 492.   Fig. 491.   Fig. 493.

Fig. 491—493. **Harnorgane und Geschlechtsorgane von Rindsembryonen.** Fig. 491 von einem 1¹/₂ Zoll langen weiblichen Embryo; Fig. 392 von einem 1¹/₂ Zoll langen männlichen Embryo; Fig. 493 von einem 2¹/₂ Zoll langen weiblichen Embryo. *w* Urniere, *wg Wolff*scher Gang, *m Müller*scher Gang, *m'* oberes Ende desselben (bei *t* geöffnet), *i* unterer verdickter Teil desselben (Anlage des Uterus), *g* Genitalstrang, *h* Hoden (*h'* unteres und *h''* oberes Hodenband), *o* Eierstock, *o'* unteres Eierstocksband, *i* Leistenband der Urniere, *d* Zwerchfellband der Urniere, *nn* Nebennieren, *n* bleibende Nieren, darunter die S-förmigen Harnleiter, zwischen beiden der Mastdarm, *v* Harnblase, *a* Nabelarterie. Nach *Kölliker*.

demselben Teile ein unnützes rudimentäres Organ, der Nebeneierstock (*Epovarium*). Der verkümmerte Rest des ersteren
heißt *Paradidymis*, der des letzteren *Parovarium*.

Sehr wichtige Veränderungen erleiden beim weiblichen Säugetiere die *Müller*schen Gänge. Nur aus ihrem oberen Teile
entstehen die eigentlichen Eileiter; der untere Teil erweitert sich
zu einem spindelförmigen Schlauch mit dicker, fleischiger Wand,
in welchem sich das befruchtete Ei zum Embryo entwickelt. Dieser
Schlauch ist der Fruchtbehälter oder die Gebärmutter (*Uterus*).
Anfangs sind die beiden Fruchtbehälter (Fig. 494 *u*) völlig getrennt und münden beiderseits der Harnblase (*vu*) in die Kloake
ein, wie es bei den niedersten Säugetieren der Gegenwart, bei
den Schnabeltieren, noch heute fortdauernd der Fall ist. Aber
schon bei den Beuteltieren tritt eine Ver-
bindung der beiderseitigen *Müller*schen
Gänge ein, und bei den Placentaltieren
verschmelzen dieselben unten mit den rudimentären *Wolff*schen Gängen zusammen
in einen unpaaren „Geschlechtsstrang"
(*Funiculus genitalis*). Die ursprüngliche
Selbständigkeit der beiden Fruchtbehälter

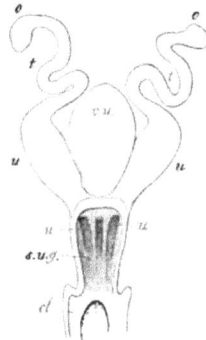

Fig. 494. **Weibliche Geschlechtsorgane vom
Schnabeltier** (*Ornithorhynchus*, Fig. 323, S. 643).
o Eierstöcke, *t* Eileiter, *u* Fruchtbehälter (Uterus), *sug*
Harngeschlechtshöhle (*Sinus urogenitalis*); bei *u* münden
die Fruchtbehälter ein, zwischen beiden die Harnblase (*vu*).
cl Kloake. Nach *Gegenbaur*.

und der aus ihren unteren Enden hervorgehenden Scheidenkanäle
bleibt aber auch noch bei vielen niederen Placentaltieren bestehen,
während bei den höheren sich stufenweise ihre fortschreitende Verschmelzung zu einem einzigen unpaaren Organe verfolgen läßt.
Von unten (oder hinten) her schreitet die Verwachsung nach oben
(oder vorn) hin immer weiter. Während bei vielen Nagetieren
(z. B. Hasen und Eichhörnchen) noch zwei getrennte Uteri in den
bereits unpaar gewordenen, einfachen Scheidenkanal einmünden,
sind bei anderen Nagetieren, sowie bei den Raubtieren, Waltieren
und Huftieren, die unteren Hälften beider Uteri schon in ein unpaares Stück verschmolzen, die oberen Hälften (die sogenannten
„Hörner") noch getrennt („zweihörniger Fruchtbehälter", *Uterus
bicornis*). Bei den Fledermäusen und Halbaffen werden die oberen
„Hörner" schon sehr kurz, während sich das gemeinsame untere

Stück verlängert. Bei den Affen endlich wird, wie beim Menschen, die Verschmelzung beider Hälften vollständig, so daß nur eine einzige, einfache, birnförmige Uterustasche existiert, in welche jederseits der Eileiter einmündet. Dieser *einfache birnförmige Uterus* ist ein spätes Bildungsprodukt, welches a u s s c h l i e ß l i c h d e n A f f e n u n d M e n s c h e n eigentümlich zukommt.

Auch bei den männlichen Säugetieren tritt dieselbe Verschmelzung der *Müller*schen und *Wolff*schen Gänge im unteren Teile ein. Auch hier bilden dieselben einen unpaaren „Geschlechtsstrang" (Fig. 492 *g*), und dieser mündet ebenso in die ursprüngliche „H a r n g e s c h l e c h t s h ö h l e" (den *Sinus urogenitalis*), welche aus dem untersten Abschnitte der Harnblase (*v*) entsteht. Während aber beim männlichen Säugetiere die *Wolff*schen Gänge sich zu den bleibenden Samenleitern entwickeln, bleiben von den *Müller*schen Gängen nur unbedeutende Reste als rudimentäre Organe bestehen. Das merkwürdigste derselben ist der „männliche Fruchtbehälter" (*Uterus masculinus*), der aus dem untersten, unpaaren, verschmolzenen Teile der *Müller*schen Gänge entsteht und dem weiblichen Uterus homolog ist. Er bildet ein kleines flaschenförmiges Bläschen ohne jede physiologische Bedeutung, welches zwischen beiden Samenleitern und Prostatalappen in die Harnröhre mündet (*Vesicula prostatica*).

Sehr eigentümliche Veränderungen erleiden die inneren Geschlechtsorgane bei den Säugetieren bezüglich ihrer L a g e r u n g. Ursprünglich liegen die Germinaldrüsen bei beiden Geschlechtern ganz innen, tief in der Bauchhöhle, am inneren Rande der Urnieren (Fig. 482 *g*, 487 *k*), an der Wirbelsäule durch ein kurzes Gekröse befestigt (*Mesorchium* beim Manne, *Mesovarium* beim Weibe). Aber nur bei den Monotremen bleibt diese ursprüngliche Lagerung der Keimdrüsen (wie bei den niederen Wirbeltieren) bestehen. Bei allen anderen Säugetieren (sowohl Marsupialien als Placentalien) verlassen dieselben ihre ursprüngliche Bildungsstätte und wandern mehr oder weniger weit nach unten (oder hinten) hinab, der Richtung eines Bandes folgend, welches von der Urniere zur Leistengegend der Bauchwand geht. Dieses Band ist das „Leistenband der Urniere", beim Manne als „*Hunter*sches Leitband" (Fig. 495 A *gh*), beim Weibe als „rundes Mutterband" (Fig. 495 B *r*) bezeichnet. Bei letzterem wandern die Eierstöcke mehr oder weniger weit gegen das kleine Becken hin oder treten ganz in dasselbe hinein. Bei ersterem wandert der Hoden sogar aus der Bauchhöhle heraus und tritt durch den Leistenkanal in eine sackförmig erweiterte Falte der äußeren Hautdecke hinein. Indem rechte und linke Falte („Geschlechtswülste") verwachsen, entsteht der Hodensack (*Scrotum*). Die verschiedenen Säugetiere führen uns die verschiedenen Stadien dieser Wanderung vor Augen. Beim Elefanten und den Waltieren rücken die Hoden nur wenig herunter und bleiben unterhalb der Nieren liegen. Bei vielen Nagetieren und Raubtieren treten sie in den Leistenkanal hinein. Bei den meisten höheren Säugetieren wandern sie durch diesen hindurch in den Hodensack hinab. Gewöhnlich verwächst

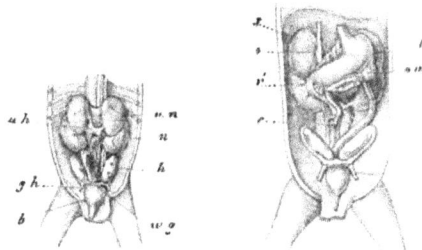

Fig. 495 A.   Fig. 495 B.

Fig. 495. **Ursprüngliche Lagerung der Geschlechtsdrüsen in der Bauchhöhle des menschlichen Embryo** (von drei Monaten). Fig. 495 A. Männchen (in natürlicher Größe). *h* Hoden, *gh* Leitband des Hodens, *wg* Samenleiter, *b* Harnblase, *uh* untere Hohlvene, *nn* Nebennieren, *n* Nieren. Fig. 495 B. Weibchen, etwas vergrößert. *r* rundes Mutterband (darunter die Harnblase, darüber die Eierstöcke), *r′* Niere, *s* Nebennieren, *c* Blinddarm, *o* kleines Netz, *om* großes Netz (zwischen beiden der Magen), *l* Milz. Nach *Kölliker*.

Fig. 496. **Urogenitalsystem eines menschlichen Embryo** von 7 cm Länge in doppelter natürlicher Größe. *h* Hoden, *wg* Samenleiter, *gh* Leitband, *p* Processus vaginalis, *b* Harnblase, *au* Nabelarterien, *m* Mesorchium, *d* Darm, *u* Harnleiter, *n* Niere, *nn* Nebenniere. Nach *Kollmann*.

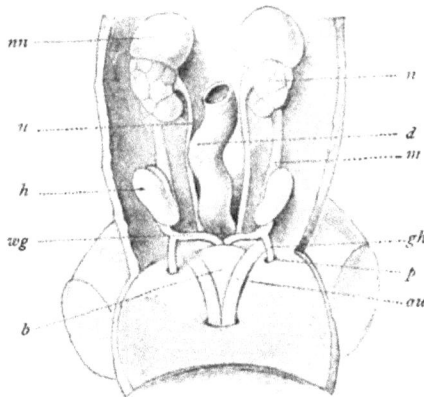

Fig. 496.

der Leistenkanal. Wenn derselbe aber offen bleibt, so können die Hoden periodisch in den Hodensack herabwandern und dann sich wieder zur Brunstzeit in die Bauchhöhle zurückziehen (so bei vielen Beuteltieren, Nagetieren, Fledermäusen u. s. w.).

Den Säugetieren eigentümlich ist ferner die Bildung der äußeren Geschlechtsorgane, die als „Begattungsorgane oder Kopulationsorgane" (*Copulativa*) die Uebertragung des

befruchtenden Sperma vom männlichen auf den weiblichen Organismus bei dem Begattungsakte vermitteln. Den meisten niederen
Wirbeltieren fehlen solche Organe ganz. Bei den im Wasser
lebenden (z. B. bei den Acraniern, Cyclostomen und den meisten
Fischen) werden Eier und Samen einfach in das Wasser entleert,
hier bleibt ihre Begegnung dem günstigen Zufalle überlassen, der
die Befruchtung vermittelt. Hingegen erfolgt schon bei vielen
Fischen und Amphibien, welche lebendige Junge gebären, eine
direkte Uebertragung des Samens vom männlichen auf den weiblichen Organismus, und dasselbe ist bei allen Amnioten (Reptilien,
Vögeln und Säugetieren) der Fall. Ueberall münden hier ursprünglich die Harn- und Geschlechtsorgane in den untersten

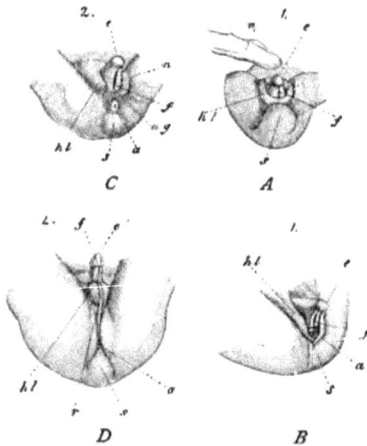

Fig. 497. **Die äußeren Geschlechtsorgane des menschlichen Embryo.** *A* Neutraler
Keim aus der achten Woche (2mal
vergrößert; noch mit Kloake). *B*
Neutraler Keim aus der neunten
Woche (2mal vergrößert; After von
der Urogenitalöffnung getrennt). *C*
Weiblicher Keim aus der elften
Woche. *D* Männlicher Keim aus
der vierzehnten Woche. *e* Geschlechtshöcker (Phallus), *f* Geschlechtsrinne,
hl Geschlechtswülste (Tori), *r* Raphe
(Naht des Penis und Scrotum), *a* After,
ug Harngeschlechtsöffnung, *n* Nabelstrang, *s* Schwanz. Nach *Ecker*.
(Vergl. die LIX. Tabelle, S. 916, und
Fig. 499—504, sowie Tafel XXX.)

Abschnitt des Mastdarms ein, der somit eine „Kloake" bildet
(S. 830). Unter den Säugetieren bleibt diese aber nur bei den
Gabeltieren zeitlebens bestehen, die man eben deshalb als „Kloaken-
tiere" (*Monotrema*) bezeichnet hat (Fig. 494 *cl*). Bei allen übrigen
Säugetieren entwickelt sich in der Kloake (beim menschlichen
Embryo um die Mitte des dritten Monats) eine frontale Scheide-
wand durch welche dieselbe in zwei getrennte Höhlen zerfällt.
Die vordere Höhle nimmt den Harngeschlechtskanal (*Sinus
urogenitalis*) auf und vermittelt allein die Ausführung des Harns
und der Geschlechtsprodukte, während die dahinter gelegene
„Afterhöhle" bloß die Exkremente durch den After ausführt.
    Schon bevor diese Scheidung bei den Beuteltieren und
Placentaltieren eingetreten ist, erscheint die erste Anlage der

äußeren Geschlechtsorgane (*Genitalia*, Taf. XXX). Zuerst erhebt sich am vorderen Umfang der Kloakenöffnung ein kegelförmiges Wärzchen, der Geschlechtshöcker (*Phallus*, Fig. 497 *A, e, B, e*; Fig. 500 *gh,* 501—504 *p*). An der Spitze ist derselbe kolbig angeschwollen („Eichel", *Glans*). An seiner unteren Seite zeigt sich eine Furche, die Geschlechtsrinne (*Sulcus genitalis, f*) und beiderseits derselben eine Hautfalte, der „Geschlechtswulst" (*Torus genitalis, hl*). Der Geschlechtshöcker oder Phallus ist das vorzüglichste Organ des „Geschlechtssinnes" (S. 732); auf ihm breiten sich die Geschlechtsnerven (*Nervi pudendi*) aus, welche vorzugsweise die spezifischen Geschlechtsempfindungen oder „Wollustgefühle" vermitteln. Indem sich im männlichen Phallus durch eigentümliche Blutgefäßumbildungen Schwellkörper (*Corpora cavernosa*) entwickeln, wird derselbe zeitweise fähig, durch starken Blutzufluß anzuschwellen, in die weibliche Scheide einzudringen und als ein steifes Kopulationsorgan die Begattung zu vermitteln. Beim Manne entwickelt sich der Phallus zur männlichen „Rute" (*Penis*, Fig. 497 *D, e*); beim Weibe zu dem viel kleineren „Kitzler" (*Clitoris*, Fig. 497 *C, e*); dieser wird nur bei einigen Affen (*Ateles*) ungewöhnlich groß. Auch eine „Vorhaut" (*Praeputium*) entwickelt sich als schützende Hautfalte am vorderen Umfang des Phallus bei beiden Geschlechtern.

Fig. 498. **Aeußere Geschlechts-organe des entwickelten Weibes.** (Nach *Gegenbaur*.) Die großen Schamlippen (*lg*) und die kleinen Schamlippen (*lk*) sind auseinander gelegt. Im freien Scheiden-Eingang (*e*) ist hinten (unten) das Jungfernhäutchen sichtbar (Hymen, *h*), darüber die Mündung der Harnröhre (*u*). Vorn (oben) die Eichel des Kitzlers (Clitoris, *k*) mit seiner Vorhaut (Praeputium, *p*) und seinem Frenulum (*f*).

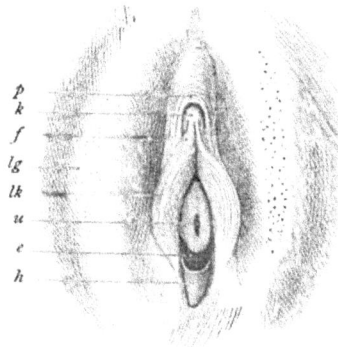

p
k
f
lg
lk
u
e
h

Das äußere Geschlechtsglied (*Phallus*) zeigt innerhalb der Säugetierklasse eine große Mannigfaltigkeit der Entwickelung, sowohl in Bezug auf Größe und Gestalt, als auf Differenzierung und Struktur der einzelnen Teile; das gilt namentlich von dem terminalen Stück des Phallus, der Eichel (*Glans*), und zwar ebenso von der größeren *Glans penis* des Männchens, wie von der kleineren *Glans clitoridis* des Weibchens. Der Teil der Kloake, aus

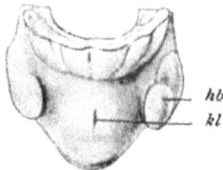

Fig. 499.

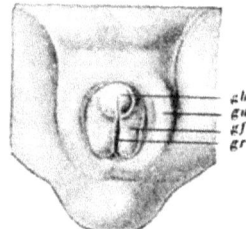

Fig. 500.

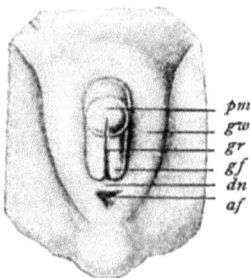

Fig. 501.

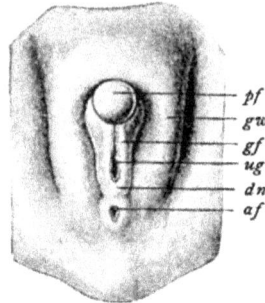

Fig. 502.

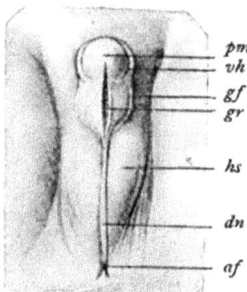

Fig. 503.

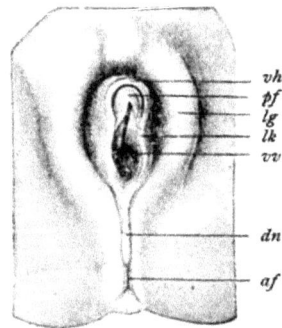

Fig. 504.

Fig. 499—504. **Entwickelung der äußeren Geschlechtsorgane im männlichen und weiblichen Menschenkeime,** auf vier Bildungsstufen. Nach *Ecker, Ziegler* und *Hertwig.* Fig. 499 (sechs Wochen alt) und Fig. 500 (acht Wochen alt) stellen das Hinterende von zwei neutralen Keimen dar, an denen die Geschlechtsverschiedenheit noch nicht sichtbar ist. Fig. 501 und 503 zeigen die Umbildung der neutralen Anlage im männlichen, Fig. 502 und 504 im weiblichen Geschlecht (Fig. 501 und 502 sind 2½ Monat, Fig. 503 und 504 sind drei Monate alt). Die Buchstaben bedeuten überall dasselbe: *kl* Kloake, *hb* Hinterbein, *gh* Geschlechtshöcker, *gr* Geschlechtsrinne, *gf* Geschlechtsfalte, *gw* Geschlechtswülste, *pm* Penis, *pf* Clitoris, *ug* Eingang zum Urogenitalsinus (Scheidenvorhof oder Vestibulum vaginae, *vv*), *af* After, *dm* Damm, *dn* Dammnaht (Raphe perinei), *vh* Vorhaut (Praeputium), *hs* Hodensack (Scrotum), *lg* große Schamlippen, *lk* kleine Schamlippen. (Vergl. Taf. XXX.)

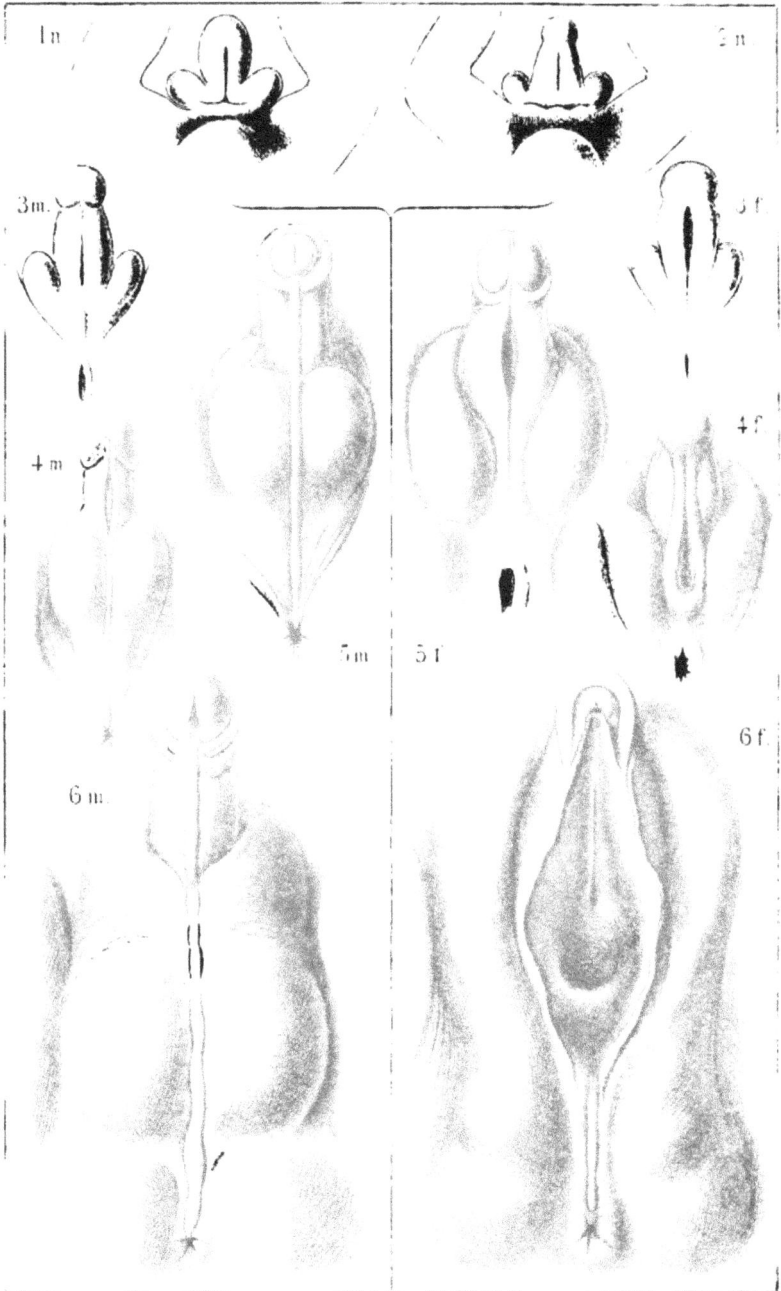

dessen oberer Wand sich dieselbe entwickelt, gehört zum *Procto-daeum*, der ektodermalen Einstülpung des Enddarms (S. 809); ihr Epithelüberzug kann daher ähnliche Hornbildungen entwickeln, wie das Hornblatt der äußeren Oberhaut. So ist die Eichel, die beim Menschen und den höheren Affen ganz glatt erscheint, bei manchen niederen Affen und bei den Katzen mit Stacheln bedeckt, bei manchen Nagetieren mit Haaren (Hamster) oder Schuppen (Meerschweinchen) oder derben hornigen Warzen (Biber). Viele Huftiere besitzen an der Eichel einen freien kegelförmigen Vor-sprung, und bei manchen Wiederkäuern entwickelt sich dieser *Phallus-Tentakel* zu einem langen, an der Basis hakenförmig ge-krümmten Zapfen (so bei den Ziegen, Antilopen, Gazellen u. a.). Die mannigfaltigen Phallusformen sind verknüpft mit verschiedener Ausbildung und Verteilung der sogenannten „Wollustkörperchen", d. h. der eigentümlichen Organe des Geschlechtssinnes, welche sich in bestimmten Papillen der Lederhaut des Phallus entwickeln und aus gewöhnlichen „Tastkörperchen" des Corium durch erotische Anpassung entstanden sind (S. 732).

Vielfach verschieden ist auch innerhalb der Säugetierreihe die Ausbildung der eigentümlichen S c h w e l l k ö r p e r , welche vermöge besonderer Einrichtungen der schwammigen Blutgefäßräume den Phallus steif und bei der Begattung tauglich zur Einführung in die weibliche Scheide machen. Die Steifigkeit desselben wird bei vielen Mammalien verschiedener Ordnungen (namentlich Raubtieren und Nagetieren) dadurch verstärkt, daß ein Teil des Faserkörpers (*Corpus fibrosum*) verknöchert. Dieser P e n i s k n o c h e n (*Os pri-api*) ist sehr groß beim Dachs und Hund, vorn hakenförmig gebogen beim Marder; auch bei manchen niederen Affen ist er sehr an-sehnlich und ragt weit in die Eichel vor. Dagegen fehlt derselbe den meisten Menschenaffen; er scheint hier, wie beim Menschen, durch Rückbildung verschwunden zu sein.

Die G e s c h l e c h t s r i n n e an der Unterseite des Phallus nimmt beim Manne die Mündung des Harngeschlechtskanals auf und ver-wandelt sich als Fortsetzung desselben durch Verwachsung ihrer beiden parallelen Ränder in einen geschlossenen Kanal, die männ-liche Harnröhre (*Urethra masculina*). Beim Weibe geschieht dasselbe nur in wenigen Fällen (bei einigen Halbaffen, Nagetieren und Maulwürfen); gewöhnlich bleibt die Geschlechtsrinne hier offen, und die Ränder dieses „Scheidenvorhofs" (*Vestibulum va-ginae*) entwickeln sich zu den kleinen Schamlippen (*Nymphae*). Die großen Schamlippen des Weibes entwickeln sich aus den Ge-schlechtswülsten (*Tori genitales*), den beiden parallelen Hautfalten, welche beiderseits der Geschlechtsrinne auftreten. Beim Manne verwachsen diese letzteren zu dem geschlossenen unpaaren Hodensack (*Scrotum*). Diese auffallenden äußeren Unterschiede der beiden Geschlechter sind beim menschlichen Embryo von neun Wochen noch nicht angedeutet (Fig. 497 *B* und Fig. 500; Taf. XXX, Fig. 1 und 2). Sie beginnen erst in der zehnten Woche der Entwickelung erkennbar zu werden und treten immer schärfer hervor, je weiter der Gegensatz der beiden Geschlechter sich ausbildet.

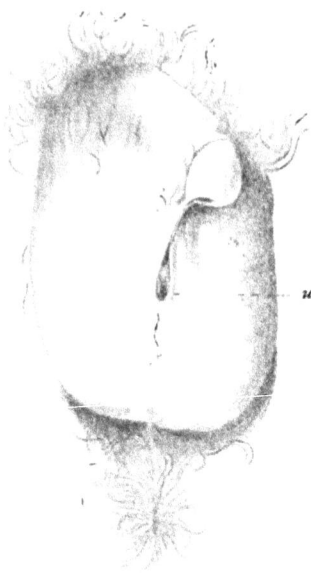

Fig. 505.

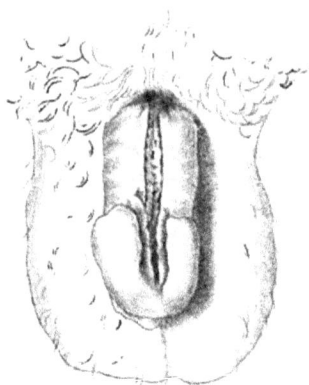

Fig. 506.

Fig. 505. **Hypospadie eines Mannes** von 22 Jahren. (*Männlicher äußerer Hermaphrodismus.*) Der normale Verschluß der Geschlechtsrinne ist unvollständig geblieben, ebenso die Verwachsung der Geschlechtswülste; daher ist der Hodensack vorn oben gespalten; im unteren Ende der Spalte mündet (bei *u*) der Urogenitalkanal. Da auch der *Penis* mangelhaft entwickelt ist und einer großen *Clitoris* gleicht, entsteht große äußere Aehnlichkeit mit weiblichen Genitalien. („Falsche Zwitterbildung".) Nach *W. Gruber*.

Fig. 506. **Epispadie eines Mannes,** das Gegenstück zu Fig. 505. Der Penis ist an der oberen Seite gespalten, und der Urogenitalkanal mündet oben an seiner dorsalen Wurzel nach außen. Nach *Bergh*.

Das zeigt sehr klar Taf. XXX, auf welcher oben (in Fig. 1 und 2) zwei neutrale Stadien dargestellt sind, in Fig. 3—6 hingegen vier differente spätere Stadien, links (*m*) von den männlichen, rechts (*w*) von den weiblichen Genitalien. Die Bedeutung der einzelnen Teile ergibt sich aus der Vergleichung mit Fig. 499—504 und deren Erklärung (S. 902).

Bisweilen unterbleibt die normale Verwachsung der beiden Geschlechtswülste beim Manne, und auch die Geschlechtsrinne

kann offen bleiben (*Hypospadia*, Fig. 505). In diesen Fällen gleichen
die äußeren männlichen Genitalien den weiblichen, und solche Fälle
sind oft irrtümlich als Zwitterbildung angesehen worden (falscher
Hermaphrodismus). Auch andere Mißbildungen mannigfacher Art
sind an den äußeren Geschlechtsteilen des Menschen und anderer
Säugetiere nicht selten, und zum Teil von hohem morphologischen
Interesse. Das Gegenstück zur H y p o s p a d i e (Fig. 505), wo der Penis
unten gespalten bleibt, bildet die E p i s p a d i e, wo die Harnröhre
oben offen bleibt (Fig. 506); hier mündet der Urogenitalkanal hoch
oben an der dorsalen Wurzel des Penis, dort hingegen tief unten.
Durch solche und andere z u f ä l l i g e „H e m m u n g s b i l d u n g e n"
wird die Zeugungsfähigkeit des Mannes verhindert und dadurch
sein ganzes Lebensschicksal in schwerwiegendster Weise beeinflußt.
Sie liefern schlagende Beweise dafür, daß unsere Geschicke nicht
von einer „gütigen Vorsehung", sondern vom „blinden Zufall" bestimmt werden.

Von diesen und anderen Fällen der „falschen Zwitterbildung"
sind die viel selteneren Fälle des „w a h r e n H e r m a p h r o d i s m u s"
wohl zu unterscheiden. Dieser ist nur dann vorhanden, wenn die
wesentlichsten Fortpflanzungsorgane, die beiderlei Keimdrüsen oder
Gonaden, in einer Person vereinigt sind. Entweder ist dann rechts
ein Eierstock, links ein Hoden entwickelt (oder umgekehrt); oder
es sind auf beiden Seiten Hoden und Eierstöcke, die einen mehr,
die anderen weniger entwickelt. Da wahrscheinlich die ursprüngliche Geschlechtsanlage bei allen Wirbeltieren hermaphroditisch
war und nur durch Differenzierung der zwitterigen Anlage die
Geschlechtstrennung entstanden ist, so bieten diese merkwürdigen
Fälle keine theoretischen Schwierigkeiten dar. Sie kommen aber
beim Menschen und den höheren Wirbeltieren nur sehr selten vor.
Hingegen finden wir den *ursprünglichen Hermaphrodismus* konstant bei einigen niederen Wirbeltieren, so bei einigen Myxinoiden,
bei manchen barschartigen Fischen (*Serranus*) und bei einzelnen
Amphibien (Unken, Kröten). Hier hat häufig das Männchen am
vorderen Ende des Hodens einen rudimentären Eierstock; hingegen
besitzt das Weibchen bisweilen einen rudimentären, nicht funktio-
nierenden Hoden. Auch bei den Karpfen und einigen anderen
Fischen kommt dies gelegentlich vor. Wie in den Ausführgängen
bei den Amphibien Beziehungen zur ursprünglichen Zwitterbildung
angedeutet sind, haben wir schon vorher gesehen.

Der Mensch zeigt uns in der Keimesgeschichte seiner Harn-
und Geschlechtsorgane noch heute die Grundzüge ihrer Stammesgeschichte getreulich erhalten. Schritt für Schritt können wir die

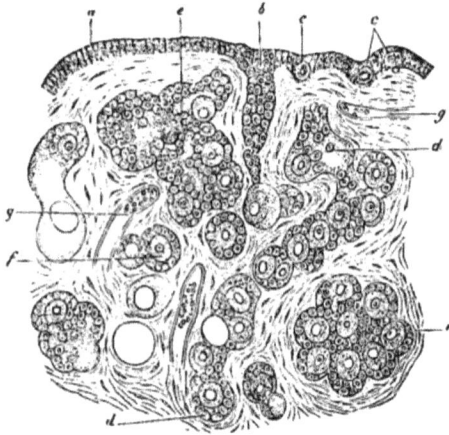
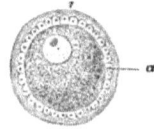
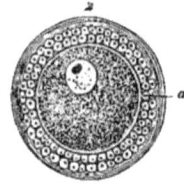

Fig. 507.   Fig. 508.

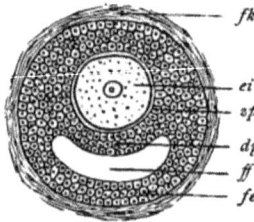
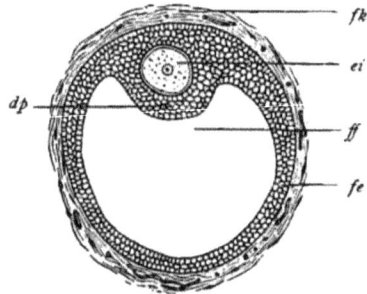

Fig. 509.   Fig. 510.

Fig. 507—510. **Entstehung der Eier des Menschen im Eierstock des Weibes.** Fig. 507. **Senkrechter Durchschnitt durch den Eierstock** eines neugeborenen Mädchens. *a* Eierstocksepithel, *b* Anlage eines Eierstranges, *c* junge Eier im Epithel, *d* langer Eierstrang mit Follikelbildung (*Pflüger*scher Schlauch), *e* Gruppe von jungen Follikeln, *f* einzelne junge Follikel, *g* Blutgefäße im Bindegewebe (Stroma) des Eierstockes. In den Strängen zeichnen sich die jungen Ureier durch beträchtliche Größe vor den umgebenden Follikelzellen aus. Nach *Waldeyer*.

Fig. 508. **Zwei junge Graafsche Bläschen** isoliert; bei *1.* bilden die Follikelzellen noch eine einfache, bei *2.* bereits eine doppelte Zellenschicht um das junge Urei; bei *2.* beginnen dieselben das Ovolemma oder die Zona pellucida (*a*) zu bilden.

Fig. 509 und 510. **Zwei ältere Graafsche Bläschen,** in welchen die Ansammlung von Flüssigkeit innerhalb der exzentrisch verdickten Epithelmassen der Follikelzellen beginnt (Fig. 509 mit wenig, 510 mit viel Follikelwasser). *ei* das junge Ei, mit Keimbläschen und Keimfleck, *zp* Ovolemma oder Zona pellucida, *dp* Eihügel oder Discus proligerus, gebildet aus angehäuften Follikelzellen, welche das Ei umhüllen, *ff* Follikelflüssigkeit (Liquor folliculi), angesammelt innerhalb des geschichteten Follikelepithels (*fe*), *fk* bindegewebige Faserkapsel des *Graaf*schen Bläschens (Theca folliculi).

fortschreitende Ausbildung derselben beim menschlichen Embryo in derselben Stufenleiter verfolgen, welche uns die Vergleichung der Urogenitalien bei den Acraniern, Cyclostomen, Fischen, Amphibien, Reptilien und sodann weiter in der Reihe der Säugetiere, bei den Kloakentieren, Beuteltieren und den verschiedenen Placentaltieren nebeneinander vor Augen führt (vergl. die 57.—59. Tabelle). Alle Eigentümlichkeiten in der Urogenitalbildung, durch welche sich die Säugetiere von den übrigen Wirbeltieren unterscheiden, besitzt auch der Mensch; und in allen speziellen Bildungsverhältnissen gleicht er den Affen, und am meisten den anthropoiden Affen.

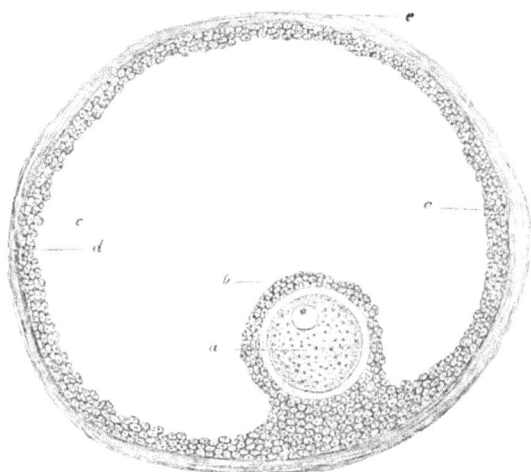

Fig. 511.   **Ein reifer Graafscher Follikel des Menschen.**   *a* das reife Ei, *b* die umschließenden Follikelzellen („Keimhügel"), *c* die Epithelzellen des Follikels, *d* die Faserhaut des Follikels, *e* äußere Fläche desselben.

Als Beweis dafür, wie die speziellen Eigentümlichkeiten der Säugetiere sich auch auf den Menschen vererbt haben, will ich schließlich nur noch die übereinstimmende Art und Weise anführen, auf welche sich die Eier im Eierstock ausbilden. Die reifen Eier finden sich bei allen Säugetieren nämlich in besonderen Bläschen, die man nach ihrem Entdecker *Regner de Graaf* (1677) die „*Graaf*schen Follikel" nennt. Früher hielt man dieselben für die Eier selbst; diese wurden aber erst von *Baer* in den *Graaf*schen Bläschen entdeckt (S. 48). Jeder Follikel (Fig. 511) besteht aus einer runden faserigen Kapsel (*d*), welche Flüssigkeit enthält und mit einer mehrfachen Zellenschicht ausgekleidet ist (*c*). An einer

Stelle ist diese Zellenschicht knopfartig verdickt (b); dieser „Ei-hügel" umschließt das eigentliche Ei (a). Der Eierstock der Säuge-tiere ist ursprünglich ein ganz einfaches, länglich-rundes Körperchen (Fig. 482 g), bloß aus Bindegewebe und Blutgefäßen gebildet, von einer Zellenschicht überzogen, dem „Eierstocksepithel" oder weiblichen Keimepithel. Von diesem Germinalepithel aus wachsen Zellenstränge nach innen in das Bindegewebe oder „Stroma" des Eierstocks hinein (Fig. 507 b). Einzelne von den Zellen dieser Stränge oder „*Pflüger*schen Schläuche" vergrößern sich und werden zu Eizellen (Ureiern, c); die große Mehrzahl der Zellen aber bleibt klein und bildet um jedes Ei herum eine umhüllende und er-nährende Zellenschicht, das sogenannte „Follikelepithel" (e).

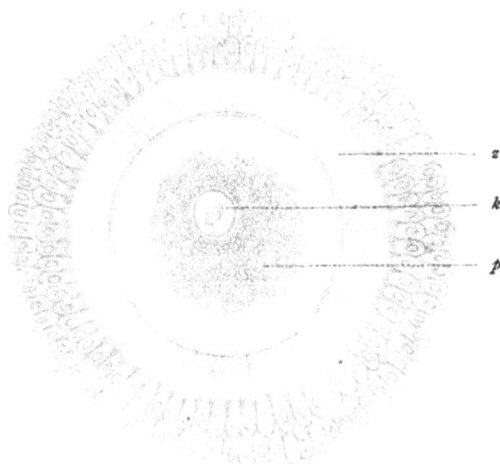

Fig. 512. **Das Ei des Menschen** nach dem Austritt aus dem *Graaf*schen Follikel, umgeben von den anhaftenden Zellen des „Keimhügels" in zwei Strahlen-kränzen). z Eihülle (Zona pellucida, mit den radiaren Porenkanälen), p Cytosoma (Protoplasma des Zellenleibes, innen dunkler, außen heller), k Kern der Eizelle (Keim-bläschen). Nach *Nagel*. 250mal vergrößert. (Vergl. Fig. 1 und 14, S. 110, 125.)

Anfangs ist das Follikelepithel der Säugetiere einschichtig (Fig. 508, *1*), später mehrschichtig (*2*). Allerdings sind auch bei allen anderen Wirbeltieren die Eizellen von einer aus kleineren Zellen bestehenden Hülle, einem „Eifollikel", umschlossen. Aber nur bei den Säugetieren sammelt sich zwischen den wuchernden Follikelzellen Flüssigkeit an und dehnt dadurch den Follikel zu einem ansehnlichen runden Bläschen aus, an dessen Wand innen das Ei exzentrisch liegt (Fig. 509, 510). Der Mensch beweist auch

hierdurch, wie durch seine ganze Morphologie, unzweifelhaft seine
Abstammung von den Säugetieren.

Während bei niederen Wirbeltieren die Neubildung von Eiern
im Keimepithel des Eierstocks das ganze Leben hindurch fort-
dauert, bleibt dieselbe bei den höheren auf die früheste Jugend
oder selbst nur auf die Periode der embryonalen Entwickelung beschränkt. Beim Menschen scheint sie schon im ersten Lebensjahre
aufzuhören; im zweiten sind keine neugebildeten Eier und Eier-
ketten (oder „*Pflüger*sche Schläuche") mehr nachzuweisen. Trotzdem
ist die Zahl der Eier in beiden Eierstöcken schon beim kleinen
Mädchen sehr groß; bei der geschlechtsreifen Jungfrau ist sie auf
mindestens 20—30 000, von Anderen sogar auf 72 000 berechnet.
Auch in der Eierproduktion gleichen die Menschen zunächst den
menschenähnlichen Affen.

Ueberhaupt gehört die Naturgeschichte der menschlichen Geschlechtsorgane zu denjenigen Teilen der Anthropologie, welche
für den Ursprung des Menschengeschlechts aus dem Tierreiche
die überzeugendsten Beweise liefern. Jeder, der die betreffenden
Tatsachen kennt und dieselben unbefangen vergleichend
beurteilt, kann daraus allein schon die Ueberzeugung gewinnen,
daß er von niederen Wirbeltieren abstammt. Der gröbere und
feinere Bau, die Tätigkeit und die individuelle Entwickelung der
Geschlechtsorgane verhält sich beim Menschen ganz ebenso wie
bei den Affen. Das gilt ebenso von den männlichen wie von den
weiblichen, ebenso von den inneren wie von den äußeren Genitalien. Die Unterschiede, welche sich in diesen Beziehungen
zwischen dem Menschen und den menschenähnlichsten Affen
finden, sind viel geringer als die Unterschiede, welche die verschiedenen Affenarten unter sich darbieten. Nun besitzen aber
alle Affen unzweifelhaft einen gemeinsamen Ursprung und sind
aus einer längst ausgestorbenen alttertiären Stammform hervorgegangen, die wir aus einem Zweige der *Halbaffen* ableiten
müssen. Wenn wir diese unbekannte pithecoide Stammform
lebend vor uns hätten, würden wir sie jedenfalls im System der
Primaten zur Ordnung der echten *Affen* stellen; innerhalb
dieser Ordnung aber könnten wir aus den bekannten anatomischen
und ontogenetischen Gründen den Menschen nicht von der Gruppe
der Menschenaffen trennen. Auf Grund des *Pithecometra*-Satzes
lehrt uns also auch hier wieder die vergleichende Anatomie
und Ontogenie mit voller Sicherheit die Abstammung des
Menschen vom Affen.

Siebenundfünfzigste Tabelle.

Uebersicht über die hypothetische Stammesgeschichte des
menschlichen Nierensystems (noch sehr unsicher!).

I. Erste Stufe: Stammniere (Archinephros).

Die Niere wird bei den ungegliederten wirbellosen Vorfahren der
Wirbeltiere durch ein Paar einfache schlauchförmige Drüsenkanäle ge-
bildet (vielleicht ursprünglich aus dem Ektoderm entstanden, später im
Mesoderm gelegen — oder laterale Drüsenrinnen der Oberhaut?).

I A. Stammniere der Platoden.

Die Nieren der Plattentiere sind ursprünglich ein Paar einfache Drüsenschläuche des Ektoderms, außen durch die Oberhaut geöffnet (später
Längskanäle im Mesoderm). Da eine Leibeshöhle bei den Platoden
noch fehlt, besitzen die inneren Enden ihrer Stammnieren (Exkretions-
röhren oder Wassergefäße) noch keine Mündung: auch ihre später auftretenden Aeste sind blind geschlossene „Flimmerkölbchen".

I B. Stammniere der Vermalien.

Die paarigen schlauchförmigen Hautdrüsen verlängern sich in ge-
wundene drüsige Kanäle, deren inneres Ende sich durch einen Flimmertrichter in die Leibeshöhle öffnet (— oder die beiden Coelomtaschen
brechen von innen nach außen durch? —).

I C. Stammniere der Prochordonier.

Mit der Sonderung des Körpers in Kopf und Rumpf (Kiemendarm und Leberdarm) tritt eine Sonderung der paarigen Stammnieren-
gänge in zwei Abschnitte ein: Kopfniere (die spätere „Vorniere")
und Rumpfniere (der spätere „Vornierengang")? Erstere mündet vorn
durch einen *Flimmertrichter* in die Kopfhöhle, letztere hinten durch einen
Uroporus nach außen (?).

II. Zweite Stufe: Vorniere: Pronephros.

Die Niere unterliegt mit der beginnenden Gliederung des Wirbeltierkörpers (*Vertebration*) ebenfalls einer segmentalen Gliederung; die
Höhle jedes Ursegmentes verbindet sich durch einen Vornierenkanal (*Pronephridium*) mit dem Rumpfnierengang (jetzt Vornierengang, *Nephroductus* oder Segmentalductus) (?).

II A. Vorniere der Prospondylier.

Die einfache Leibeshöhle jedes Ursegmentes bildet eine laterale
Ausstülpung, welche außen in den ektodermalen Nephroductus mündet
(vielleicht auch ursprünglich in eine laterale Längsrinne der Hornplatte,
aus welcher erst durch Abschnürung der Nephrodukt entstand? Vergl.
Taf. VI, Fig. 5—8).

II B. Vorniere der Acranier (Amphioxus).

Jedes Ursegment hat sich durch eine laterale Einschnürung (Bildung
des Frontalseptum) in eine obere oder dorsale Coelomtasche (*Myotom,*

Episomit) und eine untere oder ventrale Coelomtasche (*Gonotom,* Hyposomit) gesondert; aus der Höhle der ersteren (*Myocoel*) tritt das Sekret der Muskeln aus (Harn), aus der Höhle der letzteren (*Gonocoel*) die Geschlechtsprodukte. Beide Sekrete werden durch den segmentalen Vornierenkanal ausgeführt, der mit einem inneren Flimmertrichter in ein Divertikel des Gonotoms mündet, mit einer äußeren Mündung in den Nephroductus. Letzterer ist bei Amphioxus zur Mantelhöhle (Peribranchialhöhle) erweitert (?). In das Coelomdivertikel, in welches der Flimmertrichter mündet, wächst eine segmentale Darmgefäßschlinge hinein.

II C. Vorniere der Cyclostomen.

Die Vornieren bilden im hintersten Teile des Kopfabschnittes ein paar kleine, traubenförmige Drüsen, ursprünglich zusammengesetzt aus einer geringen Zahl von (meistens 3—4) segmentalen Schläuchen; diese *Pronephridien* münden mit ihren medialen Flimmertrichtern in das Kopfcoelom (oder die primäre Pericardialhöhle, *Cardiocoel*), mit ihren lateralen Oeffnungen in das vordere Ende des Vornierenganges. Der Pronephros bleibt bei den Myxinoiden zeitlebens bestehen, während er bei den Petromyzonten schon in früher Jugend rückgebildet wird. Funktionell tritt frühzeitig an seine Stelle die Urniere.

II D. Vorniere der Gnathostomen.

Die Vorniere tritt im Embryo aller kiefermündigen Schädeltiere, als Erbstück von den Cyclostomen, frühzeitig auf, hat aber meistens ihre physiologische Bedeutung ganz verloren und wird bald rückgebildet. Unter den A n a m n i e n bleibt sie noch bisweilen bestehen bei den Knochenfischen und entwickelt sich zu vorübergehender Bedeutung bei den Larven vieler Amphibien. Bei den A m n i o t e n tritt sie als rudimentäres Organ ganz zurück (nach einigen neueren Angaben soll hier der innere Trichter des *Müller*schen Ganges sich daraus entwickeln?).

III. Dritte Stufe: Urniere: Mesonephros.

Die segmentale Vorniere (Pronephros) der ältesten und niedersten Wirbeltiere wird allmählich ersetzt und verdrängt durch eine zweite Generation von Nephridien: segmentalen Kanälen, welche sich nach hinten, oben und außen von den ersteren entwickeln; diese d o r s o l a t e r a l e n U r n i e r e n k a n ä l e (*Mesonephridia*) münden ursprünglich — ganz ebenso wie ihre Vorgänger, die vor ihnen gelegenen v e n t r o m e d i a l e n V o r n i e r e n k a n ä l e (*Protonephridia*) — innen mit Flimmertrichtern in die Leibeshöhle, außen in den *Nephroductus*; dieser „V o r n i e r e n g a n g" wird dadurch zum „U r n i e r e n g a n g".

III A. Urniere der Cyclostomen.

Während die kleine Vorniere als rudimentäre „K o p f n i e r e", in das Kopfcoelom mündend, bestehen bleibt, entwickelt sich hinter ihr die lange Urniere als „Rumpfniere"; in einfachster und ursprünglichster Form bei *Bdellostoma*: zahlreiche kurze Segmentalkanäle münden mit dem inneren Flimmertrichter in das Coelom, mit dem äußeren Ende in den langen Vornierengang, der so zum Urnierengang wird. Bei den übrigen Cyclostomen (*Myxine, Petromyzon*) wird die Urniere voluminöser und komplizierter.

III B. Urniere der Anamnien (Ichthyoden).

Bei allen Anamnien (den drei Klassen der Fische, Dipneusten und Amphibien) ist die Urniere (*Mesonephros*) allein als Harnorgan tätig. Die Vorniere tritt zwar im Embryo auf, wird aber frühzeitig rückgebildet, einige Knochenfische und Amphibienlarven ausgenommen. Die Dauerniere fehlt noch. Die Flimmertrichter (*Nephrostomen*), mit denen ursprünglich die Urnierenkanäle in die Bauchhöhle münden, bleiben bei vielen Selachiern und Amphibien bestehen. Bei diesen Gruppen sondert sich die kompakte Urniere in einen vorderen Germinalteil (Geschlechtsniere) und einen hinteren Urinalteil (Beckenniere). Zugleich spaltet sich der Urnierengang (*Nephroductus*) in zwei parallele Gänge jederseits, einen inneren (medialen) Müllerschen Gang und einen äußeren (lateralen) Wolffschen Gang. Ersterer fungiert als Eileiter, letzterer als Harnsamenleiter.

III C. Urniere der Amnioten.

Bei allen Amnioten ist als Harnorgan nur die Dauerniere oder Nachniere tätig, die den fünf niederen Vertebratenklassen noch fehlt. Sie entsteht ursprünglich aus dem hintersten Abschnitt der Urniere und des Urnierenganges. Das vordere Genitalstück der Urniere wird zum Nebenhoden (beim Weibe zu dem rudimentären Nebeneierstock).

IV. Vierte Stufe: Dauerniere: Metanephros.

Die segmentale Urniere (*Mesonephros*) der Anamnien oder Ichthyoden wird allmählich ersetzt und verdrängt durch eine dritte Generation von segmentalen Kanälen, welche sich nach hinten von der ersteren entwickeln. Diese Nachnierenkanäle (*Metanephridia*) setzen den Sekretionsapparat der Dauerniere zusammen (die Rindensubstanz mit den gewundenen Kanälchen und den Malpighischen Bläschen); sie münden in den Ausführungsapparat, welcher aus der Marksubstanz (Pyramiden mit geraden Kanälchen, Nierenbecken und Harnleiter) sich zusammensetzt. und welcher aus dem hintersten Abschnitt des Urnierenganges hervorwächst. Die Flimmertrichter der Urniere sind bei der Dauerniere oder Nachniere verschwunden.

IV A. Dauerniere der Reptilien.

Die Dauerniere der älteren Amnioten liegt weit hinten im Becken, entsprechend ihrem phyletischen Ursprung aus dem hinteren Urinalstück der Urniere. Ihre Oberfläche ist ursprünglich gelappt.

IV B. Dauerniere der Säugetiere.

Die Dauerniere der jüngeren Amnioten rückt von hinten nach vorn. Ihre ursprüngliche Lappenbildung verschwindet bei den meisten Säugetieren, so daß die Oberfläche des bohnenförmigen Organs, wie beim Menschen, glatt erscheint. Die spezielle Nierenbildung des Menschen gleicht vollständig derjenigen der höheren Affen.

Achtundfünfzigste Tabelle.

Uebersicht über die Stammesgeschichte der menschlichen
Geschlechtsorgane.

LVIII A. Erster Hauptabschnitt: **Geschlechtsorgane
und Harnorgane bleiben getrennt und haben keine Beziehung.**

I. Erste Periode: Gonaden der Gastraeaden.

Die Sexualzellen oder *Gonidien* (Eizellen und Spermazellen) entwickeln sich einzeln aus einem der beiden primären Keimblätter, anfangs
zerstreut, später aus ein paar lateralen Zellen des Urmundrandes
(„paarige Urzellen des Mesoderms" (*Promesoblasten*), oder „Urgeschlechtszellen" *Progonidien*).

II. Zweite Periode: Gonaden der Platoden.

Die Produktion von Sexualzellen beschränkt sich auf ein Paar laterale
Zellenstränge in der Wand des Urdarms oder auf zwei Mesoderm-
streifen, welche vom Urmund aus zwischen die beiden primären
Keimblätter hineinwachsen (Germinalleisten oder *primitive Gonaden*).

III. Dritte Periode: Gonaden der Vermalien.

Die soliden Mesodermstreifen höhlen sich vom Urdarm her aus
und werden so zu einfachen paarigen Geschlechtstaschen (*primäre
Coelomtaschen*): ihr Hohlraum bildet die Anlage des *Coeloms* oder *Entero-
coels*: das Coelomepithel ihrer Wand liefert die Geschlechtsprodukte (vorn
Eizellen, hinten Spermazellen).

IV. Vierte Periode: Gonaden der Prochordonier.

Die paarigen Zwitterdrüsen sondern sich durch eine transversale
Einschnürung in einen vorderen Eierstock (*Ovarium* und einen
hinteren Hoden (*Spermarium*). Später tritt Geschlechtstrennung
(*Gonochorismus*) an die Stelle der Zwitterbildung (*Hermaphrodismus*),
indem das Ovarium nur auf den einen (weiblichen) Teil der Nachkommenschaft vererbt wird, das Spermarium nur auf den anderen
(männlichen) Teil.

V. Fünfte Periode: Gonaden der Acranier.

Indem die Gliederung des Vertebratenkörpers, vom Muskelsystem
der *Episomiten* ausgehend, beginnt, zerfallen auch die Gonaden der *Hyposomiten* jederseits in eine Reihe von Geschlechtsdrüsen, gleich den segmentalen Gonaden des *Amphioxus*.

VI. Sechste Periode: Gonaden der Cyclostomen.

Die segmentalen Anlagen der Geschlechtsdrüse (noch bei den
Embryonen der Selachier vorhanden) verschmelzen schon frühzeitig im
Keime jederseits zu einer einzigen einfachen Gonade. Die reifen
Geschlechtsprodukte fallen in die Leibeshöhle und werden durch ein Loch
der Bauchwand entleert (einen hinter dem After befindlichen *Porus genitalis*).

LVIII B. Zweiter Hauptabschnitt: Geschlechtsorgane und Harnorgane werden vereinigt.

(Genitalsystem und Urinalsystem sind zum „Urogenitalsystem" verschmolzen.)

VII. Siebente Periode: Urogenitalien der Proselachier.

Der Urnierengang (*Nephroductus*), welcher bei den fünf vorhergehenden Ahnenstufen nur als Harnleiter fungierte, wird jetzt zugleich zum Geschlechtsleiter und übernimmt in beiden Geschlechtern die Ausführung der Geschlechtsprodukte.

VIII. Achte Periode: Urogenitalien der Ganoiden.

Der vordere Teil des Urnierenganges spaltet sich in zwei Kanäle, von denen der innere oder mediale (Müllerscher Gang) als Geschlechtsleiter in beiden Geschlechtern fungiert (wie bei einigen Ganoiden), während der äußere oder laterale (Wolffscher Gang) nur als Harnleiter tätig ist. Der hintere Teil des Nephroductus, der beide Gänge aufnimmt, ist vereinigter „Harngeschlechtsleiter" (*Ductus urogenitalis*).

IX. Neunte Periode: Urogenitalien der Dipneusten.

Die Spaltung des Urnierenganges in zwei parallele Kanäle jederseits wird vollständig. Der äußere Kanal (Wolffscher Gang) fungiert in beiden Geschlechtern als Harnleiter, und im männlichen zugleich als Samenleiter, während der Müllersche Gang sich zum Eileiter entwickelt (so bei den jüngeren Selachiern und den Dipneusten).

X. Zehnte Periode: Urogenitalien der Amphibien.

Aus dem obersten Teile der sich rückbildenden Urniere entsteht beim männlichen Geschlechte der Nebenhoden, beim weiblichen Geschlechte der Nebeneierstock. Der Wolffsche Gang fungiert bei beiden Geschlechtern noch als Harnleiter, beim männlichen zugleich als Samenleiter. Der Müllersche Gang fungiert beim weiblichen Geschlecht als Eileiter; beim männlichen ist er rudimentäres Organ (Rathkescher Gang). Aus der Bauchwand des Mastdarms wächst die unpaare Harnblase hervor.

XI. Elfte Periode: Urogenitalien der Proreptilien.

An Stelle der rückgebildeten Urniere tritt als Harnorgan die Dauerniere, welche sich am hinteren Ende der ersteren aus einem später gebildeten Ansatzstück derselben entwickelt. In dieses „Metanephro-Blastem" wächst von hinten eine blindsackförmige Knospe des hintersten Nephrodukt-Endes hinein und entwickelt sich zum Harnleiter (Ureter). Die Harnblase wächst aus der Bauchöffnung des Embryo hervor und bildet die Allantois. Aus der Vorderwand der Kloake wächst der Geschlechtshöcker (Phallus) hervor, der sich beim Männchen zum Penis, beim Weibchen zur Clitoris entwickelt.

XII. Zwölfte Periode: **Urogenitalien der Monotremen.**

Der Hals der Harnblase (oder die Basis des Allantoisstieles) nimmt die Mündungen der sekundären Urnierengänge und der Harnleiter auf und entwickelt sich zum Sinus urogenitalis. Das untere Ende des Eileiters erweitert sich jederseits zu einem muskulösen Fruchtbehälter (Uterus). Der Phallus erlangt die den Monotremen eigentümliche Struktur (paarige Schwellkörper der Kloakenwand).

XIII. Dreizehnte Periode: **Urogenitalien der Marsupialien.**

Die Kloake zerfällt durch eine Scheidewand in vordere Harngeschlechtsöffnung (Apertura urogenitalis) und hintere Afteröffnung (Anus). Aus dem unteren Teile des Uterus geht jederseits ein Scheidenkanal hervor. Die paarigen Schwellkörper der Monotremen (Corpora cavernosa urethrae) verschmelzen und verbinden sich mit zwei oberen Corpora cavernosa penis, welche von den Sitzbeinen entspringen. Der männliche Sinus urogenitalis wird zur Harnröhre. Die Eierstöcke und Hoden beginnen von ihrer ursprünglichen Bildungsstätte herabzuwandern.

XIV. Vierzehnte Periode: **Urogenitalien der Halbaffen.**

Müllersche Gänge und Wolffsche Gänge verwachsen unten zum Geschlechtsstrange. Durch Verwachsung der beiden Fruchtbehälter im unteren Teile entsteht der Uterus bicornis. Ein Teil der Allantois verwandelt sich in die Placenta. Die Hoden wandern aus der Bauchhöhle durch den Leistenkanal in ein paar Hautfalten (Geschlechtswülste) hinein, welche zum Hodensack (Scrotum) verwachsen.

XV. Fünfzehnte Periode: **Urogenitalien der Affen.**

Die beiden Fruchtbehälter verwachsen in ihrer ganzen Länge zu einem einfachen birnförmigen Uterus, wie beim Menschen. Die beiden Ränder der Geschlechtsrinne entwickeln sich zu den kleinen Schamlippen. Der Penis hängt frei von der Schambeinfuge herab und erlangt die besonderen Gestaltungsverhältnisse, welche die Menschenaffen und den Menschen auszeichnen.

Neunundfünfzigste Tabelle.

Uebersicht über die Homologien der Geschlechtsorgane (Sexualia)
in beiden Geschlechtern der Säugetiere.

LIX A. Homologien der inneren Geschlechtsorgane (Germinalia).

G. Gemeinsame Anlage der inneren Geschlechtsorgane.	M. Innere männliche Teile.	W. Innere weibliche Teile.
1. Keimdrüse (Germinaldrüse, *Gonade*)	1. Hoden (*Spermarium* oder *Testis*)	1. Eierstock (*Ovarium* oder *Oophoron*)
Ureierketten (indifferente Geschlechtszellen)	2. Samenampullen, Samenkanälchen	2. Eifollikel (Graafsche Follikel)
3. Wolffscher Gang (lateraler Urnierengang)	3. Samenleiter (*Sperma-ductus, Vas deferens*)	3. Gartnerscher Gang (rudimentärer Kanal)
4a. Müllerscher Gang (medialer Urnierengang)	4a. Rathkescher Gang (rudimentärer Kanal bei den Amphibien)	4a. Eileiter (*Oviductus* oder *Tuba Fallopiae*)
4b. Vorderster (oberster) Teil des Müllerschen Ganges	4b. Hydatis Morgagni	4b. Hydatis Fallopiae
4c. Hinterster (unterster) Teil des Müllerschen Ganges	4c. Uterus masculinus (*Vesicula prostatica*)	4c. Uterus, Vagina (Gebärmutter, Scheide)
5. Ueberreste der Urniere (*Pronephros, Corpus Wolffii*)	5. Nebenhoden (*Epididymis*)	5. Nebeneierstock (*Epovarium*)
6. Leistenband der Urniere (*Ligamentum protonephro-inguinale*)	6. Huntersches Leitband (*Gubernaculum Hunteri*)	6. Rundes Mutterband (*Ligamentum uteri rotundum*)
7. Geschlechtsgekröse (*Mesogonium*)	7. Hodengekröse (*Mesorchium*)	7. Eierstocksgekröse (*Mesovarium*)

LIX B. Homologien der äußeren Geschlechtsorgane (Genitalia).

G. Gemeinsame Anlage der äußeren Geschlechtsorgane.	M. Aeußere männliche Teile.	W. Aeußere weibliche Teile.
8. Geschlechtshöcker (*Phallus*)	8. Mannesrute (*Penis*)	8. Kitzler (*Clitoris*)
9. Eichel (*Glans*), Sexualsinnesorgan	9. Manneseichel (*Glans penis*)	9. Weibeseichel (*Glans clitoridis*)
10. Vorhaut (*Praeputium*)	10. Männliche Vorhaut (*Praeputium penis*)	10. Weibliche Vorhaut (*Praeputium clitoridis*)
11. Geschlechtswülsten (*Tori genitales*)	11. Hodensack (*Scrotum*)	11. Große Schamlippen (*Labia pudendi majora*)
12. Spalte zwischen beiden Geschlechtswülsten	12. Naht des Hodensackes (*Raphe scroti*)	12. Weibliche Schamspalte (*Vulva*)
13. Geschlechtsfalten (Ränder der Geschlechtsrinne, *Plicae genitales*)	13. Ventralwand der männlichen Harnröhre	13. Kleine Schamlippen (*Nymphae, Labia pudendi minora*)
14. Harngeschlechtskanal (*Sinus urogenitalis*)	14. Harnröhre (*Urethra masculina*)	14. Scheidenvorhof (*Vestibulum vaginae*)
15. Anhangsdrüsen des Harngeschlechtskanals	15. Cowpersche Drüsen	15. Bartholinische Drüsen.

Erklärung einiger Tafeln.

Tafel IV und V. Sandalen-Keime von sechs Amniontieren.

(Zwischen S. 320 und 321.)

Die achtzehn Figuren dieser beiden Tafeln zeigen den höchst charakteristischen Sandalion-Embryo oder „sohlenförmigen Keimschild" von sechs verschiedenen Amnioten in der Rückenansicht (von oben) auf drei Stufen seiner Entwickelung.

Auf Tafel IV sind die Embryonen von drei Sauropsiden zusammengestellt: *E* Eidechse, *C* Schildkröte, *H* Huhn; auf Tafel V die Keime von drei Säugetieren: *S* Schwein, *K* Kaninchen, *M* Mensch. Die augenfällige Uebereinstimmung in der Gestalt der drei entsprechenden Entwickelungsstufen würde noch viel größer erscheinen, wenn es möglich gewesen wäre, genau entsprechende Stadien in Vergleichung zu stellen. Allein die Abbildungen dieser zarten Objekte in so frühen Keimungsstadien sind schwierig auf ganz gleichem Alter zu erhalten und die weichen Körper verändern ihre äußere Form leicht infolge der unentbehrlichen Behandlung mit verschiedenen Präparationsflüssigkeiten; außerdem wird aber auch oft ein und dasselbe Objekt von verschiedenen Beobachtern verschieden dargestellt, je nach der zufälligen Beleuchtung unter dem Mikroskope u. s. w. Hiervon abgesehen ist nicht nur die äußere Form von den entsprechenden Stadien höchst ähnlich, sondern auch der innere Bau im wesentlichen ganz gleich. Die Einheit der inneren Struktur ist die Hauptsache.

Die erste Querreihe (oben, I.) zeigt die sechs Sandalenkeime auf jener charakteristischen Bildungsstufe, welche ich als „*Chordula*" oder Chordalarve bezeichnet habe (S. 245, Fig. 86—89). Der Wirbeltier-Organismus ist auf diesem bedeutungsvollen Stadium noch ungegliedert und „wirbellos"; er besteht bloß aus den sechs Fundamentalorganen (S. 258, 259). Man sieht in der vorderen Hälfte des Rückens die Medullarrinne, in der hinteren Hälfte die Primitivrinne (den Urmund) und den Markdarmgang. (Vergl. hierzu Fig. 124—136, S. 314—320.)

Die zweite Querreihe (in der Mitte, II.) zeigt die beginnende innere Gliederung des Sandalenkeims, den Anfang der Wirbelbildung oder *Vertebration*. In der Mitte des Rückenschildes erscheinen 4—6 Paar Urwirbel (Episomiten), die vorderen Halswirbel. Das davor gelegene (obere) Drittel bildet den Kopf des Embryo; in diesem erscheint als blasenförmige Anschwellung des Medullarrohrs die einfache Hirnblase. Im hinteren Drittel ist die Markfurche noch weit offen und geht durch den Markdarmgang in den Urdarm über. (Vergl. hierzu Fig. 134—138, S. 320—324.)

Die dritte Querreihe (unten, III.) zeigt den Sandalenkeim im weiteren Fortschritte der Wirbelbildung. Zu beiden Seiten des geschlossenen Medullarrohrs sind bereits 10—12 Paar Urwirbel sichtbar; ihre Zahl vermehrt sich beständig mit dem Wachstum des hinteren Körperendes. Vorn ist bereits die Gliederung des Gehirns sichtbar, indem die einfache Hirnblase durch quere Einschnürungen in 3 bis 5 Hirnblasen zerfällt. Am Vorderhirn (oben) treten rechts und links die Augenblasen hervor. (Vergl. hierzu Fig. 158—166, S. 352—360.)

Zum Verständnis dieser Embryonen-Bilder sei ausdrücklich bemerkt, daß dieselben nicht exakt, sondern mehr oder weniger schematisiert sind; wesentliche Formverhältnisse sind absichtlich stark hervorgehoben, unwesentliche weggelassen. Dasselbe gilt für die Embryonenbilder auf Taf. VIII—XIII, S. 377, sowie Taf. XXIV, S. 918. Vergl. hierzu *Heinrich Schmidt* (1909): Haeckels Embryonenbilder, Dokumente zum Kampf um die Weltanschauung in der Gegenwart. Mit zahlreichen Illustrationen. 91 S. Frankfurt a. M.

——— ———

Erklärung einiger Tafeln.

Tafel I. (Titelbild.) Keimesgeschichte des menschlichen Antlitzes.

Diese Tafel zeigt die Veränderungen, welche unsere menschliche Gesichtsbildung während des individuellen Lebens erleidet. Das Antlitz ist in allen Figuren von vorn (voll en face) gesehen. Vergl. hierzu Tafel XXIV und die Erläuterungen im XXV. Vortrage, von S. 735—740, insbesondere Fig. 373—379 nebst Erklärung.

Tafel XXIV. Keimesgeschichte des Säugetier-Antlitzes (S. 736).

Die zwölf Figuren der Tafel XXIV stellen das Gesicht von vier verschiedenen Säugetieren auf drei verschiedenen Stufen der individuellen Entwickelung dar, und zwar MI—MIII vom Menschen, FI—FIII von der Fledermaus, KI—KIII von der Katze und SI—SIII vom Schafe. Die drei verschiedenen Entwickelungsstufen sind bei allen vier Säugetieren möglichst entsprechend gewählt, auf ungefähr gleiche Größe reduziert und von vorn gesehen. Die Buchstaben bedeuten in allen Formen dasselbe, und zwar: *a* Auge, *v* Vorderhirn, *m* Mittelhirn, *s* Stirnfortsatz, *k* Nasendach, *o* Oberkieferfortsatz (des ersten Kiemenbogens), *u* Unterkieferfortsatz (des ersten Kiemenbogens), *h* zweiter Kiemenbogen, *d* dritter Kiemenbogen, *r* vierter Kiemenbogen, *g* Gehörspalte (Rest der ersten Kiemenspalte), *z* Zunge. (Vergl. hierzu Tafel I und die Erläuterungen im XXV. Vortrage, von S. 735—741.)

Die meisten Figuren auf Tafel XXIV sind mehr oder weniger schematisiert, teilweise mittels vergleichender Synthese konstruiert; vergl. S. 917.

Die jüngeren Stadien sind schwer zu erhalten, besonders im entsprechenden Alter.

Tafel XXVIII und Tafel XXIX.

Vorderfüße (Carpomelen) und Hinterfüße (Tarsomelen) von zwölf verschiedenen Säugetieren. Kopiert aus *Huxley*, Elementary Atlas of Comparative Osteology, 1864 (Taf. X and XII).

1. **Mensch** (*Homo sapiens*).
2. **Gorilla** (*Gorilla gina*).
3. **Schimpanse** (*Anthropithecus niger*).
4. **Orang** (*Satyrus orang*).
5. **Klammeraffe** (*Ateles belzebuth*).
6. **Krallaffe** (*Hapale jacchus*).
7. **Halbaffe** (*Lichanotus indri*).
8. **Bär** (*Ursus labiatus*).
9. **Schwein** (*Sus scrofa*).
10. **Nashorn** (*Rhinoceros indicus*).
11. **Rind** (*Bos taurus*).
12. **Pferd** (*Equus caballus*).

Tafel XXVIII stellt den linken Vorderfuß (Hand) von sieben Primaten dar Fig. 1—7, einem Raubtier, (Fig. 8) und vier Huftieren (Fig. 9—12). Taf. XXIX stellt den linken Hinterfuß (Fuß) derselben zwölf Gattungen dar.

	Handwurzelknochen (*Carpalia*).			Fußwurzelknochen (*Tarsalia*).	
a	Scaphoideum	= a *Radiale*	a ⎫ Astragalus ⎰	= a *Tibiale*
b	Lunatum	= b *Intermedium*	b ⎭ a + b ⎱	= b *Intermedium*
c	Triquetrum	= c *Ulnare*	c	Calcaneus	= c *Fibulare*
d	(Centrale)	= (*Centrale regr.*)	d	Naviculare	= d *Centrale*
e	Trapezium	= *Carpale I*	e	Cuneiforme I	= Tarsale I
f	Trapezoides	= *Carpale II*	f	Cuneiforme II	= Tarsale II
g	Capitatum	= *Carpale III*	g	Cuneiforme III	= Tarsale III
h	Hamatum	= *Carpalia IV + V.*	h	Cuboides	= *Tarsalia IV + V.*

(Vergl. oben S. 766 und 790.)

Dreissigster Vortrag.

Ergebnisse der Anthropogenie.

—

„Die Descendenztheorie ist ein allgemeines Induktionsgesetz, welches sich aus der vergleichenden Synthese aller organischen Naturerscheinungen und insbesondere aus der dreifachen Parallele der phylogenetischen, ontogenetischen und systematischen Entwickelung mit absoluter Notwendigkeit ergibt. Der Satz, daß der Mensch sich aus niederen Wirbeltieren, und zwar zunächst aus echten Affen entwickelt hat, ist ein spezieller Deduktionsschluß, welcher sich aus dem generellen Induktionsgesetz der Descendenztheorie mit absoluter Notwendigkeit ergibt. Diesen Stand der Frage „von der Stellung des Menschen in der Natur" glauben wir nicht genug hervorheben zu können. Wenn überhaupt die Descendenztheorie richtig ist, so ist die Theorie von der Entwickelung des Menschen aus niederen Wirbeltieren weiter nichts als ein unvermeidlicher einzelner Deduktionsschluß aus jenem allgemeinen Induktionsgesetz. Es können daher auch alle weiteren Entdeckungen, welche in Zukunft unsere Kenntnisse über die phyletische Entwickelung des Menschen noch bereichern werden, nichts weiter sein als spezielle Verifikationen jener Deduktion, die auf der breitesten induktiven Basis ruht."   *Generelle Morphologie* (1866).

Mechanische Erklärung der organischen Entwickelungserscheinungen durch das Biogenetische Grundgesetz. Vererbung von Anpassungen. Dysteleologie oder Unzweckmässigkeitslehre. Affenerbschaften des Menschen. Begründung der monistischen Philosophie durch die Anthropogenie.

Inhalt des dreissigsten Vortrages.

Rückblick auf den zurückgelegten Weg der Keimesgeschichte. Deutung der letzteren durch das Biogenetische Grundgesetz. Ihre kausale Beziehung zur Stammesgeschichte. Vererbung von durch Anpassung erworbenen Eigenschaften. Die rudimentären Organe des Menschen. Dysteleologie oder Unzweckmäßigkeitslehre. Erbstücke von den Affen. Stellung des Menschen im natürlichen System des Tierreichs. Der Mensch als Wirbeltier und Säugetier. Spezielle Stammverwandtschaft des Menschen und Affen. Die Zeugnisse der Affenfrage. Der göttliche Ursprung des Menschen. Adam und Eva. Entwickelungsgeschichte der Seele. Bedeutende Seelenunterschiede innerhalb einer einzigen Tierklasse. Säugetierseelen und Insektenseelen. Ameisenseele und Schildlausseele. Menschenseele und Affenseele. Organ der Seelentätigkeit: Zentralnervensystem. Ontogenie und Phylogenie der Seele. Monistische und dualistische Seelentheorie. Vererbung der Seele. Bedeutung des Biogenetischen Grundgesetzes für die Psychologie. Bedeutung der Anthropogenie für den Sieg der monistischen Philosophie. Natur und Geist. Naturwissenschaft und Geisteswissenschaft. Monismus und Dualismus. Reform der Weltanschauung durch die Anthropogenie.

Literatur:

Jean Lamarck, *1809. Philosophie Zoologique. Nouvelle Edition 1873. Paris. (Deutsche Uebersetzung von Arnold Lang, 1879. Jena.)*

Charles Darwin, *1871. Die Abstammung des Menschen und die geschlechtliche Zuchtwahl. Stuttgart.*

Derselbe, 1873. Der Ausdruck der Gemütsbewegungen bei den Menschen und den Tieren. Stuttgart.

Ernst Haeckel, *1866. Generelle Morphologie der Organismen. I. Bd. Allgemeine Anatomie. II. Bd. Allgemeine Entwickelungsgeschichte. Berlin.*

Derselbe, 1868. Natürliche Schöpfungsgeschichte. 11. Aufl. 1909. Berlin.

Carl Gegenbaur, *1883. Lehrbuch der Anatomie des Menschen. 7. Aufl. 1899.*

Derselbe, 1898. Vergleichende Anatomie der Wirbeltiere. 2 Bde. Leipzig.

Enrico Morselli, *1888. L'uomo secondo la teoria della evoluzione. Torino.*

Paul Topinard, *1888. Anthropologie. Uebersetzt von Richard Neuhauss. Leipzig.*

Robert Wiedersheim, *1888. Der Bau des Menschen als Zeugnis für seine Vergangenheit. 4. Aufl. 1908. Tübingen.*

August Weismann, *1885—1902. Vorträge über Descendenztheorie. 2 Bde. Jena.*

Lester F. Ward, *1883. Dynamic Sociology, or applied Social Science, as based upon statical Sociology and the less complex Sciences. 2 Voll. Washington.*

Derselbe, 1891. Neo-Darwinism and Neo-Lamarckism.

Paul Carus, *1891. The Soul of Man. An investigation of the facts of physiological and experimental psychology. Chicago.*

Ernst Krause (Carus Sterne), *1889. Die allgemeine Weltanschauung in ihrer historischen Entwickelung. Berlin.*

Konrad Günther, *1909. Vom Urtier zum Menschen. Ein Bilder-Atlas zur Abstammungs- und Entwickelungsgeschichte des Menschen. 90 Tafeln. Stuttgart.*

Ernst Haeckel, *1894—1896. Systematische Phylogenie. (I. Bd. Protisten und Pflanzen. II. Bd. Wirbellose Tiere. III. Bd. Wirbeltiere.) Berlin.*

Derselbe, 1899. Die Welträtsel. Gemeinverständliche Studien über Monistische Philosophie. 10. Aufl. 1904. (Volksausgabe 1903. 250. Tausend.) Leipzig.

XXX.

Meine Herren!

Nachdem wir nunmehr das wunderbare Gebiet der menschlichen Entwickelungsgeschichte durchwandert und die wichtigsten Teile desselben kennen gelernt haben, ist es wohl angemessen, jetzt am Schlusse unserer Wanderung den zurückgelegten Weg zu überblicken, und anderseits einen Blick auf den weiteren Pfad der Erkenntnis zu werfen, zu welchem uns dieser Weg in Zukunft führen wird. Wir sind ausgegangen von den einfachsten Tatsachen der *Ontogenese*, der individuellen Entwickelung des Menschen: von Beobachtungen, die wir in jedem Augenblicke wiederholen und mittelst mikroskopischer oder anatomischer Untersuchung feststellen können. Von diesen ontogenetischen Tatsachen ist die erste und wichtigste, daß jeder Mensch, wie jedes andere Tier, im Beginne seiner individuellen Existenz eine einfache Z e l l e ist. Diese kugelige Eizelle zeigt dieselbe typische Formbeschaffenheit und Entstehungsweise, wie jedes andere Säugetierei. Aus ihr entwickelt sich bei allen Zottentieren in gleicher Weise durch wiederholte Teilung eine vielzellige Keimblase (*Blastula*). Diese letztere verwandelt sich in einen Becherkeim (*Gastrula*) und dieser wiederum in eine Keimdarmblase (*Blastocystis*). Die beiden verschiedenen Zellenschichten, welche deren Wand zusammensetzen, sind die beiden primären Keimblätter: Hautblatt (*Ektoderm*) und Darmblatt (*Entoderm*). Diese doppelblätterige Keimform ist die ontogenetische Wiederholung jener außerordentlich wichtigen phylogenetischen Stammform aller Darmtiere, die wir mit dem Namen *Gastraea* bezeichnet haben. Da der Keim des Menschen, gleich dem der anderen Gewebtiere, die *Gastrula*-Form durchläuft, so können wir auch seinen phylogenetischen Ursprung auf die Gastraea zurückführen.

Indem wir die Keimesgeschichte der zweiblätterigen Keimform weiter verfolgten, sahen wir, daß zunächst zwischen den zwei ursprünglichen Keimblättern ein drittes entsteht, das Mittelblatt oder *Mesoderm*; indem dieses sich in zwei Blätter spaltet, kommt es zur Bildung von vier sekundären Keimblättern. Diese haben beim Menschen genau dieselbe Zusammensetzung und genetische Bedeutung, wie bei allen anderen Wirbeltieren. Aus dem Hautsinnesblatte entwickelt sich die Oberhaut und das Zentralnervensystem, sowie der wichtigste Teil der Sinnesorgane. Das Hautfaserblatt bildet die Lederhaut und die Bewegungsorgane, Skelett und Muskelsystem. Aus dem Darmfaserblatt entstehen das Gefäßsystem, die fleischige Darmwand und die Geschlechtsdrüsen. Das Darmdrüsenblatt endlich bildet bloß das Epithelium oder die innere Zellenschicht der Darmschleimhaut und der Darmdrüsen (Lunge, Leber u. s. w.).

Die Art und Weise, wie diese verschiedenen Organsysteme aus den vier sekundären Keimblättern entspringen, ist beim Menschen von Anfang an im wesentlichen dieselbe, wie bei allen anderen *Wirbeltieren*. Bei der Keimesgeschichte jedes einzelnen Organes überzeugten wir uns davon, daß der menschliche Keim diejenige spezielle Richtung der Differenzierung und Formbildung einschlägt, welche außerdem nur bei den Wirbeltieren gefunden wird. Innerhalb dieses großen Tierstammes haben wir dann Schritt für Schritt und Stufe für Stufe die weitere Ausbildung verfolgt, welche sowohl der ganze Körper als alle einzelnen Teile desselben erfahren. Diese höhere Ausbildung erfolgt beim Embryo des Menschen in derjenigen besonderen Form, welche nur den *Säugetieren* eigentümlich ist. Endlich haben wir gesehen, daß selbst innerhalb dieser Klasse die verschiedenen phylogenetischen Entwickelungsstufen, welche das natürliche System der Säugetiere unterscheidet, den verschiedenen ontogenetischen Bildungsstufen entsprechen, welche der menschliche Embryo bei seiner weiteren Entwickelung durchläuft. Dadurch wurden wir in den Stand gesetzt, die Stellung des Menschen im Systeme dieser Klasse näher zu bestimmen und demgemäß sein Verwandtschaftsverhältnis zu den verschiedenen Säugetier-Ordnungen festzustellen.

Der Weg der Schlußfolgerung, den wir bei der Deutung dieser ontogenetischen Tatsachen betraten, war einfach die konsequente Ausführung des Biogenetischen Grundgesetzes. Dabei haben wir beständig die bedeutungsvolle Unterscheidung zwischen den palingenetischen und den cenogenetischen Erscheinungen durchzuführen gesucht. Nur die Palingenesis oder die „Auszugsentwickelung" gestattet uns einen unmittelbaren Rückschluß von der beobachteten Keimform auf die durch Vererbung übertragene Stammform. Hingegen wird dieser Rückschluß mehr oder minder gefährdet, sobald durch neue Anpassungen die Cenogenesis oder „Störungsentwickelung" zur Geltung gelangt. Von der Anerkennung dieser höchst wichtigen Beziehungen hängt das ganze Verständnis der individuellen Entwickelungsgeschichte ab. Hier stehen wir an der Scheide, wo sich neue und alte Naturforschung, neue und alte Weltanschauung entschieden trennen. Die gesamten Ergebnisse der neueren morphologischen Forschung drängen uns mit unabwendbarer Gewalt zu der Anerkennung jenes Biogenetischen Grundgesetzes und seiner weitreichenden Konsequenzen. Freilich sind diese mit der hergebrachten mythologischen Weltanschauung und mit den mächtigen, in früher Jugend uns durch den theosophischen Schulunterricht eingeimpften Vorurteilen unvereinbar. Aber ohne das *Biogenetische Grundgesetz*, ohne die Unterscheidung der *Palingenesis* und *Cenogenesis*, und ohne die *Descendenztheorie*, auf die wir dieselbe stützen, sind wir gar nicht im stande, die Tatsachen der organischen Entwickelung überhaupt zu begreifen; ohne sie vermögen wir auch nicht den geringsten Schimmer einer Erklärung auf dieses ganz wunderbare Erscheinungsgebiet fallen zu lassen. Wenn wir aber die in jenem Gesetz enthaltene ursächliche Wechselbeziehung von Keimes- und Stammesentwickelung, den wahren Kausalnexus der Ontogenesis und Phylogenesis anerkennen, dann erklären sich uns die wunderbaren Phänomene der individuellen Entwickelung auf die einfachste Weise; dann erscheinen uns die Tatsachen der Keimesentwickelung nur als die notwendigen mechanischen Wirkungen der Stammesentwickelung, bedingt durch die Gesetze der Vererbung und Anpassung. Die Wechselwirkung dieser Gesetze unter dem überall stattfindenden Einflusse des Kampfes ums Dasein, oder wie wir mit *Darwin* einfach sagen können: die „Naturzüchtung" ist vollkommen ausreichend, uns den ganzen Prozeß der Keimesgeschichte durch die Stammesgeschichte zu erklären. Darin besteht ja eben das fundamentale Verdienst *Darwins*, daß er die von *Lamarck* erkannte Wechselwirkung zwischen den Vererbungs- und Anpassungserscheinungen durch seine Selektionstheorie erklärt und uns den richtigen Weg zum kausalen Verständnis der Entwickelungsgeschichte gebahnt hat.

Diejenige großartige Erscheinung, auf deren klare Erkenntnis hier in erster Linie alles ankommt, ist die Vererbung von Anpaßmalen oder „funktionellen Veränderungen". *Jean Lamarck*

erkannte zuerst 1809 ihre fundamentale Bedeutung, und deshalb
können wir seine darauf gegründete Descendenztheorie mit Fug
und Recht L a m a r c k i s m u s nennen. Die prinzipiellen Gegner
der letzteren haben daher auch mit Recht ihre Angriffe vor
allem gegen die erstere gerichtet. Einer der angesehensten
und zugleich der einseitigsten dieser Gegner, *Wilhelm His*, behauptete mit voller Bestimmtheit, „daß die im individuellen Leben
erworbenen Eigenschaften sich nicht vererben". Die unzähligen
B e w e i s e f ü r letztere Tatsache erklärte er für eine „Handvoll
Anekdoten, welche lebhaft an die Beweise für das V e r s e h e n
S c h w a n g e r e r erinnern und auf wissenschaftliche Beachtung
keinen Anspruch machen dürfen".

Noch weiter als der „exakte" Anatom *Wilhelm His* in Leipzig
geht der „exakte" Physiologe *Victor Hensen* in Kiel. Indem *Hensen*
die speudomechanischen, im dritten Vortrage (S. 55) beleuchteten
Theorien von *His* bewundert und ihre Widerlegung für „undenk-
bar" erklärt, stattet er ihm seinen besonderen Dank dafür ab, daß
er die Entwickelungsgeschichte von der Notwendigkeit befreit habe,
ihre Erscheinungen durch die „m y s t e r i ö s e Erblichkeit" zu
erklären. Nach der Ansicht jener beiden „exakten Embryologen"
ist das Biogenetische Grundgesetz vollkommener Unsinn und die
Betrachtung der V e r e r b u n g am besten ganz aus unserer Wissenschaft zu entfernen. Mit demselben Rechte könnte man vom
Physiker verlangen, daß er das Studium der Gravitation oder der
Elektrizität aufgebe, weil uns das eigentliche Wesen dieser Kräfte
im Grunde noch unbekannt ist [124]).

Indessen wurde die „Vererbung erworbener Eigenschaften",
die wir passend als „T r a n s f o r m a t i v e V e r e r b u n g" von der
konservativen unterscheiden können, nicht nur von diesen prinzipiellen Gegnern der Descendenztheorie geleugnet, sondern auch
von solchen Naturforschern, welche die letztere anerkennen und
selbst zu deren Ausbildung vieles beigetragen haben; namentlich
von *Weismann, Galton, Ray-Lankester* u. A. Der gewichtigste
Gegner wurde seit 1884 *August Weismann*, der sich um die Ausbildung von *Darwins* Selektionstheorie die größten Verdienste
erworben hat. Er vertrat in seiner Abhandlung über „die Kon-
tinuität des Keimplasmas als Grundlage einer Theorie der Vererbung", und neuerdings in seinen vortrefflichen „Vorträgen über
Descendenztheorie" (1902), mit großem Erfolge die Anschauung,
daß „nur solche Charaktere auf die folgende Generation übertragen
werden können, welche der Anlage nach schon im Keime ent-

halten waren". Jedoch ist diese *Keimplasmatheorie* und der damit
verknüpfte Versuch, die Vererbung zu erklären, eine *„provisorische Molekularhypothese"*; sie gehört zu jenen metaphysischen
Spekulationen, welche die Entwickelungs-Erscheinungen ausschließlich durch innere Ursachen erklären und den Einfluß der
Außenwelt für bedeutungslos halten. Zu welchen unhaltbaren
Folgerungen dieselbe führt, haben *Herbert Spencer, Theodor
Eimer, Lester Ward, Hering, Zehnder* u. A. gezeigt. Ich selbst
habe meine Ansicht darüber bereits in der letzten (XI.) Auflage
meiner „Natürlichen Schöpfungsgeschichte" ausgesprochen (S. 192,
203). Ich halte mit *Lamarck* und *Darwin* an der Ansicht fest,
daß die erbliche Uebertragung erworbener Eigenschaften eine der
wichtigsten biologischen Erscheinungen ist und durch Tausende
von morphologischen und physiologischen Erfahrungen klar bewiesen wird. Man denke nur an die allbekannte Tatsache der
erblichen Physiognomie in den menschlichen Familien. Nicht allein
die Gesichtsform, der Schnitt des Mundes und der Augen, sondern
auch der Ton der Sprache und des Temperamentes, die charakteristischen Bewegungen des Kopfes und der Gliedmaßen, sind
ursprünglich durch Anpassung, durch Uebung und Gewohnheit
der Muskeln und Nerven erworben und dann durch Vererbung
von den Vorfahren auf die Nachkommen übertragen worden. Die
transformative Vererbung ist ein unentbehrliches
Fundament der Descendenztheorie.

Unter den zahlreichen und wichtigen Zeugnissen, welche die
Wahrheit dieser Auffassung unserer Entwickelungsgeschichte begründen, will ich hier nur nochmals die unschätzbaren Schöpfungsurkunden der „Dysteleologie" oder „Unzweckmäßigkeitslehre" hervorheben, der hochinteressanten Wissenschaft von den
„rudimentären Organen". Nicht oft und nicht dringend genug
kann man die hohe morphologische Bedeutung dieser merkwürdigen Körperteile betonen, welche in physiologischer Beziehung völlig wertlos und unnütz sind. In jedem Organsystem
finden wir beim Menschen wie bei allen höheren Wirbeltieren
solche uralte wertlose Erbstücke, die wir von unseren niederen
Wirbeltierahnen geerbt haben. So treffen wir zunächst auf unserer
äußeren Hautbedeckung das spärliche rudimentäre Haarkleid an,
welches nur noch am Kopfe, in den Achselhöhlen und an einigen
anderen Körperstellen stärker entwickelt ist. Die kurzen Härchen
auf dem größten Teil unserer Körperoberfläche sind völlig nutzlos für uns, ohne jede physiologische Bedeutung; sie sind der

letzte dürftige Ueberrest von dem viel stärker entwickelten Haar-
kleide unserer Affenahnen. Eine Reihe der merkwürdigsten rudimentären Organe bietet uns der Sinnesapparat dar. Wir
haben gesehen, daß die ganze äußere Ohrmuschel mit ihren
Knorpeln, Muskeln und Hautteilen beim Menschen ein unnützes
Anhängsel ist, ohne die physiologische Bedeutung, welche man
ihr früher irrtümlicherweise zuschrieb. Sie ist der rückgebildete
Rest von dem spitzen und frei beweglichen, höher entwickelten
Säugetierohr, dessen Muskeln wir zwar noch besitzen, aber nicht
mehr gebrauchen können. Wir fanden ferner am inneren Winkel
unseres Auges die merkwürdige kleine, halbmondförmige Falte,
die für uns ohne jeglichen Nutzen und nur insofern von Interesse
ist, als sie das letzte Ueberbleibsel der Nickhaut darstellt; jenes
dritten inneren Augenlides, welches schon bei den alten Haifischen.
aber auch bei vielen Amniontieren noch heute eine große physiologische Bedeutung besitzt.

Zahlreiche und interessante dysteleologische Beweismittel liefert
uns ferner der Bewegungsapparat, und zwar ebenso das
Skelett als das Muskelsystem. Ich erinnere Sie nur an das frei
vorstehende Schwänzchen des menschlichen Embryo und an die
darin entstehenden rudimentären Schwanzwirbel nebst den daran
befindlichen Muskeln; ein für den Menschen völlig nutzloses Organ, aber von hohem Interesse als rückgebildeter Ueberrest des
langen, aus zahlreichen Wirbeln und Muskeln bestehenden Schwanzes
unserer älteren Affenahnen. Von diesen haben wir auch verschiedene Knochenfortsätze und Muskeln geerbt, die ihnen bei
ihrer kletternden Lebensweise auf Bäumen von großem Nutzen
waren, während sie bei uns außer Gebrauch gekommen sind. Auch
an verschiedenen Stellen unter der Haut besitzen wir Hautmuskeln,
die wir nie gebrauchen, Ueberreste eines mächtig entwickelten
Hautmuskels unserer niederen Säugetier-Vorfahren. Dieser „Panni-
culus carnosus" hatte die Aufgabe, die Haut zusammenzuziehen
und zu runzeln, wie wir es noch täglich an den Pferden sehen,
die dadurch die Fliegen verjagen. Ein noch bei uns tätiger Rest
des großen Hautmuskels ist der Stirnmuskel, mittelst dessen wir
unsere Stirn runzeln und die Augenbrauen heraufziehen; aber
einen anderen ansehnlichen Ueberrest desselben, den großen Haut-
muskel des Halses (*Platysma myoides*), vermögen wir nicht mehr
willkürlich zu bewegen.

Wie an diesen animalen Organsystemen unseres Körpers, so
treffen wir auch an den vegetalen Apparaten eine Anzahl von

rudimentären Organen an, von denen wir viele schon gelegentlich kennen lernten. Am Ernährungsapparate gehört dahin die innere Brustdrüse (*Thymus*) und die merkwürdige Schilddrüse (*Thyreoidea*), die Anlage des „Kropfes" und der Ueberrest der Flimmerrinne, welche die Tunicaten und Acranier unten am Kiemenkorbe besitzen; ferner der Wurmfortsatz des Blinddarms. Am Gefäßsystem treffen wir eine Anzahl von nutzlosen Strängen an, welche die Ueberbleibsel von verödeten Gefäßen darstellen, die früher als Blutkanäle tätig waren: so den „*Ductus Botalli*" zwischen Lungenarterie und Aorta, den „*Ductus venosus Arantii*" zwischen Pfortader und Hohlvene, und viele andere. Von ganz besonderem Interesse aber sind die zahlreichen rudimentären Organe am Harn- und Geschlechtsapparate. Diese sind meistens beim einen Geschlechte entwickelt und nur beim anderen rudimentär. So bilden sich aus den *Wolff*schen Gängen beim Manne die Samenleiter, während beim Weibe nur die *Gartner*schen Kanäle als Rudimente derselben spurweise fortdauern. Umgekehrt entwickeln sich aus den *Müller*schen Gängen beim Weibe die Eileiter und der Fruchtbehälter, während beim Manne nur die untersten Enden derselben als nutzloser „männlicher Fruchtbehälter" (*Vesicula prostatica*) übrig bleiben. So besitzt auch der Mann noch in seinen Brustwarzen und Milchdrüsen die Rudimente von Organen, welche in der Regel nur beim Weibe in Funktion treten.

Eine genauere anatomische Durchforschung des menschlichen Körpers würde uns so noch mit vielen anderen rudimentären Organen bekannt machen, welche alle einzig und allein durch die Descendenztheorie zu erklären sind. *Robert Wiedersheim* hat in seiner Schrift über „den Bau des Menschen als Zeugnis für seine Vergangenheit" eine große Anzahl derselben zusammengestellt. Sie gehören zu den wichtigsten Zeugnissen für die Wahrheit der mechanischen Naturauffassung und zu den stärksten Gegenbeweisen gegen die hergebrachte teleologische Weltanschauung. Wenn der letzteren zufolge der Mensch, und wenn ebenso jeder andere Organismus von Anfang an zweckmäßig für seinen „Lebenszweck" eingerichtet und durch einen Schöpfungsakt ins Dasein gerufen wäre, so würde die Existenz dieser rudimentären Organe ein unbegreifliches Rätsel sein; es wäre durchaus nicht einzusehen, warum der Schöpfer seinen Geschöpfen auf ihrem ohnehin beschwerlichen Lebensweg auch noch dieses unnütze Gepäck aufgebürdet hätte. Hingegen können wir mittelst der Descendenztheorie die Existenz derselben in der einfachsten Weise erklären, indem wir sagen:

Die rudimentären Organe sind Körperteile, welche im Laufe der Jahrhunderte, infolge von Nichtgebrauch, allmählich außer Dienst getreten sind; Organe, welche bei unseren tierischen Vorfahren bestimmte Funktionen verrichteten, welche aber für uns selbst ihre physiologische Bedeutung verloren haben. Durch neu erworbene Anpassungen sind sie nutzlos geworden, werden aber trotzdem durch die Vererbung von Generation auf Generation übertragen und dabei nur langsam rückgebildet.

Wie diese „rudimentären Organe", so haben wir auch alle anderen Organe unseres Körpers von den Säugetieren, und zwar zunächst von unseren Affenahnen geerbt. Der menschliche Körper enthält nicht ein einziges Organ, welches nicht von den Affen geerbt ist. Wir können aber auch mittelst unseres Biogenetischen Grundgesetzes den Ursprung unserer verschiedenen Organsysteme noch weiter, bis zu niederen Ahnenstufen hinab verfolgen. So können wir z. B. sagen, daß wir die ältesten Organe unseres Körpers, äußere Oberhaut und innere Darmhaut, von den *Gastraeaden* geerbt haben; hingegen Nervensystem und Muskelsystem von den *Platoden*, das Gefäßsystem, die Leibeshöhle und das Blut von den *Vermalien*, die Chorda und den Kiemendarm von den *Prochordoniern*; die Metamerie oder Gliederung unseres Körpers von den *Acraniern*; den Urschädel und die höheren Sinnesorgane von den *Cyclostomen*; die Gliedmaßen und Kiefer von den *Urfischen*, den fünfzehigen Fuß von den *Amphibien*, die Gaumenplatte von den *Reptilien*, das Haarkleid, die Milchdrüse und die äußeren Geschlechtsorgane von den *Ursäugetieren*. Als wir das „Gesetz des ontogenetischen Zusammenhanges der systematisch verwandten Formen" aufstellten und das relative Alter der Organe bestimmten, haben wir gesehen, wie wir derartige phylogenetische Schlüsse aus der ontogenetischen Succession der Organsysteme ziehen können.

Mit Hülfe dieses wichtigen Gesetzes und mit Hülfe der vergleichenden Anatomie waren wir ferner im stande, die „Stellung des Menschen in der Natur" genau zu bestimmen, oder wie wir auch sagen können, dem Menschen seinen Platz im System des Tierreichs anzuweisen. Man teilt jetzt in den neueren zoologischen Systemen das ganze Tierreich meistens in 10—12 Stämme oder Phylen ein, und diese verteilt man in runder Summe wieder auf ungefähr 60—80 Klassen, diese Klassen auf mindestens dreihundert Ordnungen. Seiner ganzen Organisation nach ist der Mensch unzweifelhaft erstens ein Glied nur eines einzigen Stammes, des Wirbeltierstammes; zweitens ein Glied nur einer einzigen Klasse, der Säugetierklasse; und drittens ein Glied nur einer einzigen Ordnung, der Primatenordnung. Alle die charakteristischen Eigentümlichkeiten, durch welche sich die Wirbeltiere von den übrigen elf Tierstämmen, die Säugetiere von den übrigen sechzig Klassen, und die Primaten von den übrigen dreihundert Ordnungen des Tierreichs unterscheiden, alle diese Eigentümlichkeiten besitzt auch der Mensch. Mögen wir uns drehen und wenden wie wir wollen, so kommen wir über diese anatomische und systematische Tatsache nicht hinweg. Sie wissen, daß in neuester Zeit gerade diese Tatsache zu den lebhaftesten Erörterungen geführt und namentlich viele Streitigkeiten über die spezielle anatomische Verwandtschaft des Menschen mit den Affen herbeigeführt hat. Die wunderlichsten Ansichten sind über diese „Affenfrage" oder „Pithecoiden-Theorie" zu Tage gefördert worden. Es wird daher gut sein, wenn wir dieselbe hier nochmals scharf beleuchten und das Wesentliche derselben vom Unwesentlichen trennen. (Vergl. oben S. 677—679.)

Wir gehen dabei von der unbestrittenen Tatsache aus, daß der Mensch auf alle Fälle, mag man seine spezielle Blutsverwandtschaft mit den Affen leugnen oder annehmen, ein echtes Säugetier, und zwar ein placentales Säugetier ist. Diese fundamentale Tatsache ist in jedem Augenblicke so leicht durch die vergleichend-anatomische Untersuchung zu beweisen, daß sie seit der Trennung der Placentaltiere von den niederen Säugetieren (Beuteltieren und Gabeltieren) einstimmig anerkannt worden ist. Für jeden konsequenten Anhänger der Entwickelungslehre folgt daraus aber ohne weiteres, daß der Mensch mit den anderen Placentaltieren zusammen von einer und derselben gemeinsamen Stammform, von dem Stammvater der Placentalien abstammt, wie wir auch weiter für alle verschiedenen Säugetiere einen gemeinsamen mesozoischen Stammvater notwendig annehmen müssen. Damit ist aber die große, weltbewegende Prinzipienfrage von der Stellung des Menschen in der Natur endgültig entschieden, mag man dem Menschen nun eine nähere oder eine entferntere Verwandtschaft mit den Affen zuschreiben. Gleichviel, ob der Mensch in phylogenetischem Sinne ein Mitglied der Primaten-Ordnung ist oder nicht, auf jeden Fall bleibt seine unmittelbare Blutsverwandtschaft mit den übrigen Säugetieren und insbesondere mit den Placentaltieren bestehen. Vielleicht sind die Verwandtschafts-Beziehungen der verschiedenen Säugetierordnungen zueinander vielfach andere, als wir gegenwärtig hypothetisch annehmen. Auf jeden Fall aber bleibt die gemeinsame Abstammung des Menschen und aller übrigen Säugetiere von einer gemeinsamen Stammform unbestreitbar. Dieses uralte längst ausgestorbene *Promammale* hat sich wahrscheinlich aus *Proreptilien* während der Triasperiode entwickelt und ist als die monotreme und eierlegende Stammform aller Säugetiere zu betrachten.

Wenn wir an diesem fundamentalen und höchst bedeutungsvollen Satze festhalten, so wird sich uns die „Affenfrage" in einem ganz anderen Lichte darstellen, als sie gewöhnlich gezeigt wird. Sie werden sich dann bei einigem Nachdenken leicht überzeugen, daß dieselbe gar nicht die Bedeutung besitzt, die man ihr neuerdings beigelegt hat. Denn der Ursprung des Menschengeschlechts aus einer Reihe von verschiedenen Säugetierahnen, und die historische Entwickelung dieser letzteren aus einer älteren Reihe von niederen Wirbeltierahnen, bleibt zweifellos bestehen, und ebenso alle die bedeutungsvollen Folgerungen, die jeder unbefangen denkende Mensch daraus ziehen muß; für diese ist es gleichgültig, ob man als die nächsten tierischen Vorfahren des Menschengeschlechts echte „*Affen*" ansieht oder nicht. Da man sich aber nun einmal daran gewöhnt hat, das Hauptgewicht in der ganzen Ursprungsfrage des Menschen gerade auf die „*Abstammung vom Affen*" zu legen, so sehe ich mich doch genötigt, hier nochmals auf dieselbe zurückzukommen und Ihnen die vergleichendanatomischen und ontogenetischen Tatsachen in Erinnerung zu bringen, welche diese „*Affenfrage*" endgültig entscheiden.

Am kürzesten führt uns hier der Weg zum Ziele, welchen *Huxley* 1863 in seinen ausgezeichneten, von uns so oft angeführten „Zeugnissen für die Stellung des Menschen in der Natur" betreten hat, der Weg der vergleichenden Anatomie und Ontogenie (vergl. Taf. XVII—XXIX). Wir haben objektiv alle einzelnen Organe des Menschen mit denselben Organen der höheren Affen zu vergleichen und dann zu prüfen, ob die Unterschiede zwischen ersteren und letzteren größer sind als die entsprechenden Unterschiede zwischen den höheren und niederen Affen. Das zweifellose und unbestreitbare Resultat dieser mit der größten Unbefangenheit und Genauigkeit angestellten vergleichend-anatomischen Untersuchung war der bedeutungsvolle *Pithecometra-Satz,* den wir seinem Begründer zu Ehren das *Huxley*sche Gesetz genannt haben: daß nämlich die körperlichen Unterschiede in der Organisation des Menschen und der uns bekannten höchstentwickelten Affen viel

geringer sind als die entsprechenden Unterschiede in der Organisation der höheren und niederen Affen.. Ja, wir konnten sogar
dieses Gesetz noch näher bestimmen, indem wir die *Platyrrhinen*
oder amerikanischen Affen als entferntere Verwandte ausschlossen
und unsere Vergleichung auf den engeren Familienkreis der *Catarrhinen*, der Affen der alten Welt, beschränkten.   Sogar innerhalb
dieser kleinen Säugetiergruppe fanden wir die Organisations-Unter-
schiede zwischen den niederen und höheren schmalnasigen Affen,
z. B. zwischen dem Pavian und Gorilla, viel größer als die Unterschiede zwischen diesem Menschenaffen und dem Menschen. Wenn
wir nun dazu noch die Ontogenie befragen und wenn wir nach
unserem „Gesetze des ontogenetischen Zusammenhangs der systematisch verwandten Formen" finden, daß die Embryonen der
Menschenaffen und Menschen längere Zeit hindurch übereinstimmen als die Embryonen der höchsten und der niedersten Affen,
so werden wir uns wohl oder übel zur Anerkennung unseres Ursprungs aus der Affenordnung bequemen müssen.   Unzweifelhaft
können wir uns aus den vorliegenden Tatsachen der vergleichenden Anatomie in unserer Phantasie ein ungefähres Bild von der
Formbeschaffenheit unserer Vorfahren während der älteren Tertiärzeit konstruieren; mögen wir uns dies im einzelnen ausmalen, wie
wir wollen, so wird dieses Bild ein echter Affe, und zwar ein
entschiedener Catarrhine sein. Diese Ansicht hat schon *Huxley*
(1863) so einleuchtend begründet, daß die heftigen, noch neuerdings von klerikalen und dualistischen Anthropologen dagegen
gerichteten Angriffe völlig verfehlt und wirkungslos erscheinen
(vergl. oben S. 675—678). 'Alle die körperlichen Charaktere, welche
die *Catarrhinen* vor den *Platyrrhinen* auszeichnen, besitzt auch
der Mensch. Wir werden also demgemäß im Stammbaum der
Säugetiere den Menschen unmittelbar aus der Gruppe der Catarrhinen ableiten und die Entstehung des Menschengeschlechts in
die alte Welt versetzen müssen. Denn die ganze Gruppe der
Catarrhinen-Affen ist seit früher Tertiärzeit ebenso auf die alte
Welt beschränkt geblieben, wie die Gruppe der Platyrrhinen-Affen
auf die neue Welt. Nur die älteste Wurzelform, aus der beide
entsprungen sind, war ihnen gemeinsam.

Wenn es demnach für unsere objektive wissenschaftliche Erkenntnis zweifellos festgestellt ist, daß das Menschengeschlecht direkt von Affen der alten Welt abstammt, so wollen wir doch nochmals betonen, daß dieser
wichtige Satz für die Prinzipienfrage vom Ursprung des

Menschen nicht die Bedeutung besitzt, die man ihm gewöhnlich zuschreibt. Denn wenn wir diesen Satz auch völlig ignorieren oder beiseite schieben, so bleibt alles bestehen, was wir über die Placentaltier-Natur des Menschen durch die zoologischen Tatsachen der vergleichenden Anatomie und Ontogenie erfahren haben. Durch diese wird die gemeinsame Descendenz des Menschen und der übrigen Säugetiere zweifellos bewiesen. Auch wird natürlich jene Prinzipienfrage nicht im mindesten dadurch verschoben oder beseitigt, daß man sagt: „Der Mensch ist allerdings ein Säugetier; aber er hat sich schon ganz unten an der Wurzel dieser Klasse von den übrigen Säugetieren abgezweigt und hat mit allen jetzt lebenden Mammalien keine nähere Verwandtschaft." Mehr oder weniger nahe ist diese Verwandtschaft auf alle Fälle, wenn wir das Verhältnis der Säugetierklasse zu den übrigen sechzig Klassen des Tierreichs vergleichend untersuchen. Auf alle Fälle sind sämtliche Säugetiere mit Inbegriff des Menschen gemeinsamen Ursprungs, und ebenso sicher ist es, daß die gemeinsamen Stammformen derselben sich aus einer langen Reihe von niederen Wirbeltieren allmählich entwickelt haben.

Offenbar ist es auch weniger der Verstand als das Gefühl, welches sich bei den meisten Menschen gegen ihre „A b s t a m m u n g v o m A f f e n" sträubt. Gerade weil uns in dem Affenorganismus die Karrikatur des Menschen, das verzerrte Ebenbild unserer Gestalt, in wenig anziehender Form entgegentritt, weil die übliche ästhetische Betrachtung und Selbstverherrlichung des Menschen dadurch so empfindlich berührt wird, schaudern die meisten Menschen vor ihrem Affenursprung zurück. Viel schmeichelhafter erscheint es, von einem höher entwickelten, göttlichen Wesen abzustammen, und daher hat auch bekanntlich seit Urzeiten die menschliche Eitelkeit sich darin gefallen, das Menschengeschlecht ursprünglich von Göttern oder Halbgöttern abzuleiten. Die Kirche hat es verstanden, mit jener sophistischen Verdrehung der Begriffe, in der sie Meister ist, diesen lächerlichen Hochmut als „christliche Demut" zu verherrlichen; und dieselben Menschen, welche mit hochmütigem Abscheu jeden Gedanken eines tierischen Ursprungs von sich weisen und sich für „Kinder Gottes" halten, dieselben lieben es, mit ihrem „demütigen Knechtssinne" zu prahlen. Ueberhaupt spielt in den meisten Predigten, welche von Lehrkanzel und Altar gegen die Fortschritte der Entwickelungslehre gehalten werden, die menschliche Eitelkeit und Einbildung eine hervorragende Rolle; und obwohl wir diese Charakterschwäche bereits von den Affen geerbt haben, müssen wir doch gestehen, sie bis zu einem Grade weiter entwickelt

zu haben, welcher das unbefangene Urteil des „gesunden Menschen-
verstandes" völlig zu Boden schlägt. Wir machen uns lustig über
alle die kindischen Torheiten, welche der lächerliche Ahnenstolz
der Adelsgeschlechter seit den schönen Tagen des Mittelalters bis
auf unsere Zeit hervorgebracht hat, und doch steckt ein gutes Stück
von diesem unbegründeten Adelshochmut in den allermeisten
Menschen. Wie die meisten Leute ihren Familienstammbaum
lieber auf einen heruntergekommenen Baron oder womöglich
einen berühmten Fürsten. als auf einen unbekannten, niederen
Bauern zurückführen, so wollen auch die meisten als Urvater des
Menschengeschlechts lieber einen durch Sündenfall herabgekommenen Adam, als einen entwickelungsfähigen und strebsamen
Affen sehen. Das ist nun eben Geschmackssache, und insofern
läßt sich über solche genealogische Neigungen nicht streiten. Ich
muß jedoch gestehen, daß meinem persönlichen Geschmacke die
letztere Ascendenz viel mehr zusagt als die erstere Descendenz.
Es scheint mir erfreulicher, der weiter entwickelte Nachkomme
eines Affenurahnen zu sein, der sich im Kampfe ums Dasein aus
niederen Säugetieren fortschreitend entwickelte, als der herabgekommene Sprößling eines gottgleichen, aber durch den Sündenfall rückgebildeten A d a m , der aus einem „Erdenkloße", und einer
E v a , die aus dessen Rippe „erschaffen" wurde. Was diese berühmte „Rippe" anbetrifft, so ist hier ausdrücklich noch zu betonen, daß die Zahl der Rippen beim Manne und beim Weibe
gleich groß ist. Bei Beiden entstehen die Rippen aus dem mittleren Keimblatte und sind phylogenetisch als untere oder ventrale
Wirbelbogen aufzufassen.

Nun höre ich freilich sagen: „Das mag alles ganz gut und
richtig sein, soweit es den menschlichen Körper betrifft, und nach
den vorliegenden Tatsachen ist es wohl nicht mehr zu bezweifeln,
daß dieser sich wirklich stufenweise und allmählich aus der langen
Ahnenreihe der Wirbeltiere hervorgebildet hat. Aber ganz etwas
anderes ist es mit dem „G e i s t e   d e s   M e n s c h e n", mit der
menschlichen Seele; diese kann sich unmöglich in gleicher Weise
aus der W i r b e l t i e r - S e e l e entwickelt haben!" Lassen Sie uns
sehen, ob wir diesem schwer wiegenden Einwurfe mit den bekannten Tatsachen der vergleichenden Anatomie, Physiologie und
Entwickelungsgeschichte begegnen können. Zunächst werden wir
hier einen festen Boden gewinnen, wenn wir die Seelen der verschiedenen Wirbeltiere v e r g l e i c h e n d betrachten. Da finden
wir innerhalb der verschiedenen Vertebratengruppen, der Klassen
und Ordnungen, Gattungen und Arten eine solche Fülle von ver-

schiedenartigen Wirbeltier-Seelen nebeneinander, daß man auf den ersten Blick es kaum für möglich halten wird, sie alle von der Seele eines gemeinsamen „Urwirbeltieres" abzuleiten. Denken Sie nur zunächst an den kleinen Amphioxus, der noch kein eigentliches Gehirn, sondern nur ein einfaches Markrohr besitzt, und dessen gesamte Seelentätigkeit auf der niedersten Stufe unter den Wirbeltieren stehen bleibt. Auch die zunächst darüber stehenden Cyclostomen sind noch sehr beschränkt, obwohl sie ein Gehirn besitzen. Gehen wir von da weiter zu den Fischen, so finden wir deren Intelligenz bekanntlich auch auf einer sehr tiefen Stufe verharren. Erst wenn wir von da höher zu den Amphibien und Reptilien aufsteigen, nehmen wir wesentliche Fortschritte in der geistigen Entwickelung wahr. Noch viel mehr ist das bei den Säugetieren der Fall, obwohl auch hier bei den Gabeltieren und bei den zunächst darüber stehenden, stupiden Beuteltieren alle Geistestätigkeiten noch auf einer niedrigen Stufe stehen bleiben. Aber wenn wir von hier zu den Zottentieren hinaufsteigen, so finden wir innerhalb dieser formenreichen Gruppe so zahlreiche und so bedeutende Stufen in der Sonderung und Vervollkommnung vor, daß die Seelen-Unterschiede zwischen den dümmsten Placentaltieren (z. B. den Faultieren und Gürteltieren) und den gescheidtesten Tieren dieser Gruppe (z. B. den Hunden und Affen) viel bedeutender erscheinen als die psychischen Differenzen zwischen jenen niedersten Placentaltieren und den Beuteltieren oder Gabeltieren. Jedenfalls sind jene Differenzen weit bedeutender als die Unterschiede im Seelenleben der Hunde, Affen und Menschen. Und doch sind alle diese Tiere stammverwandte Glieder einer einzigen natürlichen Klasse.

In noch viel überraschenderem Grade zeigt uns dasselbe die vergleichende Psychologie einer anderen Tierklasse, welche aus vielen Gründen unser spezielles Interesse erregt, nämlich der Insektenklasse. Bekanntlich offenbart sich bei vielen Insekten eine annähernd so hoch entwickelte Seelentätigkeit, wie sie innerhalb der Wirbeltiergruppe nur der Mensch besitzt. Sie kennen wohl die berühmten Gemeindebildungen und Staaten der Bienen und Ameisen, und Sie wissen, daß hier höchst merkwürdige soziale Einrichtungen sich finden, wie sie in dieser Entwickelung nur bei den höher entwickelten Menschenrassen, sonst aber nirgends im Tierreiche zu finden sind. Ich erinnere Sie bloß an die staatliche Organisation und Regierung, welche die monarchischen Bienen und die republikanischen Ameisen besitzen, an ihre Gliederung in verschiedene Stände: Königin, Drohnenadel, Arbeiter, Erzieher,

Soldaten u. s. w. Zu den merkwürdigsten Erscheinungen in diesem höchst interessanten Lebensgebiete gehört jedenfalls die Viehzucht der Ameisen, welche die Blattläuse als Melkvieh züchten und regelmäßig ihren Honigsaft abmelken. Noch merkwürdiger ist freilich die Sklavenhalterei der großen roten Ameisen, welche die Jungen der kleinen schwarzen Ameisenarten rauben und zu Sklavendiensten auferziehen. Daß alle diese staatlichen und sozialen Einrichtungen der Ameisen durch das planmäßige Zusammenwirken zahlreicher Staatsbürger entstanden sind, und daß diese sich untereinander verständigen, weiß man schon lange. Durch zahlreiche vortreffliche Beobachter in neuerer Zeit, namentlich durch *Fritz Müller*, *John Lubbock* und *August Forel*, ist die erstaunlich hohe Entwickelung der Geistestätigkeit bei diesen kleinen Gliedertieren außer Zweifel gestellt.

Nun vergleichen Sie damit einmal, wie es *Darwin* tut, die Seelentätigkeit vieler niederen und namentlich vieler parasitischen Insekten. Da gibt es z. B. Schildläuse (*Coccus*), die im erwachsenen Zustande einen völlig unbeweglichen und auf den Blättern von Pflanzen festgewachsenen schildförmigen Körper darstellen. Ihre Füße sind verkümmert. Ihr Schnabel ist in das Gewebe der Pflanzen eingesenkt, deren Säfte sie aussaugen. Die ganze Seelentätigkeit dieser regungslosen weiblichen Parasiten besteht in dem Genusse, den ihnen das Saugen dieser Säfte und der Geschlechtsverkehr mit den beweglichen Männchen gewährt. Dasselbe gilt von den madenförmigen Weibchen der Fächerflügler (*Strepsiptera*), die flügellos und fußlos ihr ganzes Leben parasitisch und unbeweglich im Hinterleibe von Wespen zubringen. Von irgend welcher höheren Geistestätigkeit ist da gar keine Rede. Wenn Sie nun diese viehischen Parasiten mit jenen geistig so beweglichen und regsamen Ameisen vergleichen, so werden Sie sicher zugeben, daß die psychischen Unterschiede zwischen beiden viel größer sind als die Seelen-Unterschiede zwischen den niedersten und höchsten Säugetieren, zwischen den Gabeltieren, Beuteltieren und Gürteltieren einerseits, den Hunden, Affen und Menschen anderseits. Und doch gehören alle jene Insekten zu einer einzigen Gliedertierklasse, ebenso wie alle diese Säugetiere zweifellos zu einer einzigen Wirbeltierklasse gehören. Und ebenso wie jeder konsequente Anhänger der Entwickelungslehre für alle jene Insekten eine gemeinsame Stammform annehmen muß, ebenso muß er auch für alle diese Säugetiere eine gemeinsame Abstammung notwendig behaupten.

Wenden wir uns nun von der vergleichenden Betrachtung der Seelentätigkeit der verschiedenen Tiere zu der Frage nach

den Organen dieser Funktion, so erhalten wir die Antwort, daß
dieselbe bei allen höheren Tieren stets an bestimmte Zellengruppen
gebunden ist, und zwar an jene Ganglienzellen oder *Neuronen*,
welche das Zentralnervensystem zusammensetzen. Alle Naturforscher ohne Ausnahme stimmen darin überein, daß das Z e n t r a l -
n e r v e n s y s t e m s   d a s   O r g a n   d e s   S e e l e n l e b e n s   der Tiere
ist, und man kann ja auch jederzeit diese Behauptung experi-
mentell beweisen. Wenn wir das Zentralnervensystem ganz oder
teilweise zerstören, so vernichten wir damit zugleich ganz oder
teilweise die „Seele" oder die psychische Tätigkeit des Tieres.
Wir werden also zunächst zu fragen haben, wie sich das Seelenorgan beim Menschen verhält. Die unbestreitbare Antwort hierauf
wissen Sie bereits. Das Seelenorgan des Menschen ist seinem
Bau und Ursprung nach dasselbe Organ, wie dasjenige aller
anderen Wirbeltiere. Es entsteht als einfaches Markrohr oder
Medullarrohr aus der äußeren Haut des Embryo, aus dem Hautsinnesblatt. Die einfache Hirnblase, welche aus dem Kopfstücke
jenes Markrohrs durch Anschwellung entsteht, zerfällt durch
Quergliederung in fünf Hirnblasen, und diese durchlaufen während
ihrer allmählichen Entwickelung beim menschlichen Embryo dieselben, mehr oder weniger ähnlichen Stufen der Ausbildung, wie
bei den übrigen Säugetieren. Wie diese letzteren zweifellos eines
gemeinsamen Ursprungs sind, so muß auch ihr Gehirn und Rückenmark desselben Ursprungs sein!
    Die Physiologie lehrt uns ferner durch Beobachtung und Ex-
periment, daß das Verhältnis der „S e e l e" zu ihrem O r g a n,
dem Gehirn und Rückenmark, ganz dasselbe beim Menschen wie
bei allen übrigen Säugetieren ist. Jene erstere kann ohne dieses
letztere überhaupt nicht tätig sein; sie ist an dasselbe ebenso gebunden, wie die Muskelbewegung an den Muskel. Sie kann sich
daher auch nur im Zusammenhang mit ihm entwickeln. Wenn
wir nun Anhänger der Descendenztheorie sind, und wenn wir den
kausalen Zusammenhang zwischen der *Ontogenese* und der *Phylogenese* zugestehen, so werden wir jetzt zur Anerkennung folgender Sätze gezwungen sein: Die Seele oder „Psyche" des Menschen
hat sich als Funktion des Markrohrs mit diesem zugleich entwickelt, und wie noch jetzt bei jedem menschlichen Individuum
Gehirn und Rückenmark sich aus dem einfachen Markrohr entwickeln, so ist auch der „Menschengeist" oder die Seelentätigkeit
des ganzen Menschengeschlechts allmählich und stufenweise aus
der niederen Wirbeltierseele entstanden. Wie noch heute bei
jedem menschlichen Individuum der komplizierte Wunderbau des

Gehirns sich Schritt für Schritt ganz aus derselben Grundlage, aus denselben einfachen fünf Hirnblasen wie bei allen anderen Schädeltieren hervorbildet, so hat auch die Menschenseele sich im Laufe von Jahrmillionen allmählich aus einer langen Reihe von verschiedenen Schädeltierseelen hervorgebildet. Wie endlich noch heute bei jedem menschlichen Embryo die einzelnen Teile des Gehirns sich nach dem speziellen Typus des Affengehirns differenzieren, so hat sich auch die Menschenpsyche historisch aus der Affenseele hervorgebildet.

Freilich wird diese monistische Auffassung von den meisten Menschen mit Entrüstung zurückgewiesen und dagegen die dualistische Ansicht vertreten, welche den untrennbaren Zusammenhang von Gehirn und Seele leugnet, und welche „Körper und Geist" als zwei ganz verschiedene Dinge betrachtet. Allein wie sollen wir diese allgemein verbreitete Ansicht mit den bekannten Tatsachen der Entwickelungsgeschichte zusammenreimen? Jedenfalls bietet dieselbe ebenso große und ebenso unübersteigliche Schwierigkeiten für die Keimesgeschichte, wie für die Stammesgeschichte. Wenn man mit den meisten Menschen annimmt, daß die Seele ein selbständiges unabhängiges Wesen ist, welches ursprünglich mit dem Körper nichts zu tun hat, sondern nur zeitweilig in demselben wohnt, und welches seine Empfindungen durch das Gehirn ebenso äußert, wie der Klavierspieler durch das Klavier, so muß man in der Keimesgeschichte des Menschen einen Zeitpunkt annehmen, in welchem die Seele in den Körper, und zwar in das Gehirn eintritt; und man muß ebenso beim Tode einen Augenblick annehmen, in welchem dieselbe den Körper wieder verläßt. Da ferner jeder Mensch bestimmte individuelle Seeleneigenschaften von beiden Eltern geerbt hat, so muß man annehmen, daß beim Zeugungsakte Seelenportionen von letzteren auf den Keim übertragen werden. Ein Stückchen Vaterseele begleitet die Spermazelle, ein Stückchen Mutterseele bleibt bei der Eizelle. In dem Augenblicke der Befruchtung, in welchem gleiche Kernportionen jener beiden kopulierenden Zellen zur Bildung des neuen Kerns der Stammzelle zusammentreten (S. 145), müßten dann auch die begleitenden immateriellen Seelenportionen zusammenfließen.

Bei dieser dualistischen Ansicht bleiben unbegreiflich die Erscheinungen der psychischen Entwickelung. Wir alle wissen, daß das neugeborene Kind kein Bewußtsein, keine Erkenntnis von sich selbst und von der umgebenden Welt besitzt. Wer selbst Kinder hat und deren geistige Entwickelung verfolgt, kann bei unbefangener Beobachtung derselben unmöglich leugnen, daß hier

biologische Entwickelungs-Prozesse walten. Wie alle anderen
Funktionen unseres Körpers sich im Zusammenhange mit ihren
Organen entwickeln, so auch die Seele im Zusammenhang mit
dem Gehirn. Ist ja doch gerade die stufenweise Entwickelung
der Kindesseele eine so wundervolle und herrliche Erscheinung,
daß jede Mutter und jeder Vater, die offene Augen zum Beobachten besitzen, nicht müde werden, sich daran zu ergötzen.
Nur allein die Lehrbücher der *Psychologie* wissen von einer solchen
Entwickelung nichts, und man muß fast auf den Gedanken kommen,
daß die Verfasser derselben niemals selbst Kinder besessen haben.
Die Menschenseele, wie sie in den allermeisten psychologischen
Werken dargestellt wird, ist nur die einseitig ausgebildete Seele
eines gelehrten Philosophen, der zwar sehr viel Bücher kennt, aber
nichts von Entwickelungsgeschichte weiß und nicht daran denkt,
daß auch diese seine eigene Seele sich entwickelt hat.

Dieselben dualistischen Philosophen müssen natürlich, wenn
sie konsequent sind, auch für die Stammesgeschichte der menschlichen Seele einen Moment annehmen, in welchem dieselbe zuerst
in den Wirbeltierkörper des Menschen „eingefahren" ist. Demnach
müßte zu jener Zeit, als der menschliche Körper sich aus dem
anthropoiden Affenkörper entwickelte (also wahrscheinlich in der
neueren Tertiärzeit), plötzlich einmal ein spezifisch menschliches
Seelenelement — oder wie man es auszudrücken pflegt, ein „gött-
licher Funke" — in das anthropoide Affengehirn hineingefahren
oder hineingeblasen sein und sich hier der bereits vorhandenen
Affenseele assoziiert haben. Welche theoretischen Schwierigkeiten
diese Vorstellung darbietet, braucht nicht auseinandergesetzt zu
werden. Ich will nur darauf hinweisen, daß auch dieser „göttliche
Funke", durch den sich die menschliche Psyche von allen Tier-
seelen unterscheiden soll, doch selbst wieder ein entwickelungs-
fähiges Ding sein muß und tatsächlich im Laufe der Menschengeschichte sich fortschreitend entwickelt hat. Gewöhnlich versteht
man unter diesem „göttlichen Funken" die „Vernunft" und
meint damit dem Menschen eine ganz besondere Seelenfunktion
zuzuweisen, die ihn von allen „unvernünftigen Tieren" unterscheidet.
Die vergleichende Psychologie beweist uns aber, daß dieser Grenz-
pfahl zwischen Mensch und Tier keinenfalls haltbar ist. Entweder
nehmen wir den Begriff der Vernunft im weiteren Sinne, und
dann kommt dieselbe den höheren Säugetieren (Affen, Hunden,
Elefanten, Pferden) ebenso gut wie den meisten Menschen zu;
oder wir fassen den Begriff der Vernunft im engeren Sinne, und
dann fehlt sie der Mehrzahl der Menschen ebenso gut wie den

meisten Tieren. Im ganzen gilt noch heute von der Vernunft des Menschen dasselbe, was seinerzeit *Goethe*s Mephisto sagte:

> „Ein wenig besser würd' er leben,
> „Hätt'st Du ihm nicht den Schein des Himmelslichts gegeben:
> „Er nennt's „Vernunft" und braucht's allein,
> „Nur tierischer als jedes Tier zu sein."

Wenn wir demnach diese allgemein beliebten und in vieler Beziehung recht angenehmen dualistischen Seelentheorien als völlig unhaltbar, weil mit den genetischen Tatsachen unvereinbar, fallen lassen müssen, so bleibt uns nur die entgegengesetzte monistische Ansicht übrig, wonach die Menschenseele, gleich jeder anderen Tierseele, eine Funktion des Zentralnervensystems ist und in untrennbarem Zusammenhange mit diesem sich entwickelt hat. Ontogenetisch sehen wir das an jedem Kinde. Phylogenetisch müssen wir dasselbe nach dem Biogenetischen Grundgesetze behaupten. Wie sich bei jedem menschlichen Embryo aus dem Hautsinnesblatte das Markrohr, aus dessen Vorderteil die fünf Hirnblasen der Schädeltiere und aus diesen das Säugetiergehirn entwickelt (zuerst mit den Charakteren der niederen, dann mit denen der höheren Säugetiere), und wie dieser ganze ontogenetische Prozeß nur eine kurze, durch Vererbung bedingte Wiederholung desselben Vorganges in der Phylogenese der Wirbeltiere ist, so hat sich auch die wunderbare Geistestätigkeit des Menschengeschlechts im Laufe vieler Jahrtausende stufenweise aus der unvollkommenen Seelentätigkeit der niederen Wirbeltiere Schritt für Schritt hervorgebildet, und die Seelenentwickelung jedes Kindes ist nur eine abgekürzte Wiederholung jenes langen und verwickelten phylogenetischen Prozesses. Aus allen diesen Tatsachen muß die nüchterne reine Vernunft den Schluß ziehen, daß der herrschende Glaube an die Unsterblichkeit der menschlichen Seele ein unhaltbarer Aberglaube ist; ich habe seinen Widerspruch gegen die moderne Naturerkenntnis im elften Kapitel meiner „Welträtsel" eingehend bewiesen.

Hier werden Sie nun auch inne werden, welche außerordentliche Bedeutung die Anthropogenie im Lichte des Biogenetischen Grundgesetzes für die Philosophie erlangen wird. Die spekulativen Philosophen, die sich der ontogenetischen Tatsachen bemächtigen und dieselben (jenem Gesetze gemäß) phylogenetisch deuten werden, die werden bedeutendere Fortschritte in den Hauptfragen der Philosophie herbeiführen, als den größten Denkern aller Jahrhunderte bisher gelungen ist. Unzweifelhaft muß jeder konsequente und klare Denker aus den Ihnen vorgeführten Tat-

sachen der vergleichenden Anatomie und Ontogenie eine Fülle
von anregenden Gedanken und Betrachtungen schöpfen, die ihre
Wirkung auf die weitere Entwickelung der philosophischen Weltanschauung nicht verfehlen können. Ebenso kann es keinem
Zweifel unterliegen, daß die gehörige Erwägung und die vor-
urteilsfreie Beurteilung dieser Tatsachen zu dem entscheidenden
Siege derjenigen philosophischen Richtung führen wird, die wir
mit einem Worte als monistische oder mechanische bezeichnen, im Gegensatze zu der dualistischen oder teleologischen, auf welcher die meisten philosophischen Systeme des
Altertums wie des Mittelalters und der neueren Zeit beruhen.
Diese mechanische oder monistische Philosophie behauptet, daß
überall in den Erscheinungen des menschlichen Lebens, wie in
denen der übrigen Natur, feste und unabänderliche *Gesetze* walten,
daß überall ein notwendiger ursächlicher Zusammenhang, ein
Kausalnexus der Erscheinungen besteht, und daß demgemäß die
ganze, uns erkennbare Welt ein einheitliches Ganzes, ein „*Monon*"
bildet. Sie behauptet ferner, daß alle Erscheinungen nur durch
mechanische Ursachen (*causae efficientes*), nicht durch vor-
bedachte zwecktätige Ursachen (*causae finales*) hervorgebracht
werden. Einen „freien Willen" im gewöhnlichen Sinne gibt es
hiernach nicht. Vielmehr erscheinen im Lichte dieser monistischen
Weltanschauung auch diejenigen Erscheinungen, die wir als die
freiesten und unabhängigsten zu betrachten uns gewöhnt haben,
die Aeußerungen des menschlichen Willens, gerade so festen Gesetzen unterworfen, wie jede andere Naturerscheinung. In der Tat
lehrt uns jede unbefangene und gründliche Prüfung unserer
„freien" Willenshandlungen, daß dieselben niemals wirklich frei,
sondern stets durch vorausgegangene ursächliche Momente bestimmt sind, welche sich entweder auf Vererbung oder auf
Anpassung schließlich zurückführen lassen. Ueberhaupt können
wir demnach die beliebte Unterscheidung von Natur und Geist
nicht zugeben. Ueberall in der Natur ist Geist, und einen Geist
außer der Natur kennen wir nicht. Daher ist auch die übliche Unterscheidung von Naturwissenschaft und Geisteswissenschaft unhaltbar.
Jede Wissenschaft als solche ist Natur- und Geisteswissenschaft
zugleich; das ist ein fester Grundsatz unseres *Monismus*, den wir
mit Bezug auf die Religion auch Pantheismus nennen können.
Der Mensch steht nicht über der Natur, sondern in der Natur.

Allerdings lieben es die Gegner der Entwickelungslehre, die
darauf gegründete monistische Philosophie als „*Materialismus*" zu
verketzern, indem sie zugleich die philosophische Richtung dieses

Namens mit dem gar nicht dazu gehörigen und ganz verwerflichen sittlichen Materialismus vermengen. Allein streng genommen, könnte man unseren „Monismus" mit ebenso viel Recht oder Unrecht als Spiritualismus wie als Materialismus bezeichnen. Die eigentliche materialistische Philosophie behauptet, daß die Bewegungserscheinungen des Lebens, gleich allen anderen Bewegungserscheinungen, Wirkungen oder Produkte der Materie sind. Das andere, entgegengesetzte Extrem, die spiritualistische Philosophie, behauptet gerade umgekehrt, daß die Materie das Produkt der bewegenden Kraft ist, und daß alle materiellen Formen durch freie und davon unabhängige Kräfte hervorgebracht sind. Also nach der einseitigen materialistischen Weltanschauung ist die Materie oder der Stoff früher da als die lebendige Kraft; nach der ebenso einseitigen spiritualistichen Weltanschauung umgekehrt. Beide Anschauungen sind *dualistisch,* und beide Anschauungen halten wir für gleich falsch. Der Gegensatz beider Anschauungen hebt sich für uns auf in der monistischen Philosophie, welche sich Kraft ohne Materie ebensowenig denken kann, wie Materie ohne Kraft. Versuchen Sie nur einmal vom streng naturwissenschaftlichen Standpunkte aus darüber längere Zeit nachzudenken, und Sie werden bei genauerer Prüfung finden, daß Sie sich das eine ohne das andere überhaupt gar nicht klar vorstellen können. Wie schon *Goethe* sagte, „kann die Materie nie ohne Geist, der Geist nie ohne Materie existieren und wirksam sein" [125].

„Geist" und „Seele" des Menschen sind auch nichts anderes als *Kräfte* oder *Energieformen,* die an das materielle Substrat unseres Körpers untrennbar gebunden sind. Wie die Bewegungskraft unseres Fleisches an die Formelemente der Muskeln, so ist die Denkkraft unseres Geistes an die Formelemente des Gehirns gebunden. Unsere Geisteskräfte sind ebenso Funktionen dieser Körperteile, wie jede „Kraft" die Funktion eines materiellen Körpers ist. Wir kennen gar keinen Stoff, der nicht Kräfte besitzt, und wir kennen umgekehrt keine Kräfte, die nicht an Stoffe gebunden sind. Wenn die Kräfte als Bewegungen in die Erscheinung treten, nennen wir sie lebendige (aktive) Kräfte oder Tatkräfte; wenn die Kräfte hingegen im Zustande der Ruhe oder des Gleichgewichts sind, nennen wir sie gebundene (latente) Kräfte oder Spannkräfte. Das gilt ganz ebenso von den anorganischen, wie von den organischen Naturkörpern. Der Magnet, der Eisenspäne anzieht, das Pulver, das explodiert, der Wasserdampf, der die Lokomotive treibt, sind lebendige Anorgane; sie wirken ebenso durch lebendige Kraft, wie die empfindsame

Mimose, die bei der Berührung ihre Blätter zusammenfaltet, wie
der ehrwürdige Amphioxus, der sich im Sande des Meeres vergräbt,
wie der Mensch, der denkt. Nur sind in diesen letzteren Fällen
die Kombinationen der verschiedenen Kräfte, welche als „Bewegung" in die Erscheinung treten, viel verwickelter und viel
schwieriger zu erkennen, als in jenen ersteren Fällen.

Unsere Anthropogenie hat uns zu dem Resultate geführt, daß
auch in der gesamten Entwickelungsgeschichte des Menschen, in
der Keimes-, wie in der Stammesgeschichte, keine anderen lebendigen Kräfte wirksam sind, als in der übrigen organischen und
anorganischen Natur. Alle die Kräfte, die dabei wirksam sind,
konnten wir zuletzt auf das Wachstum zurückführen, auf jene
fundamentale Entwickelungsfunktion, durch welche ebenso die
Formen der Anorgane wie der Organismen entstehen. Das Wachstum selbst aber beruht wieder auf Anziehung und Abstoßung von
gleichartigen und ungleichartigen Teilchen. Schon *Carl Ernst
von Baer* faßte im Jahre 1828 das allgemeinste Resultat seiner
klassischen Untersuchungen über Entwickelungsgeschichte der
Tiere in dem Satze zusammen: „die Entwickelungsgeschichte des
Individuums ist die Geschichte der wachsenden Individualität in
jeglicher Beziehung". Gehen wir aber tiefer auf den Grund dieser
„Wachstumsgesetze" hinab, so finden wir, daß sie zuletzt sich
immer auf jene Anziehung und Abstoßung der beseelten Atome
zurückführen lassen, die bereits *Empedocles* vor 2400 Jahren als
„Liebe und Haß" der Elemente bezeichnete.

Die Entwickelung des Menschen erfolgt demgemäß nach
denselben „ewigen, ehernen Gesetzen", wie die Entwickelung jedes
anderen Naturkörpers. Diese Gesetze führen uns überall auf dieselben einfachen Prinzipien zurück, auf die elementaren Grundsätze
der Physik und Chemie. Nur durch den Grad der Verwickelung,
durch die Stufe der Zusammensetzung, in welcher die verschiedenen
Kräfte zusammenwirken, sind die einzelnen Naturerscheinungen so
verschieden. Jeder einzelne Prozeß der Anpassung und Vererbung
in der Stammesgeschichte unserer Vorfahren ist schon an
sich ein sehr verwickeltes physiologisches Ereignis. Unendlich
verwickelter aber sind die Vorgänge unserer menschlichen Keimesgeschichte; denn in dieser sind ja schon Tausende von jenen
phylogenetischen Prozessen verdichtet und zusammengefaßt.

In meiner „Generellen Morphologie", die 1866 erschien,
hatte ich den ersten Versuch gewagt, die von *Charles Darwin*
reformierte Descendenztheorie auf das Gesamtgebiet der Biologie
anzuwenden und insbesondere die organische Formenwissenschaft

mit ihrer Hülfe m e c h a n i s c h zu begründen. Die innigen
Beziehungen, welche zwischen allen Teilen der organischen
Naturwissenschaft bestehen, vor allem aber der unmittelbare Kausalnexus zwischen beiden Teilen der Entwickelungsgeschichte, zwischen
Ontogenie und *Phylogenie,* wurden in jenem Werke zum ersten
Male durch den Transformismus erklärt, und zugleich ihre philosophische Bedeutung im Lichte der Abstammungslehre erläutert. Der
anthropologische Teil der „Generellen Morphologie" (VII. Buch) enthält auch den ersten Versuch, die „A h n e n r e i h e d e s M e n s c h e n"
zoologisch zu bestimmen (Bd. II, S. 428). Wie unvollständig auch
diese *Progonotaxis* war, so gab sie doch den ersten Anhalt für
die nachfolgende weitere Erforschung unserer ausgestorbenen Vorfahrenkette. In den 44 Jahren, die seitdem verflossen sind, hat sich
unser biologischer Gesichtskreis außerordentlich erweitert; unsere
empirischen Kenntnisse auf den Gebieten der Paläontologie, der vergleichenden Anatomie und Ontogenie sind in erstaunlichem Maße
gewachsen, dank den vereinten Anstrengungen zahlreicher treff-
licher Arbeiter und der Anwendung verbesserter Methoden. Viele
wichtige Fragen der Biologie, welche damals noch als dunkle Rätsel
vor uns standen, erscheinen heute schon gelöst; und wenn nach
der dunklen Nacht mystischer Dogmatik der *Darwinismus* als die
Morgenröte eines neuen Tages klaren monistischen Naturerkennens
erschien, so dürfen wir heute stolz und freudig sagen, daß es in
unserem Forschungsgebiete heller, lichter Tag geworden ist.

Philosophen und Laien, welche den empirischen Quellen
unserer „Schöpfungsurkunden" ebenso fern stehen, als den phylogenetischen Methoden ihrer historischen Verwertung, haben noch
neuerdings die Ansicht ausgesprochen, daß mit der Erkenntnis
unseres tierischen Stammbaums weiter nichts erreicht sei, als die
Entdeckung einer „A h n e n g a l l e r i e", wie man sie auf fürstlichen
Schlössern findet. Dieses Urteil würde richtig sein, wenn unsere
im zweiten Teile der Anthropogenie begründete Progonotaxis
weiter nichts wäre, als die reihenweise Zusammenstellung von ähnlichen Tierformen, deren genetischen Zusammenhang wir nach der
äußeren Aehnlichkeit ihrer Physiognomie vermuteten. Wie wir
oben genügend bewiesen zu haben glauben, handelt es sich für
uns um etwas ganz anderes, um den morphologischen und historischen Nachweis des phylogenetischen Zusammenhangs jener
Ahnenkette auf Grund ihrer Uebereinstimmung im *inneren*
Körperbau und in der *Keimesgeschichte;* und bis zu welchem
Maße gerade diese geeignet ist, uns das Verständnis ihres i n n e r e n
W e s e n s und seiner historischen Entwickelung zu eröffnen, das

glaube ich im ersten Teile dieses Buches hinreichend gezeigt zu
haben. Gerade in dem Nachweise des historischen Zusammenhanges
erblicke ich den Kern seiner Bedeutung. Denn ich gehöre zu
jenen Naturforschern, welche an eine wahre „Natur-Geschichte"
glauben, und denen die historische Erkenntnis der Vergangenheit
ebenso hoch steht wie die exakte Erforschung der Gegenwart.
Der unschätzbare Wert des historischen Bewußtseins kann
nicht genug betont werden in einer Zeit, in welcher die Geschichts-
forschung bald ignoriert, bald auf den Kopf gestellt wird, und in
welcher eine ebenso anspruchsvolle als beschränkte „exakte Schule"
sie durch physikalische Experimente und mathematische Formeln
ersetzen will. Die historische Bildung kann aber durch keinen
anderen Wissenszweig ersetzt werden!

Freilich sind die Vorurteile, welche der allgemeinen Anerkennung dieser „natürlichen Anthropogenie" entgegenstehen, auch
heute noch ungeheuer mächtig; sonst würde schon jetzt der uralte
Streit der verschiedenen philosophischen Systeme zu Gunsten des
Monismus entschieden sein. Es läßt sich aber mit Sicherheit
voraussehen, daß die allgemeinere Bekanntschaft mit den genetischen Tatsachen jene Vorurteile mehr und mehr vernichten und
den Sieg der naturgemäßen Auffassung von der „Stellung des
Menschen in der Natur" herbeiführen wird. Wenn man dieser
Aussicht gegenüber vielfältig die Befürchtung aussprechen hört,
daß dadurch ein Rückschritt in der intellektuellen und moralischen
Entwickelung des Menschen herbeigeführt werde, so kann ich
Ihnen dagegen meine Ueberzeugung nicht verbergen, daß dadurch
gerade umgekehrt die fortschreitende Entwickelung des menschlichen Geistes in ungewöhnlichem Maße gefördert werden wird.
Denn jeder Fortschritt in der tieferen Erkenntnis der Wahrheit
bedeutet zugleich einen Fortschritt in der höheren Ausbildung
unserer menschlichen Vernunft; und in ihrer Anwendung auf
das praktische Leben eine entsprechende Vervollkommnung unserer
Sittlichkeit. Nur durch Wahrheit und Vernunft aber können
wir die schlimmsten Feinde des Menschengeschlechts bekämpfen:
Unwissenheit und Aberglauben! Jedenfalls wünsche und hoffe ich,
Sie durch diese Vorträge davon fest überzeugt zu haben, daß das
wahre wissenschaftliche Verständnis des menschlichen Organismus
nur auf demjenigen Wege erlangt werden kann, welchen wir überhaupt in der organischen Naturforschung als den einzig richtigen
und zum Ziele führenden anerkennen müssen, auf dem Wege der

Entwickelungsgeschichte!

Sechzigste Tabelle.

Phylogenie der Funktionen (= Physiogenie).

Uebersicht über die Hauptstufen in der Stammesgeschichte
der menschlichen Lebenstätigkeiten.

I. Erste Hauptstufe in der Phylogenie der Funktionen:

Die Lebenstätigkeit der Protisten.

Der Organismus ist eine einfache Plastide (anfangs
kernlose Cytode, später kernhaltige Zelle), weiterhin ein einfacher Verein
von gleichartigen Zellen (*Coenobium*); ohne Gewebe, ohne Darm.

1. Erste Stufe: **Das Leben der Chromaceen.**

Der *protophytische* Organismus (ohne Organe!) — durch Archigonie
entstanden (S. 520, 535) — ist ein homogenes Plasmakorn, oder
ein vegetales Moner (*Chroococcus*, S. 533); seine ganze Lebenstätigkeit
besteht in dem chemischen Prozeß der Plasmodomie (= Kohlenstoff-
Assimilation), Wachstum und Vermehrung durch Teilung.

2. Zweite Stufe: **Das Leben der Algarien.**

Der *protophytische* Organismus ist eine einfache vegetale Zelle
(*Eremosphaera, Palmella*, S. 539), aus der Chromaceen-Cytode entstanden
durch den ältesten biologischen Differenzierungsprozeß, durch Sonderung
des inneren Zellkerns (*Nucleus*, Karyoplasma) vom äußeren Zellenleibe
(*Cytosoma*, Cytoplasma). S. 536. Das Karyoplasma besorgt die Fortpflanzung und Vererbung, das Cytoplasma die Ernährung und Anpassung.

3. Dritte Stufe: **Das Leben der Protozoen.**

Der *protozoische* Organismus ist eine einfache animale Zelle,
durch *Metasitismus* (S. 540) aus der vegetalen Algarienzelle entstanden;
der plasmodome Stoffwechsel der letzteren hat sich in die plasmophage
Ernährung der ersteren verwandelt. Die Bewegungen des nackten (von
der Zellhülle befreiten) Cytosoma sind anfangs amoeboide (*Amoebina*),
später flagellate (*Infusoria*). S. 536—541.

4. Vierte Stufe: **Das Leben der Coenobien.**

Durch bleibende Vereinigung von gleichartigen Protozoenzellen entstehen die ältesten animalen Zellvereine (*Coenobia*); kugelige Kolonien
von Geißelzellen, gleich den *Catallacta* und *Volvocina*. Die Wand der
Hohlkugel bildet eine einfache Zellenschicht, gleich dem *Blastoderm* der
Blastula. Vergl. die *Blastaeaden*, S. 543—547.

II. Zweite Hauptstufe in der Phylogenie der Funktionen:

Die Lebenstätigkeit der Coelenterien.

Der Organismus ist ein vielzelliges Metazoon ohne
Coelom, aus mindestens zwei verschiedenen Zellenschichten (Geweben)
zusammengesetzt (*Ektoderm* und *Entoderm*), mit einem einfachen Darmrohr
(Urdarm und Urmund), aber noch ohne After, ohne Leibeshöhle, ohne
Blutgefäße.

5. Fünfte Stufe: **Das Leben der Gastraeaden.**

Die Hohlkugel des *Coenobiums* (4.) hat sich in die G a s t r a e a
(S. 547) verwandelt, indem durch einseitige Einstülpung der Urdarm und
Urmund entstand (S. 548) und damit zugleich Arbeitsteilung der ein-
fachen Zellenschicht; das *Blastoderm* (S. 543) sondert sich in animales
Ektoderm und vegetales *Entoderm* (S. 548—556); das erstere (Hautblatt)
übernimmt die Funktionen der Empfindung und Bewegung, das letztere
(Darmblatt) die Tätigkeiten der Ernährung und Fortpflanzung.

6. Sechste Stufe: **Das Leben der Platoden.**

Die schwimmende monaxone Form der *Gastraea* verwandelt sich in
die kriechende bilaterale Form der P l a t o d a r i e n (*Cryptocoela*, S. 570).
Indem aus ein Paar Hautdrüsen sich Pronephridien entwickeln und die
epidermale Scheitelplatte sich in das hypodermale Hirnganglion verwandelt,
entstehen daraus T u r b e l l a r i e n (*Rhabdocoela*, S. 574). Durch Entwickelung
einfachster Sinnesorgane erhebt sich die Psyche auf eine höhere Stufe.

III. Dritte Hauptstufe in der Phylogenie der Funktionen:

Die Lebenstätigkeit der Vermalien.

D e r O r g a n i s m u s i s t e i n V e r m a l e, ein Wurmtier im engeren
Sinne, d. h. ein M e t a z o o n m i t L e i b e s h ö h l e u n d m i t A f t e r,
aber noch ungegliedert und ohne die typischen Charaktere eines der
höheren Tierstämme.

7. Siebente Stufe: **Das Leben der Rotatorien.**

Aus den *Turbellarien* (6.) sind durch Bildung der zweiten Darmöffnung (A f t e r) und der perienterischen Leibeshöhle primitive V e r -
m a l i e n entstanden (*Gastrotricha*, S. 578); der Ernährungsprozeß differenziert sich; aber Blutgefäße fehlen noch.

8. Achte Stufe: **Das Leben der Nemertinen.**

Durch die Ausbildung von B l u t g e f ä ß e n bei den höheren Ver-
malien sondert sich ein besonderes *Zirkulationssystem* vom Darmsystem
(S. 579). Dasselbe besteht aus zwei medianen Blutkanälen, die in der
Darmwand liegen und vorn und hinten durch eine den Darm umfassende
Schlinge verbunden sind: das dorsale Rohr (Rückengefäß) und das ven-
trale Rohr (Bauchgefäß). (Vergl. die einfachsten Formen der *Nemertinen,*
Fig. 298, S. 580.)

9. Neunte Stufe: **Das Leben der Enteropneusten.**

Der Darmkanal sondert sich in zwei Hauptabschnitte, den vorderen
Kopfdarm, der zur Atmung, und den hinteren Rumpfdarm, der zur Verdauung dient. Am respiratorischen K o p f d a r m brechen Kiemenspalten
nach außen durch (,,*Kiemendarm*''); am digestiven R u m p f d a r m
stülpen sich Lebersäcke aus (,,*Leberdarm*''). Zwischen den Kiemenspalten
bilden sich Gefäßbogen, welche vom Bauchgefäß zum Rückengefäß aufsteigen. Die beiden Hauptblutgefäße verlaufen in dem dorsalen und
ventralen *Mesenterium,* der permanenten medianen Scheidewand zwischen
d e n b e i d e n C o e l o m t a s c h e n. (Vergl. *Balanoglossus*, Fig. 299, S. 580.)

10. Zehnte Stufe: **Das Leben der Prochordonier.**

Der *Vermalien*-Organismus erreicht im ganzen die Bildungsstufe der ältesten C h o r d o n i e r (*Chordaten* oder Chordatiere), von denen die heutigen C o p e l a t e n (die niedersten *Tunicaten*) einen modifizierten Ueberrest darstellen. Der dorsale Nervenstamm sinkt in die Tiefe und wird zum M e d u l l a r r o h r. Unter demselben entsteht als innere Skelettstütze die C h o r d a, aus einer medianen Rinne der dorsalen Darmwand. Gegenüber dieser „oberen Epibranchialrinne" sondert sich in der Mittellinie der ventralen Wand des Kiemendarms die drüsige Hypobranchialrinne, die die Nahrung dem Leberdarm zuführt. (Vergl. *Appendicaria*, Fig. 276, S. 490.) Das ontogenetische Schattenbild dieser wichtigen *Prochordonier*-Ahnen hat sich in der C h o r d u l a der *Tunicaten* und *Vertebraten* bis heute erhalten. (Vergl. S. 245—259.)

IV. Vierte Hauptstufe in der Phylogenie der Funktionen:
Die Lebenstätigkeit der Vertebraten.

Der *Vertebraten*-Organismus entsteht aus dem ungegliederten *Chordonier*-Bau durch i n n e r e G l i e d e r u n g des langgestreckten Körpers: W i r b e l b i l d u n g (*Vertebratio*). Diese segmentale Gliederung oder M e t a m e r i e betrifft zunächst im Rückenleibe (*Episoma*) das Muskelsystem, im Bauchleibe (*Hyposoma*) das Geschlechtssystem; so entstehen oben ein paar Reihen von Rumpfmuskeln, unten von Gonaden. Im Anschluß daran gliedert sich auch das Nierensystem, Nervensystem und Gefäßsystem, später das Skelettsystem. Die damit verknüpfte M u l t i p l i k a t i o n und weitgehende A r b e i t s t e i l u n g der Organe bedingt eine höhere und reichere Entfaltung aller Lebenstätigkeiten.

11. Elfte Stufe: **Das Leben der Acranier.**

Der älteste W i r b e l t i e r-Organismus erreicht im ganzen die Bildungsstufe der heutigen A c r a n i e r (*Amphioxus*). Die *sechs Fundamental-Organe* (S. 258) haben die ältesten U r w i r b e l t i e r e (*Prospondylia*, S. 270, 592) von ihren *Prochordonier*-Ahnen durch Vererbung erhalten; sie haben aber deren Funktionen (— und infolgedessen deren Strukturen —) vielseitig weiter entwickelt. Durch lebhaftere Schwimmbewegungen des länger werdenden Körpers trat zunächst Gliederung der Rumpfmuskeln (im Episoma) und der Gonaden (im Hyposoma) ein. Ihnen folgte korrelativ die Metamerie des Nerven-, Nieren- und Gefäßsystems. (Vergl. Amphioxus, Vortrag 16 und 17.)

12. Zwölfte Stufe: **Das Leben der Cyclostomen.**

Der älteste C r a n i o t e n-Organismus gleicht in den allgemeinen Bildungsverhältnissen teils den heutigen *Myxinoiden*, teils den *Petromyzonten*. Das vordere Ende des Medullarrohrs erweitert sich zum Gehirn; die drei höheren Sinnesorgane bilden sich aus. Der vordere Teil der Perichorda wird zum Schädel. Das einfache spindelförmige Herz (der Prochordonier) teilt sich in Kammer und Vorkammer. Die segmentalen Pronephridien (der Acranier) werden zu einer kompakten Kopfniere (*Pronephros*). Die metameren Gonaden verschmelzen zu einem einzigen Drüsenpaar.

60*

13. Dreizehnte Stufe: **Das Leben der Fische.**

Der *Gnathostomen*-Organismus erreicht in der S i l u r z e i t im allgemeinen die Bildungs- und Lebensverhältnisse der heutigen U r f i s c h e
(Selachii). In der Hautdecke (bisher nackt und weich) entwickeln sich
Placoidschuppen; in der Mundhöhle Knochenzähne. Am Kopfe entstehen ein Paar Nasengruben, Ober- und Unterkiefer. Augen und
Gehörblasen werden vervollkommnet, ebenso das Gehirn. Die Schwimmbewegungen werden durch zwei Paar Flossen geregelt; als hydro-
statisches Organ fungiert die luftgefüllte Schwimmblase, eine Ausstülpung
des Schlundes. Die Zirkulation wird durch Ausbildung des „Conus
arteriosus" gefördert. Die Geschlechtsprodukte werden durch die Urnierengänge abgeführt.

14. Vierzehnte Stufe: **Das Leben der Dipneusten.**

Der *Fisch*-Organismus verwandelt sich während der D e v o n z e i t
in denjenigen der *Paladipneusten* (ähnlich dem heutigen *Ceratodus*). Die
hydrostatische Schwimmblase wird zur respiratorischen L u n g e. Die einfache Vorkammer des Herzens teilt sich in zwei Atrien; das rechte
erhält venöses Blut aus dem Körper, das linke arterielles Blut aus der
Lunge. (Vergl. die *devonischen* Lurchfische Fig. 310—313, S. 609—612.)

15. Fünfzehnte Stufe: **Das Leben der Amphibien.**

Der *Dipneusten*-Organismus gibt das bisherige Wasserleben auf und
gewöhnt sich an das Leben auf dem Lande, während der S t e i n k o h l e n -
p e r i o d e (vielleicht schon vor derselben). Die *polydaktylen* F i s c h -
f l o s s e n verwandeln sich in *pentadaktyle* G a n g b e i n e. Die Kiemenatmung wird mehr und mehr verdrängt durch die Lungenatmung. (Vergl.
die *carbonischen* Panzerlurche, *Stegocephala*, Fig. 314—317, S. 618—626.)

16. Sechzehnte Stufe: **Das Leben der Reptilien.**

Der *Amphibien*-Organismus geht während der p e r m i s c h e n P e r i o d e
in die *Reptilien*-Bildung über. Durch Aufgabe des Wasserlebens und die
Gewohnheit, sich auf dem Lande in der Atmosphäre aufzuhalten, gehen
die Kiemen ganz verloren; die Atmung geschieht bloß durch die Lungen.
Die Oberhaut, bisher weich und schlüpfrig, verhornt; über den Knochen-
schuppen des Corium (*Lepides*) bilden sich Hornschuppen der Epidermis
(*Pholides*). Durch Anpassung an t e r r e s t r i s c h e G e n e r a t i o n (—
Fortpflanzung außerhalb des Wassers —) entstehen die schützenden
Keimhüllen und Embryorgane der A m n i o t e n (*Amnion* und *Serolemma ;
Allantois*). (Vergl. die ältesten P r o r e p t i l i e n, *Tocosaurier*, Fig. 318—321,
S. 632—635.)

17. Siebzehnte Stufe: **Das Leben der Monotremen.**

Der *Reptilien*-Organismus, wie ihn die ältesten *Tocosaurier* der Permischen Periode zeigen, verwandelt sich während der folgenden T r i a s -
p e r i o d e in die Bildung der ältesten S ä u g e t i e r e (*Promammalien*),
ähnlich den heutigen *Monotremen*. Der Körper bedeckt sich mit H a a r e n
und Talgdrüsen; an der Bauchfläche entwickeln sich M i l c h d r ü s e n,
die Milch zur Ernährung des Jungen liefern. Der K i e f e r a p p a r a t
erfährt eine tiefgreifende Umbildung: das Quadratbein wird zum Amboß,

das Gelenkstück des Unterkiefers zum Hammer; das Quadratgelenk wird durch ein Temporalgelenk ersetzt. Die Blutzirkulation zerfällt in großen und kleinen Kreislauf, indem die Scheidewand der beiden Herzhälften vollständig wird. Die Atmung wird vervollkommnet, indem die Lungen eine höhere Struktur erlangen und das Z w e r c h f e l l (als Atemmuskel), Brusthöhle und Bauchhöhle vollständig scheidet. Auch das Gehirn und die Geschlechtsorgane erlangen die besondere Bildung der Säugetiere. (Vergl. die *Monotremen*, Fig. 322—325, S. 638—644.)

18. Achtzehnte Stufe: Das Leben der Marsupialien.

Der *Monotremen*-Organismus verwandelt sich während der J u r a - p e r i o d e (?) in die Bildung der Beuteltiere, indem die Kloake durch ein frontales Septum (*Perineum*) sich in vorderen Urogenitalsinus und hinteren Afterdarm teilt. An die Stelle der *oviparen* tritt die *vivipare* Fortpflanzung; der Nahrungsdotter der Eier wird rückgebildet. An den Milchdrüsen entwickeln sich Z i t z e n , aus denen das lebendig geborene Junge die Milch saugt. Vergl. die Beuteltiere, Fig. 326, S. 647.

19. Neunzehnte Stufe: Das Leben der Halbaffen.

Der *Didelphien*-Organismus geht während der K r e i d e p e r i o d e in die Bildung der ältesten *Placentalien* über, indem sich aus der *Allantois* die *Placenta* entwickelt. Die Beutelknochen auf der Symphyse (welche die Marsupialien und Monotremen besaßen) verschwinden. Gehirn und Sinnesorgane erlangen die höhere Ausbildung, welche die *Placentalien* über ihre *Marsupialien*-Ahnen erhebt. Ein Zweig der ersteren wird zur Stammgruppe der ältesten P r i m a t e n, der *Lemuravales*. Die kletternde Lebensweise auf Bäumen bewirkt die besondere Gliedmaßenbildung der *Prosimien*. (Vergl. die Lemuren, Fig. 328, 329, S. 662—664.) .

20. Zwanzigste Stufe: Das Leben der Affen.

Der *Prosimien*-Organismus verwandelt sich während der ä l t e r e n T e r t i ä r z e i t (Eocaen?) in die Bildung der echten A f f e n (*Simiae*), und zwar zunächst der *Platyrrhinen* (Westaffen, mit 36 Zähnen, breiter Nasenscheidewand, kurzem Gehörgang), später der *Catarrhinen* (Ostaffen, mit 32 Zähnen, schmaler Nasenscheidewand, langem Gehörgang). Zwischen Augenhöhle und Schläfengrube entsteht eine vollständige knöcherne Scheidewand. Aus dem doppelten (später zweihörnigen) Uterus der Halbaffen wird der einfache birnförmige Uterus der Affen. Die Placentarzirkulation wird vollkommen durch Bildung der D e c i d u a. (Vergl. die Affen Fig. 330, 331, S. 663—666.)

21. Einundzwanzigste Stufe: Das Leben der Menschenaffen.

Der *Cynopitheken*-Organismus verwandelt sich während der j ü n g e r e n T e r t i ä r z e i t in die Bildung der *Anthropomorpha* (ähnlich den heute noch lebenden . Menschenaffen). Der Schwanz wird rückgebildet. Das Kreuzbein wird stärker, indem 4—5 Sacralwirbel verwachsen (bei den meisten Affen nur 2 oder 3). Durch Anpassung an den aufrechten Gang werden die meisten Skeletteile menschenähnlich ausgebildet. (Vergl. die *Anthropomorphen*, Fig. 235—244, S. 421—430.)

22. Zweiundzwanzigste Stufe: **Das Leben der Menschen.**

Der *Anthropoiden*-Organismus der Menschenaffen geht gegen E n d e d e r T e r t i ä r z e i t (?) in die Bildung der niedersten U r m e n s c h e n über (*Homo primigenius, H. neander,* ähnlich dem *H. veddalis, H. australis* etc.); die Art dieses allmählichen Ueberganges erschließt der fossile *Pithecanthropus erectus* von Java (Fig. 338, S. 677). Erst nachdem die Gewohnheit des aufrechten Ganges und der Gebrauch der Greifhand vollständig geworden war, entwickelte sich aus der rohen L a u t s p r a c h e sozialer Menschenaffen die artikulierte Wortsprache des Menschen. Aber erst die K u l t u r e n t w i c k e l u n g des letzteren bewirkte allmählich jene höhere Ausbildung des Gehirns und seiner Seelentätigkeit, welche den *Kultur*-Menschen so hoch über den *Barbar*-Menschen und diesen über den *Natur*-Menschen erhebt. Wie der letztere seine sämtlichen *Organe* von den Affenmenschen durch V e r e r b u n g erhalten hat, so auch deren p h y s i o l o g i s c h e F u n k t i o n e n.

Note zu den Genetischen Tabellen.

Die sechzig Genetischen Tabellen, welche den dreißig Vorträgen über Anthropogenie angehängt worden sind, sollen die wichtigsten Lehrsätze ihres Inhaltes dem Leser in knappster Form übersichtlich im Zusammenhang vorführen. Bei der verwickelten und spröden Natur des umfangreichen wissenschaftlichen Stoffes erleichtert eine solche tabellarische Uebersicht das Verständnis sehr wesentlich. In der Natur der Sache liegt es, daß im einzelnen dabei die p h y l o g e n e t i s c h e H y p o t h e s e eine große Rolle spielt. Denn die drei großen empirischen Urkunden unserer Stammesgeschichte: Paläontologie, vergleichende Anatomie und Keimesgeschichte, liegen uns meistens nur unvollständig vor. Wir sind daher gezwungen, unbeirrt von der ängstlichen Hypothesenfurcht der modernen „exakten Schule", die historischen Lücken durch „provisorische Annahmen" auszufüllen; wenn diese später durch bessere ersetzt werden, verlieren sie dadurch nichts an ihrem heuristischen Werte. Für die einzelnen G r u p p e n d e s p h y l e t i s c h e n S y s t e m s (Klassen, Ordnungen, Familien u. s. w.), welche als S t u f e n unserer Ahnenreihe aufgeführt sind, ist stets im Auge zu behalten, daß dieselben nicht nur die heute lebenden modernen Vertreter derselben umfassen, sondern auch die zahlreicheren ausgestorbenen Verwandten, die uns nur teilweise bekannt sind. Dabei ist es für den B e g r i f f d e r G r u p p e n höchst wichtig, nur die wesentlichen und charakteristischen Merkmale in ihre Definition aufzunehmen, von allen unwesentlichen und zufälligen Eigenschaften einzelner Glieder der Gruppe abzusehen. Den ersten vollständigen Versuch, das „Natürliche System der Organismen" in diesem Sinne auf phylogenetischer Basis zu reformieren, enthält meine „S y s t e m a t i s c h e P h y l o g e n i e" (3 Bände, Berlin 1894—96).

Noten, Anmerkungen und Literaturnachweise.

1. (S. 1.) A n t h r o p o g e n i e (griechisch) = E n t w i c k e l u n g s - g e s c h i c h t e d e s M e n s c h e n; von *Anthropos* (ἄνϑρωπος) = Mensch, und *Geneá* (γενεά) = Entwickelungsgeschichte. Ein eigentliches griechisches Wort für „Entwickelungsgeschichte" gibt es nicht; man gebraucht statt dessen entweder γενεά (= Abstammung, Abkunft) oder γονεία (= Zeugung). Wenn man *Goneia* dem *Genea* vorzieht, so muß man *Anthropogonie* schreiben. Das von *Josephus* zuerst gebrauchte Wort „*Anthropogonie*" bedeutet jedoch nur „Menschenerzeugung". *Genesis* (γένεσις) bedeutet: „Entstehung, Entwickelung"; daher *Anthropogenesis* = „Entwickelung des Menschen".

2. (S. 2.) E m b r y o (griechisch) = K e i m (ἔμβρυον). Eigentlich „τὸ ἐντὸς τῆς γαστρὸς βρύον" (*Eust.*), d. h. „die ungeborene Frucht im Mutterleibe" (bei den Römern *foetus*, richtiger *fetus*). Diesem ursprünglichen Sinne gemäß sollte man den Ausdruck *Embryo* stets nur auf denjenigen jugendlichen Organismus anwenden, der noch „von der Eihülle umschlossen ist". (Vergl. meine Generelle Morphologie, Bd. II, S. 20.) Mißbräuchlich werden aber häufig auch verschiedene, frei bewegliche Jugendzustände von niederen Tieren (Larven u. s. w.) als „Embryonen" bezeichnet. Das embryonale Leben endet mit dem Geburtsakte.

3. (S. 3.) E m b r y o l o g i e (griechisch) = K e i m l e h r e, von *Embryon* (ἔμβρυον) = Keim, und *Logos* (λόγος) = Lehre. Sehr häufig wird noch heute die gesamte „Entwickelungsgeschichte des Individuums" fälschlich als „Embryologie" bezeichnet. Denn entsprechend dem Begriffe *Embryo* (Note 2) sollte man unter *Embryologie* oder *Embryogenie* nur die „Entwickelungsgeschichte des Individuums i n n e r h a l b d e r E i h ü l l e n" verstehen. Sobald der Organismus dieselben verlassen hat, ist er nicht mehr eigentlicher „E m b r y o". Die späteren Veränderungen desselben sind Gegenstand der M e t a m o r p h o s e n l e h r e oder *Metamorphologie*.

4. (S. 4.) O n t o g e n i e (griechisch) = K e i m e s g e s c h i c h t e oder „Individuelle Entwickelungsgeschichte"; von *Onta* (ὄντα) = Individuen, und *Genea* (γενεά) = Entwickelungsgeschichte. (Vergl. Note 1.) Die Ontogenie als die gesamte „Entwickelungsgeschichte des Individuums" umfaßt sowohl die E m b r y o l o g i e als die M e t a m o r p h o l o g i e (Note 3). Gener. Morphol., Bd. II, S. 30.

5. (S. 5.) Phylogenie (griechisch) = Stammesgeschichte oder „Paläontologische Entwickelungsgeschichte"; von *Phylon* (φῦλον) = Stamm, und *Genea* (γενεά) = Entwickelungsgeschichte. Unter *Phylon* verstehen wir stets die Gesamtheit aller blutsverwandten Organismen, die ursprünglich von einer gemeinsamen Stammform abstammen. Die Phylogenie umfaßt Paläontologie und Genealogie. Gener. Morphol., Bd. II, S. 305.

6. (S. 6.) Biogenie (griechisch) = Entwickelungsgeschichte der Organismen oder der lebendigen Naturkörper im weitesten Sinne! Organische Bildungsgeschichte. (*Genea tu biu.*) βίος = Leben.

7. (S. 7.) Das Biogenetische Grundgesetz. Vergl. meine „Allgemeine Entwickelungsgeschichte der Organismen" (Gener. Morphol., 1866, Bd. II), S. 300 (Thesen von dem Kausalnexus der biontischen und der phyletischen Entwickelung); ferner meine „Philosophie der Kalkschwämme" (Monographie der Calcispongien, 1872, Bd. I, S. 471); sowie meine „Natürliche Schöpfungsgeschichte" (XI. Auflage, 1909, S. 309, 496).

8. (S. 8.) Palingenesis (griechisch) = Ursprüngliche Entwickelung, von *Palingenesia* (παλιγγενεσία) = Wiedergeburt, Wiederaufleben, Erneuerung des früheren Entwickelungsganges. Daher *Palingenie* = Auszugsgeschichte (von πάλιν = wiederholt, und γενεά, Entwickelungsgeschichte).

9. (S. 9). Cenogenesis (griechisch) = Abgeänderte Entwickelung, von *Kenos* (κενός) = fremd, bedeutungslos, nichtig; und *Genea* (γενεά) = Entwickelungsgeschichte. Man kann statt *Cenogenie* auch *Caenogenie* schreiben, und den Begriff von *kainos* = fremd, neu, ableiten. Vergl. den trefflichen Aufsatz von *Gegenbaur* über „Anatomie und Ontogenie" (Morphol. Jahrb., Bd. XV, 1889). Die Veränderungen der Palingenesis, welche durch die Cenogenesis eingeführt werden, sind Störungen oder Fälschungen, fremde nichtige Zutaten zu dem ursprünglichen wahren Entwickelungsgang. *Cenogenie* = Störungsgeschichte.

10. (S. 10.) Lateinische Fassung des Biogenetischen Grundgesetzes: „Ontogenesis summarium vel recapitulatio est phylogeneseos, tanto integrius, quanto hereditate palingenesis conservatur, tanto minus integrum, quanto adaptatione cenogenesis introducitur." Vergl. meine „Ziele und Wege der heutigen Entwickelungsgeschichte" (Jena 1875, S. 77).

11. (S. 16.) Werkursachen und Zweckursachen. Die monistische oder mechanistische Naturphilosophie nimmt an, daß überall in der Natur, in den organischen wie in den anorganischen Prozessen, ausschließlich unbewußte oder werktätige, notwendig wirkende Ursachen existieren (*Causae efficientes, Mechanismus, Mechanologie*). Hingegen behauptet die dualistische oder vitalistische Naturphilosophie, daß letztere nur in den anorganischen Prozessen ausschließlich wirken, während in den organischen daneben noch besondere Zweckursachen tätig sind, bewußte oder zwecktätige, zweckmäßig wirkende Ursachen (*Causae finales, Vitalismus, Teleologie*). (Vergl. meine Generelle Morphologie, 1866, Bd, I, S. 94.)

12. (S. 16.) Monismus und Dualismus. Die Einheits-Philosophie oder der *Monismus* ist weder extrem materialistisch, noch extrem spiritualistisch, sondern erscheint als Versöhnung und Verschmelzung dieser entgegengesetzten Prinzipien, indem sie überall die ganze Natur als Einheit erfaßt und überall nur werktätige Ursachen anerkennt. Die Doppel-Philosophie hingegen oder der *Dualismus* hält Natur und Geist, Stoff und Kraft, Welt und Gott, anorganische und organische Natur für getrennte, grundverschiedene und unabhängige Existenzen. (Vergl. das XII. Kapitel meiner „Welträtsel", 1899).

13. (S. 18.) Morphologie und Physiologie. Die Morphologie (als die Formenlehre) und die Physiologie (als die Funktionslehre der Organismen) sind zwar eng zusammengehörige, aber koordinierte, voneinander unabhängige Wissenschaften. Beide zusammen bilden der Biologie oder „Organismenlehre". Jede von beiden hat ihre besonderen Methoden und Hilfsmittel. Vergl. Gener. Morphol., Bd. I, S. 17—21: sowie meinen Vortrag über „Entwickelungsgang und Aufgabe der Zoologie" (Gemeinverständliche wissenschaftliche Vorträge, Bonn 1902, Bd. II).

14. (S. 19.) Morphogenie und Physiogenie. Die bisherige Biogenie oder „Entwickelungsgeschichte der Organismen" war fast ausschließlich *Morphogenie*. Wie diese uns erst das wahre Verständnis der organischen Formen eröffnet hat, so wird uns später die *Physiogenie* die tiefere Erkenntnis der Funktionen durch Aufdeckung ihrer historischen Entwickelung ermöglichen. Sie hat die fruchtbarste Zukunft. Vergl. die 60. Tabelle (S. 945) und meine „Ziele und Wege der heutigen Entwickelungsgeschichte" 1875 (S. 92—98).

15. (S. 21.) *W. Preyer*, 1881, Die Seele des Kindes. Beobachtungen über die geistige Entwickelung des Menschen in den ersten Lebensjahren (III. Aufl. 1890). Spezielle Physiologie des Embryo — Untersuchungen über die Lebenserscheinungen vor der Geburt. 1885.

16. (S. 26.) Aristoteles, Fünf Bücher von der Zeugung und Entwickelung der Tiere. (Griechisch: *Peri Zōon Genéseos* = περὶ ζώων γενέσεως.) Griechisch und Deutsch von *Aubert* und *Wimmer*. Leipzig 1860. Vergl. auch *Jürgen Bona Meyer*: Aristoteles' Tierkunde (1855).

17. (S. 27.) Parthenogenesis. Ueber die „jungfräuliche Zeugung" oder die „unbefleckte Empfängnis" der wirbellosen Tiere, insbesondere der Gliedertiere (Crustaceen, Insekten), vergl. *Siebold*, Beiträge zur Parthenogenesis der Arthropoden. Leipzig 1871. *Georg Seidlitz*, Die Parthenogenesis und ihr Verhältnis zu den übrigen Zeugungsarten im Tierreich. Leipzig 1872. Bei den Menschen, wie bei den übrigen Wirbeltieren, kommt „unbefleckte Empfängnis" niemals vor.

18. (S. 31.) Präformationstheorie. Diese Theorie wird in Deutschland gewöhnlich als „*Evolutionstheorie*", im Gegensatze zur *Epigenesistheorie* bezeichnet. Da aber in England, Frankreich und Italien meistens umgekehrt diese letztere „*Evolutionstheorie*" genannt und mithin „Evolution" und „Epigenesis" als gleichbedeutend gebraucht werden, erscheint es zweckmäßiger, jene erstere *Präformationstheorie* zu nennen. Neuerdings hat wieder *Kölliker* seine „Theorie der heterogenen Zeugung" als „*Evolutionismus*" bezeichnet.

19. (S. 38.) *Caspar Friedrich Wolffs* hinterlassene Schriften sind zum Teil noch nicht publiziert. Manuskripte liegen in Petersburg. Seine bedeutendsten Schriften bleiben die Doktordissertation *Theoria generationis* (1759), neu übersetzt und herausgegeben von *Paul Samassa* (1896), No. 84 und 85 von *Ostwalds* „Klassiker der exakten Wissenschaften" (Leipzig). Mustergültig ist die Abhandlung *De formatione intestinorum* (Ueber die Bildung des Darmkanals). Nov. Comment. Acad. Sc. Petropol. XII, 1768; XIII, 1769. Deutsch von *Meckel*. Halle 1812.

20. (S. 45.) *Christian Pander, Historia metamorphoseos, quam ovum incubatum prioribus quinque diebus subit. Wirceburgi* 1817. (*Dissertatio inauguralis*). — Beiträge zur Entwickelungsgeschichte des Hühnchens im Eie. Würzburg 1817.

21. (S. 45.) *Carl Ernst von Baer,* Ueber Entwickelungsgeschichte der Tiere. Beobachtung und Reflexion. 2 Bände. Königsberg 1828 bis 1837. Außer diesem Hauptwerke vergleiche: Nachrichten über Leben und Schriften des Dr. *Carl Ernst von Baer,* mitgeteilt von ihm selbst. Petersburg 1865.

22. (S. 51.) Ontogenetische Literatur. Verzeichnisse derselben finden sich in den S. 40 citierten Lehrbüchern von *Kölliker, Balfour, Hertwig, Hoffmann, Kollmann, H. E. Ziegler, Korschelt* und *Heider.* Ueber die jährlichen Fortschritte derselben sind die zoologischen und medizinischen Jahresberichte zu vergleichen (Berlin).

23. (S. 52.) *Theodor Schwann,* Mikroskopische Untersuchungen über die Uebereinstimmung in der Struktur und dem Wachstum der Thiere und Pflanzen. Berlin 1839. (Die umfassende Grundlage der Zellentheorie, unter dem Einflusse von *Johannes Müller* entstanden.)

24. (S. 60.) *Ernst Haeckel,* Die Gastraeatheorie, die phylogenetische Klassifikation des Tierreichs und die Homologie der Keimblätter. Jenaische Zeitschr. für Naturw., Bd. VIII, 1873, S. 1—56. Die Grundzüge der Gastraeatheorie sind bereits in meiner 1872 erschienenen „Monographie der Kalkschwämme" enthalten (Bd. I, S. 464).

25. (S. 61.) *Oscar Hertwig* und *Richard Hertwig,* 1881. Die Coelomtheorie. Versuch einer Erklärung des mittleren Keimblattes. Vergl. darüber den X. Vortrag und die Literatur S. 232.

26. (S. 62.) *Ernst Haeckel,* 1884. Ursprung und Entwickelung der tierischen Gewebe. Ein histogenetischer Beitrag zur Gastraeatheorie. (Phylogenetische und tektogenetische Theorien. Archiblast und Parablast. Die Symbiose der Wirbeltiere etc.) Jen. Zeitschr. f. Naturw., Bd. XVIII.

27. (S. 74.) *Immanuel Kant,* Kritik der teleologischen Urteilskraft, 1790, § 74 und § 79. Vergl. meine Natürl. Schöpfungsgesch. XI. Aufl., 1909 (S. 89—95) und meine „Welträtsel" (S. 299, 439, 452).

28. (S. 76.) *Jean Lamarck,* Philosophie Zoologique ou Exposition des considérations relatives à l'histoire naturelle des animaux etc. 2 Tomes. Paris 1809. Nouvelle édition, revue et précédée d'une introduction biographique par *Charles Martins.* Paris 1873. Ins Deutsche übersetzt von *Arnold Lang.* Jena 1875.

29. (S. 80.) *Wolfgang Goethe*, zur Morphologie. Bildung und Umbildung organischer Naturen. Vergl. über *Goethes* morphologische Studien vorzüglich *Oscar Schmidt*, Goethes Verhältnis zu den organischen Naturwissenschaften (Jena 1853); *Rudolf Virchow*, Goethe als Naturforscher (Berlin 1861); *Helmholtz*, Ueber Goethes naturwissenschaftliche Arbeiten (Braunschweig 1865); *S. Kalischer*, Goethes Verhältnis zur Naturwissenschaft und seine Bedeutung (Berlin 1878); *Rudolf Magnus*, Goethe als Naturforscher, Leipzig 1907; meinen Vortrag in Eisenach, 1882 (S. 66).

30. (S. 87.) Ueber *Charles Darwins* Leben und Schriften vergl. außer den S. 80 angeführten Schiften insbesondere *Ernst Krause* (Carus Sterne) 1886, Charles Darwin und sein Verhältnis zu Deutschland, sowie die neueren Schriften von *Wilhelm Bölsche*.

31. (S. 89.) *Darwin* und *Wallace*. Den Grundgedanken der Selektionstheorie haben *Charles Darwin* und *Alfred Wallace* unabhängig von einander gefunden. Vergl. *Alfred Russel Wallace*, Beiträge zur natürlichen Zuchtwahl, 1870; Der Darwinismus, 1891.

32. (S. 90.) Von *Thomas Huxleys* zahlreichen Schriften sind außer den im Texte angeführten vorzüglich folgende populäre Werke hervorzuheben: Ueber unsere Kenntnis von den Ursachen der Erscheinungen in der organischen Natur, (übersetzt von *Carl Vogt*, 1865) und: Grundriß der Physiologie in populären Vorlesungen, 1871. Ferner: Handbuch der Anatomie der Wirbeltiere. Deutsch von *Ratzel*, 1873.

33. (S. 91.) *Gustav Jaeger*, Zoologische Briefe. Wien 1876. Lehrbuch der allgemeinen Zoologie. Stuttgart 1875.

34. (S. 91.) *Ernst Haeckel*, Generelle Morphologie der Organismen. Allgemeine Grundzüge der organischen Formenwissenschaft, mechanisch begründet durch die von *Charles Darwin* reformierte Descendenztheorie. I. Band: Allgemeine Anatomie. II. Band: Allgemeine Entwickelungsgeschichte. Berlin 1866. (Vergriffen.) Ein wörtlicher Abdruck des dritten Teiles dieses Werkes erschien 1906 unter dem Titel: „Prinzipien der Generellen Morphologie".

35. (S. 91.) *Ernst Haeckel*, 1868, N a t ü r l i c h e S c h ö p f u n g s - g e s c h i c h t e. Gemeinverständliche wissenschaftliche Vorträge über die Entwickelungslehre im allgemeinen und diejenige von *Darwin, Goethe* und *Lamarck* im besonderen. Mit 30 Tafeln, zahlreichen Holzschnitten und systematischen Tabellen. XI. Aufl. 1909.

36. (S. 91.) *Charles Darwin, The descent of man and selection in relation to sex.* 2 Voll. London 1871. Ins Deutsche übersetzt von *Victor Carus* unter dem Titel: Die Abstammung des Menschen und die geschlechtliche Zuchtwahl. 2 Bde. Stuttgart 1871.

37. (S. 96.) *Carl Gegenbaur*, Grundzüge der vergleichenden Anatomie. 1859. (II. Aufl. 1870.) Grundriß der vergleichenden Anatomie. 1874. (II. Aufl. 1878.) Ferner Morphologisches Jahrbuch, Bd. I—XXX, 1876—1902. Vergleichende Anatomie der Wirbeltiere, mit Berücksichtigung der Wirbellosen. 2 Bde. Leipzig 1898—1901.

38. (S. 100.) M i g r a t i o n s t h e o r i e. *Moritz Wagner*, Die Darwinsche Theorie und das Migrationsgesetz der Organismen. Leipzig 1868.

Die Entstehung der Arten durch räumliche Sonderung. 1889. *August Weismann*, Ueber den Einfluß der Isolierung auf die Artenbildung. 1871.

39. (S. 102.) *Carus Sterne*, Werden und Vergehen. Eine Entwickelungsgeschichte des Naturganzen in gemeinverständlicher Fassung. Berlin 1876. (VI. Aufl. 1900, neu bearbeitet von *Wilhelm Bölsche*.) Louis Agassiz, ein „Gründer" in der Naturwissenschaft. „Gegenwart", Berlin 1876.

40. (S. 102.) *Ernst Haeckel*, Die Kalkschwämme (Calcispongien oder Grantien). Eine Monographie und ein Versuch zur analytischen Lösung des Problems von der Entstehung der Arten. I. Band: Biologie der Kalkschwämme. II. Band: System der Kalkschwämme. III. Band: Atlas der Kalkschwämme (mit 60 Tafeln). Berlin 1872.

41. (S. 111.) Ueber die Individualität der Zellen und die neueren Reformen der Zellentheorie vergl. meine Individualitätslehre oder Tektologie. (Gener. Morphol., Bd. I, S. 239—274.) *Rudolf Virchow*, Cellularpathologie. IV. Aufl. Berlin 1871.

42. (S. 119.) Die Plastidentheorie und die Zellentheorie. Jenaische Zeitschrift für Naturwissenschaft. 1870, Bd. V, S. 492. Vergl. meine „Systemat. Phylogenie der Protisten", 1894, Kap. II.

43. (S. 128.) *Gegenbaur*, Ueber den Bau und die Entwickelung der Wirbeltier-Eier mit partieller Dotterteilung. Archiv f. Anat. u. Phys. 1861, S. 491. *Edouard Van Beneden*, 1870. Recherches sur la composition et la signification de l'œuf. *Waldeyer*, Die Geschlechtszellen, 1901.

44. (S. 136.) *Willibald Beyschlag*, Deutschland im Laufe des neunzehnten Jahrhunderts. Akademische Gedenkrede gehalten in der Aula der Universität Halle-Wittenberg am 12. Januar 1900. (Halle.)

45. (S. 140.) Unbefleckte Empfängnis kommt im Stamme der Wirbeltiere niemals vor. Das berühmte „Dogma von der unbefleckten Empfängnis der Jungfrau Maria", das in der neuesten Kulturgeschichte eine so wichtige Rolle spielt, und an das so viele „Gebildete" glauben, ist gleich dem „Dogma der päpstlichen Unfehlbarkeit" eine Verhöhnung der menschlichen Vernunft. Hingegen findet sich Parthenogenesis häufig bei Gliedertieren (Note 17).

46. (S. 140.) Befruchtung der Blumen durch Insekten. *Charles Darwin*, Ueber die Einrichtungen zur Befruchtung britischer und ausländischer Orchideen durch Insekten, übersetzt von *Bronn*. 1862. *Hermann Müller*, Die Befruchtung der Blumen durch Insekten und die gegenseitigen Anpassungen beider. Ein Beitrag zur Erkenntnis des ursächlichen Zusammenhanges in der organischen Natur. Leipzig 1873.

47. (S. 159.) Der Vorgang der Befruchtung beim Menschen hat sehr verschiedene Auffassungen erfahren und wird auch heute noch oft als ein ganz mysteriöser Prozeß, oder selbst als übernatürliches Wunder aufgefaßt. In der Tat ist derselbe ebensowenig „wunderbar oder übernatürlich" als der Vorgang der Verdauung, der Muskelbewegung oder irgend eine andere physiologische Funktion. Ueber die älteren Ansichten vergl. *Leuckart*, Artikel „Zeugung" in *R. Wagners* Handwörterbuch der Physiologie. 1850.

48. (S. 159.) Das Plasson der Stammzelle oder *Cytula* kann, morphologisch betrachtet, als eine homogene und strukturlose Substanz erscheinen, ebenso wie dasjenige der Moneren. Damit steht nicht in Widerspruch, daß wir den Plastidulen oder den „Plasson-molekülen" hypothetisch eine sehr zusammengesetzte Molekular-struktur zuschreiben; diese wird um so verwickelter sein, je höher der aus der Cytula hervorgehende Organismus steht, und je länger mithin die Vorfahrenkette desselben ist, je zahlreicher die vorhergegangenen Vererbungs- und Anpassungsprozesse. (Vergl. Lit. in Note 42.)

49. (S. 159.) *Ernst Haeckel*, Gemeinverständliche Vorträge und Abhandlungen aus dem Gebiete der Entwickelungslehre. II. Aufl. Bonn, 1902, Bd. II, S. 31—97.

50. (S. 165.) *Ernst Haeckel*, Arabische Korallen. Ein Ausflug nach den Korallenbänken des Roten Meeres und ein Blick in das Leben der Korallentiere. Populäre Vorlesung mit wissenschaftlichen Erläuterungen. Mit 5 Tafeln in Farbendruck und 20 Holzschnitten. Berlin 1876.

51. (S. 167.) Die Zahl der Blastomeren oder Furchungs-zellen nimmt bei der ursprünglichen Gastrulation, bei der reinen Form der palingenetischen Eifurchung, in geometrischer Progression zu. Jedoch schreitet diese bei verschiedenen archiblastischen Tieren bis zu einer verschiedenen Höhe fort, so daß also die Morula, und ebenso die Blastula, bald aus 32, bald aus 64, bald aus 128 oder mehr Zellen bestehen kann.

52. (S. 167.) Maulbeerkeim oder Morula. Die Furchungs-zellen, welche die Morula nach Abschluß der palingenetischen Eifurchung zusammensetzen, erscheinen gewöhnlich vollkommen gleichartig, ohne morphologische Unterschiede in Größe, Form und Zusammen-setzung. Das schließt jedoch nicht aus, daß dieselben schon während der Furchung sich in animale und vegetative Zellen gesondert und physiologisch differenziert haben, wie es Fig. 2 und 3 auf Taf. II andeuten.

53. (S. 167.) Die Keimblase oder „Keimhautblase" der niederen Tiere (*Blastula* oder *Blastosphaera*) ist nicht zu verwechseln mit der wesentlich verschiedenen „Keimblase" oder „Keimdarmblase" der Säugetiere, welche zweckmäßiger *Gastrocystis* oder *Blastocystis* genannt wird. Diese cenogenetische *Gastrocystis* und jene palingene-tische *Blastula* werden noch oft unter dem Namen „Keimblase oder *Vesicula blastodermica*" ganz irrtümlich zusammengeworfen. Vergl. S. 300.

54. (S. 168.) Den Begriff der Gastrula habe ich zuerst 1872 festgestellt in meiner Monographie der Kalkschwämme (Bd. I, S. 333, 345, 466). Ich habe schon damals die „außerordentlich große Bedeutung der Gastrula für die generelle Phylogenie des Tierreiches" betont (l. c. S. 333). „Die Tatsache, daß diese Larvenform bei den verschiedensten Tierstämmen wiederkehrt, ist meiner Ansicht nach nicht hoch genug anzuschlagen, und legt deutliches Zeugnis für die einstige gemeinsame Abstammung Aller von der Gastraea ab." (S. 547.)

55. (S. 171.) Urdarm und Urmund. Meine Unterscheidung (1872) von Urdarm und Urmund (*Progaster* und *Prostoma*), im Gegensatze zu dem späteren, bleibenden Darm und Mund (*Metagaster* und *Metastoma*) ist vielfach angegriffen worden; sie ist aber ganz ebenso berechtigt, wie die Unterscheidung von Urnieren und bleibenden Nieren. Die Bezeichnung *Archenteron* für Urdarm und *Blastoporus* für Urmund sind von *E. Ray-Lankester* erst drei Jahre später eingeführt worden (1875). Eine interessante neue Auffassung des Urmundes hat *Daniele Rosa* (Modena) gegeben: „Il canale neurenterico ed il blastoporo anale". (Bolletino Zool. di Torino, No. 446, 1903.)

56. (S. 192.) Die Färbung der Amphibien-Eier ist durch Anhäufung von dunklem Farbstoff am animalen Eipole bedingt. Infolgedessen erscheinen die animalen Zellen des Ektoderms hier dunkler als die vegetativen Zellen des Entoderms. Bei den meisten Tieren ist das Umgekehrte der Fall, indem das Protoplasma der Entodermzellen gewöhnlich trüber und grobkörniger ist.

57. (S. 199.) Amphigastrula der Amphibien. Vergl. *Robert Remak*, Ueber die Entwickelung der Batrachier, S. 136; Taf. XII, Fig. 3—7. *Stricker*, Handbuch der Gewebelehre, Bd. II, S. 1195—1202, Fig. 399—402. *Goette*, Entwickelungsgeschichte der Unke, S. 145, Taf. II, Fig. 32—35. *Hertwig*, Das mittlere Keimblatt der Amphibien, S. 8.

58. (S. 207.) Scheiben-Gastrula der Knochenfische. *Van Bambeke*, Recherches sur l'embryologie des poissons osseux. Bruxelles 1875. *Kingsley* and *Conn*, 1883, Embryology of the Teleosts. *A. Agassiz* and *C. O. Whitman*, 1885, The development of osseous fishes. *M'Intosh*, 1890, Development and life histories of fishes. *H. E. Ziegler*, 1882 bis 1896, Die embryonale Entwickelung von *Salmo salar*, Die Entstehung des Periblastes bei den Knochenfischen etc.

59. (S. 208.) Dotterzellen im Nahrungsdotter. Die zellenähnlichen Formbestandteile, welche sich im ungefurchten Nahrungsdotter der Vögel, Reptilien und Fische in großer Anzahl und Formenmannigfaltigkeit vorfinden, sind nichts weniger als echte Zellen, wie *His* u. A. behauptet haben. Die echten Zellen, welche sich nach der Furchung im Nahrungsdotter jener meroblastischen Tiere finden, sind eingewanderte Furchungszellen (Merocyten, Fig. 447, S. 843).

60. (S. 217.) Scheiben-Gastrula der Reptilien. Vergl. *K. F. Wenckebach*, Der Gastrulationsprozeß bei Lacerta agilis. Anat. Anz., 1891, No. 2. (Mit trefflichen allgemeinen Bemerkungen.)

61. (S. 224.) Epigastrula der Säugetiere. *Edouard Van Beneden*, La maturation de l'œuf, la fécondation et les premières phases du développement embryonnaire des Mammifères, d'après des recherches faites chez le lapin. 1875. Chiroptères, 1889. Archive de Biologie, Vol. I et IV. *E. Haeckel*, 1876, Gastrulation der Säugetiere. Jena. Zeitschr., Bd. XI, S. 78. *Selenka*, Studien über Entwickelungsgeschichte der Säugetiere, 1883—1887. *Carl Rabl*, 1888. Morphol. Jahrb., Bd. XV, S. 140, 165.

62. (S. 227.) Blasen-Gastrula der Gliedertiere. Ueber die Zurückführung aller Gastrulationsformen (— auch der sogenannten

„Delamination" —) auf die ursprüngliche, palingenetische Form vergl. namentlich die klare kritische Darstellung von *Arnold Lang*, Lehrb. der vergl. Anatomie, 1888, Heft I, S. 115—131.

63. (S. 236.) Geschichte der Blättertheorie. Vergl. das VII. Kapitel in *O. Hertwigs* Lehrbuch der Entwickelungsgeschichte, S. 124 bis 137. Desselben Handbuch d. Entw., Bd. I, 1903, S. 699—1018.

64. (S. 264.) Typen und Phylen. Nach der früheren „Typentheorie" sind die Typen des Tierreichs parallele und völlig selbständige, nach meiner „Gastraeatheorie" hingegen divergierende und an der Wurzel zusammenhängende Stämme. Diese Ansicht von den Verwandtschafts-Beziehungen der niederen und höheren Tierstämme, die ich 1872 (in der Philosophie der Kalkschwämme, S. 465) zuerst begründete, ist weiter ausgeführt in meiner „Systematischen Phylogenie" (1896); kürzer zusammengefaßt in der elften Auflage der Natürlichen Schöpfungsgeschichte (1909, S. 494, 513).

65. (S. 266.) Ursprung des Wirbeltierstammes. Vergl. den XX. Vortrag, S. 583, sowie das I. Kapitel in meiner „Systematischen Phylogenie der Wirbeltiere" (1895, S. 10--20).

66. (S. 268, 270.) Das Urbild des Wirbeltieres, wie es Fig. 101—105 vorführen, ist ein hypothetisches Schema oder Diagramm, welches zwar vorzugsweise nach dem Grundriß des Amphioxus konstruiert ist, wobei jedoch auch die vergleichende Anatomie und Ontogenie der Ascidien und Appendicularien einerseits, der Cyclostomen und Selachier anderseits berücksichtigt sind. Dieses Schema soll nichts weniger als ein „exaktes Abbild" sein, sondern lediglich ein Anhalt zur hypothetischen Rekonstruktion der unbekannten, längst ausgestorbenen Vertebraten-Stammform, ein idealer „Architypus"!

67. (S. 271.) Achsen der Wirbeltier-Grundform. Vergl. meine Promorphologie oder Grundformenlehre (Stereometrie der Organismen). Gen. Morphol., Bd. I, S. 374—574. Einpaarige Grundformen (*Dipleura*). S. 519. „Bilateral-symmetrische" Formen in der vierten Bedeutung dieses Wortes.

68. (S. 298.) Ort der Befruchtung. Beim Menschen, wie bei den übrigen Säugetieren, erfolgt wahrscheinlich die Befruchtung der Eier gewöhnlich im Eileiter; hier begegnen sich die Eier, welche bei dem Platzen der *Graaf*schen Follikel aus dem weiblichen Eierstock ausgetreten und in die innere Mündung des Eileiters eingetreten sind, und die beweglichen Spermazellen des männlichen Samens, welche bei der Begattung in den Uterus eingedrungen und von hier in die äußere Mündung des Eileiters eingewandert sind. Selten erfolgt die Befruchtung schon außen auf dem Eierstock, oder erst innen im Fruchtbehälter.

69. (S. 305.) Der Keimschild (*Embryaspis*) ist anfangs bei den Amnioten bloß „Rückenschild" (*Notaspis*); wenn später das Frontalseptum zwischen Episoma und Hyposoma sich ausbildet, erscheint der Rückenschild als „Stammzone" gegenüber dem Bauchleibe („Parietalzone" oder Dottersack).

70. (S. 376.) Die Aehnlichkeit der Amniotenkeime ist vorzüglich deshalb so lehrreich, weil sie uns lehrt, wie durch verschiedenartige Entwickelung aus einer und derselben Gestalt die verschiedensten Gebilde hervorgehen können. Wie wir dies von den Keimformen tatsächlich sehen, so dürfen wir dasselbe für die Stammformen hypothetisch annehmen. Uebrigens ist jene Uebereinstimmung niemals wirkliche Identität, sondern stets nur täuschende Aehnlichkeit. Wirklich identisch sind auch die Keime bei den verschiedenen Individuen einer und derselben Art in der chemischen Komposition nicht.

71. (S. 383.) Das Gesetz des ontogenetischen Zusammenhanges systematisch verwandter Tierformen erleidet scheinbar zahlreiche Ausnahmen. Diese erklären sich aber vollständig durch die cenogenetische Anpassung des Keimes an besondere embryonale Existenzbedingungen. Wo die palingenetische Entwickelungsform des Keimes durch Vererbung getreu übertragen wird, da macht sich stets jenes Gesetz unmittelbar geltend.

72. (S. 420.) Blutsverwandtschaft des Menschen und der Menschenaffen. Die Versuche von *Hans Friedenthal* sind deshalb von so hoher Bedeutung, weil sie die nahe Stammesverwandtschaft des Menschen und der anthropoiden Affen auch von physiologischer Seite unzweideutig beweisen. Sie liefern somit eine glänzende Bestätigung für die Annahme einer direkten Abstammung des Menschen von *ausgestorbenen* anthropoiden *Catarrhinen*, welche von morphologischer Seite schon seit vierzig Jahren mit Sicherheit angenommen wurde.

73. (S. 440.) Die Methoden der Phylogenie besitzen den gleichen logischen Wert wie die allgemein anerkannten Methoden der Geologie; sie dürfen daher ganz dieselbe wissenschaftliche Geltung beanspruchen. Vergl. die trefflichen Reden von *Eduard Strasburger:* Ueber die Bedeutung phylogenetischer Methoden für die Erforschung lebender Wesen (1874); und von *Arnold Lang:* Mittel und Wege phylogenetischer Erkenntnis (1887). Jena.

74. (S. 442.) Literatur über Amphioxus. Vergl. die zusammenfassende Monographie von *Arthur Willey,* Amphioxus and the ancestry of the Vertebrates. Boston 1894.

75. (S. 442.) Die Arten der Gattung Amphioxus (8—10 verschiedene Species) habe ich 1893 auf zwei verschiedene Genera verteilt, den älteren *Amphioxus* mit zwei Gonadenreihen (rechts und links gleichmäßig entwickelt) — und den jüngeren *Paramphioxus* mit einer Gonadenreihe, rechts unterhalb der Leber gelegen (letztere Gattung kann wieder in drei Subgenera: *Epigonichthys, Heteropleuron* und *Asymmetron*, verschieden durch die Bildung des Flossensaumes und der Mundcirrhen, getrennt werden). Bei dem australischen *Paramphioxus bassanus* sind gewöhnlich die Geschlechtsdrüsen der linken Seite ganz rückgebildet; aber bei einzelnen Individuen fand ich (1893) Rudimente derselben teilweise erhalten. Vergl. meine „Systematische Phylogenie der Wirbeltiere" (1895, S. 214); ferner meine Abhandlung „Zur Phylogenie der Australischen Fauna" in dem Werke von *R. Semon*, Zoologische Forschungsreisen in Australien; Systematische Einleitung, Bd. I, S. 15; Jena 1893.

76. (S. 442.) A c r a n i e r u n d C r a n i o t e n. Die logische Scheidung der Wirbeltiere in Schädellose und Schädeltiere, wie ich sie zuerst 1866 in der Generellen Morphologie vorgeschlagen habe, erscheint mir für das p h y l o g e n e t i s c h e Verständnis des Vertebratenstammes u n - e n t b e h r l i c h. Trotzdem führen noch heute viele Lehrbücher Amphioxus unter den Fischen auf.

77. (S. 456.) D i e O n t o g e n i e d e r C y c l o s t o m e n. Vergl. *H. E. Ziegler*, 1902. Lehrbuch der vergleichenden Entwickelungsgeschichte der niederen Wirbeltiere, S. 74—100. Petromyzon S. 89. Myxinoiden S. 100.

78. (S. 457.) T u n i c a t a o d e r M a n t e l t i e r e. Eine sehr ausführliche Darstellung dieser merkwürdigen Chordatiere aus neuester Zeit gibt *Oswald Seeliger* in „*Bronns* Klassen und Ordnungen des Tierreichs". Aeltere grundlegende Schriften sind: *Savigny*, Mémoires sur les animaux sans vertèbres. Vol. II, Ascidies, 1816. *P. J. Van Beneden*, 1846, Recherches sur les Ascidies simples. *Giard*, Recherches sur les Synascidies. Archives de Zoologie expérimentale, Tome I, 1872.

79. (S. 464.) D e r o n t o g e n e t i s c h e Z e l l e n s t a m m b a u m des Amphioxus gilt bezüglich der wichtigsten Verhältnisse für alle Wirbeltiere, und also auch für den Menschen; denn unter allen hat Amphioxus die Palingenesis am getreuesten durch zähe Vererbung bis heute bewahrt.

80. (S. 483.) D i e M e t a m e r i e d e s A m p h i o x u s, die an seinem Muskelsystem erst nach dem Chordulastadium auftritt, beweist unzweifelhaft, daß die einfache Chorda der Wirbeltiere schon vor der M e t a m e r e n b i l d u n g derselben existierte, mithin von den ungegliederten Vermalien (Prochordoniern) geerbt wurde.

81. (S. 492.) *C. Kupffer,* Die Stammverwandtschaft zwischen Ascidien und Wirbeltieren (Arch. für mikrosk. Anat., 1870, Bd. VI, S. 115 bis 170). *Oscar Hertwig,* Untersuchungen über den Bau und die Entwickelung des Cellulosemantels der Tunicaten. *Richard Hertwig,* Beiträge zur Kenntnis des Baues der Ascidien. Jenaische Zeitschrift für Naturw., 1873, Bd. VII.

82. (S. 501.) D a s e w i g e L e b e n. Ebensowenig als die anderen Wirbeltiere hat auch der Mensch Anspruch auf ein „ewiges Leben". — „Der Glaube an die Unsterblichkeit der menschlichen Seele ist ein Dogma, welches mit den sichersten Erfahrungssätzen der modernen Naturwissenschaft in unlösbarem Widerspruche steht." Näheres darüber enthält das XI. Kapitel meiner „Welträtsel".

83. (S. 520.) U r z e u g u n g. Gen. Morphologie, Bd. I, S. 167 bis 190. Die Moneren und die Urzeugung: Jenaische Zeitschrift für Naturw., 1871, Bd. VI, S. 37—42. Ferner: *Naegeli*, a. a. O., und besonders *Heinrich Schmidt*, 1903: „Die Urzeugung und Professor Reinke"; Heft 8 der „Gemeinverständlichen Darwinistischen Vorträge und Abhandlungen", herausgegeben von Dr. *Wilhelm Breitenbach* (Odenkirchen). In dieser kleinen Schrift ist der neueste Stand dieser wichtigen Streitfrage klar dargestellt und sind die unhaltbaren Einwände widerlegt, die der Kieler Botaniker *Reinke* gegen die Urzeugungs-Hypothese erhoben hat.

84. (S. 522.) O r g a n i s m e n u n d A n o r g a n e. Gener. Morphologie, Bd. I, S. 109—190; Natürl. Schöpfungsgeschichte, XV. Vortrag.

85. (S. 526.) I n d u k t i o n u n d D e d u k t i o n in der Anthropogenie. Gen. Morphologie, Bd. I, S. 79—88; Bd. II, S. 427; Natürl.
Schöpfungsg., XI. Aufl., 1909, S. 76, 780.

86. (S. 531.) T i e r a h n e n d e s M e n s c h e n. Die Zahl der
A r t e n (oder genauer Formstufen, welche man als „*Species*" zu unterscheiden pflegt), wird in der Ahnenreihe des Menschen (im Laufe von
vielen Jahrmillionen!) vermutlich Tausende betragen haben; die Zahl der
G a t t u n g e n („*Genera*") Hunderte. Ueber die sechs Strecken, auf
welche sich die 30 Stufen (S. 584) verteilen, vergl. meine Festschrift über
„Unsere Ahnenreihe" (*Progonotaxis hominis*), Jena 1908.

87. (S. 534.) C h r o m a c e e n u n d C h r o m a t e l l e n. Ueber den
w i c h t i g e n Vergleich der a u t o n o m e n C h r o m a c e e n (als selbständiger
Phytomoneren) und der „Chromatophoren" oder C h r o m a t e l l e n (als
Inhaltsbestandteile echter Pflanzenzellen) vergl. meinen „Nachruf auf
Fritz Müller-Desterro" in der Jenaischen Zeitschrift für Naturw., 1898,
Bd. XXXI, S. 169. Die interessanten Chromaceen (gewöhnlich *Phycochromaceen* oder *Cyanophyceen* genannt und zu den „einzelligen Algen"
gestellt) sind einfachste „U r p f l ä n z c h e n", welche den theoretischen
Anforderungen der „Urzeugungshypothese" vollkommen entsprechen; sie
werden von der dogmatischen, gegenwärtig herrschenden Richtung der
Zellentheorie meistens ignoriert. Sie sind aber als e c h t e M o n e r e n,
als kernlose „*präcellare Organismen*" von allerhöchstem Interesse und
in einem natürlichen phylogenetischen System des Pflanzenreichs als
r e a l e A r c h e p h y t e n oder primitive Moneren an dessen ersten Anfang,
an die tiefste Wurzel des Stammbaumes zu stellen. Vergl. darüber meine
,Systematische Phylogenie", 1894, Bd. I, S. 101.

, **88.** (S. 538.) D a s p h i l o s o p h i s c h e Verständnis vom wahren
Wesen und der historischen Bedeutung der Eizelle kann nur durch
p h y l o g e n e t i s c h e Beurteilung derselben gewonnen werden; durch
kritische Erwägung der unzähligen, tiefgreifenden, chemischen Veränderungen, welche der einzellige Organismus im Laufe vieler Millionen Jahre
während seiner Laufbahn als Eizelle in der Ahnenreihe erfahren hat.

89. (S. 546.) D i e C a t a l l a c t e n, eine neue Protistengruppe
(*Magosphaera planula*). Jenaische Zeitschr. für Naturw., Bd. VI, 1871.
In meiner Systematischen Phylogenie (1894, Bd. I, S. 228) habe ich
die Catallacten an die Geißelinfusorien (*Flagellata*) angeschlossen, als
,eine animale Parallelgruppe" zu den vegetalen *Volvocinen*.

90. (S. 555.) H a l i p h y s e m a u n d G a s t r o p h y s e m a,
G a s t r a e a d e n d e r G e g e n w a r t. Jenaische Zeitschr. für Naturwiss.,
1876, Bd. XI, S. 1, Taf. I—VI. Vergl. meinen „Report on the Deep-
Sea-Keratosa of H. M. S. Challenger" (London 1889), p. 26, 88, Pl. VIII.
Ferner: Systematische Phylogenie (1866, Bd. II, S. 47). — *Nicolaus Leon,
Prophysema Haeckelii*, eine neue Art mit sternförmiger Spicula (Zoolog.
Anzeiger, 1903, Bd. XXVI, S. 418).

91. (S. 596.) M e t a m o r p h o s e d e r L a m p r e t e n. Daß die
blinden *Ammocoetes* sich in *Petromyzon* verwandeln, wußte schon vor

zweihundert Jahren (1666) der Straßburger Fischer Leonhard Baldner; doch blieben dessen Beobachtungen unbekannt, und erst im Jahre 1854 wurde diese Verwandlung von *August Müller* wieder entdeckt (Archiv für Anat., 1856, S. 325). Vergl. *Siebold,* Die Süßwasserfische von Mitteleuropa, 1863.

92. (S. 597.) Archicranier und Cyclostomen. Obwohl die heutigen Rundmäuler in vielen Beziehungen rückgebildet und durch ihre Lebensweise verkümmert erscheinen, sind sie doch die einzigen lebenden Cranioten, die uns eine annähernde Vorstellung von der Organisation der ausgestorbenen „Urschädeltiere", der hypothetischen *Archicranier,* zu geben vermögen.

93. (S. 623.) Die Metamorphose der Amphibien dauert bei den verschiedenen Froscharten und Krötenarten sehr verschiedene Zeit; sie bildet zusammen genommen eine vollständige phylogenetische Reihe von der ursprünglichen, ganz vollkommenen, bis zu der späteren, ganz abgekürzten Vererbung der Verwandlung.

94. (S. 624.) „Der Erdmolch (*Salamandra maculata*) drängt durch seine gesamten histologischen Verhältnisse die Vermutung auf, daß er einer anderen Lebensepoche der Erde angehört, als der ihm äußerlich so ähnliche Wassermolch (*Triton*)." *Robert Remak* (Entwickelung der Wirbeltiere, 1850, S. 117).

95. (S. 625.) Siredon und Amblystoma. Ueber die phylogenetische Deutung, welche der vielbesprochenen Umwandlung des mexikanischen Axolotl in ein Amblystoma zu geben ist, sind neuerdings sehr verschiedene Ansichten geäußert worden. Diese Widersprüche erklären sich dadurch, daß *Amblystoma mexicanum* normalerweise die Kiemen dauernd behält und in dieser Form geschlechtsreif wird, andere, nahe verwandte Arten dagegen (*A. punctatum, ovatum, fasciatum*) erst in der Salamanderform, nach Verlust der Kiemen. Vergl. darüber namentlich *August Weismann* in der Zeitschr. für wissensch. Zoologie, Bd. XXV, Supplem. p. 297—334.

96. (S. 625.) Der Laubfrosch von Martinique (*Hylodes martinicensis*) verliert die Kiemen am 7., den Schwanz und den Dottersack am 8. Tage des Eilebens. Am 9. oder 10. Tage nach der Befruchtung schlüpft der fertige Frosch aus dem Ei. *Bavay,* Sur l'Hylodes martinicensis et ses métamorphoses. Journ. de Zool. par Gervais, Vol. II, 1873, p. 13.

97. (S. 627.) „Homo diluvii testis = *Andrias Scheuchzeri:* „Betrübtes Beingerüst von einem alten Sünder; Erweiche, Stein, das Herz der neuen Bosheitskinder." (Vom Diakonus *Miller.*) *Quenstedt,* Sonst und Jetzt, 1856 (S. 239).

98. (S. 627.) Die Amnionbildung der drei höheren Wirbeltierklassen, welche allen niederen Wirbeltieren fehlt, hat gar keinen Zusammenhang mit der ähnlichen, aber selbständig erworbenen (analogen, aber nicht homologen!) Amnionbildung der höheren Gliedertiere. Diese Aehnlichkeit beruht auf Angleichung oder Konvergenz. Der wertvolle Schutz, welchen die Amnionhülle dem zarten, in den Dotter einsinkenden Keime gewährt, hat bei den *amnioten* Vertebraten und Articulaten zur Bildung desselben Embryorgans geführt.

99. (S. 668.) *Huxley*, Handbuch der Anatomie der Wirbeltiere, 1873, S. 382. Früher teilte *Huxley* die P r i m a t e n in „sieben Familien von ungefähr gleichem systematischen Werte" (in den „Zeugnissen für die Stellung des Menschen in der Natur", 1863, S. 119).

100. (S. 674.) D i e g e s c h l e c h t l i c h e Z u c h t w a h l der Affen und Menschen besitzt hohe phylogenetische Bedeutung (vergl. *Charles Darwin*, Abstammung des Menschen, Bd. II, S. 210—355).

101. (S. 674.) M e n s c h e n ä h n l i c h e Schlankaffen. Unter allen Affen zeichnen sich einige S c h l a n k a f f e n (*Semnopithecus*) durch besondere Menschenähnlichkeit in der Form der Nase und der Frisur (sowohl des Kopfhaares als des Barthaares) aus. *Charles Darwin*, Abstammung des Menschen, Bd. I, S. 335; Bd. II, S. 172.

102. (S. 679.) Die M i g r a t i o n s t a f e l (XXX) in der „Natürl. Schöpfungsgeschichte" (XI. Aufl. 1909) beansprucht bloß den Wert eines ersten Versuches, einer hypothetischen Skizze, wie ich ausdrücklich daselbst gesagt habe und wiederholten Angriffen gegenüber nochmals hier hervorheben muß. Die verwickelte Aufgabe ist sehr schwierig.

103. (S. 695.) Die C u t i s p l a t t e ist das Konnektivorgan, in welchem sich das H a u t s k e l e t t der Wirbeltiere bildet (vergl. den XXVI. Vortrag und Note 117).

104. (S. 702.) Ueber die B e h a a r u n g des Menschen und der Affen vergl. *Darwin*, Abstammung des Menschen, Bd. I, S. 20, 167, 180; Bd. II, S. 280, 298, 335 etc. Ferner *R. Wiedersheim*, Der Bau des Menschen als Zeugnis für seine Vergangenheit, IV. Aufl., 1908, S. 11—23.

105. (S. 740.) Die N a s e d e s N a s e n a f f e n (*Nasalis larvatus*) hat *Robert Wiedersheim* sehr eingehend auf ihre Entwickelung untersucht und mit der Nase des Menschen verglichen: „Beiträge zur Kenntnis der äußeren Nase vom *Semnopithecus nasicus* und *Rhinopithecus*. Eine physiognomische Studie." Zeitschr. für Morphol. u. Anthropol., Bd. III, 1901. Nach seinen naturgetreuen Abbildungen ist unsere Tafel XXV gezeichnet.

106. (S. 750.) Die A n a l o g i e n in der Keimung der höheren Sinnesorgane sind schon von der älteren Naturphilosophie richtig erfaßt worden. Die ersten genaueren Angaben über die sehr schwierige Keimesgeschichte der Sinnesorgane, und namentlich des Auges und Ohres, machte (1830) der ausgezeichnete Anatom *Emil Huschke* in Jena (Isis, Meckels Archiv etc.).

107. (S. 756.) „Das Gehörorgan der Wirbeltiere" von *Gustav Retzius* (1881—1884) enthält die beste und ausführlichste Darstellung.

108. (S. 760.) Ueber die r u d i m e n t ä r e O h r m u s c h e l des Menschen vergl. *Darwin*, Abstammung des Menschen, Bd. I, S. 17—19. Ferner: *Gustav Schwalbe*, Das äußere Ohr (im V. Bande des Handbuchs der Anatomie des Menschen von *K. v. Bardeleben*, 1897), und: Das Darwinsche Spitzohr beim menschlichen Embryo. Anatom. Anzeiger, 1889, No. 6. *Georg Ruge*, Das Knorpelskelett des äußeren Ohres der

Monotremen — ein Derivat des Hyoidbogens. Morphol. Jahrb., Bd. XXV, 1897. *R. Wiedersheim,* Der Bau des Menschen, S. 163—176.

109. (S. 771.) Ueber die Wirbelzahlen der verschiedensten Säugetiere vergl. *Cuvier,* Leçons d'anatomie comparée, II. édit., Tome I, 1835, p. 177, und *Emil Rosenberg,* Morphol. Jahrb., Bd. I, 1876, S. 83.

110. (S. 779.) *Carl Gegenbaur,* Das Kopfskelett der Selachier, als Grundlage zur Beurteilung der Genese des Kopfskeletts der Wirbeltiere. Leipzig, 1872. Grundlegendes Hauptwerk der neuen Schädeltheorie.

111. (S. 783.) *A. Nehring,* Ein Pithecanthropus-ähnlicher Menschenschädel aus den Sambaquis von Santos in Brasilien. Naturwiss. Wochenschrift, Bd. X, No. 46, S. 549—552 (17. November 1895).

112. (S. 788.) *Carl Gegenbaur,* Ueber das Archipterygium. Jenaische Zeitschr. für Naturw., Bd. VII, 1873, S. 131. Während *Gegenbaur* die paarigen Flossen aus zwei Paar hinteren abgelösten Kiemenbogen ableitet, sollen dieselben nach *Balfour* u. a. aus Segmenten von einem Paar ursprünglich kontinuierlicher Seitenflossen (lateraler Hautfalten) entstanden sein. Vergl. hierüber, sowie über die mannigfachen Wandlungen der „Zygomelen-Theorie" in den letzten 30 Jahren, die neueste Darstellung von *Gegenbaur* in seiner „Vergleichenden Anatomie der Wirbeltiere", Bd. I, 1898, S. 461—594. Vergl. ferner: *Gegenbaur,* Untersuchungen zur vergleichenden Anatomie der Wirbeltiere. 1. Heft: Ueber Carpus und Tarsus (1864). 2. Heft: Schultergürtel der Wirbeltiere. Brustflosse der Fische (1866).

113. (S. 787, 788.) Die fünfzehige Gliedmaße der vier höheren Wirbeltierklassen wird jetzt so gedeutet, daß der ursprüngliche Flossenstab durch die äußere (ulnare oder fibulare) Seite geht und in der fünften Zehe endet. Früher nahm man an, daß er durch die innere (radiale oder tibiale Seite) gehe und in der ersten Zehe ende, wie es Fig. 409, S. 787, darstellt.

114. (S. 789.) Homodynamie nennt man jene besondere Art der *Homologie* oder der „morphologischen Gleichwertigkeit", welche die metameren, in der Längsachse hintereinander gelegenen Körperteile (Segmente) betrifft.

115. (S. 793.) Verknöcherung. Nicht alle Knochen des menschlichen Körpers sind knorpelig vorgebildet. Vergl. *Gegenbaur,* Ueber primäre und sekundäre Knochenbildung, mit besonderer Beziehung auf die Lehre vom Primordialcranium. Jenaische Zeitschr. für Naturw., 1867, Bd. III, S. 54.

116. (S. 795.) Die Ontogenie der Muskeln ist großenteils *cenogenetisch.* Der größte Teil der Kopfmuskeln (die „Visceralmuskeln") gehört ursprünglich zum Bauchleibe des Vertebraten-Organismus und entwickelt sich aus der Wand der Hyposomiten oder ventralen Coelomtaschen. Dasselbe gilt ursprünglich auch von der primären Muskulatur der Gliedmaßen, da diese ebenfalls phylogenetisch dem *Hyposoma* oder Bauchleib angehören. (Vergl. den XIV. Vortrag, S. 371.) Wie sich die Muskulatur in der Ahnenreihe der Wirbeltiere vom Acranier bis zum Menschen entwickelt hat, zeigt die 50. Tabelle (S. 797).

117. (S. 818.) Hautskelett der Wirbeltiere. Ueber die Homologie der Schuppen und Zähne vergl. *Gegenbaur*, Grundriß der vergleichenden Anat., 1878, S. 446 und 575; ferner *Oscar Hertwig*, Jenaische Zeitschr. für Naturw., 1874, Bd. VIII. Ueber den wichtigen Unterschied von Homologie (morphologischer Vergleichung) und Analogie (physiologischer Vergleichung) siehe *Gegenbaur* l. c. S. 66; ferner meine Gen. Morphol. (Bd. I, S. 313).

118. (S. 823). *Wilhelm Müller*, Ueber die Hypobranchialrinne der Tunicaten und deren Vorhandensein bei Amphioxus und den Cyclostomen. Jenaische Zeitschr. für Naturw., 1873, Bd. VII, S. 327.

119. (S. 830.) Trophese. Unter diesem Begriffe verstehen wir die gesamte Biologie des Ernährungsapparates.

120. (S. 842.) Lacunoma und Coeloma („Primäre und Sekundäre Leibeshöhle"). Vergl. meine „Systematische Phylogenie der wirbellosen Tiere" (1896); Mollusca (S. 541).

121. (S. 860.) Terminologie von *Wilhelm His*. Die zahlreichen neuen Kunstausdrücke, welche *Wilhelm His* in die Embryologie eingeführt hat, zeichnen sich zum größten Teile dadurch aus, daß sie nichtssagend und ohne morphologische Beziehungen gewählt sind (im Gegensatze zu den trefflichen Benennungen der älteren Embryologen, *Baer*, *Remak* u. s. w.). Gerade deshalb haben diese den Beifall vieler „exakter" Embryographen gefunden, welche das Aufsuchen von „Beziehungen" als spekulative Befleckung verabscheuen.

122. (S. 866.) Das histologische System, dessen Grundzüge die 47. Tabelle zeigt, ist weiter ausgeführt in meinem Aufsatze über „Ursprung und Entwickelung der tierischen Gewebe" (Jena 1884).

123. (S. 875.) Erotischer Chemotropismus. Die sinnliche (wahrscheinlich dem Geruche verwandte) Empfindung der beiden kopulierenden Sexualzellen, welche ihre gegenseitige Anziehung bewirkt, ist eine noch wenig untersuchte, aber hochinteressante chemische Funktion der Zellseele (vergl. S. 156, sowie Kapitel IX der „Welträtsel").

124. (S. 940.) Wirbeltier-Seele des Menschen. Beim Menschen (wie bei allen anderen Wirbeltieren) ist die Seele nichts Anderes, als die Summe der Lebenstätigkeiten der Neuronen oder „Seelenzellen" (Fig. 9, S. 117), und wie bei den anderen Vertebraten, so ist sie auch beim Menschen das Produkt einer langen, stufenweise aufsteigenden, phyletischen Entwickelung. (Vergl. Kap. VI—XI meiner „Welträtsel".)

125. (S. 941.) Anthropogenie und Philosophie. Die allgemeine wissenschaftliche Bedeutung der Tatsachen, welche uns die Entwickelungsgeschichte des Menschen lehrt, und welche in diesem Buche zusammenhängend dargestellt sind, beruht darin, daß durch sie die vernunftgemäße, einheitliche Weltanschauung fest und unwiderleglich begründet wird. Sie widerlegt endgiltig den traditionellen Aberglauben und *Dualismus*; an seine Stelle tritt die reine Vernunft-Religion und der *Monismus*. (Vergl. Kap. XVI—XX meiner „Welträtsel".)

Register.